0~6岁
小儿养育手册

第三版

主　编　于广军
副主编　黄　敏　吕志宝

上海科学技术出版社

图书在版编目（CIP）数据

0～6岁小儿养育手册 / 于广军主编. -- 3版. -- 上
海：上海科学技术出版社，2021.6
ISBN 978-7-5478-5313-9

Ⅰ．①0… Ⅱ．①于… Ⅲ．①婴幼儿－哺育－手册②
小儿疾病－防治－手册 Ⅳ．①TS976.31-62②R72-62

中国版本图书馆CIP数据核字(2021)第062533号

0～6岁小儿养育手册

（第三版）

主编　于广军

上海世纪出版(集团)有限公司 出版、发行
上 海 科 学 技 术 出 版 社
(上海钦州南路71号　邮政编码200235　www.sstp.cn)

浙江新华印刷技术有限公司印刷

开本 787×1092　1/16　印张 27.75
字数：580 千字
1991 年 5 月第 1 版　2001 年 10 月第 2 版
2021 年 6 月第 3 版　2021 年 6 月第 1 次印刷
ISBN 978-7-5478-5313-9/R·2291
定价：98.00 元

编委会

第三版

主　编
于广军

副 主 编
黄　敏　吕志宝

编　委

丁惠玲	马　展	王　平	王　隼	王　斐	王　瑜	叶国刚	田　园	冯金彩
兰小平	吕逸清	乔　彤	刘江斌	刘红霞	许云峰	许丽雅	孙华君	
孙路明（上海市第一妇婴保健院）		李小兵	李　华	李志玲	李　战	李　洁		
李晓艳	李晓溪	李爱求	李　雯	李　筠	李　嫔	杨　芸	杨秀军	肖　波
肖婷婷	吴　旻	吴胜男	吴　滢	应　灏	沈　阳	张元凤	张志红	张　泓
张媛媛	张　婷	张儒舫	陆　敏	陆群峰	陈　芳	陈育才	陈津津	邵静波
林　晓	金泉英	郑　策	赵利华	郝　胜	胡文娟	胡慧勇	夏　敏	原工杰
顾浩翔	钱秋芳	徐伟珏	徐　萌	高　原	唐文娟	唐　亮	唐雯娟	黄文彦
黄建权	黄轶晨	黄　雄	龚小慧	盛庆丰	康郁林	葛青玮	董晓艳	蒋莎义
蒋　鲲	焦　勤	曾　娜	谢　华	谢利剑	裘　刚	廖雪莲	颜景斌	魏　嵘

（按姓氏笔画为序）

书稿整理
田　园　寸待丽　章春草

第二版

主　编
姚念玖　吴明漪　宋英杰

执行主编
王　舒

编　委
姚念玖　吴明漪　宋英杰　王　舒　钱飞敏
龚　群　朱光华　景　虹　李庆华　张　泓

编　者
儿童医院主任级医师

陈孙敏	姚念玖	孙　惠	汪　玲	章　煜	张凤玲	蒋一方	袁丽娟	龚　群
谭惠玉	沃乐柳	杨培云	杜洪蓉	李江奇	何威逊	韩棣华	宋英杰	景　虹
杨文修	邵汉玉	曹其绌	李庆华	罗运九	夏志恬	叶大瑜	周坤祥	孙庆懿
陈子英	许　力	李　敏	邬惠琴	施云程	吴明漪	陆际晨	陆　权	余嘉飞
陈培丽	沈　鸣	陈秀玉	钱晋卿	黄　敏	徐大地	沈卓华	任志德	朱光华
赵　琳	蒋　慧	陈丽琴	张育才	陆燕芬	姚国英	张云秋	方林钧	汤锡华
朱葆伦	缪维洲	徐蔚霖	王　舒	姚德芝	缪　虹	韩燕乔	周金铃	余淑珠
顾莱莱	陈莲红	蒋　巍	胡奇儒	袁惠珍	汤定华	田素凤	陈志平	

邀请外院主任级医师

谢德秋	张家庆	陈赣生	庄依亮	周锡珍	姚蓓喜	胡虞志
朱建幸	徐佩珍	徐续宇	许时暄	石四箴	汪受传	洪昭毅

（按文章先后为序）

书稿整理
邱　林　吴　岚

第一版

主 编

苏祖斐 姚念玖 吴明漪

编 者
儿童医院主任级医师

陈孙敏　孙　惠　姚念玖　杨培云　韩棣华　苏祖斐
邵汉玉　夏志恬　叶大瑜　周坤祥　杜洪蓉　陈子英
许　力　谭惠玉　邹惠琴　施云程　吴明漪　陆际晨
陈秀玉　钱晋卿　沈卓华　何威逊　赵　琳　张云秋
朱葆伦　缪维洲　徐大地　邵世昌　徐蔚霖　袁惠珍
姚德芝　王　舒　顾莱莱　蒋　巍　陈志平　胡奇儒

邀请外院主任级医师

谢德秋　许时暄　徐续宇　徐佩珍

（按文章先后为序）

书稿整理

谢安乐　任仕裕　钱飞敏

致　谢

卫　星（上海市第一妇婴保健院）　　马晨欢　王文娴　王四美　王　彤

王　林　王春梅　王贵清　王莎莎　王　真　王海荣　王蓓旎　王　臻

方永双　石　双　叶智祺　付　盼　匡新宇　成鸿毅　朱丹颖　朱琳琳

任　芸　刘庆旭　刘　青　刘　威　刘美燕　汤晓君　许全梅　阮小玲

孙会振　孙丽丽　孙利文　孙　俊　苏基逸　杜　欣　李小露　李　妍

李珊珊　李艳华　李　颉　李　慧　吴一波　吴芳珍　何　琳　汪秀莲

沈　力　沈　恺　沈　统　宋小珍　张文静　张夏南　张　晗　张　婷

张　颖　陈发玲　陈　舟　陈茜岚　陈秋雨　陈　艳　陈嘉玲　罗　义

罗晓娜　金　蕾　周立军　周莎莎　周　景　郑冰洁　赵艳君　钟海琴

钮小玲　姜逊谓　姜　莲　洪　霞　祝　婷　袁九洲　袁　芳　顾志清

徐　挺　徐　辉　徐　蓉　殷荣荣　奚佳铭　郭爱华　黄　迎　黄建军

崔祥祥　梁　龚　董良超　蒋明玉　詹琪佳　霍言言　魏真真

（按姓氏笔画为序）

第三版序一

去年盛夏之初,当我得知再版《0～6岁小儿养育手册》时,既欣喜又欣慰。30年前,上海市儿童医院的苏祖斐、姚念玖、吴明漪等老一辈儿科专家高度关注儿童早期健康和发展,积极推动儿童健康保健事业的发展,于1991年组织编写出版了《0～6岁小儿养育手册》,好评如潮。此书不仅成为年轻父母最好的礼物,也成为基层儿童保健工作者实用的参考书。2001年上海市儿童医院再次组织编写出版了《0～6岁小儿养育手册(第二版)》,十余年来,《0～6岁小儿养育手册》作为全国和上海优秀科普读物,为普及"优生、优育、优教"理念和育儿知识作出了积极贡献。

随着社会经济迅速发展,我国的儿科服务能力和保健水平不断提升,科学育儿理念不断更新,儿童的饮食习惯和行为生活方式也在不断发生变化。为了顺应时代变迁,2019年起,上海市儿童医院的儿科新老专家薪火相传,再次组织编写,以期用新的理念、技术和方法,为全国儿童提供更好的服务,满足基层儿童健康发展以及家庭的新需求、新期待。

《0～6岁小儿养育手册(第三版)》不仅体系完整、内容详实、通俗易懂,更顺应时代发展,将现代科学育儿、疾病防治、合理就医、健康管理等知识融入书中。全书分为"健康成长篇"和"疾病防治篇",竭尽所能帮助读者了解不同阶段儿童生长发育规律和儿童健康保健知识,提高科学育儿素养。此书还通过以健康检查为基础的动态记录,包括体格发育、智力发育、牙齿发育、听觉发育、疾病转归等,帮助家长了解儿童生长发育特点和健康状况,加强儿童健康管理,促进儿童早期发展。

儿童健康是全民健康的基础,0～6岁是儿童身心发育、性格培养的重要时期,儿童期健康也是全生命周期健康的起点,抓住这一关键期,对人一生的健康极为重要。希望这本倾注几代儿科专家心血的手册,能成为年轻父母的良师益友,帮助家长和基层儿童保健以及托幼机构保育工作者提高科学素养,促进儿童早期发展,让每个儿童健康地走向未来。

衷心祝愿每一位儿童在灿烂的阳光和父母的呵护下茁壮成长!

中共上海市委统战部常务副部长

2021年4月

第三版序二

"每个儿童都应该有一个尽可能好的人生开端,都应该接受良好的教育,都应有机会充分发掘自身潜能。"这是 2001 年联合国儿童大会特别会议上提出的儿童发展目标。20 年过去,让每个儿童都实现最佳的健康与充分的早期发展,已成为国际社会的广泛共识。

儿童期是遗传与环境交互机制相互作用的关键期,个体在这一时期具备最大发育潜力,这一期间儿童在体格、认知、行为、情绪、精神、社会适应性等方面的快速发育成长,对今后的发展轨迹至关重要。儿童期的健康,更对提高国民素质、促进国家可持续发展具有重要意义。

父母作为儿童健康的第一责任人,需要得到科学的支持,以更好地养育儿童。上海市儿童医院老一辈儿科专家高度关注儿童的健康和父母的需求,不断传播育儿科学知识,分别于1991 年和 2003 年编写出版了《0～6 岁小儿养育手册》的第一版和第二版。

2021 年,此书的第三版问世了。这是一本写给新手父母的育儿指南,一本科学性强、值得信赖的育儿百科。无论是在新生儿护理、母乳喂养和辅食添加、日常健康问题处理方面,还是在促进孩子的大脑发育、培养良好行为习惯方面,以及预防常见病和多发病、做好疾病健康管理等方面,这本书都提供了可信、可行的方法和建议,帮助父母在面对儿童身心健康问题时做到心中有数,知道该做什么,知道哪些问题不用担心、哪些问题需要及时采取措施并合理就医。这本书对帮助父母树立科学理念、践行科学育儿,提供了积极的支持。

让孩子的身心健康地成长,是父母和全社会的期望,也是一项任重而道远的工作。这本书是从事儿童健康事业的工作者们奉献给年轻父母的礼物。祝愿所有的孩子都健康快乐地成长。

上海市儿童健康基金会名誉理事长 沈石娟

2021 年 4 月

第三版前言

儿童总是与"祖国的花朵""未来的希望"这些美好的词句联系在一起。是的,儿童的健康是每个家庭的幸福所系,也是全民健康的基础和社会可持续发展的重要资源。无论在过去还是现在,家庭对儿童健康都极为重视且程度在不断提高,当代父母及家庭对儿童健康的关注度,可说远超以往任何一个年代。家庭不再满足于孩子长高、长壮、不生病,更期望孩子能够在身体健康的同时,在心理、社会适应能力等方面也有最佳发展。

世界卫生组织围绕健康的涵义指出了人健康的三个基本方面:生理、心理和社会能力,儿童健康所应包括的内涵也不例外。近年来,越来越多的儿童健康工作者开始关注如何保障和促进儿童发育潜能的充分发挥。大量的科学研究表明,儿童生命的早期(包括胎儿期、婴幼期和学龄前期)是儿童发育-遗传-环境交互机制相互作用的关键时期,这一时期里,儿童的体格、认知、行为、情绪、精神、社会适应性等诸多方面都具备最大的发育潜力、最快的成长速度,这是个体一生健康和能力的奠基时期。

儿童,尤其是学龄前儿童,很难选择有益于自身发展的健康生活方式或最佳疾病应对方案,因此儿童的健康水平很大程度上倚赖父母、祖辈等的养育和照护质量,家长需要掌握必要的知识,如儿童的生长发育规律、常见疾病及症状的发生规律和特征,来更好地养育孩子。但同时,父母的育儿知识和健康素养也在面临着挑战:从来没有与家长这一"职业"或者说"岗位"相对应的规范化培训,也没有真正意义上的"家长大学",虽然互联网时代让各类儿童健康知识变得触手可及,但真伪难辨的信息,也很容易让育儿心切的家长走入误区。科学、权威、系统地普及育儿知识有助于改善这种境况。

儿童专科医疗保健机构具有开展儿童健康知识科普的专业基础和实践经验,能帮助家长学习育儿知识、预防疾病发生,并促进儿童早期发展,同时也能引导家长树立正确的儿童疾病和健康观,学习如何早期识别疾病并合理就医,做好疾病管理,这些都有助于提升家长的科学育儿素养。

上海市儿童医院是我国第一家儿童专科医院,前身是由我国著名儿科专家富文寿及现代儿童营养学创始人苏祖斐等前辈于 1937 年创办的上海难童医院,1953 年更名为上海市儿童医院,2003 年成为上海交通大学附属儿童医院。医院作为集医疗、保健、教学、科研、康复于一体的三级甲等儿童专科医疗机构,同时是上海医学遗传研究所、上海市儿童急救中心、上海市新生儿筛查中心、上海市儿童康复中心所在地,且兼原上海市儿童保健所。

早在 1991 年,由上海市儿童医院的著名儿童营养学家苏祖斐、婴幼儿教育家姚念玖、儿科专家吴明漪牵头,组织 40 余位儿童医疗和保健专家汇集他们多年临床和保健的实践经验,编写了《0~6 岁小儿养育手册》,这本书将营养学、心理学、教育学和儿科学知识融汇家庭教育的实践,内容深入浅出。该书由上海科学技术出版社出版并多次加印,使"优生、优育、优教"理念与知识真正走入家庭,成为了新手父母们最好的礼物,先后获得全国和上海市优秀科普读物奖。2001 年,上海市儿童医院再次集全院力量编写了《0~6 岁小儿养育手册(第二版)》,保留第一版的精华,继续突出知识全面、实用性强的特点,并增加了新观点、新技术、新方法的发展而引出的育儿新知识。时隔 20 年,为适应现代育儿知识更新的需求,上海市儿童医院再一次组织经验丰富的专家和中青年骨干,编写了《0~6 岁小儿养育手册(第三版)》,以期充分发挥家庭作为儿童第一学校的作用,更新育儿理念、普及儿童健康知识与技能、逐步提高儿童健康的家庭自主管理理念和能力,帮助现代父母履行好自己的职责。

这本书延续了第一版、第二版内容全面、实用性强的特色。在内容上,以家长最关心的健康问题为条目,逐一列举并阐释,以突出实用性;在每个条目上,尽可能详细介绍,以突出科学性。全书分为"健康成长篇"和"疾病防治篇",两部分内容都紧紧围绕儿童健康与早期发展、科学防病与合理就医展开。第一部分按儿童月龄特点向家长普及科学育儿知识,帮家长了解营养与喂养、护理与保健、促进早期发展等要点。第二部分按人体各器官系统分类,向家长普及儿童常见病与多发病的知识,帮助家长了解疾病病因,学会预防常见病,懂得慢性疾病管理等。限于优质儿科医疗资源的紧缺,医生在诊室里难以向家长详尽解释病因或防治知识,本书也借助互联网传播信息的优势,精选了家长关心的儿童健康热门问题,如婴儿护理、亲子游戏、儿童性早熟防治、保护眼睛防控近视、口腔健康、中医保健怎么做、意外伤害怎么防治与救助等,由上海市儿童医院的医护人员详细讲解,并制作成多个小视频,以二维码的方式呈现于相关章节,扫描章节相应的二维码,即可观看。希望这样的方式能帮助家长更直观、生动地学习这些知识,也拉近医护与家长的距离,帮助改善医患沟通。

总之,希望这本书能帮助家庭发挥"父母是儿童健康第一责任人"的作用,做到科学育儿有知识、合理就医有智慧、医患沟通有提升,做好儿童的健康管理和健康促进。本书不仅适合家长,对儿童健康工作者、基层儿科医护人员、保育和教育人员等而言,也是一本实用的参考书。

本书的出版,得到了上海科普教育发展基金会、上海市儿童健康基金会等单位的支持,在此表示感谢。限于水平,书中疏漏之处请读者指正,并给我们提出宝贵意见和建议。

上海市儿童医院院长 于广军

2021 年 4 月

目录

防病治病篇　157

第五讲 防病治病——内科篇　158

新生儿期的特殊症状和疾病处理 ...158

不可忽视的心血管病 ...168

第十讲 诊治疾病的助手 ——医学检查 366

第十一讲 家庭意外伤害防护与 急救护理 379

家庭生活中的安全防护 ...379

发生意外事故后的处理 ...387

第十二讲 儿童用药须合理 394

附录 ...412

健康成长篇

第一讲　备孕和孕产保健

🍄 遗传与优生 🍄

❶ 新生命从哪里来的

新生命来自男女双方生殖细胞的结合。男性一般在 14～16 岁进入性成熟期，睾丸中产生精子，每次射精可排出 2～6 毫升精液（平均 3.5 毫升），每毫升精液中有 6 000 万至 2 亿个精子。女性一般在 13～15 岁进入性成熟期，约 28 天为一个月经周期，月经正常的女性，每个周期都有一个健康成熟的卵子从卵巢中被排出。卵子的存活时间仅为 24 小时左右，如果没有受精，即退化消失。

男女性交后精液会积存在女性的阴道内，精子的存活时间约为 72 小时，活动的精子在输卵管壶腹部与卵子相遇、受精，受精卵再经输卵管到子宫腔内，2～3 天后由受精卵发育而来的囊胚在子宫内膜上着床，随后胚胎在子宫腔内生长发育直至足月分娩，这就是新生命诞生的全过程。

❷ 为什么有的双胞胎长得不太一样

双胞胎是指一次怀胎生下两个个体，通常可分为同卵双生和异卵双生两类。同卵双生不仅性别相同，而且相貌、指纹等特征也几乎完全一致。而异卵双生性别可同可异，相貌及其他身体特征的相似程度也仅与普通兄弟姐妹相当。

通俗地讲，同卵双生就是长得一样的双胞胎，异卵双生就是长得不太一样的双胞胎。

同卵双生是指受精卵在卵裂时由于自身或者外界某些因素而一分为二，从而形成两个可以独立发育的胚胎。同卵双生的双胞胎由于来源于同一个受精卵，因此他们的遗传基因是几乎完全相同的。当然，胚胎形成后由于存在基因突变、重组和表观修饰等情况，也会使两者之间的基因序列产生细微的差异。

异卵双生指在受精作用过程中，有两个卵细胞同时受精，并且在子宫内膜上着床，使得两个受精卵同时发育成胎儿。由于异卵双胞胎是由两个不同的受精卵发育得来，各自的 DNA 不同，因此他们的性状存在较大的差异。两个受精卵各有自己的一套胎盘，相互间联系较少。

③ 怎么会"眼睛像妈妈，鼻子像爸爸"

在日常生活中，经常可以听到这样的议论："这个宝宝长得和他爸爸好像啊""那个宝宝眼睛和妈妈像，鼻子跟爸爸像""这个宝宝好像跟爸妈都不太像，五官取了双方的优点"……人们日常谈论的语言很通俗，但是都涉及了一个重要的问题——遗传和变异。

遗传和变异是一切生物共有的基本属性，其中遗传是指性状从亲代传递给子代的现象；变异则是指个体之间的各种差异，是生物进化最重要的原因。所谓的"种瓜得瓜种豆得豆"指的是遗传；而"一母生九子，连母十个样"指的是变异。

人类的体细胞染色体为二倍体，一套遗传物质来源于父亲，另一套遗传物质来源于母亲。男性的精子和女性的卵细胞统称为人类生殖细胞，生殖细胞通过减数分裂，所含的遗传物质数目减半。当两者通过受精过程结合并成为受精卵后，细胞的遗传物质恢复为二倍体，同样也是一半来自父亲，一半来自母亲。

既然知道很多疾病是遗传的，那么可不可以"种瓜得到优质瓜"呢？也就是说，可不可以将父母优质的遗传素质保留下来的同时，把那些不良的甚至危害严重的性状淘汰呢？广大的医学遗传学家和临床遗传学医师正为这个目标而不懈地努力。

④ 男宝、女宝，什么来决定

性别决定是一个古老而又新鲜的科学问题。从人类诞生之日起，人们就在探索其中的奥秘，到底是什么因素决定了宝宝的性别差异。现代生物学的研究证实，男女性别是由性染色体的不同组合而决定。人类细胞中共有 23 对染色体，其中 22 对是男女都有的，称为常染色体，1 对在男性和女性中存在差别的，称为性染色体。

1905 年，美国细胞学家威尔森等人发现，女性的性染色体为 XX，男性的性染色体为 XY。女性的卵母细胞经过减数分裂后产生带有 X 染色体的卵子，而男性的精母细胞经过减数分裂后，则分别产生带有 X 染色体的精子和带有 Y 染色体的精子。受精时，当带有 X 染色体的精子与卵子结合，受精卵就会发育成为女婴；如果带有 Y 染色体的精子与卵子结合，受精卵将会发育成为男婴。

目前，已经证明可以用于胎儿性别鉴定的方法有三种：孕中期 B 超检查直接查看胎儿性别、通过羊水穿刺等方法进行有创产前诊断、通过胎儿游离 DNA 进行无创检测。

B 超检查是目前最常用的胎儿性别鉴定方法，简便易行，不会对孕妇和胎儿产生不良的后果，但是这种检查方法存在准确性的问题。B 超机器的型号、胎儿的位置、妇产科医师的经验、技术等很多因素都会影响结果的准确性，目前 B 超检查的平均准确率仅为 70% 左右。

有创产前诊断是指在怀孕的早中期，通过绒毛或羊水取样获得胎儿的细胞，然后采用聚合酶链反应（PCR）等方法扩增 Y 染色体上的部分片段。如果扩增是阳性的就是男婴，反之则为女婴。该方法准确率可达 100%，检测速度也比较快（数小时）。但是，它有约 1% 的风险会造成胎儿流产。

无创检测是近几年来发展起来的一种新方法，由于母体外周血中存在胎儿游离 DNA，

特别提醒

虽然，现在在宝宝出生前知道性别，在技术上已经没有问题，但是由于传统观念在某些地区仍然盛行，因此法律上对于产前性别鉴定有着严格的规定。《人口与计划生育法》第 36 条明文禁止"进行非医学需要的胎儿性别鉴定或者选择性别的人工终止妊娠"，并规定"构成犯罪的，依法追究刑事责任"。

因此可以通过对孕妇外周血的检测来确定胎儿性别。不过采用该方法需要满足以下条件：孕妇的孕周必须大于 6 周；孕妇一年内没有分娩过男婴；孕妇半年内没有进行过输血、器官移植等会导致产生其他游离 DNA 的医学活动。

⑤ 父母血缘越近，宝宝风险越大

近年来，随着基因组测序技术的飞速发展，人们发现每个个体约携带一定数量的隐性遗传病的致病基因（几个到几十个不等）。我们已经知道，人类的遗传信息分别来自父母，如果夫妇双方没有血缘关系，序列信息相同或相似的基因出现的概率很低。由于他们携带的隐性致病基因不同，因而不易形成隐性致病基因的纯合子或者复合杂合子，罹患此类疾病的风险较低。而近亲结婚的夫妇，拥有较多序列特征相同或者相似的基因，这也使得夫妇两人携带相同的隐性致病基因的可能性呈几何级数上升，使得后代罹患遗传病的概率急剧升高。与非近亲结婚相比，二级近亲结婚生育单基因病的风险增大 8 倍；一级近亲的风险增大 32 倍；而同胞通婚的风险则是随机婚配的 125 倍。

此外，先天性心脏病、高血压、精神分裂症等多基因遗传病，在近亲结婚所生子女的发病率也明显高于非近亲结婚。为此，许多

国家通过法律禁止近亲结婚是完全有科学依据的。

⑥ 猜猜宝宝的血型

血型是指血液细胞表面的抗原类型，通常指红细胞膜表面特异性抗原类型。据目前国内外的报道，人类血型大约有 30 余种，其中最常见的是红细胞 ABO 血型系统及 Rh 血型系统。

人类的 ABO 血型通常分为 A、B、O 和 AB 四种，一般来说血型是终生不变的。血型遗传借助于细胞中的染色体，ABO 血型系

父母与子女 ABO 血型的关系

父母血型	子女可能出现的血型	子女不可能出现的血型
O 与 O	O	A、B、AB
A 与 O	A、O	B、AB
A 与 A	A、O	B、AB
A 与 B	A、B、AB、O	—
A 与 AB	A、B、AB	O
B 与 O	B、O	A、AB
B 与 B	B、O	A、AB
B 与 AB	A、B、AB	O
AB 与 O	A、B	O、AB
AB 与 AB	A、B、AB	O

统的基因位于人类第 9 号染色体上,受 A、B、O 三个基因控制,其中 A 和 B 基因为显性基因,O 基因为隐性基因。每个人体细胞内只有两个 ABO 血型系统的基因,即形成 AO、AA、BO、BB、AB、OO 等不同的等位基因。因此,一般可根据父母的血型来判断子女可能出现的血型。

⑦ 新生儿疾病筛查能查哪些病

新生儿疾病筛查是对新生儿的遗传代谢缺陷、先天性内分泌异常以及某些危害严重的遗传病进行筛查的总称。其目的是在新生儿期就筛查并明确诊断这些严重的疾病,在临床症状出现前就开展及时的治疗,从而防止或减轻疾病对新生儿带来的不良影响,避免严重后果的发生。

目前,根据国际上达成的共识,新生儿疾病筛查主要用于以下疾病:危害严重(可致死或致残);发病率较高;发病早期缺乏明显症状,但有明确的实验室阳性指标且筛查方法准确可靠、易推广的;可对患儿进行有效治疗。

我国根据已经颁布的《新生儿疾病筛查管理办法》,规定了全国新生儿疾病筛查病种包括苯丙酮尿症、甲状腺功能低下两种新生儿遗传代谢病和听力障碍。各省、自治区、直辖市的人民政府卫生行政部门可以根据本地的实际情况,适当增加本地新生儿疾病筛查的病种。

近年来,随着医学技术的不断发展,北京、上海、浙江、广东等地陆续将串联质谱技术应用到新生儿疾病筛查中,开展了新生儿脂肪酸、有机酸、氨基酸等遗传代谢性疾病的

筛查。新生儿疾病筛查谱的扩大将对提高人口素质,对促进社会的健康发展起到重要的推动作用。

⑧ 遗传病有哪些类型

由遗传物质的缺陷或改变而导致身体结构和功能紊乱的疾病称为遗传性疾病(简称遗传病)。遗传病的发生主要有两种途径,一种是亲代的染色体或者基因组上的致病变异遗传给了子代,在子代中表现出疾病的症状;另一种是生殖细胞形成的过程中由于染色体分离错误、基因突变或者重排引起的,这些变异同样可以遗传给下一代。

从人类遗传物质的改变情况分类,遗传病总体上可分为染色体病、单基因病、多基因病、线粒体病和体细胞遗传病等五大类。

(1)染色体病是由于染色体数目或结构异常而引起的临床综合征,目前已知的染色体病有 300 种以上,通常分为常染色体病和性染色体病两大类。临床上最常见的唐氏综合征属于常染色体数目异常,即第 21 号染色体多了一条,故又称 21 三体综合征。

(2)单基因病是由 1 对等位基因控制其发生的疾病。单基因病可分为常染色体显性、常染色体隐性、X 连锁显性、X 连锁隐性遗传病及 Y 连锁遗传病等几大类。我们熟知的一些遗传病如色盲、血友病、地中海贫血等,很多都属于单基因病。

(3)多基因病是由 2 对或 2 对以上等位基因控制其发生的疾病。多基因病常常是环境与遗传交互作用的结果。高血压、糖尿病以及许多种先天畸形综合征都是常见的多基因病。

(4)线粒体病是因为线粒体代谢酶缺

陷,使得体内能量来源不足导致的一类疾病。最常见的线粒体病有线粒体脑肌病伴高乳酸血症和卒中样发作(MELAS 综合征)、利氏病等。

(5) 体细胞遗传病是指变异主要发生在体细胞中,此类疾病有家族聚集的倾向。比如有些导致先天畸形的罕见病如儿童早衰症等就属于体细胞遗传病。肿瘤起因于遗传物质的突变,不同个体中存在肿瘤遗传易感性的差异,因此也可以被认为是体细胞遗传病。

⑨ "唐宝宝" 可无创筛查

有一类患儿,他们的面容特殊,生活自理能力也较差,罹患这种疾病的患儿常被称为"唐宝宝"。1866 年,约翰·兰登·唐(John Langdon Down)医生首次在公开发表的文献中完整地描述了该病的典型体征,因此这一综合征以其名字命名为唐氏综合征(Down 综合征)。1959 年,法国医生杰罗姆·勒琼首次证实,唐氏综合征是由 21 号染色体三体所导致的。

唐氏综合征是最常见的染色体病,该病是由于多了一条 21 号染色体引起的,又称 21 三体综合征。根据染色体核型唐氏患儿可分为三种类型:标准型(所有细胞中均多了一条 21 号染色体)、嵌合型(部分细胞中多了一条 21 号染色体)和易位型(一条 21 号染色体和其他染色体发生易位),其中标准型占 85% 以上。

现代医学证实,唐氏综合征发生率与母亲怀孕年龄相关,其中 85% 左右的唐氏综合征多出的那条染色体来源于母亲,高龄孕妇、卵子老化是重要原因。

唐氏综合征患儿具有眼距宽、眼裂小、眼外侧上斜、有内眦赘皮,鼻根低平,外耳小,舌胖、常伸出口外,流涎多等明显的特殊面容。其智力低下的表现尤为严重,一般智商仅为 25～50,且有明显的发育迟缓。男性患者无生育能力,而女性患者有可能生育。该病患儿伴有先天性心脏病的概率为 40%～50%,免疫功能低下,白血病的发生率为 4% 左右。患者通常在 40 岁以后会出现阿尔兹海默病的临床症状。

目前我国已经在孕期普遍开展了针对的唐氏综合征的血清学筛查,因此孕妇只需在规定的孕周去医院进行相应的筛查就能确定胎儿异常的发生概率。筛查阳性的孕妇可以通过羊水穿刺等手段采集胎儿样本,并进行产前诊断进行确诊。

近几年又出现了一种新的唐氏综合征无创筛查的方法,孕妇同样在规定的孕周内采集外周血,由于孕妇血浆中存在游离的胎儿DNA,唐氏综合征患儿 DNA 中 21 号染色体上的基因拷贝数高于正常胎儿和孕妇,因此通过高通量测序对 21 号染色体进行检测就可以基本确定胎儿是否罹患唐氏综合征,其检测灵敏度和可靠性比常规的唐筛要高很多。当然,筛查阳性的孕妇同样还需要通过羊水穿刺和产前诊断来确诊。

⑩ 疗效明确的罕见病: 半乳糖血症

有一种与婴儿喂奶密切相关的疾病,患儿在出生后数天,哺乳或人工喂养奶粉后出现拒乳、呕吐、恶心、腹泻、体重不增加等现象,严重的甚至出现肝脏损伤、白内障、黄疸、低血糖、蛋白尿等临床症状,如果继续哺乳或人工喂养奶粉,症状会进一步加重。这是一种叫作半乳糖血症的罕见病,2018 年 5 月 11 日国家卫生健康委员会等五个部门联合制定的《第一批罕见病目录》,已将半乳糖血症收录其中。

半乳糖血症是常染色体隐性遗传的代谢性疾病,三种酶的缺乏均可致病。其中,尿苷酰转移酶位于 9 号染色体短臂,半乳糖激酶位于 17 号染色体长臂,而半乳糖-表异构酶位于 1 号染色体。

如果有这种疾病的家族史或者其他高危因素,可在孕中期通过羊膜穿刺术进行产前诊断,或出生时取脐带血检查红细胞内的酶活性。如果孕妇血中半乳糖浓度升高,无论是否存在半乳糖-1-磷酸尿苷酰转移酶缺乏,均可对胎儿造成损害,包括永久性智力障碍,需要及早进行相应的治疗。

半乳糖血症的治疗主要是限制含有半乳糖和乳糖的食物,只要食物中不含半乳糖或乳糖,患儿就不会发生半乳糖血症的临床症状。一般早期诊断后应在饮食中摒除一切含半乳糖或乳糖成分的食物。半乳糖血症经及时治疗后,白内障、肝硬化等临床症状均可逆转。

⑪ 既"白"又"痴"的苯丙酮尿症

细思"白痴"这个词,我们会发现不是很妥当,因为"白"的人未必会"痴",而"痴"的人也未必都"白"。但对于苯丙酮尿症(PKU)患儿来说,"白痴"这个称谓却很贴切,PKU 患儿是既"白"又"痴"。

正常情况下,人体内的苯丙氨酸可以在苯丙氨酸羟化酶(PAH)的催化作用下转变为酪氨酸,再经过酪氨酸途径代谢为黑色素及肾上腺素等。PAH 活性下降或者缺乏将造成患儿血中苯丙氨酸累积。PKU 患儿由于体内黑色素合成减少,毛发色淡而呈棕色。而体内苯丙氨酸的累积,使得患儿生后 4～9 个月即可出现生长发育迟缓和智力发育迟缓,智商均低于同龄正常儿,重型者智商低于 50,语言发育障碍尤为明显。

PKU 是一种常染色体隐性遗传病,《第一批罕见病目录》已将苯丙酮尿症收录其中。该病根据病因分为经典型和非经典型两大类,其中以经典型的居多。经典型是由于 PAH 缺乏引起的,而非经典型则是由 PAH 的辅酶四氢生物蝶呤(BH4)缺乏造成。

该诊断一旦明确,应尽早给予积极治疗,主要是饮食疗法。开始治疗的年龄愈小,效果愈好。由于苯丙氨酸是合成蛋白质的必需氨基酸,完全缺乏时亦可导致神经系统损害,因此对患儿可喂给特制的低苯丙氨酸奶粉,到添加辅食时应以淀粉类、蔬菜、水果等低蛋白食物为主。

⑫ 出血难止的"皇家病"

英国历史上著名的君主维多利亚女王与她的表弟阿尔伯特成婚,并生育了 4 个男孩、5 个女孩。但是不幸的是,其中 3 个男孩罹患了一种奇怪的疾病,不但身体受到外伤后很容易出血,而且出血后往往血流不止,且这种可怕症状会从婴幼儿时起逐渐加重。由于欧洲各王室之间历来有通婚的习俗,女王的子女常常与欧洲各王室成员联姻,结果之后的几十年,这种奇怪的疾病在普鲁士、西班牙等欧洲王室中蔓延开来，因此这种疾病也被称为"皇家病"。

王室有完整而精详的家谱，给医学遗传学家们的研究留下了珍贵的资料。经过研究人们发现，这种"皇家病"是一种X连锁的隐性遗传病——血友病。维多利亚女王是血友病基因的携带者（本人不发病），也是欧洲王室内血友病流行的肇端者。王室间联姻使致病基因从英国王室传到了西班牙、普鲁士等欧洲王室，使这些王室产生了一连串的患者和携带者，家族中的所有患者都为男性。

近几十年来的研究表明，血友病是一组遗传性凝血活酶生成障碍所致的出血性疾病，是由于血液中某些凝血因子的缺乏而导致的凝血功能障碍，包括血友病A、血友病B。血友病的特点是早年发病，多有家族史；其症状一般为产生外伤不易愈合或反复出血，肌肉、各关节、软组织及内脏出血引起血肿；手术后出血不止，甚至自发出血，严重时甚至可因颅内出血而死亡。

血友病中发病率最高的是由于 *hFVIII* 基因缺陷导致的血友病A，约占血友病总数的85%，其发病率无明显种族和地区差异，在男性人群中血友病A的发病率约为1/5 000，女性患者极其罕见。按照症状的轻重，血友病A可分为重型（凝血因子活性＜1国际单位/分升）、中型（凝血因子活性为1～5国际单位/分升）和轻型（凝血因子活性为5～40国际单位/分升）。

目前，血友病的致病机制非常明确，治疗上主要采用局部止血治疗、药物替代疗法及基因治疗等方法。其中基因治疗采用病毒或其他手段将正常的凝血因子基因导入细胞内，可以从根本上解决患者的病痛。这项治疗手段正处于实验研究和临床研究的阶段，将在不久的将来为这种"皇家病"的患者带来福音。

13 色盲是怎么来的

色盲是指患者不能分辨自然光谱中的各种颜色或某种颜色，色弱是指患者对颜色的辨别能力降低，两者之间的界限一般不易严格区分。

色盲有多种类型，其中最常见的是红绿色盲。众所周知，光谱内任何颜色都可由红、绿、蓝三原色组成。正常人能辨认三原色，三种原色均不能辨认都称全色盲，如有一种原色不能辨认都称二色视，主要为红色盲与绿色盲。研究表明，位于X染色体上的两对基因（即红色盲基因和绿色盲基因）控制着红色和绿色的辨别，它们在X染色体上是紧密连锁的，因而常用一个基因符号来表示。红绿色盲是X连锁隐性遗传，因此男性患者远多于女性，在我国男性中发生率为5%～8%，女性中则是0.5%～1%。

特别提醒

由于红绿色盲患者不能辨别红色和绿色，因而不适宜从事色觉敏感的工作。患者在生活上有诸多不便，在择业上亦受到不少限制。因此，有色盲家族史的患者在婚配和生育时需要进行相应的检测，以减少后代中色盲出现的概率。

14 宝宝一吃蚕豆就发病到底为啥

有一类疾病很奇怪,常见于中国南方部分地区,好发于每年蚕豆上市的时节。大多数宝宝在进食新鲜蚕豆后 1~2 天发生溶血,最快者 2 小时内就会发病。研究发现,这种病称为葡萄糖-6-磷酸脱氢酶缺乏症(G6PD),俗称蚕豆病。

G6PD 呈世界性分布,全球罹患人数超过 4 亿人,我国分布规律为"南高北低",尤以广东、广西、海南、云南、贵州、四川等南方地区的发病率较高。

G6PD 的致病基因位于 X 染色体上,女性以携带者居多,携带者可以将致病基因传递给下一代。而携带者的儿子获得带有致病基因的 X 染色体就会得病,因此,G6PD 是一种较常见的 X 染色体不完全显性遗传代谢病。患者体内葡萄糖-6-磷酸脱氢酶的缺陷会造成红细胞抗氧化能力低下。患者食用蚕豆或使用某些药物后会诱发急性溶血性贫血和高胆红素血症。

目前,G6PD 是上海及很多省份新生儿疾病筛查的法定病种。新生儿出生后从足底采集 1 滴血,滴在干的滤纸片上,采用荧光法检测葡萄糖-6-磷酸脱氢酶的活性,是较为准确敏感的方法。筛查阳性的患儿一般通过聚合酶链式反应(PCR)等常规的基因诊断手段就可以确诊。

15 常在男孩中发生的智力低下

精神和神经疾病的研究人员很早就发现,在不明原因的"原发性智力低下"患者中,男性的数量明显多于女性。后来的研究证实,"原发性智力低下"是由很多原因造成的,其中有一类疾病常在男孩中出现,这就是脆性 X 染色体综合征。在男性的先天性智力低下患儿中发生率仅略低于最常见的唐氏综合征。

脆性 X 染色体综合征是不完全外显的 X 染色体连锁显性遗传病,患者的 X 染色体端部有一个极其易断的"脆性部位"。该病的主要临床表现为智力低下、癫痫发作、语言和行为障碍、特殊面容、平足等。

研究已经证实,脆性 X 染色体综合征的致病基因是 FMR1,位于染色体 Xq27.3,在基因的 5′ 非翻译区有一个(CGG)n 的重复序列。导致该疾病发生的重要原因是重复序列的动态突变。

脆性 X 染色体综合征可在家系内传递,因此一旦出现患者,就应该对家系中其他成员进行相应的检测,减少患者发生的概率。

16 一种从妈妈那里遗传的糖尿病

一位 17 岁的女性早发型糖尿病患者 5 年前就出现了明显的糖尿病临床症状,更为特别的是,她的妈妈和二姨妈也被确诊为糖尿病患者,临床症状略轻于她。而她二姨妈的女儿,同样具有糖耐量异常的症状。这病为啥总是从妈妈那里传来呢?经过检查,原来这家人得了线粒体基因突变糖尿病,是一种由于线粒体基因组点突变引起的早发型糖尿病。

线粒体病是指以线粒体功能异常为主要病因的一大类疾病。除线粒体 DNA 突变直接导致的疾病外,编码线粒体蛋白的核基因突变也可引起线粒体病,其中线粒体 DNA 突变导致的线粒体病呈现母系遗传的特征。

线粒体是一种存在于大多数细胞中的由两层膜包被的细胞器，直径为 0.5～10 微米。线粒体为细胞的活动提供了能量，因而有"细胞动力工厂"之称。线粒体拥有自身的遗传物质，称为线粒体 DNA（mtDNA），mtDNA 为环状双链 DNA 分子，人类 mtDNA 长 16 569 碱基对（bp），包含 37 个基因。

在受精卵形成时，卵母细胞拥有上百万拷贝的 mtDNA，而精子中只有很少的线粒体，受精时几乎不进入受精卵。因此，受精卵中的 mtDNA 几乎全都来自卵子，来源于精子的 mtDNA 对表型无明显作用。这种双亲信息的不等量表现决定了线粒体遗传病的传递方式表现为母系遗传，即母亲将 mtDNA 传递给她的儿子和女儿，但只有女儿能将其 mtDNA 传递给下一代。

⑰ 人类白细胞抗原是怎么回事

人类白细胞抗原（HLA）是主要组织相容性复合体的表达产物。HLA 是具有高度多态性的同种异体抗原，其化学本质为一种糖蛋白。HLA 是编码人类主要组织相容性复合体的基因簇，定位于第 6 号染色体短臂上。人群中 HLA 的多态性非常丰富，约有高达上千万个基因型。因此，除了同卵双生子以外，很少有 HLA 完全相同的个体，从而使得 HLA 可作为个体的遗传"身份证"。

HLA 具有独特的识别功能，可在免疫反应中起作用。实践证明，HLA 相同的同胞供者进行肾移植，成功率达到 90% 以上；HLA 半合的供者，移植效果明显下降；当 HLA 完全不合的供体进行移植时，基本没有成功的

可能性。这为器官移植的配型提供了重要的理论依据。此外，HLA 基因型因其特殊的遗传特征，也是亲子鉴定的重要手段。

⑱ "试管婴儿"的前世今生

"试管婴儿"技术目前已经成为众多不孕不育夫妇生育的唯一希望，而第一例"试管婴儿"的诞生过程充满了曲折。英国的布朗夫妇因妻子的输卵管受阻，不能自然受孕，1976 年，妻子又做了双侧输卵管切除手术。从理论上讲，夫妇二人失去了生育的可能。1977 年 11 月 10 日，夫妇二人接受了剑桥大学生殖生理学家帕特里克·斯特普托和妇产科专家罗伯特·G·爱德华兹为他们进行人工授精手术。将卵子从布朗太太的卵巢中取出，并在体外与布朗先生的精子受精。经过两天多的体外培养再将胚胎移植回布朗太太的子宫中。1978 年 7 月 25 日深夜 11 时 47 分，世界上第一个试管婴儿路易丝·布朗终于在英国奥德姆总医院诞生，这一刻具有了划时代的意义。10 年以后，1988 年 3 月 10 日 8 时 56 分，中国的第一例"试管婴儿"在北京大学第三医院诞生，其父母为了感谢时任该院妇产科主任的张丽珠医生，特意给她取名为郑萌珠。

"试管婴儿"并不意味着婴儿是在试管里长大的，而是从女方的卵巢中取出卵子，在实验室里让其与男方的精子结合，成为受精卵，然后移植到子宫内着床。正常的受孕过程中需要精子和卵子在输卵管相遇、结合，并形成受精卵，而"试管婴儿"中的试管是代替了输卵管的功能。目前，"试管婴儿"的妊娠率为 40%～50%，仅中国每年出生的试管婴儿就

高达 20 万,为众多不孕不育的夫妇解决了困扰多年的问题。

经过 40 多年的发展,"试管婴儿"技术已经发展到了三代。其中第一代是指体外受精-胚胎移植技术,它是将精子和卵子在体外受精,培养几天后移入子宫并着床。该技术可以解决因女性因素引致的不孕。第二代是卵细胞质内单精子注射(ICSI)技术。ICSI 不仅提高了妊娠成功率,而且使试管婴儿技术适应证大为扩大,特别是解决了很多由于男性精子问题引起的不孕不育症。第三代则是将胚胎植入前遗传学诊断(PGD)技术应用于辅助生殖,特别适用于是某些遗传病携带者的夫妇。生殖医学中心在胚胎植入母体之前,将根据夫妇双方携带致病变异的情况对这些胚胎进行诊断,从中选择最符合优生条件的那一个胚胎植入母体,从而避免遗传病患儿的出生。目前,人们已经可以使用这种 PGD 方法避免许多遗传病传递给后代,不仅解决了生育的问题,更为减少出生缺陷的发生率做出了重要的贡献。

⑲ 产前血清学筛查有什么用

产前血清学筛查是通过孕妇血清标志物的检测来发现怀有某些先天缺陷胎儿的高危孕妇。常用的血清学产前筛查标志物包括甲胎蛋白(AFP),人绒毛膜促性腺激素(hCG)、β-hCG 和游离 β-hCG,非结合雌三醇(uE3),妊娠相关血浆蛋白 A(PAPP-A),抑制素 A(InhA)。

血清学产前筛查目前主要包括孕早期和孕中期的唐氏综合征筛查。早期筛查一般在孕 8～13 周进行,中期筛查在孕 15～20 周

进行。

其中孕早期唐氏综合征的筛查是孕早期超声胎儿颈后皮肤透明带(NT)检查和血清学筛查联合进行。通常染色体异常的胎儿 NT 在孕早期会有不同程度的增厚。孕早期筛查受 NT 检测孕周的限制,建议孕妇在孕 11～13 周进行。此外,孕早期低水平的母血清 PAPP-A 和高水平的 hCG 与唐氏综合征胎儿的妊娠也有很大的相关性。因此,NT 的检测结合孕妇的年龄、PAPP-A 和 hCG,组成了孕早期唐氏综合征的三联筛查。其检出率和假阳性率达到了令人满意的水平。

由于低水平的 AFP、高 hCG 值,以及低水平的 uE3 值和唐氏综合征妊娠相关性很大,因此可以通过检测孕中期母体血清中 AFP、hCG、游离 β-hCG、InhA、uE3 水平,并结合孕妇的年龄、体重、孕周、病史等进行综合风险评估,从而可以得出胎儿罹患唐氏综合征等染色体病以及神经管缺陷的风险度。

⑳ 哪些人需要进行产前诊断

产前诊断是指在胎儿出生前对其发育状态、是否患有特定的疾病进行检测和诊断。目前最常见的产前诊断包括超声产前诊断和侵入性产前诊断。其中超声产前诊断已经成为孕期检查的常规项目。

侵入性产前诊断主要是指在尽可能保证孕妇和胎儿安全性的前提下,通过各种途径获取胎儿的组织,对这些组织进行分析。比较常见的侵入性产前诊断技术包括孕早期经腹 B 超引导下绒毛活检技术、羊膜腔穿

刺获取羊水的技术以及穿刺获取脐血的技术。获取的细胞可以对胎儿进行细胞遗传学分析、DNA分析和酶学分析，从而对染色体病、单基因病和先天性代谢病进行产前诊断。

一般情况下，35岁及以上的高龄孕妇、产前筛查提示存在胎儿畸形高风险者、曾生育过染色体病患儿的孕妇、超声波检查怀疑胎儿可能异常的孕妇、夫妇一方为染色体异常携带者、有遗传病家族史的夫妇，以及曾有妊娠期特殊致畸因子接触史的孕妇均需要进行产前诊断。当然，进行侵入性产前诊断之前需征得孕妇及其家属的同意。

21 基因诊断降低遗传病的发病率

遗传病是由于遗传物质变异引起的，因此对患者遗传物质进行检测是诊断遗传病最根本的方法。

随着PCR技术和高通量测序技术的飞速发展，基因诊断技术已经十分系统和普遍地用于单基因遗传病的诊断和遗传咨询，通过对受检者的某一特定基因（DNA）或其转录物（mRNA）进行分析，即能检出患者家系中的致病基因携带者或高危个体，有效地降低了这些疾病的发病率。

回顾遗传病诊断学60多年的发展历史，大致经历了4个阶段。

（1）应用细胞遗传学分析技术对各种染色体病进行诊断。

（2）利用DNA分子杂交技术开展遗传病的基因诊断。

（3）以PCR技术为基础的基因诊断，特别是定量PCR和实时荧光PCR的应用，可

广泛用于各种基因变异的检测。目前以PCR技术为基础的基因诊断依然是最主流的技术之一。

（4）高通量分析技术，包括20世纪90年代出现的基因芯片技术和近年来出现的高通量测序技术。与遗传病检测最为相关的芯片技术包括基因序列检测芯片、基因表达检测芯片和比较基因组杂交芯片。而高通量测序技术更是已经在染色体病无创产前检测（主要针对21三体、18三体和13三体综合征）和单基因病检测方面取得了突破性进展，临床应用前景非常广阔。

22 可治可控的新生儿遗传代谢病

新生儿遗传代谢病就是代谢功能发生了缺陷的一类遗传病，包括氨基酸、有机酸、糖、脂肪和激素的代谢等。这类病有一些稀奇古怪的名字，如苯丙酮尿症、甲基丙二酸尿症、中链酰基辅酶A脱氢酶缺乏症等。可能很多人从来没有听说过遗传代谢病，很多医生对这类疾病的了解也很少。

尽管每种遗传代谢病很少见，但是累积起来，这类疾病的患病率是相当可观的，而且这类疾病可以造成体内任何器官和系统的损害，使儿童智力受到影响，甚至导致新生儿早期死亡，是一类危害极大的可怕疾病。

新生儿遗传代谢病的表现复杂多样，但是早期通常没什么表现，因此，遗传代谢病的诊断十分依赖实验室检测。越早发现，越早治疗，对宝宝就越好，有些遗传代谢病，如果在孕期就被发现，甚至可以进行宫内治疗。目前国际上对新生儿遗传代谢病的筛查主要采用"液相串联质谱技术"，一般在新

生儿出生 24 小时后由专业的护士采集新生儿的足跟血数滴，便可检测 30 余种遗传代谢病，这是新生儿迈入健康人生的第一道"安全检查"。

如果宝宝出现惊厥或者昏迷，宝爸宝妈们一定会非常紧张，会赶紧将宝宝送医院。此外，还需要留意一些容易被忽略的早期症状，例如宝宝喝奶少、反复呕吐，或者不要喝奶、总是睡觉，或者有顽固性的皮疹，或者尿液有股异常的气味等，一旦发现这些情况，也要及时寻求帮助或就医。

新生儿遗传代谢病是可以治疗、可以被控制的。大多数遗传代谢病以饮食治疗为主，有一些可以通过维生素、辅酶等进行药物治疗。在危急的情况下，血液净化治疗可以挽救代谢危象宝宝的生命。一些新生儿遗传代谢病如果能得到有效控制，宝宝是可以正常生活、学习和工作的，因此一定要努力做到早发现，早治疗。

23 "三级预防"减少出生缺陷

新生命的诞生是令人无比喜悦的事情，健康可爱的宝宝是无数家庭幸福的源泉。但如果宝宝生下来就伴随着严重的疾病，对家庭来说是非常大的打击，也会给社会带来沉重的负担。

很多人都听说过先天性心脏病、地中海贫血、唐氏综合征等先天性疾病，这些都属于出生缺陷。实际上，出生缺陷所包括的疾病种类非常多，既包括结构畸形(如无脑儿、脊柱裂等)，也包括功能异常(如先天性聋哑、智力低下和代谢异常)，这些疾病会严重危害新生儿的身体健康。

根据《中国出生缺陷防治报告(2012)》估计，我国出生缺陷的发生率在 5.6% 左右。每年新增出生缺陷人数约 90 万例，平均每 30 秒就有一名缺陷儿出生。出生缺陷已成为影响人口素质和群体健康水平的公共卫生问题。如何减少出生缺陷的发生是准爸爸准妈妈们非常关心的问题。通过"三级预防"措施，早发现、早干预、早治疗，可以减少出生缺陷的发生，使有出生缺陷的新生儿得到早期诊断和治疗。

(1) 一级预防：包括婚前检查和婚前咨询、孕前检查和孕前咨询，服用叶酸和多种维生素干预等。育龄妇女要避免接触各种危险因素，为胎儿的生长发育提供良好的内外部环境。如果家族有遗传病史的话，一定不要盲目生育，可以在医生的指导下，进行胚胎植入前遗传学诊断。

(2) 二级预防：是指进行产前筛查和产前诊断。对于筛查出胎儿有出生缺陷的孕妇，经过科学论证，有的可以进行宫内治疗，有的可以等宝宝生下来以后再治疗，有的可以做引产手术终止妊娠。

(3) 三级预防：是指进行新生儿筛查和体检。目前所进行的足跟血筛查、听力筛查和先天性心脏病的筛查，都是针对出生缺陷的。对出生缺陷的宝宝采取及时、有效的诊断，矫正先天畸形，进行治疗和康复，可以提高出生缺陷宝宝的生活质量。

🌱 怀孕后的胎儿保护 🌱

㉔ 怀孕早期身体的反应

怀孕是一件幸福的事,虽然在孕早期孕妈妈不容易感受到宝宝的存在,但孕妈妈的身体已经开始发生一些微小的变化。

(1) 停经:是怀孕早期的重要信号,一般而言,如果女性在排卵期有过性生活,孕妈妈发现自己月经推迟 10 天以上,就应该考虑是否怀孕。

(2) 早孕反应:在孕妈妈怀孕 6 周左右,会出现孕吐反应,一般在早、晚间情况会比较明显。若有性生活的女性意识到自己最近食欲不振,头晕、恶心想吐,对往常接触的食物感到反感,若身体无其他疾病,则可能是怀孕的征兆。

(3) 乳房胀痛:怀孕后,孕妈妈会出现乳房变大、变软的症状,有时会有酸痛,乳头及周围颜色也会逐渐加深,这是由于孕妈妈体内雌性激素和黄体酮增多导致的。

(4) 尿频尿急:孕妈妈在怀孕后,子宫会逐渐膨胀,对膀胱的刺激也更大,开始引起尿频、尿急等症状。等子宫大小超出盆腔后,子宫对膀胱的刺激也会减小,尿频等症状亦会缓解。

(5) 白带增多:在女性怀孕后,体内的雌性激素会逐渐增多,雌性激素会刺激子宫内膜腺,使得孕妈妈体内的分泌物增多,白带也随之增多。

(6) 少量出血:受精卵在形成后会在 1～2 周在子宫着床,着床时可能会造成出血现象。

(7) 体温升高:正常情况下,女性体温在排卵前较低,在排卵后较高,若女性体温相对而言一直较高,并持续 2 周左右,则应考虑是否怀孕。

除上述情况外,身体疲劳、情绪不稳定等也都是怀孕常见的症状,女性在怀疑自己怀孕后,应前往正规医院检查,除了确定是否怀孕外,也排除怀孕早期的一些意外情况,早日做好相关准备。

㉕ 如何推算预产期

俗话说,"十月怀胎",其实胎儿在母亲子宫内的时间为 280 天,根据这个时间,医生根据准妈妈最后一次月经情况推算分娩时间,即预产期。预产期对怀孕和分娩有一定参考作用,但预产期并非绝对准确,一般预产期前后两周内分娩都很正常,具体的分娩时间还需要看临产症状。计算预产期的常用方法有以下几种。

(1) 孕吐计算法:通常女性会在孕 6 周左右出现首次孕吐,也就是距离最近一次月经后的 42 天,再加上 250 天就是预产期(整个孕期按照 40 周来算)。不过每位女性的孕吐反应不一,因此该方法并非绝对准确。

(2) 胎动计算法:这种计算方法适合不清楚末次月经来临日期的女性。首次感受到胎动往往在孕 18～20 周,也就是孕 5 个月左右。如果是第一次怀孕,将胎动首日加上 20 周即可算出,如果是二胎则加上 22 周。

(3) 月经计算法:可以根据最后一次月经来临的日期来推算,计算方法为月份 + 9/－3,日期 + 7。例如末次月经来临的日期为 1 月 8 日,那么预计分娩的月份为 1 + 9 = 10,日期为 8 + 7 = 15,预产期就为 10 月 15 日。这种计算法的前提是女性月经周期稳定在 28 天,但实际上每位女性周期都不同,因而医生会适当进行调整。

(4) B 超计算法:女性做完 B 超后,医生可以通过相关数据进行推算,主要是头臀长、双顶径及股骨长度,以此来判断胎儿大致周龄,这也是大多数医生会采用的方法。在推测预产期时,孕早期超声相对更准确。

(5) 基础体温计算法:如果有记录基础体温的习惯,排卵日往往被认定为受精日,只要将基础体温低温段的最后一日当作排卵日,再向后推算 264～268 天,就可以算出预产期。对于经期稳定的孕妇来说更适用。

(6) 子宫底高度:一般来说,这种方法会用在孕中、晚期。比如在孕 18 周左右,子宫底的高度在肚脐下一横指的位置,这些可以帮助评估孕龄。

26 注意宫内窒息的信号

正常情况下,通过胎盘的循环,孕妈妈把氧气输送给胎儿,同时再把胎儿代谢出的二氧化碳带到身体外。然而,孕妈妈在分娩前或在分娩过程中,时常会由于母体、胎盘、脐带以及胎儿等的异常,影响了胎儿与母体的气体交换,使胎儿在孕妈妈的子宫内因为缺氧而发生窒息。缺氧的胎儿会发出"信号",当出现如下异常症状时应高度重视。

(1) 最令人担忧的表现是胎儿的心率不正常了。本来胎儿的心脏跳动应该是每分钟 110～160 次,而在缺氧时,心跳突然先变快,后逐渐变慢,同时心跳的强度也由强变弱。当心跳每分钟少于 100 次时,胎儿就很危险了。

(2) 胎儿缺氧时,胎动也发生改变,表现为刚开始缺氧就出现躁动及胎动频繁,但随着缺氧的程度越来越重,胎动会越来越弱,而且次数越来越少。

(3) 胎儿在缺氧时,会引起肠蠕动以及肛门肌肉松弛,由此使胎便排于羊水中,如果此时妈妈发生破膜,就可在羊水中见到胎便,这表明胎儿窒息严重。

(4) 缺氧后胎儿的生长也会放缓。胎儿生长情况可以通过测量子宫底高度而得知。正常情况下,妊娠 28 周以后应每周增加 1 厘米左右。孕妇按时到医院测量,如果持续两周不增长,则应作进一步检查。

宫内窒息是产科临床最常见的新生儿危象,是胎儿围产期死亡及新生儿神经系统后遗症的常见原因,需要积极防治。注意观察胎儿的心率、胎动次数及强度,尤其是在临产时,如果有不正常的现象,争取早发现、早处理。如果有胎头浮、胎位不正如臀位、横位等,应该在孕晚期多注意休息,以防发生胎膜早破、脐带脱垂等并发症。

孕妈妈一定要按时去做孕期检查,以便及早发现异常。一旦发现患心脏病、贫血、糖尿病、妊娠高血压以及过期妊娠,马上积极进行治疗。一旦发生胎儿缺氧，要积极配合所采取的各种治疗措施，如改变体位、吸氧、缓解过强的子宫收缩等。如经治疗不见好转，应该听从医嘱短时间内结束妊娠，进行剖宫产或阴道助产。

27 见红了必须保胎吗

在妊娠早期，约 1/4 的孕妇会经历不同程度的见红，类似于月经初期或末期的出血量。出血的颜色可能呈粉色、红色或褐色。孕早期见红的常见原因有生理性和非生理性的。

受精卵形成后，会在子宫内膜着床，这个过程会导致少量出血。这种类型的见红属生理性出血，不需特殊治疗，只要保持外阴清洁即可，往往短期内自行缓解。

非生理性出血指一些病理性因素引起的阴道出血，如先兆流产、宫外孕、葡萄胎等。对于这些情况，建议尽早去医院就诊，评估胚胎发育状况。

当出现见红，尤其是伴有孕酮水平较低时，很多孕妇会补充孕酮类的药物，好像药一下肚，胚胎就有了保障，紧张的情绪通过"药物的作用"得到了缓解。但实际上，孕早期并不建议积极保胎。对于宫外孕和葡萄胎等病理性的妊娠情况，准妈妈们需要接受"不保胎"这一建议，毕竟肚子里的胚胎是异常的，需要医学干预尽早终止。

面对先兆流产或流产的情况，孕妇总希望尽量保住胎儿，那这个做法到底对不对呢？研究发现，孕早期胚胎停育中胚胎染色体异常占 50% 以上，通俗地讲，即自然规律的"优胜劣汰"。孕酮水平的高低并不代表是否会流产，这个指标反映的是胚胎活性，孕酮低可能是"果"而非"因"。

当排除了宫外孕或葡萄胎等情况后，准妈妈们可短暂观察胚胎发育情况，正常的胚胎多数会健康地发育。如果真的出现胚胎停育，请不要忘记将流产的胚胎组织送染色体检查，帮助寻找流产原因。

28 胎儿家庭监护很关键

孕妇除了要定期到医院进行产检之外，家庭的监护也非常关键，胎儿的家庭监护都有哪些项目？

(1) 听胎心音：胎心音就是胎儿心跳的声音，在怀孕 15 周以后胎儿开始有正常心跳了，这个时候通过胎心仪就能听到胎儿的心跳声。等到了孕晚期，只要将耳朵直接贴到孕妇腹部就能清晰听到胎儿"扑通扑通"的心跳声。胎儿正常的心跳应该是均匀的，而且胎儿心跳一般比成人快，每分钟跳动 110～160 次。当胎儿在妈妈肚子里伸展拳脚时，胎心率会有短暂的加速反应，超过 160 次，这是正常现象。如果胎心每分钟的跳动次数持续小于 110 次/分，或者持续超过 160 次/分，应及时看医生。

(2) 注意胎动：胎儿发育到 20 周左右就开始在妈妈肚子里活动了，一般胎儿每个小时都会活动 1～2 次，随着怀孕时间的推移，胎儿的胎动频率和动作都会不断增大。孕妇平时一定要多注意胎动情况，如果长时间没有感觉到胎动很可能提示胎儿出现了状况，这时候一定要及时到医院检查。

如何数胎动

很多准妈妈会说,只能感觉到宝宝在动,但不太会数胎动,什么情况是胎动少?一般来说,孕28周后,胎儿便有了自己的作息规律,每天固定的三个时间段进行三次胎动计数,例如每日的三餐后分别计数胎动,平常一小时内胎动都有8次,突然某天同样的时间段内胎动变成了3次,虽不算胎动过少,但比平时的胎动少了一半以上,那么准妈妈们要提高警惕,及时去医院就诊。

29 当心病毒对胎儿的危害

大多数病毒不会对胎儿造成影响,如果准妈妈们孕期发生病毒感染,大多数情况下没有明显的临床症状或症状轻微(类似感冒)。而一旦胎儿出现病毒感染时,通常没有特殊的临床表现,而是有出生后的功能性变化(如听力、智力等),因而产前难以评估。如果孕妈妈在孕期不慎感染了以下几种病毒,要格外关注胎儿的健康问题。

(1)**风疹病毒**:孕妈妈孕早期初次感染风疹病毒后,病毒可通过胎盘屏障进入胎儿,常造成流产或死胎,还可导致胎儿发生先天性风疹综合征,引起胎儿畸形或出生缺陷,如宝宝出生后患小头畸形、先天性聋哑、骨发育障碍、先天性白内障、心脏病及其他结构的发育畸形。

(2)**巨细胞病毒**:巨细胞病毒早期感染会影响胚胎的发育,导致流产。孕中期时感染会导致胎儿在宫内生长发育迟缓,引起胎儿畸形、死亡等。

(3)**其他**:如人类细小病毒B19、柯萨奇病毒等,也会对胎儿造成不良的影响。

建议准妈妈们在怀孕前对有些病原体进行筛查,若有感染则积极治疗。若在孕期不幸感染了病毒,准妈妈们也无需紧张,因为母亲感染并不一定会发生胎儿宫内感染,胎儿感染也不一定会发生严重的后果。孕期通过影像学检查胎儿的宫内发育,有时候能给一些提示,如腹腔内钙化灶、羊水量异常、侧脑室增宽、小头、肠管扩张、胎儿贫血等。

30 准妈妈携带乙肝病毒该怎么办

大多数的乙肝患者是慢性乙肝病毒携带者,他们的身体无任何不适,能够正常地生活和学习,检查肝功能也完全正常,这些携带者化验检查只有乙型肝炎病毒(HBV)指标为阳性(大三阳、小三阳等),完全享有结婚生育的权利。然而,当准妈妈携带HBV时,常常焦急万分,担心将HBV传染给宝宝。准妈妈携带HBV真的很可怕吗?

HBV的传播途径有以下几种。

(1)**产前传播**:是指孕妇体内的HBV直接通过胎盘传染给子宫内的胎儿,实际上并不多见。当乙肝病毒DNA复制较高的孕妇需要接受介入性产前诊断时(羊水穿刺等),会面临产前垂直传播的风险。

(2)**产时传播**:乙肝的母婴传播主要发生在围产期,多为分娩时通过血液和体液传播。对于未接受免疫预防的乙肝携带者,孕期垂直传播率可高达15%。因此出生后24小时内、1个月、6个月分别接种乙肝疫苗是预防HBV感染最有效的方法,同时联合乙肝免疫球蛋白的应用,对于小三阳孕妇的新生儿保护率为 98%～100%,对于大三阳的保护率为 85%～95%。

(3) 哺乳期传播:其实母乳喂养并不增加婴幼儿 HBV 感染的风险。对于大三阳的产妇而言,母乳中确实会不可避免地存在 HBV,但母乳中免疫球蛋白等都被证实对于多种病毒具有抑制和杀灭作用。母乳对婴幼儿疾病的预防是其他食物和药物无法替代的。新生儿在出生后 12 小时内注射乙肝免疫球蛋白和接种乙肝疫苗后,都可以接受 HBV 感染产妇的哺乳,无需检测乳汁中是不是有 HBV。

31 孕妇用药要谨慎

有病吃药似乎习以为常,这些药物固然有一定的疗效,但是如果对病情掌握不准,对药理了解不透,随便吃药就可能造成失误。特别对孕妇来说,有的药物可能会影响胚胎发育,造成流产、胎儿畸形、死胎等。孕妇服药后,药物能从母亲的血中通过胎盘到达胎儿体内。因此孕妇用药后,母亲和胎儿都将受到药物作用,妊娠的几个阶段较为重要。

(1) 受孕的前 2 周:为着床期,这时胚胎对周围的环境有一定的预防能力,胚胎细胞为多向型,可以分化为身体的各个部分。如果药物对某些细胞造成损害,其他细胞能够代替,使胚胎恢复并继续发育,如果药物剂量过大,细胞损害较多,则会造成永久性的器官缺损或功能缺陷,甚至会杀死胚胎,造成流产。

(2) 孕 2～8 周:为胎儿各器官的形成期。这时药物所致的畸形与各器官发育的阶段有关,如神经组织在 2～4 周,心脏在 3～6 周,肢体在 3～7 周易受药物的影响。这个时期用药更应特别注意,否则可能使胎儿畸形。

(3) 孕 8 周以后:这时药物的损害不易再造成畸形,但可造成功能上的障碍,导致各种先天性的疾病。

(4) 孕晚期或产前用药:会使药物积蓄在胎儿体内。胎儿出生以后残留的药物要靠其自身的代谢将其排出。由于新生儿各个系统的发育尚不健全,对药物代谢排泄能力较弱,就会出现种种药物不良反应,这对新生儿,特别是早产儿的危害甚大。

32 孕妇合理运动好处多

许多孕妈妈,尤其是有过流产经历的孕妈妈会认为怀孕期间卧床休息、减少运动是最安全的。其实,孕期缺乏运动反而对孕妈妈和胎儿有不利影响。孕期合理运动的好处多多,对母胎健康都有益。

对孕妈妈的好处在于增强体质,缓解孕期

特别提醒

孕期用药坚持"慎重"的原则,并非主张绝对不用药。根据药物的致畸作用,美国食品药品监督管理局(FDA)进行了妊娠期药物安全性的分类。对于各位准妈妈来说,如果在不知怀孕的情况下有药物使用史或孕期因身体状况需要用药,建议详细咨询医生,帮助判断药物的安全性。如果药物带来的益处大于弊端,该用则用。

疲劳、帮助快速适应孕期反应,且有助于自然分娩。运动最大的好处就是促进新陈代谢,可以有效预防和减少孕妈妈身体水肿,还能缓解腰腿酸疼,增强体质。

孕妈妈做运动可以大大缓解孕期疲劳,还能够调节孕妈妈的神经系统,帮助孕妈妈快速适应妊娠反应,增强食欲,促进营养吸收。此外,运动还能锻炼孕妈妈的肌肉组织,尤其是腹肌,对分娩大有好处,能减少孕妈妈因腹壁松弛造成胎儿难产,因此想要顺产更顺,运动少不了。

对胎儿的好处则在于促进生长发育。孕期运动可以为孕妈妈增加血氧含量,促进孕妈妈的大脑释放脑啡肽等有益物质,有利于胎儿的大脑发育,运动也可以促进胎儿的各个器官的发育,比如呼吸系统、感觉系统的器官。

根据怀孕不同阶段,运动方式也各有特点,例如孕早期可选择散步,孕中期可选择游泳、瑜伽等。开始锻炼时,运动量从小开始,待适应后逐步增加至最合适的运动量。在运动中如果出现疼痛、气短、出血、破水、胎动异常等现象,应立即停止运动,马上就诊是最正确的选择。

33 重视孕晚期的营养

在胎儿发育的各个时期,其所需营养和生长速度是不一样的,因而对营养要求也是不同的。孕晚期胎儿生长很快,孕妇要储备足够的能量以备分娩,因此应特别重视孕晚期的营养补充。孕晚期应该如何补充营养呢? 首先应遵循饮食原则: 适量,均衡,多样化。也就是说孕期既不能吃太多,也不能吃太少,既要保证碳水化合物、脂肪、蛋白质及钙、铁等微量元素的摄入,又要做到多样化、合理化的搭配。

另外要切记的是,一定不要盲目大量进补,尤其要控制淀粉、糖、食盐的摄入量,尽可能将整个孕期的体重增加控制在 12 千克内,以免引起孕妇过度肥胖,引发糖尿病、高血压疾病等妊娠并发症,不利于产后恢复及远期身体健康。孕晚期每天的主食需要增加到800 克,胎儿的发育需要一定的蛋白质,要保证蛋白质摄入,荤菜每餐也可增加到 150 克。

除了每日三餐所能提供的营养外,胎儿在整个妊娠期也需要从母体摄入钙、铁等微量元素,保证各个脏器的健康发育。因此准妈妈们每天至少需摄入钙 1.2 克以上,同时需多摄取富含维生素 D 的食物,以协助钙的吸收。孕妇每天的需铁量为 15 毫克,除了维持自身组织变化的需要外,还要为胎儿生长供应铁质,同时母体还要为分娩失血及哺乳准备铁质。此外,不要忽略了 B 族维生素及其他微量元素的重要性。

准妈妈们除了注意均衡合理的饮食之外,万万不可忽视空气、水和阳光的重要性,它们所提供的营养是其他物质无法替代的。新鲜的空气是人体新陈代谢过程中所必需的,阳光中的紫外线除了能防治佝偻病外,还具有杀菌和消毒作用,提高孕妇抵抗力,预防感染性疾病,有益于胎儿发育。

34 不要轻视乳房的准备

乳房不仅仅是女性特有的健美象征,还具有分泌乳汁及喂养婴儿的功能。乳汁是宝宝生命的源泉,乳房是酝酿乳汁的"温床",但很多孕产妇尤其是初产妇，由于缺乏相关知识，对乳房的护理重视程度不够，在分娩后常因乳头凹陷、乳管堵塞不通等因素而中断母乳喂养，直接影响婴儿的正常生长发育。为了顺利实现母乳喂养，准妈妈们可以通过以下几个步骤，加强对乳房的护理，提前做好准备。

（1）孕期乳房的保健：从孕早期就应开始进行乳头伸展练习，以适应产后哺乳的需要，避免婴儿吸吮困难。除此之外，为了促进乳房的血液循环，促进乳腺发育，在妊娠28周后要坚持适当的乳房按摩，还能提前预防和发现疾病的发生。

（2）孕期做好清洁护理：在怀孕5个月后，应经常用清水擦洗乳头；如果乳头结痂难以清除时，还可先涂上植物油，待结痂软化后再用清水清洗，擦洗干净后涂上润肤油，以防皲裂。

（3）孕期合理选择文胸：合适的文胸能给乳房提供可靠的支撑和扶托，通畅乳房的血液循环，对促进乳汁的分泌和提高乳房的抗病能力都有好处，还能保护乳头不会受到擦伤。

第二讲　儿童保健与健康促进

🍄 新生儿的养护 🍄

35 为宝宝准备什么样的小床

宝宝出生后,很多家庭会给宝宝准备一张婴儿床。市面上的婴儿床多种多样,令人眼花缭乱,在选择的时候,请爸爸妈妈们注意首要的安全问题。选择婴儿床时一定要注意周围要有栏杆,最好三面固定、一面能移动,栏杆高度约为 0.5 米。栏杆既对宝宝有安全作用,又可在宝宝会扶站、学移步时起到扶持作用。要注意每根栏杆之间的距离应小于 6 厘米,如间距太宽,会有夹住头部的危险,过窄又会卡住小脚而发生扭伤。在夏季可在小床上挂一顶蚊帐,避免蚊子叮咬。

有的家庭会给宝宝准备可摇晃的小床。摇晃有助于催眠,但宝宝一哭就用力摇晃几下,使宝宝一直处于昏昏欲睡的状态中,对宝宝的生长发育不利。等宝宝满月或者体重超过 4.5 千克时,就不应该继续睡在摇篮里了。

36 应选择怎样的婴儿推车

宝宝的脊柱发育分为几个阶段:新生儿的脊柱很柔软,出生 3 个月时开始抬头,脊柱出现第一个弯曲,颈部的脊柱前凸。6～7 个月开始会坐,出现第二个弯曲,胸部的脊柱后凸。1 岁开始行走,出现第三个弯曲,即在腰部的脊柱前凸。宝宝在生长发育过程中,逐渐形成脊柱的三个自然弯曲,能有效地保持身体的独立平衡。因此,在选择婴儿推车时应根据宝宝生长发育的特点。

1 岁以内的宝宝活动量较小,应选择既能睡又能坐的两用推车,车上面要有顶篷,避免灰尘和阳光直射。1～3 岁的宝宝活动量增加,活动范围也扩大了,应重新选择一辆以坐为主的推车,外出游园和散步时,可让宝宝坐着,又能让宝宝自己推着小车学行走。

特别提醒

有一种可以折叠的伞柄式推车,虽然便于携带,但有的车背部支撑不足,当宝宝睡着或坐着时,背部弯曲如虾,因此不适合脊柱尚未发育好的婴儿,家长选择时应当加以注意。

37 新生儿的特点有哪些

从出生到满月（28 天）的婴儿称为新生儿。了解新生儿的特点是每个新手爸妈的必修课，有助于分辨新生儿正常和异常情况。

正常的新生儿通常在母亲子宫内发育37～42 周，过多地超前和延迟对胎儿都是不利的。新生儿出生时体重约为 3 000 克，头较大，占身长的 1/4，头顶的囟门开放而平坦，可在头皮表面看见有规则的跳动。健康的新生儿哭声响亮，吮吸能力强，睡眠时间也长。

出生 24 个小时内，新生儿就会排出大小便了。开始 3～4 天的大便为墨绿色的、黏稠、发亮，称之为胎粪。如果 36 个小时内无胎粪或排便很少，同时有腹胀或呕吐的现象，则警惕新生儿有肠道畸形的可能，应及时就医。

身长是反映骨骼发育的重要指标之一，出生时婴儿身长 46～50 厘米。头三个月身长增加最快，平均每个月增加 3 厘米。正常新生儿的头围是 33～34 厘米，3 个月内能增加 5～6 厘米。胸围一般比头围小 1～2厘米。

从生理特点来看，新生儿体温调节能力差，如穿着过暖，易引起高热。对于这种生理性高热，只要适当松开衣被，并补充一定水分后，24 小时内体温大部分能降至正常。

新生儿皮下脂肪少，保温能力也差，在环境温度较低时，一定要采取保温措施，否则新生儿体温降到 35 ℃ 以下，就会不吃不哭，甚至发生硬皮病。

皮肤表层薄而嫩，并布有丰富的血管，是新生儿肌肤的特点。这也使得皮肤容易损伤，全身都有可能成为感染的门户，因此家长

护理时动作需轻柔，指甲要清洁平整。

出生 6 个月以内的婴儿从母体内带来的免疫球蛋白尚未消失，对某些传染病有免疫力，但对腹泻、肺炎、败血症等疾病没有抵抗力。母乳中含有大量抗体免疫细胞，能提高宝宝的免疫能力，减少疾病发生，因此提倡母乳喂养。

38 哪些是新生儿特有的现象

面对柔弱新生儿的种种表现，很多年轻父母会感到手足无措。其实，新生儿的一些表现是正常生理现象，无需担心。下面来了解一下新生儿特有的生理现象。

（1）体重减轻：婴儿出生后 1 周内往往体重减轻。这是因为刚出生的婴儿还不能立即进食或进食量少，而体内胎粪开始排出，还有因呼吸和皮肤排出的肉眼看不到的水分，造成暂时性的减重。这种现象在生后 10 天内即可恢复。如果 10 天后仍未恢复到出生时的体重，要寻找原因，是否因哺乳量不够充足，奶粉浓度不符合标准，或有无疾病等。

（2）四肢蜷曲：新生儿出生后常有两小腿轻度弯曲，双足内翻，两臂轻度外转。四肢呈屈曲状态。这些都是正常现象，家长可不必顾虑。这些现象与胎儿出生前在子宫内的位置有关，胎儿在母亲腹内都是头向胸，双手紧抱于胸前、腿屈起的姿势。出生后仍暂时保持着胎儿期的姿势，大多满月后消失。但如果肢体有较严重的反转现象，应送往医院检查。

（3）呼吸不规律：新生儿的呼吸不但浅而且不规律，有快慢不匀现象。这主要是由于新生儿肋间肌较弱，加之婴儿鼻腔短，鼻咽

部和气管狭小,肺泡适应性差,呼吸主要靠膈肌的升降,所以新生儿以腹式呼吸为主。又因胸廓运动较浅,新生儿每次的呼气与吸气量均少,不能满足身体对氧的需要。因此呼吸较快,一般每分钟呼吸为 40～50 次,这些属正常现象。如有面色发紫及不安状况出现,应及时就医。

(4) 下巴抖动:由于新生儿神经系统尚未发育完全,抑制功能较差,故常有下巴不自主的抖动。这并非病态,爸爸妈妈不必紧张,在冬天应做好保暖工作。如有不正常体温变化,则要尽早排除疾病因素。

39 新生儿的大便是怎样的

新生儿在出生后不久即排便,粪便呈棕褐色或墨绿色,黏稠状,没有臭味。这种粪便是由胎儿期的肠道分泌物、胆汁及咽下的羊水内所含的胎儿皮脂等组成,称为胎粪。新生儿所有胎粪应在 72 小时内排尽,有少数新生儿出生后两天两夜尚无胎粪排出,属于异常情况,应由医师检查看有无消化道畸形或其他原因。

新生儿由于中枢神经系统发育尚未完善,因此对消化道的调节活动不够稳定。直肠内一有大便积聚就刺激肛门括约肌而随时引起排便。新生儿大便次数各有不同,有的一天排 2～3 次,有的每块所换的尿布上都有。

大便的性质也不同,有的呈金黄色,有的呈绿色,有较干的,也有较稀的。一般母乳喂养的新生儿大便次数比较多,常呈金黄色,质较稀;人工喂养的新生儿大便次数较少,颜色较淡,质较干。只要新生儿喝奶正常,这些都

属于正常大便。如果排出粪便水分多、粪汁少、伴有明显酸味,或粪便中带有黏液及血丝,甚至大便呈灰白色等,均属不正常现象,该去医院诊治。

40 新生儿常见的皮肤问题如何护理

新生儿皮肤柔嫩,角质层薄而富有血管,局部防御能力差,易受损伤,再加之免疫力低下,皮肤黏膜屏障功能较差,常受到各种因素的影响,易患各种皮肤病。这就要求新生儿护理人员对新生儿的皮肤、黏膜进行细心的观察,对不同的皮肤问题采取相应的护理对策。

(1) 胎脂:出生后,宝宝皮肤上覆盖的一层灰白色胎脂有保护皮肤的作用。胎脂的多少有个体差异,生后数小时渐被吸收,但皱褶处的胎脂宜用温开水轻轻擦去。护理方法是出生后即用消毒软纱布蘸温开水将头皮、耳后、面部、颈部及其他皱褶处轻轻擦洗干净,尿布区及皱褶可涂无菌植物油或抑菌软膏。其他的胎脂可不急于清除,一般不主张生后即给新生儿洗澡,容易造成低体温,可推迟 24 小时以后进行。胎脂若成黄色,提示有黄疸、窒息或过期产存在。

(2) 黄疸:生理性黄疸多在生后 2～3 天出现,一般持续一周后消失,表现为皮肤呈淡黄色,眼白也微黄,尿色稍黄但不染尿布。新生儿一般情况很好,如喝奶有力、四肢活动好、哭声响等。生理性黄疸在出生后 7～9 天开始自行消退,如果出生 3 天后出现但 10 天后尚不消退或是生理黄疸消退后又出现黄疸,以及生理黄疸期间黄疸明显加重,如皮肤金黄色遍及全身,应及时诊治。对早产儿应

密切观察,根据测得胆红素指标决定是否需要光疗。

(3) 水肿：生后3～5日,在手、足、小腿、耻骨区及眼窝等处易出现水肿,2～3天后消失,与新生儿水代谢不稳定有关。女婴局限于下肢的水肿提示特纳(Turner)综合征的可能。

(4) 新生儿红斑：常在生后1～2天出现,原因不明。皮疹呈大小不等、边缘不清的斑丘疹,散布于头面部、躯干及四肢。婴儿无不适感。皮疹多在1～2天迅速消退。

(5) 毛囊炎：表现为突起的脓疱,周围有很窄的红晕,以颈根、腋窝、耳后、肘曲分布较多,数日内消退。

(6) 粟粒疹：鼻尖鼻翼或面部上长满黄白色小点,直径大小约1毫米,是受母体雄激素作用而使新生儿皮脂分泌旺盛所致,有的新生儿甚至乳晕周围及外生殖器部位也可见到这种皮疹。一般新生儿生后4～6个月时会自行吸收,千万不要去挤,以免引起局部感染。

(7) 汗疱疹：炎热季节,宝宝的前胸、前额等处常出现针头大小的汗疱疹,又称白痱。多因新生儿汗腺功能欠佳所致。

(8) 青记：一些新生儿在背部、臀部常有蓝绿色色斑,此为特殊色素沉着所致,俗称青记或胎生青痣,常随年龄增长而减退。

(9) 橙红斑：为分布于新生儿前额和眼睑上的微血管痣,数月内可消失。

41 为什么新生儿会脱皮

在给新生儿洗澡或换衣服的时候,家长常会发现有薄而软的白色小片皮屑脱落,特别多见于手指及脚趾部位。家长会担心新生儿得了皮肤病,其实这是正常现象。

新生儿皮肤最外面的一层叫表皮的角化层,由于发育不完善,所以很薄,容易脱落。皮肤内面的一层叫真皮,表皮和真皮之间有基底膜相联系。新生儿的基底膜不够发达,细嫩松软,使表皮和真皮连接不够紧密,表皮脱落的概率更大。何况新生儿出生前是处在温暖的羊水中,出生后受寒冷和干燥空气的刺激,皮肤收缩,也更容易脱皮。

多数刚出生的新生儿都存在不同程度的皮肤脱皮问题,这是新生儿对环境的一个适应过程,不需要特殊护理。家长只要注意对新生儿皮肤的清洁护理,动作温和轻柔,不要过度清洁皮肤,避免外来的感染和损伤就可以了,不必为此而感到惊慌。清洗后若要给新生儿涂抹保湿护肤品,建议尽量避免挑选香味浓郁和有色素的,因为护肤品导致过敏的主要元凶就是其中所添加的香精、色素等。

不过,也有些脱皮现象是某些疾病引起的,如鱼鳞病、脂溢性皮炎、湿疹、新生儿红斑狼疮等,需要去医院详细检查。

42 新生儿头上"长包"了怎么办

新生儿头上"长包"有两种情况。一种是新生儿刚娩出,头上就鼓起一个"包",用手摸感到柔软,压之有凹陷,2～3天后完全消失。这种"包"医学上称先锋头,那是新生儿出生时,头部在子宫口受到压迫,致使局部血液循环受到阻碍,引起皮下组织水肿。另一种是在新生儿出生2～3天后才逐步明显形成,用手摸也感到柔软,但用手指压迫无凹陷出现。这种"包"称头颅血肿,大多是由新生儿娩出不顺引起。为了帮助胎儿娩出,医生动用产钳或胎头吸引器来进行助产,此时胎儿头部受挤压,就有可能造成骨膜下血管受伤破裂,血液慢慢积聚成一个血肿。需经过3～4周,肿块逐渐被吸收,变小、变硬,个别新生儿可能需更长些时间,4～6个月才被吸收消失。

了解以上情况以后,对新生儿头上"长包"就不会惊慌了。先锋头、头颅血肿都是分娩时造成的,通常不需任何治疗。由于头颅血肿吸收比较慢,切忌用针挑破,或用注射器去抽血液,这样反而会因带入细菌而发生感染,引起不良后果。

㊸ 为什么不要处理"螳螂嘴"和"板牙"

在新生儿的口腔内,两侧颊部常有稍隆起的丰厚而又坚实的脂肪垫,民间常称"螳螂嘴"。不少父母认为这两块隆起的东西会妨碍宝宝喝奶,因此常要求割治。其实,这两块脂肪垫在口腔里不仅对吮吸无碍,还非常有利。因为在宝宝用力吸吮时,如果没有脂肪层弹性支持,会使双颊内陷。因此,新生儿"螳螂嘴"是正常现象,会随着饮食行为的改变逐渐消失,无需治疗。

新生儿口腔两侧的牙龈边缘或在上腭中线的附近,还常会有乳白色的颗粒,乍看像长出的牙齿,俗称"板牙"或"马牙",医学上叫上皮珠或黏液珠。这是上皮细胞堆积形成的,对喝奶及乳牙发育无任何影响。一般经两周左右可自行吸收或脱落,因此不必治疗,家长更不能用针去挑或用布擦,以免损伤黏膜,引起感染。

㊹ 如何清洁新生儿的五官

宝宝出生不久,年轻的爸爸妈妈在照料、护理宝宝时,会碰到许多问题:宝宝眼角发红,睡醒后眼角有很多眼屎,鼻腔内分泌物堵塞鼻孔而影响呼吸等,想要清洁又不知从何下手。

胎儿在娩出过程中,要经过母亲的产道。产道中存在着某些细菌,新生儿出生时,眼睛可能会被细菌感染,引起发炎。因此,当宝宝出生后,要注意眼周皮肤的清洁。每天可用药棉浸生理盐水给宝宝由里向外拭洗眼角一次,切不可用手拭抹。如发现眼屎多或眼睛发红,应在眼科就诊进行合适的处理,勿随意使用眼药水。

如果宝宝的鼻腔内分泌物较多,清洁时要注意安全,千万不能用发夹等尖锐物挑挖,以免伤及鼻黏膜。如分泌物在鼻孔口,一般都能拉出,但动作要轻柔;如分泌物在鼻腔中部,可先用棉签蘸温水湿润,然后轻轻卷出。

清洁口腔应在两次喂奶之间,给宝宝喂几口温开水。至于耳朵内的分泌物是不需清理的,只要洗脸时注意耳后及耳外部的清洁就可以了。

㊺ 宝宝的脐部该怎么护理

新生儿出生后被剪断的脐带是一个创面,护理不当易引起感染。因脐部感染引起脐炎,甚至细菌入血而造成败血症的,也不乏其例。

对脐部的护理原则是保持清洁干燥,防止感染和皮肤过敏非常重要。在脐带残端自行脱落之前,建议在家中按照以下方法进行日

脐带多久才会脱落

脐带残端自然脱落需要时间，不要试图将其强行拉断。刚脱落脐带后，脐孔皮肤娇嫩，仍要敷盖消毒纱布，以免尿布和衣服擦伤。如果21天后脐带仍然没有脱落，请带宝宝去看医生。脐带残端脱落后可以给宝宝洗澡，继续保持宝宝的肚脐清洁。

常清洁护理。

（1）在接触宝宝脐部之前和之后用抗菌肥皂或洗手液洗手，用干净的毛巾擦干或风干手，防止感染。

（2）尽量避免洗澡时将肚脐浸入水中，当尿液或大便弄脏脐部时，及时清洁。准备温度合适的水，将棉花球或者棉签浸湿，稍稍挤干，从下到上、由内到外擦拭脐带残端。洗完澡后，每天用新生儿专用消毒碘液消毒脐带根部，并从脐部按顺时针方向打圈向外轻轻涂抹，不可来回擦拭，以免把周围皮肤上的细菌污物带入脐部。重复三次，换三根棉签，清理脐部的污物血迹，保持干燥和清洁。脐部没有神经，擦拭时不必担心宝宝不适。将脐带残端用布或纸轻轻吸干，或者暴露在空气中直至完全干燥。

（3）保持脐带残端周围空气流通，有助于脱落和愈合。勤换纸尿裤，建议将纸尿裤边缘向下折叠到脐部以下，避免遮盖脐部，防止大小便渗入包扎的纱布而污染脐部，尽可能选择宽松、质地软、便于保持空气流通和局部干燥的衣物。

（4）脐带周围有干燥的血痂或者少量白色外壳都是正常的，残端脱落时也会伴有少量出血。但是如果局部出现黏稠分泌物，脐带周围皮肤发红伴肿胀，甚至散发出难闻的气味，宝宝变得烦躁不安或昏昏欲睡，就要警惕感染的可能。一旦出现任何感染迹象，要

及时带宝宝到医院治疗，以免造成严重后果。

46 给新生儿洗澡要准备什么

新生儿皮肤娇嫩，代谢旺盛，皮脂分泌多，在皮肤的皱褶处如腋下、腹股沟、颈部等处容易发生糜烂，如果皮肤破损还会发生细菌感染。因此，对于新生儿来说，勤洗澡勤换衣，保护皮肤清洁干燥是非常重要的。春、夏、秋三季较暖和，最好每天洗澡，尤其是夏天，出汗多，如能早晚各洗一次澡，有利于宝宝安睡。

关于洗澡用品的准备：沐浴盆1只，每次洗完澡都要擦洗干净；小毛巾2条，洗脸和洗身分开；浴巾1条，出浴后包裹婴儿用，用完洗净晒干。

在选择婴儿的衣服时，必须符合简单、方便、轻柔、保暖性好和没有刺激性的基本要求。布料质地要选柔软，容易吸水，颜色浅淡的全棉布。衣服要宽大些，便于穿脱，衣服上不宜钉扣子、有毛边，避免对皮肤的损伤。

由于新生儿的屈肌较紧张，四肢常处在蜷曲状态中，手臂缩在衣袖内，所以衣服的袖子要大一些，在上臂部位可用短带子扎一扎，但不宜过紧。婴儿的裤子最好选背带裤或连衣裤，这样可避免因束带或橡皮筋而影响胸廓发育。新衣物要洗净晒干，并集中收藏备

用。但要注意,在存放婴儿衣物的箱子内忌用樟脑丸之类的化学物品,以免引起过敏性疾病和少见的溶血性黄疸。

47 如何给宝宝洗澡

洗澡不但能清洁和保护皮肤,还能促进血液循环,增加身体抵抗力。新生儿皮肤娇嫩,皮肤皱褶处如颈部、腋下、腹股沟等处,受胎脂氧化后刺激或因潮湿污物积聚,易使皮肤破损而发炎。因此,在室温能保持 24～26 ℃的条件下,最好每天洗澡一次。

一般应安排在喂奶前洗澡,以防宝宝呕吐。如果室温达不到要求,可用浴罩以增加沐浴范围的温度。水温须保持在 38 ℃左右,先放冷水,后放热水,以防烫伤。准备干净的衣服、浴巾等放在边上。

家长将宝宝的身体托夹在腋下,并用左手扶头,使其脸面朝上。拇指和中指从耳后向前,按住外侧耳的耳廓,内侧耳贴向家长身体,以堵住外耳道防止洗澡水的流入。洗澡前先将专洗头面部的小毛巾蘸水,从眼内角向外轻拭双眼,然后由内向外洗脸,再洗头。

洗完头面,换一块小毛巾洗身。家长将左前臂垫在宝宝颈下,左拇指按住宝宝的肩胛,其余四指插在腋下,把宝宝放入水中,使宝宝呈半坐姿势。如果脐带尚未脱落,则不能浸在盆内,应上下身分开洗,以免水浸湿脐部。清洗时要注意皮肤皱褶处是否有胎脂,若有就不能用力搓洗,可在浴后用少量植物油轻轻除去。洗完前身和四肢后翻过宝宝,使其趴在家长右前臂上,由上到下清洗背部,特别是肛周和腘窝。洗毕把宝宝包在浴巾或大毛巾内迅速擦干。称量体重可在洗澡后进

行,用浴巾裹着婴儿一起到体重计上,给婴儿换好衣服后,再把浴巾放体重计上,两者之差即为婴儿体重。

48 为什么应减少新生儿与外人的接触

宝宝从产院回家后,亲朋好友纷纷前来探望祝贺。殊不知,来来往往的人群对产妇的休息和刚出生的婴儿都是不利的。

新生儿身体各部分都很娇嫩,对外界环境的适应能力差,抵抗力也弱,特别是呼吸道。在探望的人中,难免带有各种病菌,这些病菌对成人不一定致病,而对免疫系统不成熟、抵抗力低的新生儿来说,却是不小的威胁。新生儿患病后往往病势较重,有时甚至危及生命,因此应尽量减少新生儿与外人接触。另一方面,产妇需要安静舒适的环境,探望的人多不仅影响产妇睡眠和恢复,休息不足也会影响乳汁分泌。

对亲友的来访应尽量婉言谢绝,或缩短会客时间。室内要经常开窗通风保持空气新鲜,有利于母子健康。

49 满月就要剃胎毛吗

常听老人说:"胎毛是从娘胎里带来的,不干净,必须全部剃光,宝宝才能长得好。"于是为了"讨吉利",宝宝满月后,有些家长不但为宝宝剃光头发,而且把眉毛也刮得干干净净。那么,剃头、刮眉毛与宝宝的健康有关吗?

这种说法是不科学的。胎发和胎毛是在胎儿时期形成的,宝宝出生以后,这些体表的毛发对皮肤有保护作用。尤其是冬天天气寒

冷，毛发有保暖作用，满月后不一定要剃光。在夏天，婴儿出汗多，头上容易生痱子，满月后将头发剃光既凉爽又便于清洗，对宝宝的健康有利。至于刮眉毛，那就没必要了，有时反而弄巧成拙，划破婴儿娇嫩的皮肤。

还有许多家长喜欢给宝宝剪睫毛，认为剪后睫毛长得长，显得漂亮，其实这样做也是有害无益的。一是不安全，剪睫毛时稍不注意就会伤到眼睛；二是剪下的碎睫毛很容易进入宝宝的眼睛，刺激眼球而发生炎症。睫毛与人身上其他的毛发一样也会有新陈代谢，会自行脱落并重新长出，家长不要随便给宝宝修剪。

50 宝宝打嗝是怎么回事

新生儿打嗝是一种极为常见的现象，许多父母不理解这是怎么回事，担心宝宝会不会不舒服，是不是得了什么病。殊不知这是由于宝宝神经系统发育不完善而致，不算是病。

膈肌是人体中分隔胸腔和腹腔的一块很薄的肌肉，是人体主要的呼吸肌。膈肌收缩时，扩大胸腔引起吸气，膈肌松弛时，胸腔减少容积产生呼气。由于新生儿神经发育不完善，控制膈肌运动的自主神经活动功能受到影响。当新生儿受到轻微刺激，如冷空气吸入、进食太快等，就会发生膈肌突然收缩，从而迅速吸气，声带收紧，声门突然关闭，而发出"嗝"声。随着婴幼儿的成长，神经系统发育逐渐完善，打嗝现象会逐渐减少，家长不必为新生儿打嗝而紧张，打嗝时可以给新生儿喝些温开水，或者抱起轻轻拍背部。

51 溢奶该怎么处理

溢奶是婴儿的一种常见现象，只要适当喂养和精心护理就可以避免或者减少发生。因为新生儿的胃是横位，食管与胃连接处的贲门和胃与十二指肠连接处的幽门几乎处在同一水平面上，不像成人的胃呈斜立状。另外，新生儿胃容量较小，贲门肌肉发育尚不完善，关闭不严，容易引起胃内奶液倒流。尤其在喂奶后换尿布、哭吵或多动时，更会发生溢奶现象。有的是因为用奶瓶喂养，奶液未充盈奶嘴，使空气被大量吞入，造成胃体过度膨胀而引起溢奶。

预防溢奶，一般可采用坐姿喂奶，防止婴儿吸进大量空气。在母乳喂养时，当妈妈感到自己奶阵太急，可用手轻按乳头或把乳头从婴儿嘴里拿出，流掉一些奶后再喂。喂奶后轻轻抱起婴儿，使其头部靠在家长肩上，用手轻拍背2～3分钟，待听到婴儿打嗝声，表示胃内气体已被排出，再轻放在床上。刚睡下时最好取右卧位，使胃的贲门朝上，一般30分钟后奶液进入肠腔，这时就可以平卧或者左侧卧了。

爸妈小课堂

吐奶与溢奶有什么不同

吐奶的量通常较多，吐奶前新生儿常有不适、哭闹等现象，常由疾病引起，如上呼吸道感染、肺炎、消化不良等。由疾病引起的吐奶还可伴有其他症状，应仔细观察，但这种吐奶常随疾病的治疗而好转。还有一种由先天性消化道畸形而引起的吐奶，比内科疾病引起的呕吐严重得多，呕吐物也因畸形部位不同而有奶汁、胆汁、粪汁等。此种吐奶必须经医师诊断采取进一步治疗。

52 照顾早产宝宝要注意什么

母亲的子宫是胎儿生长发育最良好的环境，无论温度、湿度、营养、氧气都能满足胎儿的需要，为出生后的生存创造有利条件。然而早产儿的各器官发育成熟度低，从母亲体内得到的营养物质贮备不足，免疫能力弱，容易患病。在护理早产儿时，应注意以下四个方面。

（1）注意保暖和空气新鲜：室内温度保持在 24～26 ℃，湿度为 55%～65%。衣被应轻、软、暖，使早产儿的体温（肛温）维持在 36～37 ℃。

（2）喂养和营养问题：母乳喂养按需哺乳，人工喂养一般每 2～3 小时喂奶 1 次。如早产儿吮吸能力很弱，可将母乳或者奶液挤到消过毒的盛器内，用滴管或者小杯慢慢送入宝宝口中。

（3）隔离和预防感染：早产儿待的房间应避免闲人入内，家人接触宝宝前需洗净双手，平时不要随便亲吻宝宝。消过毒的用品不能和其他东西放在一起。如果家人患有感冒，应注意佩戴口罩。

（4）注意宝宝的体位：早产儿最好是平躺或侧卧，不用枕头。

53 为何早产儿容易生病

孕八九个月时，胎儿发育增长得特别快，平均增重 700～1 000 克。此期各器官的功能也相应趋于成熟，胎儿离开母体后可以生存。如果由于种种原因，胎儿在宫内不满 37 周就提前出生，就是早产儿。显然，胎儿缺少后一阶段的发育，早产儿的生长发育过程中

有许多挑战。

早产儿的体温调节中枢能力差，皮下脂肪少，很容易散失体温；若是保暖不当，穿得过多，又因汗腺发育不良，出汗不畅，体温散不出而发高热。因此早产儿体温常高低不稳；又如早产儿呼吸中枢不健全，常会出现呼吸暂停的现象。平时哭声低弱，吸入氧气少，特别在喂奶时，脸部常呈青紫色。一旦有黏痰或奶液滞留在气管内，不易被咳出，可导致窒息或肺炎；早产儿吮吸和吞咽反射功能弱，易引起呛咳和呕吐，同时胃体小，消化液分泌少；由于早产儿肝脏功能低下，如出生时有生理性皮肤发黄的现象，相对持续时间较长；早产儿的免疫系统也不完善，抗病能力要比足月儿低，任何细菌或病毒的侵入都可能导致严重的疾病。

54 早产儿的喂养需要注意什么

由于早产儿体重低，身体发育还不太成熟，对生存环境的适应能力相对较弱，在喂养上需采用特殊方法。一般早产儿在出生后最初的几天，每日每千克体重需要能量 210～250 千焦作为基础能量，以后需要量逐渐加到每日每千克体重供给约 500 千焦，这样早产儿的体重才能增加。

早产儿口与舌的肌肉很弱，消化能力差，胃容量小，可是每日所需能量又不能太少，因此需多次喂养。一般体重低于 2 000 克的小婴儿每日分 8 次喂养，不能耐受者可分成 12 次喂养。母乳最适合早产儿的胃口和消化能力，若采用人工喂养应以早产儿配方奶为宜。

有些早产儿在最初几天往往不能吮乳，

家长可用滴管慢慢滴喂。等待几天后便能直接喂奶或用奶瓶喂养。与正常新生儿一样，早产儿在初生的3～4天内，体重往往减轻，主要原因是喂养不足和大小便排泄所致。

55 足月小样儿的喂养需注意什么

胎龄在37～42周、出生体重在2 500克以下的婴儿，称为足月小样儿，主要表现为营养不良、消瘦，可以说是胎内营养不良的婴儿。因此，足月小样儿应按照营养不良儿的原则喂养。同时，考虑到足月小样儿的代谢较同体重的早产儿高，能量需要也多，因此，早期足量的喂养很重要。这不但可以防止低血糖的发生，有助于体重增长，还有利于脑神经胶质细胞生长，可减少智力低下等后遗症的发生。

在哺喂时对无吸吮能力的足月小样儿，需在医务人员的指导下，将母亲的乳汁挤出，通过胃管或滴管喂养，以保证母乳的摄入；必要时用静脉补充葡萄糖液或营养液。出生时已有吸吮能力的足月小样儿可直接哺喂母乳，开始时每日8～10次，每次5～10分钟，在进奶时无疲劳和食欲减退现象可适当延长进奶时间。

足月小样儿对糖的消化吸收好，蛋白质为次，对脂肪的消化吸收能力差。如果采用人工喂养，应选择适合小样儿的配方奶，以半脱脂奶较为理想。需要指出的是选用的奶嘴要软，开孔2～3个，孔的大小以倒置时奶液滴出为宜。流奶过快，来不及吞咽，易引起呛咳甚至窒息；流奶过慢，吸吮时费力，易使其疲劳而拒食。足月小样儿体内维生素、无机盐贮存少，生长速度又快，应在医生指导下

及时补充维生素D、钙、磷、铁剂等营养素。

由于足月小样儿的消化功能较早产儿成熟，消化不良的现象很少出现，只要喂养得当并保证供给各种足够的营养，其体重增长很快。但若喂养不足，婴儿可发生低血糖和组织损害。

56 袋鼠式护理对早产宝宝有什么作用

针对早产儿的特点，更强调耐心细致的护理，爸爸妈妈们可以试试早产儿的袋鼠式护理。诸多研究表明，袋鼠式护理在降低早产儿的患病率及死亡率、稳定生命体征、促进其生长发育等方面发挥着积极作用。

袋鼠式护理（KMC）是指妈妈（或爸爸）以类似袋鼠妈妈将小袋鼠养育在育儿袋里的方式，环抱着宝宝，让只穿尿布的宝宝贴在妈妈（爸爸）裸露的胸腹部上，进行皮肤对皮肤的直接接触，这样可以为早产儿提供所需的温暖及安全感。

皮肤是人体最大的感觉器官，袋鼠式护理充分利用了这个最大的感觉器官，通过最大面积、长时间的皮肤接触，适宜地刺激婴儿皮肤上分布最广泛的各种感受器，将触觉刺激传入大脑皮层。皮肤上的感受器还可将视觉、听觉、位置觉、平衡觉等信息传到中枢神经系统，兴奋中枢感受点，刺激神经细胞的形成及其与突触间的联系，逐渐促进婴儿，特别是早产儿神经系统的发育。研究显示，KMC对早产儿神经系统的积极影响可以延续到青春期。

在袋鼠式护理中，早产儿能够得到充分的休息，自主活动减少，氧气及能量消耗减少；同时，早产儿从爸爸妈妈身上所获得的温

暖舒适的感觉,通过皮肤感受器经传入神经传入大脑皮层,使神经紧张性降低,促进神经递质的分泌,调节宝宝体内生长激素等激素水平,促进糖原、蛋白质及脂肪的合成;也促进胃肠蠕动和新陈代谢,从而增进新生儿的体格发育。

研究发现,袋鼠式护理还有助于维持早产儿的生理稳定性,如调节体温、稳定心率、提高血氧饱和度和降低呼吸暂停的概率等。袋鼠式护理同时也有利于开始、建立和维持母乳喂养,可以促进妈妈乳汁分泌、减轻乳房胀痛,并且不同程度地缓解妈妈焦虑、抑郁的心理状态。这种既模拟了胎儿在宫内的舒适环境、又模拟了有袋动物照顾幼儿的模式,有利于促进母婴依恋,使婴儿获得安全感,减少外来的压力,有利于形成规律的睡眠。

袋鼠式护理的姿势

57 袋鼠式护理该怎么做

袋鼠式护理在家中也可以做,环境应无烟,室温24～26℃,调整光线,并根据昼夜调节房间亮度,培养宝宝感觉昼夜的能力;声音尽量保持在60分贝下,尽可能避免突发电话铃声等高频声音;舒适、有靠背及扶手的椅子和脚凳,使父母在进行袋鼠式护理时有身体的支托;如果父母想看到宝宝的情况,可以准备一面镜子;移开可能接触到的电源、热源、尖锐物品等,避免意外损伤。

对于胎龄小、体重低的早产儿,确切开始袋鼠式护理时间应根据其个体情况进行判断,并应该充分考虑每个宝宝和妈妈的状况,可以鼓励妈妈尽早适应袋鼠式护理。

袋鼠式护理最重要的资源是母亲、有专业技能的指导人员和有利的环境。袋鼠式护

理时妈妈可以取半躺位,宝宝应趴妈妈双乳之间,头转向一侧、处于轻度延伸位,以保证气道开放;妈妈应牢抱住宝宝(一手扶住头颈肩部、另一手托住臀部)以稳定头部和躯体,同时尽可能让宝宝贴近自己——宝宝的面部、胸部、腹部、手臂和腿部能与母亲的胸部和腹部保持紧密贴合,四肢屈曲、类蛙式伏于妈妈胸腹前,盖好预热好的盖毯。在这过程中皮肤接触是保持婴儿温暖的关键。

58 袋鼠式护理的注意事项

在实施袋鼠式护理前,先给宝宝更换尿布,将尿布包裹的区域尽可能减少,露出较多的皮肤与父母接触;早产儿头部表面积相对较大,易导致能量的丧失,应做好保暖工作,如戴帽子。

妈妈(或爸爸)每天洗澡,穿清洁宽松的棉质开衫或前开式内衣,不涂香水和乳液,照护时不戴手表、手链及其他首饰、物品;采用6步洗手法清洁双手;母(父)亲如有感染性皮肤病或伤口、发热、感冒、肠胃不适等应寻

求医护人员指导，以免传染给宝宝。

在袋鼠式护理开始前妈妈（或爸爸）应保持身体处于最佳状态和轻松愉悦的情绪，避免个人饮食等需求打断宝宝的睡眠时间，或是将不良情绪传递给早产儿；应避免持续时间少于60分钟的皮肤接触，因为频繁的中断及体位变化会给宝宝造成很大压力。

在相互沟通中妈妈逐渐学会观察宝宝的行为表现，读懂他舒适、紧张的暗示，并根据喂养线索进行母乳喂养；识别非常微小但容易被忽视的危险征象：如呼吸非常快或非常慢，呼吸困难、三凹征、呻吟，频繁的长时间的呼吸暂停，低体温，嗜睡、不吃或呕吐，腹泻，黄疸等，应及时就医寻求帮助。妈妈在进行袋鼠式护理时应该得到其他家庭成员的帮助以及家庭和社区的支持。

❧ 家庭常见护理问题 ❧

59 带宝宝看病要注意哪些事项

到儿科就诊，必须注意以下几个问题。

（1）先预检、后挂号：有些病的起病症状很相似，开始时都表现为发热、流涕、咳嗽。通过护士预检可判断是否为传染病，如是的话，及早隔离，单独就诊，不至于传染给其他患儿。同时预检还可帮助家长选择挂号的科别，如水痘常被家长看作是皮肤病而挂错号。预检还能分出病情轻重缓急，使病重者得到及时诊断和治疗。

（2）了解宝宝病情的发生和进展：有的宝宝是在托儿所或幼儿园患病的，家长就要向老师了解宝宝起病时的表现等情况。如宝宝有呕吐，需进一步了解呕吐物的性质、量和呕吐形式，有利于医生诊断、治疗。

（3）带好有关病历卡：宝宝患慢性病或最近在其他医院诊治过急性病，最好将这些病例资料带上。让医生了解病史、医疗史和用药的内容及其效果，避免不必要的重复，因为有些药物重复使用也是有害的。

（4）随身携带必要的化验物：发现宝宝呕吐物或大小便性质有异，及时挑取一些，装在透明的瓶子里，以备必要时化验。

（5）随时观察宝宝的面色和精神状态：送宝宝去医院途中或在候诊时，要时刻观察宝宝的面色及精神状态，凡是宝宝神志清醒，能与家长对话，就可放心。凡是精神萎靡、无力、面色苍白或高热、昏迷、抽搐，都要及时向预检处护士反映，必要时可提前就诊。冬天时要避免用棉被、毛毯将宝宝包得很紧，防止发生窒息。对高热患儿，家长应将包被及衣服松开，并及时用干毛巾为患儿揩去头、颈和背部的汗，让患儿坐在空气流通而不直接吹到风的地方，多喝些水。

60 患儿的家庭护理注意点

宝宝在生长发育过程中，总会由于各种

各样的原因生病,特别是 6 个月到 3 岁的宝宝,抵抗力较弱,更易患病。一旦生病当然需要及时看医生,但是俗话说得好:"三分治,七分养",这充分说明在疾病的痊愈过程中护理的重要性。那么家长在宝宝生病时如何做好家庭护理呢?

(1) 心理护理:家长的情绪直接影响宝宝的心境。宝宝生病,特别是较重的病,家长情绪焦急,一脸愁云,脾气也烦躁。2～3 岁的宝宝已能看在眼里,记在心头,随之常使宝宝紧张而影响疾病的恢复。家长此时应该镇静地安慰宝宝,让他以健康的心理状态对待疾病,积极配合医生的诊断治疗,早日恢复健康。

(2) 注意休息:患心脏或肾脏疾病时,绝对卧床休息极为重要。即使一般感冒,休息也是消除身体疲劳、减少能量消耗的最好方法。但婴幼儿身体的调节功能尚未完善,有时往往出现宝宝发热至 39 ℃,精神仍很好,因此很难做到卧床休息。为了不使宝宝拒绝休息,可以让其在床上听音乐、看书、听故事、搭积木等,增加休息时的趣味性。当宝宝对游戏不感兴趣的时候,适当地抱抱他。

(3) 多喝水:带宝宝到医院看病时常常听医生说"回去多喝水"。水分在身体组织成分中占很大的比重,年龄越小比重越大,婴幼儿身体内水分的总量占体重的 70%～75%。由于发热,出汗较多,水分消耗增加,这就需要多喝水,及时补充水分。多喝水能促进血液循环,有利体内的毒素从大、小便中排出,还能起到降低体温作用。

(4) 饮食调理:宝宝患病后消化功能降低,出现食欲下降,胃口不好。这时过多的营养食物是不能被吸收和利用的,反而会增加胃肠道的负担。最好能根据患儿平时的饮食习惯,在原来的饮食基础上吃些富含营养、容易消化的食物,如牛奶、豆浆、蒸蛋、粥、面条等。如宝宝体温较高,不肯吃,可采用少食多餐,每次吃得少一些、次数多一些。如宝宝实在不想进食,家长不要过于勉强。

(5) 监测体温:一般体温高低是疾病变化的标志之一。体温高时每隔 4 小时测量一次,如体温在 38 ℃ 以下,上下午各测量一次就可以了,采用耳温测量比较方便安全。体温的波动有一定的规律,一般早上起床时体温比较低,上午 8～9 时体温开始逐渐上升,到晚上 9～10 时达到最高,以后又慢慢下降。患儿体温下降一般呈波浪形,像下楼梯一样,逐步下降到正常。假如患儿的体温变化符合这个规律,家长可以不必担心了。

61 怎样给宝宝喂药与滴药

常用的药物可以通过口服、注射、灌肠和喷雾等方式进入体内,也有用滴眼、耳、鼻等方式。

(1) 喂药:多数宝宝对服药有恐惧心理和反抗动作,因此喂药前必须将一切喂药物品准备妥当,以免忙乱。取药时要看清标签,包括药名、服药次数和药量。婴幼儿服的药片要研成粉末,对懂事的宝宝要鼓励自觉服药,对不懂事的宝宝可用左手拇指及中指夹住其双颊,自口角边缘缓慢灌入药液,等咽下后再加服少量温水。但不能强灌鱼肝油等油剂药液,以防呛入气管而发生意外。

(2) 滴眼药:滴药前看清药物名称和有无混浊。家长洗净双手,以拇指将宝宝的下眼皮向下牵拉,将 1～2 滴药液滴入内侧眼角,再用干净手帕擦干溢出的药液。滴眼药时瓶口距眼睛约1.5厘米,以防擦伤。

(3) 滴鼻药:家长洗净双手,擦净宝宝鼻涕,并使其头尽量后仰或仰卧,让鼻孔向上。用左手拇指掀起鼻尖,右手用滴管距鼻孔1~2厘米处沿着鼻翼滴入3~4滴药液。然后用手轻轻捏鼻翼,使药液散布到全鼻腔内。

(4) 滴耳药:家长洗净双手,并使患儿头侧向一边。用过氧化氢棉棒擦净外耳道脓液,然后用左手将耳廓轻轻向后上方牵拉,将耳道拉直,右手将药液滴入4~5滴。冬天可将药液略加温,防止冷的药液滴入耳内引起刺激。

62 家庭怎样处理发热患儿

发热是宝宝最常见的症状之一,也是儿科门诊或健康热线咨询的重要内容。一般宝宝在出生后到上学前,可以说都有发热的病史,特别是2岁以下的宝宝。因宝宝的神经系统发育尚不够完善,对于宝宝发热,家长必须予以高度重视。在去医院就诊之前,在家中最好做些适当处理,避免在途中发生意外。

在家处理一般指为宝宝及时降温,可用两种方法,即物理降温和药物降温。物理降温包括用冷毛巾敷于患儿前额,反复更换;若在高温季节,还可用毛巾包一些碎冰块敷于前额或用冰袋枕于患儿头下或颈下;最常用

的是将温湿毛巾覆盖于患儿全身,或不断用温湿毛巾轻擦全身,重点擦患儿颈下、腋下、腹股沟等大血管较表浅的部位,以达到皮肤散热而降温的效果。高热时(39 ℃以上)甚至可给患儿洗个温水浴来降低体温,但洗澡时切忌吹风。

宝宝高热时,护理很重要。通常有部分患儿在高热前有畏寒,大月龄的宝宝会诉说全身发冷,小月龄的患儿可见其四肢冰凉,此时家长以为患儿真的很冷,给他添加衣被。其实,手足发冷是高热的表现,切忌给予过多的衣被,更不要用厚的被子捂得太紧。家长自以为用被子捂后可以发汗,结果反而使宝宝的体温直线上升。冬天在室内,发热的宝宝一般不宜带帽子,因为有28%的热量是从头部散发的。另外,大量饮水也是非常必要的,通过饮水,增加排尿可带走一部分的热量。患儿在退热时若大汗淋漓,应及时给他喝淡淡的盐开水,以防脱水。高热患儿宜饮食清淡。

出生1个月内的新生儿,由于他们的体温调节中枢尚未发育成熟,其体温可随外界环境温度的高低而波动。冬天若过于保暖,体温可上升至40 ℃,此时只需赶紧松开包被、解开衣服,体温会自动下降,不必服用退热药。夏天高温时新生儿可出现一过性高热,体温也可达40 ℃。这大多是未及时补充水分之故,此时只要给予饮水并降低室温,体温也可下降,然后再去医院作进一步检查。

特别提醒

过去常用的酒精擦浴,目前已不建议使用,因用酒精擦浴后会感到皮肤干燥不适,且大面积的擦浴也有导致酒精中毒的可能。

扫码观看　儿童健康小剧场

发热的处理

63 惊厥抽搐的紧急处理

惊厥即全身或局部肌肉突然发生抽搐。局部抽搐多以面部和拇指抽搐为主，双眼球常出现凝视、发直或上翻，严重抽搐可以发生舌咬伤、肌肉关节损伤、跌倒外伤等。

新生儿惊厥发作往往不易被发现，常表现为轻微的局部抽搐，如凝视、眼球歪斜、眼睑颤动、面肌抽搐、呼吸不规律等，需警惕这些情况的发生。

发生高热惊厥时，家长先将宝宝侧卧或头偏向一侧，头稍后仰，去掉枕头，然后解开衣领，保持呼吸道通畅。发现牙关紧闭时，不要硬性撬开。同时用手绢或纱布擦除口、鼻中分泌物。家长切忌在患儿惊厥发作时给喂水、喂药，防止窒息。宝宝惊厥后发生呼吸困难或呼吸暂停时，家长可以为患儿做人工呼吸和胸外按压。如果发作超过 5 分钟或发作后意识不清，应立即就医。剧烈抽搐时避免与周围硬物碰撞，不要用力按压抽搐的身体，以免骨折。

64 怎样处理皮肤炎症

皮肤是保护身体不受外界侵害的第一道防线。宝宝皮肤表层薄嫩、松软，内含丰富的血管，易受伤、出血，一旦发生炎症，容易扩散。宝宝皮肤中的汗腺发育较差，毛孔易被阻塞引起炎症，生成疖肿。

皮肤外伤处理不当可致炎症，表现为红、肿、热、痛，有脓样分泌物。此时应先用 3% 过氧化氢溶液或生理盐水棉球清洁伤口，再用酒精棉球擦拭伤口周围的皮肤，然后涂上消炎药如红霉素软膏，外加纱布包扎，每天换药一次。

夏天，宝宝特别容易患疖肿。疖肿早期皮肤并无破损，只是有红、肿、痛感，局部发烫，在红晕的皮肤下可摸到硬结。此时可用热敷法，先在红肿部位涂上医用凡士林，盖上一层纱布，再用湿热毛巾敷于局部。如红肿范围扩大或体温升高，须立即就医，千万不可自行挤脓，以免细菌向血循环扩散引起败血症。

65 为何宝宝不宜长时间在空调房内

在赤日炎炎的夏天或是寒风凛冽的冬天，宝宝大部分的时间可能就是在空调房间里了。然而长时间在空调室内对健康是不利的，特别是对宝宝来说。空调所吹出的冷热风，大多是取自于原房间内的空气。经过反复循环后，室内空气中的负离子数逐渐减少了，空气变得混浊，会使人感到头晕、头痛、四肢无力，甚至食欲不振，这样的空气环境显然对宝宝是更不适合的。

如果要开空调，应 1 小时左右开窗通风

5～10分钟。晚上睡觉时最好略开一点窗，保持空气流通。

使用了空调后，由于室内外温差较大，容易患感冒等呼吸道疾病，特别是宝宝身体的抵抗力弱，频繁出入空调房间很容易造成感冒或腹泻。因此，凡有宝宝在场的空调房间，温度不宜调得过低或过高，夏天一般在 27 ℃左右，冬天一般在 18 ℃左右。特别是宝宝睡着时，皮肤表面毛细血管呈舒展状，更应注意温度的调节，同时要将风量开至弱或微档。若家中有人患呼吸道疾病，更不宜与宝宝在同一空调室内生活。

为了保持室内一定的湿度，避免因长时间开空调而引起的干燥，可在室内放置一盆水，让其蒸发，增加湿度。空调室内适合真菌、细菌和病毒的繁殖，因此除了更换空气外，要定期清洗空调的过滤网，并喷洒空气消毒液。只有这样，才能既保持人体舒适，又无碍于健康。

66 怎样护理口角糜烂

常常见到有的宝宝口角一侧或双侧先出现湿白，有些小疱，渐渐地转为糜烂，并有渗血结痂。口角糜烂的宝宝常因疼痛而哭吵，不肯好好吃饭。那么，口角糜烂是什么原因引起的？

（1）维生素 B_2 缺乏：平时动物内脏、蛋、奶类、新鲜蔬菜、豆类、粗米面等吃得少，人体内缺少了维生素 B_2，口角就会出现糜烂、皲裂，同时常伴发唇炎和舌炎，嘴唇比正常红，易裂开而出血，舌面光滑而有裂纹。

（2）口角疱疹：大多由疱疹病毒引起。患儿开始口角皮肤有痒感，继而发红，有灼热感。可发生多个小水疱，疱破后结痂，待痂皮脱落后自然痊愈。

（3）传染性口角炎：常由于维生素 B_2 缺乏，同时又有真菌感染引起。如果长期滥用抗菌素，或患有胃肠病的宝宝，也容易缺乏维生素 B_2 而得口角炎。

由病因可见，对常患口角糜烂的宝宝更应注重饮食营养的调配，尽量多吃富含维生素 B_2 的食物，如绿色蔬菜、动物内脏、蛋、奶类、豆类、新鲜水果等。可口服或注射维生素 B_2，口角局部涂消毒药水；也可用淡盐水棉球轻轻擦净口角，待干燥后把维生素 B_2 粉末粘敷在病变区域，每天早、中、晚或临睡前各敷一次。宝宝得了口角疱疹，可在医生指导下服用一点抗病毒的药。

口角糜烂的宝宝，日常的护理工作十分重要，经常保持口角和口腔的清洁，避免过硬、过热的食物刺激口角糜烂的地方。多吃容易消化的富含维生素 B_2 的流质或半流质食物，餐具也要保持清洁。注意不要让宝宝用舌头去舔糜烂的口角，否则糜烂会更加严重，还会把病菌带入口中。

67 如何预防捂热综合征

捂热综合征也称蒙被缺氧综合征，多发生于 1 岁以下婴儿，特别是刚出生不久的婴儿，多因过度保暖或捂闷过久导致。主要表现为在捂热较长时间后出现高热或超高热，体温可达 43 ℃，全身大汗淋漓，衣被湿透，脱水，脸色苍白，哭声低弱，拒绝喝奶。蒙被者可出现缺氧症状，严重者会出现神经系统损害，表现为反应迟钝、抽搐或昏迷。如果呼吸系统受累，可出现呼吸困难、呼吸衰竭；如果心肌受累,可出现心律失常、心力衰竭等多器官损害。

在日常生活中预防捂热综合征,首先应当保持室内温度适宜,夏天27℃左右,冬天18～20℃左右为宜。室内要经常通风,保持空气新鲜,天气干燥时可加用加湿器。随时观察宝宝,当宝宝出现烦躁不安、哭闹不已时要及时观察和询问。如果宝宝面色潮红、大汗淋漓,则可能因穿得过多出现捂热情况,应及时减少衣服,开窗通风。提倡母婴分睡,切忌蒙被过严或含着乳头睡在母亲腋下,睡觉时不应穿棉袄、棉裤,只穿内衣就可以,切勿盖被过多、过严,出门时也不要包裹过紧、过厚,尤其不应蒙住婴儿头部,防止睡眠中窒息。

平时宝宝的穿着应当以舒适为主,衣服尽量选择纯棉质地、柔软宽松,这样可以及时吸汗排湿,防止束缚过紧导致排汗不畅。一般宝宝手心和后背温暖、不出汗就表示衣着合适。

当宝宝发热时应注意散热。有的家长会误认为宝宝发热时穿得厚点捂出汗就好了,一出汗就退热了。其实往往越捂越热,容易造成捂热综合征,还容易诱发高热惊厥。宝宝高热时,往往肢体循环会变差,手脚冰凉。此时应该将宝宝衣服略微解开,充分散热,使用冰宝贴、温水擦拭等方法物理降温,注意手脚保暖。如果病情严重,及时送往医院就诊。

68 使用纸尿裤时的注意事项

随着经济状况的改善,大部分家庭在宝宝出生后都使用纸尿裤而非传统的布尿布了。这确实减少了清洗、晾晒的麻烦,给生活带来许多方便。但要保证婴儿臀部干净、舒适、安全,需合理使用纸尿裤。

首先必须购买"三证"齐全的厂家产品。其次要检查其外观清洁,内面完整,中间无断裂;两侧边缘松紧度适宜,避免过紧损伤婴儿娇嫩的皮肤,过松使尿液外溢。还应据月龄及体重选择不同型号的纸尿裤。纸尿裤的宽度应接近婴儿两腿间距离,不宜过宽,也不可过紧,以免紧靠皮肤减少透气性而使局部皮肤出现过敏,尤其皮肤容易过敏的宝宝更应注意。纸尿裤有厚、薄、超薄型等不同区分,根据季节兼顾吸水性,选用不同型的。

纸尿裤虽吸水量较大,但一块的使用时间最多不超过4个小时。为了保护皮肤,可在小屁股和会阴部涂上一层薄薄的护肤油脂。每次更换纸尿裤时,可用温水洗净小屁股。

少数宝宝对纸尿裤过敏,臀部及大腿内侧等接触纸尿裤的部位发红,有小的斑丘疹,甚至糜烂,即使及时换,每次洗净也无济于事。对此先不妨试试选用棉质、通气性较好的薄型纸尿裤,仍没有好转的话只能更换布尿布。

69 怎样护理瘫痪患儿

瘫痪是指肌肉活动能力的减弱或丧失。凡是肌肉本身的疾病,或者是支配肌肉活动的神经和大脑的病变都可以引起瘫痪。由于瘫痪,家长和患儿都感到很痛苦,给家庭带来了许多困难。为了使患儿早日恢复,精心护理是非常重要的。

对患儿的心理护理不可忽视,根据年龄实施,善于疏导。对学龄前的宝宝采取多种形式增加其乐趣,如听音乐、讲故事,父母陪在身边做游戏,看绘本等,让宝宝心情快乐地生活。对学龄期宝宝，要多讲模范人物事迹给予鼓励，增加战胜疾病信心，使宝宝保持良好心理，接受各种治疗和护理。

瘫痪患儿由于长期卧床，肢体缺乏活动，造成肢体血循环差，肢体长期不动或少动又会使肌肉逐渐萎缩。因此，促进患侧的血液循环和肢体功能的恢复，是家中护理瘫痪患儿的关键。一般除保持床单平整、柔软、清洁外，要坚持多翻身，2～3小时应翻身一次，并对瘫痪的部位进行按摩，尤其是骨突出部位，动作要轻柔，防止皮肤破损。关节处做被动的伸屈动作，根据其忍受程度逐渐增加活动的范围及活动次数。可用玩具引诱指关节瘫痪的患儿多次反复地进行某一个动作，使之逐步恢复功能。

鼓励患儿多饮水，注意清洁外阴与肛门，保持干燥，以预防感染；每次翻身即拍背一次，鼓励咳嗽，保持呼吸道通畅，冬天要注意保暖，预防肺部感染。此外，还应预防跌伤、烫伤和冻伤。对患儿的床要加用床栏，寒冬季节及时采取保暖措施，但不建议使用热水袋。遵照医嘱按时服药，根据需要到医院接受针灸、理疗、推拿等治疗。

🍄 儿童生长发育的规律 🍄

⑦⓪ 树立科学全面的儿童健康与发展观念

儿童的健康包括三个层次：没有疾病、良好状态和充分发育。传统的概念认为，没有疾病就是健康；后来，世界卫生组织提出，健康还应该包括保持身心良好的状态；最新的概念认为，更应该重视人的发展。保障和促进宝宝发育潜力的充分发展，在近年来被提及越来越多。过去人们比较重视以身高、体重为代表的儿童体格发育，到20世纪80年代，儿科界开始关注儿童的心理行为发育，相应地对于儿童的认知和学业能力比较重视；近年来发现，儿童的非认知能力，特别是社会能力等方面的发育，同样具有重要的意义。这样的认识也符合世界卫生组织健康定义中提出的健康的三个基本方面：生理、心理和社会能力。

现代的儿童健康与发展观认为，儿童的生长发育是一个多维度的动态演化过程，包括体格生理发育、心理行为发育、社会能力发育三个最基本的维度。因此，儿童的健康不仅是减少和消除疾病、伤残和致病因素对宝宝的伤害，还要保持宝宝良好的身体状态和强健的体魄，更要保障和促进宝宝发育潜力的充分发展。

儿童健康发育包括儿童体格生长、认知和心理行为的发展。通过健康检查，对儿童生长发育的各项指标如身高、体重、头围、胸围进行系统连续的监测，就能追踪儿童生长发育的趋势与变化的情况，及时发现体格生长有无偏离，及时采取有效的干预措施。通过对儿童定期的心理行为筛查，对儿童的语言、动作、社会适应性及日常生活能力进行评估，早期的筛查可尽早发现儿童心理行为发育情况。

71 儿童体重增长的规律

体重是反映儿童生长与近期营养状况的重要指标,是身体各组织、器官系统、体液的综合重量。出生体重与胎龄、性别及母亲妊娠营养状况有关,一般早产儿体重较足月儿轻,男孩出生体重略重于女孩。我国男婴平均出生体重 3.33 ± 0.39 千克,女婴为 3.24 ± 0.39 千克,新生儿出生 $3\sim4$ 天可出现生理性体重下降,体重下降最多可达 300 克。正常情况下,至出生第 10 天,宝宝可恢复出生时的体重。

在出生最初的 3 个月内体重增长最为迅速,婴儿满月时增重 $1\,000\sim1\,100$ 克;生后第二和第三个月平均增重约为 $1\,200$ 克与 $1\,000$ 克;$4\sim6$ 月龄平均每月增重 $450\sim750$ 克;$7\sim12$ 月龄平均增重 $220\sim370$ 克;全年共增重 $6\,500$ 克。由此可见,出生后 3 个月可达出生时体重的 2 倍,12 月龄为出生时体重的 3 倍,24 月龄为出生体重的 4 倍,之后至青春期平均每年体重增长 2 千克。总体来说,婴儿期是儿童生长最快的时期,为第一个生长高峰;幼儿期后儿童生长速度逐渐减慢,学龄前与学龄期儿童生长平稳,至青春期前的 $1\sim2$ 年生长速度减慢,青春期儿童生长出现第二个高峰。

> 不同年龄阶段的儿童体重可用下列公式估算。
> $3\sim12$ 月龄体重(千克)
> $=[$年龄(月)$+9]/2$
> $1\sim6$ 岁体重(千克)
> $=$年龄(岁)$\times2+8$

这一计算公式能大致得出儿童体重的平均数,但会有个体差异,因此还需要使用"正常范围"来评定儿童体重的增长,在平均数的基础上浮动 2 个标准差之内,都可认为是正常的。儿童的生长发育有一定的规律,受遗传、环境的影响,连续动态地观察儿童的体重增长,才能全面了解儿童的生长状况,因此定期测量体重十分重要。6 月龄以内的婴儿建议每月 1 次,$6\sim12$ 月龄每 2 个月测量 1 次,$1\sim2$ 岁每 3 个月测量 1 次,$3\sim6$ 岁每半年测量 1 次,6 岁以上每年测量 1 次。

72 儿童身高增长的规律

身高是指从头顶至足底的垂直距离,可反映全身的生长水平和速度。3 岁以下的幼儿站立时难以测量准确,可采取卧式测量的方法,测得结果为身长。3 岁以上的儿童可采用立式测量仪测量身高。同一儿童身长测量值大于身高测量值,相差数值为 $1\sim2$ 厘米。

身高的增长规律与体重相似,年龄越小增长越快。婴儿出生时身高约为 50 厘米,在出生后的前半年增长最快,前 3 个月每月平均增长 3.5 厘米,$3\sim6$ 个月每月平均增长 2 厘米,$6\sim12$ 个月每月平均增长 $1\sim1.5$ 厘米。出生至 1 周岁平均增长 25 厘米,平均身长可达 75 厘米。第二年之后身长的增长速度逐渐减慢,平均增长 $11\sim12$ 厘米,2 周岁的平均身长为 85 厘米。2 周岁后至青春期发育前平均每年身高增长 7 厘米左右。

> 不同年龄阶段的儿童身高可用下列公式估算。
> $2\sim12$ 岁身长(高)(厘米)
> $=$年龄(岁)$\times7+77$

爸妈小课堂

学会用生长曲线图

在儿童保健中，常用生长曲线图来系统监测婴幼儿的体格发育情况，生长曲线图既显示了正常儿童的生长规律，又标明了正常的变动范围，使用方便。家长可通过在曲线图上记录宝宝的体重，对自己宝宝的生长情况能有所了解，及早发现生长中的问题并及时干预纠正。

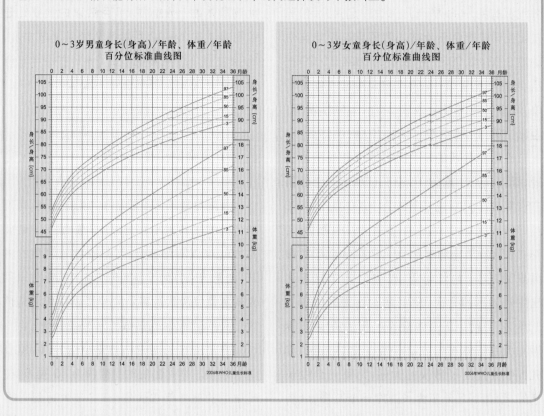

由于身高受到种族、遗传和性别的影响较为明显，并与长期的营养状况有关，个体之间也有较大差异，父母千万不要因为测量结果比正常标准的平均值稍低而焦虑不安。要将宝宝的身高与同种族、同社会文化背景、同性别，以及父母平均身高相同的宝宝作比较，才有参考的意义和价值，但后天的因素对宝宝的身高也有着重要的影响。合理安排宝宝的作息时间，保证充足的睡眠，平衡膳食结构，积极开展体格锻炼，定期监测身高的动态变化，如果出现生长速度不达标或缓慢，父母也千万不要着急，应积极寻找原因，采取相应

措施，以促进宝宝体格发育的健康成长。

73 测量头围和胸围有什么意义

头颅的大小是以头围来衡量的，头围从一定程度上反映了脑发育的情况。头围测量的方法为，用带有毫米刻度的皮尺，用左手拇指将皮尺零点固定在婴幼儿头部右侧齐眉弓上缘处，从头部右侧经过枕骨粗隆最高处沿眉弓上缘回至零点。

年龄越小，头围增长速度越快。正常新

生儿出生时头围约为34厘米,第一个月头围增长最快,平均增长2.4厘米;第二个月增长2厘米,第三个月增长1.6厘米,以后逐渐减慢,生后第一年全年增长13厘米,第二年大约增长2厘米,第三年大约增长1厘米。

头围大小异常与颅脑疾病和遗传性疾病有关。头围的大小与同年龄、同性别儿童头围的正常参考值均值相比,超出两个标准差(±2SD)时,临床上都应进行鉴别。在每次体检时,爸爸妈妈们都应该详细记录宝宝头围增长的情况。家族遗传性小头围,通常体格与智力发育均正常,而非遗传性的小头畸形最常见的病因与环境、感染、染色体、基因异常有关,并伴有不同程度的认知发育异常。大头围可见于家族性头大、脑积水、脑肿瘤和某些遗传性疾病。如果发现宝宝的头围增长明显不符合正常值时,应咨询儿童保健科或发育行为儿科做进一步检查。

胸围为平乳头下缘经双肩胛下缘绕胸部一周的长度,反映胸廓、胸背部肌肉、皮下脂肪和肺的生长。出生时胸围为32~33厘米,较头围小1~2厘米,随后胸围的增长较头围稍快,1周岁时胸围约等于头围,即出现头、胸围生长曲线交叉。头、胸围生长交叉年龄与儿童的营养状况及儿童的爬行训练、胸廓锻炼有关。

74 囟门什么时候闭合

婴儿出生时头上会有两个囟门,称之为前囟与后囟。一般情况下,应注意囟门的大小、紧张度及是否有膨隆。后囟位于婴儿后脑的枕部,呈三角形间隙,一般在出生后2~3个月闭合,最迟6个月闭合。前囟外形近

似菱形或长斜方形,是颅骨最大的缝隙。出生时前囟的大小个体间有较大的差别,为1~4厘米,平均为1.5~2厘米。囟门的大小与脑发育、硬脑膜的附着程度、骨缝的发育以及骨的生长有关。正常的宝宝前囟大小无性别差异,触之柔软有搏动感。前囟是最后闭合的囟门,闭合的年龄个体间差异较大。正常宝宝前囟可在4~26月龄间闭合,平均闭合月龄为13.8月龄,96%的宝宝在24月龄前闭合,通常3岁后前囟闭合称为闭合延迟。早产儿与足月儿相比,囟门大小、关闭年龄无明显差异。

前囟小或者早闭需警惕病理性的情况,如宝宝还伴有头围小、行为发育异常则要引起家长的注意,前囟大或延迟闭合则应排除与之有关的疾病,如脑积水。如果婴幼儿神经行为发育正常,没有其他系统的异常表现,头围增长也在正常范围内,单一的前囟早闭或延迟闭合没有临床意义。但有些情况也应引起家长的注意:正常情况下,前囟像一扇"小天窗",是平坦的,婴幼儿哭闹时,前囟会出现短暂隆起,一般安静后很快恢复,但当某些原因使颅内压增高时,前囟会出现隆起;当婴幼儿因腹泻而导致全身脱水时,前囟会出现凹陷。因此前囟隆起或凹陷都应该引起重视,及时就医。

75 宝宝头围偏小是怎么回事

宝宝头围偏小主要是指宝宝的头围小于同年龄、同性别儿童头围正常参考值的均值减两个标准差(<-2SD)或低于第3百分位数者。

导致宝宝头围小的原因,包括正常遗传

变异、非遗传性小头畸形、遗传学疾病伴小头畸形。正常遗传变异是指宝宝虽然头围小，但无其他异常，体格与智力发育均正常，有家族史。非遗传性小头畸形最常见的病因与环境因素和感染因素有关，如颅内感染所致颅脑疾病、孕妇大量饮酒（胎儿酒精综合征）、围产期各种因素引起的新生儿缺血缺氧性脑病等。头小常呈尖颅、前额低平、颅缝窄，前囟小或闭合早，伴不同程度认知发育异常，运动发育落后或姿势异常、社会适应能力差、视听觉障碍、癫痫发作等；头部 CT 或 MRI 检查可有脑组织形态异常，TORCH 病毒抗体检查可呈阳性。遗传性疾病伴小头畸形中，染色体异常是小头畸形较常见病因。染色体异常的小头畸形患儿往往有特殊面容，常伴有低出生体重、生长迟缓和精神发育迟滞。基因异常较少见，如阿姆斯特丹型侏儒征（Cornelia De Lange 综合征）与 *NMPBL*、*SMCIA* 及 *SMC3* 基因异常有关，多为常染色体显性遗传（散发）。

如果儿童健康体检中，确定宝宝有头围偏小的情况，家长应密切关注，定期监测，配合医生完成详细的检查，以便能尽快找到导致宝宝头围小的原因。

头比较大。常有家长说宝宝的头看起来特别大，会不会有什么异常？是否真的属于头围大，首先需要正确的测量：用软尺从双眉上缘，经枕骨对称环绕一周来测量。如果头围大于同年龄、同性别儿童头围正常参照值的均值加两个标准差（＞＋2SD）或≥第 97 百分位数者，可视为头围大。

头围大可见于正常的家族性头大、脑积水、脑肿瘤和某些遗传性疾病。家族性原因所致的头围大，儿童除头围大外其他发育均正常，即为正常的头大，与遗传有关。非遗传性头围大最常见的病因，常与颅脑疾病有关，如脑积水、颅内肿瘤，脑积水多与宫内感染有关。婴儿出生时头围多正常，2～3 个月后头围逐渐增大，体检可发现前囟较前明显增大、饱满或张力高，伴颅缝增宽。婴儿期定期测量头围可帮助早期诊断脑积水。患有颅内肿瘤的婴儿也可出现头围逐渐增大伴前囟饱满或张力高，颅缝增宽，但头围增大速度较脑积水缓慢。因婴儿早期前囟未闭，对颅腔压力可有一定的减压作用，因此颅内压增高的表现如呕吐、抽搐、视力下降等症状不明显。遗传性疾病如软骨发育不全、小儿巨脑畸形综合征（Sotos 综合征）等可导致头围偏大。

76 宝宝头围偏大会是什么情况

由于婴儿身体比例与成人不同，会显得

77 宝宝动作发育有规律

婴幼儿阶段是儿童神经系统的快速发育

特别提醒

不能单纯根据头围大小判断疾病。正常遗传变异的儿童头围和身高体重发育相平行，身材匀称、智力正常。而疾病引起的小头或者大头畸形常伴有特殊面容和/或发育迟缓。头部 CT 或 MRI、骨骼 X 线片、染色体核型分析等有助于诊断和鉴别诊断。

时期,外在成熟的表现主要涉及运动、认知、语言、思维、想象等能力的发展。而动作发育与神经系统发育有着密切联系,是反映神经系统发育的重要指标。婴幼儿期语言发育有限,心理发展的水平更多是通过动作来表现的。婴幼儿动作发育的顺序是从上到下(即从头到脚),从中央部分到边缘部分动作,从大肌肉到小肌肉动作,发育特点是从整体到分化,从不随意到随意,从不准确到准确。

一周岁以内的婴幼儿躯体动作的发展顺序首先是抬头,1个月以内的婴儿俯卧时头不能抬起,到了3个月时俯卧时能抬头,胸部可离开床面,到了4个月时开始学翻身,先是由仰卧到侧卧,5个月时则从仰卧到俯卧,6个月时练习扶坐,7个月时可练习独坐,7~8个月开始学习爬行,9~10个月可扶着站,甚至可扶着迈步行走,到了1周岁就可开始练习独立行走。而手的动作主要是精细动作的发展,同时需要视觉的参与,使得眼手协调,通过手的活动可使婴幼儿进一步认识事物。

婴幼儿的动作发育遵循着这一共同的发展规律,但会有个体的差异,每一个宝宝动作发育的发展速度各不相同。动作发育对婴幼儿的神经心理发展、事物的认识、自我的认知、社会交往都起到决定性的作用。尤其在出生后的三年里,婴幼儿的躯体大运动、手的精细运动都是快速发展时期,作为父母,要了解婴幼儿动作发育的规律,抓住每一个动作发展的关键期,创造条件促进婴幼儿动作的正常发育。

78 神经心理发育评估的几种方法

儿童神经心理发育的水平主要表现在感知、运动、语言和心理过程等各种能力及性格方面。对这些能力与性格特点的检查统称为神经心理发育评估。评估方法通常分为筛查性和诊断性两大类。筛查性的测试方法具有操作简单、便捷的特点,结果可初步了解婴幼儿的神经心理发育水平。

(1) **丹佛发育筛查测验**:用于0~6岁的儿童智能发育水平的检测,可作为儿童发育迟缓的筛查工具。通过对语言的理解与表达、动作发育、社会交往、生活适应性四个方面进行评估。

(2) **0~6岁智能发育筛查**:共120个项目,包括运动、社会适应及智能3个能区。

(3) **绘人测验**:适用于5~9.5岁儿童的智能筛查,简单易行,可用于个体和团体儿童筛查。

(4) **图片词汇测试**:适用于4~9岁儿童智能筛查,操作简便,可用于测试正常、智力落后、情绪失调、语言表达障碍或运动障碍的儿童的智力水平,此方法更侧重于儿童语言理解能力的测评。

(5) **瑞文智力测验**:适用于5~75岁儿童与成人的智力筛查。主要判断受试者的观察力及思维能力,不受语言能力的影响。

筛查结果是异常或可疑的婴幼儿,需进行进一步的诊断性发育评估测试。常见的包括格塞尔发育量表、贝利婴儿发展量表、斯坦福-比奈智力量表、韦克斯勒幼儿智力量表、麦卡锡儿童能力量表、格里菲斯精神发育量表等。此类评估方法对测试人员有较高的要求,需经过严格的培训,一次完整的评估不仅可获得婴幼儿当前的整体发育情况,还可以通过测试观察到儿童的情绪、注意力、社会交往等方面的表现,从而可以获得较为客观的结果。

爸妈小课堂

智力发育包括多方面

宝宝的智力发育包括认知、语言、思维、逻辑、推理、记忆等很多方面，重要的是体现一个宝宝解决问题、分析问题的综合能力。婴幼儿的发育商水平与 IQ 有一定的关系，但切莫仅根据发育商就来预测宝宝的将来的智商与学业成就。

79 智商和发育商有什么区别

智商分为比值智商与离差智商。比值智商(IQ) = (智龄/实际年龄) × 100,用以表示一个人的智力水平。离差智商则采用统计学的均数与标准差的计算方法。一般人群智商的平均水平范围为 85~115,115 以上为高于平均水平,70 以下则要考虑有智力发育迟缓。

发育商(DQ)是婴幼儿处于中枢神经系统与感知觉、运动、语言快速发展时期,用发育测试来评价婴幼儿神经心理行为发展,了解被测婴幼儿神经心理的发展所能达到的程度。以常用的诊断性发育量表格塞尔发育量表为例,根据测试结果得出每个能区的成熟年龄,然后与实际年龄相比,算出发育商数。一般情况下适应性行为的成熟水平可以代表总的发育水平,适应性行为 DQ<85 应引起家长关注。

80 智力的构成因素有哪些

(1) 观察力:是指大脑对事物的观察能力,包括感知觉、视觉、听觉、触觉、嗅觉等。0~2 岁婴幼儿的认知结构以感知觉为主。对于学龄前儿童来说,视觉是其认识客观事物的主要标准,他们宁愿相信自己的眼睛,也

不愿意相信自己的思考结果;听觉是学习口语的基础,早期的语言和音乐环境对听力的提高有积极的促进作用;口腔探索和手的探索为主的触觉感知,在婴幼儿认知活动中的地位至关重要;儿童敏锐的嗅觉能增加他们对环境的判断能力。

(2) 注意力:是指人的心理活动指向和集中于某种事物的能力。如有的宝宝能长时间地看书和阅读等,而对其他无关游戏、活动等的兴趣大大降低,这就是注意力强的体现。3 岁前幼儿的注意力时间都非常短,基本维持在 3~5 分钟,4 岁时一般达到 10 分钟左右,5~6 岁时能够集中注意力 15 分钟左右,如果有成人引导,可以保持 20 分钟。学龄前儿童的活动和行为受其注意发展水平的影响,遵循注意力发展规律,才能有效提高儿童的整体心理活动水平。

(3) 记忆力:是识记、保持、再认识和重现客观事物所反映的内容和经验的能力,例如人们到老时也还记得父亲、母亲过去的形象,少年时家庭的环境等。3 岁以前的儿童的记忆基本没有明确的目的和意图,不能顺利转化为长时记忆。3 岁以后的儿童,有意识记忆逐步发展,但容易记得快忘得快,记忆不精确,形象记忆占优势。

(4) 思维力:是人脑对客观事物间接的、概括的反映能力。当人们在学会观察事物之后,就逐渐会把各种不同的物品、事件、经验

分类归纳,不同类型都能通过思维进行概括。思维力是智力的核心,语言是学龄前儿童思维得以发展的重要工具和标志,一方面,词语是思维活动的材料之一,儿童对于词语的学习是迅速的,另一方面思维依靠语言来进行,同时通过语言进行交流和表达。

(5) 想象力:是人在已有形象的基础上,在头脑中创造出新形象的能力,比如当别人说起汽车,就能马上想象出各种各样的汽车形象来。因此,想象力一般是在掌握一定知识的基础上完成的。2 岁的儿童可能会用布娃娃代替自己,喂娃娃吃饭喝水。3～4 岁的儿童想象力是零碎的,不断变化自己的目标主题,5～6 岁儿童的想象力会包含有意义的部分,涂鸦出有主题且内容丰富的绘画,并且对于自己的作品能够讲出故事情节。

81 智力的影响因素有哪几方面

(1) 饮食和营养:食物是生命也是大脑的物质基础。大量研究结果表明,缺乏某些食物,大脑的功能就会受到影响。人类的脑细胞数目增殖阶段主要在胎儿期和婴儿期,如果在这阶段母体营养不足或对婴儿喂养不当,造成一种乃至多种主要营养素的缺乏,势必对正在发育的大脑组织产生不良影响,从而影响宝宝的智力发育。

(2) 遗传与环境:遗传素质是智力发展的生物前提,良好的遗传素质是智力发展的基础和自然条件。有研究发现,遗传关系越密切,个体之间的智力越相似。但是遗传只为智力发展提供了可能性,要使智力发展的可能性变成现实,还需要社会、家庭与学校教育等多方面的共同作用。在遗传和环境对智力的作用上,遗传决定了智力发展的上限,这个上限只有在一种理想的适时环境下才能达到;而遗传所决定的上限越高,环境的作用就越大。

(3) 早期经验:人的智力发展的速度是不均衡的。研究表明,早期阶段获得的经验越多,智力发展得就越迅速,不少人把学龄前称为智力发展的一个关键期。美国布鲁姆提出了一个重要假设,把 5 岁前视为智力发展最迅速的时期,如果 17 岁的智力水平为 100%,那么从出生到 4 岁就获得 50% 的智力,其余 30% 是 4～7 岁获得的,另外 20% 是 8～17 岁获得的。

(4) 学校教育:智力不是天生的,教育和教学对智力的发展起着主导作用。教育和教学不但使儿童获得前人的知识经验,而且促进儿童心理能力的发展。教师在运用分析和概括的方法讲授课程内容时,不仅使学生获得有关的知识,还掌握了把这种方法作为思维的手段,如果把这种外部的教学方法和学习方法逐渐转化为内部概括的思维操作,这方面的能力便形成了。

(5) 社会实践:人的智力是在认识和改造客观世界的实践中逐渐发展起来的。社会实践不仅是学习知识的重要途径,也是智力发展的重要基础。爱迪生的启蒙教师是自己的母亲,但实验是他创造发明的基础,是他才智形成的重要条件。

(6) 主观努力:环境和教育的决定作用,只能机械、被动地影响能力的发展。如果没有主观努力和个人的勤奋,要想获得事业的成功和能力的发展是根本不可能的。世界上许多杰出的思想家、科学家、艺术家,无论他们所从事的事业多么不同,但他们都具有共同点,即醉心于自己的事业,长期坚持不懈、刻苦努力,顽强地与困难做斗争。

82 发挥儿童智力的潜力

智力是一种综合的知识方面的心理特性，是人们认识客观事物并运用知识解决实际问题的能力。智力包括多个方面，如观察力、记忆力、想象力、分析判断能力、思维能力、应变能力等。在教育宝宝的过程中，培养智力是一项重要的战略任务，可从以下几方面着重培养。

（1）积极提倡和实践早期教育：儿童早期是智力迅猛发展的时期，可塑性强，学习快，记忆牢固。家长要积极提倡和实施早期教育，但是早期教育要适量，因人而异。不要强迫儿童进行大量的认字和计算学习，要注意儿童的心理年龄特点，让儿童多进行阅读，重视电影院、博物馆等场所的学习，把教育的空间延伸到商场、公园、大自然等多种多样的地方。在各种参观活动当中，有效提高儿童的观察技能。

（2）游戏为主，认知性和娱乐性相结合：将儿童的语言表达能力、动手能力、思考问题能力的培养以及训练，融入游戏当中，充分利用儿童的好奇心和探索欲，让他们能够在游戏中积累认知经验，学习独立思考以及解决问题，培养良好的学习习惯。

（3）正确对待超常儿童和低常儿童：有些儿童智商测试分数较高，家长和教师可能会"拔苗助长"，这并不符合儿童心理成长规律。单纯灌输和机械练习会让儿童失去生动活泼的个性。对于一些发育迟缓的低常儿童，除了进行特殊养护外，也要因材施教，不要轻视和指责他们，而应积极关怀和鼓励。

🍄 宝宝出生后的第 1 年 🍄

83 要定期带宝宝作健康检查

儿童定期体检是儿童保健服务重要内容之一，随着社会经济的发展，人们迫切需要更加完善而全面的儿童健康体检服务。2009年《全国儿童保健工作规范(试行)》明确提出为儿童提供健康检查，1岁以内的婴儿每年4次，1～2岁的幼儿每年2次，3岁以上的儿童每年1次，开展生长发育及健康状况评价，提供婴幼儿喂养咨询和口腔卫生行为指导，按照国家免疫规划进行预防接种。

同年起，国家启动实施基本公共卫生服务项目，其中包括免费向城乡0～36月龄儿童提供随访服务，分别在3、6、8、12、18、24、30、36月龄，共8次。随访内容包括询问上次随访到本次之间的儿童喂养、患病等情况，为儿童进行体格检查、生长发育和心理行为发育评估，进行心理行为发育、母乳喂养、辅食添加、伤害预防、常见疾病防治等健康指导。在儿童6～8、18、30月龄时分别进行1次血常规检测，对发现有轻度贫血儿童的家长进行健康指导。

2011年后，公共卫生服务项目内容增加了口腔保健、中医保健，在6、12、24、36月齢时分别进行 1 次听力筛查。服务对象也随之扩大至 6 岁,为 4~6 岁的儿童每年提供一次健康管理服务。

在以上基本儿童保健服务的基础上,家长对儿童保健服务的需求呈现多层次、多元化的特点,如从最基本的称体重、量身高,到较高层次的智力发育、行为指导,从躯体不适到精神心理异常、心理问题咨询,这些儿童健康管理服务,可以在更高层级的儿童专科医疗机构获得。

84 1 岁内的宝宝有什么特点

宝宝度过了新生儿期,进入了生命的第一年。第一年的关键在于前半岁,1~6 月龄是宝宝一生中生长发育的重要时期。6 个月以内的婴儿最好每月测量一次体格评估指标,并根据这一年龄期的特点开展养育,加强生活护理,特别要注意合理的营养和喂养。前半岁喂养不当,可能会带来最常见的贫血、佝偻病和营养不良等病症。

6 月龄后,婴儿生长速度较前半年有所减慢,但仍处于一生中生长较快的阶段,满一周岁时,体重约为出生时 3 倍,身长为 1.5 倍,头围约至 46 厘米。为满足此阶段迅速生长的营养需求,需合理添加辅食。世界卫生组织推荐辅食添加的时机为 6 月龄,最早不小于 4 月龄,最晚不超过 8 月龄。过早添加辅食会因胃肠功能发育不完善而引起消化不良,过晚添加辅食因不能满足生长所需的营养而致营养不良,且如辅食引入时机不对,可致宝宝味觉、嗅觉和咀嚼功能发育不善。

对于辅食的添加要遵从循序渐进的原则,坚持由少到多,由一种到多种,由细到粗,由稀到稠的顺序。对于初次添加辅食,可选择宝宝心情愉悦的时候进行尝试,对于宝宝的辅食摄入量不必太过焦虑,切记不可强迫喂食。建议先从高铁米粉开始,逐渐增加辅食的种类,逐渐过渡到半固体或固体食物。每次引入新的食物品种,连续喂食 3~4 天,注意观察婴儿有无出现皮疹、呕吐、腹泻等不良反应,及时作出调整。1 岁以前,不添加蜂蜜、鲜牛奶等,辅食中不添加盐等调味品。鼓励吃新鲜水果,提供膳食纤维,减少糖分的摄入。

随着婴儿月龄增加,活动量较前大大增强,从学会坐、爬、站到走,大运动能力迅速发展,手指捻物等精细动作也更加娴熟,这个时期的宝宝对周围充满好奇心,喜欢自己动手去翻翻、摸摸、抠抠,这是这个年龄段的特点之一。活动范围增大后,更要注意宝宝的安全问题,防止意外发生。1 岁左右的宝宝开始说话了,家长要正确引导,多陪伴和鼓励宝宝说话,减少使用电子产品的时间,通过亲子互动和游戏,加强家长与宝宝的交流和沟通,促进宝宝的语言能力发展。6 月龄后,宝宝的先天免疫力开始减退,呼吸道感染及腹泻等常见疾病发生率较前增加,因此需要家长小心护理,密切关注宝宝的身体健康。

85 宝宝睡姿哪种好

仰卧、俯卧和侧卧都是宝宝最常见的睡觉姿势,到底哪种睡姿最好,目前没有标准答案。

仰卧位是宝宝常采用的一种睡姿,美国儿科学会建议健康的宝宝尽量仰卧,这样利于宝宝的面部五官发育端正、匀称,可以使肌

47

爸妈小课堂

交替睡姿，安全为上

睡姿可以根据爸妈的喜好和宝宝的习惯或特殊需求来决定，选择的意义在于让宝宝睡得安心舒适，避免头形不良，以及有利于消化功能。一般情况下，宝宝左侧卧、右侧卧和仰卧交替进行最好，不必固守于某一种睡姿。不过请记住，宝宝睡觉时，需要家长在旁随时看着，确保宝宝的安全。

肉放松，不会对心、肺、胃肠和膀胱等全身脏器形成压迫感，还可以让爸妈直接观察到宝宝睡觉时的脸部情况。但刚喂完奶的婴儿最好不要立即采用仰卧的姿势，这样容易引起宝宝吐奶，使乳汁沿着脸颊流入耳内而诱发中耳炎；有回奶习惯的宝宝还有发生窒息的危险。正确的做法是：喂完奶后，先抱起宝宝，让他竖靠在家长的肩上，并轻拍他的后背，直到宝宝打嗝，然后再让他采用侧卧睡姿。

侧卧位分为左侧卧和右侧卧。刚喝完奶的宝宝适合右侧卧位，这样符合胃的水平位，而且不会对心脏产生压迫感。即使有溢奶发生，也不易引起窒息；同时也增加了睡觉时的吞咽动作，促进中耳部位黏液的排流，降低病菌存留的机会，避免中耳炎的发生，是一种较好的睡姿。缺点是对于短胳膊短腿的宝宝来说，侧卧的姿势不容易长久保持。另外，由于头颅骨缝还没有完全吻合，长期朝同一个方向侧睡，可能会使头部及脸部左右形状、大小不对称，导致头形不对称。

俯卧睡姿可以增加婴儿头部、颈部和四肢的活动，并能促进心、肺等器官功能的作用，同时有利于头部面部轮廓的塑形。但是

俯卧睡姿使婴儿的口水不易被下咽，而造成口水外流。再则，由于婴儿，尤其是新生儿不会转动头部及翻身，被褥可能会阻塞口鼻，有发生窒息的危险。

86 睡眠能帮助长高吗

遗传是决定宝宝身高的重要因素，可以说是"七分天注定"了，但是难道因此父母对宝宝的身高就束手无策，只能听天由命了吗？并不是，充足的营养摄入、合理的运动锻炼能帮助宝宝长高是得到广泛认同的。其实，除了这些以外，睡眠也是一个很重要的因素。

特别提醒

1岁以内的婴儿如长时间采取仰卧睡姿会使后脑勺扁平，面额显宽，一定程度影响五官比例和面部美观。此外，仰卧时可使放松的舌根后坠，有时会阻塞呼吸道，使婴儿感到呼吸费力。

那么怎么样的睡眠才能够帮助宝宝长高呢？

有些父母认为宝宝多睡就能长高，因此会让宝宝睡懒觉。其实不然，能不能帮助长高关键看宝宝睡得好不好，而非睡的时间长不长。其实，能帮助长高的是与身高有直接关系的生长激素在起作用，生长激素分泌得越多，越有助于长高。1 岁以前宝宝的脑垂体会不断地分泌生长激素，这个阶段只要满足宝宝生长所需的睡眠时间即可。但 1 岁以后，宝宝分泌的生长激素逐渐减少，并有了一定的规律，主要分泌时间是在 21 点至 1 点和 5 点至 7 点两个时间段。但是并不是一到 21 点，生长激素就会开始大量分泌。分泌生长激素只有在深度睡眠时才会发生，如果这个时候还没上床睡觉，或者已经上床但还没睡着，或是已经睡着但还没进入深度睡眠，那么生长激素的分泌量就会大大降低。因此，睡得好才能帮助宝宝长得高。

为了让宝宝能在生长激素分泌的高峰期时处于深度睡眠，需要父母帮助宝宝建立良好的睡眠习惯。比如在晚上给宝宝一个"信号"：该上床睡觉了，可以是讲一个故事，听一首舒缓的歌曲等。同时需要给宝宝营造良好的睡眠环境，比如环境安静，温度适宜等。

87 改善睡眠质量的方法

优质睡眠是宝宝生长发育的重要保障，卧室环境从光线到温度，都对睡眠质量有很大影响。

要注意保持卧室的合适温度，适宜睡眠的最佳室温在 24～26 ℃。如果不想整晚开空调，可以在卧室安置电扇，或开窗通风降温。入睡前和睡眠时暴露于光线之下，褪黑激素分泌会受到抑制，进而影响睡眠质量。卧室黑暗无光对进入深度睡眠、彻底放松和保持生物钟规律至关重要。因此，入睡前应关闭或遮挡光源。为了晚上护理宝宝方便，可以留一个光源比较小的夜灯。

宝宝的床上应选择排汗、透气材料制成的床品，如纯棉、毛织品、丝绸、竹纤维和亚麻等，材料应该摸起来顺滑、舒适。如果宝宝对灰尘或真菌过敏，则应选用抗过敏的床垫和枕套，还要为宝宝选择适合年龄的枕头，过低、过高或不能提供舒适支撑，都会造成脖子酸痛、背痛，影响宝宝颈椎的发育。

88 "三浴"锻炼好处多

"三浴"锻炼主要是指空气浴、日光浴、水浴。这种利用自然元素沐浴的锻炼方式对增强宝宝体质有非常积极的作用，帮助宝宝提高身体的耐受力和疾病抵抗力。

(1) 空气浴：就是让宝宝的皮肤与干净、新鲜的空气直接接触，让全身大部分皮肤沐浴在空气中，利用气温和人体之间的温差，通过空气的对流和阳光辐射来刺激宝宝的身体，并激发其对环境的适应能力。经过空气浴的锻炼，宝宝的体温调节功能和环境适应能力会日益完善，对预防鼻炎、气管炎、支气管哮喘等疾病都有一定的作用。另外，新鲜的空气有助于改善血液循环，加快新陈代谢，增强身体的抗病能力。空气浴要在 20～22 ℃ 的适宜温度下，温度过低谨防着凉，30 ℃以上炎热天气也不适宜。空气浴一般先从室内锻炼开始，时间由 2～3 分钟逐渐增加到 1～2 小时。习惯室内气温后，可转到室外。夏季每日 1 次，冬季隔日 1 次。空气浴要在宝宝精神饱满时进行，患病时停止。

（2）日光浴：阳光中有两种射线，一种是红外线，照射人体后，可使全身温暖，血管扩张，增加全身组织器官的血液供应，增强人体抵抗力。另一种是紫外线，照射到人的皮肤上，可促使皮肤上的胆固醇和麦角固醇转变成维生素D，帮助宝宝吸收食物中的钙和磷，使骨骼长得更结实，可预防和治疗佝偻病。紫外线还能增强新陈代谢，刺激骨髓的造血功能。同时，紫外线还有杀灭细菌和病毒的作用，可以增强皮肤的抵抗力。宝宝2个月大以后，每天应安排一定的时间到户外晒太阳，时间最好是上午9~11点和下午3~6点，气温以20~24℃为宜。晒太阳时尽量让宝宝少穿衣服、身体大部直接接触阳光，但要避免阳光直射面部，可戴上遮阳帽。

（3）水浴：水浴即为洗澡和游泳。水的传热能力比空气强28~30倍。低温的水可加强身体对外界冷热变化的适应能力，热水和较强的水流可刺激全身或局部皮肤进而促进血液循环和新陈代谢，增强体温调节功能。水浴可从温暖的季节开始训练，逐渐过渡到冬季。

89 服装要符合婴儿生长的特点

婴儿处于生长发育的旺盛阶段，不同月龄服式的选择要符合生长特点。棉质面料是适合宝宝贴身穿的衣服面料，具有柔软、保湿、透气、耐热、耐磨、卫生等特点，一般含棉量大于95%就可以算纯棉。棉纱布透气性好，适宜夏季穿；针织棉保暖，伸缩性、透气性和手感好，适宜秋冬穿。

新生儿的衣服以舒服、安全、方便换尿布

为主，选择和尚服、蝴蝶衣尤为合适。大点的宝宝可以选择包屁衣、连体衣，这些服式不管怎么动都不会露肚子，保暖效果好。此外，如果宝宝肚子大，过早穿分体衣容易压迫内脏，影响生长发育。连体衣最好是选择裆部两侧都有扣子的，方便给宝宝换纸尿裤；没有拉链，不会抵住宝宝的下巴；不包脚，方便宝宝活动；最好没有帽子，可以直接穿衣服睡觉。选择开襟衫时，接缝要平整，减少纽扣和系带，衣袖和裤腿要宽大些，有利于宝宝的四肢活动。很多冬天的外套会设计成高领或者立领，其实这种衣领特别不适合婴儿，宝宝的脖子没有那么长，冬天如果怕漏风可以选择戴围巾。有的家长习惯将裤腰带紧紧缚于宝宝胸部，这种做法会影响肺的扩张，长期如此还会影响宝宝胸廓的发育。

购买宝宝衣服时要闻一闻是否有刺激性气味，如汽油味、煤油味、霉味等，如有，可能会有甲醛、酸碱度超标，这种衣服一定要谨慎购买。新买回的衣服要清洗后在阳光下晒干，确保安全、干净。

90 啼哭也是一种"语言"

出生后头几个月，宝宝经常会哭闹。有的父母可能会听过这样的说法："让宝宝哭个够，后面慢慢就不哭了！"这是个有误导性的建议，因为没有充分理解哭对于宝宝与人交流所具有的价值。

啼哭是宝宝特有的语言，是亲子双向交流的载体。宝宝尚未发展出语言理解和表达能力时，是通过哭与父母建立起交流的，确保自己能得到关注，这也帮助父母提升育儿水平。科学家很早就注意到，宝宝的啼哭有"完美符号"所拥有的许多特征。例如,完美的符号常常是自动的,新生儿反射性的哭就是这样。出生后的头几个月,小宝宝不会思考什么样的哭可以让他得到食物,只会自动地哭。又比如,完美的符号具有容易产生的特点,宝宝的啼哭亦如此,当肺部充满空气的时候,只需做很小的努力,宝宝就能哭出声来。再者,哭的效果恰到好处,既能引起照顾者足够的注意,又不至于过分刺耳。

既然啼哭是宝宝的语言,对宝宝的哭声给予及时、准确的回应是爸爸妈妈的必修课,这也是成熟父母的表现。前面提到的那种"不必理会,宝宝哭够慢慢就不会哭"的做法,需要具体考虑是否适合宝宝的年龄、气质特点、家庭的个体化状况。例如,对于出生刚10天的宝宝,通常需要积极回应;对3月龄的宝宝,一般能察觉出是不是哪里不对劲了,应针对原因给予积极回应;而对于10月龄的宝宝,在详细观察下可以延迟几分钟再作回应。气质特点也会影响宝宝的哭:性格随和的宝宝,没有得到回应时可能会学会自我安慰并逐渐安静下来,而高需求宝宝可能会持续啼哭甚至哭声不断升级。

还要强调的一点是,父母并不需要随时随地都做到最好,也不必受制于让宝宝哭几分钟、几个晚上这种死板的数字,而应把宝宝的年龄和哭泣时的状况,作为是否延迟回应、延迟多久回应的参考。

91 清洗小屁股有大文章

给宝宝清洗屁股可不简单,宝宝的皮肤娇嫩,受到大、小便刺激很容易引起红臀。如果大便污染尿道口,还可能造成尿路感染。因此,

宝宝大便后应及时清洗屁股,并注意以下几点。

(1) 水温要适宜,一般在 36 ℃左右,家长先用手臂内侧试温,不能有烫手的感觉。注意在容器中先倒冷水后加热水,以免发生烫伤事故。

(2) 使用质地柔软的小毛巾或纱布,每次用后要搓洗干净并放在阳光下晾晒。

(3) 为男宝宝清洗屁股时,先要轻轻擦拭大腿根部,可以把小毛巾叠成小方块,用折叠的边缘横着擦拭。注意清洁"小鸡鸡",可以把包皮轻轻地向后拉,直到感觉有阻力的时候为止,然后将包皮里的污垢洗净(特别是包皮过长的男宝宝)。

(4) 对女宝宝要更加仔细些,因为女性的尿道口离肛门近,更容易受到感染。清洗时要从上向下、从前向后,先分开阴唇,用一块干净的小毛巾或者纱布从中间向两边清洗,再从前向后清洗,切忌顺序颠倒。清洗后用柔软、被暴晒过的干毛巾将外阴擦拭干净。不要将爽身粉涂抹在宝宝阴部附近,洗净擦干后涂点护臀霜就可以了。另外,女宝宝的阴道分泌物就像天然屏障,对娇弱的阴部皮肤黏膜起到一定的保护作用,过度清洗反而对宝宝不利。

92 对宝宝异常大便的识别

宝宝大便性状和次数可反映其消化情况和健康状况,家长在平时护理中应多加注意,及时发现大便异常的情况,纠正不良饮食。

宝宝的大便因喂养方式不同会呈现不同的性状和次数。母乳喂养的宝宝一般大便次数偏多,每天 3～5 次,呈金黄色糊状,有的宝宝大便 1 周 1 次,但只要宝宝喂养正常,没有

特别提醒

宝宝用的清洗盆具和毛巾要专人专用,毛巾使用后最好用开水烫洗,悬挂在阳光下暴晒。每次洗完屁股后,要注意检查尿道口、会阴部和肛门周围,如皮肤有发红、发炎等情况,要及时处理或就医。

腹胀,大便性状好,这些频率都是正常的。大便在空气中静置后,因胆红素氧化,表面可呈现绿色。配方奶喂养的宝宝大便次数稍少,每天1～2次,淡黄色,味道臭,有时出现"奶瓣",较母乳喂养的要稠些。添加辅食后,宝宝的大便会变得更稠厚,有些臭味。

婴儿因神经系统发育不成熟,肛门肌肉控制不佳,每片尿布都可能会沾有大便,属于正常。有的婴儿大便呈黄绿色,稀糊状,会带有不消化的食物,但宝宝精神好,食欲好,体重增加正常,这种短暂性的情况可不治疗,过一阵就会自愈。有的婴儿大便是黑色的,可能因为摄入富含铁的食物,因铁会被氧化使大便变成黑色。如果没有摄入高铁的食物或药物,要警惕宝宝消化道出血的可能并及时就诊。一旦婴儿出现白色大便,考虑有胆道梗阻,一定要去医院,不能耽误。有的婴儿出现血丝大便,如果新鲜血混在大便里,警惕下消化道出血;如果鲜血在大便表面,提示可能肛裂。如果出现以下几种异常的大便,家长也应当警惕。

(1) 水样便:黄色水样大便,伴有酸臭味,每天大便次数为5～10次,严重者可有10余次,要考虑肠炎。

(2) 蛋花汤样大便:大便像蛋花汤样,粪便和水分散在尿布中,有少量黏液,大便次数增多,不是很腥臭。若同时伴有发热、流涕、咳嗽等上呼吸道感染的症状,要考虑病毒引起的肠炎。

(3) 黏液样便:粪便中出现较明显的黏

液,要考虑结肠炎或慢性细菌性痢疾。

(4) 泡沫样便:大便呈泡沫状,酸臭味明显,要考虑患儿摄入了过多的淀粉类食物,肠内细菌发酵,肠蠕动增强,大便次数增多。

93 让宝宝动起来

随着婴儿月龄增大,活动渐渐增多,坚持做婴儿操,让宝宝动起来,可以增强宝宝的运动能力,促进肌肉和神经发育,提高宝宝对环境的适应能力,有利于左右脑的均衡发展,同时促进认知能力的发育,既能益智健身,又能促进亲子感情。

按照不同的年龄段,2～6月龄的宝宝进行的是被动操,7～12月龄宝宝可进行主被动操。做操前,家长要洗净双手,脱去戒指等物品,给宝宝换上宽松的衣物,换上新的纸尿裤,按摩宝宝的四肢和关节进行热身,室内的

扫码观看
婴幼儿发育训练

环境温度适宜,保证空气流通,动作轻柔,在喝奶前或醒后情绪愉悦时进行,建议每天可做 1～2 次,每次做操时间不宜过长,5～10 分钟为宜。选择宝宝喜欢的音乐,面带微笑地注视宝宝,亲切温和,有节奏感地进行按摩,增进家长与宝宝的情感交流和沟通。如遇宝宝生病或者情绪不佳时,可暂停被动操。

94 出牙晚不一定是缺钙

每个婴儿的出牙时间存在个体差异,出牙的时间因遗传和发育状况各不相同,有的早有的晚,一般父母出牙早,宝宝出牙也会早。早产儿和低体重儿出牙时间比足月儿延迟,女孩萌牙时间早于男孩,但最终完成出牙的时间没有差异。不同的喂养方式和辅食添加时间对乳牙初萌也有影响。辅食添加时间和半固体食物的添加时间越晚,出牙越迟。

第一颗乳牙一般在 4～10 个月萌出,多数宝宝在 6 个月左右出牙,也有一些宝宝在 12 个月时才出牙。若超过 13 个月无第一颗牙萌出的迹象,属牙萌出延迟,可能与遗传有关,或因某些全身性疾病(如严重营养不良、先天性甲状腺功能减退症等),或局部牙龈黏膜肥厚等,而影响了乳牙萌出,家长应及时就诊以明确原因。不过,出牙早不代表发育好,出牙晚也并不意味着发育迟缓。

乳牙的硬组织在母亲怀孕中期形成,牙胚发育在此期基本完成,出生后,乳牙虽没有萌出,但已在牙龈下面。有些家长觉得出牙晚是缺钙造成的,其实缺钙和出牙并没有必然的联系,补钙对出牙并没有什么帮助,额外补钙并不会让牙齿早长。因此,不能单从出牙时间来判断有无缺钙,到底是否需要补钙也要根据长牙期间宝宝是否缺钙来决定。

总之,导致出牙晚的原因很多,可能是遗传因素,可能是口腔局部问题,也可能是全身发育性疾病所致。因此,当宝宝出现乳牙迟萌时,建议咨询医生,寻找可能的原因,及时采取干预措施,而不是盲目补钙。家长需要做到合理喂养,保证营养,及时添加辅食,掌握辅食的添加顺序,提供机会给宝宝锻炼咀嚼能力。

95 哪些现象可能是佝偻病

佝偻病在婴儿期较常见,是由于缺乏维生素 D 引起的钙磷代谢紊乱,发病过程缓慢,容易被家长忽视。佝偻病的宝宝主要表现为睡眠时易有惊跳,夜间哭闹,烦躁不安,难入睡;出汗较多,甚至衣服、枕头都沾湿,但是白天活动或喝奶后出汗多是正常的;头发稀少,易脱发,枕部带状或片状脱发,出现枕秃。

此外,佝偻病会有多种骨骼畸形的表现。

特别提醒

有的宝宝生长发育较同龄人快,需要更多的维生素 D 补充,家长切勿因宝宝长得好,忽视了足量维生素 D 的补充。每个宝宝的缺钙表现是有个体差异的,如果发现有上述表现,怀疑宝宝有佝偻病时,应及时去医院就诊,在医生指导下进行治疗干预,不要自行给宝宝吃药。虽然佝偻病的主要病因为缺乏维生素 D,但是也不能随便给宝宝补充大量的维生素 D,防止维生素 D 的过量中毒。

6月龄内的婴儿可出现"乒乓头"（手指按压枕骨或顶骨中央有内陷，松手后颅骨恢复原状，如同乒乓球）。6月龄以后的宝宝可有方颅（后枕部及前额部隆起凸出），胸部可出现鸡胸（胸骨向前隆起畸形，外形类似鸡的胸脯），肋串珠（胸部两侧肋骨中间的骨骺部膨大，形如算盘珠）。腿部由于双下肢负重关系，可出现"O"形或"X"形腿（表现为下肢向内或向外弯曲，如英文字母O或X）。患佝偻病的宝宝可有抵抗力差、出牙延迟、囟门迟闭、发育迟缓等情况。

96 预防不同季节的高发病

不少儿童疾病的发生都与季节有关，不同季节应做到不同的预防。

春暖花开的季节是儿童过敏性鼻炎的高发季，其典型症状主要是阵发性喷嚏、大量清水样鼻涕、鼻塞等，部分伴有嗅觉减退。经常洗鼻子和按摩鼻子是预防过敏性鼻炎的有效方法。此外，平时应让宝宝锻炼身体，适当参加体育活动。每天早晨可用冷水洗脸以增强鼻腔黏膜的抗病能力，鼻塞时不宜强行通鼻或用手挖鼻。春季咳嗽多因感冒引起，气温陡升骤降，应及时增减衣服。

随气温不断攀升，到了宝宝腹泻的高发时节——夏季。家长应该注意以下几点：过多的牛奶、鸡蛋等高脂肪、高蛋白食物会加重胃肠负担，应适量吃，多吃清淡易消化的食物，避免摄入过量生冷蔬菜瓜果，以及腐败变质及不新鲜的食物，养成饭前便后洗手的习惯。夏季不能长时间开空调，室内经常保持通风。

立秋时节早晚温差大，在此节气时需多注意宝宝的睡眠时间，秋季应在晚上9～10点入睡，睡前用温水泡脚有助于睡眠并提高人体免疫力，避免长时间吹空调、风扇，或是在比较凉的夜间睡凉席。凉爽舒适的秋季是宝宝开展各种运动锻炼的好时期，可进行跳绳、转呼啦圈、爬山、慢跑等运动，每次半小时左右，可促进全身血液循环和新陈代谢。

冬季是宝宝呼吸道传染病的高发季节，例如麻疹、猩红热、流感等都好发于此季节，应当做好疾病防护，尽可能避免去人多密闭的公共场所。另外，冬季宝宝户外活动和日照时间减少，体内维生素D合成不足，不利于钙的吸收，应适当补足。

🌱 蹒跚学步的幼儿期（1～3岁）🌱

97 1～3岁幼儿的特点

宝宝一周岁后，生长速度较前相对减慢。

第一年的体重增加6～7千克，第二年增加约3千克，第三年增加2千克左右。第一年身高增加约25厘米，第二年增加10～12厘米，第三年增加约 7 厘米。大多数宝宝在 1 岁半的时候，囟门完全闭合，有的宝宝囟门可能在 2 岁闭合。幼儿的 20 颗乳牙出齐时间一般在 2 岁半之前，也有的宝宝会在 3 岁前出齐。

幼儿时期的膳食从之前的以奶类为主，过渡到以饭菜为主的阶段，家长要注意食物以清淡、蒸煮为主，食物品种多样化，选择适合幼儿胃肠功能的、易消化的食物，对不同质地的食物要合理添加和尝试，锻炼幼儿的咀嚼和吞咽能力。每日 3 顿主餐，餐间加 2～3 次点心，进餐时间以 30 分钟内为宜，避免就餐时看电视，不可追着喂饭，逐步学习用勺子吃饭，鼓励自主进食。避免食用易误吞、误吸的坚果、葡萄、果冻等零食。注意保证奶量，有条件母乳喂养的可继续。

婴儿时期宝宝的情绪较单一，1 周岁后逐渐出现各种基本情绪，家长要学习理解宝宝的心理、情绪和行为，适时地引导，促进宝宝的身心健康，宝宝自身对情绪的调控也会越来越强。幼儿的中枢神经系统发育也逐渐加快，宝宝的活动能力较前增强，从站稳到独立行走，到 2 岁会双脚跳跃。1 岁以后精细动作能力也有了很大的发展，能做许多细小的动作，18 个月会自己用杯子喝水，拿着勺子吃饭，能拿着笔在纸上涂画。随着宝宝接触的环境越来越多，语言和思维能力的发展也较前增强。家长要多与幼儿沟通互动，减少幼儿对电子产品的依赖，促进亲子关系的同时有利于幼儿的语言发育。

幼儿缺乏生活经验，控制自我的行动能力不足，因此，家长要合理安排活动场所，掌握幼儿的活动规律，避免意外事故的发生。此外，幼儿的免疫能力仍处于发育阶段，抵抗力比较低下，家长应避免带幼儿去人多的场所，及时进行疫苗接种，减少疾病的发生。

98 宝宝不宜长期睡软垫床

宝宝每天有一半的时间在床上睡觉，准备一张合适的床对宝宝的生长发育尤为重要。随着生活水平的提高，婴儿床不断更新换代，市场上有各式各样的选择。有的家长非常疼爱宝宝，为宝宝准备了十分柔软的床，认为这样不仅可以睡得好，长得好，而且天气冷的时候还很保暖。软软的床宝宝躺着是舒服，但不利于宝宝的生长发育。

宝宝的脊柱发育有一定规律，新生儿的脊柱柔韧，出生后至 3 月龄，宝宝能抬头后，颈曲向前形成第一个生理弯曲，6 月龄会坐后，胸曲向后形成第二个弯曲，12 月龄会走后，腰曲向前形成脊柱的第三个生理弯曲。宝宝的骨骼处在生长发育的过程，骨中碳酸钙、磷酸钙等无机盐含量少，骨粘连蛋白和骨胶原等有机物含量多，具有弹性大、柔软、不易骨折的特点。如果长期睡软床，造成脊柱韧带和关节负重增加，起床后常常会感到腰背酸痛。宝宝脊柱周围肌肉和韧带较弱，脊柱和骨骼容易发生弯曲变形。一旦发生变形，矫正往往很难。

此外，柔软松弛的寝具容易增加宝宝猝死的风险，因此，建议不睡软床，以免宝宝头部陷入其中导致窒息。另外，睡软床时，宝宝蒙头睡觉的概率增加，头脑处于缺氧状态，使宝宝感到胸闷气短，噩梦、多梦，影响宝宝的睡眠质量。

当然，太硬的床也不适合宝宝直接睡。硬板床使宝宝的全身肌肉得不到放松，容易影响睡眠，造成疲劳，建议在床上铺松软的床褥，软硬度以宝宝躺床上臀部不下陷为宜。

99 培养睡前习惯很重要

睡眠习惯是从小培养的，有的宝宝上床后很快就能入睡，有的宝宝喜欢躺床上玩一会才入睡。由于各种原因，宝宝存在程度不同、表现各异的睡前特殊爱好，往往在难入睡的宝宝中尤其明显，比如爱咬着被子，抱着玩具，抓着家长来入睡。有这些爱好的多见于缺乏亲子陪伴的宝宝，比如婴儿期没有母乳喂养、过早断奶、刚刚断奶的宝宝，这类宝宝通过睡前与妈妈的肌肤接触，来获取安全感，通过移情，抱着玩偶入睡，减少惶恐感。如果家长经常看电视、玩手机、斥责宝宝，宝宝会感到被忽视、孤单和害怕，如果宝宝长期处于冷漠的家庭氛围，宝宝会更渴望与妈妈亲近，睡觉时也更倾向通过接触母亲来安抚自我。

对于有这种习惯的宝宝，妈妈可以尝试转移宝宝注意力，给宝宝讲故事，陪宝宝玩游戏，多与宝宝有肌肤接触，多亲亲、摸摸、抱抱宝宝，积极回应宝宝的需求，避免忽视宝宝，只要妈妈们有足够的耐心，宝宝的特殊习惯会慢慢改掉。如果长时间都没有戒掉这类特殊习惯，可以尝试拉着宝宝的手睡觉，让宝宝感受到妈妈一直在身边，得到情感上的满足。同时，不要责备或过度关注这些特殊爱好，造成宝宝焦虑与紧张。

睡前仪式有助于宝宝更好地入睡。用一系列稳定的，有先后顺序的事情来安抚宝宝从清醒状态进入睡眠状态，比如拉窗帘、换睡衣、讲故事、听催眠曲。睡眠仪式增加了宝宝对入睡的预期，对宝宝来说情绪上更易接受。睡前仪式可根据宝宝的不同特质进行个性化调整，家长需要摸索适合宝宝的方案，帮助宝宝放松，减少对抗，舒缓情绪。因此，睡前程序宜简不宜繁，活动宜静不宜动。

100 睡觉时磨牙是病吗

有些宝宝睡觉时会发出"咯吱咯吱"磨牙的声音，家长需要警惕夜磨牙症。磨牙属于一种睡眠问题，磨牙时，负责咀嚼的几块肌肉不自主地开始有规律的收缩，从而带动牙齿摩擦，发出声音。症状发生在某个睡眠周期的特定阶段，大多数第二天醒来时不记得自己磨牙的经历。长期磨牙会影响牙齿的排列，牙釉质磨损可导致龋齿、牙齿过度敏感、牙周组织损伤等。

造成磨牙的病因和发病机制尚未十分明确，目前已知的包括情绪紧张焦虑、过于疲劳、睡觉前一小时过于兴奋激动、缺钙、胃肠功能紊乱、刺激性食物的摄入、不良的咬合习惯（牙颌畸形、牙齿缺损、单侧咀嚼等），以及遗传因素。

过去经常认为宝宝磨牙是因为肚子里有蛔虫，事实上并没有足够的证据证明寄生虫与磨牙有确切的因果关系。寄生虫感染常常由不洁饮食等高危因素导致，如果怀疑磨牙是由于肠道寄生虫，要先到医院化验大便，检查结果确实有寄生虫或虫卵的，应在医生指导下用药。

预防和治疗磨牙有以下几种方法。

（1）建立融洽的亲子关系，减少对宝宝的批评、指责甚至打骂，让宝宝保持心情愉快，缓解宝宝的紧张情绪。

（2）保证休息和足够的睡眠，睡觉前一小时建立仪式化的入睡前准备，如喝点热牛奶，洗漱、睡前故事或悄悄话时间。应避免过于兴奋地打闹、奔跑，避免睡前看电子屏幕（睡前1小时内禁用）。

（3）睡前避免摄入不易消化的食物，避免过饱造成的胃肠道负担。

(4) 有睡眠问题的宝宝常常有铁缺乏、维生素 D 缺乏的情况,要注意适量补充维生素 D 和富含铁的食物,如红肉、肝泥等,必要时检查血清 25 羟维生素 D、血清铁蛋白的水平,及时补充维生素 D 和铁剂。

101 睡眠障碍有哪些

良好的睡眠在儿童的体格生长、智力发育及人格成熟中起着重要作用。睡眠障碍是儿童期常见且容易被忽视的问题,儿童早期睡眠问题可持续至成人期,不仅与儿童躯体、认知及行为发育问题密切相关,同时也是成人肥胖、高血压、抑郁症、焦虑症等慢性疾病发生的重要高危因素。

儿童睡眠障碍是以有效睡眠时间缩短、睡眠质量降低为主,因年龄的不同有着非常大的个体差异,可有多种形式。

(1) 夜惊:在 2~5 岁的儿童中较多见,男孩多于女孩。儿童夜惊多发生在睡后 15~30 分钟,表现为突然惊叫、哭闹、惊恐表情、手足乱动、呼吸急促、心跳加速、出汗、瞳孔散大。有的则双目紧闭,面部显得焦虑痛苦;有时会起床在室内行走、奔跑,抓住人或物喊叫求助,摆出防御姿势,怎么哄也不能安静下来,偶尔有些重复的动作。夜惊一般持续 10 分钟左右,发作后再入睡,醒后完全遗忘。一般随着年龄增长,会自行消失。

(2) 儿童阻塞型睡眠呼吸暂停综合征:是由于睡眠过程中频发的部分或全部上呼吸道阻塞,扰乱睡眠过程中正常通气和睡眠结构,而引起的一系列临床改变,常见的症状就是睡觉时宝宝总是张口呼吸,不时出现鼾声。宝宝张口呼吸一般是由于某种疾病,如腺样体肥大、严重过敏性鼻炎、鼻窦炎、神经肌肉异常等。

(3) 梦魇:是以恐怖不安或焦虑情绪为主要特征的梦境体验,唤醒时患儿能够详细回忆。梦魇可发生于任何年龄,但以 3~6 岁多见,半数始发于 10 岁以前,儿童发病率高达 15%。一般梦魇发作表现为呻吟或惊叫,并引起呼吸与心率加快,直至惊醒。

(4) 梦语:以睡眠时讲话或发出声音为特征,通常是自发的,或者被同睡者的讲话所诱发。梦语是在大脑普遍抑制的基础上,语言运动中枢的单独兴奋,偶尔的梦语不一定是病态,经常梦语多见于儿童神经症和神经系统功能不稳定症,一般有素质性及家族发病的倾向,其预后良好,无需治疗。

(5) 睡行症:也称梦游,其发病有明显的诱因,如白天过度疲劳、连续多日睡眠不足、睡前服用镇静药等,而某些容易导致睡眠激醒的疾病,如癫痫、周期性肢体运动障碍等,也与睡行症的发作有关。

(6) 发作性睡病:指于白天出现不可克制的发作性短暂性睡眠,临床常有猝倒发作、睡眠麻痹和入睡前幻觉,亦称为过度睡眠和异常动眼睡眠。

102 了解"夹腿综合征"

家长发现有的宝宝,尤其是女孩,有发作性的双下肢交叉行为,上下摩擦呈擦腿动作,有的将浴巾、被单夹在两腿之间进行摩擦,伴有面色潮红,双眼凝视,可持续数分钟,动作停止后可有出汗。部分的宝宝表现为两腿骑跨在一些物体上,反复进行摩擦,这种动作行为在医学中被称为"夹腿综合征"。

这种行为可能是因为湿疹、尿道炎、蛲虫

病等局部刺激引起的，也有因儿童心理缺乏安全感，为缓解焦虑、紧张、恐惧等负面情绪所致的一种行为。幼儿出现夹腿习惯与成人的两性感觉并非一回事，此行为与儿童性生理发展相适应。家长应注意保持宝宝的外阴清洁，选择宽松透气的衣服。当宝宝出现"夹腿综合征"时应分散注意力，减少宝宝独处时间，加强陪伴与互动。切勿惩罚、责骂，或强行制止，否则非但不能减轻这种行为，反而可能强化该行为。这种情况多数为一过性的发作，只要家长正确看待这个行为，正确对待宝宝，让宝宝被丰富的学习和兴趣爱好所吸引，这种习惯会慢慢消失。

103 宝宝便秘如何防治

便秘会造成阵发性腹痛，排便后可缓解；也会造成肛裂，导致大便表面或内部有血。因为排便困难和疼痛，宝宝常常害怕或拒绝排便。宝宝便秘是让爸爸妈妈头疼的一种常见症状。

大多数情况下，便秘是由于肠蠕动减慢，排便延迟，结肠和直肠吸收水分，造成大便干结。大便在肠道留存时间越长，就会愈加干结。由于排便困难和疼痛，宝宝不敢排便，进而造成恶性循环。任何造成肠蠕动减慢的因素都会导致便秘。便秘受遗传因素影响，也跟家庭饮食习惯有关，如富含膳食纤维的蔬菜水果摄入过少。任何新的食物（奶粉、牛奶、辅食等）都可能导致胃肠道功能的短暂紊乱，从而造成便秘。活动量少，没有养成定时规律大便的习惯也是常见的原因。

有以下几种预防和治疗宝宝便秘的方法。

（1）合理的膳食：增加富含膳食纤维的食物摄入，如新鲜蔬果以及全麦麦片和面包，保证足够的水分摄入，膳食纤维可以吸收水分，软化大便。需注意是新鲜水果，而不是果汁。

（2）必要时饮食回避：怀疑某种食物过敏引起便秘，应回避相应食物或者咨询医生。

（3）定时规律排便：养成规律排便的习惯，宝宝存在口肛反射，易在餐后排便，可从饭后开始培养定时排便。

（4）促进肠蠕动：酸奶、益生菌的摄入，顺时针脐周按摩，保证一定的运动量，均可促进肠蠕动。亚麻籽油或乳果糖富含纤维素，每天摄入5~10毫升，也有助于排便。

（5）辅助通便：超过3天未排便或大便干结、排便疼痛者，可使用开塞露辅助通便，之后逐渐改用肥皂条刺激肛门，温毛巾热敷肛门，均可重新恢复直肠对大便刺激的反射。

104 夏季低热的常见原因

到了夏季，有的宝宝经常会有低热，测量肛温为37.8~38.5℃，家长难免感到着急。引起宝宝低热的原因主要是产热高于散热。

夏天随着气温变化，体温由于热辐射而升高，这往往是因为宝宝体温调节功能不健全，未能及时散热所致。有些宝宝疾病好转后发生低热，往往是因为生病后自主神经功能紊乱而影响了体温调节功能。有些宝宝由于自身基础代谢旺盛，表现为基础体温偏高。有些宝宝在摄入高蛋白质饮食后，会因为食物的特殊动力作用而产生低热。以上这些情况在医学上被称为功能性低热，这些宝宝的共同特点是清晨体温正常，活动后体温上升，

爸妈小课堂

夏季低热如何预防和处理

夏季低热的预防措施包括避免过度户外运动,预防感染,多摄入水分。当宝宝出现低热后,家长应该注意及时散热,切忌捂被,否则会造成大量出汗,容易虚脱。散热的正确方法如温水擦浴、泡澡、多饮水、排尿等。体温如果超过 38.5℃应及时服用退热药,曾有高热惊厥和癫痫病史的宝宝应更加积极地使用药物,尽快降温,避免诱发惊厥。

预后良好,无需治疗。

除了功能性低热,某些感染因素也会导致低热,如结核病、中耳炎、牙龈炎,代谢性因素如甲状腺功能亢进。在发热之外,常伴有咳嗽等其他感染症状,应密切关注体温,及时到医院就诊,明确诊断,在医生指导下选择合适的方法及时治疗,不要延误病情。

105 预防反复呼吸道感染

反复呼吸道感染以 2 岁以下的婴幼儿发病率最高。一般而言,2 岁以内的婴幼儿一年内发生 7 次以上呼吸道感染或 3 次以上肺炎,2 岁以上的婴幼儿一年内发生 6 次以上呼吸道感染或 2 次以上肺炎,即定义为反复呼吸道感染。

反复呼吸道感染与宝宝自身的营养状况、免疫力、环境因素等有密切关系。营养不良、贫血等营养状况差的宝宝由于微量元素的缺乏等原因,影响到细胞和体液免疫功能。免疫力差的宝宝由于体液免疫或细胞免疫功能不完善,容易感染细菌、病毒等病原体。过敏性体质的宝宝由于环境大气污染、尘螨等原因容易诱发呼吸道感染。大型公共场所人流密集,人员往来频繁且密闭的空间(如婴幼儿游泳馆)空气流通差,容易导致交叉感染。

婴幼儿游泳也是一个不容忽视、容易导致交叉感染的因素。预防反复呼吸道感染的建议如下。

(1)增强体质,加强体育锻炼,每天户外运动 1~2 小时。

(2)合理安排膳食,注意膳食摄入均衡,纠正挑食、偏食的不良习惯。预防营养不良和贫血、微量元素缺乏的发生。

(3)注意室内空气流通,每日定时开窗通风,雾霾天除外。流感期注意避免去人多拥挤的公共场所。

(4)加强护理,注意休息,保证充足睡眠;注意根据冷暖变化增减衣物。容易出汗的宝宝应在晚上睡觉或户外运动时常备干毛巾,保持内衣干燥。

(5)积极预防和治疗过敏性疾病。

106 怎么应对生长痛

在宝宝的成长过程中,有些父母会遇到宝宝白天活动正常但半夜经常腿痛到睡不着觉的情况。其实不必太担心,这可能是生长痛。

生长痛是儿童生长发育时期特有的一种生理现象,多见于 2 岁以上的儿童。由于身高增长迅速,与局部肌肉筋腱的生长发育不协调，使肌肉受到牵拉而产生疼痛，主要发生在承受力较大的下肢膝关节和踝关节周围。但是疼痛部位没有红肿、发热的现象，且关节活动不受限制，到医院检查后通常无任何异常。这种情况常常就是"生长痛"。

生长痛是暂时的，父母不必过于担心，可以采取下列方法帮助宝宝缓解疼痛。晚上睡觉前用温水给宝宝泡脚，一边泡脚一边用热毛巾对宝宝的下肢、关节、肌肉等处热敷，并作适当按摩，改善局部血液循环、缓解肌肉紧张，按摩时一定要注意揉捏力度。宝宝生长痛发作时，用讲故事、做游戏、看动画片等方法来转移宝宝的注意力，让宝宝减少对疼痛的注意，缓解宝宝紧张焦虑的情绪。爸爸妈妈的精神鼓励与支持对宝宝来说是重要的镇痛良方。给宝宝补充足够的营养，保证能量及营养摄入，多进食牛奶及奶制品、绿色蔬菜、虾、贝类等食物，满足宝宝对钙的需求。让宝宝减少剧烈运动，生长痛发作时要让宝宝充分休息，让肌肉放松，不要进行剧烈运动。

但是要注意，如果宝宝疼痛时间久，且越来越厉害，父母可不能轻视，还是要及早去看医生。

107 重视儿童体育锻炼

儿童运动不足已经成为全世界普遍的状况。一项对肥胖宝宝家长的调查显示：在幼儿园阶段，80%以上的家长最关心的是宝宝会不会计算、认识多少个字，而不是是否参加了足够的体育锻炼。实际上，适宜的体育锻炼能促进儿童的生长发育，增强体质，提高宝宝适应环境和对疾病的抵抗能力，培养勇敢坚强的心理素质。

学龄前儿童每天至少有1小时的户外体育锻炼，循序渐进，动作由简到繁、由易到难，时间由短到长，运动量由小到大，逐渐提高锻炼强度。要结合年龄、季节变化，安排内容多样化的锻炼。

在运动前，家长要事先检查场地的安全情况，如场地要平坦、防滑、无积水，并干净、无乱堆的杂物。再检查运动器械有无损坏，如滑滑梯是否有开裂、掉螺丝，并擦干净运动器械表面。同时，准备好运动器具和玩具，如皮球、跳绳等，提前检查皮球是否打足气等，准备好毛巾和水。提醒宝宝在运动前上厕所，辅助或让宝宝自己脱去外套，裤脚不要过长，系好鞋带等。

在运动过程中，关注活动中宝宝的安全和场地周围环境的安全，加强运动中的保护以防意外伤害。提醒宝宝不要玩危险的物品，不打闹、狂奔乱跑。运动中注意观察宝宝的精神、情绪、面色、呼吸情况、出汗量等，如发现宝宝精神略有疲倦，提醒其注意休息或减少活动量。对体弱儿、肥胖宝宝更要注意灵活掌握活动时间，特别加强护理和照顾，如运动前在宝宝背上垫汗巾等，使衣服不湿。

运动后请宝宝一起收拾好玩具，归类放置原位；生活物品也要放回原处。此外，让宝宝穿上外衣，确保宝宝不受凉。做好宝宝的清洁整理工作，如洗手、擦脸、休息、喝水等。同时要注意观察宝宝运动后的精神、食欲及睡眠情况。

学龄前儿童（4～6岁）

108 4～6岁儿童的特点

4～6岁是学龄前期，这一年龄段体重增加速度减慢至1.5～2千克/年，身高增长速度较体重相对更快，平均每年增加7～8厘米。睡眠时间逐渐减少，每天睡11个小时左右。6岁左右的宝宝开始换牙，乳牙脱落，恒牙长出，应该注意培养宝宝早晚刷牙、饭后漱口的良好习惯，保持口腔清洁，预防龋齿发生。4～6岁是视力发育关键期，家长应该注意宝宝的用眼卫生，增加户外运动，减少屏幕使用时间（每天少于1小时），发现视力异常应及时矫正。

4～6岁的宝宝智力发育日趋完善。宝宝好奇心强、模仿能力强，家长应该注意正确引导。由于生活范围扩大，与外界接触的机会增多，容易感染各类传染病。应引导增加户外运动，尤其在流感期应少去人流密集的公共场所。

学龄前儿童的心理健康尤为重要，在这一阶段培养宝宝良好心理行为的总体原则和目标为以下几点。

（1）鼓励发展与年龄相适应的能力，而不是拔苗助长的训练。

（2）减少屏幕（包括手机、平板电脑、电视等）使用，时间控制在每天少于1小时，培养宝宝对于户外运动、球类运动、绘画、阅读、手工的兴趣，发展运动能力和动手能力。

（3）注重在游戏中发展认知、语言、社会交往、情绪调控以及解决问题的能力。注重发展创造性思维而不是机械地学习，发展想象能力、语言表达能力、探究能力和动脑思考的习惯，引导和培养解决问题的能力。

（4）积极发展与同伴的交往，支持和鼓励宝宝做力所能及的事并乐于助人，鼓励宝宝学会分享、情感表达与发展友谊。

（5）培养生活自理能力和独立意识、培养情绪识别和表达能力，学会积极的情绪调控能力，鼓励和促进语言表达，促进社会适应能力。

（6）培养正确的角色认同和性别认同，自我感觉良好，经常比较愉快，重视为个性发展创造良好的氛围。

（7）降低"自我中心"，帮助宝宝理解别人的感受，了解他人与自己的不同，尊重他人。

（8）促进道德培养，培养规则意识，鼓励正面管教。家长对于规则的要求尽量明确和一致，让宝宝参与规则的制定，对宝宝的行为有适当的限制。家长规范自己的行为，做宝宝的行为榜样。

109 宝宝入睡后出汗要紧吗

宝宝多汗的原因比较复杂，分为生理性

另外一种需要重视的情况是夜间盗汗。宝宝刚刚入睡时无汗，入睡一段时间后，尤其是下半夜出现的多汗，称为盗汗。这种情况下，宝宝多同时伴有面色苍白，面颊部潮红，精神不振，胃纳差，并伴有低热、咳嗽等症状，家长需及时带宝宝到医院排除结核病的可能性。

和病理性。绝大多数为生理性，这是因为宝宝汗腺和交感神经系统发育还不完全，体内新陈代谢旺盛，且皮肤血管分布多，加上宝宝活泼好动，容易出汗是正常的生理现象。

很多宝宝在刚刚入睡时多汗，家长担心宝宝会不会是缺钙、缺锌。其实上半夜出汗，主要是因为积蓄体内的多余热量需要释放。人体清醒和睡眠的体温存在差别，白天体温相对较高，入睡后至深夜体温最低，体温的降低使身体代谢变低以更好地休息，身体通过出汗使体温降下来，属正常生理现象。家长需要注意的是睡前避免过于激烈的活动，避免室温过高，同时注意避免穿衣过多、盖被过厚，帮助及时散热。

病理性多汗亦不容忽视，常见的是营养性佝偻病，是由于维生素 D 和钙摄入不足所致。

如果宝宝出生时没有早产、低体重等高危因素，自生后一直服用维生素 D 预防量（1 岁以内为 400 国际单位/天，1～3 岁为 600 国际单位/天），骨骼未见乒乓头、方颅、鸡胸、漏斗胸、肋骨串珠、O 形腿、X 形腿等异常体征，则不必过于担心。若存在维生素 D 和钙储存和摄入不足的风险如早产儿、低出生体重儿等，当出现多汗、睡眠不安和如上体征时，需警惕营养性佝偻病的可能性，家长应带宝宝及时到医院检查明确诊断，必要时及时补充维生素 D 和钙剂，进行早期干预和治疗。

110 宝宝口吃怎么办

口吃，俗称"结巴"，临床上属于言语流畅性问题，表现为语言交流时语音的停顿、重复或延长，影响宝宝的正常语言表达。口吃多见于儿童，尤其常见于 2～5 岁语言快速发展阶段，有的可持续至青春期甚至成年期。研究表明，多达 8.5% 的学龄前儿童会在某个阶段出现或多或少的"口吃"现象，其中 1/8 的宝宝症状会持续至成年期。

口吃发生的确切病因不甚清楚，一般认为与遗传、神经发育异常等因素有关。此外，口吃会受心理社会因素的影响，如紧张、应激等因素。言语流畅度会随着宝宝的内在感觉和外部环境变化而发生微妙的变化。如在情绪极度紧张时，难免会偶尔卡顿，在学龄前儿童尤为明显。而说话不流畅带来的负面心理压力，包括家长无意中透露出来的紧张情绪，会让宝宝言语不流畅的问题愈加严重。男孩与女孩发生口吃的比例大约为 3：1 到 4：1。

除了言语问题外是否存在语言或者智力发育迟缓，口吃的预后取决于口吃发生的年龄。学龄前儿童的口吃，尤其是 3 岁以前出现的口吃预后较好，约 70% 以上都可恢复，即使到了青春期也会逐渐康复。发育性口吃，即口吃没达到语言发展的正常标准，是最常见的类型。对于低幼的宝宝来讲，语言问题比言语问题更加重要。如果语言理解和表达没有问题，口吃相对来说预后较好。口吃持续时间若超过 12 个月甚至更长，那么不经过干预摆脱口吃的概率会比较低。因此 3 岁以后出现口吃，持续时间超过 12 个月，伴有语言问题的口吃，家长应该更加重视，需要专业医生进行评估后，明确是否需要系统性的干预治疗。

家长应该科学而理性地认识口吃现象。首先，避免反复提醒，切忌打断宝宝说话，更不应该责备或打骂。家长应该尽量避免在宝宝面前表现出紧张或焦虑，尽可能鼓励语言表达，帮宝宝把卡顿的句子补充完整。而对于大年龄的宝宝，家长可以倾听宝宝的主观感受，理解口吃给宝宝带来的烦恼，可以告诉宝宝只要表达清楚自己的意思即可。倾听和交流往往可以缓解口吃给宝宝带来的恐惧和焦虑，从而改善症状。其次，家长应把注意力更多地放在宝宝讲话的内容而非流畅性上，关注宝宝综合能力的发展，如社交、情绪调控等。此外，口吃是因为嘴巴张开，大脑还没组织计划好表达的内容，所以会出现卡顿，家长在平时跟宝宝的语言沟通过程中应该减慢语速，宝宝讲话的速度自然也会放慢，此时口吃的现象大多会缓解。

111 不要把“顽皮”当“多动”

近年来，多动症似乎成了一种时髦的疾病，学龄前儿童如果在日常生活和幼儿园中表现得特别活泼好动，调皮捣蛋，即使说教也收效甚微，很多家长和幼儿园教师会下意识地担心宝宝是不是患有多动症。那么，到底什么是多动症？

多动症全称为“注意缺陷多动障碍”(ADHD)，是一种常见的神经发育障碍性疾病。临床表现为持续存在的与年龄不相称的注意力不集中、多动或冲动症状，并影响儿童的学业成就、社会交往、情绪控制等方面的功能。

学龄前儿童尤其是男宝宝，本身精力旺盛、活动水平高，容易与 ADHD 混淆。那应该如何判断是顽皮好动还是真的多动症呢？最大区别在于顽皮的宝宝行动常有一定的目的性，并有计划和安排，欲达到某个目的，其行为多呈“有始有终”的完整活动过程，且可以根据不同场合约束和调控自己的行为。多动症患儿则不分场合，经常在不合适的场合跑来跑去或爬上爬下。多动行为缺乏目的性、计划性和组织性，行为杂乱无章、有始无终，且不停变换花样。对自己的行为不能控制，易发生意外事故，在校喜欢招惹是非，影响课堂纪律，与同学常有肢体冲突，同伴关系差。

多动症常被误解为字面意思上的“多动”。需要注意的是，注意缺陷型的宝宝并没有明显的活动过多表现，有些看上去甚至很安静，但容易走神、做事拖拉、粗心马虎、丢三落四，做事缺乏组织计划性和条理性，常常影响学习成绩。

宝宝如果有多动的症状，除了考虑是否为多动症外，还需考虑其他的原因。比如智力或语言发育迟缓的宝宝，会因为语言理解存在困难，不能完全理解老师的指令而表现多动。很多刚刚进入小学一年级的学生有多动和注意力不集中的表现，或许是因为家庭没有及时帮助宝宝做好入学准备。

在国际通用的美国精神障碍诊断与统计手册第 5 版(DSM-Ⅴ)诊断标准中，行为症状需至少持续 6 个月，在多个场景出现(如学校、家庭)，且造成功能损害，才可诊断为多动症。不能仅仅根据宝宝有多动、冲动或注意

高质量陪伴宝宝

　　游戏活动依然是学龄期儿童探索世界、认知发展的主要方式。家长应该了解和尊重宝宝发育规律，在日常生活中重视与宝宝高质量的互动交流，创造游戏的机会，培养兴趣和建立好的习惯，而不应让屏幕过度占据宝宝的成长空间。家长应选择有意义的教育类内容，陪伴观看和增加亲子互动，并引导宝宝对于绘画、阅读等其他活动的兴趣。

缺陷等症状就认为是多动症，只有当疾病造成患儿各方面的功能损害，如影响学习成绩、同伴交往、情绪控制时方可诊断。因此，多动症的诊断需要综合考虑儿童年龄（4岁以上）、症状发生的场合（学校、家庭或社区）、持续时间（6个月以上）和严重程度、功能损害等综合考虑。建议家长在出现疑似症状时，及时带宝宝就诊，在医生的帮助下明确诊断、规范治疗。

112 别把手机当"电子保姆"

　　随着科技的发展，宝宝的成长环境发生了很大的变化。隔代养育的普遍存在、父母角色的缺失，让现在的宝宝难以离开电子屏幕，如电视、手机、视频游戏等。对于4~6岁的宝宝来讲，需要限制电子屏幕使用时间。

　　电子屏幕与近视、肥胖的发生有关，影响睡眠时间和质量，影响宝宝早期能力发展。父母与宝宝互动交流减少和家庭功能下降，过度屏幕暴露阻碍宝宝认知、语言和情感等的早期发展，容易导致宝宝语言和社会交往缺陷。电子屏幕占用宝宝游戏、身体活动、面对面交流和社会交往时间，而这些对于宝宝的健康和发展都至关重要。过度屏幕暴露还会影响宝宝的睡眠时间和质量，同时减少亲子交流时间，容易引发宝宝的心理行为问题。对于电子屏幕的使用建议，国内目前尚没有颁布相关指南，可以参考美国儿科学会2016年更新的关于屏幕使用的指南，具体建议如下。

　　（1）2岁以下婴幼儿不鼓励单独使用电子媒介（以维系亲子关系为目的的视频聊天除外）。

　　（2）2~5岁儿童每日使用电子屏幕的时间不超过1小时，家长应全程陪伴，帮助宝宝理解所看的内容，并应用于现实生活场景。

　　（3）学龄期儿童和青少年，应限制使用屏幕的时间和内容，保证足够的睡眠以及足够时间参与有利于健康和发育的活动，如身体活动、阅读和社会交往。

　　（4）限制屏幕使用的时间和场合，避免在就餐时和睡前1小时内使用，避免在卧室使用。

　　（5）限制屏幕内容，网络使用时注意尊重他人（网络社区），避免网络暴力，注意保护隐私、注意网络安全，避免接触色情、暴力等内容。

113 宝宝为何满口牙齿发黑

　　龋齿，俗称"蛀牙""虫牙"，发病原因是由于残留在牙齿表面的食物残渣在细菌作用下发酵产酸，导致牙体组织破坏所形成的一个龋洞。很多家长会认为，宝宝6岁时乳牙替换为恒牙，这之前有一点蛀牙不要紧。但是如果宝宝蛀牙的范围逐步扩大，甚至满口发黑，会导致牙齿敏感，冷热酸甜的食物容易引起牙痛，严重影响进食和营养吸收。一项大型流行病学调查数据显示，3岁儿童龋齿患病率高达50.5%，5岁儿童龋齿患病率高达70.9%，警示我国目前的龋齿防治不容乐观。

预防和治疗龋齿的途径归纳下来大致有如下几点。

(1) 注意口腔清洁卫生，及时喝水，尤其是喝奶后和晚上睡觉前，清洗残留的食物和奶渍；一岁以上的宝宝应注意清洁牙齿，养成良好的刷牙习惯。2岁开始刷牙，刷牙时推荐使用含氟牙膏，早晚各一次，每次至少2分钟。

(2) 少吃甜食和含糖饮料、碳酸饮料，糖分滞留口腔会加速龋齿的发生，进食甜食后应及时用清水漱口。

(3) 避免奶瓶奶嘴和安抚奶嘴的过度使用，预防"奶瓶龋"。这是低幼儿童龋齿的一种特殊类型，主要是由于不良的喂养习惯所致，包括含奶瓶入睡、牙齿萌出后喂夜奶、延长母乳或奶瓶喂养时间、使用安抚奶嘴等。

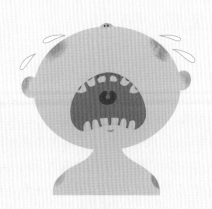

奶瓶龋

临床上常表现为环状龋，□月龄以后鼓励断夜奶，1岁以后应学习使□杯子以逐步停用奶瓶和奶嘴。

(4) 定期做口腔检查□□发现和治疗龋齿。涂氟和窝沟封闭是□□预防方法。蛀牙应及时补好。

114 运动后不可立即大量饮水

随着运动时间的延长，宝宝会□□心跳加速、呼吸增快、体温升高、大量排□一系列正常的生理反应。身体通过毛孔□□的水分、盐分以及一些代谢产物排出体□致体内缺水，感到口干舌燥、唾液黏稠，□于"假渴"现象。如果可以忍耐一下或者□□水，"假渴"现象就会消失。如果大量饮□那么对于正处于高温状态的内脏器官来□危害是很大的。

(1) 对胃肠道的危害很大：剧烈运□后胃肠道处于高温状态，大量饮用凉水对□刺激很大，容易引起胃肠痉挛，进而血液循□受到影响，使胃肠道对水的吸收率和利用□降低。长此以往，胃肠道的消化吸收功能□受到影响。剧烈运动后大量饮水，还会产□一系列不良反应，轻症者头晕、恶心、呕□腹痛、腹泻，由于身体无法立即吸收，水滞□在消化道内可出现腹胀等不适。严重时可□导致胃肠道疾病的发生，如胃炎、肠炎等□

(2) 增加肾脏的负担：肾脏起到□虑和排泄的作用。运动后大量饮水，虽然□时解渴，但使循环血量增加，血液变稀，降□了血液运输营养物质、氧气及代谢产物的□度，在一定程度上增加了肾脏过滤和排泄的□担。

(3) 增加心脏的负担：由于运动□大量

排汗,血液黏稠度增加,心脏负荷相对减轻。大量饮水后血液稀释,容量增加,血流速度加快,增加了心脏的负担,长期如此还会伤害心脏。

宝宝运动后正确的饮水方法是少量多次,每次以 100～150 毫升为宜(依据年龄适当减量),且每次间隔半小时。大量出汗时,可适当喝些淡盐水。

115 男生女生不一样

性教育不等同于生殖教育、性交教育,它包括生理、心理、社会、人文、人际关系、家庭和谐、婚姻关系,是一个多维度的教育,凡是和性有关的维度,性教育都要融入进去。

宝宝在幼年时期出现对性的好奇和懵懂心理,这就促使他们去向父母问个明白,若是家长回避宝宝的提问会让在宝宝潜意识里认为他提的问题让父母很难堪,他们以后便不会再提出这样的问题。为了避免在宝宝提问时不知怎么回答,家长在平时可以抽时间多补充一些性的知识。

不少家长担心自己对宝宝灌输的性知识会超出他这个年龄段应该掌握的,会对宝宝的发育有影响。其实,宝宝对知识的掌握也是循序渐进的,即使家长教育的性知识过多,宝宝也不见得能够掌握。因此,家长们不必担心,抓住时机针对宝宝提出的问题回答即可。

低年龄的宝宝,天性比较好玩,对有图案的东西比较有兴趣。家长们不妨利用宝宝的这种心理特征去施教,在给宝宝讲童话故事的时候,顺势提出小问题,然后给宝宝讲解其中的知识。

在宝宝和小伙伴们玩耍时遇到了问题向家长请教时,可以趁机告诉他相应的性知识,比如说宝宝问为什么邻居家小妹妹要去女厕所而自己不可以去时,可以顺势告诉宝宝男女性别差异这方面的相关知识。

由于国内的学校中,性教育还是很罕见的一门课程,所以,家长们应重视在家对宝宝的性教育,利用家庭生活告诉宝宝一些相关知识,比如给宝宝洗澡时告诉宝宝一些人体器官的名字是什么。注意运用科学的知识和术语,例如用"肛门""屁股"取代"屁屁"。

🍄 儿童的计划免疫 🍄

116 为什么要按时进行计划免疫

疫苗是利用人体免疫系统的记忆功能,通过主动刺激人体的免疫系统,增强其对特定疾病的免疫力,从而达到预防和控制传染病的效果。在天花疫苗问世以后,越来越多的疫苗问世,也有越来越多的传染病得到了控制。疫苗的发明成为人类最伟大的公共卫生成就,疫苗接种的普及,避免了无数儿童的残疾和死亡。因此,疫苗成了预防和控制传染病最为经济、有效的手段。

计划免疫是为更好地保护人群的身体健康，按照规定、科学的计划免疫程序，有计划地进行预防接种各种疫苗。其措施是根据人群的免疫状况和传染病的流行情况，以及各种生物制品的性能和免疫期限，科学地安排接种对象和时间。儿童计划免疫是根据儿童的免疫特点和传染病发生的情况制定的免疫程序。利用安全有效的疫苗，对不同年龄的儿童进行有计划的预防接种，可以提高儿童的免疫水平，达到控制和消灭传染病的目的。

不同的疫苗有不同的免疫程序，根据抗体水平在人体内变化、疾病感染风险、临床试验和多年科学实践为依据而制定开始接种年龄和接种间隔。如乙肝疫苗、百白破联合疫苗、脊灰疫苗等至少需要完成 3 剂接种才能使宝宝身体产生足够的免疫力。随着宝宝长大，身体内原有通过接种疫苗获得的免疫力也会逐渐下降。因此，有些疫苗还要进行加强免疫。（详见附录 1）

如果宝宝由于发热或过敏等原因错过了接种疫苗的时间，应当在症状消失、恢复健康后尽快去当地预防接种门诊或指定地点补种。家长可电话咨询接种点询问补种安排。

117 哪些宝宝不适宜接种疫苗

如果宝宝曾因为接种疫苗后出现了严重

的不良反应，如过敏性休克、喉头水肿等，且证明该反应与疫苗有关，后续应禁止接种该疫苗。如果宝宝出现了疫苗说明书所列的接种禁忌证，那么也不应接种相应的疫苗。

有一些情况需要宝宝暂缓接种：接种当天宝宝出现接种部位的严重皮炎、牛皮癣、湿疹及化脓性皮肤病；体温＞37.5 ℃；腹泻等情况，建议等情况缓解或痊愈后再行接种。因为发热可能是流感、麻疹等急性传染病的早期症状，此时接种可能会加重病情，并可能发生偶合事件。当宝宝出现腹泻并且每天排便次数超过 4 次者，建议暂缓接种口服疫苗。

宝宝患有一些基础性疾病，是否适宜接种某种疫苗呢？如果宝宝是严重心肝肾疾病或结核病患儿（体质较差，患病器官不堪重负）；或神经系统疾病（如癫痫、脑发育不全）患儿；或重度营养不良、严重佝偻病、先天性免疫缺陷患儿（制造免疫力的原料不够或形成免疫力的器官功能欠佳）；或有哮喘、荨麻疹等属过敏体质（可能对疫苗的某些成分过敏），需要视情况而定：因为一些基础性疾病尤其是免疫系统疾病，可能会对接种效果产生较大的影响，会导致接种效果不佳，或增加不良反应发生的风险。

但从另一个角度来说，这类患儿感染疫苗可预防疾病的预后比健康儿童差，他们比健康者更需要接种。因此，最好带患儿至医院寻求专业医生的建议，根据患儿的具体情

特别提醒

我国对流动儿童的预防接种实行属地化（即现居住地）管理，流动儿童与本地儿童享受同样的预防接种服务。如果有≤6 周岁的宝宝迁入其他省份，可直接携带原居住地卫生部门颁发的预防接种证到现居住地门诊接种疫苗。如之前未办理预防接种证或预防接种证遗失，可在现居住地接种单位补办预防接种证。

况来权衡不接种疫苗导致的患病风险，与接种后效果不佳和可能增加不良反应的风险之后，再做出决定。

118 什么是第一类疫苗和第二类疫苗

第一类疫苗又称计划免疫疫苗，是指政府免费向公民提供，公民应依照政府的规定接种的疫苗，没有特殊情况，第一类疫苗都需要接种。简言之就是"国家付费，要求接种"。这类疫苗包括麻疹、百白破等。

第二类疫苗是指公民自费自愿接种的其他疫苗，如肺炎球菌疫苗、五联疫苗、轮状病毒疫苗等。第二类疫苗接种秉持"知情、自费、自愿"的原则，是"谁接种，谁受益"。

随着我们国家经济水平的发展，整体经济水平能力的提高，第一类疫苗的种类也不断增加，就上海而言，1978 年只包括 7 种疫苗，2002 年增加到 8 种，2007 年扩展到了 11种。现在是接种 11 种疫苗预防 12 种疾病。各个省份也会根据各地的疾病流行情况和经济水平，增加其他的第一类疫苗品种。如上海将水痘疫苗、适合 60 岁以上老年人的 23价肺炎球菌多糖疫苗纳入第一类疫苗范围，北京将水痘疫苗、流感疫苗纳入第一类疫苗范围。

第一、第二类疫苗的主要差别是是否免费接种，因此，有些家长认为"付费的才是好的"或者"第一类是国家要求接种的，才是好的"，是不正确的。第二类疫苗是第一类疫苗的重要补充，家长应该根据宝宝的身体状况、家庭经济状况等因素综合考虑，为宝宝合理选择第一或第二类疫苗进行接种。

119 要不要接种流感疫苗

流感症状一般表现为高热（体温 38 ℃以上，部分可达 39～40 ℃）、退热困难，同时还伴有寒战、头痛、关节肌肉酸痛、极度乏力、食欲减退等全身症状；严重者还可以出现肺炎、呼吸困难、心肌炎、休克等多种并发症。容易出现流感重症和死亡的高危人群主要包括 5岁以下的儿童、60 岁及以上的老年人、慢性病患者、孕妇等。

扫码观看 儿童健康小剧场

流感防控

勤洗手、勤通风、勤锻炼等良好的个人健康习惯是预防流感等呼吸道传染病的重要手段，但由于流感的传播力极强，仅有这些手段仍然很难预防流感。而接种流感疫苗是通过诱导人体的免疫应答，使人体产生对流感病毒的特有免疫力的有效途径。

接种流感疫苗除了能够减少流感发病率之外，还能减轻患者病情、减少住院率、降低致命并发症发生率。因此，接种流感疫苗是预防流感最经济有效的手段。但是由于流感病毒变异频繁，因此需要每年接种才能更为有效地预防流感。通常流感疫苗接种 2～4周后，可以产生具有保护水平的抗体，6～8

个月后抗体滴度开始衰减。我国各地每年流感活动高峰出现的时间和持续时间不同，为了在流感高发季节前获得保护，应当在当年流感高峰到来前、流感疫苗上市后尽快接种，最好在 10 月底前完成免疫接种。

120 宝宝预防接种后，家长要注意哪些反应

预防接种是提高宝宝免疫力，预防宝宝传染病的重要措施。可是，有的家长害怕宝宝打预防针后会出现一些不良反应，找出种种理由加以拒绝。事实上，预防接种所用的疫苗均经过严格、科学的把关，是安全可靠的。当然，疫苗作为一种异性蛋白，进入人体后会引起一些反应，但不会对身体造成危害。

一般预防接种后的反应可分为局部反应和全身反应两种。

（1）局部反应：注射处局部有红晕、轻肿、疼痛，个别出现局部淋巴结肿大，2～3 天会自行消退。这种情况一般不需作特殊处理，只要让宝宝适当休息，保持局部皮肤清洁，不破溃感染。

（2）全身反应：少数宝宝出现 38～39 ℃的发热，持续 1～2 天，可有恶心、呕吐、腹痛等症状。一般只要多喝水，注意休息，适当服些退热剂，必要时去医院就诊。

有的宝宝打预防针时紧张、恐惧，甚至晕倒，这是由于暂时性脑缺血之故。只要让宝宝躺下，取头低脚高位，松开衣物，喂些糖水或温开水，短时间即可恢复。为了避免上述情况发生，预防接种前，家长要对宝宝作好解释、引导工作，消除恐惧心理。

第三讲　营养与喂养

🍄 儿童营养和喂养概要 🍄

121 要从婴儿期开始重视食欲

宝宝不爱吃饭成了困扰一些家长的头等大事，每次吃饭，宝宝要么被家长追着边玩边喂，要么就是在餐桌上吃得又少又慢，这些都是由于父母没有让宝宝养成良好的进食习惯造成的。宝宝一出生，味觉和触觉已基本发育完善，不仅能分辨甜酸苦辣的味道，还能辨别各种食具，对习惯的乐意接受，对陌生的容易抗拒。因此，宝宝食欲的习惯培养要从婴幼儿期开始重视。

（1）饮食要有规律：宝宝除了刚出生时按需哺乳，逐渐长大后应定时哺喂。如果宝宝进食无固定时间，进食时间或长或短，正常的胃肠消化规律被打乱，宝宝就不会乖乖吃饭了。

（2）每次量必须吃足：人工喂养的可以直接看奶瓶刻度来估算，母乳喂养的要学会正确估算奶量。母乳喂养的宝宝连续吸奶15分钟左右，能安静入睡2~3小时，醒后精神愉快，说明宝宝吃得较饱。或者是宝宝吸2~4次咽一口也表示妈妈的奶水是充足的，如果吸得多咽得少，应及时查找原因调整喂

养。通过观察记录宝宝的体重增长是否合理，是判断喂养是否合理的重要标准。

（3）学会用奶瓶：随着宝宝长大，妈妈去上班，在家喝奶必须用奶瓶的时候，有的宝宝会因不习惯用奶嘴而哭闹。可以让宝宝试用不同形状、大小、材质的奶嘴，并调整奶嘴孔的大小，把奶嘴用温水冲一下，让它的温度更接近体温。可以提前让宝宝经常接触奶瓶，也可以在奶瓶中放一些母乳来喂宝宝，以便熟悉奶瓶。用奶瓶喂奶要选择宝宝饿的时候，否则宝宝常会拒绝。

（4）学会用汤匙：宝宝大一点了该添加辅食了，有的家长为了图方便，有时会把米粉等放在奶瓶中喂宝宝，这会导致宝宝对汤匙非常不习惯，而且囫囵吞下辅食对消化不利，也影响宝宝的牙齿发育和说话发音。因此在宝宝刚添加辅食的时候就要尝试用汤匙喂食，使宝宝以后对汤匙不感到陌生。

（5）养成良好的进餐习惯：养成吃饭不玩玩具，不看电视、手机的习惯，因为边吃边玩，大脑皮层的食物中枢不能形成优势的兴奋灶。家长可以为宝宝准备专用的餐桌餐椅，培养宝宝固定时间、固定场所就餐的好习

惯,只要还没吃饱,就不能离开,而且这个习惯应从吃辅食的时候就要开始养成,以免日后吃饭的时候就要追着宝宝跑。

122 从日常饮食中能获取哪些营养素

营养素是指食物内所含有的营养物质,包括蛋白质、脂类、碳水化合物、矿物质、维生素、膳食纤维和水。

(1) 蛋白质是构成身体组织和器官的重要成分,也是身体供能的重要营养素。构成人体蛋白质的氨基酸有 20 种,其中有 9 种是需要由食物提供的必需氨基酸。小麦、米、玉米等赖氨酸含量低,蛋氨酸含量高,而豆类则相反,两者在烹饪中的搭配可以做到蛋白质互补。优质蛋白质则主要来源于动物和大豆蛋白。

(2) 脂类是身体第二供能营养素。构成脂肪的基本单位是脂肪酸,人体不能自身合成,必须通过食物供给的称作必需脂肪酸,存在于植物油及坚果类食物中,对生长发育有重要的作用。

(3) 碳水化合物是身体供能最主要的来源,主要来源于谷类食物,2 岁以上儿童的膳食中,碳水化合物所产的能量应占总能量的 55%～65%。

(4) 矿物质包括常量元素(如钙、磷、钾等)及微量元素(如铁、碘、锌等):其中钙是构成人体牙齿及骨骼组织的重要物质,婴儿期是补充钙的黄金时期,乳类是钙的最好来源,大豆也是钙的较好来源。铁能帮助构造肌肉和保持血液健康,蛤蚌位居高含铁量食物之首,虾和肝脏次之,大豆、豆科类植物和菠菜等素食也为铁的优质来源。碘是甲状腺素的主要成分,是生长及智力发育不可或缺的重要物质,在海产品中含量丰富。锌的主要功效是增强免疫力,促进生长发育,海产品以及菠菜、腰果、黄豆等是锌的天然来源。

(5) 维生素在身体内含量极微,却在身体代谢中发挥着重要作用。在儿童中容易缺乏维生素 A、维生素 D、维生素 C 及维生素 B_1。维生素 A 可以呵护眼睛的健康,也与身体的免疫功能相关,主要来源于肝脏、牛奶、鱼肝油等,胡萝卜和哈密瓜中也富含维生素 A。维生素 D 能够强健骨骼,来源除了阳光外,包括鸡蛋、鱼肝油等。维生素 C 能增强血管功能和皮肤弹性,同时具有抗氧化功能,来自各种水果及新鲜蔬菜。维生素 B_1 能维持神经、心肌的活动功能,促进生长发育,在花生、大豆、瘦猪肉中含量丰富。

(6) 膳食纤维指不易被消化的营养素,能够吸收大肠水分,软化粪便、促进肠蠕动等,同时膳食纤维在肠内被细菌分解产生短链脂肪酸,也有降解胆固醇、改善肝代谢的作用,可从谷类、新鲜蔬菜及水果中获得。

(7) 水在体内占比最大,帮助维持人体的内环境,使身体内的细胞生活在一个稳定的环境里,并参与生理功能的调节。

123 膳食指南中营养喂养的核心推荐

膳食指南是根据营养科学的原则和对健康的需要,由政府或权威机构提出的食物选择和身体活动指导意见。2016 年国家卫生健康委发布了《中国居民膳食指南(2016)》,该指南考虑了不同年龄段儿童的饮食和生长发育情况,提出了中国婴幼儿喂养指南、儿童青少年膳食指南、中国儿童平衡膳食算盘。

（1）6月龄内婴儿母乳喂养的核心推荐：母亲产后应尽快开奶，坚持新生儿的第一口食物是母乳，母乳是婴儿最理想的食物，应坚持6月龄内纯母乳喂养。母乳喂养应根据婴儿胃肠道成熟和生长发育规律，从按需喂养模式到规律喂养模式递进，建立规律良好的饮食习惯。婴儿出生后数日应开始补充维生素D，同时进行阳光照射以促进皮肤中维生素D的合成，因纯母乳喂养能满足婴儿对钙的需求，故无需额外补充钙剂。当不能母乳喂养时，建议首选适合于6月龄内婴儿的配方奶喂养。身长和体重是反映婴儿营养状况的直观指标，6月龄内的婴儿应每半个月测量一次身长和体重。

（2）7～24月龄婴幼儿喂养的核心推荐：婴儿满6月龄时，其胃肠道等消化器官已相对发育完善，此时应继续母乳喂养，并逐渐添加辅食，以满足婴儿的营养和心理需求。辅食的添加应从含铁的泥糊状食物开始，如米粉、肉泥等，逐渐过渡到半固体或固体食物，逐步增加达到食物多样化。父母应鼓励并协助婴幼儿自己进食，增强进食的乐趣。辅食应保持原味，不应添加盐、糖以及刺激性调味品，保持淡口味。食材应选用新鲜、优质、无污染的食物，确保餐具和进食环境清洁和安全。在此年龄段应每3个月一次定期监测婴幼儿的身长和体重，并及时调整营养摄入和喂养方式。

（3）学龄前儿童膳食的核心推荐：学龄前期是儿童生长发育的关键时期，也是养成良好饮食习惯的关键时期。家长应培养儿童良好的饮食习惯，自主进食不挑食，儿童应每天喝奶，多喝水，少吃零食，食物应合理烹调，避免含糖饮料和高脂肪油炸食物。

（4）学龄期儿童膳食的核心推荐：学龄期儿童处于生长发育的快速时期，对能量和营养素的需求量相对高于成年人。学龄期是儿童学习营养健康知识、养成健康生活方式的关键时期。家长应帮助和指导儿童养成健康的饮食习惯，三餐规律，不挑食节食，不暴饮暴食，帮助儿童健康成长。

124 营养对免疫力至关重要

免疫也称为免疫力，是身体的生理性保护机制，对入侵病原体（如细菌、病毒和真菌等）起到防卫或抵抗作用。

胎儿和婴幼儿的生长发育十分迅速，此阶段为生长发育的第一个高峰，免疫力也在此时不断发育完善。食物的营养与儿童的免疫力密切相关，充足的营养是儿童维持生命和身心健康的重要因素之一。

营养在抗感染中扮演极其重要的角色，营养素缺乏对免疫系统有不利影响。与儿童免疫有关的营养素较多，其中影响较大的是蛋白质、维生素A、维生素C、锌和铁等。

（1）蛋白质供应不足导致的营养不良可引起免疫器官的萎缩、活性淋巴细胞数量的减少，导致细胞免疫功能降低，发生反复感染等。

（2）铁对免疫功能有着重要的影响，铁对维生素有促进吸收的作用，铁结合蛋白有抑菌的作用，与此同时，铁能够维持正常的上皮屏障。

（3）维生素C、维生素E等缺乏可导致白细胞及巨噬细胞吞噬杀菌能力降低，通过补充维生素C有助于减轻感冒的症状，缩短感染的病程。

125 充足的营养有助于大脑发育

3 岁前是儿童大脑发育的关键时期,也是大脑发育最快速的时期,大脑的发育及维持正常的生命功能,需要充足的营养物质。对大脑发育有重要作用的营养素包括葡萄糖、蛋白质、卵磷脂、维生素、铁和无机盐等。

(1) 葡萄糖:是碳水化合物分解的产物,也是大脑活动的重要能量来源,通过消耗血液中的葡萄糖,能够维持大脑的正常功能。碳水化合物主要来源于水果、大米、面粉及含糖类食物等。

(2) 蛋白质:是由多种氨基酸结合而成的高分子化合物,是生命活动的基础。蛋白质是构成脑细胞的重要成分,是脑细胞兴奋和抑制过程的主要物质基础。儿童可食用牛奶、鸡蛋、鱼肉、豆制品等富含必需氨基酸的优质蛋白类食物。

(3) 卵磷脂:被誉为与蛋白质、维生素并列的"第三营养素",主要是存在于动植物组织中的油脂性物质。卵磷脂能够促进大脑神经系统和脑容积的正常发育,具有活化脑细胞、强化脑功能和提高大脑思维效率的功能。牛奶、鸡蛋和豆制品中含卵磷脂较高。

(4) 铁元素:是人体必需的微量元素,不仅是身体合成血红蛋白所必需的原料,同时也是维持依赖铁的各种酶的功能所必需。铁对于生命早期大脑和行为发育起着重要的作用,幼儿期应注意多摄入含铁丰富的食物,肝脏、瘦肉和动物血类食物中含有大量的铁元素。

126 如何添加蛋白质食品

对于婴幼儿来说,母乳是蛋白质的最佳来源,母乳所含必需氨基酸比例合适,为必需氨基酸模式。其中主要的蛋白质为乳清蛋白和酪蛋白,乳清蛋白能在胃酸的作用下形成细软的凝乳状,促进乳糖蛋白的形成。前者和后者的比例为 1:4,十分有利于宝宝消化吸收。如果母乳不够的话,应该选择合适的配方奶粉来保证奶量。不同的阶段有不同的配方奶,要按年龄选用,用量按照配方奶的说明进行正确配制。6 个月后,部分蛋白质可以由辅食来提供,如肉类、蛋类等。

添加辅食后的宝宝仍然处在快速生长发育的时期,且活动量加大,需要保证优质蛋白质的摄入,优质蛋白质应该占总蛋白量的一半。优质蛋白质不仅包括蛋清、牛奶、牛肉、家禽、猪肉等动物蛋白质,也包括豆腐、豆浆等豆类蛋白质。所用食品应切碎煮酥、烧烂,最好不要煎炸。

3~6 岁的宝宝对于蛋白质需求量少一些,每天 30~35 克,最好一半来自动物性食物。

爸妈小课堂

蛋白质补充的误区

蛋白质摄入并非越多越好,因为蛋白质的分解代谢依赖肾脏,而宝宝肾功能发育尚不完全,过量摄入会加重肾脏负担。此外,一岁以下的宝宝不宜用鲜奶补充蛋白质,因为牛奶中乳清蛋白与酪蛋白比例不同于母乳和配方奶,过早喝牛奶很有可能导致宝宝难消化,且鲜奶中的矿物质含量较高,易加重宝宝肾脏负担。

可逐渐应用炒及油炸的烧法,切法上也可逐渐从碎末、细丝、薄片到大块等。

127 如何科学地补充维生素

(1) 以食物摄取作为主要来源:维生素主要从膳食中获得,对于能够正常进餐的儿童,按时规律地进餐比补充营养品更加重要。大部分营养品只是补充剂,只能补充人体膳食摄入不足的那部分营养缺口,远不能代替正餐,并且应小剂量、多品种、连续使用,这样有利于吸收和作用。

(2) 分辨脂溶性及水溶性维生素:脂溶性维生素,即维生素 A、维生素 D、维生素 E 和维生素 K 可存储于人体中,不易排出,补充过量易蓄积中毒。而水溶性维生素如 B 族维生素包括叶酸、维生素 B_1、维生素 B_6、维生素 B_{12},以及维生素 C 可随尿液排出,需要及时补充。通常情况下人体比较容易缺少维生素 C、B 族维生素及维生素 A。

(3) 选择合适的服用时间:水溶性维生素主要被人体的小肠部分吸收,若在空腹或饭前服用,会较快通过胃肠道,在人体未充分吸收前,便随着粪便排出,因此在饭后服用能够帮助吸收,并且一般而言,B 族维生素、维生素 C 在早上服用效果最好。脂溶性维生素如维生素 A、维生素 E 只有溶于脂肪中才能被胃黏膜吸收,如果没有搭配任何油脂而单独食用的话,就无法被吸收,因此最好在进食油脂类食物后服用。同时,因为脂溶性维生素不易被排出体外,可在人体中存储,每天分成 3 次在三餐后服用,更能发挥其生理功能。

(4) 注意不良反应:维生素类补充剂必须按规定的用法用量服用,否则可能会引起不良反应。例如长期、大剂量服用维生素 A、维生素 D 会引起发热、腹泻、中毒,大剂量静脉注射维生素 C 会引起静脉炎、静脉血栓等。服用维生素类补充剂的同时还服用其他药物的话,要注意有没有不良相互作用,例如维生素 E 不能和血液稀释剂一起服用。

128 维生素缺乏会影响宝宝健康吗

维生素 A、维生素 C 和维生素 E 既是儿童生长发育所必需的重要营养素,同时也在身体调节自由基代谢平衡方面起重要作用。自由基是人体正常代谢的产物,但是如果自由基产生过多或代谢障碍,会导致身体抗氧化水平下降,从而导致营养问题及慢性疾病等。

(1) 维生素 A 缺乏的不良影响:视力下降,严重者可能患上夜盲症;脂肪吸收不良,造成儿童身体发育缓慢,骨骼强度无法达到正常状态。缺乏维生素 A 还会导致无法促进大量糖蛋白的形成,影响牙齿、牙龈及头发的健康生长。缺乏维生素 A 会导致抵抗力下降,更易患上呼吸道感染或寄生虫疾病;引

特别提醒

维生素 E 主要来源于蔬菜以及水果,其他例如坚果、蛋类、瘦肉、压榨植物油等食物也会含有维生素 E。在食用植物中,维生素 E 含量最高的为小麦胚芽,家长在日常饮食中可通过让儿童多食用蔬菜水果来补充维生素 E。

起皮肤弹性下滑,久之形成粉刺或痤疮。

(2) 维生素 C 缺乏的不良影响:维生素 C 可抑制铅元素的吸收,提升细胞抵抗力;缺乏可导致免疫系统功能下降,病毒更易侵入人体。维生素 C 对儿童皮肤发育也能够起到促进作用,且作用比维生素 A 更强。儿童每日维生素 C 的摄入量应在 100 毫克以下,最多不超过 800 毫克。儿童体内多余维生素 C 能够被肾脏排泄,但若儿童身上存在伤口,则伤口不易愈合。

(3) 维生素 E 缺乏的不良影响:维生素 E 是脂溶性的,在抗氧化方面效果极佳,不仅能够调节身体免疫能力,还能改善视力。缺乏维生素 E 时更易产生近视,极度缺乏可能造成肌肉无力感。

129 维生素 A 与儿童健康

维生素 A 是人体重要的脂溶性维生素,包括维生素 A 及其代谢产物。维生素 A 对儿童的生长发育有着重要的作用,能够帮助钙的吸收,促进儿童体格的生长与骨骼的正常发育;提高儿童视力、防止夜盲,与视觉有密切关系;维持皮肤和黏膜等上皮组织的正常结构;增强儿童对常见感染性疾病的抗病能力,并有利于儿童的康复,具有提高细胞免疫功能的作用。维生素 A 缺乏时可引起视力损伤,表现为早期以暗适应能力减退、眼部干燥为主,后期逐步发展为视物模糊不清、夜盲、畏光、干眼症、结膜炎,角化病并致盲,还可导致头盖骨形成障碍,生长发育迟缓及易发生感染。

维生素 A 在动物肝脏内含量最高,其次为蛋黄、奶油、牛奶等食物。水产品中河蟹、黄鳝、带鱼等也含较为丰富的维生素 A。西兰花、胡萝卜、白菜、菠菜、芹菜叶等深色蔬菜中富含各种胡萝卜素,可在体内转换成维生素 A,强化维生素 A 和胡萝卜素等食物也提供部分维生素 A。由于维生素 A 是脂溶性的,因此建议膳食中尽量加入油脂类,有利于维生素 A 的吸收和利用。

儿童维生素 A 的膳食推荐量

中国营养学会(2013 年)

年龄	维生素 A (微克视黄醇当量/天)
0～6 个月	300
7～12 个月	350
1～3 岁	310
4～6 岁	360
7～9 岁	500
10～14 岁	670
15～18 岁	820

爸妈小课堂

给儿童补充维生素 A 一定要适量

由于脂溶性维生素不易被排出体外,因此摄入过多会贮存于肝脏和其他部位,最后达到中毒的水平。当儿童一次摄入剂量超过 30 万国际单位的维生素 A 就可发生急性中毒;如果每日服用 2.5 万国际单位的维生素 A,持续一个月,可导致慢性中毒。从食物中补充维生素 A 最安全,如需药物补充应在医生的指导下进行。

130 维生素 B₁ 对身体有哪些影响

维生素 B₁ 又称硫胺素,是人体能量代谢,特别是糖代谢所必需的,故人体对维生素 B₁ 的需要量通常与摄入的能量有关,维生素 B₁ 的重要功能是调节体内的糖代谢,帮助消化,维持神经组织、肌肉和心脏活动的正常。

谷类的胚芽和外皮含丰富的维生素 B₁,是维生素 B₁ 的主要来源。维生素 B₁ 缺乏会引起脚气病,导致极度的厌食、多发性神经炎等。维生素 B₁ 的缺乏使糖代谢发生障碍,由糖代谢所供应的能量减少,而神经和肌肉所需能量主要由糖类供应,受影响最大,可引起神经、循环系统等一系列临床症状。

婴幼儿若喂养不当,长期以精制面粉或精白米为主食,且不及时添加辅食,或长期腹泻导致慢性消化道功能紊乱,都会使得维生素 B₁ 的吸收减少。当儿童出现食欲低下和厌食等症状时,家长应想到可能维生素 B₁ 缺乏。维生素 B₁ 主要是通过日常饮食和食疗进行补充,粮谷类、豆类、干果、动物内脏、蛋类、绿叶菜等食物中含维生素 B₁ 较高。

131 维生素 D 缺乏或过多都有害

维生素 D 是人体必需的脂溶性维生素,当儿童缺乏维生素 D 时,可引起血钙、磷浓度的降低,并产生一系列骨骼症状和血液生化改变,严重时可导致佝偻病的发生。

6 个月以内婴儿出现易激惹、烦躁不安、夜间啼哭、睡眠不安、夜惊、多汗、枕秃等。这些临床表现可作为维生素 D 缺乏早期临床诊断的依据。当婴儿出现维生素 D 缺乏时若不及时治疗,症状会持续加重。6 个月以内的婴儿常出现颅骨软化,如"乒乓头",6 月龄以后婴儿开始出现"方头"、鸡胸、漏斗胸。手腕和足踝部出现圆形环状隆起,表现为佝偻病手、足镯。当宝宝开始站立与行走时,由于负重容易出现"O"形或"X"形腿等。

儿童轻、中度维生素 D 中毒无明显临床症状,或出现体力下降和胃肠道症状,如厌食、恶心、呕吐、腹泻、便秘、口渴、乏力和体重下降等;当发生重度维生素 D 中毒时会出现精神萎靡、抑郁、抽搐甚至昏迷等症状。如若儿童出现以上症状应立即停服维生素 D,并减少含钙的食物摄入,必要时进行口服激素和降钙素治疗,同时动态监测血钙水平。

132 每天该补多少钙

钙是人体重要的营养元素,对儿童的生长发育起着重要的作用,人体中的钙元素主要沉积在骨骼和牙齿中,是骨骼和牙齿中重要的矿物成分,钙有助于维持骨骼和牙齿的正常形态和硬度,与肌肉的收缩和舒张有直接关联。缺钙会影响儿童的骨骼生长,严重时可引起佝偻病的发生。儿童的生长发育速度较快,骨形成速度加快,钙需要量也较成人多。大部分的家长对钙的作用和儿童钙的营养状况认识不足,如何合理补充钙剂是很多家长所关心的。

早产儿、低出生体重儿应每日摄入钙 70~120 毫克/千克体重,同时补充维生素 D。维生素 D 有助于钙的吸收和利用,佝偻病患儿每日在补充维生素 D 的同时,钙摄入量应大于 500 毫克。2013 年中国营养学会建议儿童膳食钙的摄入量如下。

儿童膳食钙的摄入量

年龄	钙摄入量(毫克/天)
0～6 个月	200
7～12 个月	250
1～4 岁	600
4～7 岁	800
7～11 岁	800
11 岁以上	1 000

人体钙含量主要来源于食物或营养补充剂,含钙丰富的食物是牛奶、沙丁鱼、芝麻酱、豆制品、奶酪、海带和虾皮等。奶类是儿童补充钙最好的来源,强调婴儿期应坚持母乳喂养。儿童应坚持每天喝奶制品,1～2 岁的幼儿奶量每日应 400～600 毫升,2～5 岁的儿童每日奶量摄入应在 350～500 毫升,学龄期儿童每日奶量摄入应在 300 毫升左右。如若奶制品摄入量不足,也可通过服用钙剂来进行补充,儿童补钙应首选含钙量多、胃肠道易吸收、安全性较高、口感好且服用方便的钙制剂。钙剂补充建议遵循医嘱进行服用,切忌过量。

133 哪些情况可能是缺锌

锌是人体必需的微量元素之一,主要存在于骨骼、牙齿、毛发、皮肤、肝脏和肌肉中,是人体代谢酶及辅助酶的组成物质,通过影响酶的活性来影响儿童的生长发育。

人体唾液中含有两个锌离子的唾液蛋白,具有维持口腔内黏膜正常生长的功能,缺锌将使食物难以接触味蕾,从而影响食欲。锌缺乏会导致特异性和非特异性免疫功能的降低,易发生感染相疾病、抵抗力差且伤口不易愈合。大多数儿童缺锌时表现为胃口不好、生长发育迟缓、反复感染、免疫功能低下等。部分儿童出现异食癖的现象,如喜欢咬指甲、啃手指等。缺锌还可影响儿童的智力发育,表现为学龄期注意力不集中,理解力和记忆力较差。经常挑食、偏食或厌食的儿童,如果出现上述情况,应去医院检查确诊,检测体内锌的水平。

预防儿童锌的缺乏对儿童健康成长十分重要。母乳中锌的含量最高,2 岁以内的婴幼儿应坚持母乳喂养,并合理补充辅食,养成良好的饮食习惯。含锌最多的食物有动物肝脏、瘦肉、鱼类、鸡蛋、毛豆、菠菜、花生、核桃等,儿童每日膳食中应提供充足的乳类食物,每周为儿童提供 1～2 次的动物肝脏、菌菇类食物等以满足儿童的生长需要,注意荤素合理搭配,保证摄入足够的动物性食物。

134 怎样预防缺铁性贫血

铁是人体必需的,含量最多却又最易缺乏的一种微量元素,它参与人体红细胞及血红蛋白的合成,又是几十种酶的主要成分,因此,铁是生命活动必不可少的物质。铁缺乏不仅直接影响造血功能,导致缺铁性贫血,还可使含铁的酶和依赖铁而发生作用的酶活性下降,导致一系列的生理变化和代谢异常,影响儿童的生长发育、智力发育和免疫功能等。

铁缺乏是引起贫血的主要原因,缺铁性贫血是指体内缺乏铁元素而导致血红蛋白合成减少,在婴幼儿期发病率最高,严重危害儿童的健康。儿童贫血主要表现为皮肤、黏膜和甲床呈现苍白色,同时,儿童易疲倦、毛发干枯、体格发育迟缓。重度贫血时患儿皮肤呈现蜡黄色，肝脾和淋巴结肿大，同时伴有其他系统功能的症状。

预防缺铁性贫血，母亲在孕期应多吃动物性食品和深色蔬菜，以给胎儿提供充足的铁。儿童由于生长发育的需要，每日需要摄入的铁含量较成人高。足月儿自出生后4个月至3岁每天约需要铁1毫克/千克体重，建议开始辅食添加时选择含铁丰富的食物；早产儿需铁较多，应在医生指导下合理补充铁剂。

135 宝宝食物的烹饪法

宝宝食物讲究色、香、味及营养，食材应挑选易煮烂、易消化吸收、营养成分丰富的品种，尽量减少在烹饪过程中食物营养的流失。宝宝食物的烹饪原则主要为以下几点。

（1）适合宝宝的咀嚼和消化：婴幼儿食物尽量切小、切碎、切末，不宜食用生硬、粗糙、过于油腻的食物。3岁以内的宝宝，食物要细而软，如6个月宝宝辅食为泥糊状食物，7～9个月为泥状及碎末状，10～12个月为碎块状、指状，1～2岁的宝宝食物为条块状及球块状；3岁以上宝宝，食物烹饪方法逐渐接近成人，但应避免过多的刺激性调味品和油炸食物。

（2）淘米、洗菜注意事项：淘米时不要在水中浸泡时间过久、用力搓洗，更不要淘洗次数过多，避免大量维生素丢失；洗菜时先将菜浸入水中，以减少残留农药，然后切小，先洗后切能减少营养素丢失。

（3）烹饪尽量以炒、煮、蒸为主：大火快炒对营养素的保护较好。快炒绿叶菜，水溶性维生素的损失通常少于炖煮方法。急火爆炒肉食，营养素丢失最少，但油过多会大幅增加脂肪含量，同时造成类胡萝卜素的损失，因此要注意控油。煮过的食物既好消化，又适合比较弱的胃肠吸收。食物中的一部分营养会浸入汤中，煮菜时尽量使汤浓一些，以便宝宝把菜和汤一起吃进去。蒸的食物比较松软，几乎保留了食材的全面营养，易于消化吸收。炸、烤、煎等烹饪方法最好不用，煎炸食品不仅含油量高、能量高，而且严重破坏维生素和抗氧化物质，不适合宝宝食用，也不利于消化。而且油温高易产生致癌物，熏烤和煎炸类似，这几种方式都应当少用。

136 可以给宝宝吃粗粮吗

粗粮主要包括谷物类（玉米、小米、红米、黑米、紫米、高粱、大麦、燕麦、荞麦等）、杂豆类（黄豆、绿豆、红豆、黑豆、蚕豆、豌豆等），以

爸妈小课堂

使用家电烹饪要注意

现在家中微波炉非常普及，加热效率高，烹调时间相应缩短，因此维生素的损失较小。用微波炉烹制的食物应水分较多，如粥、汤、面、牛奶等。五花肉、鸡蛋及婴儿奶粉不适合用微波炉加热。为了让食物更加烂软，有的家庭会使用高压锅，经过高压锅烹调的食物较软，且烹调温度不超过120℃，不产生致癌物质，也是比较健康、便捷的食物制作方式。

及块茎类(红薯、山药、马铃薯等)。有些妈妈可能认为粗粮比较"粗",宝宝的消化能力和咀嚼功能不强,不适合食用,但事实上宝宝可以适量地吃些粗粮。

各种粗粮都含有大量的膳食纤维,这些植物纤维具有平衡膳食、改善消化吸收和排泄等重要的生理功能,起着"体内清洁剂"的特殊作用。粗粮有助于缓解便秘,日常饮食中不吃粗粮的宝宝,因缺乏植物纤维,容易引起便秘。因此,让宝宝每天适量吃点粗粮,可刺激肠道的蠕动,促进排便,解除便秘带来的痛苦。粗粮有助于控制宝宝肥胖,膳食纤维能在胃肠道内吸收比自身重数倍甚至数十倍的水分,使原有的体积和重量增大几十倍,并在胃肠道中形成凝胶状物质而产生饱腹感,进食减少,利于控制体重。粗粮有助于预防糖尿病,粗粮中的膳食纤维可减慢肠道吸收糖的速度,避免餐后出现高血糖现象,提高人体耐糖的程度,利于血糖稳定。经常吃些粗粮不仅能促进宝宝咀嚼肌和牙床的发育,而且可将牙缝内的污垢刷除,起到清洁口腔、预防龋齿、维护牙周健康的效果。

虽然粗粮好处多多,但毕竟宝宝的消化系统发育还不够完善,食用时一定要适量。对于正处在生长发育期的宝宝,每天摄入量推荐为年龄加上5～10克;对于体形偏胖、经常便秘的宝宝,可适当增加膳食纤维摄入量。有的宝宝吃粗粮后,可能会出现一过性腹胀和过多排气等现象,这是正常的生理反应,逐渐适应后,胃肠会恢复正常。如果宝宝患有胃肠道疾病时,应减少甚至不吃粗粮,以防止消化不良、腹泻或腹部疼痛等症状。在时间上,宝宝吃粗粮最好等到1岁后。虽然4～6个月大的宝宝就可以开始添加辅食,但这个时候宝宝刚开始接触奶以外的食物,消化系统还不适应高纤维的食物,易引起消化不良。另外,粗粮细作、粗细混合均能使粗粮的食用效果更佳。

137 严格选择添加色素的食品

在食物中添加色素有助于增加食物的观感,引起食欲,宝宝食用的添加色素的食物,虽然大多数是由国家允许使用的色素染色成的,进食后不会立即出现不良症状,但长期大量地食入色素食品,色素就会在体内逐渐蓄积,危害健康。

色素会干扰多种酶的活性,使体内各种代谢均受到影响,从而导致腹泻、腹胀、腹痛、皮疹等。此外,宝宝的神经系统尚未发育完全,尤其对化学物质敏感,长期摄入色素在体内达到了一定的量会刺激大脑神经,导致注意力不集中、自制力差、情绪不稳定等结果。宝宝的各个系统发育尚未成熟,肝脏的解毒功能较弱,如果食入一定量不合格的色素食物,就会消耗较多体内总量本就不多的解毒物质,进而给身体造成危害。

对于非天然颜色的食物,能不选择尽量不要选择,如果实在有需求,家长应严格把关。

首先,选用天然食用色素,合成色素是以煤焦油等化学材料为原料人工合成的,天然食用色素来自天然食物,更具有安全性。其次,选择正规品牌的食品,由于各种合成和天然色素名目繁多,难以判定色素含量是否过量、是否添加了禁止使用的色素,因此选用有质量保证的正规品牌,可以让宝宝少"中招"。最后,就算宝宝再怎么喜欢食用此类食物,也要严格控制摄入量。

138 慎防不知不觉的铅害

铅是一种会污染环境并严重危害人类健康的重金属元素，在日常生活环境中普遍存在。铅在人体内具有较强的蓄积性，它能损伤人的认知、行为、语言和学习记忆等功能。由于宝宝体内各种屏障功能比成人要差，它对婴幼儿的智力和生长发育会造成更深远的影响，且这种损害是不可逆的，所以必须重视。

家长们有时会很困惑，平时对宝宝的饮食已经很注意了，怎么还会血铅超标。要知道铅不仅仅和日常饮食有关，还和生活中许多物品、环境、生活习惯等有关，比如通过污染的食物和饮水侵入人体，彩色蜡笔、书籍、玩具、油漆涂料、家具、电子产品、电镀产品、含铅用具、工艺品、化妆品、汽车尾气、工业污染、含铅的民间偏方土方等，都可能造成铅污染；职业人员通过铅尘服装，也会对家庭造成的污染。

当然家长们无需谈"铅"色变，做到以下几点可以大大减少宝宝接触铅的机会，减轻铅对他们的危害。

（1）养成宝宝勤洗手、勤剪指甲的良好卫生习惯。纠正宝宝吸吮手指，啃咬指甲、塑料或者涂有油漆的玩具、铅笔、彩色蜡笔、钥匙等不良习惯。

（2）宝宝的餐具及生活用品尽量避免选用色彩过分鲜艳的餐具，最好选用素色无印花的。

（3）经常清洗宝宝的玩具，定期清洁家中宝宝经常玩耍的地方。

（4）饮食规律，定时进食，因为空腹会增加铅在肠道的吸收。不挑食偏食，做到膳食平衡，保证宝宝各种营养素供给，多吃富含钙、铁、锌等营养元素的食物，如乳制品、豆制品、肉类、蛋类、动物肝脏、海产品等，多吃富含维生素 C 的食物，少吃或不吃含铅量较高的食物，如松花蛋、爆米花等，少吃罐头食品和饮料。

（5）每天早上用自来水时先将水龙头打开 3～5 分钟，不用长时间滞留在管道中的自来水给宝宝洗漱、冲调奶粉及烹饪。

（6）尽量不带宝宝到车流量大的马路附近玩耍。

（7）从事铅作业的家庭成员，下班前必须洗澡和更换工作服。工作场所可能存在铅污染的工人和长时间在马路边工作的人员在下班前也应洗手更衣，工作服必须和宝宝的衣物分开清洗。家长接触宝宝前最好卸妆，以免宝宝将化妆品中的铅摄入体内。

139 铅中毒能治愈吗

铅对儿童健康的危害位列所有环境问题之首。铅对人体无任何生理功能，且具有强烈神经毒性，急性高水平铅暴露可导致中毒性脑病、多脏器功能的损害，包括神经系统、消化系统、免疫系统、内分泌系统等功能。儿童的神经系统处于快速发育时期，对铅等特别敏感，低水平的铅暴露也会损害到儿童的神经系统发育，包括影响到儿童的认知与行为发育。

儿童铅中毒的症状有头晕乏力、食欲不振、腹部隐痛、便秘、贫血、多动、易冲动等，严重时可出现神经系统损害的症状，如头痛、眩晕、肢体麻木，甚至抽搐、昏迷等。虽然铅中毒很可怕，但儿童铅中毒完全是可防可治的疾病。即使宝宝血铅高了，也不用着急。科学、合理地为宝宝选择健康的食物,如选择一些富含钙、铁、锌等元素的食物,如牛奶、瘦肉等可抑制铅的吸收。必要的行为干预、环境干预与饮食干预可以使儿童铅中毒的症状改善。

140 肥胖对儿童健康的危害

肥胖作为儿童营养障碍性疾病,不但会影响到儿童的生长发育、体质、心理健康及智能发展,还可能威胁其身体健康,主要表现为以下几方面。

(1) 对心血管系统的影响:肥胖儿童易出现血脂代谢异常,还易引起心脏结构及血液动力的改变,增加儿童患高血压的风险。有研究显示,单纯性肥胖儿童高血压发生率达 26%,而正常体重儿童高血压发生率为3%。可见预防心血管疾病应从管理儿童期体重开始。

(2) 对内分泌系统的影响:随着肥胖的流行,糖尿病发病率呈上升趋势,且发病年龄逐渐趋向低龄化。肥胖儿童存在高胰岛素血症及胰岛素抵抗,易发生糖耐量降低或 2 型糖尿病,是糖尿病的高危人群。

(3) 对消化系统的影响:肥胖儿童非酒精性脂肪肝的患病率也呈上升趋势。有研究显示,肥胖儿童脂肪肝检出率高达 53.72%,可见单纯性肥胖儿童伴有非酒精性脂肪肝者较普遍。而非酒精性脂肪肝患者多无临床症状,但重者病情凶猛,故对于肥胖者应考虑加强肝脏影像学检查,早发现、早干预。

(4) 对呼吸系统的影响:儿童肥胖是阻塞型睡眠呼吸暂停低通气综合征的一个重要原因,且随着肥胖程度的增加,睡眠呼吸障碍

越严重。另外,儿童肥胖与哮喘密切相关,且随着肥胖程度增加,哮喘患儿的肺功能明显下降。儿童肥胖也会增加青年时期患哮喘的风险。

(5) 对心理健康的影响:儿童肥胖引起的心理问题也日益突出。单纯性肥胖的儿童由于体形改变、行动不便等原因易受同龄人嘲笑与排斥,自我意识低于正常儿童,多表现为自我评价低、不合群、行为偏差等。而长期自我评价低、自信心不足,以及同伴排斥等,容易导致其自尊受损,产生自卑心理。此外,肥胖儿童有明显焦虑、抑郁症状,是成年抑郁症的危险因素。肥胖对儿童产生的负性心理影响应引起足够重视。

(6) 对成年期的影响:儿童肥胖如不及时采取干预措施,会进一步增加成人期罹患高血压、冠心病、糖尿病、部分恶性肿瘤等疾病,甚至过早死亡的风险。对女性来说,儿童期肥胖会增加今后患乳腺癌的风险。

141 儿童肥胖的影响因素

中国儿童单纯性肥胖(简称儿童肥胖)的发生率正在不断上升,1986—2010 年,0~7岁儿童单纯性肥胖的发生率从 0.8% 增长至5.9%,且男女对比差异逐渐增大,肥胖者男童多于女童。影响儿童肥胖的因素有以下几方面。

(1) 遗传因素:肥胖与遗传密切相关,有明显的家族聚集性。研究发现,父母肥胖是儿童肥胖的重要危险因素,肥胖双亲的后代发生肥胖者是双亲正常的后代发生肥胖者的3 倍。

(2) 家庭环境因素:很多家长缺乏科学

育儿知识,对儿童肥胖认识不足,只有不到一半的家长认识到肥胖有引起高血压、糖尿病、心脑血管等疾病的危害,而在对肥胖的控制上,仅有不超过1/4的家长认识到肥胖要从小控制。鼓励进食、食物奖励及不限制宝宝的零食等错误的认知和喂养行为通常会增加肥胖发生的危险性。父母文化程度高,儿童肥胖发生率低;祖辈看护为主家庭的儿童更易罹患肥胖。

(3)儿童饮食行为因素:随着全球化的发展,以甜点,软饮料,薯条等油炸食品为主的西式快餐影响着现代儿童的饮食习惯,这些能量密度高、膳食纤维低的食物是肥胖发生的重要因素之一。儿童进餐形式及频率也与肥胖密切相关。与体重正常的儿童相比,肥胖儿童不吃早餐的比例更高,他们倾向摄入更多的高能量点心及在午餐、晚餐中摄入更多的蛋白质和碳水化合物。

(4)运动方式因素:肥胖儿童不喜欢体育运动,更喜欢看电视等久坐行为。由于电视、电脑、游戏机等的吸引,在室内空间的儿童久坐少动、体力活动不足,能量消耗减少,易导致肥胖发生。

142 儿童肥胖的预防

在预防儿童肥胖的干预过程中要做到儿保医师、家庭主要抚育者和幼儿等有效互动,把保健指导、饮食干预措施和积极运动有机结合起来,长期坚持。

(1)加强对家长和儿童的健康教育:家长需认识到培养宝宝良好的进食习惯、建立规律的生活制度的重要性。加强营养教育,提高家长对儿童均衡膳食的认知,避免过度

喂养。利用健康教育处方指导家长如何编制食谱,掌握幼儿体育锻炼的方法及体育锻炼时的注意事项,积极参加户外活动。针对儿童,用通俗易懂的方式向其宣传肥胖对身体健康的危害性。鼓励幼儿多吃水果和蔬菜,不挑食、偏食。

(2)养成良好的生活方式和饮食习惯:儿童在学龄前期培养和建立认知和行为习惯将会对其一生产生重大的影响。因此,首先要督促幼儿养成早睡早起的好习惯,保证充足的睡眠,其次要养成每天进行体锻的习惯。饮食在满足基本营养需要及生长发育所必需的前提下,养成不挑食、不偏食的好习惯,控制进餐速度,进餐时提醒儿童细嚼慢咽。

(3)合理分配一日三餐:定时定量进餐,适量为幼儿添饭,尽量多吃蔬菜。改变用餐时进食顺序和食物结构,先吃低能量食物,后吃高能量食物。避免快餐、油炸食品、甜饮料等。改变烹调方法,多采用清蒸、水煮,少用煎炸方法,尽量减少烹调过程中油、淀粉、糖的用量。重点控制晚餐的进食量。

(4)鼓励儿童加强体育锻炼:对肥胖儿童应在控制饮食的基础上适当进行体育锻炼,尤其是户外运动。应遵循安全、有趣、经济成本低、便于长期坚持,并能有效减少脂肪的原则,如慢跑、快走、爬楼梯、跳绳、游泳、骑自行车和跳舞等,避免剧烈运动。运动时间每次至少30分钟,每周至少5次。运动强度应为中等强度,避免儿童过于疲劳,以运动后有微汗,休息十分钟后心率恢复正常为宜。充分做好运动前各项准备,保证体育锻炼的效果与安全。锻炼过程中密切观察儿童面色、出汗量、脉搏和呼吸等情况。儿童身体不适,生病及疾病恢复期间不进行体育锻炼。活动中,家长应积极参与其中,以激发

儿童的兴趣。

143 儿童需要保健食品吗

《保健食品注册管理办法》对保健食品有着严格定义：保健食品是指声称具有特定保健功能或者以补充维生素、矿物质为目的的食品，即适宜于特定人群食用，具有调节身体的功能，不以治疗疾病为目的，并且对人体不产生任何急性、亚急性或者慢性危害的食品。也就是说，经国家批准的保健食品首先应该是食品不是药品；其次，保健食品是针对特定人群的，这里所指的特定人群是针对免疫力低下的儿童；第三，保健食品是安全的、有效的。

正常生长发育中的儿童是否需要吃保健品呢？对这个问题尚有一些争论。许多专家认为，正常发育的儿童只要不挑食、不偏食，平衡地摄入各种食物，就可以均衡地获得人体所需的各种营养物质，而无需再补充什么保健食品。但是现实却不尽人意，近期调查研究显示，5 岁以下儿童生长迟缓率和低体重率分别为 17.3% 和 9.3%；3～12 岁的儿童维生素 A 缺乏率为 9.3%，除此以外，还有缺铁、缺钙、贫血、营养不良等许多问题。适量给儿童食用一些保健食品，有助于提高儿童的抵抗能力。保健食品中含有的蛋白质、维生素、铁、钠、钙、锌等物质，对儿童的成长十分有利，可补充儿童所需的微量元素和发育需求，对促进儿童智力和身体发育方面也有较大的作用。

除了健康儿童以外，生病后恢复期的儿童因患病导致免疫力低下，食欲减退，在其恢复期可以考虑给予相应的保健食品，来补充相应的营养素，以达到身体的平衡。但也应注意实时监测、及时调整，不宜过分强调长时间、高剂量补充。至于含激素类的食品，对儿童来说绝不是保健品，不可滥用，否则，容易导致性早熟、矮小症等不良后果。

144 儿童喝水有讲究

水是生命的源泉，对儿童来说，他们的新陈代谢旺盛，水的消耗量比成人高，又因他们器官系统功能发育不成熟，免疫力弱，对饮水的要求标准也比成人高。因此，对正在生长发育中的儿童来说，合理补水非常重要。

儿童缺水有三大征象。第一，小便颜色是判断缺水与否的最直观指标。颜色清亮、近乎透明，说明水分摄入充足。如果颜色偏黄，说明尿液浓缩功能增强，身体处于缺水状态。第二，小便量和次数。尿多尿少，父母很难称量，尿的频次有一定参考意义。未满月的新生儿一天能尿湿 20 块纸尿裤，3～4 岁的宝宝一天可能尿 6～7 次。在清醒时，宝宝 4～5 个小时不尿，或尿得特别少、特别黄，就要担心是否缺水。如果宝宝排尿频繁，每次就几滴，可能是排尿习惯不好，也可能是尿路感染，突然排尿频繁应就医检查。第三，宝宝没眼泪，前囟、眼窝凹陷，皮肤干、缺少弹性，说明缺水较严重。

补水来源包括直接喝水，或食物自带，能量代谢的内生水（如吃碗米饭，在体内代谢转换成水）。天然的水分都是"好水"，包括白开水、鲜牛奶、新鲜水果（现榨果汁）、蔬菜。

喝水有以下几条注意事项。

（1）少量多次饮水：每次喝 50～100 毫升，幼儿每次的量可以更少，慢慢抿。宝宝水分的摄入量应把白开水、奶、汤、果汁等计算入内，因此，没有所谓的每日饮水规定量。不建议白天没喝够，晚上拼命补，这可能造成宝宝半夜尿床，最终影响睡眠。

（2）发热、腹泻、呕吐、感冒咳嗽等生病时，接种疫苗、服药后建议增加喝水量：相比成人，宝宝更易因为发热、腹泻等流失大量水分。及时补水可以促进药物代谢，加速排尿排汗，有退热作用。

（3）不建议宝宝长期喝一种水：自来水烧开后，活性增加，使人体细胞得以滋润，感到解渴。但煮沸后的水钙镁含量降低，铝离子含量偏高，长期饮用摄入铝离子过多，会影响宝宝骨骼和神经发育。矿泉水中含有多种微量元素，对身体有一定益处，但是由于宝宝的肾脏等器官发育不完全，过滤功能不如成人，若长期饮用矿泉水，多种金属元素会给宝

宝的肾脏造成一定负担。净化水虽然除去了有害杂质，但同时也除去了所有矿物质，若长期饮用纯净水会造成微量元素缺乏。最简单的方法就是交替饮用。

🍄 0～6岁宝宝的膳食要点 🍄

145 初乳——生命之初的珍贵礼物

母乳的成分因产后不同的时期而有差别。初生五天内分泌的乳汁为初乳，产后6～10天分泌的乳汁为过渡期乳，以后分泌的乳汁为成熟期乳。其中初乳虽然稀薄，但有较多特点。

测定产后第一天初乳的蛋白质含量，平均每100毫升中含蛋白质8.84克，第二天为5.95克，至第六天稳定在1.4克。可见产后前几天的初乳中，蛋白质的含量较高，以后逐

日下降。第二、三天的初乳所含蛋白质的平均量是2.38克/毫升，远高于成熟期乳的含量（1.2克）。

初乳中的免疫球蛋白含量较高，尤其是免疫球蛋白A和乳铁蛋白，经测定含量以产后第一、二天最高，到第六天稳定。这些免疫球蛋白不易被胃肠道吸收，而是附在黏膜内，能结合或中和病毒及其毒素，从而避免微生物与肠黏膜表皮细胞的接触，阻止了感染。初乳中含有巨噬细胞、中性粒细胞和淋巴细胞，初乳内免疫物质含量高，能防止新生儿幼

嫩的胃肠道和呼吸道感染。初乳中微量元素铜、铁、锌的含量也较高。

初乳对婴儿健康有利，鼓励母亲及早开奶是非常重要的，建议新生儿出生后 15 分钟至 2 小时开奶，以促进乳汁分泌，对持续母乳喂养也是个有利条件。

146 母乳喂养好处多

母乳是宝宝出生后最符合生长发育的营养来源，有"白色血液"之称。母乳包含着一个健康婴儿所需的所有营养素，而且随着婴儿月龄的增长，母乳成分也随之改变。母乳的蛋白质最优，乳白蛋白占总蛋白的 70% 以上，与酪蛋白的比例为 2∶1，乳白蛋白可促进糖的合成，在胃中遇酸后形成的凝块小，利于消化。婴儿一天能量的摄入量，50% 来自母乳的脂肪。母乳中所含乳糖在婴儿小肠中可变成能量，有利于小肠功能的正常进行，促进钙的吸收。这种糖在小肠中还可抑制致病性大肠杆菌的孳生，有利于预防肠道感染细菌。母乳所含的无机盐量较少，不会对肾脏尚未发育完善的婴儿增加负担。母乳中钙磷的比例为 2∶1，易于吸收。母乳还含有维生素和帮助消化的酶，有利于消化吸收。

母乳中含有抗体和其他免疫因子，尤其是初乳中含有多量的免疫球蛋白，能和肠内病毒及侵入的细菌结合而抗病。在母乳中还含有多种抗体，能抑制微生物的生长，使婴儿避免受细菌感染，不易发生腹泻等肠道疾病。据报道，从出生至 6 个月的纯母乳喂养儿比人工喂养儿的患病率低 2.5 倍。母乳中含有的牛磺酸、中链脂肪酸等已被证实是婴儿大脑发育的重要物质。有学者观察到，母乳喂养的宝宝视觉发育更为敏锐，还可减少"奶瓶龋"的发生。

母乳具有温度适宜、清洁无菌、经济、哺喂方便等优点，母亲自己喂奶，还能及时发现婴儿的寒暖与疾病，便于及早诊治。

母乳喂养对维系母婴感情有极大影响。当母亲哺喂宝宝时，那种肌肤相亲、目光交流、悉心爱抚和偎抱的亲昵动作，使婴儿心理得到极大满足，产生安全感和愉快感。这对婴儿情绪、智力和性格的发展均起着积极的作用。母乳喂养还可帮助母亲产后子宫的收缩。

尽早进行母乳喂养能促使胎粪排出，降低胆红素肠肝循环，有利于减轻新生儿黄疸的程度。母乳喂养可降低婴儿死亡率，国内外资料表明，不同喂养方式的婴儿，其死亡率不同，母乳喂养者显著低于其他方式喂养。资料表明，母乳喂养还能减少母亲患乳腺癌和卵巢肿瘤的可能性。由此可见，母乳喂养不仅有利于婴儿健康成长，也有利于母亲的产后康复。

扫码观看 儿童健康小剧场
母乳喂养的重要性

147 喂母乳应注意哪些问题

众所周知，母乳喂养既清洁无菌，又经济方便。然而要真正达到母乳喂养的要求，还有一些问题需要注意。

鼓励母亲尽早开奶，一般产后15分钟至2小时即可开奶，但喂奶时间以满足新生儿需要为主，不必定时。每次哺乳前母亲必须洗净双手，将干净纱布或小毛巾用温开水打湿后清洁乳头，挤掉几滴奶，然后轻轻将换好纸尿裤的宝宝抱于怀中开始喂奶。除特殊情况外，妈妈最好坐着喂奶，并用拇指和其余四指托住乳房，同时避免乳房堵住宝宝鼻孔而影响呼吸。喂奶时要左右乳房轮流喂，一侧吸空换另一侧。

喂奶结束后，应将宝宝直立抱起，将头靠在妈妈肩上，轻拍婴儿的背部，使喝奶时一起吸入胃内的空气排出。如排气未成功，睡时应将宝宝头抬高并向右侧卧，以减少溢奶。如哺喂后乳房内仍有多余的奶，要用吸奶器吸出，将乳房吸空，以保证下次喂奶时乳汁的分泌。

在喂养时，要保持安静愉快的气氛，不要随意逗引宝宝使其注意力分散。如果妈妈感冒，应戴上口罩喂奶，以免传染给宝宝。

148 怎样判断母乳喂养的宝宝是否吃饱

对于新生儿来说，妈妈的乳汁量大多是足够的，但新手妈妈常常纠结自己是否能喂饱宝宝，那么怎样判断宝宝是否吃饱了？

（1）体重是否正常增长：在新生儿期间，如果宝宝每月体重能稳步增加500~600克，且面色红润、哭声响亮，则表示妈妈的奶量已

扫码观看

母乳喂养指导

能满足宝宝生长发育的需求。

（2）注意大小便状况：母乳喂养的宝宝小便一天6~8次，量中等，大便一天3~4次，呈黄色稀软便。如果母乳不足，宝宝的粪便颜色稍深，呈绿色稀便或大便量少。

（3）喂奶时观察宝宝吮吸及吞咽的次数：妈妈有充足乳汁，宝宝在喝奶时能够连续吮吸15分钟左右，并有明显的吞咽声，妈妈要注意倾听。宝宝平均吸2~4次咽一口；若宝宝吮吸得多而很少有吞咽声，提示奶量分泌不足。

（4）一次喂养后能安静入睡的时间：正常宝宝吃完奶后有满足感，能安静入睡3~4小时，醒后精神愉快。如果喂奶后，宝宝仍咬着乳头不放或哭闹不安，或睡不到2小时即醒来哭吵，提示可能没有吃饱。

上述情况应排除可能喂养不当或其他因素而造成的类似情况。

149 宝宝腹泻时要停止喂母乳吗

由于宝宝胃肠道发育不够成熟，消化功

能差,免疫功能比成人低,且生长发育迅速,对营养的需求相对较多,导致胃肠道的负担很重,容易发生腹泻,一般以夏、秋季多见。

一般来说,不论什么病因引起的腹泻都不要随意禁食,母乳喂养的宝宝不必停止喂奶,可以少食多餐,缩短每次喂奶时间,即哺乳的时候减少一点哺乳量,并且缩短两次哺喂时间,以减轻宝宝的肠胃负担。可以让宝宝吃前 1/2～2/3 的乳汁,正常喂奶时间是每侧乳房喂 10 分钟,腹泻时可改为 5～7 分钟,因为前半部分的母乳中蛋白质含量较多,富含营养,宝宝容易消化,而后半部分的乳汁中脂肪含量相对较多,不易消化。

此外,宝宝腹泻时不宜添加从未接触过的食物,如果宝宝已经添加了粥面等辅助食品,可以将这些食物数量稍微减少。尽量不吃膳食纤维过多、不易消化的食物,这样会增加宝宝的胃肠负担,可以给宝宝喂米汤、苹果泥、胡萝卜泥以补充无机盐和维生素。随着病情的好转,逐渐恢复喂奶量和各种已食用过的辅助食品。

宝宝腹泻时,妈妈的饮食也要注意,尽量饮食清淡,少吃富含脂肪类的食物,以避免乳汁中脂肪量过多,增加宝宝的胃肠负担。如果宝宝出现较严重的全身状况,比如精神状况差、高热、呕吐严重等,甚至出现了脱水的症状,如宝宝已经连续 4 个小时没有排尿,精神萎靡、口腔黏膜比较干燥、哭时泪少、囟门和眼窝出现凹陷、皮肤弹性差等,这些都是脱水的表现,必须赶快将宝宝送去医院治疗。

150 母乳妈妈生病期的哺乳原则

母乳妈妈如果只是普通感冒,一般不需要服药,只要注意多喝水、多休息是可以坚持母乳喂养的,并且更需要坚持母乳喂养。因为母乳中所含的免疫活性物质,对肠道和呼吸道的作用最为明显,可以帮助宝宝增强抵抗力。如果妈妈打喷嚏、流鼻涕、咳嗽的症状比较明显,可以在给宝宝哺乳时戴上口罩。哺乳前后勤洗手,注意乳房局部清洁。

呼吸道感染或轻度乳腺炎引起发热时妈妈吃了退热药,如对乙酰氨基酚,是可以继续哺乳的。其实妈妈发热时已经开始调动自己的免疫反应了,此时乳汁里往往会含有跟这次感染相关的抗体或其他免疫成分,继续母乳喂养可以帮助宝宝抵御相应感染。建议在用药前喂奶,用药后 4～6 个小时暂停喂奶,避开血液中的药物浓度高峰。

新妈妈发生乳头皲裂或轻、中度乳腺炎时,只要妈妈可以耐受喂养时的疼痛,仍然可以坚持母乳喂养(先吸健侧,再吸患侧),满足宝宝的营养需求;同时宝宝的吸吮动作也有利于保持妈妈乳腺管的通畅和乳汁的引流。如果觉得疼痛难忍,可以暂时用吸奶器吸出乳汁再喂给宝宝,以免乳汁进一步淤积或病愈后无奶的状况发生。

妈妈如果患有肾脏病、重症心脏病、精神病和癌症等全身性疾病,或者传染性疾病急性期,如甲型 H1N1 流行性感冒(甲流)、活动性肺结核、传染性肝炎等,为了保证母婴健康,不应继续喂奶。

某些药物如氨基糖苷类、磺胺类、激素类、中枢神经抑制类、抗结核、抗肿瘤药物等,可通过乳汁被宝宝吸收,从而对宝宝产生不利影响。妈妈如有服用此类药物,则立即停止母乳喂养。

一些患有特殊疾病的宝宝不能进行母乳喂养,如半乳糖血症的宝宝绝对不能母乳喂养，苯丙酮尿症的宝宝视病情可以采取半母乳喂养。

151 哪些药物会通过母乳影响婴儿

哺乳期妈妈患病自然得服用药物，那药物会不会通过乳汁影响到宝宝健康？这几乎是所有哺乳期妈妈都会担心的问题。研究表明，妈妈服用的药物大多可以经过血液循环进入乳汁中，通过哺乳，药物又会进入宝宝体内。母乳中药物浓度即使不高，但因婴儿，尤其是早产儿和新生儿的肝、肾功能相对不全，体内酶系统不十分健全，血浆中蛋白浓度较低，没有足够的血浆蛋白与药物相结合，使得游离药物的浓度相对较高，有可能导致药物蓄积。因此，哺乳妈妈生病需要服药时，不能擅自服用药物，一定要咨询医生。

针对母乳喂养，哺乳期安全用药可以参照哺乳期用药危险性等级，就是将药物分为L1～L5五个等级，其中L1为最安全、L2较安全、L3中等安全、L4可能危险，L5禁忌。一般来说使用L1～L3级的药物时不需要停止哺乳，尽量选择L1和L2的药物，有些L2和L3的药物有用药注意及警告，需重视，尽量使用半衰期短（1～3个小时）的药物，使用L4、L5的药物时需停止哺乳，何时恢复哺乳需咨询医生。关于各类药物的分级，可以参考相关书籍。

哺乳期妈妈需要用药时应向医生说明自己正在哺乳，在医生的指导下用药。用药时原则上要考虑以下几点：①权衡用药的必要性和可能造成的危害性来决定能否用药，应明确用药指征，尽量避免因哺乳用药而对宝宝造成危害。②应选择半衰期短、蛋白结合率高、口服生物利用度低或分子量高，对宝宝影响最小的药物。③注意用药和哺乳的时间间隔，可根据药物的半衰期长短调整用药和哺乳的最佳间隔时间。一般应避免在药物浓度高峰时授乳，可采取哺乳后用药，并尽可能推迟下次哺乳时间，至少间隔4小时以上，使更多的药物排出体外。④评估婴儿用药风险，对于早产儿和新生儿应更谨慎些。

152 断母乳该怎么做

母乳喂养的好处众所周知，总有一些难以克服的情况，使得母乳喂养无法继续。很多妈妈都觉得断奶是一件充满痛苦和挣扎的可怕经历，其实只要找对方法，断奶就轻松了。在做好断奶计划的同时，父母还要做好心理准备，要想好断奶宝宝可能会哭闹和可能会产生的厌食等情况，并想好解决措施。

（1）断母乳最好在母婴身体健康时进行，避免在夏天或患病时进行，也要避免在家庭有大变动时开始。

（2）断母乳是一个有计划的自然适应过程，要循序渐进，在断奶前及时添加各种辅食，使宝宝对饮食和消化有一个适应的过程。刚开始断奶时，在添加辅食的同时，可以每天都给宝宝喝一些配方奶，逐渐减少母乳喂养次数，过渡到完全断奶。

（3）母乳喂养时宝宝会有一种安全感和亲切感，从而产生对妈妈的依赖，这是一个很重要的原因。要改变这个习惯就要爸爸多陪宝宝，让宝宝对爸爸也产生相同的亲切感，减少对妈妈的依赖，利于断奶的进行。

（4）大多数的宝宝都有半夜里和晚上睡觉前喝奶的习惯，最难断掉的恐怕就是临睡前和半夜里的喂奶了,可以先断掉半夜里的奶,再断临睡前的奶。这时候,需要爸爸或家人的积极配合,宝宝睡觉时,可以改由爸爸或家人哄宝宝睡觉,妈妈暂时回避。

(5) 对于大一点的宝宝,要照护他定时规律吃饭喝水,避免饥渴。同时也要观察他需要喝奶的其他原因。不主动喂母乳,但也不拒绝。就是说,宝宝要吃就喂,没要求就不主动喂。试着改变一些宝宝固定时间、固定地点要求喝奶的习惯,会有助于消除宝宝喝奶的渴望。

(6) 察言观色,感觉宝宝将会有喝奶的欲望时,提前用其他替代品或者引开他的注意力,一旦他提出喝奶,再给予替代品,会让他感到被拒绝。替代品应该是健康的零食和饮品,而不是糖果等。换一个他感兴趣的环境,进一步分散对母乳的注意力。

什么时候断奶根据实际情况因人而异,不能一概而论,无论何时开始,断母乳应是渐进的过程,且断奶不应该是一件有压力的事。

153 混合喂养应注意哪些问题

母乳量不足,或母亲因工作关系不能按时喂奶,可用配方奶代替一部分母乳。

6 个月以内婴儿,每次应先喂母乳,然后用配方奶补充。这样可以保证乳腺按时受到刺激而保持乳汁分泌,千万不可完全改用人工喂养。每次补奶量应根据婴儿月龄和母乳缺少的程度来决定。一般先喂母乳,再用奶瓶加喂配方奶,让婴儿自由吮吸,直至婴儿满意为止。试喂几次后,如婴儿无呕吐,大便正常,可以确定这是每次该补充的奶量。这种每次喂母乳后再补充配方奶的方法叫补授法。

6 个月以后的婴儿可一次喂母乳一次喂配方奶,间隔进行,这是代授法。但这样喂法容易使母乳量减少,因此必须注意哺乳次数不可少于每日 3 次。

154 人工喂养应注意的问题

人工喂养主要以婴儿配方奶为主,有必要了解喂养时应注意的问题。

(1) 奶具消毒:婴儿所用的奶瓶、奶嘴、汤匙、碗必须每天消毒,并放在固定容器内,以保证清洁和消毒质量。

(2) 配方奶调配:按说明书介绍的方法冲服,勿随意调整浓度,以免影响消化吸收。婴儿配方奶宜新鲜配制,防止变质。冲奶时不能用沸水,而用冷却到 50～60 ℃的开水冲调为宜,以免破坏配方奶中的营养成分。剩余奶液不宜放置后供下一次喂养,以免因保存不当导致腹泻等疾病。

(3) 喂奶前需先试温:倒几滴奶于手腕内侧皮肤试温,不可直接吸奶嘴尝试。

(4) 喂奶的姿势:婴儿最好斜靠在家长怀里,家长扶好奶瓶,慢慢喂养。从开始至结束都要使奶液充满奶嘴和瓶颈,以免将空气吸进。喂奶后需将婴儿抱起,轻拍背部使空气排出。

155 人工喂养的婴儿腹泻时怎么办

以配方奶为主食的婴儿患腹泻时,原则上不主张禁食,但应根据腹泻程度和消化情况适当调整喂养。如每日腹泻超过 10 次,呕吐频繁的患儿,要暂停喂奶 8～12 小时,禁食期间不应禁水,可食用胡萝卜汤或焦米汤,给予口服糖盐水或送医院采用静脉输液，纠正脱水及电解质紊乱。禁食时间不宜过长，否则可能会引起营养不良，甚至会因禁食过久过严引起饥饿性腹泻，所以一旦病情好转应及早逐步恢复喂养。

有时婴儿在患急性肠炎之后，因肠道黏膜受损，引起暂时性的乳糖耐受不良，导致较长时间的腹泻，这时应该及时更换无乳糖的配方奶，否则腹泻很难好转。更换之前必须确认腹泻是因牛奶蛋白或乳糖不耐受而引起的，腹泻改善后改用普通奶粉则需循序渐进添加。如平时已经进食固体或半固体饮食的患儿，可由稀粥、米粉等逐渐改为较稠的饮食，尽量吃一些易消化的食物，如煮得软烂的面条、鱼肉末、少量蔬菜泥等，此时不应添加以前没有吃过的品种，不吃芹菜、豆芽、韭菜等含膳食纤维过多的食物，否则会增加宝宝的胃肠负担。遵循由少到多、由稀到稠的原则，逐渐恢复到平时饮食。

156 如何制作宝宝辅食

随着宝宝的生长发育，神经肌肉、口腔咀嚼协调性不断提高，肠道和肾功能逐渐发育，营养需求不断增长，所需的能量、营养物质单靠母乳喂养已无法满足。推荐6月龄左右添加辅食。

除了方便制作的含铁米粉外，婴儿辅食可挑选优质食材在家庭中单独烹制。

（1）米粉：按照1匙米粉加入3～4匙温开水的比例，用筷子按顺时针方向调成糊状。

（2）土豆泥：将土豆去皮并切成小块，蒸熟后用勺压烂成泥，加少量水调匀。

（3）菜泥：将蔬菜洗净切碎，煮熟或加在蛋液内、粥里煮熟即可；胡萝卜洗净后用少量水煮熟，用匙刮取或压碎成泥即可。

（4）果泥：将苹果洗净去皮，用刮匙慢慢刮成泥状。或者将苹果洗净去皮，切成黄豆大小的碎丁，加入凉开水，上笼蒸20～30分钟。

（5）蛋黄泥：鸡蛋煮熟后取出蛋黄压碎，加温开水或米汤或奶调成糊状。

（6）鸡蛋羹：将鸡蛋打入碗中，加入适量水（约为鸡蛋的2倍）调匀，放入锅中蒸成凝固状。

（7）肝肉泥：将猪肝和瘦猪肉洗净去筋，制成肝泥、肉泥，加入少许冷水搅匀，上笼蒸熟即可。

（8）鱼泥：将鲜鱼洗净，去鳞，去除内脏后蒸熟，然后去皮、去刺，用汤匙将鱼肉挤压成泥即可。

（9）豆腐泥：将豆腐放入锅中，加适量去油鸡汤，边煮边用勺研碎，煮好后放入碗内，再用小勺将豆腐颗粒研碎。

（10）八宝粥：将原料洗净后一同放入电饭煲内熬煮成烂粥即可。

爸妈小课堂

做宝宝辅食的注意事项

不加盐、糖和其他调味品，限制或避免含糖高或能量密集的饮料，如果汁。注意辅食制作过程的卫生，包括洗手、安全食品准备和食品储存，现做现吃。12个月之前不加蜂蜜。

157 辅食添加应逐月变化

一般而言,3～4月龄的宝宝消化道发育逐渐成熟,有消化其他蛋白质、脂肪和碳水化合物的能力。4～6月龄的宝宝神经肌肉发育较好,可以竖颈,可控制头在需要时转向食物(勺)或吃饱后把头转开,口腔可咀嚼、吞咽半固体(泥状食物)和固体食物。乳类食物可满足6月龄以内宝宝的营养需要,因此,一般引入其他食物的宝宝年龄为4～6月龄。

4～6月龄的宝宝体内贮存铁消耗已尽,选择食物应同时补充铁营养,例如强化铁的米粉,其次引入的食物是根块茎蔬菜,补充维生素、矿物质营养。开始引入的新食物宜单一,让婴儿反复尝试,直至婴儿可接受为止。单一食物引入的方法可了解婴儿是否出现食物过敏。

7～9月龄的宝宝经过第一阶段训练后,明确无过敏反应的宝宝可混合喂养。食物的硬度应适应宝宝咀嚼、吞咽功能的发育,食物的质地从泥状过渡到碎末状,如鱼肉类、蛋类、豆类等。食物的大小则宜为宝宝易于拿、易于咀嚼的指状食物如小面包、小块水果、蔬菜和饼干等。

10～12月龄的宝宝可在餐桌上与成人同食,手抓食物进餐。如条件允许,可让宝宝在进餐时坐婴儿餐椅或加高椅,便于与成人同时进餐。一边进餐,一边学习进餐的技能,也有利于宝宝的手眼动作协调性的发育,逐渐培养宝宝独立进餐的习惯。

158 添加辅食要注意哪些问题

无论是母乳喂养、人工喂养还是混合喂养,随着宝宝的生长发育,消化能力的逐步提高,对各类营养素的需求量的增加,宝宝需要从纯乳类的液体食物向固体食物逐渐转换。辅食的添加有利于宝宝语言交流能力的发展和良好饮食行为的培养,也有助于宝宝的神经心理发育。

辅食的添加要在宝宝健康的时候开始。宝宝生病时对新辅食的适应能力更弱,容易引起消化不良。辅食添加过程中,宝宝如果出现消化不良和过敏现象,应暂停添加,待消化功能恢复正常后再次开始,并且在数量上比上次减少些。

食物转换期是宝宝对其他食物逐渐习惯的一个过程。添加的食物应由少到多,由稀到稠,由细到粗,由一种到多种,有利于婴儿消化道的逐步适应和咀嚼、吞咽能力的逐步完善。添加一种新的辅食时,如果宝宝不愿意吃,不要勉强,过几天再试,但不能因为一次拒食而停止。

宝宝辅食的添加不能千篇一律、照书全搬,家长还要根据个体差异,灵活掌握辅食添加的品种及数量。此外,给宝宝添加辅食的同时,喂奶量不能减少,否则宝宝体重增长将减慢。

扫码观看 儿童健康小剧场

正确添加辅食

159 猪肝是宝宝辅食的好食材

许多家长认为，猪肝不仅含有丰富的营养，而且有利于儿童的智力和身体发育，但是又担心猪肝含有大量有害物质，不适合儿童食用。

猪肝含有丰富的蛋白质、维生素A、B族维生素以及钙、磷、铁、锌等矿物质，营养价值很高，特别对儿童及贫血人群有重要的保健作用，可以维持人体正常生长的作用。

同时，猪肝可以改善眼睛疲劳、干涩，维持皮肤上皮细胞的活性，对维持皮肤健康具有重要的意义。猪肝中富含的维生素C和硒，可以增强人体免疫力，抗氧化，并能抑制肿瘤细胞产生。

宝宝吃猪肝，要科学合理。

（1）选择质量好的猪肝：好的新鲜猪肝成褐色或紫色，手摸坚实无黏液，闻无异味。

（2）食用时的注意事项：用清水冲洗10分钟并切片浸泡30分钟，让有害的代谢产物溶于水中；猪肝的腥味可以用适量牛奶浸泡来去除。

（3）加热时间要足够：加热至猪肝完全变成灰褐色或看不到血丝。

此外，需注意摄入量，推荐一周吃1次猪肝即可。

160 何时添加鱼肝油和钙剂

鱼肝油主要含有维生素A和维生素D，常用于防治夜盲症、干眼症、佝偻病、骨软化症等。

中国妈妈母乳中的维生素A含量远低于国际水平，而维生素A性质不稳定，尽管在配方奶粉中有添加，但充足的奶量也无法满足宝宝维生素A的需求。维生素D在母乳中含量低，宝宝户外活动晒太阳的机会偏少，而且还受地理位置、日照水平、空气污染等因素影响，很难获得充足的维生素D，因此宝宝出生后数日（不超过2周）就可以开始补充鱼肝油，足月宝宝每天维生素A预防量为1000～1500国际单位，维生素D为400国际单位，而早产儿、双胎儿、低出生体重儿、生长过速儿的维生素D需求量增加，最好在医生的指导下服用。

补钙和补维生素D是两回事，维生素D的作用是促进钙、磷在肠道的吸收，促使血液中钙向骨骼转移和沉积，促进骨和软骨的正常生长。母乳中的钙磷比例最适合钙的吸收，配方奶的钙磷比例也接近母乳，因此宝宝很容易通过喝奶满足钙摄入，一般每天摄入奶量在600毫升以上，钙的需求量基本就够了。如果宝宝生长过快，可以适当补充钙剂。

特别提醒

在选择鱼肝油的时候，有的家长误把鱼油当成鱼肝油给宝宝服用。一般鱼油的主要功效成分是DHA（二十二碳六烯酸）和EPA（二十碳五烯酸），DHA有促进神经系统细胞生长以及对视网膜光感细胞的成熟等作用；EPA具有降低人体血液中胆固醇和甘油三酯等作用；而鱼肝油的主要功效成分是维生素A和维生素D。因此家长在选择的时候要看清成分，不可混淆。

161 患奶癣的婴儿如何喂养

1岁以内的宝宝常常患有"奶癣",医学上称为婴儿湿疹,多发于出生后1~3个月的婴儿,好发于婴儿颜面,多自两颊开始,渐侵至额部、眉间、头皮,容易反复发作。严重者可延及颈部、肩胛部,甚至遍及全身。

引起湿疹的常见原因有:先天性过敏体质,婴儿肠道功能还未发育完善。屏障功能还不成熟,食物中某些过敏原可以通过肠壁直接进入人体,触发人体一系列的变态反应。引起宝宝过敏的常见食物主要有鸡蛋、牛奶、鱼、虾、大豆、小麦等;此外,营养过多、消化不良、衣着不当等都是好发因素。患奶癣的宝宝该如何喂养呢?

如果宝宝是母乳喂养,妈妈应多吃些蔬菜、水果、豆制品和猪肉等食物,少吃鱼、虾、蟹等水产品。妈妈要回避牛奶及其制品的摄入,如宝宝症状缓解,可以继续母乳喂养,但妈妈需要补充钙剂;如不能缓解,宝宝需选择氨基酸配方奶或深度水解蛋白配方奶。不论是采用哪种喂养法,都应注意不要给婴儿喂得过饱,因为消化不良会使奶癣加重。

找出引起过敏的食物,避免食用是唯一方法,但是目前要精准找出所有过敏的食物也比较困难,需要通过家长的细心观察,或者通过一些食物过敏的诊断性试验,找出食物过敏原。在给宝宝添加辅食时,应该遵循逐步添加的原则,细心观察是否出现皮疹等不良反应。

对已患奶癣的宝宝应重视其护理。洗脸洗身都应用温开水,忌用热水或肥皂清洗患部,如结痂较厚,先用植物油湿润,然后轻轻擦去。婴儿的衣服要宽大,不宜穿着过厚,要经常更换,保持清洁,衣服和被褥均应选用全棉布制作,不宜用化纤或毛织品,避免接触鸭绒等容易引起过敏的物品。

162 出牙早晚与饮食有关

每个宝宝都有着各自的出牙规律,牙齿的生长速度也因人而异。乳牙萌出延迟除了遗传、内分泌疾病等因素影响外,还与身体营养状况有关。牙齿的发育从牙胚出现开始,经过各种组织的形成、钙化,直至牙尖完全闭合,是一个连续的过程。在此期间,需要多种维生素,如维生素 A、维生素 C、维生素 D 和无机盐如钙、磷、镁、氟。如果母亲在孕期缺乏上述营养素,将会影响胎儿的牙胚发育,造成牙釉质发育不全。

有些父母会认为出牙晚是缺钙所致,然而盲目补充钙剂对宝宝出牙并不会带来什么好处,反而会造成胃口不好,影响对营养的吸收。有些家长认为出牙晚与宝宝吃的食物太细有关,于是给宝宝过早添加小块状食物来促进牙齿萌出,结果牙齿并未尽快萌出,反而出现消化不良,影响生长。块状食物要在磨牙(俗称大牙)长出以后才能添加。没有磨牙前,还不能有效咀嚼食物时,宝宝的食物还应是泥糊或者碎末状。

出牙期间,宝宝喜欢啃咬一些较硬的食物,但不能因此将食物性状全部改变。在宝宝出牙时,可给些比较硬的食品(如烤面包干、苹果、梨等)让宝宝啃咬,以刺激牙床,促使牙齿尽快萌出。

163 如何调理宝宝饮食以增强免疫力

我们的身体就像一座"堡垒",免疫系统

就像"堡垒"里的"士兵"，而食物就是这些"士兵"的"军粮"，"士兵"吃了"军粮"，才能帮助我们抵御"外敌"——致病因子的入侵。营养不良或过度营养都可能削弱免疫系统的抵抗力，增加人对病毒的易感性。因此，饮食首先要充足但不能过量，还要平衡种类，做到均衡膳食。

每天的膳食应该包括谷薯类、蔬菜水果类、鱼蛋禽畜类、奶类、大豆坚果类等。没有一种食物可以提供人体所需要的所有营养素，因此食物要多样化，每天需要摄入至少12种食物，如果条件允许，最好能摄入20种，通过让食物互相取长补短来得到均衡的营养。

一天的绝大多数能量源自谷类等主食。建议3岁以上的儿童主食摄入量有1/3来自粗粮，如红薯、土豆、糙米、玉米、南瓜、山药等。粗粮富含膳食纤维，能量密度低，一方面可以在保证饱腹感的同时减少能量摄入，另一方面可防止运动量少造成便秘。

优质新鲜的蔬菜水果富含微量营养素，应该做到餐餐有蔬菜，天天有水果。每日应至少有两种蔬菜，其中至少一种是深色蔬菜如绿叶菜、红黄色蔬菜等，提供充足的维生素和矿物质。红、黄、紫色食物如番茄、胡萝卜、彩椒、紫薯、紫甘蓝等富含维生素A、番茄红素和花青素，可维持黏膜屏障功能，保护呼吸道细胞抵御病毒感染。需要注意的是维生素A和番茄红素都是脂溶性营养素，需要和脂肪一起吸收，因此烹调红黄色蔬菜时，需要加一点油，比如番茄炒蛋，胡萝卜炒肉片，既可以让菜肴的色泽更鲜艳诱人，也可以促进维生素A的吸收。绿色蔬菜和新鲜水果如绿豆芽、绿叶菜、猕猴桃、柑橘等富含维生素C，具有抗氧化、抗自由基作用，参与多种生物合成，有一定的解毒作用，可以增强免疫系统，增加身体抵抗力。所有食物均应烧熟、煮透，不宜吃生拌的食物，如生的蔬菜色拉。

水果富含糖分，不可代替蔬菜，每日水果摄入量200～300克。建议多选择柑橘类和核果类的水果如苹果、橙子、橘子、香蕉、梨等，对表皮清洗消毒后去皮食用，保证食品安全。水果在榨汁过程中会造成维生素和膳食纤维的损失，因此建议直接食用，不要榨汁。

人体免疫细胞的主要成分是蛋白质，而其实蛋白质最好的食物来源就是最常见的牛奶和鸡蛋，因此应该保证每天一个鸡蛋，至少一杯牛奶。需要注意的是蛋的主要营养成分如卵磷脂、维生素、矿物质都在蛋黄中。维生素D的主要来源是蛋黄、牛奶、鱼肝油和豆类，不仅可以促进钙磷吸收，还能增强皮肤细胞生长、分化，调节免疫功能。冬季紫外线直射减少，强度不够，且居家可能引起日照时长不足，导致人体自身合成维生素D量不足，尤其是婴幼儿，而乳类和乳制品不仅是蛋白质的良好来源，还含有丰富的维生素D和钙质。如果通过食物无法完全满足人体所需，可以在医生的指导下适量补充维生素D滴剂。如果有乳糖不耐受，喝牛奶容易胀气，可以用酸奶代替牛奶。如果牛奶蛋白过敏，可以用豆浆或者豆制品代替乳类。此外，禽畜肉类、各种水产品、豆类、坚果也是蛋白质的良好来源。

维生素E、锌、铜、硒均有保护身体组织、促进细胞免疫功能的作用，主要来源包括贝类、谷类、瘦肉、菌菇等，均可在日常饮食中适当选择。

建议吃新鲜的食物，不要吃烟熏、腌制的，尽量多选择水产品和禽类，畜肉类在烹调前去除肥肉，减少饱和脂肪酸和盐的摄入。

此外,水也是重要的营养物质,世界上最好的饮料就是煮沸后自然冷却的白开水。学龄前儿童建议每日饮水 600~800 毫升,6~10 岁儿童为 800~1 000 毫升,11 岁以上儿童需要 1 000 毫升以上。如果饮水量不足,可以在餐间适当增加一些汤品,但是绝对不能用含糖饮料代替水。饮料中的糖分不仅会引起龋齿,造成肥胖,还有抑制白细胞活性、降低免疫力的作用。

由于儿童免疫系统处于相对不成熟的状态,是多种呼吸道传染性疾病的易感人群,在疾病流行的时期,更要科学合理地安排儿童居家饮食。

164 1~3 岁幼儿营养食谱该怎么设计

近些年,随着人民生活水平的提升,我国幼儿饮食结构发生了质的变化,人们非常重视幼儿的营养与健康状况,倡导幼儿平衡膳食与健康的生活方式。合理的营养可以促进幼儿的生长发育,决定了一生的体质和智力发展水平。

营养食谱的设计应根据幼儿年龄段、男女能量需求来确定,并在各餐次间合理分配能量。根据幼儿胃排空时间和胃容积,膳食要定时定量,每日供应三餐一点或两点。早餐要供给高蛋白食物,脂肪、碳水化合物也应充足,食物的供能量为全天总能量的 25%~30%;中餐应有含蛋白质、脂肪和碳水化合物较多的食物,供能量为总能量的 35%~40%,加餐占总能量的 10%~15%;晚餐宜清淡,可以安排一些易于消化的谷类、蔬菜和水果等,供能量占总能量的 25%~30%。

蛋白质、脂肪、碳水化合物三大能量营养素的摄入量比值为 1∶1∶4~5,这种比值可使三者占总能量的百分比分别为:蛋白质占 14%~15%,脂肪占 30%~35%,碳水化合物占 50%~60%。一天的主食主要保证两种以上的粮谷类食物原料,每日选择两种以上动物性原料,1~2 种豆制品,一餐选择 3~4 种蔬菜。

营养食谱设计过程中应考虑营养素在烹调过程中的损失,结合经济等实际情况,及时调整,设计营养价值高又经济实惠的食谱。

165 培养宝宝的饥饿感

许多家长抱怨,宝宝天生胃口不好,不管是奶还是饭菜都不爱吃,每天喂饭是全家总动员:妈妈哄、外婆喂、爸爸训、外公开电视,全家人跟在宝宝屁股后面团团转,家长们又急又怒又累又无奈,一顿饭要花 1~2 个小时不说,偏偏宝宝也就象征性地吃两三口饭,就再也不肯张嘴了。中西医的开胃药吃了一大堆,也不见效。遇到这样的案例,建议给宝宝建立稳定的生活节奏,培养宝宝的饥饿感。

(1) 定时定点不定量:宝宝节律性的饥饿感是需要培养的。定时定点喂食可使宝宝形成条件反射,到了就餐时间和特定的环境,胃肠开始蠕动,消化液开始分泌,宝宝就会产生饥饿感,心理上也就做好了进餐的准备。

(2) 开饭时间定时:可使时间成为条件刺激,到饭点就会有饥饿感并产生食欲。按时定点吃饭,使两餐间隔时间保持 4 小时左右,胃肠道能对食物进行有效的消化、吸收,胃有足够的排空时间,整个消化系统处在有节律的活动状态,既保证了营养的充分消化吸收,又维持了每餐旺盛的食欲。正餐 30 分钟内,点心 15 分钟内,进餐的场所固定,避免家长追着赶着喂饭、宝宝玩着跑着吃饭,培养宝宝集中精力进食的习惯。

(3) 让宝宝感受吃饭的愉快:进餐过程中保持情绪轻松愉快很重要,但也不可让宝宝过于兴奋,以防呛咳。不要大声责备宝宝,避免产生负面情绪。宝宝的特点就是喜欢赞扬,家长要多多鼓励,引导宝宝自己进餐。并适当引入"竞争",让宝宝"胜出",获得成就感,提高进食的兴趣,促进食欲。

(4) 尊重宝宝的胃容量:每个宝宝的胃容量有很大的个体差异,而家长往往把自己盛好的那一小碗饭作为这一餐的目标。要知道这仅仅是家长的意愿而不是宝宝的饭量。要相信没有任何一个宝宝愿意饿着自己,说到底这是一种生物的本能。

(5) 家长要充分放松心态:一个人的胃口不是一成不变的,随着季节、天气、活动量、心情或其他生理性的变化,都会出现波动。宝宝也一样,一两顿吃不饱不要紧,不能因为这顿没吃饱就在正餐之间无原则"加食",养成走到哪儿吃到哪儿、时时在吃又时时都吃不好的进食习惯。

166 怎样衡量宝宝是否达到"肥胖"

长久以来,人们都认为宝宝"白白胖胖就是健康",因此也有了宝宝"长得越胖越健康"的误解。

在衡量宝宝体格发育的指标中,体重是一项较为敏感的指标,父母对自己宝宝的体重增长倍加关心。推测 1～10 岁儿童的体重可用下列算式:标准体重(千克)＝足岁数×2＋8。测得体重超过标准体重的 20％～

30％成为轻度肥胖;超过 30％～50％成为中度肥胖;超过 50％成为重度肥胖。肥胖的形成有 3 个关键时期,即孕晚期、婴儿期和学龄前期。

(1) 孕晚期:正常孕妇在妊娠过程中,体重增加 10～12 千克,其中在怀孕 7～9 个月所增加的体重为胎儿重量,每周可增加 0.35～0.4 千克。在这一时期如果营养过剩,可使胎儿生长过快,脂肪细胞增殖,不但增加分娩的难度和产科并发症的机会,还可能导致宝宝将来肥胖。

(2) 婴儿期:1 岁以内的宝宝生长发育极为迅速,也是脂肪细胞数目增殖的阶段。有些家长常常怕宝宝吃不饱,在 2～3 月龄就开始给宝宝吃米粉等辅食,导致婴儿体重增加过快,但身体并不结实。

(3) 学龄前期:近年来,有研究显示,儿童肥胖发生率随着年龄增加不断上升。4 岁以后的幼儿最易受到食品广告和不断更新的超市食品的诱惑,导致过量进食饮料、冰淇淋、膨化食品、油炸食品等,因而发生肥胖。

167 宝宝该不该吃肥肉

社会经济快速发展,生活条件不断改善,人们的保健意识显著增强。当家长在谈及宝宝的饮食时,往往视肥肉为"毒药",并会立即想到它会引起儿童肥胖、高血压等,部分家长甚至连碗里一丁点的肥肉都要挑出来。然而,部分幼儿却十分喜欢吃肥肉,家长想阻止也无从下手。那么,宝宝到底能不能吃肥肉?

答案是肯定的。肥肉是人体重要"燃料"之一,每克脂肪在体内可产生 37 656 千焦(9 000 卡)能量,是人体能量的最佳来源。成人每日摄入 30～40 克脂肪才能保持精力充沛，人体必需的一些脂溶性维生素 A、维生素 D、维生素 E、维生素 K 等，均需溶解于脂肪才能被吸收；猪油中所含的 α-脂蛋白是一种延长寿命的物质；肥肉中的甘二磷多烯酸等长链不饱和脂肪酸与人体神经系统大脑组织的发育息息相关等。在营养学家制定的膳食结构中，并不绝对禁食肥肉或猪油。科学、均衡膳食才是保持身体健康的关键。

我们需要学会科学烹调，合理搭配。肥肉应该在文火上较长时间炖煮，这样可以使饱和脂肪酸减少 30%～50%，胆固醇降低 50% 以上，而对人体有益的不饱和脂肪酸却大量增加；也可将猪肉炼成猪油，炒菜时按 7∶10 比例与植物油混合使用。但也应注意，每日的肉类摄入量一定不要超过 75 克，尤其是肥胖、高血压的儿童，需要适当减少油脂的摄入，吃肉尽量吃瘦肉。此外，还要注意烹饪方法，推荐用煮、拌等方式来做，如煮排骨汤。

168 莫贪喝碳酸饮料

暑假是正值夏天最炎热的时候，很多家长发现宝宝对冰爽可口的碳酸饮料爱不释手，对白开水或牛奶却皱眉嘟嘴，满脸写着"我不想喝"。其实，碳酸冰饮料是影响宝宝健康的"大杀器"。

碳酸饮料指的是充入了二氧化碳的饮料，对儿童的健康危害多多。碳酸饮料大部分都含有磷酸，摄入大量磷酸会影响身体对钙的吸收，引起钙、磷比例失调。经常大量喝碳酸饮料会导致骨钙流失严重，对骨骼的生长发育影响很大，发生骨折的概率是正常宝

宝的三倍。随着年龄的增长，人体对钙的吸收逐年下降，经常饮用碳酸饮料，患上骨质疏松的风险更大。

碳酸饮料主要成分包括碳酸、柠檬酸、白糖、香精等。除了糖，碳酸饮料几乎不含其他人体所需的营养素。一般的碳酸饮料中含有 10% 左右的精制糖，如此高的糖分极易导致肥胖，增加患糖尿病的风险。高糖分迅速提升了人体的血糖水平，导致生长激素水平升高，从而影响性激素水平，使生长发育提前进行。宝宝看似比同龄人更高更胖，但发育也会提前结束，成年后还是矮人一头。因此，一定要让宝宝远离碳酸饮料和高糖饮料。

169 幼儿不宜食用的 9 大类食物

幼儿的免疫系统和抵抗力尚未健全，消化器官还较稚嫩，吞咽活动也不太灵敏。因此日常照护中，对幼儿摄入的食物要特别注意。

(1) 一般生硬、带壳、带骨、带刺的食物：比如排骨、鸡、鸭、鱼、虾、蟹等需要去骨、去刺、去壳，切碎煮烂方可给幼儿吃。

(2) 含粗纤维的蔬菜：如黄豆芽、芹菜、大蒜苗、黄花菜等，应切碎加工后食用。

(3) 易胀气类食物：如白萝卜、洋葱、豆类，不宜或尽量少给幼儿吃。

(4) 多油、煎炸、不易消化的食物：尽量避免给幼儿食用。

(5) 带核的水果：如桃、李、杏、葡萄等，最好去皮、去核、切成小块或榨成汁，不宜随意将整块果肉给幼儿食用。

(6) 颗粒状食物：如瓜子、花生、杏仁等也不宜食用，容易被吸入气管，造成窒息，应

该磨碎或制浆后再给宝宝。

（7）刺激性食物：如浓茶、咖啡、酒、辣椒、胡椒等，应该避免给幼儿食用。

（8）容易引发过敏的食物：尤其是带绒毛类的食物，如猕猴桃、水蜜桃等，易导致幼儿过敏，皮肤瘙痒，不宜食用。

（9）含糖精、味精较多的食物：糖类不仅会增加饱腹感，影响宝宝的食欲，还容易造成龋齿；膨化食品、泡面等富含味精，会损害脑、肝等组织。

宝宝的消化功能是随着年龄的增长而逐渐完善的，因此，日常膳食应随着年龄增长而变化，在保证安全、健康的同时还要兼顾生长发育的需要。

170 出现"花舌头"是怎么一回事

"花舌头"的医学专业术语是"地图舌"，它是一种浅表性非感染性的舌部炎症，因其外观类似地图，故名"地图舌"。其病损的形态和位置多变，又被称作"游走性舌炎"。可发病于任何年龄，尤以儿童多发，其中以6个月至3岁多见，有可能随着年龄增长而消失，少数有遗传倾向。可能的原因包括肠道寄生虫、胃肠功能紊乱、B族维生素缺乏、乳牙萌出、变态反应性疾病、感染性病灶等。儿童神经系统发育不健全，情绪波动也是一个重要原因。

宝宝的"花舌头"表现为舌部出现一个或数个圆形或不规则形红斑，像舌黏膜剥脱掉一片，这是丝状乳头萎缩区，周边表现为丝状乳头增厚区，呈黄白色带状或弧线状分布，与周围正常黏膜形成明显的分界。病损多突然出现，初起为小点状，逐渐扩大为地图样，持

续一周或数周内消退，同时又有新的病损出现。因病变区萎缩与修复同时发生，病变位置及形态不断变化，似在舌背"游走"。一般无疼痛等不良感觉；但合并真菌、细菌感染时，再食用刺激性食物或接触某些口腔科材料时，则会有灼烧样疼痛或钝痛。发作有自限性，经一段时间后黏膜可能恢复正常。

本病预后良好，无症状者一般不需治疗。伴念珠菌或细菌感染者，应局部治疗，抗炎对症药物含漱，如3%～5%碳酸氢钠溶液，西吡氯胺含漱液等。保持口腔清洁，控制感染，每天早晨可用软毛刷从舌背向外轻轻刷1～2次，保持舌背干净。平时宝宝吃完东西喝点清水或漱漱口。积极消除不良因素如口腔病灶；注意合理饮食，及时添加辅食，防止宝宝偏食、挑食，以免发生胃肠功能紊乱和营养不良。

171 4～6岁宝宝平衡膳食的参考量

4～6岁的宝宝新陈代谢旺盛，而且活动量多，因此，每千克体重所需要的能量和各种营养素的量相对比成人高。该年龄段不仅是体格、智力发育的关键时期，也是良好饮食行为习惯养成的重要时期。现以4～6岁宝宝为例，依据中国居民膳食指南2016版介绍平衡膳食的一天参考量。

（1）谷物和薯类：每天200～250克。这个阶段的儿童推荐膳食碳水化合物供能比为膳食总能量的50%～65%，注意细粮与粗粮的搭配。

（2）蔬菜类：每天250～300克。绿色、深绿色蔬菜应占1/2，选择4～8种时鲜蔬菜。

（3）水果类：每天150克。可选择时鲜水果，养成每天吃水果的习惯。

（4）肉禽鱼蛋：每天70～105克。鸡蛋每天50克（1只），各种荤腥要交替食用，保证品种多样化。

（5）豆类及乳制品：豆类平均每天15克，乳制品每天350～500克。

（6）食用油：该年龄段儿童推荐脂肪供能比为膳食总能量的20%～30%，与成人一致，但是要求不饱和脂肪酸占比更高。每人每次正餐烹调用油不宜多于1勺（10毫升）。

（7）盐、糖、调味料：中国营养学会建议，宝宝1岁前膳食中不建议添加糖、盐、酱油、味精等调味料。2岁后每天盐摄入不超过2克，家长要培养宝宝清淡的口味。

（8）水分：每天总饮水1 000～1 500毫升，这包括了来自粥、奶、汤中的水和饮水。该年龄段儿童新陈代谢旺盛，活动量多，水分需要量大，建议饮水以白开水为宜，尽量避免含糖饮料的摄入。

172 肉、蛋类食物要适量

肉、蛋类食物营养价值高，不仅为宝宝提供丰富的优质蛋白，同时也是维生素A、维生素D、B族维生素和大多数微量元素的主要来源。肉、蛋类食物烹调后味道鲜美，能提高宝宝的食欲。很多家长认为宝宝喜欢吃就随便吃，反正肉、蛋类食物营养价值高。其实，这样不利于宝宝的健康成长。

首先，肉、蛋类食物脂肪含量普遍较多，能量高，有些含有较多的饱和脂肪酸和胆固醇，摄入过多可增加肥胖和心血管疾病等的发病风险；肉、蛋类食物摄入过多，缺乏谷类

提供的碳水化合物，在缺乏碳水化合物最经济供能时，会使摄入体内的蛋白质、脂肪被消耗以供能，以至于宝宝生长发育迟滞、体重不增、食欲不振等。其次，肉、蛋类食物摄入过多，容易引起消化不良，胃肠饱胀，大便干结，最终影响食欲。此外，宝宝胃的容量和消化能力有一定的限度，肉、蛋类食物摄入过多会加重胃肠负担，不利于消化吸收。

每一类食物的营养成分都存在局限性，不要一味迎合宝宝的口味。家长们要强化均衡膳食的观念，尽管肉、蛋类食物营养价值高，是宝宝生长发育所必需的，但也并不是越多越好，满足需要量即可。同时要做好正确的引导，从小培养宝宝良好的饮食习惯，做到不挑食、不偏食，对已有挑食、偏食习惯的宝宝，要引起足够的重视，并逐步地加以纠正。日常膳食安排应尽量做到全面营养、品种多样化，合理搭配，以保证宝宝健康成长。

173 让宝宝爱上吃蔬菜

在日常生活中，很多家庭都会遇到宝宝不喜欢吃蔬菜的情况。由于大部分蔬菜含有丰富的纤维，不易咀嚼，味道清淡，不如肉类、水果口感好，而且有的蔬菜味道奇特、嚼之发涩，所以让宝宝爱上吃蔬菜成为了很多父母的难题。

蔬菜中含有丰富的维生素、膳食纤维，宝宝不爱吃蔬菜，长期下来容易使纤维素摄取不足，肠蠕动减弱，宝宝经常便秘，还会引起维生素缺乏，如维生素A、维生素C缺乏，以致影响宝宝的健康和智力发育。基于蔬菜的独特性和重要性，需要家长在养成宝宝爱吃蔬菜的习惯上费点心思。

爸妈小课堂

购买零食有窍门

　　购买零食的时候，家长需要学会看营养标签，尤其是能量和四种核心营养成分——蛋白质、脂肪、碳水化合物、钠。除此之外，还要关注配料表中的反式脂肪酸，如起酥油、植物奶油等。

　　(1) **榜样的力量**：模仿是宝宝最初认识世界的重要手段和学习方式，如果家长自己都不吃蔬菜，那如何要求宝宝一定要吃呢？因此，让宝宝爱上吃蔬菜，家长们要先以身作则。

　　(2) **将蔬菜化为"无形"**：千万不要强制宝宝吃蔬菜，这样不但达不到目的，反而会适得其反，家长可以调整烹饪方式，把蔬菜变成馅料，用蔬菜汁和面，抑或是把蔬菜切成各种小形状，比如方块、花瓣状，这样自然地激发宝宝的食欲。

　　(3) **带着宝宝一起做饭**：家长在给宝宝制作蔬菜美食前，可以问问宝宝想要吃什么，然后带着宝宝去准备食材，可以去农场体验采摘过程，也可以去菜场练习挑菜，随后让宝宝做小帮厨，让宝宝在参与过程中爱上蔬菜，也可以让宝宝体验做菜的乐趣。

　　(4) **同宝宝做蔬菜游戏**：很多宝宝都喜欢做游戏，家长可以准备一些与蔬菜相关的绘本，给宝宝讲讲蔬菜的好处，比如胡萝卜可以让眼睛变得更加明亮；可以准备一些蔬菜卡片，让宝宝自己挑出吃到的蔬菜；也可以比赛看看谁吃的蔬菜种类多。

　　总之，对于不吃蔬菜的宝宝，家长不要急躁，多多想办法，不轻易给宝宝贴上"不爱吃蔬菜"的标签。

174 正确为宝宝选择零食

　　关于宝宝吃零食的问题，有两种极端家长，一种家长是把吃零食等同于不良饮食习惯，一点也不给宝宝吃；另一种父母则一味满足宝宝的要求，要什么给什么，零食应有尽有。殊不知这两种做法都不利于宝宝的健康成长，宝宝爱吃零食是天性，只要家长合理选择并正确引导，零食也能为宝宝生长发育提供多种营养素。

　　(1) **要充分考虑零食的营养价值**：一般来说，低脂、低糖、低盐的零食是健康的，因此，家长要优先选择水果类、奶类和坚果类零食给宝宝吃。水果应是当季新鲜水果，最好不要榨汁，以免水果中的膳食纤维被破坏。坚果如核桃、花生、杏仁等富含优质的植物蛋白、矿物质和不饱和脂肪酸，有利于宝宝大脑发育。最好吃原味的，毕竟新鲜的、天然的才是最好的。

　　(2) **不同年龄的宝宝选择零食也有讲究**：由于坚果质地硬，不易嚼碎，且稍不注意就有可能误入气道，因此婴幼儿不适合吃整颗坚果，可以把坚果碾碎熬粥。随着年龄增长，可逐渐增加一些较硬的零食，促进宝宝咀嚼能力发展。

　　(3) **合理安排吃零食时间**：上午十点和下午三四点，往往离正餐有2～3小时，此时适当地吃些零食既可以防止饥饿，增加营养，也不会影响正餐的进食。而睡前尽量不让宝宝吃零食，以免影响睡眠或出现蛀牙。

　　(4) **正确把握宝宝吃零食的量**：无论宝宝多喜欢吃零食，都要坚持正餐为主，零食为辅的原则，把零食作为正餐的补充，零食的摄入不能影响正餐的摄入。不能将零食作为奖励，让宝宝养成以吃零食作为"交换条件"的坏毛病。

总之，正确为宝宝选择零食，并严格控制吃零食的时间与方法，有益于宝宝每天摄入营养均衡，有益于生长发育。

175 常吃汤拌饭会影响宝宝生长发育

为了让宝宝增加饭量，家长们可是想尽了办法改变烹饪方式及饮食习惯，比如汤拌饭，宝宝非汤饭不吃；老一辈甚至认为无论是鸡汤、鱼汤还是排骨汤，营养都在汤里，宝宝只要喝汤就可以了。殊不知这些做法，看似填饱了肚子，实则会影响宝宝生长发育。

因为吃汤拌饭，宝宝几乎不用咀嚼就能把饭咽下去，长期这样吃，使得食物的消化吸收缺少口腔咀嚼这道重要的程序，唾液中的淀粉酶也来不及对食物进行初步消化，时间久了，这种饮食习惯会大大增加胃肠道的工作量，胃肠道可能会因过于劳累而"罢工"，以致影响消化吸收功能。此外，婴幼儿期是口腔发育的关键期，如果在进食过程中宝宝咀嚼得不到锻炼，咀嚼能力发展不起来，不仅会影响牙齿的排列及发育，也不利于面部肌肉的发展，宝宝稍大一些，会拒绝进食颗粒大的固体食物，也不喜欢吃有嚼劲的蔬菜，造成偏食或挑食，以致微量元素失衡，营养问题源源不断。

无论是什么汤，营养都不可能超过肉质。家长给宝宝喝汤的同时别忘了让宝宝吃肉，并且尽可能加入一些有硬度的辅食，可以尝试做些小饭团，里面加些虾皮、胡萝卜、黄瓜、鸡蛋等，用香脆的紫菜包裹起来；饭后让宝宝从众多蔬菜水果卡片中找出自己吃到的食物，对于

宝宝答对的项目给予适时褒奖，答错的项目多多鼓励，既可以增加吃饭的趣味性，让宝宝吃得津津有味，也可以合理搭配宝宝饮食，让他们吃饭香香，身体倍棒。

176 幼儿不宜吃太多西式快餐

西式快餐自从 20 世纪 90 年代进入中国以来，以其醒目的招牌、新颖的销售方式、稳定的品质和清洁卫生的就餐环境等吸引着众人，一直深受中国儿童和年轻人的欢迎。有些家长把吃西式快餐作为一种奖励，也有些家长认为，西式快餐搭配合理、营养价值高。这种对西式快餐不全面的认识会影响到他们的饮食行为。

西式快餐的制作主要以油炸为主，食物中含的能量高、脂肪多，对其营养成分进行分析计算发现：一份西式快餐所含的能量是儿童一天所需能量的一半以上；西式快餐中所提供的脂肪也远远超过推荐的脂肪摄入量，而西式快餐中所含的维生素、矿物质、膳食纤维等营养素却相对很低。同时，西式快餐中的饮料大多含糖高，几乎不含什么营养素。总体上讲，西式快餐是高能量、高脂肪、高钠和低维生素、低矿物质、低膳食纤维的食物，这种"三高"和"三低"的不合理饮食结构难以满足宝宝生长发育的营养需求。

经常吃西式快餐的人，能量的摄入会超过身体的需要，多余的能量会转化为脂肪在体内储存起来，从而引起肥胖。研究发现，平均每个月吃 3～4 次西式快餐的城市儿童少年，患肥胖的比例要高于每个月吃 1～2 次的。而儿童肥胖会增加成年后心血管疾病、糖尿病和癌症等慢性疾病发生的概率。

西式快餐中大多含有食品调味剂和添加剂，经常吃会造成体内锌的缺乏，导致宝宝的味觉迟钝，从而影响正常的食欲，容易造成幼儿偏食或挑食的不良饮食习惯。

经常吃西式快餐会对健康带来负面的影响，这并不意味着西式快餐不可以吃，但一定要把握好度，同时兼顾营养均衡。

177 外卖并不适合生长发育期的儿童

随着互联网技术和移动平台的发展，越来越多的人喜欢吃外卖，有些家长由于工作繁忙，无暇张罗三餐，干脆让宝宝也吃外卖餐。殊不知，这样做会对宝宝的生长发育造成很不好的影响。

从食物安全上来说，外卖表面光鲜亮丽，但实则真的卫生吗？很多外卖平台都存在网上"高大上"，网下"脏乱差"的现象。外卖的目的是盈利，有些商家用的油不卫生，食材不新鲜；而且外卖基本都是塑料包装，当遇到高温、高油脂的食物后，塑料包装中的有害物质会转移进入食物，再进入人体。若宝宝长期进食，会造成内分泌紊乱、性早熟，甚至致癌。

从营养上来说，外卖食材品种不够丰富，多为大米做主食，土豆白菜乱炖；外卖食品的能量高，而维生素和矿物质含量偏低；一些外卖商家为了味道和口感，并符合快速进食的需要，味道往往做得很重，喜欢重油重盐，并且荤素配比不合理，蔬菜量远达不到人体所需量，造成宝宝营养摄入不均衡。有研究显示，经常吃外卖的宝宝不仅体脂百分比高，血液中的胆固醇含量也高，远期心脏病和糖尿病患病风险增加。

宝宝长期吃外卖，会逐渐改变原来清淡

的饮食习惯，变得越来越重口味，嘴巴也逐渐"刁钻"，用新鲜的优质食材烹饪的美味佳肴在他们眼里已索然无味。因此，家长再忙也要抽时间给宝宝做饭吃，切莫用外卖伤了身。

178 宝宝胃口不好不肯吃饭怎么办

宝宝胃口不好的原因是多种多样的。

（1）每个人的消化吸收能力不同，如果宝宝身高体重增长正常，说明目前的食物已经足够，即使胃口不大，也不必担心。

（2）在家活动量少，能量消耗低，也会感觉不到饿。应该安排每天早中晚3次正餐，1~2次加餐，正餐之间应间隔4~5小时，加餐与正餐间隔1.5~2个小时，加餐的量要少。少吃饱腹感强的食物，如高能量的膨化食品，油炸食品，大量的甜点。

（3）饮水过多，也会影响食欲。因此日常饮水建议少量多次，餐间佐汤多用清淡的蔬菜汤，量不宜过大，不要用油腻的荤汤。饮用牛奶、酸奶、果汁、饮料等也会占用胃容量，引起饱腹感，因此果汁、甜饮料应尽量避免，牛奶和酸奶虽然有营养，但也不是多多益善。

（4）活动少引起便秘，影响食欲。每日的食物选择应保证蔬菜水果足量，适当摄入粗粮，增加膳食纤维。限制静坐时间，合理安排宝宝的活动。建议每日饭后一小时后做一些运动，如健身操、跳绳、踢毽子等。

（5）如有呕吐、腹泻、发热等情况影响食欲，需对症处理，不要强迫宝宝进食。可给予清淡可口的流质、半流质食物如蛋花粥、烂糊面、小馄饨等。有腹泻的患儿可尝试用胡萝卜汤、苹果汤止泻。有营养不良倾向的，可采用全营养配方粉，保证儿童的营养，必要时可使用一些营养补充剂。

绿叶蔬菜、鱼、蛋类等,在水果和蔬菜上尽量保证品种的多样化。

179 宝宝参加体育锻炼后的营养补充

儿童处于生长发育的黄金阶段,生理功能尚不完善,对于营养物质的吸收、代谢和调节能力都不如成人,如果经常进行大量、长时间的运动而不注意合理的营养补充,容易导致营养不良。

儿童青少年在运动时主要的能量来源于糖类(碳水化合物),同样,儿童在运动后最需要补充的也是糖类,运动后可以吃富含糖类的食物,如米饭、馒头、土豆、红薯、香蕉等。但要注意,减少非主食类甜品的摄入量,养成健康的饮食习惯。

现在,除非特别挑食的宝宝,基本上不存在蛋白质摄入不足的问题。对于喜欢运动的宝宝,家长要注意给宝宝补充优质蛋白质。日常生活中将豆类食物和谷类食物同食可互补有无,提高食物中蛋白质的利用率。

不管是儿童还是成人,在运动中或者运动后都会产生很多汗液,汗液中除了水分,还含有较多的钾、钠、钙、镁等矿物质。因此在锻炼后除了补水外,还要及时补充无机盐。建议宝宝在运动后补充含有钠、钾的饮料或果汁,并且在补充时应该少量多次,不能在运动中或者运动结束后暴饮。

儿童阶段应该保证矿物质的摄入,一般来说,可以通过平衡膳食来满足需求。宝宝的骨骼生长较快,因此应该加大钙的摄入,运动后尤其应该注意。宝宝可以通过喝鲜奶或酸奶等奶制品获得。

运动会导致维生素的消耗增加,因此在运动后应该注意维生素的补充,可以吃水果、

180 儿童饮食行为问题与干预

儿童饮食行为包括诸多方面的内容,比如喂养行为、进食行为、食物选择及进餐氛围等,由于饮食行为内涵丰富,儿童饮食行为问题的形成受诸多因素的影响。

(1)有些宝宝生来食欲旺盛,还有一些宝宝对食物缺乏兴趣,进食困难,这些差异与生俱来,可能与遗传相关。

(2)随着宝宝年龄增长,消化系统逐渐发育成熟,喂养方式可从按需逐渐过渡为按时喂养或规律进食,宝宝也逐渐懂得饥饱感,进食技能不断提高,进食总量逐渐增加,这些改变形成不同阶段的饮食行为问题。

(3)儿童对新的食物需要适应过程,一般而言,宝宝对从未入口的新食物需要尝试10余次才能接受,因此让宝宝尝试新食物,家长要充满耐心。另外,口腔感觉功能的差异会造成儿童挑食偏食,常常喜欢一些食物,拒绝另一些食物,时间久了逐渐形成习惯。

(4)家庭养育环境对儿童饮食行为的培养极其重要。娇惯、溺爱、家长不良的示范,科学喂养知识的缺乏均会导致饮食行为问题的发生。

儿童时期是饮食行为发展和形成的关键时期,也是针对饮食行为问题干预的最佳阶段,并且干预越早,接受度越高,作用越持久,效果越显著。对儿童饮食行为问题的干预是综合性的,首先需进行个体化全面评估,综合各项测量指标(身高、体重等)评估儿童生长发育情况,针对暴露的问题逐一攻破并妥善

解决，同时家长要主动学习并更新儿童喂养方面的知识与技能，树立良好的饮食行为习惯，为宝宝做榜样，在亲子互动中解决儿童饮食行为问题。

🍄 疾病状态下儿童的饮食调配 🍄

181 如何防治宝宝消化不良性腹泻

宝宝消化不良性腹泻是因消化功能尚未发育完全引起的一种急性胃肠道功能紊乱。其首要原因为不合理的饮食、不科学的喂养习惯。

婴幼儿胃肠道发育程度远不如成年人，其胃肠道内酶的活性相比成年人较弱，加之宝宝抵抗力较弱，身体代谢旺盛，天气、饮食等各种因素均有可能使婴幼儿出现口渴，导致喝奶或进食过多，继而出现消化不良，引起腹泻。不科学的喂养习惯例如食物搭配不合理、喂养时间混乱或肠道食物堆积过多，引起宝宝胃肠道菌群发生改变，为细菌生长繁殖提供有利条件，导致感染的发生，最终出现腹泻。

营养治疗是腹泻综合治疗的一个重要组成部分，家长若长期对于腹泻患儿疏于管理，患儿不及时就医，则可能变成慢性或迁延性腹泻。慢性或迁延性腹泻患儿常因营养不良影响生长发育。因此科学合理的喂养习惯，适量的蛋白质、充足的能量以及维生素的供给，能促进疾病的康复及宝宝健康成长。

对于消化不良性腹泻患儿，首先应当预防脱水的发生。腹泻时人体内的水分和电解质大量丢失，而宝宝相比于成年人更容易出现脱水，因此适当补液十分重要。必要时在医生指导下予以口服补液盐进行补充。其次，应当注意补充锌，腹泻易使锌丢失增加，导致负锌平衡、组织锌减少。补锌有助于促进小肠黏膜细胞增殖，维持小肠黏膜结构功能的完整性，帮助抵御肠腔内细菌、内毒素移位，增强免疫功能，提高肠道吸收水、钠的能力。最后，根据不同的喂养方式调整喂养次数，如纯母乳喂养婴幼儿适当增加喂养频率，妈妈少吃富含油脂的食物。若腹泻时间较长，则应警惕继发性乳糖不耐症的发生，更换无乳糖配方奶或在医生的指导下添加乳糖酶；人工喂养婴幼儿还需在腹泻期间适当增加温开水的摄入量，避免脱水；已添加辅食的婴幼儿可选择富含水分的辅食，如面条、粥等食物，但不建议多吃高蛋白等不易消化的食物。对于已添加辅食的婴幼儿还可予以胡萝卜汤或者焦米汤等食物，促进大便形成，帮助细菌吸附，缓解腹泻症状。若患儿腹泻≥2周或发生脱水时，应及时就医，避免因延误诊断或就医不及时等导致婴幼儿病情加重及营养不良的发生。

182 如何防治儿童营养不良

儿童营养不良是身体能量与蛋白质不足

而引发的一系列慢性营养性疾病,3 岁以下儿童多发,主要表现为体重下降、消瘦、发育迟缓、反复腹泻、水肿等,少数严重者还伴有不同程度的免疫功能紊乱。儿童时期是生长发育的高峰期,如果营养不良,不利于生长发育,严重者还会影响智力发育。

缺铁性贫血是儿童发生营养不良的常见原因。这类儿童抵抗力低,食欲不佳,不利于身体营养吸收,加上免疫力低下,经常患病,进一步加重能量消耗及营养流失。除此以外,喂养不当,如喂养量不够、没有及时添加辅食或只添加诸如稀饭、米糊等淀粉类食物,也极易造成营养不良。急性和慢性感染也是导致儿童营养不良的一个重要原因,尤其是慢性腹泻等相关病症,这类病症的发生会较大程度减少食欲,减少食物摄入量。

对于营养不良的儿童,首先要去除病因,对症治疗,纠正先天性疾病因素。轻、中度营养不良的儿童尚且具有相对良好的消化能力,针对此类儿童,主要以饮食结构调理为主,不仅要加强能量和蛋白质供应,同时还要提供富含维生素、易消化吸收类食物,特别是对有铁缺乏或血清维生素 D 低水平的儿童则需要额外补充。遵循少食多餐的原则,养成规律进餐、纠正挑食等坏习惯,不仅可以解决急性的营养问题,也能在日后形成健康的饮食行为。

对于重度营养不良的儿童,虽然也要通过加强日常饮食的营养密度来纠正,但需遵循循序渐进的原则。如果在营养纠正的早期就给予大量的食物摄入,这些儿童可能会出现喂养综合征,如呕吐、腹泻和反复的代谢失调。因此在开始的 7～10 天,建议给予正常相应年龄的食物量,并少量多次喂养。在接下来的一周,可以逐渐增加食物摄入来达到营养追赶的目的。另外,可适当辅以消化酶类药物治疗,以促进宝宝的消化和代谢。在此基础上,适当户外运动,接触阳光及新鲜空气,提高自身抵抗力,也有助于提高身体对食物营养的吸收率。

183 肥胖儿童的饮食要注意什么

随着生活质量的提高和饮食结构西化,肥胖的发生率呈现出低龄化、普及化的趋势。肥胖可增加儿童成年后患高血压、高血脂、糖尿病、痛风等疾病的风险,是一种需要警惕的营养性疾病。

由于儿童还处于生长发育期,不建议一味通过节食来治疗肥胖症,以免过度克制饮食引起营养素摄入不足,影响肥胖症儿童的生长发育。建议通过增加活动量和改变饮食习惯来逐步减肥,恢复健康体重。

肥胖儿童的饮食应该健康、合理,多选用低能量、高维生素矿物质含量的食物如蔬菜、水果,避免高能量低营养素的食物如油炸食品和甜食。需要注意的是,烹调油中富含必需脂肪酸,无油饮食会引起必需脂肪酸摄入不足,影响儿童正常生长发育,而蔗糖吸收快、饱腹感不强、营养价值低,比脂肪更容易摄入过量,因此更容易引起肥胖。肥胖儿童的饮食应尽量避免甜食(包括甜饮料和烹调用糖),不能用水果代替蔬菜,鸡鸭鱼肉等动物性食品在烹调前去除脂肪,减少非必需脂肪酸摄入,适当使用植物油烹调菜肴,保证必需脂肪酸的摄入。

膳食纤维饱腹感强,能量低,且有助于培养健康的肠道菌群,建议三岁以上的肥胖儿童每日有一餐以红薯、土豆、糙米、燕麦等粗粮代替精白米面作为主食,多摄入蔬菜水果,增加膳食纤维的摄入量。奶类中富含的维生素 A 和维生素 D 是脂溶性维生素,需要和脂肪一起吸收,因此不建议两岁以下的肥胖儿童饮用低脂或脱脂奶类和奶制品,以免维生素摄入不足。

肥胖儿童容易饥饿,可以通过少量多餐的方式在不增加食物摄入总量的前提下减少饥饿感。两餐间的点心可选用酸奶、水果、坚果等健康零食,避免薯片、辣条、碳酸饮料等垃圾食品。零食应放置于儿童无法拿到的地方,或者通过购买小包装的食品来控制进食量。睡前进食不但会导致能量摄入过量,还会影响睡眠,引起龋齿,因此应该避免把零食放在床头柜,以杜绝夜食行为。

减肥是一个循序渐进的过程,不可操之过急。父母一起参与减肥计划,全家健康饮食,改变生活方式,可以提高肥胖儿童减肥的积极性,达到更好的减肥效果。

184 多汗儿童的饮食安排

儿童处于生长发育期,体温较成年人略高,且新陈代谢快,活动量大。如果天气炎热,穿衣过多,室温过高,很容易大量分泌汗液,有些宝宝还会在进食夜奶入睡后出汗。如果宝宝精神、食欲正常,多汗只是生理性原因,无需过分担心,只需注意补充水分,在出汗量过多时适当补充盐分,避免脱水。

病理性多汗最常见的部位是掌跖和摩擦面,如腋下、腹股沟、会阴部,其次为前额、鼻尖和胸部。掌跖多汗为持续性或短暂性,没有季节区别,常出现手足发冷或发绀现象,反复发作容易影响儿童生长发育及健康,需积极防治。

病理性多汗的患儿往往血钙偏低,需要多摄入富含钙和维生素 D 的食物。钙的最好来源为奶类和奶制品,儿童应保证每日250～500 毫升的奶量,以补充钙质。酸奶乳糖含量低,且奶类经过发酵产生的乳酸有促进钙吸收的作用,适合乳糖不耐受的宝宝。奶蛋白过敏的宝宝可通过豆类及其制品、坚果类、绿色蔬菜、虾皮、海带、芝麻酱等摄入钙。钙的吸收需要维生素 D 的参与,人体皮肤可通过日照产生维生素 D,因此宝宝需保证每日至少一小时的户外运动,光照不足的宝宝需摄入维生素 D 补充剂,促进钙的吸收。

饮食上,多汗宝宝的饮食宜清淡,避免辛辣刺激的调味品,夏季避免食物温度过高,以免进食过程进一步促进排汗。应减少额外的食物或零食摄入,合理喂养,尤其需要避免晚餐后加餐,以免加重消化道负担,进一步加重出汗症状。若宝宝在正常环境中及安静状态下动则汗出,或夜间头颈、躯干部汗出如洗,湿透衣服,甚则脱水,应尽可能就诊,对症治疗。

185 宝宝高热时该怎么吃

宝宝发热时,体内新陈代谢加快,营养素消耗以及体内水分消耗也明显增加。同时,发热时消化功能也会受到影响,消化液分泌减少,胃肠道蠕动减弱,因此,发热患儿常会有食欲不振、腹泻或者便秘。因此,合理的饮食安排对于发热患儿维持正常生长并促进病情恢复都非常重要。

发热期间的饮食原则上应以流质、半流质饮食为主,如牛奶、米汤、绿豆汤、鲜果汁等。发热过程中,身体会因高温丢失大量的水分,所以补充水分十分重要,能促进发汗和利尿。对于发热并伴有腹泻、呕吐等症状,如果症状较轻,可以适当口服补液盐。若症状严重者,则需暂时禁食,以减轻胃肠道负担,并及时就医。

母乳喂养的婴幼儿可继续母乳喂养,因为母乳易于消化,而且其中含水量高达87%,高于一般配方奶粉,因此母乳喂养有利于发热患儿补充水分,并有效退热。而配方奶喂养的婴幼儿,可适当稀释比例,保证水分摄入量的同时,避免加重消化吸收的负担。

需要注意的是,对于宝宝发热期间食欲不振,家长不用过分担心,更不能勉强宝宝进食,不然会加重胃肠道负担,对疾病期的宝宝是"雪上加霜"。只要给宝宝补充足够的水分,待体温下降、症状好转了,宝宝自然会有饥饿感,这时可喂清淡易消化的半流质,如肉糜粥、面条、稀饭等。

186 不同呕吐时的饮食处理

婴儿喝奶速度过快,吞入大量空气,易引起溢奶,如果吐出的只是液态的奶,而不是白色的固体奶块,无需过分担心。母乳喂养时需注意喂养姿势,用奶瓶喂养的婴儿喂奶时,需保持奶嘴充盈奶液,使用孔洞较小的奶嘴控制婴儿吸奶的速度,避免吞入大量的空气。喂奶结束后将婴儿竖抱拍嗝,放平时让婴儿保持右侧卧位,即可有效防止溢奶。

有些家长错误估计宝宝的胃口,一味填塞式喂养,会引起宝宝过食性呕吐。不同的宝宝消化吸收能力不同,判断宝宝饮食量的标准应该是身高体重的正常增长,而不是"别人家吃了多少"。长期填塞式喂养不仅会让

宝宝对食物失去兴趣甚至产生反感,还会引起肥胖,增加成年后患肥胖症、高血压、心脏病、糖尿病等疾病的风险。

脂肪饱腹感强,大量摄入脂肪含量高的食物(如肥肉、油炸食品、奶油),或者烹调用油过多,也会引起恶心甚至呕吐,过多的脂肪摄入也对心血管的健康不利。建议日常饮食中尽量避免肥肉、奶油等油腻食物的摄入,烹调油使用植物油,儿童烹调油使用量不超过20克/天,幼儿不超过10克/天。

摄入不洁食物导致的食物中毒也会引起呕吐。夏季气温炎热、多雨潮湿,是细菌性食物中毒的高发季。宝宝饮食应保证食材新鲜清洁,烹调时烧熟煮透,避免生食,尽量不吃隔夜菜。炊具和餐具均需消毒,盛具生熟分开,避免交叉污染。如果宝宝已经出现呕吐和腹泻,需尽快就医,急性期需禁食,根据医嘱予以补液,避免呕吐、腹泻大量失水引起的水电解质紊乱,症状缓解后从米汤、藕粉等清淡流质开始逐渐恢复饮食。

胃肠道畸形、肠梗阻、颅脑外伤、脑膜炎、脑肿瘤等疾病均会引起呕吐,需及时就医,对症治疗。

187 如何防治儿童食物过敏

食物过敏是指由免疫学机制介导的食物不良反应。根据免疫机制不同,可分为免疫球蛋白 E(IgE)介导、非 IgE 介导和混合型。近年来,儿童食物过敏已成为全球的公共卫生问题,其发病率在国内外均呈显著上升趋势。

食物过敏高发年龄主要为 0~2 岁,这一阶段亦是儿童生长发育的关键时期。该年龄

特别提醒

目前大多数文献报道认为羊奶等其他乳类所含蛋白与牛奶蛋白有很大程度的一致性,有70%的可能性仍会引起过敏。

牛奶蛋白过敏患儿也有豆蛋白过敏,且大豆蛋白配方中含有的肌醇六磷酸和异黄酮等成分可能存在一定影响。

段又以食物蛋白诱发的食物过敏更为常见,但临床症状缺乏特异性,易造成延迟诊断或误诊,往往更容易导致儿童营养问题的发生。最常见引起儿童过敏的食物为牛奶、鸡蛋、大豆、小麦。这类食物又是儿童日常饮食中重要的组成部分,为生长发育提供不可或缺的营养。若无合适替代物或/和不必要的饮食回避均会造成宏量、微量营养素的不足,导致儿童生长发育的偏离。预防儿童食物过敏,主要从以下几个方面着手。

(1) 纯母乳喂养:母乳中富含的免疫调节细胞、细胞因子等有效成分有利于婴幼儿肠道黏膜屏障建立完善,可阻止食源性过敏原进入身体,避免、减轻过敏性疾病的发生。若母乳喂养过程中宝宝发生过敏,建议妈妈回避牛奶、鸡蛋等一周后再予以哺乳,并进行饮食记录。回避饮食期间,选择合适的替代物进行喂养。

(2) 适时添加辅食:婴幼儿4个月内添加辅食的,其过敏风险是晚添加辅食的1.35倍。因此建议婴幼儿从6月龄左右开始添加辅食。每一次新的辅食添加应在上午进行,有助于观察患儿过敏反应。从少量开始添加,并观察患儿过敏反应,做好相关记录(如品种、数量、大便性状、全身反应等)。若无过敏发生,则可逐渐增加摄入量,单一食物不可一次进食过多。

(3) 选择合适的替代品:不能进行母乳

喂养的婴儿,须根据婴幼儿情况选择适当的低敏配方奶粉。

(4) 水解蛋白配方:是指以天然牛奶蛋白为基础的水解蛋白配方,其变应原性降低,其中部分水解蛋白配方(pHF)可诱导口服免疫耐受,主要用于预防婴儿食物过敏和特应性皮炎;深度水解配方(eHF)主要用于治疗婴儿牛奶过敏。严重牛奶过敏导致生长发育障碍及胃肠道损伤的患儿,应用氨基酸配方(AAF)治疗。

(5) 注意食物标签:日常饮食中有许多隐藏的食物过敏原,如牛奶、鸡蛋、小麦等。因此对于过敏的儿童,在购买零食的同时应当注意食品标签,注意食物成分,避免可能造成的食物过敏原的摄入。

188 急性肾炎患儿的饮食调理

急性肾小球肾炎(简称急性肾炎)是指一组不同病因所致的感染后免疫反应性肾小球疾病。临床表现为急性起病,多有前驱感染,绝大多数为链球菌感染,以血尿为主,伴不同程度蛋白尿,可有浮肿、尿少、高血压或肾功能不全,是儿科的一种常见病。除常规临床治疗以外,急性肾炎患儿在生活中需注意饮食调理,避免因饮食不当而加重肾脏的负担。

急性期应酌情限制盐、水、蛋白质的摄

入。首先，蛋白质的摄入应根据病情而定。患儿出现肾功能不全、氮质血症时，应限制蛋白质摄入，以减轻肾脏排泄氮质的负担，每日饮食中蛋白质供给量以 0.5 克/千克体重计算，或多采用牛奶、鸡蛋、动物瘦肉等吸收、利用率较高的优质蛋白质，可用玉米淀粉、藕粉、麦淀粉等代替主食，减少主食中非优质蛋白质的摄入；若病情好转，可逐渐增加蛋白质摄入量，每日每千克体重可供给蛋白质 1 克左右。

对于有高血压、水肿的患儿，就应限制盐和水分，根据不同程度分别采用无盐、低盐饮食。无盐饮食指烹调时不再加盐或不采用一切含盐食品，如酱菜、咸菜、榨菜、乳腐、咸蛋等和其他罐头制品。当尿量增多，水肿逐步消退，可给少盐饮食，一天饮食中所加食盐量小于 3 克，且不加其他含盐食物。对于水肿严重或者尿少的患儿，应适当限制水分的摄入。

若合并高钾血症时，还需避免含钾高的食品，如土豆、香蕉、柑橘类水果、豆类、菌菇类等，可通过将食物浸泡或水煮去汤来减少钾含量。另外，食物中的钾多集中在谷皮、果皮、种子和瘦肉中，细粮的钾含量低于粗粮，去皮水果的钾含量低于带皮的，肥肉的钾含量低于瘦肉的。

189 肾病综合征患儿的饮食选择

在儿童肾脏疾病中，肾病综合征是仅次于急性肾炎的常见病，是由一组或多种原因引起的肾小球基底膜通透性增加，导致血浆内大量蛋白质从尿中丢失的临床综合征。本病以"三高一低"为四大特点：大量蛋白尿、低蛋白血症、高胆固醇血症、水肿为主要临床表现，其中前两者为必备条件。对于肾病综合征患儿，在治疗的同时护理饮食尤为重要。

（1）限制钠盐：对儿童肾病综合征的饮食治疗主要是限制钠盐，根据患儿不同的水肿程度，严重水肿者应忌盐，轻度水肿者应低盐（每日 1～2 克）。做到这一标准的限钠需要整个家庭调整饮食习惯，至少做到把盐调料瓶拿下餐桌、限制加工食物和不吃咸味零食。由于大多数类型的肾病综合征会复发，因此应长期限制盐的摄入，维持健康的饮食习惯，可以在烹饪过程中加几滴醋提鲜，从而减少食盐的用量。

（2）蛋白质摄入：肾病综合征患儿会有大量蛋白尿排出，低蛋白血症常使胶体渗透压下降，从而加重水肿。因此蛋白质摄入不宜过分限制，低蛋白质摄入的优势必须与其造成营养不良和生长发育迟缓的可能性进行权衡。建议蛋白质摄入不能低于患儿年龄膳食营养参考摄入量（DRI），保证每日 1.5～2 克/千克体重的蛋白质摄入，同时尽量选择从动物性食物中摄入优质蛋白质。

（3）脂肪摄入：因疾病本身原因加之激素的使用，肾病综合征患儿极易发生高胆固醇血症。轻微病变型患儿因短期内即可好转，故脂肪摄入不需过度限制，而且限制饮食中的钠同样会减少儿童对高脂肪食品（如热狗、披萨和奶酪）的摄入。对膜性肾病等难治性肾病综合征患儿，长期高脂血症可增加心血管疾病的风险，故应限制肥肉及富含动物脂肪的食物。

（4）维生素、钙及微量元素的摄入：肾病综合征患儿由于肾小球基膜通透性增加，尿中除蛋白质丢失外，同时也可丢失与蛋白结合的某些元素，如钙、镁、锌等，可适当通过食物或者营养补充剂补给。同时在糖皮质激素治疗过程中,还需注意补钙和维生素 D。

190 结核病患儿如何加强营养

结核病是由结核杆菌引起的慢性感染性疾病。儿童在接触结核分枝杆菌后极易结发展为结核病,特别是五岁以下的儿童,免疫系统尚未成熟,会伴有高发病率和死亡率。结核病患者由于胃肠功能紊乱、食欲减退导致营养物质摄入减少,造成合成代谢降低。结核病患儿有着更高的分解代谢率,是一种消耗性的疾病,患儿经常会有低热、盗汗,甚至咯血,常伴有消瘦和体重减轻,因此结核病患儿大多会合并营养不良。

儿童结核病病情越长营养状况越差,反之,营养不良可使患儿体内蛋白质水平不足,病灶修复功能下降,使病灶迁延不愈。因此在治疗期间要特别注意纠正蛋白质-能量营养不良,加强营养,有利于增强免疫力,促进疾病恢复,减少并发症。

首先要供给充足的蛋白质和足够的能量,患儿摄入蛋白质宜每千克体重 2.5～4克,能量为每千克体重 100～120 卡(1 卡≈4.18 焦),以补充消耗,其中脂肪摄入却不宜过高。脂肪虽能供给较多的能量,但过于油腻的饮食会增加消化系统的负担,特别是肝脏的负担,从而影响食欲,以每千克体重 1～2 克为宜。有消化功能障碍的患儿,更应限制脂肪的摄入。另外,还需从新鲜的蔬菜水果中补充充足的维生素:维生素 C 有利于病灶愈合和血红蛋白合成;乳、蛋、内脏中富含维生素 A,有利于增强身体免疫力;花生、豆类、瘦肉等富含 B 族维生素,能促进食欲;维生素 D 促进钙的吸收,必要时可适当补充鱼肝油。

此外,结核病患儿膳食中还应特别注意钙和铁的补充。钙是结核病灶钙化的原料,牛奶富含钙以及优质的蛋白质,都是结核病患儿较理想的食品,患儿每日应饮奶 250～500 毫升。铁是制造血红蛋白的必备原料,咯血、便血的患儿容易出现贫血,故应注意补充一些动物内脏、动物血等含铁丰富的食物。

191 心脏病患儿的饮食

心脏疾病患儿多体质较弱,严重的患儿会发生心力衰竭,常有上呼吸道感染和食欲下降等症状。膳食要提供必需的营养物质。为防止水钠潴留,往往根据病情,需要选用低盐膳食。

(1) 发病期要限制钠盐摄入,每天摄入盐不超过 4 克,有心衰者应控制在 1 克以内。可多选低钠食品,如大米、麦片、无碱面条、鸡蛋、瘦肉、牛奶、花菜、冬瓜等。限制高钠食物,如腌酱食品。菠菜、苋菜等含钠较高的食物需限制摄入量。

(2) 含钾丰富的食物可降低心脏负担,心脏病患儿宜选择含钾较多的食物,如土豆、豆类、菌菇等。新鲜水果含较多的钾和镁,可适当摄取,如香蕉、橘子、枣、香瓜等。

(3) 根据疾病的需要,适当控制水和液体的摄入。婴儿若因为疾病出现生长发育迟缓,同时需要限制液体量,可通过母乳或者婴儿配方奶粉来增加能量摄入量,同时需要密切注意患儿大便情况,以防奶液浓度增加引起便秘。

(4) 心脏病患儿需要控制饮食中的脂肪量。过多的动物脂肪摄入会导致血脂升高,建议心脏病患儿宜多摄入脂肪含量低的瘦肉。畜肉中里脊肉脂肪含量较低且口感较嫩,适合幼儿,禽类中胸脯肉脂肪含量最低,水产品脂肪含量低于禽畜肉类。烹调前,对猪、牛、羊等畜肉建议先切除肥肉,对鸡、鸭、鹅等禽类建议先剥皮,避免在烹调过程中脂肪渗入瘦肉,增加动物脂肪的摄入。橄榄油和茶籽油富含单不饱和脂肪酸,对心脏有保护作用,可用于烹调。

(5)很多家长喜欢通过炖汤来给宝宝"补身体",其实汤的主要成分是盐、脂肪和嘌呤,营养价值并不高,反而会导致过多的盐分摄入,从而增加心脏负担,荤汤中的嘌呤还会增加患儿成年后患痛风的危险。家长可以通过炖汤来将食物炖烂,方便患儿咀嚼消化,但是主要的营养成分在汤料里面,而不是汤水,建议只吃汤料不喝汤水。

(6)辛辣刺激的调味品会引起神经兴奋,从而增加心脏负担,因此心脏病患儿建议饮食清淡少盐。

192 糖尿病患儿必须限制甜食吗

糖尿病患儿真正需要限制的是碳水化合物,而不是一般意义上的白砂糖、蔗糖等"糖"。碳水化合物主要来源包括米面等粮食,各类水果、乳类及其制品,土豆、南瓜、胡萝卜等淀粉含量较高的蔬菜,栗子、莲子、开心果等淀粉类坚果。碳水化合物对糖尿病患儿至关重要,摄入过少,导致血糖偏低,会影响患儿脑发育;摄入过多,则会诱发酮症,严重者甚至会有生命危险。

糖尿病的饮食管理关键在于控制好碳水化合物摄入、运动和胰岛素的比例,将血糖控制在正常范围之内,保证患儿生长发育所需。

住院期间,内分泌科医生和营养师会根据患儿的年龄、身高、体重、活动量等综合因素设定患儿的饮食摄入量,予以称重烹调。出院后家长依然需要根据营养师的指导给予患儿称重饮食,保证患儿正常的生长发育。随着患儿成长,能量和营养素需要量也会逐步增加,因此年幼儿童每半年需要调整一次饮食治疗方案,较大的儿童每年调整一次,直至成年。

糖尿病患儿并非完全不能吃甜食,恰恰相反,若是患儿发生低血糖(血糖低于3.8毫摩/升),需要立即摄入糖类(120~150毫升含糖饮料或者一匙白砂糖)予以纠正,预防患儿出现低血糖昏迷。患儿日常饮食中则宜选用一些粗粮如燕麦、玉米、全麦面包、糙米等,以防血糖起落过快。粗粮中富含膳食纤维,可以降低血脂、调节肠道菌群、减缓食物中葡萄糖的吸收,但是同时也会影响钙、铁、锌的吸收,因此不建议1岁以内的婴儿摄入粗粮,大月龄的宝宝可将每餐1/3的主食替换为粗粮。

193 肝炎患儿的综合营养

肝脏是人体的解毒器官,将外来的毒素通过代谢排出体外。肝炎患者的肝功能受损,若是不注意饮食卫生,肝脏无法正常排毒,很容易引起肠道感染。因此肝炎患儿的饮食宜以新鲜天然的食物为主,避免摄入包装食品中的添加剂,烹调时烧熟煮透,注意炊具和餐具的消毒卫生,减轻肝脏排毒负担。

肝脏分泌胆汁消化脂肪,肝功能受损,胆汁分泌受限,因此肝炎患者切忌暴饮暴食,忌辛辣油腻生冷食物,少量多餐,多吃一些有营养、容易消化的食物。中链脂肪酸不需要通过肝脏代谢即可直接吸收，建议肝炎患儿用富含中链脂肪酸的椰子油、棕榈油代替一部分烹调用油，或者在医生和营养师的指导下使用中链脂肪酸补充剂。

肝炎会引起氨基酸代谢紊乱，重症肝炎还会引起高氨血症，使患儿发生肝性昏迷。重症期间需遵医嘱予以低蛋白饮食，出院后也不宜摄入过多的蛋白质。肝病患儿血芳香族氨基酸水平上升，支链氨基酸水平下降，需限制富含芳香族氨基酸的肉类如猪肉、牛肉、羊肉，适当补充芳香族氨基酸含量低的牛奶、鸡蛋，多摄入富含支链氨基酸的黄豆及其制品。

肝脏是葡萄糖代谢的重要器官，各种原因引起的肝功能损害均可导致糖代谢紊乱，出现糖耐量异常，甚至糖尿病。肝炎患者的饮食由于蛋白质和脂肪的摄入量受限，能量来源以碳水化合物为主，但是宜避免白砂糖、糖果等精制糖类，碳水化合物来源应以米、面等为主。红薯、糙米、燕麦等粗粮对血糖影响较小，且富含膳食纤维，可促进排便，减少肠道内毒素的吸收，避免毒素对肝脏的损伤。

第四讲 儿童早期发展与父母教育

🎍 关注儿童早期发展 🎍

194 儿童早期发展不容忽视

早期发展一般是指胎儿期到 8 岁的儿童在身体、语言、认知、情绪、情感、社会性等方面的综合发展。目前最为强调的阶段是 0～3 岁的阶段。这个阶段不仅是人一生中体格发育速度最快、神经系统发育最迅速的时期，还是决定个体未来的黄金时期。因为除了基因之外，宝宝在这一阶段，尤其是 1 岁以前得到的养育或关爱，避免有害压力、暴力、忽视，都将为个体日后的学习、行为和能力发展奠定重要基础，产生终身影响。

早期发展的内容，将完整地包括衡量和促进宝宝身心健康的 5 大方面：营养、健康、保护、早期潜能开发和家庭环境的改善。促进早期发展，就是确保父母增强养育技能，增加对婴幼儿的关爱，给予婴幼儿良好的生命早期的营养以及充分的保护，使其获得健康的体魄；并通过积极地改善环境（给予丰富的刺激、耐心观察、积极回应等），来促使宝宝先天潜力充分发挥，变成现实的后天能力，这是早期发展的过程。

在宝宝的早期发展上，存在很多误区。

例如把早期发展片面地理解为认知能力的发展。0～3 岁的宝宝大脑在快速地发展，在这个阶段并不判断宝宝的智商，而是通过宝宝的认知、言语、行为、社交、情绪等与正常发育水平相比（发育商），来综合判断。虽然认知能力（例如宝宝通过观察和模仿用积木自己搭起小火车，识数，模仿画一定规则的图形等）与今后的智力有一定的关系，但对于发展中的宝宝来说，任何一个方面的落后，都会影响到其他方面的发展。

因此，早期发展不等于认知的发展，应当涵盖营养、生理和运动技能、语言、社交和情绪发展等多个方面。

195 早期发展的科学依据

早期发展关注的是宝宝出生后（往前还包括孕期阶段）头 3 年内的发展，因为这个阶段的小宝宝，特别是 0～1 岁的，能力的发展日新月异，这种快速的变化源自脑的功能。大脑的功能并不取决于脑细胞的绝对数量，而是取决于脑细胞之间建立的复杂网络。维持大脑神经细胞营养、传导和支持的神经胶质细胞增殖，是在妊娠后期延续到出生后2岁。

可以这么理解，出生后宝宝大脑神经元所在的系统就像一棵"小树"，随着丰富的外界环境的影响（良好的营养、丰富的感知觉刺激、积极的回应、良好安全感的建立等），各种类型的神经元之间形成神经回路，构建起丰富、发达的信息传递网络系统，"小树"变得枝繁叶茂起来，大脑功能越来越强。

大脑发育的生理基础出生就已具备，出生后发展以及潜能转化为现实的程度，需要丰富的环境刺激。0～3岁为大脑发育的关键期，最容易受外界刺激的影响，早期良好的育儿环境和刺激，将有助于大脑塑造最优的皮层细胞结构，为个体未来最优发展奠定基础。

196 儿童早期发展的五个关键

促进儿童早期发展的干预措施，包括一些基础的方面，例如提供良好的营养，以确保在大脑发育的关键期能获得充分的营养供给，为发展打下良好物质基础；通过丰富多彩的早期发展游戏，刺激大脑区域神经元网络的形成，促进大脑功能的发展；提供保护，创造安全的环境，帮助儿童缓解压力，促进有效的营养吸收和大脑细胞的生长。

（1）营养：大脑的良好发育是儿童全面发展的物质基础，营养因素是影响宝宝脑发育最重要的因素之一。适时提供良好的营养，确保大脑在关键发育时期获得充分营养供给，这是所有发展的基础。近年来随着分

子医学的发展，对许多营养素又有了新的认识，营养缺乏或过多都会导致脑结构及脑功能的异常，影响胎儿及婴幼儿的智能发展，在营养的这部分，重点就是从生命早期就开始注重科学喂养，为今后的健康，以及良好饮食习惯打基础。

（2）保护：保护儿童的生命和安全，是儿童发育的先决条件。儿童早期所遭遇的伤害包括故意伤害和意外伤害。前者包括有害的压力、暴力、忽视、虐待等；后者常见的有溺水、道路交通伤、跌落、中毒、窒息等。故意伤害会对婴幼儿产生有害压力。有害压力会导致应激激素——皮质醇的高水平分泌，这种激素能限制脑细胞的增殖、破坏儿童的健康、干扰儿童的学习能力及行为表现，从而破坏大脑的发育过程。意外伤害多是由于看护人安全意识不到位，伤害防范意识匮乏，照顾不周所致。如果采取有效措施，掌握必要的急救知识，大部分意外伤害是可以避免的。

（3）刺激：促进婴幼儿早期潜能的开发。父母与婴幼儿建立良好的互动并提供丰富多样的早期刺激，促进大脑各个脑区神经元网络的形成，这是快速启动大脑发育以及终身学习的"钥匙"。成人在婴幼儿生命早期对其一贯的支持与关爱，与充足的营养同等重要，这是消除多重逆境影响的最佳途径，有利于大脑的健康发育。人类的大脑在不断搜索着各种经验，期待着时间窗中出现某种刺激，哪怕非常短暂。如果预期的刺激和照料没有得到满足，大脑就不知道该怎么做或如何反应，因为它要依赖照料者的提示来建立神经连接。儿童早期潜能开发的本质是大脑潜能的开发。儿童智力的发展存在许多关键期，例如8～12月龄是母子依恋形成的关

键期,这个时期对于儿童个性的形成具有重要影响;0～2岁是听力与语言的关键期……由于婴幼儿神经心理的发展存在阶段性和个体差异性,因此,要先充分了解宝宝的发育水平,再根据宝宝的智力水平和特点,对其主要感觉器官给予早期附加的刺激和环境变更。

(4)健康:宝宝的身体健康以及与之相关的疾病预防和护理,自然是家长最关注的。健康的许多方面都与大脑发育紧密相关,围绕儿童的健康保护、健康促进,需要解决的问题可以说是数也数不完。家庭最需要知道这几个关键方面:健康不仅仅是生理性的,还包括心理、情绪、行为等的健康;学习和储备婴幼儿常见疾病(发热、腹泻、出血、湿疹等)和家庭护理的知识,以及育儿技能(喂奶、婴幼儿抚触、主被动操、眼耳口鼻护理方法等);按时预防接种,并知道如何预防常见传染性疾病(秋季腹泻、流感等);知道宝宝常见发育性问题(语言发育迟缓、社交情绪障碍、孤独症)的早期表现。

(5)改善家庭环境:宝宝在一岁前得到的养育或关爱会对大脑功能产生终身的影响,良好的家庭关系尤其是儿童对母亲的依恋,是影响最为深远的情感,是几乎一切社会情感发展的基础。父母需要知道各个心理段宝宝的心理发展典型表现,知道宝宝需要什么样的心理"营养",理解和满足宝宝的心理需求;理解和重视早期亲子依恋关系的建立,帮助建立安全型的亲子依恋;安全感来自爸爸妈妈夫妻关系稳定,最重要的是,妈妈情绪稳定;善于鼓励和表扬儿童,多给宝宝肯定、赞美、认同的态度;允许宝宝犯错,给宝宝为自己行为负责的机会,锻炼宝宝对自己的行

为负责。

197 早教人员、祖辈、保姆不能代替父母

早期发展并不等于早教,宝宝的早期发展,也并非要由专业人员来指导开展。0～3岁的婴幼儿在家庭和主要带养者的身边成长,很难受到学校教育和社会教育的影响。因此,最好的早期发展环境来自家庭,最重要的早期发展促进者一定是父母自身。父母能最直接和敏感地体会到宝宝发展的特点,发展是一个较长的过程,促进发展的做法是在日常生活中"润物细无声"的。祖辈,或是保姆,在父母工作期间,担负起了照顾宝宝的重任,尽心尽力,但宝宝认知能力的发展、语言的积累和学习、行为习惯的培养等方面,爸爸妈妈还是要亲力亲为。

时代变迁,育儿理念和方法也在与时俱进。而祖辈的传统观念相对较强,保姆的文化程度又参差不齐,在育儿方面的观念,都与年轻的父母有所差异,通常爸爸妈妈对宝宝的发育问题更为敏感,更容易发现问题并尽早寻求专业帮助。

198 重视家庭学习环境的建立

3岁以前,家庭对宝宝而言是最重要的活动场所,家庭影响对儿童早期发展起到至关重要的作用。儿童的身体、认知、社会和情感等方面的全面发展,离不开父母的支持和响应性的互动,这也是确保儿童以后有良好发展的必要条件。但家庭环境的改善,也是促进早期发展的难点,因为家庭和构成家庭

主体的家长，更新知识的观念和态度，各有不同，在观念态度转变为恰当的做法时，差异更为巨大。

通常而言，家庭环境包括家庭中的物质环境和心理社会环境。物质环境包括地理环境、空间、采光、空气、饮水、温度、湿度、营养提供等。从儿童心理、情绪、行为发展的角度，家庭心理社会环境具有更直接和重要的作用。通常说的家庭养育环境主要是指家庭心理社会环境，包括心理因素，如玩具或读物的多少、喂养行为、游戏活动、亲子关系、教育行为、家庭气氛、情绪情感、言语信息、行为控制、规范养成等；社会人文因素，如家庭结构、家庭传统、家长兴趣、性格、文化素养、职业、社会地位等。

家长可以改善家庭环境的心理因素，因为这承载着亲子互动的核心内容，并且容易通过家长的主观努力迅速改变。作为个体出生后最先接触到的环境，家庭中心理因素的改善，对个体早期甚至未来一生的发展都具有重要作用。父母可以通过给宝宝讲故事、和宝宝一起做游戏和音乐启蒙等亲子活动，以及平时耐心、鼓励性的互动关系，培养宝宝的学习能力。

改善家庭环境中心理因素的做法包括开展家庭学习活动，积累丰富的生活经验；通过亲子互动过程，建立良好的亲子依恋；重视母亲对建立亲子依恋所起的关键作用。

199 促进儿童早期发展要注意哪些

可以从两个方面关注：

（1）父母的自我学习：越来越多的家长开始积极主动地通过各种途径学习育儿知识，但信息飞速传播的时代，这些知识虽触手可及却也纷繁芜杂、难辨真伪。在朋友圈疯传的育儿信息，一段时间后就被辟谣，这种情况更是屡见不鲜。育儿不焦虑的秘密是爸爸妈妈要随着宝宝的成长，不断地主动学习，主动地去寻找那些能促进宝宝身体和大脑发展的奥秘及所需的"营养"，尽量选择权威来源的知识，学会根据自己宝宝这个独一无二的个体来灵活处理，不偏听偏信。宝宝不断发展，爸爸妈妈不断学习，共同成长。

（2）尊重婴幼儿发育规律：促进早期发展的基础，要理解婴幼儿生长、发育规律，这样才能正确处理宝宝各阶段中，哪些表现是需要鼓励而非禁止的，哪些是需要警惕的，哪些是需要积极干预的。在遵循规律的基础上，通过家庭环境的改善，给予积极回应、创造安全感和有利于为宝宝创造全面发展的机会。早期发展首先要更新理念，从婴幼儿的角度出发，创造有利于发展的机会。

1 岁 以 内 的 早 期 发 展 活 动 和 幼 儿 期 的 发 展 特 征

200 1月龄宝宝的发育特征和促进早期发展的游戏

发育能区	发育特征	促进早期发展的亲子小游戏
粗大动作	可俯卧抬头稍离开床面甚至更高,全身性活动不协调	【趴着看一看】抬头是宝宝的第一个大动作,可以为宝宝提供一些增强颈肌力量的机会,帮助宝宝顺利成长发育。在宝宝不饿不困,安静觉醒的状态下,让宝宝趴在床上,宝宝会短暂地抬起头,也可以用玩具逗引宝宝抬头。如果宝宝烦躁哭闹或对逗引不感兴趣了,不要强迫宝宝
精细动作	能自己伸展手指或握拳	【让我自由的活动】小手是宝宝重要的感觉和认知工具,需要充分的活动,因此不要给宝宝的戴上手套(如果担心指甲刮伤,可以定期修剪指甲)。可以给宝宝一些抓握玩具的机会,有助于宝宝发展触摸感知力,并促使手张开
认知(视觉)	躺在床上,可短暂注视面前20厘米左右的物体,眼睛会追随移动的物体;喜欢看人脸	【黑白分明】相比花花绿绿、颜色鲜艳的图案,新生儿更容易分辨出大幅的、对比鲜明、图案简单的黑白图案(如果选择彩色物体,应选择颜色鲜艳但主题单一的图案)。把图案在宝宝眼前20~30厘米距离处,并保持这一距离缓慢移动,让宝宝锻炼追视
语言(听觉)	会转头寻找声源,对新声音和新环境开始觉察 开始发出"咿呀"声,偶尔能出声应答家长	【傻傻的声音】宝宝喜欢听你说话、笑以及各种丰富又悦耳的声音,尤其是爸爸妈妈的声音,能刺激宝宝的听觉发育,这个阶段是宝宝语言发展的储备期,经常和宝宝说话,不仅会让宝宝更开心,还能有效帮助宝宝积累词汇
个人-社会	家长逗玩有时宝宝会笑;能通过嗅觉、听觉和视觉逐渐认识爸爸妈妈,表现为爸爸妈妈抱着时候安静或少哭	【吐舌头】宝宝很小的时候,对观察人的面部表情会很感兴趣,而且天生知道如何模仿他看到的表情。面对宝宝,慢慢地吐舌头,看看宝宝会不会以同样的方法回应。除了模仿吐舌、张大嘴巴说"啊",还可以对宝宝做一些滑稽的表情

201 **2月龄宝宝的发育特征和促进早期发展的游戏**

发育能区	发育特征	促进早期发展的亲子小游戏
粗大动作	可以在俯卧时抬头稍离开床面至45度，甚至更高；头竖立时间逐渐延长	【"宝宝版"仰卧起坐】让宝宝放松地躺在一条小毛毯上，家长坐在宝宝对面，然后分别抓住毛毯上端的两角，稳稳地兜住宝宝的小脑袋和上半身，然后轻轻向家长的方向拉起宝宝，再慢慢地放低到原位。当宝宝不舒服地扭动身体或者看向别处时，要停下来让宝宝休息了
精细动作	能自主伸展手指或握拳；家长用手指触摸宝宝手心，他会抓住家长手指；把玩具放在宝宝手里时，能握一会儿	【让我触摸】光滑的丝绸、粗糙的毛毯、松软的羽毛或毛绒玩具……这些都能让宝宝获得丰富的触觉体验，让宝宝的小手充分地感触这些吧
认知	眼睛能追随一定视线范围内移动的物体；喜欢看人脸，已经有红绿两色的视觉；开始注意图形模式的内部结构	【飘舞的缎带】在衣架上挂几条长约15厘米的缎带，然后在宝宝面前20~30厘米处晃动衣架，让缎带触碰宝宝的手臂和脚掌，随着宝宝逐渐长大，宝宝不仅会追着看，还会想要伸手去抓握这些缎带
语言	开始发出"咿呀"声，和宝宝说话时偶尔能出声应答	【实况解说】家长照顾宝宝时可以讲正在做的事，无论是在给宝宝洗澡、准备喂奶、换尿布、整理衣物等，宝宝可以接触到更多的新词汇，也会更多地接触到成人的世界，为今后的语言发展打下良好的基础
个人-社会	对家长逗玩时会笑；能通过嗅觉、听觉和视觉逐渐认识妈妈，表现为妈妈抱着的时候安静或少哭	【轻柔的抚触】和妈妈有更多皮肤接触的新生儿比接触妈妈皮肤少的新生儿，哭闹的次数要少得多。在妈妈和宝宝身上盖上小毯子保暖，然后让妈妈和宝宝保持皮肤的直接接触，能让宝宝感到无与伦比的温暖和安心，这种亲密的接触有助于宝宝心情放松，建立良好的安全感

 202 **3月龄宝宝的发育特征和促进早期发展的游戏**

发育能区	发育特征	促进早期发展的亲子小游戏
粗大动作	俯卧时头能抬起来，上肢撑起，有时可以做到挺胸抬头；躺着时，有的宝宝能从仰卧位翻身到俯卧位	【滚来滚去】让宝宝躺在铺开的小毯子里，轻轻拎起毯子的一边，使宝宝慢慢地由仰卧变为侧卧，这样练习几次之后，换一边，让宝宝向另一侧慢慢滚动，注意动作要轻柔。这也是帮助宝宝练习翻身的辅助游戏
精细动作	醒来时挥动小手，能长时间吸吮自己的手，有时候还能安静地看自己的手；双手可以接触在一起	【握住和抓取玩具】锻炼宝宝控制手的能力。在宝宝的手里放上各种粗细、各种材质的玩具或安全的物品，让宝宝接受丰富的触觉刺激。也可以逗引宝宝主动伸出手来够取、抓握、触摸玩具，并且用自然而丰富的表情、手势来赞扬和鼓励宝宝

(续表)

发育能区	发育特征	促进早期发展的亲子小游戏
认知	看到物体会舞动手臂想要触摸;手握玩具时会放进嘴里进行探索	【自由地用嘴来探索世界】要允许宝宝吸吮自己的小手、衣袖,啃咬玩具,把"咚咚"响的摇铃往嘴里塞……宝宝是在用嘴巴来感知和探索自己的世界,这是宝宝的需求,家长不要过多限制。做好玩具的清洁消毒工作,并避免宝宝接触尖锐、有毒或过小的物体,以免造成伤害
语言	有较多的自然发音,能清晰地发一些元音;有时会"啊——喔——"连续地喃喃自语,好像在与爸爸妈妈谈话	【换尿布也是宝宝自己的事】每天要给宝宝换很多次尿布,在换尿布时,一边给宝宝换,一边跟宝宝说"小腿抬起来,露出小屁股,把尿布放下去"让宝宝抓一抓尿布,参与这个过程,也逐渐开始认识自己的身体
个人-社会	能够被逗笑,会大声笑;开始认识妈妈,妈妈出现时会有愉快的表情	【逗我笑】绘声绘色地扮鬼脸,用手打在嘴上发出"哇哇"声,用轻软的羽毛或丝巾等拂过宝宝的脸庞,在宝宝的手、脚、小肚子上吹气或轻挠等方法都能让宝宝哈哈大笑,让宝宝保持愉快的情绪

 4月龄宝宝的发育特征和促进早期发展的游戏

发育能区	发育特征	促进早期发展的亲子小游戏
粗大动作	俯卧时能用前臂支撑胸部并抬起头;竖抱时头能保持平衡;颈部、肩部、腰部肌肉力量加强,宝宝要求改变姿势的主动性也增强	【拉坐起来听我唱】让躺着的宝宝的双手抓住家长的大拇指,然后慢慢把宝宝从仰卧位拉起来至坐位,再用双手稳稳地支撑着宝宝的腰部,宝宝会看着你。这时候让他听你用丰富多变的音调语气唱歌、说话,你会发现他非常专注于你的"自言自语"。注意拉起来的过程中不要扭动宝宝的胳膊,拉起宝宝时所用的力气可以逐渐减少,让宝宝依靠自己的力量坐起来,为后面的靠坐和独坐打基础
精细动作	能从家长手里拿到玩具;会注视自己的手;能抓住玩具并把玩具放入口中	【我要自己来抓】获取、操作并且探索物体是了解物体自然特性的一种重要手段,宝宝需要锻炼随意抓握和放开物体的能力,因此在这一阶段,当宝宝想要面前的玩具时,试着不要直接放到他手里,而是引导他自己向前伸出手去获得,如果宝宝还不知道伸出手,推宝宝的肘部,帮助他去伸手获取
认知	看到奶瓶或喜欢的物体会自己伸手去要;能注意镜子中的自己;听到声音能愉快地转头;开始积极地"倾听"音乐、家长说话	【迷人的超市】四个月的宝宝视觉和听觉更加灵敏,探索意识也慢慢增强,开始对妈妈怀抱外的世界越发感兴趣。带宝宝去超市,让他看那些花花绿绿的水果蔬菜,让他尽情地东张西望,或是摸一摸货架上各种材质的货物,这样的购物"考察",充分扩大了宝宝的认知范围,也让宝宝有机会接触更多新鲜词汇。注意选择超市人少的时段去

（续表）

发育能区	发育特征	促进早期发展的亲子小游戏
语言	自言自语、咿呀不停，对家长的话有反应	【花点时间倾听】在令人兴奋的第一阶段的"咿咿呀呀"过后，宝宝更加需要练习他的谈话和交流技巧了，这时候的家长，就不要只是对着宝宝唠唠叨叨，而需要适时地做一个好观众，给宝宝充分的机会让他对着那些善于倾听的观众"讲讲话"，让宝宝表达自己语言交流的意愿
个人-社会	向家长伸手要抱，在家长逗引时能笑出声音	【自己拿奶瓶】4月龄的宝宝用手抓握的能力有了大进步，可以开始让宝宝尝试着自己拿奶瓶喝奶了。刚开始奶瓶里的奶不要太多，拿出奶瓶在宝宝面前晃动几下，逗引宝宝伸手来主动抓握，然后帮助宝宝握住奶瓶，慢慢放手，让宝宝自己拿着

 5月龄宝宝的发育特征和促进早期发展的游戏

发育能区	发育特征	促进早期发展的亲子小游戏
粗大动作	能比较熟练地从仰卧位翻到侧卧位，再翻到俯卧位；可以背靠着坐片刻，独坐时身体前倾；喜欢趴着抬头挺胸环顾四周，仰卧时可以抬起双脚蹬踢	【成为家庭中的一员】让宝宝靠坐在婴儿车里，在宝宝身体周围塞入毯子或者垫子，固定住宝宝的身体避免歪倒。将婴儿车放在家里宽敞、通行无阻的位置，让宝宝方便地看到、听到家人从小车旁来回经过，出入客厅或厨房做事情。这种方式可以让宝宝在练习靠坐，增加自己腰背部力量的同时，也开始感受到自己是家里的一份子了
精细动作	喜欢用手摸、摇晃、敲打东西，手能够很容易地伸出去抓玩具，但手眼协调配合还不够熟练	【抓住小纸片】为了锻炼宝宝准确抓握的能力，可以用稍小一点、不那么易于抓握的玩具来帮宝宝练习，比如五颜六色的干净纸张。把纸撕成和宝宝手掌大小差不多的纸片吸引宝宝去抓，当快要碰到的时候，稍移开纸片，鼓励宝宝继续抓。也可以用纸巾来代替，许多宝宝非常喜欢把纸巾一张张抽出来的过程
认知	喜欢望着镜中的人笑；会"藏猫猫"；那些直接满足身体需要的物品如奶瓶、小勺等能引起他们的注意	【降落伞】两手拎起一条小手帕或者丝巾等，松松地"降落"在宝宝的脸上（注意不要松手），然后再拿掉，动作可以时快时慢，宝宝会非常喜欢这种游戏。有时候宝宝也会抓住手边的一块织物，把它扯到自己身体上方，盖住自己的脸，不妨多跟宝宝玩"捉迷藏"的游戏，让宝宝练习对明暗环境的对比能力，以及空间认知能力
语言	能发出喃喃的单音节，能听懂责备和赞扬的话，喜欢盯着说话的人看	【变化的音调】随着发音越来越多，宝宝对各种声音，尤其是家长嘴里发出的声音越来越感兴趣，也在开始体会自己声音的高低。在不吓到宝宝的情况下，向宝宝演示声音提高和放低的过程，宝宝可能会模仿。虽然宝宝还不能完全辨别声音大小高低的概念，但这个互动游戏能很好地锻炼宝宝的听觉能力

（续表）

发育能区	发育特征	促进早期发展的亲子小游戏
个人-社会	开始认人，能认识妈妈；能辨认出妈妈的声音，听见妈妈声音表示高兴并发出声音；对周围的人持选择态度，认生且不喜欢生人抱	【回应宝宝的咳嗽】宝宝会越来越渴望得到关注，由此可能做出一些很滑稽的表情和动作，这时候要积极地回应宝宝。许多宝宝5个月大之后都会有一个令自己兴奋不已的发现，他们可以故意咳嗽，以此来吸引家长的注意，一旦确定"小演员"在假装咳嗽或者发出其声音，而不是因为疾病或其他原因所致时候，要及时回应，也模仿宝宝发出相同的声音或者给宝宝做一些夸张的表情动作，这是宝宝学习互动交流的开始

205 6月龄宝宝的发育特征和促进早期发展的游戏

发育能区	发育特征	促进早期发展的亲子小游戏
粗大动作	能独坐片刻；家长扶着站立时，两腿会做跳的动作（不建议让宝宝站立）；有爬的愿望	【自己坐着玩】在上月龄靠坐的基础上，宝宝的头颈腰背的肌肉力量得到了加强，现在可以开始练习独坐了。每天坐一会，开始5~10分钟，每天3~4次，然后逐渐延长时间。在宝宝能较稳地靠坐后，把玩具放在够得到的地方，逗引坐着的宝宝去够取，增强坐位平衡的能力
精细动作	会用双手同时握住东西；能摇发响的玩具，抓住悬挂的玩具；玩具可以从一手传递到另一手	【积木传手】给宝宝一块积木后，把宝宝两只小手靠拢在一起，让宝宝学习双手配合，传递积木，体验双手合作的力量，这个小游戏能够练习宝宝手的技巧和解决问题的能力
认知	可自由地将奶瓶放入口中；喜欢扔、摔东西	【摔东西也是游戏】宝宝摔，家长捡。这个游戏对宝宝来说可是其乐无穷，宝宝在向家长表明：自己已经有力量、有能力控制那些东西，并且影响到周围人的行为了。因此只要不是易碎物品，不要过分去限制宝宝这种认知探索的活动，反而应该想办法让这个活动更加充满趣味

(续表)

发育能区	发育特征	促进早期发展的亲子小游戏
语言	开始能理解家长对宝宝说话的态度；能无意识地发出"爸""妈"等声音；会发出不同声音表示不同反应	【听声音认物体】宝宝最初对物体的记忆中，灯是最常见的。这一月龄的宝宝开始慢慢理解一些物体了，抱着宝宝开灯关灯的同时，慢慢地指着灯说"灯"，每天重复这个游戏，让宝宝学会听到"灯"后能用眼睛寻找灯
个人-社会	开始喜欢看镜子；对陌生人表现出惊奇、不愉快等情绪，并会把身体转向亲人	【一起照镜子】对小宝宝来说，照镜子是很好的沟通和社会交往类游戏。虽然宝宝不知道镜子里是谁，但看到里面的笑脸宝宝会很开心。抱着宝宝站在镜子前，距离不要太远，一边看一边指着宝宝的五官，再指着镜子里宝宝的五官，跟宝宝说话，宝宝会逐渐认识到，原来镜子里可爱的宝宝就是自己

206 7月龄宝宝的发育特征和促进早期发展的游戏

发育能区	发育特征	促进早期发展的亲子小游戏
粗大动作	坐得较稳；开始用上肢和腹部匍匐前进；爬行时上下肢不协调	【钻山洞】家里不用的干净纸箱，打开两端，做成"山洞"一样的模型，在一边放个玩具并鼓励宝宝爬过去拿，让宝宝从一边钻进去，另一边钻出来。爬进爬出的过程有效刺激了动作的发展，也有助于空间概念的形成
精细动作	手的动作更加灵活，大拇指和其他四指能分开对捏；开始有目的地玩玩具	【捏小丸】在宝宝面前放小物件（注意选择安全的物体，如软面包丁）鼓励宝宝去拿，直到宝宝能连续完成抓取的动作。如果宝宝不是将手腕和手臂抬起来拿，可以让宝宝坐得高一些，使宝宝能从物体上方接近并获取小物体
认知	会找藏起来的东西；拿的东西落地后知道寻找；对周围环境兴趣提高，会把注意力集中到感兴趣的事物和玩具，并采取相应的活动	【把玩具藏起来】这个月龄段的宝宝，开始明白物体的"恒存性"，也就是物体即使看不见也是存在的。可以通过各种"藏起来再找出来"的游戏，帮助宝宝理解这一现象，也调动宝宝的好奇心，锻炼思维能力。用干净的布袋，放入宝宝的一个小玩具，然后鼓励宝宝自己伸手进去把玩具拿出来，也可以把玩具放在有盖子的杯子里面，让宝宝去寻找
语言	能发出简单的音节如"dada""mama""baba"等无意识的语言；开始懂得语意，认识物体，如灯、书等	【声音在哪里】让宝宝听闹钟、门铃、电话等的声音，并且让他寻找声音的来源。家长可以边找边说："是什么声音？"当宝宝看向声源时说："原来是电话在响！"
个人-社会	能区别熟人和生人；能辨别家长的不同态度、表情和声音，并做出不同反应；有初步模仿能力，部分婴儿能模仿家长摇手表示再见	【摸摸小鼻子】因为鼻子在脸的中间很突出，家中若有突出鼻子的娃娃可拿来让宝宝指认，当宝宝听到"鼻子"时，会去抓娃娃的鼻子；还可以让宝宝照镜子，拉着宝宝的小手，用食指碰自己的鼻子，再碰妈妈的鼻子。以此类推，可以让宝宝来认识身体的其他部位

发育能区	发育特征	促进早期发展的亲子小游戏
粗大动作	可以在没有支撑的情况下坐得很稳,能左右自如地转动上身并且不会倾倒;可以向后倒着爬、以腹部为中心原地打转或者匍匐向前爬	【拨动"不倒翁"】让宝宝当个"不倒翁",坐在家长双腿上左右摆动,这种全身性的运动,让宝宝的前庭区域得到有效刺激,有助于身体协调性和平衡性的发展,为后面阶段的爬行和站立奠定良好基础
精细动作	可以很精确地用拇指和食指、中指捏东西;能伸开手指主动地放下或扔掉手中的物体;能把东西从一只手换到另一只手;喜欢摇或敲手中的物体	【撕纸乐】撕纸的响声会给宝宝带来愉悦感,同时撕纸是需要两只手配合才能完成的动作,有助于锻炼宝宝左右手的灵活性与配合。把容易撕的纸放在宝宝面前,家长先示范,边撕边快乐地告诉宝宝"撕开了,撕开了"。然后,抓住宝宝的双手,帮助完成撕纸的动作
认知	会找藏起来的东西;东西掉落后知道寻找;对周围的一切充满好奇,但注意力难以持续	【把玩具藏在"显而易见"的地方】如果宝宝能够很容易地找到藏在盒子或者毯子底下的玩具,那就增加难度,把玩具藏在透明物体的后面,例如,放进透明盒子里,或者透明塑料板后面,看宝宝是想伸手穿过去拿,还是绕过去拿
语言	发出连续但无意识的音节 如 "dada" "mama" "baba"等;能"听懂"家长的一些话,会用1~2种动作表示语言,如听到"再见"会做出招手动作	【妈妈在哪儿】当房里有妈妈和其他人在场时,让别人抱着宝宝问"妈妈在哪儿?"如果宝宝转向妈妈并微笑,就说明宝宝已明白了这句话的意思,以此类推,和宝宝玩"爸爸/爷爷/奶奶在哪儿"的游戏
个人-社会	能区别熟人和生人;能辨别成人的不同态度、表情和声音,并做出不同反应	【积极信号】给宝宝发出诸如"拜拜""抱抱我""坐下""到这儿来"等简单指令,引导宝宝学习和执行指令。当宝宝执行了指令时,表示出高兴的神情,以示鼓励

208 9月龄宝宝的发育特征和促进早期发展的游戏

发育能区	发育特征	促进早期发展的亲子小游戏
粗大动作	坐得稳、爬行好、会扶着站立，逐渐能扶着栏杆迈步	【宝宝独轮车】为了更好地锻炼宝宝的力量和平衡协调性，促进前庭系统的发育，可以尝试一些"非常规"的运动方法。让宝宝俯卧，抬高宝宝的臀部或者腰部，并且向前推动宝宝的身体，以便宝宝能够用两只小手向前"走"。等宝宝长大一些，身体更有力量时，再握住宝宝的脚踝抬高宝宝的两条小腿，使宝宝同样俯冲着用手向前"走"
精细动作	手更灵巧，会用拇指食指捏小东西、将手指放进小孔中、把玩具放入容器；能从抽屉或箱子中取玩具	【投物进容器】在宝宝有意识地能将手中玩具放下的基础上，引导宝宝拿起小物品，然后投入大容器中，例如把海洋球投入小桶或小盆里；不断增加难度，引导宝宝把小珠子投入碗里、杯子里、瓶子里
认知	看镜子里的自己，认识自己的存在；会探索周围环境，观察物体的不同形状和构造	【捉迷藏】这是家长和宝宝都要参与的藏和找的游戏，可以促使宝宝锻炼爬行。家长可以躲在窗帘后面，发出声音鼓励宝宝来寻找，多做这种亲子互动游戏。注意不要藏得太严实，否则宝宝会因为找不到而感到沮丧
语言	懂得一些词义，建立了一些语言和动作的联系，懂得"不"字的含义	【说谢谢】随着宝宝年龄的增长，对社交关系的意识也逐渐增强，平时和宝宝互动时要注意礼节。当宝宝按照家长的指令，递给家长一件玩具或物品的时候，要对宝宝说"谢谢"，这种有积极回应的互动交流能让宝宝开心，还能通过游戏让宝宝学习一个重要礼节：表示感谢
个人-社会	交往能力增强，会拍手表示"欢迎"，摆手表示"再见"	【宝宝自己学吃饭】宝宝吃饭时可能很喜欢抓勺子，不妨给他一个小勺，让他开始学习自己吃饭，这不仅满足了宝宝认知的需求，也锻炼了宝宝掌控物体的能力。注意勺子里要装一些不易洒出来的黏性食物（例如稠米粉），把勺子递到宝宝的一只手里，抓着宝宝的手把勺子送进宝宝嘴里，不断重复，过几个月宝宝就会自己用餐具吃饭了

10 月龄宝宝的发育特征和促进早期发展的游戏

发育能区	发育特征	促进早期发展的亲子小游戏
粗大动作	会手膝爬且非常迅速;能扶着东西蹲下站起;能扶物侧向迈步	【拉着妈妈站起来】锻炼宝宝脚跟和腰部的力量,练习将身体重心移到脚底,有助于学习走路。宝宝坐着,妈妈抓着宝宝双手轻轻帮宝宝站起来;一站一坐,反复练习。妈妈助力由大到小,逐步发动宝宝自己的力量和主动控制意识
精细动作	会随意张开手指;能熟练地用拇、食指对捏的方式拿起细小的物品;喜欢扔东西	【放进拿出】加强手的控制力,促进手眼协调发展。把玩具一个个放入箱子,放的时候反复强调"放进去",再一件件拿出来。让宝宝模仿放入、拿出,注意要从一堆玩具中指定挑出特定的一件,促进宝宝认知发展
认知	喜欢摆弄物品,对感兴趣的事物会长时间地观察;知道常见物品的名称并会指认	【魔术杯】把两个一次性纸杯倒扣在桌上,让宝宝仔细看家长把一个小玩具放在其中一个杯子下,慢慢变动两个杯子的位置,让宝宝判断玩具在哪,宝宝可能一时猜不中,移动杯子的速度慢一些,宝宝总会猜中的。这个游戏可以增强视觉追踪能力,提升注意力和思考解决问题能力
语言	主动地用动作表示语言;开始模仿别人的声音,并要求家长有应答;有的宝宝可有意识地发出"baba""mama"的声音	【指认物体】对生活环境中常见的固定的物品,采用统一的名称,反复教宝宝指认,语言要简短。先教名称,再教用途、性状等。在教的过程中,尽可能地通过真实的物体来指认,让宝宝有触觉、听觉、嗅觉等充分体验,加深认知和记忆
个人-社会	会模仿成人动作;不高兴时有不满的表情;害怕以前曾适应的物品或现象(如黑暗、打雷)	【妈妈说,宝宝做】让宝宝在游戏中学习听口令,做动作。开始用简单口令,例如"摸摸鼻子"或者"张开嘴"。对于想要让宝宝做的动作,一定要先示范,为宝宝提供模仿的机会

 11 月龄宝宝的发育特征和促进早期发展的游戏

发育能区	发育特征	促进早期发展的亲子小游戏
粗大动作	能扶着栏杆站起来,会扶着栏杆侧向迈步;有的婴儿会单独站立片刻	【走向玩具】宝宝扶着走的最大动力是"那里有个玩具!"因此要在玩耍的过程中引导宝宝练习扶走。在家中创造安全的活动空间,让宝宝利用可扶、可靠的家具,家长在不同位置用玩具等逗引宝宝,鼓励宝宝扶走
精细动作	会翻书或摆弄玩具及实物,并能用手握笔涂涂点点	【尽情涂鸦】给宝宝准备大一点的纸和蜡笔,让宝宝拿起蜡笔在纸上随意涂画,并赞美他画出的图案;宝宝现在对手的控制力还不够,看上去是在乱画,但这个过程就是手眼协调能力的锻炼过程,让宝宝尽情乱涂吧

（续表）

发育能区	发育特征	促进早期发展的亲子小游戏
认知	记忆力大大增强，能记得一分钟前被藏到箱子里的玩具	【找玩具】准备颜色鲜艳的玩具，用一块透明的塑料板挡在玩具前面。宝宝看见玩具会马上伸手去抓但拿不到玩具。家长示范从塑料板旁绕过去，在后面把玩具拿过来玩，然后引导宝宝自己拿，训练宝宝解决问题的能力
语言	会用手势表示需要；能听懂较多的话；有时口中说些莫名其妙的话；有些婴儿会有意识地叫爸爸、妈妈等	【总结我们的每一天】给宝宝讲一些一天中比较特别的、具体的事，比如白天遇到什么人，一起做了什么，都去了哪里，特别是宝宝当时很感兴趣的事情。例如"我们和你的朋友在公园的时候，有一只白色的狗，舔了妈妈的手"
个人-社会	喜欢重复引起别人发笑的动作；不喜欢家长搀扶和抱着，显示出更大的独立性	【请玩偶喝茶】在宝宝了解了水杯、勺子等日常用品的用途后，给宝宝示范如何的给毛绒小熊或玩具娃娃喂水、喂饭。给宝宝机会，让他模仿这些动作

211 12月龄宝宝的发育特征和促进早期发展的游戏

发育能区	发育特征	促进早期发展的亲子小游戏
粗大动作	会扶着栏杆或者矮凳等自行迈步；家长抓住宝宝的两只手甚至一只手时可以走	【爬上爬下】会扶着物体到处走来走去的宝宝，身体的发展需要更多平衡和协调能力，也喜欢自己开辟更大的活动范围。爬上爬下虽然让家长有点头痛，但宝宝也是在这个过程中发展出对危险的认知的，而且这些经验是宝宝自己的，随时都能用得上
精细动作	用手将盖子盖上或打开，将小豆子等放入小瓶	【搭积木】现在逐步到了宝宝体验积木游戏之快乐的年龄了，一开始宝宝只能堆1～2块，并更多时候可能更喜欢推倒积木而非搭起来，但不是因为积木不好玩，而是宝宝需要家长的引导和陪伴
认知	会指认房间内的日常用品，会指认自己的五官；会听家长的命令拿东西；会仔细观察所见的人、动物和车辆等	【鼓励宝宝探索】腾出一些纸盒、储物箱等，让宝宝放喜欢的玩具等，让宝宝自由地打开和关上，并且可以教宝宝拿出和放入等概念，多示范几次，宝宝会跟着学习的
语言	会用手势表示需要；能听懂较多的话；会有意识地叫爸爸、妈妈等	【听指令做动作】"摸摸这、摸摸那、摸完回到妈妈这"妈妈做示范动作，一边走一边说"摸摸桌子走回来"让宝宝按照妈妈的示范做动作，可以锻炼宝宝的语言理解能力和大动作，让宝宝辨识听到的语音和意思
个人-社会	能熟练地摆手表示"再见"，拍手表示"欢迎"；自我意识萌芽，有时会说"不"；穿脱衣服会主动配合	【融入社交俱乐部】这时候的宝宝大多已学会了挥手表示再见，通过这样的动作，宝宝能了解到这是与人互动交流的重要方式。要为宝宝提供更多练习握手、飞吻、谢谢、恭喜等肢体语言的机会

儿童早期发展的方方面面

212 宝宝是怎样进行学习的

宝宝是通过各种感官来感受周围的世界并开始学习的,在宝宝的认知活动中,体验所涉及的感官越多,对大脑的刺激就越丰富。宝宝通过语言、表情、吸吮、气息、触摸等方式识别周围的一切人和事,这就涉及听觉、视觉、味觉、嗅觉和触觉。从生命一开始,个体的所有感知觉都开始活动,并不断地发展,丰富、适度、合理的多感官刺激,是大脑发育的"养料"。宝宝是在养育的自然过程中长大,父母要充分利用生活中的机会,为宝宝提供发育所必需的经历、学习、信息和刺激。

抚触是父母们了解最多的感官刺激之一,爸爸妈妈充满爱的抚触,会对新生儿成长具有积极的影响,这一点已被大家广泛了解并接受。此外,在新生儿早期开展视觉刺激、听觉刺激等,也是很多父母所采取的早期教育方法。但是父母对宝宝其他感知觉的发展关注还不够,例如前庭平衡、本体感觉等,加强这些感官功能的锻炼,也是对大脑发育的重要支持和促进。

213 宝宝的学习从出生就开始了

当宝宝出生,虽然他们拥有的能力很少,然而他们也具有与生俱来的环境沟通潜力和"学习"的准备,宝宝的学习从出生开始:哭、看、听、扭动身体、吸吮……这些都是最初的"学习信号"。宝宝最初的"学习信号"容易被父母忽视,爸爸妈妈要细心地观察并重视宝宝发出的"学习信号",及时应答,正是因为父母独特的语音、抚摸、表情、回应,宝宝开始第一次被逗笑,开始了社交技能的发展;宝宝学会了认识人生中第一个亲人——妈妈;学会了发出人生中第一个真正意义的词语。

婴幼儿从与父母的交流中、从养育的环境中、从与各种事物的接触中,接收各种各样的信息,开始积累着自身的经历,而父母和环境也已经开始对宝宝的发育和成长产生影响,这个过程就是宝宝最初的学习过程,也是父母对幼儿的"早期教育"。0~6岁,尤其是0~3岁的宝宝,处于大脑发育的早窗期和敏感期,父母应当抓住这一时机,为宝宝的发展创造良好的家庭环境,提供丰富有意义的刺激,帮助宝宝积累早期经验,同时帮助宝宝避免异常和有害因素的影响。

214 直接体验是早期学习的重要方式

宝宝越小,越是需要在具体的情境中通过直接体验进行学习,同样,越能通过具体的、多种感官参与的体验,学习效果越好。例如认识一朵花相比于翻看花朵图片，能直接看到、摸到、闻到的立体感官体验，一定会让宝宝更好地认识到事物的特征。直接体验也是宝宝获得认知经验的首要途径，例如不断扔玩具的过程是宝宝在理解和探究力量与结果之间的关系。当宝宝有了经验，再遇到类似情境时，这种经验会被提取、转化，帮助宝宝应对新的问题，获得新的经验。

为了让宝宝更好地学习和积累早期经验，爸爸妈妈尽量将宝宝的学习活动生活化、游戏化、提供"体验"式学习，让宝宝通过眼睛、耳朵、鼻子、手等多种感觉器官来直接体验、积累经验、完成认知和学习。当宝宝调动全部的感官去探索、去尝试的时候，才能充分体验到学习的乐趣，才能促使他以更大的热情，积极主动地探索事物，并从中增长知识。

虽然认知学习是成长的重要任务，但宝宝认知过程中所表现出来的行为，并不是总让家长感到轻松。常听到家长抱怨：宝宝现在是抓到什么啃什么，不卫生；宝宝喜欢开关抽屉，夹手多危险……如果忽略宝宝认知学习的科学方式，容易对宝宝的行为处理不当，最常见的就是以卫生、安全等理由，干扰甚至剥夺宝宝亲自动手去探索的机会。早期经验积累的过程和程度，决定着宝宝认知的发展水平。因此，要让宝宝有充分的机会来亲身体验事物，发展认知水平。

215 帮宝宝建立良好的生活环境

环境是儿童发展的重要条件，儿童最容易遭受环境毒物的侵害。这种易感性归因于以下因素：儿童的环境毒物暴露量比成人的大；儿童，尤其是出生几个月婴儿的代谢途径尚未成熟；儿童的生长发育很快，发育过程很容易遭到干扰。

与大多数成人比，儿童有更长的时间发生生命早期暴露引发的慢性病。2016年环境保护部发布中国儿童环境暴露行为模式研究成果，研究发现我国儿童环境健康风险相关的暴露及防范行为与抚养人的文化程度密切相关。优良的环境对儿童的发展起着至关重要的作用，抚养人首先要为儿童提供一个良好的物质环境，无论居住面积大小，都要做到室内清洁、窗明几净、布置和谐美观；并注意居室内的空气流通，清晨起床，开窗通风，使经过一夜呼吸的室内污浊空气及灰尘和微生物排出室外，流入新鲜空气。其次，从儿童心理需要出发，根据儿童在生长过程中所表现出的喜好，来研究筹划设置基本设施，使每个房间都能发挥出它的功能，并通过不同的教育形式实现认知、语言、社交等全面发展。

可以营造舒适、安静的亲子阅读区，通过辅导宝宝阅读，对宝宝进行启蒙教育，使其开始认识世界，使宝宝有良好的阅读习惯，促进语言能力的发展，促进亲子感情的交融。所选择的书籍大致有0～6岁中文绘本、英文绘本、世界著名绘本大师作品与自制绘本等。划分出娱乐休闲区，在这个区域可以陪宝宝玩耍，搭积木，拼图，用所喜欢的东西进行画画，或者动手制作物品等，也可通过简单音乐的学唱初步培养宝宝对音乐的兴趣。此外，还可以模拟生活化的场景，如打扫卫生、做饭、照顾小朋友等，可以促进他们的社会交往能力发展。

宝宝正处于一个对外界事物充满好奇的年龄段，对周围环境有很多疑问。经常带宝宝到户外活动既能让宝宝感受到自然的美，也能让宝宝感受到自然的神秘和巨大的能量，

爸妈小课堂

家庭氛围很重要

良好的家庭教育环境可以促进幼儿的心理健康,和谐的家庭氛围有利于形成最佳的亲子关系,并促进儿童的心理健康。家庭成员之间互相尊重爱护、以礼相待,为人处世通情达理,家庭氛围安定和睦、融洽温暖、民主平等、愉快欢乐,这样才能给宝宝留下和谐完整的印象,给宝宝以信任感、安全感和幸福感。

对自然保持好奇与探索的欲望。这样能使宝宝对自然产生敬畏心理,崇敬自然、尊重自然。

216 吃手也是宝宝的本领

有的宝宝2月龄时开始有吃手的习惯,总喜欢把手放嘴里,不允许他吃的时候会哭闹,家长反复把手拿出来,宝宝一会儿又开始吃起手指来。很多家长对此感到很焦虑,那么这种习惯到底好不好?

吃手是一种自我安抚的方式,在一定年龄吃手是正常的。吃手是宝宝生来具备的本能,当宝宝感到不安并试图让自己安静下来的时候,就会用这种方式来控制自己。同时,吃手可能也是最早地对自己身体的探索,这种探索可能帮助宝宝建立最初的自我意识,知道"那是我的手指,我可以通过我自己的身体来帮助我自己,我是可以掌控我自己的身体的"。这些对宝宝来说都是非常重要的,这可能是最早的自我情绪调节能力的体现。

通常问题不是出在宝宝使用这样安抚自己的方式,而是父母的干扰强化了这种方式,越是打断这种行为,宝宝就越是坚定地去做。同时父母可能也需要关注,除了吃手这种方式,宝宝还会用什么方式安抚自己,或者父母

还可以帮宝宝建立其他的方式来安抚,比如抱个小毯子或者毛绒玩具,或者听自己喜欢的儿歌。观察宝宝什么时候需要安抚,情绪是怎样的,只有父母了解了宝宝,才能帮助宝宝建立更多的方式。

因此,这种习惯一般不需要特殊处理,大多数宝宝在1岁前就不会再有这种习惯,有些宝宝会再大些才不吃手,家长需要做的是帮宝宝经常清洁双手,减少手口传播疾病的风险。此外,注意不要用奶嘴替代吃手。常常与宝宝互动玩耍,引起他的兴趣,减少关注自己的手,吃手的习惯就会慢慢改正。

217 不要限制宝宝用手去探索

人类绝大多数的工作和艺术创作都需要依赖手的活动来实现,手是人体最重要的工

具,为了让工具更加精密、高效,从出生起,手的功能就开始了不断地发展。小婴儿是通过玩手来发展这一工具的功能的：出生不久,大多数的婴儿都有吸吮小手的兴趣;当小手可以抓握物体时,就会把一切能抓到的东西,放进口里探索。随着宝宝手眼协调更加完善,他可以有目的地抓抓玩玩,还可以有意识地用一个玩具敲打另一个玩具,或敲打桌子椅子制造出声响,他的手已真正成为认识事物的器官。

手是重要的认知工具,要让宝宝的小手充分自由地活动,不要担心新生儿会抓伤自己而总是戴着手套,帮宝宝及时剪指甲即可。此外,还要多帮宝宝做手部的按摩,用手指放在他的手心上引导宝宝练习抓握,当宝宝更大一点,引导他用手去够取面前的玩具,用手抓起自己的食物等。手是我们认识世界、改造世界的工具,工具当然是越用越灵活,因此不要限制宝宝用手去探索。

218 在家也要让宝宝充分活动

现代家庭里,照顾宝宝的除了父母,还常常有祖父母辈或是保姆阿姨等,宝宝越长越可爱,一家人总是对宝宝"爱不释手",你刚放下我接过来;当宝宝哭了,抱起来也常常是最省心省事的安抚方式……的确,宝宝天生也喜欢被拥抱着的感觉,这也是为什么现在越来越多的宝宝喜欢被抱着,就是不愿自己在小床上睡觉或玩耍。虽然多给宝宝一些抚摸、拥抱、亲昵,是满足宝宝心理正常发展的需要。但这并不意味着要通过长时间"抱着"来实现,过多的抱着,反而会让宝宝自身的能力(尤其是运动能力)失去良好发展的机会,

也会影响宝宝自主探索的兴趣和能力。

儿童保健门诊常常遇到因为宝宝不肯爬行而被医生提示大运动发育迟缓,需要加强训练的例子。早期爬行的兴趣,往往在宝宝五六个月就已开始显现,七八月龄的宝宝常常开始练习爬行了。当宝宝已经习惯了被家长抱着到处走来走去,他们通过自己的努力运动来拓展探索环境的兴趣常常被淡化了,等家长意识到应该发展宝宝爬行运动的能力时,再想要把宝宝放在地垫上练习爬行时,宝宝常常会哭闹和不配合,非要抱着才行。自主探索、自由活动是宝宝学习的重要方式之一,家长要给宝宝多留出自由活动的空间与机会,对宝宝的亲昵与爱抚,可以渗透在换尿布、洗澡、躺着一起玩耍、及时的语言呼应等生活点滴中。

219 重视最初的交流和语言的早期学习

新生儿的最大需求是吃饱、穿暖、感到安全和舒适。当宝宝饿了、尿了、不舒服甚至寂寞了,就会用哭来表达需求,父母听到宝宝的哭声会立刻过来查看并满足宝宝的需求,这个过程就是最初的交流。通过这种交流,亲子之间建立了最初的依恋关系。随着宝宝逐渐长大,大约3个月的时候,开始对妈妈的爱给以笑的回报。第一次笑是宝宝成长的一个里程碑,当宝宝笑时,妈妈看到了宝宝对她的反应,会不由自主地与宝宝进一步说话、唱歌、拥抱,这就是最初的"交谈"。随着年龄的增长,宝宝开始用简单的发音对妈妈的交流做出应对,然后是咿呀学语,逐渐发展成真正的语言交流。对宝宝来说,最初的人际关系主要是母子关系,因此妈妈要重视与宝宝最

初的"交流"，这种早期的交流对宝宝语言、情感、情绪等能力的顺利发育起着积极而重要的作用。

宝宝的大脑发育不是一条平稳的直线，在不同时期大脑的发育呈现不同的过程，宝宝的各种能力发展也具有各自不同的发展关键期。语言的学习从出生后就开始了，婴儿虽然不能理解父母说的词语句子，但通过与宝宝保持语言交流，父母能够把词义、音节、语义等诸多语言要素输入宝宝的大脑，为语言的顺利发展奠定基础。随着宝宝逐渐长大，当宝宝正确发出一个词语时，真正的语言发展就开始了。1岁至1岁半是理解词义的迅速发展时期，这个阶段能说出的词虽然很少，却能理解许多的词语了。随着宝宝能独立行走，视野扩大，接触事物日益增多，与大人的语言交流越来越频繁，宝宝对语言的理解力和表达能力都开始不断提高。

语言能力是交流的重要手段和工具，然而能否利用语言进行交流，除了能力，还取决于宝宝交流的意愿和习惯。因此，同样重要的是培养宝宝交流的意愿和习惯——愿意用语言同爸爸妈妈交谈。对于一个智力正常的宝宝而言，学会说话只是个时间问题，而就任何一个宝宝而言，要养成交流沟通的意愿和习惯，需要父母和带养人的帮助、引导和支持，其重要性不逊于学习语言本身。

220 如何创造良好的语言发展环境

在日常生活中，多观察宝宝的兴趣及感受，留心宝宝注视着的东西。注意宝宝的面部表情和身体语言，然后等待宝宝的反应，给予宝宝时间去做想做的事情。留意宝宝正在注视什么，然后说一说。这样，当宝宝注视某种事物的同时，他亦正在接收有关那个事物的信息。唯有当宝宝把他注视着的事物与您的话联系起来，才产生"译码"能力，弄清楚说那个字汇的意义。由此可见，给予宝宝的信息必须是相关的、清晰的。如宝宝触摸热水杯时，家长说"啊！好热呀！"每次当宝宝触摸热烫的东西时，可以同样响应宝宝的反应。再如，当宝宝指着花时，家长可以及时告诉他："这是花。"

另一方面，对于语言学习期的宝宝，家长可以调整说话方式，用既简单又清晰的语言，帮助促进宝宝的语言发展。以下几点有助于帮助宝宝的语言发展。

(1) 使用较高音调：稍稍提高音调，用较夸张的语气，吸引宝宝的注意。

(2) 强调重点字眼：宝宝较难迅速或完全掌握整句句子的内容，可以在说重点字眼时，提高音调，让宝宝更容易理解句子中的重点内容。例如，想强调"苹果"这个词汇，说："宝宝吃——苹果。"

(3) 简短句子、速度放慢：避免使用太长的句子，必须根据宝宝现有的口语理解能力，避免说一些超越宝宝能力太多的话。同时，放慢说话速度，字与字之间可稍作停顿。

(4) 简易文法和字汇：跟宝宝说话宜直截了当，避免运用太花巧的修辞和太复杂的句子结构。使用的词汇最好是宝宝熟悉的、环绕他身边事物内容。值得一提的是，简化不是任意的，不是强行将句子分拆缩短，我们需要简短而文法正确地说句子或词组。

(5) 重复词汇或句子：适当的复述有助于加深宝宝对整句说话或个别词汇的印象，更有效地接收信息内容。如"妈妈煮饭啦，不是洗衣服，是煮饭。"

221 鼓励宝宝说话和提问是发展语言的好办法

鼓励宝宝说话不仅能提高宝宝的语言表达能力，而且会促进大脑的发育。宝宝在会说话之前，常常会采用动作、表情等肢体语言来表达自己的需求，这是宝宝最初的交流方式。几个月大的宝宝经常出现自言自语，或偶尔大声喊叫，这是宝宝在锻炼他的发音器官，每一个发音正常的宝宝都会经历这样的阶段。对此家长不能无视，更不能因怕吵闹而斥责宝宝。宝宝将来能否大胆讲话，也许就和家长那时对他的态度有关。宝宝刚学着使用语言时，有表达意思的积极性很重要，宝宝可能说不好，发音还存在诸多问题，但不必刻意矫正发音，提供正确的说话模板即可，不要反复去矫正，甚至去学宝宝说娃娃语，这些可能抹杀好不容易培养的说话兴趣。只要宝宝肯说话，发音不正确的问题，慢慢会改善的。

"好问"是宝宝独立思考、求知欲强的表现。宝宝提的问题与他当时的认知水平有关，一般宝宝要到 2 岁左右才会提问。宝宝由于生活经验简单，知识面较窄，提的问题幼稚可爱，但经过不断提问，得到家长的解答，宝宝的思维就会逐渐活跃，知识的积累又使他能够发现更多、更深的问题，好奇心和求知欲会更旺盛。家长要善于启发、欣赏、鼓励宝宝提问，更要耐心回答宝宝的问题，不懂的问题不要装懂，更不能哄骗宝宝或者传达错误的信息。

222 宝宝口吃，家长先不要急

口吃，也就是人们常说的结巴，可分生理

性和病理性，两三岁的宝宝在一个阶段出现的口吃，大多是生理性的，主要原因是宝宝的思维活动飞速发展，认识事物的已经很多，但掌握的词汇较少，记得也不牢，此时宝宝的口语表达能力也还不够熟练。当宝宝迫切想表达自己的意思时，一下子找不到适当的词汇，再加上发音器官尚未发育成熟，对某些发音会感到困难，神经系统调节语言的功能不足，也就容易形成口吃了。此外，还有些教养方面的因素，例如父母压制宝宝说话，或别的宝宝很善辩，他找不到机会说话。还有的口吃是出于好奇心，模仿口吃的大人而引起。

发现宝宝出现了口吃，家长切忌严厉责备，这反而会让宝宝语言表达的压力增加，口吃甚至会加重和长期持续下去；家长也不要急于矫正，不要让宝宝"再讲一遍"，不要反复强调"不要着急，慢慢讲"。这些做法看似在校正或缓解压力，实际上这样过度的关注反而增加了宝宝的压力，对矫正口吃有害无益。正确的做法是不把口吃当回事，不过度关注。当宝宝"结巴"时，放慢活动节奏，微笑着等待一下，给宝宝时间，让宝宝慢慢说。随着宝宝的词汇量进一步增加，口语表达、发音器官、神经系统对语言的调节都逐步成熟，宝宝的口吃会逐渐缓解。

223 运动有助于塑造宝宝的大脑

运动对宝宝的早期发展至关重要。在生命的最初几年里，大脑就在宝宝的发育顺序表上设置了优先项，运动就是继生存功能（如呼吸、心跳、消化）之后的优先项之一。大脑约90%的神经连接是在生命的最初几年形成的，这些神经连接形成的通路决定了宝宝如何思考和学习，宝宝所有的发展都源自生命早期基于运动和感官体验所建立起来的神经网络，同样，运动最关键的作用也是强健或改善大脑。运动有助于大脑保持最佳状态：神经细胞在运动中获得更充足的氧气供应，神经系统的强度、均衡性、灵活性和耐久力也都不断提高。运动可增加体内血清素、去甲肾上腺素、多巴胺的水平，可使大脑的兴奋与抑制过程合理交替，避免神经系统过度紧张，有助于形成良好的情绪、增进心理健康，可消除脑力疲劳。因此，宝宝运动得越多，大脑得到的刺激就越多；大脑得到的刺激越多，就需要越多的运动以获得更多的刺激。通过这种方式，大自然巧妙地诱导着宝宝在好奇心的驱使下，不断超越现在的边界，去探索新事物，获得新能力。

婴儿在运动中学习抓住父母的手指，握住拨浪鼓，到能够抓住颗粒小豆，自己吃饭穿衣，涂画写字；从抬头到翻身，从坐起到爬行，从站立到行走，从小跑到跳跃，以及不顾一切地冲向父母的怀抱……宝宝的每个举动，不管是有意为之还是偶然出现，都在导向学习。运动对于宝宝来说是生长发育的动力，像营养和睡眠一样不可或缺，更对宝宝的早期发展有着其独特而不可替代的作用。宝宝早期运动可以促进体格发育及各器官系统发育，提高脑和神经内分泌免疫系统功能，养成终身运动习惯，提高身体素质和幸福感，形成健康生活方式。

224 长期合理的运动是最好的早期发展方式之一

运动最关键的作用除了强健或改善大脑

外，还让宝宝拥有更好的体格、耐力、柔韧度等身体基本素质，培养灵活矫健的身姿、提高身体免疫能力、增强环境适应能力。运动通过刺激脑垂体分泌生长激素、甲状腺素、性激素等方式，对内分泌系统有着积极的影响。中等强度的长时间运动（30分钟以上）可以使生长激素水平逐渐增加，最终达到峰值。研究表明，持续90分钟中等强度的运动，生长激素的分泌量要比安静时增加2倍；白天适当的体育锻炼以后，夜晚生长激素的分泌量更多。

运动还通过增强宝宝对外界温度变化的适应能力，从而增强免疫力和对疾病的抵抗力。经常锻炼能增强儿童对外界温度变化的适应能力，协调血管调节功能，能更好地调节身体产热和散热过程来适应环境温度的骤然变化。经常锻炼的儿童群体对疾病的抵抗力增强，上呼吸道、消化道感染的发病率相对更低。合理、长期、科学、有计划地运动，对增强宝宝的体质，加速身高增长是有益的，并能在一定程度上改善身高，对改善超重和肥胖的效果，更是毋庸置疑的。

运动也有助于心理的健康发展，提高心理素质。运动有助于宝宝培养奋斗精神、组织纪律性和团队合作意识；培养自信心、刻苦精神；培养表现力、责任心和成就感；培养创新能力、决策能力和解决问题的能力。运动还将有助于社会能力的发展，让宝宝在运动中学习角色扮演，培养起积极的人生态度、良好的品德、人际关系和交流能力、自我调节能力。

学龄前期是终身运动习惯培养的关键时期，也是思维、性格形成的关键时期，具有高度的可塑性，容易形成良好的习惯，也是基本动作技能发展的关键时期。运动对这一阶段儿童早期发展的作用必须予以重视。

225 大自然里有最好的早教

过去，儿童在自然环境中获得了所有功能尤其是运动功能发展的体验，运动能力的发展不仅仅是肌肉骨骼的发展，更加促进了心肺功能各方面的发展。然而伴随工业化、城市化和社会现代化的进程，现代城市里儿童与自然的疏离，已是我们在日常生活中都能感受到的：儿童与自然的关系正在受到来自网络、电视、动画片、电子产品等的异化。

有学者提出了"去自然化"的生活给儿童带来的"自然缺失症"，并认为这种"自然缺失症"已经成为"全球化"时代人类共同的现代痛。例如，这种自然缺失会造成感官的退化，甚而可能产生例如注意力紊乱、抑郁等影响儿童身心健康，间接影响儿童的道德、审美和智力发育。一个从小对生命和自然失去体验的人，长大之后怎么会关心地球环境和人类命运呢？

"亲生物性"是哈佛大学科学家，普利策奖获得者爱德华·威尔逊教授提出的假说。"亲生物性"是指与其他生命形式相接触的愿望。这一假说认为，人类亲近自然世界的本能是个体发展的必要的生物基础。这一假说被十几年来的研究结果所逐渐证明：人类对开阔的草原、茂密的树丛、生机勃勃的牧场、潺潺流淌的小溪、弯弯曲曲的小路、能极目远眺群山的山头等，有着强烈的向往，并且会产生积极的反应。

田野、山丘、树林、江湖、海滩等自然环境对儿童而言就是一座生命的宝库，并且在大自然中开展的体验活动，不像有组织的体育运动，会受到时间、规则等诸多的限制。父母带宝宝去这些环境中会获得丰富的体验：信息，知识和锻炼，对儿童的生长发育有重要的意义。自然环境中充满阳光和新鲜的空气，广阔的活动空间，弯曲和起伏的道路，宝宝在其中自由地活动，有利于锻炼强壮体魄和坚强的意志，培养刻苦耐劳的精神。在大自然中，宝宝能感受到美丽的花草、充满生机活力的小鸟和昆虫；而在自然环境中的丰富多样的活动，例如野餐、远足、采摘、登山等，能让宝宝感受到快乐、友善、互相帮助、合作分享。家长鼓励宝宝参与活动的计划、准备和实施的全过程，还能锻炼宝宝的组织和动手能力。亲近自然是养育宝宝的重要内容，是现代父母应深入思考、积极实践的。

226 发现和适应宝宝的不断变化

在养育宝宝的过程中，父母会发现宝宝在不断变化，绝大多数变化是父母所期望的：宝宝越长越可爱，个子越来越高，越来越懂事，学会了画画写字……这些变化让父母感到如此美好和自然。然而在令人欣喜期待的变化之外，宝宝似乎也发生了一些让父母感到困惑甚至烦恼的变化：抢玩具的时候打了别的宝宝；似乎变得越来越有自己的主意，越来越不听话了；不再像以前那样乖巧……父母被宝宝不听话的行为气坏了，忍不住严厉训斥甚至伸手打了宝宝，感到十分的沮丧，育儿的信心受挫……这些问题常常使父母感到困惑。

养育宝宝并不是天然就会的。父母是重要的职业，也需要经过培训才能合格。之所以有困惑、焦虑甚至沮丧，很多时候是因为父母不了解宝宝的发育规律，不了解宝宝自身的独特方面，不了解宝宝的意愿和思维，不了解宝宝的感受和内心的世界。父母总是按自己的意愿和期望去审视宝宝的变化，规范宝宝的发展，一旦未能实现，就认为宝宝的变化是"问题"。

儿童是有待发展的资源和未来最宝贵的财富，而不是要去解决的"问题"。儿童暂时出现的"问题"，多数时候也都是与父母为他们造就的环境条件有关，本质上并不是儿童的责任；儿童之间存在的差异是发展的机遇，而不是要克服的缺点。

因此，父母需要改变育儿的思维，将总是想纠正宝宝的"问题"、克服宝宝"缺点"的负面思维方式，转变为积极正面的思维方式，去发现和接受宝宝的变化。在这样的思维方式下，父母为宝宝的成长和发展，创造力所能及最好的环境和条件，使宝宝的潜质得到更充分的发展，同时给予宝宝礼物——让宝宝自身最好的东西得以充分发展。

227 自己吃饭是生活技能也是锻炼方式

让宝宝学着自己吃饭，不仅是在培养宝宝独立生活的能力，而且对宝宝的智力发展、心理发展都有帮助。自己吃饭能提高宝宝对吃饭的兴趣。吃饭涉及手的技巧，宝宝要握住勺子或使用筷子，这就需要大脑神经的支配控制，使手和眼协调一致地工作：宝宝要用小匙把饭菜送到口中且尽量不撒漏，要咀嚼、吞咽，要持续完成一系列的行为动作，这对于1～3岁的幼儿来说绝非易事，这一过程可以训练宝宝的手部精细动作。另外，自己吃饭也培养宝宝独立生活的能力，使他逐渐脱离家长的帮助，减少依赖的心理。对宝宝来讲，自己吃饭是使宝宝体会成长乐趣的大事。

同样是3岁的宝宝，有的已能熟练用勺子并初步会使用筷子，吃饭很少撒漏，而有的宝宝还在以喂饭的方式进餐，这不能不说是巨大的差距。1岁以后，宝宝就开始非常乐于模仿并喜欢尝试，在家长喂食的时候，往往想自己吃，不要喂。此时，父母不应以"自己吃不好""自己吃不饱""吃得乱七八糟"等为由，拒绝宝宝利用"自己吃饭"这个自然而有效的实践锻炼方式。

父母最应该做的是为宝宝安排一个整洁、卫生、宽松、愉快的进餐环境，使宝宝容易产生饮食的条件反射。进餐前，让宝宝洗干净手，围上饭兜，坐在固定的位置上。家长为宝宝提供适合其年龄特点的餐具，如色彩鲜艳、形状美观、不易打碎，以调动宝宝对学习进餐的积极性。进餐时，父母用生动形象的语言为宝宝介绍各种食物的优点，可自己先尝一口，引导和鼓励宝宝也尝试，并学习自己进餐。

扫码观看　儿童健康小剧场

饮食习惯培养

228 培养宝宝"自然入睡"的能力

良好的睡眠对正处于生长发育中的儿童来说，重要性无须赘述。儿童良好睡眠习惯的建立与先天遗传因素和后天习得的行为有关，尤其与父母及带养人的养育行为、家庭环境等因素密切相关。在儿童健康的睡眠习惯中，一个很重要的能力就是"自然入睡"。所谓"自然入睡"就是儿童在没有其他外界干扰的情况下，不用借助任何辅助手段或器具（如家长拍、抱、摇、含乳或喂奶），以"自然"的方法自行进入睡眠状态，不完全清醒或清醒后仍能"自然"地继续睡眠的能力。对儿童这种睡眠能力的培养是儿童早期发展的重要内容，也是父母及带养人必备的育儿技能。

有的家长看到宝宝一有动静，就上前轻拍想帮其继续入睡。其实当宝宝处于浅睡眠状态时，他的手臂、腿和整个身体经常会有些动作，脸上还可能会做怪相、皱眉、微笑等，这些都是浅睡眠时期的正常表现。千万不要因为这些小动作、小表情而误以为"婴儿醒了""需要喂奶了"而去打扰他。

儿童入睡或夜醒后再入睡时需学会自我安抚，一般婴儿3个月左右开始发育自我安抚能力。建议从宝宝2~3个月起着手培养儿童自我安抚和自然入睡的习惯，越早开始越容易帮助儿童建立规律的睡眠模式。家长可从以下方面入手。

（1）了解宝宝的气质特点、睡眠习惯，然后慢慢建立一套适合自己宝宝的作息模式。

（2）宝宝有睡意产生时会表现出一些相关暗示信号，如活动减少，变得有点安静，目光游离，烦躁，发脾气，精神萎靡，揉眼睛/鼻子，对玩具失去兴趣等。及时发现宝宝这些困乏欲睡的信号并作出及时的回应，让其在有睡意但未入眠的时候上床，以帮助他学会自我抚慰和放松并且自然入睡。

（3）建立一套程式化的就寝仪式，让宝宝逐渐明白做完这一切就该睡觉了。通常在睡前的一个小时左右开始，例如喝奶-洗漱-抚触-穿睡衣-听故事或音乐等；这一小时中，不要再让宝宝接触令他兴奋的人或事物。通过坚持每次就寝前执行这一套规律的、完整的睡前仪式，形成条件反射，协助宝宝自然而然地养成自行入睡的习惯。

扫码观看 儿童健康小剧场
睡眠习惯培养

229 难以"自然入睡"的宝宝该怎么办

让宝宝自然入睡并不等于完全不给予安抚，尤其是对婴幼儿来说。当宝宝需要安抚时，应优先回应宝宝的生理需求，并给予充足的安全感。但安抚要讲究方法、策略，逐渐朝着自行入睡的方向进行。

当婴儿尚未具备"自然入睡"的能力时，半夜醒来一般开始的时候都是哼哼唧唧的，家长可以先不予回应，保持几分钟，给宝宝机会让其逐渐学会自我安慰、学会抵抗饥饿、学会忍耐而自然入睡，部分宝宝在夜间醒来几分钟后又会自然入睡。可一旦宝宝大哭不止，要积极找原因，排除饥饿、尿布过湿、有没有生病等原因，可以给宝宝喂点奶或换好尿布后再让他入睡。千万不要一有动静就去抱起来或摇晃他，也不要开灯或逗宝宝玩。

宝宝半岁以后，如果夜醒哭闹不止，家长和宝宝都难以保证睡眠质量时，可采取逐步消退法干预矫正。当宝宝哭闹时，等待几分钟后再去安抚他，安抚时间不宜太久，1分钟左右为宜，安抚强度不宜过大，主要目的是让宝宝知道父母在身边。一旦决定采取这种方法，家长就要坚持不懈，前几个晚上是最艰难的，且常常是第二、三个晚上比第一个晚上更糟糕。不要轻易放弃，几周之后会看到宝宝的睡眠明显改善。

230 识别不良睡眠习惯

（1）**白天睡太久**：宝宝的午睡情况与晚上的睡眠质量有很大的关系。白天睡太久，宝宝晚上常常精力充沛，入睡困难或入睡太迟，影响生长发育，全家人也疲惫不堪。宝宝的午睡要定时定点，一般在正午或下午早些时候。家长可以通过多陪伴宝宝玩耍，让宝宝不感到乏味或无聊而多睡。白天适度增加运动量，不仅增强体质，还能促进脑神经递质的平衡，提高睡眠质量。

（2）**睡得太晚**：宝宝睡得太晚常常是因家人晚睡导致的。现代家庭里，宝宝白天多与老人或保姆在一起，晚上父母下班到家都会和宝宝嬉闹亲密一番；加之年轻父母中"夜猫子"甚为常见，这些都容易导致宝宝晚睡。

从3月龄起，婴儿的睡眠逐渐开始规律，父母应该坚持每天在同一时间段让宝宝开始就寝。

（3）**抱睡、搂睡、哄睡**：有些家长喜欢整晚搂着宝宝睡觉，当宝宝被紧紧拥抱时，反复吸入狭小空间内的污浊气体，既影响生长发育，也增加意外窒息的风险，且容易因为家长的动作影响宝宝的睡眠质量。抱睡、搂睡虽然能在一定程度上给宝宝带来安全感，但也容易影响宝宝自然入睡能力的培养。

（4）**奶睡**：母乳喂养的宝宝即使已经无需夜间哺喂了，也常常在睡觉时要含着妈妈的乳头才行，否则就哭闹不安，长此以往，使得有些宝宝在睡眠间隙中醒来时会下意识地吮吸。这种频繁的进食容易导致儿童胃肠功能紊乱，而且儿童入睡后嘴巴却依然被"堵"着，易引起呼吸不畅，甚至可能引发窒息意外，长期还可能影响儿童牙床正常发育以及口腔的清洁卫生。

（5）**睡前过度兴奋**：有的宝宝睡前常常喜欢和父母嬉闹一番，这容易引起过度兴奋而不易入眠。一般晚上八点以后不建议再逗宝宝玩耍，让宝宝提前进入睡眠环境，从事一些安静、单一的活动（如念熟悉的儿歌，放点音乐），用程序化的睡前活动模式，帮助宝宝逐渐进入睡眠程序。

231 玩耍对学习具有重要的意义

玩耍是宝宝童年生活的重要内容，是生长发育必经的过程。玩耍能促进宝宝精细动作和活动能力的发育，使宝宝能在自主的游戏中，按自己喜欢的方式活动，学会如何制定计划和遵守规则，如何做出决定，如何保持同伴的兴趣，如何协调各自的想法等，这是最基本的社会能力的表现和实践。玩耍使宝宝能接触不同的玩具和图书，开始学会颜色、大小、形状、数量等概念，学会识别动物、植物、人物、物品等，培养宝宝的语言能力和学习能力，促进宝宝认知能力的发育。玩耍还能帮助宝宝探索和了解周围的环境和事物，发挥想象力和创造力，增强自信心和适应能力。

正因为玩耍具有如此重要的作用，学龄前儿童学习和发展的最佳途径首推自由地玩耍。无论是玩沙子、玩水、搭积木，还是在地板上追逐、打闹、嬉闹，这种似乎无目的活动，恰恰对宝宝的体格发育、心理行为发育和社会能力的发育，发挥着极为重要的不可替代的作用。

232 在亲子游戏中发展认知和社会适应性

游戏在儿童的生长发育过程中，发挥着极为重要的作用。游戏让宝宝有机会发挥自己的特长，在玩耍过程中促使身体灵活性、协调性更好地发展，促进动作技能的发展，最终也能积极促进儿童认知的发展。另一方面，游戏与其他类型的玩耍所不同的是，通过游戏，儿童可以逐渐解除自我中心，学会与人合作，关心、认识、认同成人的社会角色，从而培养并提高儿童的社会适应能力。宝宝天性活泼好动，把认知的知识贯穿在游戏里，让他们在欢乐的气氛中不知不觉地掌握知识，也是认知发展的重要方式。

亲子游戏（或称亲子活动）简言之是指父母与子女之间、祖父母与孙子女之间的游戏。宝宝一出生，慢慢地会被逗笑，父母用扮怪脸、发出傻傻的声音、手指逗弄婴儿脸颊等方式，这些都是最早的亲子活动。亲子活动看起来似乎很容易，然而当宝宝越来越大，要亲子共乐又寓教于乐，就不是一件容易的事情了。

亲子活动要注意趣味性和适宜性，游戏中最好运用幽默的语言、丰富夸张的表情和肢体动作，富有感染力的情绪来吸引宝宝。适宜性是指寓教于乐的亲子游戏不能随意设定，必须熟悉宝宝的生长发育规律和个体的特征，基于宝宝现有的发育水平，个体的特点等，综合考虑婴幼儿的最近发展区，设计让宝宝稍作努力，就能解决问题的亲子游戏。这样的活动最能调动宝宝的积极性，最有利于婴幼儿发展。

举例来说，四五月龄的宝宝和妈妈玩拉坐游戏。妈妈喊着拍子把宝宝拉起，在宝宝坐起来后妈妈支撑着他的腰部，面对面地交流表情，就是利用了这个月龄段宝宝大运动发育（翻身已经很熟练，大运动向着坐位发展）以及社交情绪发展（喜欢看人脸、听人声）的需求和特点，把枯燥的知识技能练习，变成活泼的游戏内容。

233 父母是宝宝最好的游戏伙伴

每个宝宝都喜欢做游戏，尤其是开始进入了假扮游戏阶段，他们想尝试一切感兴趣的活动：欣欣想玩过家家，可是谁来扮演她的"宝宝"呢？豆豆想要扮演公交车司机，可是谁来扮演"乘客"呢？没有玩伴真扫兴，宝宝使不完的劲让他们在家里各种"翻箱倒柜地折腾"，爸爸妈妈头痛不已……父母不必担心该如何引导宝宝，当宝宝发出游戏的邀请时，欣然接受就好！当父母投入进去，你随时可以在游戏的过程中，想到一些增加宝宝知识的办法。

3岁的小明最喜欢研究空调室外机，他正在扮演空调修理工，修理工需要准确报出报修人（妈妈）的姓名、电话、家庭住址，才能确认提供上门服务。这是让小明练习记忆家庭重要信息的机会，在这样场景化又寓教于乐的游戏中，小明掌握了知识信息，发展了能力。

父母和宝宝可以经常相互调换角色，使游戏更富于趣味性。父母熟悉宝宝本阶段的发展目标，跟着游戏的进展，随时观察宝宝的行为表现和知识掌握情况，及时启发宝宝去探索、尝试和操作，亲子游戏会越来越得心应手。

234 给宝宝提供合适的玩具

玩具是宝宝玩耍最重要的工具，从探索学习的角度看，玩具就是宝宝早期学习的"课本"，选择丰富多彩，适宜宝宝年龄特点和个体爱好的玩具，是育儿的必备技能。0~3岁的婴幼儿是以直觉行动思维为主的，我们常常觉得宝宝"一刻不停地动"，因为动作是宝宝所有思维的起点，也是解决问题的手段。因此，在游戏活动中要准备适宜宝宝年龄的玩具，让宝宝在玩耍中，发展感知觉、大运动、精细动作等能力。

发展婴儿视觉的活动时提供黑白卡、彩色卡；发展听觉的活动时准备沙锤、音乐盒、自制的发声玩具（如装有各种小颗粒的空瓶子）等；发展触觉的活动中准备丝巾、毛绒玩具、玻璃纸等各种质地的玩具；开展创造性的角色游戏时准备果蔬切切乐、过家家玩具等。

当宝宝更大一些时，可以提供帮助宝宝习计数、辨颜色、识形状、认空间关系等的玩具，以及能发挥自由想象的玩具，如积木、车辆、人物、娃娃等，可以供宝宝根据想象反复摆放和组合成情景。但是要强调的是，婴幼儿阶段的玩耍应当以亲子游戏为主要形式，这个过程中可以有多种多样的玩具，但玩具应当只是良好亲子交流的媒介、工具，而非父母的替代品。

235 利用身边"废弃"的材料做有趣的玩具

很多家长说，价格昂贵的玩具，宝宝经常是玩玩就没有兴趣了，反而是生活中的一些真实的物品如汤勺、矿泉水瓶、包装盒等，或者一些没用的"废弃品"如废纸箱、泡沫板、奶粉罐，宝宝却非要拿来，兴致勃勃地玩个不停。实际上，生活物品和"废弃品"都是非常贴近真实生活，并且让宝宝能够自由操作的玩具，即能让宝宝积极体验家庭生活，又能促进想象力与思维能力的发展。因此，除非是有危险的物品，否则都可以让宝宝自由玩耍。

利用身边"废弃"的材料，与宝宝一起做有趣的玩具，是宝宝生活中最好的玩耍经历。例如，不同材质的空瓶洗干净，放入纽扣、黄豆等，密封好，就是不同发声的摇铃玩具。对于大点的宝宝来说，各色各样的快递纸箱是最佳的"废弃"材料。大点的纸箱稍做分隔，可以给女宝宝做成过家家的小屋子；挖几个方形的洞，就可以给男宝宝做个机器人头套或者盔甲。宝宝喜欢这些亲手制作的玩具，更喜欢和爸爸妈妈一起制作玩具这样乐趣横生、无比亲密的过程。

236 亲子共读很重要

阅读是学习的重要方式，是一种成人和儿童之间建立言语交流的双向互动，利用亲子间对书本的"共同注意力"，从小培养宝宝喜欢书本、喜欢阅读和喜欢学习的习惯。在亲子阅读中，鼓励父母与宝宝每天进行一对一的交谈式阅读，交谈式的阅读模式非常重要，比课堂上的集体阅读方式更能促进言语功能。

亲子阅读中，父母除了跟着故事节奏与宝宝一起读，还应该关注宝宝，对宝宝有问必答，保持互动交流。有的父母会认为，宝宝不懂，阅读中做个"好听众"就可以了。实际上，在亲子阅读中，即便是年幼的宝宝，也能成为阅读过程中积极主动的角色。亲子之间也可以包含即兴的交谈，无需时刻与书中的内容紧密相关。

在亲子阅读中，家长必须注意的一点是，对于年幼的宝宝，他们的反应或者反馈可能仅仅是简单的看或指的动作，这也是一种交流。父母要接纳并重视这些瞬间的反应和动作，并把它们当成是宝宝会说话前的"语言表达"，在宝宝学会使用言语交流前，家长要和宝宝共同度过大量有意义的并积极参与的共同阅读时光。

237 健康的人格该如何培养

婴幼儿阶段是人生发展的最重要时期，关于习惯、语言、技能、思想、态度、情绪的培养，都要在此期打下基础，若基础打得不牢，那健康的人格就不容易建立了。早期的人格培养不仅制约宝宝当下的生长发育，而且对其之后的青少年期乃至整个成年期的性格、智能水平及社会适应能力均有重大影响。

在人格发展过程中，儿童早期的生活环境和家庭教育被认为是主要的影响因素，其中，亲子关系的影响重大。亲子关系的失调可能会使儿童压抑内心，从而导致焦虑，最终可能形成各种"神经症人格"。因此，应从儿童发展早期重视其健康人格的培养。

(1) 树立科学的儿童教育观：实施民主的家庭教养方式，毕竟溺爱式的爱和暴君式的爱都会导致教育的失败。对待宝宝的不良行为，父母不应只简单追求其能否改过，更应关注其心理能否得以健康发展。父母应想方设法创设宽松、民主的家庭氛围，与宝宝开展积极的情感交流，让宝宝敞开心扉，使宝宝在民主和平等的气氛中，心悦诚服地接受父母的教诲，从而形成良好的人格特征。千万不要让宝宝只是迫于压力，口是心非地接受父母的教诲，否则，宝宝持续地压抑自己的情绪，最终要付出人格扭曲的代价。

(2) 营造和谐的家庭心理氛围：家长要努力使自己具备开朗、达观、善良、坦诚的心理素质，这样才能使宝宝具有发展良好个性和优秀人格的家庭环境。

(3) 强化心理健康教育意识：增强耐挫折能力，适时的心理疏导是至关重要的。诸如胆怯、妒忌、自卑、孤独等不良人格倾向很容易形成，且常常以较隐秘的方式表现出来，因此家长要悉心观察宝宝心理及行为方面的异常，究其根源，因势利导，引导宝宝形成自我激励、不怕挫折的健康心态，并使宝宝在不断的磨练中逐渐形成坚韧、顽强、知难而上等良好的意志品质。

238 重视非认知能力的培养

个体的能力可以分为认知能力（常常表现为学业能力）和非认知能力（非学业能力，也可称为社会能力）。学业能力的重要性毋庸置疑，然而，我们已经进入了信息化高速发展的时代，面对快速变化的未来世界，这一代宝宝将来要能勇于实践和创新，追求自身不断的进步。要实现"实践→创新→进步"这个目标，需要宝宝在发育过程中形成各种各样必须的社会能力。大量研究表明，自主学习、自我调节、自我适应能力是日后实现这些目标的最基本的社会能力，能帮助宝宝有能力应对未来快速变化的社会，并保持进步。

自主学习能力表现在一个人能够在快速增长的知识宝库中主动探索和获取新的知识和思想，并进行再加工、再创造，实现不断的创新和发展。父母要为宝宝的早期学习创造一个丰富、愉快的环境和条件，保护和鼓励宝宝学习的兴趣，激发宝宝自主学习的能力。

自我调节能力表现在情感、学习、认知、行为、交往等各个方面，有助于规范行为，使其保持一个正确的方向坚持下去。在0~6岁宝宝成长的过程中，我们能清楚地看到宝宝日益增强的自我控制能力：吃饭从要人喂到能自己熟练用筷子，睡眠从最初无规律到能够在自己房间独立入睡，宝宝经历了从必须被帮助，到能自己独立做事的转换过程，而养育关系和养育过程是儿童自我调节能力发育的关键。父母学习宝宝发育的特征和顺利发展的环境需求，在养育的各种过程和活动中，为宝宝提供适当的经历、支持和鼓励，有助于宝宝逐步学会生活各个方面的自我调节。

自我适应是宝宝不断地改变和创新，去适应自身成长以及外界环境快速变化的主动过程。交流沟通、调节自己的情绪……属于自我适应能力的这些方面，都需要从小培养。

239 引导观察，发展认知能力

每个家长都很重视宝宝的智力发育，也常常羡慕那些智力超群的宝宝，殊不知智力除了先天遗传因素外，后天的发展也很重要。宝宝的认知能力在掌握知识的过程中完成的，而知识的广度和深度，取决于对客观事物的认识程度。细心观察是认识事物、掌握知识的基础，观察得越仔细，认识事物越深刻。

夏日的傍晚，妈妈在浴盆里放满水，准备让5岁的乐乐洗澡。忙了一圈走进卫生间，看到洗澡的并不是乐乐，而是他的小鸭玩具、积木、雪花片……一大堆东西在水上漂浮，乐乐正光着屁股聚精会神地嬉水。妈妈有点生气，而乐乐却很兴奋，大喊妈妈来看："这是海浪呀，一高一低的海浪。"妈妈问乐乐为何把这些玩具丢进水里，乐乐却说："小汽车是铁的，很重，沉下去了！小鸭是塑料的，很轻，是漂着的……"妈妈听了很感慨，乐乐正在验证以前教给他的知识呢！妈妈因势利导告诉他："铁遇到水会生锈，我们去找块石头来，石头也很重，也会沉下去。"新的知识，又在不知不觉中传授给了宝宝。

父母是宝宝进入大千世界观察的向导，宝宝丰富的知识来自于父母的引导和自己细致的观察、长期的积累。家长有时候会反映，宝宝专注力很差，实际上，注意力的专一性持久与否，取决于对观察目标的兴趣。因此，父母在引导宝宝观察时，语言、音调、表情乃至动作都要生动有趣，吸引他去看一件很平常的事。如果能放手让宝宝去摸、嗅、听、尝，充分利用感官去感知事物，更能激发宝宝的兴趣，使观察细致、持久。随着宝宝年龄增长，家长可不断提问题，启发他有目的地观察事物的变化，找出事物间的联系，或是微小的差异。宝宝养成了爱观察研究的习惯，知识自然源源不断地积累。

240 培养创造性需要做什么

创造性或者说创新能力，是现代社会对个体能力非常重要的要求之一。创造性并非一朝一夕就能具备的，宝宝成长的过程中每时每刻都在培养创造性。以下的做法有助于父母培养宝宝的创造性。

（1）保护宝宝的好奇心：宝宝到 2 岁以后，会表现出越来越大的好奇心，开始向爸爸妈妈提出各种问题："太阳为什么会发光？""流浪小狗的妈妈在哪里？""电视机为什么会发出声音？""飞机为什么能飞起来？"这些可爱的问题，代表着宝宝已经开始有了思考能力，父母要保护和鼓励宝宝的好奇心，耐心地听宝宝提问，认真地回答宝宝的问题，切不可敷衍，更不能以错误的答案来应付。

（2）保护宝宝探索的天性：宝宝经常会拆开各种玩具甚至用具，这并非父母口中的"搞破坏"，而是希望深入了解这些物品：想弄明白玩具汽车为什么会跑？娃娃为什么会唱歌？便携小风扇为何会转动？面对拆坏了的物品，父母与其一味地批评和责怪宝宝把东西弄坏了，不如抓住宝宝求知的机会，与宝宝一起探索，或者帮宝宝完成一些可能有危险的操作。

（3）鼓励宝宝自由地玩耍：宝宝在自由玩耍如摆弄玩具、"过家家"等时，会利用自己的一切资源，来摆出各种场景，再现自己对周围事物和场景的观察和理解，父母不妨积极参与，鼓励宝宝描述自己的设想，帮助宝宝丰富自己的想象。

（4）给宝宝自己选择的机会：鼓励宝宝自己做事，就要保护宝宝的主动性和积极性，允许宝宝自己做出选择。宝宝难免做出错误的判断和选择，发生一些差错，这时不要过多地批评宝宝和挫伤宝宝的自信心。要用沟通的方式，指出宝宝为什么会发生差错，引导宝宝在错误中学习。比如夏天的雨后，宝宝想出去踩水，穿好雨鞋或者凉鞋，就可以去踩水；衣裤湿了会不舒服，这也是宝宝踩水中不可避免的自然结果，这对宝宝并不会造成什么损伤，让他体验一下选择的自然结果，这样获得的早期经验，胜过许多次讲道理。

241 培养成长型思维是养育的重要内涵

父母在养育宝宝时，积极的、成长型的思维模式会使宝宝的潜质得到更充分的发展，对宝宝未来的思维模式，也将产生巨大影响。正在成长中的宝宝，今后将面对比我们这一代更为复杂多变、充满挑战的未来，一个人具备怎样的思维特质才能从容不迫地应对机遇、变化、挫折、挑战，拥有健康幸福的生活，并获得他想要的成功？

答案是显而易见的：始终充满希望、积极学习、持续奋斗、自我激励、勇于挑战的成长型思维模式。有人认为要在某件事情上获得成功，天赋比锲而不舍的努力更为重要。显然，实际情况并非如此。你是否知道，达尔文和托尔斯泰在小时候被看作很普通的宝宝;著名的高尔夫球运动员本·霍根童年时完全肢体不协调;摄影家辛迪·谢尔曼几乎登上了 20 世纪最重要艺术家的全部评选榜单,却没通过她第一个摄影课程的考试;著名演员杰拉尔丁·佩奇,曾经因为缺乏天赋而被建议放弃演员梦想……

所有事情都离不开个人的努力,性格特质、意志力和成长型思维模式,同样造就了几乎所有伟大的冠军运动员——篮球飞人迈克尔·乔丹、拳王阿里、足球先生 C 罗……他们中没有一个人认为自己拥有生来就能永葆成功的天赋,恰恰相反,他们是拥有潜力的人,更是日复一日埋头勤奋训练的人、能在强大压力下仍保持专注的人、咬紧牙关应对逆境的人、在必要时能超越自己的人……这种思维模式让他们始终坚信个体的不足能通过不懈努力得以提高,让他们始终保持强烈的进取心,身处逆境依然不懈拼搏,最终取得成功。

斯坦福大学心理学家卡罗尔·德韦克的研究清晰地向人们展示了成长型思维模式的重要性:个人相信自身能力具有可塑性、相信自己永远可以做得更好,而非一成不变,一个人越是相信自身能力能够发展,他就越能享受到最终成功的喜悦。父母在养育过程中,经常通过体验、交流、赞扬、鼓励等方式,帮助宝宝树立和强化成长型思维,避免和纠正负面、消极、固定型思维;帮助宝宝经常思考:我能从这件事中学到什么? 我怎么才能借此成长? 有没有什么一直想去做但却因为不够擅长而不敢去做的事? 能不能就此设置一个计划去实现它……父母帮助宝宝把努力想象成一种积极、有建设性的力量,帮助宝宝考虑如何面对障碍、更如何持续学习。思想决定行为,童年时良好思维模式的培养,是养育的重要内涵。

242 培养规矩意识从日常生活做起

培养宝宝自律和遵守规矩,要求父母在养育过程中不断坚持和逐渐积累。从生活中的每一件事情做起,为宝宝创造条件。父母应该从宝宝的日常生活和养育过程的最初阶段就开始关注和培养宝宝的规矩意识,规矩的形成应该是生活中的自然过程,即从小就养成习惯,而不是额外的要求和负担。

规矩的培养从日常生活中的喂养、交流、玩耍、起居等做起,如按时睡眠,饭前便后洗手,整理玩具,礼貌待人,按时做功课等,都是培养规矩的场景。宝宝的自制能力差,因此要允许反复,允许有过程,允许试错和出错,并且不能要求太严,使宝宝知道并大体上遵守规矩就可以了。

家长通常可在以下方面给宝宝设置规矩:日常生活中的规矩,例如起床时间、睡觉时间、看电视的时间、吃饭时的习惯(不要边吃边玩,碗里的饭菜要吃完)等;人际交往中的规矩,例如见到亲友要打招呼,对客人要有礼貌,能与小朋友分享等;行为举止中的规矩,例如玩耍结束或做完作业时要将玩具或纸笔收拾好并放回原处,游戏或体育活动时遵守规则,担当简单的家务活等;"我的"和"你的"的规矩,让宝宝逐渐懂得"我的"和"你的"这一概念和应该遵守的规矩,例如别人的东西不能随便动,要拿应该征得别人的同意等。

243 从小培养宝宝的责任心

当宝宝还小的时候,父母常常不要求宝宝去承担任何责任,因此容易忽视对宝宝责任心的培养。然而，成为一个负责任的公民是宝宝成长的目标之一，对宝宝责任心的培养，应该贯穿在养育宝宝的过程中。

培养责任心，一切从小事做起。在开始要求宝宝做事的时候，就要培养宝宝认真做事，有始有终。例如每次画图结束，要将画笔放回到盒子里；每次玩耍结束，要把玩具收拾好。当宝宝两三岁时，要开始让宝宝做一些力所能及的事情：独立吃饭、穿衣穿鞋，并逐渐鼓励宝宝帮助父母做简单家务——饭前准备餐具，饭后收拾餐桌，一起收拾房间……让宝宝感到自己是家庭中的一员，感受到自己的责任。在公共场合，要教会宝宝遵守规矩，不乱扔垃圾，排队礼让。在和小朋友一起玩游戏或运动时，要学会遵守规则，配合同伴，付出努力，获取成功，教育宝宝爱惜自己和他人的物品和玩具等。这些都是在日常生活中培养宝宝责任心简单有效的方法。

244 接纳差异，尊重个性

每个宝宝都是带着不同的潜力来到这个世界上的，他们都是独一无二的个体，都具有个性和特长，也呈现出不同的弱点和不足。在发育的过程中，婴幼儿是既有共性又有个性的——虽然宝宝都会经历相似的发育阶段，按一定的规律发展；同时也有明显个体差异，不同个体会受遗传、环境的影响，表现出不完全相同的发育速度和优势。

面对差异时，更应当把差异看作是个体发展的资源和潜力。当父母承认和欣赏宝宝发展的多样性、尊重这种个体的差异时，才是对宝宝真正的尊重。父母坚持用多元的眼光去看宝宝的发展，从宝宝的不同表现

和变化中，发现宝宝的差别和特长、潜质和天赋，为宝宝的成长创造宽松的环境，提供相应的支持和帮助，扬长避短，才能使宝宝健康成长。

245 不同气质，不同教养

每个宝宝具有不同的个体的特征，这种个体差异也突出表现在每个宝宝的气质特点上。气质是人对体内、外刺激以情绪反应为基础的行为方式，表现在人的典型的、稳定的心理特征，如心理活动强度（情绪，意志）、速度（操作，适应）、稳定性（情绪，注意）、灵活性（反应性）与指向性（内、外向，兴趣）等。

气质是与生俱来的个体特征，并无好坏之分，受遗传与神经系统活动过程的特性控制，但在一定程度上也受环境因素（如父母个性特点、生活环境和教育方式）等的影响。了解宝宝的气质，父母需要做到根据不同宝宝的气质特点，采取适宜的教养方式，扬长避短，使得宝宝发展出良好的心理行为特征。

行为表现是其自身的气质特征与环境因素相互作用的结果，当气质特征与环境因素协调配合时，宝宝会获得最佳发展；两者不协调时，宝宝容易发生行为问题。例如研究发现，家长与宝宝保持积极的语言、目光、躯体接触，提供音乐、图书、玩具等的丰富程度等，这样的养育环境一定程度上会影响宝宝气质的发展。反之，宝宝的气质也会对父母产生显著的影响：积极温顺的宝宝和消极顽固的宝宝会让父母获得非常不同的经验。根据其气质特征，以合适的养育方法扬长避短，有助于发掘宝宝发育的巨大潜力。

246 育儿先要自己受教育

当我们有了宝宝，做了父母，不管是否愿意，我们已成为宝宝的第一位启蒙老师。然而，父母并不是天生的教育家，父母是否都具备教育者的基本知识和条件呢？是否都知道如何对宝宝进行正确的教育呢？当宝宝一出生，教育宝宝的任务就放在面前的时候，唯一的办法就是学习，因为教育者应先受教育。

没有比父母在培养宝宝长大成人时所用的智慧更复杂了。当父母在护理、教育宝宝的实践过程中，会出现各种问题需要正确地处理。父母需要懂得多方面的知识，特别是与儿童健康与发展相关的简单医学知识、心理学知识、教育学知识等；可能还需要掌握一点音乐、绘画等基本知识。但这些知识并不是每个父母都具有的，为了宝宝的成长，有的需要从头学起。除了学知识以外，还要培养宝宝有良好的品德，这就要求父母自己的一言一行做出榜样，事事起到教育和引导的作用。

每个家庭的情况各不相同，如家庭成员结构不同，父母的知识水平、兴趣爱好、道德情操、才能、性格以及职业都不相同。因此，每对父母要教育好自己的宝宝，只有靠本身的努力，根据自己家庭的具体情况，结合宝宝的特点，不断地在实际生活中发现问题，用科学育儿方法去解决问题。遇到困难时可以请教书本、有经验的父母、育儿专家、医生和教师，不断地学习，才能成为合格的父母。

🍄 家庭育儿咨询 🍄

247 父母的育儿素养

父母除了掌握儿童发展规律等方面的知识和早期教育的方法外，需要从提高敏感性、责任心、参与度三个维度改善育儿技能，具备更完善的育儿素养。

首先是敏感性，父母要能够准确察觉宝宝各种外显或潜在的生理和心理需要，准确把握宝宝的生理和心理状态，把宝宝视为一个有感情、有思想和有希望的独立的人，考虑事情能从宝宝的角度出发。家长敏感性高与宝宝认知能力高、出现行为问题少相关。可以从家长是否观察到宝宝的信号、能否正确地解释这些信号、有无对宝宝的交流给予适宜的反应，以及是否迅速地做出反应，来评价家长对宝宝的反应是否敏感。

其次是责任心，父母要能对宝宝发出的各种信号及时做出反应。家长的责任心强，可加强家长和宝宝之间的情感依恋，同时提高宝宝的安全感，提升宝宝的能力和自我价值，让宝宝有足够的信心去探索世界，发展能力。

再者是参与度，是指父母能否充分履行父母角色，促进宝宝最优化发展的程度，包括情感投入——爱宝宝，关心宝宝，和宝宝进行心理上的沟通；和行动投入——积极参与有利于宝宝身心发展的各种游戏、活动。

248 爱是养育的基本原则

爱和良好的亲子关系帮助父母与宝宝之间建立起亲密情感关系，给宝宝带来其他人无法给予的一切——依恋、信心、归属感和安全感，让宝宝产生活力。充满爱的养育过程，温馨积极的亲子互动，就是宝宝情感的摇篮。

爱是父母养育宝宝的感情体现，父母在养育宝宝的过程中所做的一切都应该出于对宝宝的爱。无论是关心照料、喂养护理、培养教导，抑或是对宝宝的限制、批评，甚至是偶尔的惩罚，都体现了父母对宝宝深情的爱，体现了父母对宝宝健康成长的期望。父母在对宝宝表达无微不至的关爱的过程中，会体会到亲子之间的依恋，感受到宝宝日益长大的愉悦和养育宝宝的快乐。宝宝的成长将成为父母生命过程中的重要内容，成为家庭和睦和幸福的重要支持。

父母在养育过程中培养起来的亲情，会持久地影响到宝宝的一生。父母无微不至的关爱使父母和宝宝之间形成了一种特殊的人际关系——亲子关系，这是一种他人无法替代的"依恋关系"。良好的亲子关系为宝宝的成长创造了稳定、安全、温暖和支持的环境。宝宝在这种环境中，逐渐形成了基本的情感和品格。

249 父爱与母爱的不同

父母需要具备两种基本的体现对宝宝爱的品质，即"柔性爱"和"刚性爱"。通常将这两种爱称为"母爱"和"父爱"。这里所说的"母"和"父"并非一定是指具体的母亲和父亲，而是对这两种不同风格的爱的比喻。之所以用"母爱"和"父爱"来比喻，也因为在通常情况下，母亲表达"柔性爱"多一些，而父亲表达"刚性爱"多一些。

母爱或称"柔性爱"，是一种无条件的爱，体现一种能使宝宝感到安全、轻松、温暖和挚爱的情感。这种爱来自身为父母的本能，排除外部的各种障碍和压力，从而在任何情况下，都能使你全心全意地与宝宝亲密相处，无微不至地关怀和疼爱宝宝——因为你是我的宝宝，所以我爱你，而并不在乎宝宝是否漂亮、是否聪明、是否成绩优秀、是否调皮捣蛋……正是这种对宝宝宽广的包容和无私奉献，因此我们常说："母爱是伟大的。"作为父母，特别是母亲，会本能地产生这种无条件的爱，会自然地流露这种爱。但必须给予这种爱足够的表达空间，让宝宝能在任何需要的时候感受到。如果宝宝在成长过程中没有得到母亲充分的爱，就无法了解爱，也难以学会对别人表达爱。很多研究指出，成人期出现问题的人在人生初期，往往未能从母亲身上得到充分的爱。

父爱或称"刚性爱"，是一种赋予力量的爱，一种内涵原则的爱，既对宝宝亲切，又对宝宝坚持一定的原则和规矩。因为爱宝宝，所以要有明确的规则并让宝宝遵守，既不能生气和伤害，但也不能迁就和退缩。父爱还要帮助和鼓励宝宝去经历和探索外部的世界和环境，在生活、玩耍、学习和相处中，去付出努力、克服困难、学会坚持，甚至经受挫折和委屈。这种爱会在成长过程中赋予宝宝坚强的意志和品格。同时要明确，父爱是"因为爱而坚持原则"，它与冷漠和粗暴是截然不同的。

爸妈小课堂

父爱＋母爱＝完美的爱

　　母爱和父爱的结合是对宝宝的完美的爱，不仅使宝宝感受到爱，又可以避免宠爱甚至溺爱；不仅使宝宝感到抚慰和快乐，又可以感到适度的压力，经历必要的困难和挫折；不仅使宝宝获得锻炼，懂得规矩，更要防止打骂和对宝宝的伤害。在与宝宝相处的过程中，父母总会通过自己的言行，自然地将母爱和父爱这两种情感传递给宝宝。

250 父母不应是育儿的局外者

　　父母与宝宝的关系最亲近，但由于生活节奏快、就业需要、社会竞争的压力，很多父母为了提升个人能力，为了工作，没有更多的时间顾及宝宝，而把宝宝交给祖辈、保姆或育儿机构，导致亲子之间的关系越来越疏远。也有的父母尽管挤出时间陪伴宝宝游戏，但仅仅充当了局外者的身份，当宝宝玩耍时在一旁观看，抽空看手机甚至溜走去办自己的事。他们把育儿理解为"看宝宝"，把"看宝宝"当成任务，把兴趣班、游乐场当成了宝宝的"托管所"，而忽视陪伴的责任、作用和对宝宝的影响。这既可能影响宝宝参与游戏的热情，也使得陪伴质量、亲子关系大打折扣。

　　育儿的局外者还表现为育儿责任心不足。年轻的父母们在祖辈的照顾下长大，衣食住行从小依赖于祖辈，这种依赖一直持续到有了自己的宝宝。有的父母独立照料宝宝的能力很差，也缺乏养育宝宝的责任心，不愿意将工作之外仅有的时间放在育儿陪伴上，甚至出现只周末带带宝宝，还是带去各种游乐场玩耍，自己在场外继续刷手机的现象。这种"只愿生，不管养"的现状很普遍，尤其是父亲育儿角色的缺失。如果觉察到这样的家庭教养模式，就应当适当做出调整。

251 父母不应是宝宝的控制者

　　有的父母在教养过程中对宝宝极为严格，把管教宝宝的行为、规矩和学习等作为养育宝宝的核心，"我告诉你，你必须这样做""我是长辈，你必须听我的"……这类父母经常给宝宝设定一些不经解释的规矩，或是提出很高的行为标准、规定难度很大的知识和技能训练。

　　有时候这些标准和要求甚至远远超出宝宝的发育水平，还要求宝宝无条件地执行和服从，没有丝毫讨价还价的权利。宝宝表现好的时候也会对其进行表扬，但如果家长认为宝宝没有做到或没有做好，则要求宝宝反复去做，直到让自己满意。

　　如果宝宝稍有抵触或做得不好，就会采取惩罚措施，甚至打骂宝宝，用暴力手段让宝宝"听话"、服从。实际上，这种教养方式只考虑了家长的需要，却忽视和抑制了宝宝自己的想法、爱好、追求和特长。

　　育儿活动中，家长作为控制者来参与是有必要的，但过度、蛮横地限制宝宝言行，会导致宝宝产生不良的情绪，表现出较多的焦虑、退缩、自卑等负面情绪，往往感觉不到快乐，在青少年期可能出现适应状况不良，甚至出现暴力倾向。

252 隔代养育的溺爱、重养轻教问题

在现代家庭中，在大多数情况下，"宝宝交给老人带"是仅次于父母养育的最"令人放心"的方式，因而很多祖父母承担了0~3岁婴幼儿的主要养育责任。祖父母为宝宝的成长提供了更加细致、温暖的照护，然而祖辈在育儿中太过溺爱、重养轻教的现象，也成为了隔代教养中不可忽视的问题。

现在的祖辈中很多人年轻时历经苦难，补偿心理致使他们溺爱孙辈，尽自己的最大可能去满足孙辈提出的任何要求。此外，祖辈年龄和经历过的时代局限因素，祖辈年龄较大且所经历的时代动荡使得他们中有的文化水平低、有的疾病缠身、体力不足……语言、情感表达、体能及文化水平均存在不同程度受限。祖辈不能像父母一样运用童趣的语言、活泼的表情、丰富的肢体运动来亲昵地与宝宝玩耍和互动，缺乏高质量的互动，对宝宝的发展带来负面影响。

在育儿过程中，祖辈的侧重点常常是带养而不是培养。大多数祖辈把教育过程看作是子女委托的任务，多以控制者或局外人的角色参与，缺乏对宝宝需求的了解，育儿观具有片面性。例如在游戏过程中，祖辈家长主

要关注宝宝的安全，自身处于紧张状态，较少引领宝宝与周围儿童进行交流，也难以在生活中灵活运用学习内容。祖辈们对孙辈的教育更多是运用权威来要求他们服从，强调"要听话"，而不是以支持者的身份引导宝宝。

在隔代教育中，有些祖辈家长的期望很高甚至过高，迫切地希望宝宝尽早掌握知识和技能，却常因缺乏儿童发育和发展的知识，忽略甚至违背发育规律；有些祖辈倾向无论事情大小都亲力亲为地帮助宝宝，不让他们独立完成任务，不利于自我意识的发展和自主能力的培养。此外，祖辈也不常与宝宝在早期探索活动中保持长时间的亲密合作。这些都是影响隔代教养质量的因素，也造成了早期育儿中家庭与社会的脱节。

253 与祖辈协调好育儿角色

在我国，多数家庭里父母是双职工。有调查表明，超过五成的家庭都依靠双方的父母来协助抚养宝宝，"隔代抚养"是家庭育儿中的一大特点。近五十年来，国家经济水平的快速发展，家庭的物质水平越来越丰富，家庭的结构、价值观念、人际关系、人才培养目标等也跟着发生了巨大变化，在家庭教养宝宝的理念和方式方法上，年轻一代的父母不可避免地与自己的父母存在分歧，尽管亲情俱在，但在养育宝宝的实际过程中难免会产生矛盾。如果没有统一的教养理念，宝宝的成长肯定会受到影响。

祖辈付出时间与精力来帮助抚养宝宝，是出于爱与关怀，年轻父母应接受祖辈的不完美，为他们提供学习的机会，并且在讨论对宝宝的教养之前，先统一思想。维护良好的

关系,创造感情融洽、愉快相处的家庭环境,也就为宝宝提供了稳定、良好的成长空间。

254 要二宝前,与大宝做好沟通

随着"二孩政策"放开,很多家庭喜添二宝,这容易引起大宝的各种心理情绪问题:大宝不希望二宝的到来抢去了父母的爱和关注,同胞之间的关系也成了当下媒体报道、公众关注的热门话题。认真与大宝沟通弟弟/妹妹的到来,并在二胎出生后,帮助大宝顺利过渡,以下几个原则需要把握。

(1) 父母应避免比较或评价宝宝们的优劣好坏,哪怕是不经意的,这是起码的原则。可经常举办有趣的家庭活动或游戏来保障每个宝宝的权利与责任;避免偏袒或贬低任一方,动辄说"弟弟妹妹年龄还小,要让着他/她"是不可取的做法,要尽可能做到"一碗水端平"(公平公正)。

(2) 父母应给与每个宝宝特别而公平的关注,鼓励兄弟姐妹间的合作游戏或活动,亦可创建竞争性游戏活动中依赖团队合作才能够完成的内容,使得每个宝宝都有机会参与到活动共享中。

(3) 对每个宝宝的需求予以正当而积极的关注与回应,避免厚此薄彼,也可预防同胞间的竞争与吃醋。

(4) 通过积极主动态度来培养宝宝的情商、解决问题的能力以及谈判技巧,鼓励宝宝们之间寻求双赢的解决方案;当有同胞纠纷时,父母可以帮助探寻解决问题的方法,并参与到共同成长的体验中,这样做则较容易解决同胞间的冲突。

在整个家庭中,父母要共同努力,每时每刻都要降低成员间的不当竞争,勿刻意当面去批评或惩罚做错的一方,要惩罚也应考虑受罚宝宝的自尊,如换个时间或空间试试。

255 "新媒体育儿"更高效吗

以网络为基础的新媒体例如网站、微博、微信、聊天群等,具有信息丰富、形式生动、传播迅速、使用便捷、交互性强等特点,已成为育儿父母们最喜欢的学习渠道。"新媒体育儿"模式中,新手父母可以自由地学习、向专家询问及畅谈自己的育儿经验,一方面是信息的接受者,另一方面也成为信息的发布者。育儿知识和经验不再世代相传,而更多的是由年轻父母把他们的育儿理念和方式传播给祖辈。

但是,这种模式是否有效则取决于多种因素:答案的科学性和正确性、是否针对提问者的特殊性、随之而来的新问题如何解决,一旦不同的途径提供了不同的答案,家长就容易不知所措。家长们对新媒体手段的依赖和信息的盲从,导致育儿过程中不再仔细观察、了解宝宝,发现问题便焦虑地四处寻求帮助、不经鉴别地使用某种方案,反而给家长和宝宝带来双重伤害。

新媒体的出现极大地拓宽了家长们获取知识的渠道,成为很多家长学习育儿知识的主要来源,然而随着家长知识水平和经验的增长,一般育儿常识已经不能满足需要,应得到更专业化的指导,与此同时,网络媒体对家长的需求了解不够深入,宣传的内容原创少,多千篇一律,互相转载,即使有错误也会被人云亦云传为"真理",误导家长。此外,虽然网络信息来源众多,有权威机构或育儿相关工作者，也有家长自身的经验、口碑、推荐，甚至不乏出发点是利益需求的，因此质量参差不齐。很多家长由于缺乏科学育儿知识而误信，甚至再进行转发，信息成几何倍数传播。错误虚假信息的泛滥甚至能造成众多家长的恐慌情绪。

忽视个体差异是育儿中的另一个常见误区。新媒体是公众平台，因而所传播的知识很难考虑受众身份特征和个性化需求。如同世界上没有完全相同的两片叶子，世界上也没有完全相同的两个宝宝。在面临儿童问题时，不考虑宝宝的特点，生搬硬套，既达不到目的，还可能因育儿观念的冲突激发家庭矛盾。婴幼儿是独立的个体，即便是普遍问题，处理方式也因人而异。将书本和网络上寻求的答案整合转化，才是科学育儿之策。

256 积极型养育有什么好处

我们倡导父母在育儿过程中采取积极和充满情感的态度和方式。首先要热爱和尊重宝宝，对宝宝充满理解和爱护。在养育过程中充分认识和发挥宝宝自身的发展潜能和动力，理解宝宝应当靠自己的努力成长，父母的作用是为宝宝的成长提供良好的支持、条件、帮助和环境；鼓励宝宝主动参与，培养宝宝的学习兴趣，积极向上的探索和创造能力；但同时也会有一些限制和规矩，培养宝宝自我调节和自我适应的能力。

父母积极的养育方式还表现在对自身的要求，以身作则，处处事事为宝宝做出表率，成为宝宝信赖的榜样。在这种积极养育方式培育下成长的宝宝，能形成积极的思维模式和人生态度，社会能力和认知能力都比较出

色。在掌握新鲜事物和与同龄儿童交往过程中表现出很强的自信，具有较好的自控能力，并且心境比较乐观、积极，成就感较强。这种发展上的优势在青春期时仍然可以观察到，即这类青年具有较强的自信心，社会成熟度较高，学习上也更勤奋，学业成绩较好。

257 育儿切忌虚荣心和盲目攀比

在育儿中，家长的虚荣心和盲目攀比心理常表现在两方面。一方面，把早期教养误认为超前教育。早期教养是0～3岁期间通过有目的、有计划、有系统的训练，使婴幼儿感知觉、动作、语言、思维、记忆及想象力等不断发生和发展，挖掘潜在能力，促进智能发展。必须遵循婴幼儿生理特点和心理的发展规律，结合个体差异进行。但有的父母亲强行追求宝宝的多元化发展、高智商，在不考虑宝宝的接受能力情况下，强迫提前学习各种知识和技能，达不到要求时还埋怨宝宝。这种做法会导致宝宝自卑、影响学习积极性，甚至阻碍长远发展。

另一方面，过分强化对物质的追求和奖励。随着物质条件的优越和生活水平的提高，新一代的父母们在育儿方面的经济投入越来越大：最好的进口奶粉、功能最多的玩具、最贵的早教班、名牌的衣物用品等。有能力给宝宝提供好的物质条件当然是好事，但前提应是适合宝宝以及必需。有的父母以物质作为唯一奖励调动宝宝的积极性，这类父母只看到了物质刺激给宝宝带来的短期效应，但当奖励越来越多时，这种手段注定会产生不良的影响。宝宝会变得越来越依赖于物质刺激，每做一件小事也期望获得物质奖励，

否则就没有动力，在无形中误导了宝宝的价值观。

258 教宝宝识别自己的情绪

学会识别和理解情绪是对情绪进行自我调整的基础，这是情绪发育的重要内容。情绪的形成和发育总是在人际交流中发生，而对情绪的理解也是在人际交往中学会的。

父母经常向宝宝解释别人的情绪，以及造成这些情绪的原因和应该有的情绪的反应，通过这些，有助于宝宝学会理解和识别他人的情绪，并且学习如何对此做出适当的反应。当宝宝出现情绪时，父母和其他看护人不断地对宝宝的情绪变化做出反应，并经常同宝宝谈论情绪，宝宝也通过情绪表达进行沟通和交流，感受他人对自己情绪的认识和判断，开始懂得识别自己的情绪变化。

要想更好地理解情绪，应该使宝宝懂得每个人都会有情绪，这是正常的反应。情绪反应有积极的和消极的，要学会判断自己的情绪，培养调节情绪的能力。每个人的情绪反应可能不一样，要学会判断他人的情绪，并做出适当的应对。情绪的产生是有原因的，找到产生消极情绪的原因，有利于调节情绪反应。

259 宝宝为什么发脾气

婴儿因为情绪不愉快而发脾气，大多与身体需要有关，如饿了、渴了、累了，或者是生病了，这些是家长首先要考虑的问题。此外，还因为一些长期养成的习惯未能被满足（如抱睡、抱着玩）等，一旦未能满足，就会发脾气大哭大闹。婴儿 6 月龄左右开始认人，要自己的亲人抱，亲人走了就不高兴。2 岁左右的宝宝，情绪有了进一步发展，要求多了，不能被满足的情况也常有发生。但是，由于他们语言表达能力不够，所以在无法顺畅沟通时，宝宝会发脾气。

当宝宝再大一些时，感到不被关注、不被重视、不被理解，或者自己受到挫败和伤害的时候，他们也会通过发脾气的方式，来缓解自己的情绪。宝宝和成人一样渴望被关注，尤其是得到家长的注意，这在 2～6 岁的儿童中表现得尤为明显，渴望受到关注是他们的共同心理需求。当他们不能得到家长的关注时，他们会发脾气，希望通过发脾气得到了家长的关注。在宝宝的成长过程中，由于自身和环境的限制，会遇到很多棘手的问题让宝宝感到无能为力，对成人来说微不足道的问题（例如搭高积木、完成拼图等），对宝宝来说却是挑战，宝宝反复尝试，但总是不能成功，这种不能把控一件事的挫败感会使宝宝发脾气。当宝宝的需求未能被满足，例如要求父母陪着玩会儿或者讲个故事，家长却没有认真倾听或者说没功夫，宝宝也可能会发脾气。

随着宝宝的成长，导致宝宝发脾气的因素也越来越复杂，家长要了解原因，冷静分析，明确了脾气背后的真正原因，才能正确处理。

260 如何应对宝宝发脾气

当宝宝发脾气的时候，家长怎么处理才好呢？一般说来，当宝宝情绪波动时，讲道理是没什么用的，首先家长一定要冷静，不可再发脾气,火上浇油。家长保持冷静、心平气和是处理问题的关键。

"转移注意力"的方法对2岁以下的宝宝是一种有效的临时措施。父母可以利用宝宝的好奇心——"让我们去看看,那边许多人在做什么""帮我看看这是什么呀""来看看我的背包里怎么多了这么些好东西"等,都有助于宝宝转向新事物,停止发脾气。

沉默和冷处理是对付3岁以上宝宝无理取闹的办法之一。家长随他怎么闹都不要回应他,把周围可能被碰坏和会碰痛他的东西移开。对他讲明只有不再哭闹时才理他,态度要坚决,语气却应当温和耐心。有的宝宝发脾气、哭闹是为了获得家长的关注或者满足某种需求,家长只要坚持一两次冷处理,宝宝的无理取闹可以逐渐被克服。但对已经习惯父母的妥协,脾气又非常大的宝宝,这种办法很难实施。

宝宝第一次发脾气时,父母要认真对待,不能图一时轻松而轻易迁就。当父母迁就第一次,宝宝就有了办法,会有第二次、第三次,久之成为习惯。对宝宝来说,迁就越多,宝宝的要求就越多,脾气也越发越大。大多数父母都知道宝宝在什么时候会发脾气,采取预防措施是最聪明的办法,例如带宝宝出去先

要讲好今天买不买玩具,什么可以要,什么不可以要。有些会引起宝宝发脾气的事,如一个新玩具在手里,知道他不肯让给别人,就不要勉强宝宝去做,以避免矛盾的发生。

261 对宝宝教养态度要一致

家庭成员对宝宝教养态度不一致是家庭教育中存在的普遍现象。例如,宝宝做错了事,妈妈想和他讲道理,宝宝却不耐烦地发脾气,一旁的奶奶拖过宝宝护着,责怪是父母不对……教养不一致还常常发生在父母之间:有时父母意见相左,却当着宝宝的面相互指责。例如,妈妈认为宝宝喝饮料习惯不好,阻止爸爸买,爸爸却责怪妈妈太过计较。

这样不一致的教养态度下,不仅损害父母中一方的威信,而且会使宝宝失去是非观,不能认识自己的错误,更会在家长的矛盾中钻空子,久而久之,宝宝自然变得不明是非、不讲道理。

对待宝宝的教育问题,父母要有预先的讨论和商议,统一看法。当父母意见不一致时,也要等宝宝不在场时交换意见,才不影响父母在宝宝面前的威信。在原则一致的前提下,家庭成员应有粗略的分工,各方配合,让家庭教育收到良好的效果。

262 为宝宝制定行为规范

宝宝是发育中的个体,一切都在学习、尝试、探索之中,他们还没有清晰判断是非的能力。家长的一个重要职责就是为宝宝清楚地设定行为的规范和界限:在一定的情景下,

哪些是可以接受的行为,是人们所期待的;哪些行为是不可接受的。

制定行为规范,帮助宝宝学习和遵循重要的行为规则是家长们的一个重要任务。2岁以后的宝宝,身体、语言、认知能力不断发育,对周围的事物进行一定的定义、解释、理解和认识的能力不断增强。在不断的发展过程中,让宝宝理解行为规范、发展自我控制能力,并遵循重要的行为规则十分重要。适宜的限制和规范应当是保护宝宝健康和安全的,具有内在的理由(有意义、符合社会价值标准),有利于宝宝的发展,是定期的、稳定的、尊重的、积极的。

家长还要注意,宝宝的天性就是探索和尝试,他们不仅探索周围的环境和事物,而且也会试探家长为他们设置的规范和限制是不是可以改变的。对这种不遵守规范和限制的尝试,不要简单看作是宝宝故意淘气,要注意这是宝宝在试探、测试这些规范的有效性和家长的真实意图。因此,在设置规范和实施规范的过程中,保持规范的前后一致以及在不同家长之间的一致非常重要,当宝宝打破这种规范,所得到的结果是一样的。父母在解释和执行规范的时候,语言要尽可能简洁、明确而坚定;对遵守规范的适宜性行为要鼓励,对出现的消极行为要进行干预。

宝宝就是一切由着宝宝,想做什么就做什么,想怎么做就怎么做。其实,尊重宝宝是把宝宝作为一个有情感、有思想的个体加以平等对待。亲子关系的本质是"人"与"人"的平等关系,宝宝作为"人",有自己的灵魂,使其与动物区分;有其自己的个性,使其与他人区分。在养育中,父母的责任在于保障宝宝的各项"人权",而宝宝的责任在于逐步"分离"而自立。如果忽视个体的先天基础和独特优势,宝宝就难以作为独特个体获得应有的尊重。

在宝宝出现消极行为时,情绪往往处在波动之中,此时尊重宝宝,赢得宝宝的信任和合作尤为重要。在这种情形下,首先要接纳宝宝,理解宝宝的感受,这种做法称为"共情"。当对宝宝当时的感受表示理解和接纳的时候,让宝宝感受到了对他的爱护和关心。只有营造出相互尊重的状态和气氛之后,家长的话宝宝才能听得进去,然后家长再客观地讲出真实感受,讨论解决问题之道。

宝宝有话语权,有独立思考及判断的权利,有机会均等的权利。尊重并保障宝宝的这些权利,用科学和发展的眼光看待宝宝,让宝宝在玩中学习,释放天性,发展自我,才能让宝宝发展能力,以应对未来复杂多变的挑战。

263　怎样才算尊重宝宝

宝宝未来生活的时代是一个自由而充满创造力的时代,父母希望宝宝将来有话语权,会独立思考,做出正确判断,有能力把握机遇迎接挑战吗?这些都要从尊重宝宝开始。

有人对尊重宝宝有一种误解,认为尊重

264　称赞与批评如何把握尺度

每个人都喜欢被赞美,宝宝也不例外,而且宝宝从人们对他的评价中认识自己。对宝宝要以积极表扬鼓励为主,消极批评会使宝宝灰心丧气。

称赞或批评都是为了强化好的行为,鼓

励宝宝养成好的行为习惯,改正缺点。以表扬来说,对3岁以下的宝宝多表扬一些可能问题不大,但对3岁以上的宝宝,由于此时宝宝的自我意识较强,对家长的评价很敏感,有强烈要求表扬的愿望,所以要比较慎重。如果乱戴"高帽子",使宝宝得不到正确的自我评价,相反认为表扬是应该的,不表扬就什么也不肯干,甚至会发生为了表扬而作假或讨好的行为。

对宝宝的称赞分为无条件的称赞和有条件的称赞。无条件的称赞与无条件的爱一样,目的是要让宝宝知道,我们爱你只因为你是我们的宝宝,宝宝不需要做任何事去获取这种爱。另一种是有条件的称赞,是表示"我喜欢你做的事",例如,父母可能对宝宝说"我喜欢你的图画""你唱歌真好听"等等。称赞应该聚焦宝宝所做的具体的努力,包括怎样改正了缺点,如何克服了困难。赞扬宝宝所做的成绩要实事求是不夸张,要让宝宝感到高兴而不自满。

不少家长喜欢表扬宝宝"真聪明""真能干",宝宝很开心很骄傲,但实际上并不理解下次如何还能做好、怎样才能做得更好,强调对宝宝的表扬要具体说出,到底好在哪里,这让宝宝以后能有所遵循。父母必须学会去发现宝宝的每一个优点和每一个进步,及时肯定和赞扬宝宝。往往越关注宝宝什么,就越可能会得到什么。如果家长能让宝宝知道,总能发现宝宝的每一个良好表现,并且总能对宝宝的良好表现表达赞赏,那么宝宝会逐渐变成我们不断告诉他们要成为的样子。

批评也应当聚焦具体,批评宝宝的不好行为,而不要扩大化到否定宝宝本人(例如贴标签)。比如批评宝宝不能抢别人玩具时,应该告诉宝宝要友好相处道理,而不能简单地

批评"你怎么这样霸道"。对宝宝批评时,态度坚定,语气严而不厉,不要引起反感,以免让宝宝认为"是不是不爱我了"。

265 奖励与惩罚要公平合理

一些父母对宝宝的行为有所期望,常常用奖励的方法进行诱导。宝宝一旦完成了父母预期的行为,父母常常用奖励的方法给予肯定。的确,相比于表扬与批评,奖励与惩罚更有分量,但使用时一定要弄清事实,做到公平合理。

奖励宝宝要有明确的奖励条件,不能随家长的情绪。条件高了宝宝做不到,失去争取的信心,奖励也就失去意义;条件太容易,宝宝轻而易举得到,兴趣就不高了,奖励也不能持久。对宝宝来说,奖励金钱或昂贵的礼品不如玩具、图书或生活用品更有意义,特别是给宝宝一次他盼望已久的机会,如看一次电影、逛一次公园等,宝宝会特别高兴。可以让宝宝提出奖励的愿望,合理的就该答应,答应了就要做到。

惩罚是一种比较严厉的手段,要尽可能少用。当宝宝出现以下情况时,要慎用惩罚:宝宝不是有意,而是由于粗心或失手损坏了东西,这时宝宝已经很紧张,不要再责罚他,而是应该稳定宝宝的情绪,事后再告诉他该注意什么。不能因为心痛被损坏的东西而惩罚宝宝,宝宝对自己做错的事已经有了认识,并愿意改正时,不要再惩罚,宝宝第一次做错事时,应耐心批评教育,而不宜惩罚。打骂不是好的惩罚手段,因为父母在打骂宝宝时,情绪往往比较激动,难以做到公正。另外,要注意宝宝和成人一样有自尊心,对宝宝的责罚

不要在别人面前进行。如果宝宝做错了事，已经认了错，要求不要告诉幼儿园老师或其他人，只要他答应以后不犯，可以允许这种要求。但要说明这不是隐瞒，而是相信他已经认识并愿意改正，就没有必要去和更多的人讲了。

266 避免常见的不当惩罚

当宝宝破坏规则时，确实需要通过一些惩罚手段来明确当下行为的不当，一般是隔离或冷处理等方式，不能是恐吓、肢体惩罚等家庭暴力行为。

(1) 不能对宝宝恐吓或吼叫：恐吓并不总是有效，吼叫常常让事情更加剑拔弩张，当双方都情绪高涨时，往往无法恰当解决事情的本身。如果父母经常呵斥宝宝，很可能只有在父母大声喊叫的时候，宝宝才会认真对待。

(2) 责打宝宝是非常不恰当的惩罚方式：责打过后，宝宝因为疼痛而暂时地退却了，但并未解决宝宝真正的问题。同时，责打宝宝会向宝宝传递这样的信息——如果你比别人强大，你就可以通过武力解决问题。大部分父母责打宝宝释放自己的愤怒之后，会产生负疚感。有些儿童学会利用父母的负疚感，为自己获取补偿。

(3) 随意剥夺宝宝的权利：父母经常取消宝宝的一些权利或者要求，以此作为惩罚。但是，很多时候取消宝宝的一些权利或要求，却与宝宝的行为没有明确联系，这样的惩罚同样起不到作用，只会使宝宝不知所措。

267 帮助宝宝养成良好的规矩

"无规矩不成方圆"，为促进儿童身心健康成长，家庭也应有家规。宝宝的"教养"如何，很多是从小事上反映出来的，教养的形成要从日常点滴做起。

(1) 尊重父母，从小事做起：如要按时起床，按时就寝；饭前便后要洗手；玩具、图书用过后放回原处；不属于自己的东西要经过物主的允许后才能动用。从小培养宝宝向父母道早安和晚安，要学会说"您""请""对不起""谢谢"等。但要注意，不要一下子立很多规矩，要从宝宝容易做到的开始，要适合宝宝的思维和自我约束力能力，并且要持之以恒，切不可朝令夕改。

(2) 要及时鼓励宝宝的进步：细心观察，每当宝宝努力按照家长要求去做时，即使没能完全达到家长的要求，家长也要对宝宝的表现表示赞许。当然，不必是物质上的奖励，一句夸奖，传递一个充满爱意的眼神，都会起到很好的正面强化作用。

(3) 要严格，不能心肠软：要严格按照社会道德的要求来要求宝宝，不能姑息迁就，不能"舍不得"。比如，有的宝宝有了好吃的就自己一人独享。父母应教宝宝和别人分享的道理，每次都应让宝宝分给大家一起吃。父母不要因为少就自己舍不得吃，而总是让宝宝独享，以致最终养成唯我独尊的习惯。

(4) 为宝宝做出表率：宝宝通常会模仿家长的行为，也会观察家长的言行是否一致。如果父母没有树立起很好的榜样，家长的形象和家长说话的分量在宝宝心目中就会大打折扣。

268 培养良好品行从创建良好环境开始

品行伴随宝宝的一生，很多家长会从小培养宝宝的品格和德行。然而宝宝的品格道德培养应当是大处着眼，小处着手。宝宝在成长的过程中，多多少少会有一些小错误发生，有的家长觉得宝宝小，小错误不会影响到宝宝，但是如果品行上犯了小错误，家长不去教育、纠正，宝宝的小问题会逐渐变成大问题。儿童的许多行为还在不断发展中，预防消极行为的发生，远比干预不良行为要重要，首先从儿童的养育环境开始。

（1）舒适安定：舒适安定的环境能帮助宝宝保持愉快的心情和积极的态度；当环境杂乱、吵闹、不舒适时，宝宝也会变得烦躁，行为难以控制，导致出现不配合、破坏或攻击行为。

（2）人际环境：亲密和谐的亲子依恋关系，友善和合作的同龄伙伴关系，尊重和平等的人际沟通，都是宝宝行为正常发展的重要前提。相反，紧张的、充满压力的人际关系往往会诱发儿童的消极情绪和消极行为。

（3）树立榜样：模仿是宝宝学习的主要方式，家长的行为会给宝宝带来重要的影响，家长要以良好的行为方式为宝宝树立榜样。宝宝缺乏判断能力，因此要避免家长各种不良行为对宝宝造成不良影响，例如不要当着宝宝的面吵架，不要用实现不了的诺言来哄宝宝；要结合宝宝的经历，告诉宝宝什么是对的，什么是不对的。

0～12月龄儿童发育训练

发育特征｜亲子游戏｜早期发展

更多精彩视频持续更新中……

防病治病篇

第五讲 防病治病——内科篇

🍄 新生儿期的特殊症状和疾病处理 🍄

269 新生儿太"乖"不是正常现象

新生儿大多数处于吃饱了就睡，睡醒了就吃的状态，但宝宝虽小，也会有自己的小脾气。尿布湿了、饥饿了、求抱与安抚时，都会响亮地啼哭，四肢有力地踢腾。如果宝宝总是安安静静地睡觉、喝奶的欲望不强烈、少动、不怎么啼哭，倒是要引起家长的警觉。

新生儿睡眠缺乏规律，每天除了哺乳与排泄所占的 6～8 个小时外，其余时间均处在睡眠状态，并分布于全天的 24 小时内。新生儿一般状态下，白天清醒时间加起来约 1 小时；白天小睡眠时间 1.5～2.5 小时/次，一般 4 次，最长可一次小睡 3～4 小时；夜间睡眠时间 2 小时/段，一般 4 段，最长可连续睡眠 3.5 小时；夜间夜醒时间 30 分钟/次，3 次左右。如果宝宝清醒的时间远远少于上面的描述，或者每段睡眠的时间明显延长，缺乏觉醒喝奶愿望，家长就要警惕宝宝这种太"乖"的状态，需要看看医生。

除了宝宝清醒时间的长短，家长还要注意宝宝的姿势。正常新生儿的体态像小青蛙，四肢微微蜷曲，这是宝宝正常的肌肉张力状态。如果宝宝是很松软地躺着，胳膊、腿都能很容易地拉直，或者看不到宝宝清醒时手脚有力的踢腾，宝宝不喜欢看家长的脸，不喜欢看颜色鲜艳的玩具，反应淡漠，这些情况要引起家长重视。因为这种情况下，医生会怀疑是否存在神经系统的问题。

出生前有过宫内窘迫，或者出生时有过比较重的围产期窒息的宝宝，会考虑缺氧缺血性脑病的可能；吃得少的宝宝，尤其是早产儿，可能为低血糖引起的神经系统反应不好；没有围产期窒息病史的宝宝可能会是神经系统的发育问题、代谢性疾病。这些情况需要去医院，明确诊断，早期开始治疗。

270 宝宝怎样才算是不哭不吃

有的宝宝不怎么哭，但睡眠或觉醒时间是正常的，醒了以后，表情愉悦自然，喜欢注视护理自己的大人，这是正常的情况。如果不怎么听到宝宝的哭声，宝宝的睡眠时间超长，每天醒的时间加起来不超过 1 小时，手脚活动少，不愿注视人脸，要警惕这种"不哭"背后的原因。

足月的宝宝一般每天奶量为 100～120 毫升/千克体重，早产宝宝对营养的需求高一些，每天奶量为 130～150 毫升/千克体重。如果宝宝的全天奶量连 50～60 毫升/千克体重都没有，算不好好喝奶了。如果是妈妈亲喂，较难估计宝宝到底喝了多少，可以通过观察宝宝的尿量，一般 3～4 小时会有一次排尿，隔几个小时换纸尿裤，会发现纸尿裤沉甸甸的，说明宝宝有足够奶量摄入。另一个客观指标是看宝宝体重增长情况。新生宝宝在刚出生的头一周往往会有生理性体重下降，体重的下降不超过出生体重的 7%～8%，如果下降太多，可能是摄入不足或奶量暂时不足。出生一周过后应该进入体重稳步增长的阶段，如果每天体重增长不到 30 克，说明宝宝的奶量摄入不够，需要看新生儿科医生，寻找可能的原因。

3 个月以内的婴儿神经系统还没有发育成熟，在受到声响或者其他刺激时，会出现吓了一跳那样的反应。双臂快速地张开再快速合拢是宝宝正常的神经系统原始反射，新生儿没有这样的表现反倒有问题。3 个月以后，宝宝的神经系统发育逐步完善，点头拥抱样的惊跳反射便不会再出现。这个年龄阶段的宝宝容易在睡眠状态中出现手脚快速抖动，这种症状出现比较频繁时新手爸妈会很紧张，担心宝宝在抽筋。碰到这种情况，可以快速抱着或者搂着宝宝，给宝宝的肢体一点约束。如果握着宝宝的肢体还是控制不住肌肉抽动，可能是病理状态的表现，如新生儿惊厥，需要及时就诊。如果宝宝呼吸平稳，面色无发绀，不超过几分钟抽动就停下来，家长需保持镇定，注意观察这期间，宝宝的眼神、情绪，以及是否在清醒状态，这些仔细的观察会给儿科医生的诊断提供很多有用信息。

271 宝宝出现这些症状正常吗

新生儿科医生在门诊经常会碰到一些家长提到宝宝总是吐奶、手脚抖动，经常有像受到惊吓的样子……这类问题常常是在婴儿阶段特有的，有时又需要与病理的状态相鉴别。

什么样的吐奶需要看医生？首先要观察呕吐物的形状，如果呕吐物中有黄色或咖啡色物，就需要特别当心。还要观察宝宝呕吐后的情绪，如果呕吐过后，宝宝很快恢复如常，没有不舒服的样子，可以先观察。最重要的是观察宝宝体重增长的情况，如果体重长得很好，说明对宝宝没有产生实质性的负面影响。反之则需要看儿科医生，寻找呕吐的原因。

272 宝宝的舌系带需要剪吗

宝宝出生后，不少老人家会催促新手父母带宝宝到医院"剪利根"（即剪舌系带），也就是医生所说的"舌系带延长术"。而有的宝宝一直不会说话或发音不清，不少父母也会带宝宝到医院检查是否"痴利根"，医学名叫"舌系带过短"。不少人都认为舌系带短会影响说话，只要延长舌系带宝宝就能清楚地说话，实际上真的是这样吗？

舌系带是附着在舌腹中后部的结缔组织，将舌头连在口底且保持一定的活动性。如果连得过多，即附着于舌尖附近，那么舌的活动性就会受到限制，伸舌时由于舌系带的牵拉，舌尖会出现一凹陷，呈"M"形或"V"形，有的宝宝甚至不能将舌头伸至口外，这就是舌系带过短。除了伸舌受限外，舌系带短还导致舌头不能上抬、后卷。

婴幼儿还未掌握伸舌这一动作，要判断他们的舌系带是否过短应由医生检查而决定。有的家长因为宝宝不伸舌头而认为宝宝舌系带短是错误的。不会说话也非舌系带短之过，宝宝会不会说话、说话多少、学说话快慢主要由大脑发育决定的。一个舌系带短的宝宝只要其他方面发育正常，到了学说话的年龄是会说话的，只是由于舌上抬受限，发卷舌音可能就要差一些。

对于发音不清的宝宝，行舌系带延长术术前必须认真评估宝宝是否舌系带短、语言发音情况，否则只会增加宝宝的痛苦，对其没有任何帮助，术后更应该注意加强语言训练，才能有效改善发音情况。对于刚出生不久的婴儿，由于免疫力弱、抗感染能力差，一般建议6个月后再考虑行舌系带延长术。另一方面，尽管有的宝宝出生时舌系带附着近舌尖，但随着生长发育，舌系带会慢慢后退至正常位置，因此不建议婴儿太早行舌系带延长术。

273 宝宝皮肤又硬又肿怎么办

在寒冷的冬春季节，新手父母有时会发现：宝宝大腿外侧出现好几块暗红色、硬邦邦的肿块，身体摸起来冰冰凉凉，宝宝却不哭不闹，这可能是新生儿硬肿病。

这种疾病主要是由于寒冷、早产、感染以及缺氧等多种因素使宝宝的皮肤或者皮下脂肪发生硬化及水肿，常见于早产儿、低体重儿。肿块首先出现在大腿外侧，之后蔓延至下肢、臀部甚至全身，同时宝宝反应差、不哭、

体温通常低于35℃，并伴有多器官损害。重症患儿治疗难度大，预后差，因此预防很重要。做好孕妇产前保健，减少早产发生，避免围生期窒息及感染。宝宝出生后做好保暖措施，特别是位于寒冷地区的宝宝。宝宝对抗外界有害因素的能力有限，照护者要做好消毒隔离措施，预防新生儿感染。

万一宝宝出现该病症，首先，让宝宝感到温暖起来。如果宝宝体温在34～35℃，热水袋、电热毯或者妈妈的怀抱都是不错的选择；如果宝宝的体温在34℃以下，远红外辐射台或者暖箱能让宝宝的体温恢复正常。其次，让宝宝吃饱喝足。经口喂养或者静脉输液给宝宝提供足够的能量及液体，让宝宝拥有自身所需的能量，减轻硬肿。再次，消灭感染，合理使用抗生素可以迅速控制感染，使宝宝恢复活力。此外，还要保护每一个器官，当器官开始抗议，不再工作时，要赶紧修复，各个系统和器官缺一不可。

274 谨防脐部被细菌入侵

脐带是联系妈妈和胎儿的纽带，胎儿通过脐带得到生长发育所需的一切营养物质。出生结扎并切断脐带后，新生儿开始独立生活，必须建立自己的呼吸和循环。

脐带断端相当于一个伤口，是细菌入侵身体内部的主要门户之一，加之刚出生的宝宝抵抗细菌的能力很差，如被粪、尿污染或细菌入侵都会引起发炎，也就是新生儿脐炎。此时脐带断端局部有脓性分泌物，并有臭味，脐孔周围红肿等，少数可引起局限性腹膜炎或肝脓肿，甚至可沿着脐带中的血管进入血流造成败血症。

正常情况下，结扎后脐带可能会有点肿胀，像果冻一样。几天以后开始逐渐变干、萎缩，通常在1周左右脱落，也有早至3～4天，晚到3周脱落的，爸爸妈妈要每天检查宝宝脐带的状况。

如果脐带根部有脓液，应避免接触洗澡水，家长可以给宝宝擦洗身体，每日用酒精棉球或者碘伏棉签对脐部进行消毒，直到脐带脱落。脐带脱落时出血是很正常的，变干的脐带会散发轻微的气味，也是正常的，但如果有特殊的难闻气味，应该及时就诊，谨防感染。如果脐带周围直径3厘米的区域出现红、热、肿胀，说明已经感染，也应该及时就医。

275 脐孔"出水"种种

有些宝宝的肚脐会有"出水"现象，新手爸妈往往不知该如何应对。如果脐带脱落后宝宝脐孔处可以见到渗液，作为家长要留意了，这可能是某些疾病的危险信号。

首先，需要注意观察宝宝有没有发热、哭闹或过度安静，脐周有没有红肿；其次，观察宝宝肚脐中间有没有异常突起以及孔道；最后需要观察脐部分泌物的颜色、性状，以及有没有特殊的气味。

肚脐周围有明显的红肿，并且伴有体温升高以及异常哭吵或过度安静，甚至拒奶，可能是脐炎（脐部的一种感染），这种情况需及时就医治疗。肚脐中间有异常红色小突起，渗出液体无色或呈少许血性黏液状，没有特殊气味，可能是脐茸或者脐窦。肚脐中间有个小孔，经常冒气泡或渗出带有恶臭的黄绿色液体，甚至有粪便排出，要当心脐肠瘘。肚脐中间有小孔并不断渗出透明稀薄液体，伴

有尿臭味，要警惕脐尿管瘘，但是这种情况比较罕见。

如果宝宝一般情况良好，没有发热、异常的哭吵，没有上述几种特殊情况，仅仅是肚脐上少许透明无色渗液，可以先将脐带脱落后的残端用碘伏棉签或者酒精棉球进行消毒处理，进一步观察症状；如果渗出液体持续无改善，或者遇到上述几种比较特殊的情况，应及时就医。

276 脐部能活动的小肿块——脐疝

一些新生儿在生后第1周或1个月内脐部会隆起一个小包，摸起来软软的，好像里面还有气，一压就可以回到肚子里面去。当宝宝哭吵、运动或咳嗽的时候就会突出，当宝宝安静、躺下来的时候又会消失。这种会变大变小的小肿块就是脐疝。

脐疝是一种发育缺陷，是因脐部筋膜缺损而脐环处于开放状态，腹腔内的脏器向外膨出所致的一种畸形，常见的膨出脏器是肠管。脐疝在宝宝，尤其是早产儿的生长发育中是比较常见的情况，家长们不必太担心，脐疝的自愈率很高，大多数脐疝在宝宝出生后3年内可自行消失，极少延至学龄期。这个小肿块基底部的环也称脐环，因为发育异常的程度不同，所以脐疝的大小因人而异，脐环越大者越不容易自愈。

脐疝的常规治疗是2岁以内保守观察，2岁以上如没有变小的话，可以考虑手术。目前，脐疝局部压迫是较为常见的保守治疗方法之一。一般来说，脐疝并发症很少，很少发生嵌顿，但如果家长们发现宝宝的肿块长时间不消失，还是需及时就医。

277 可怕的新生儿皮下坏疽

皮下坏疽是新生儿期严重的皮下组织急性感染，以冬季发病较多，我国北方寒冷地区发病率较高，南方相对较少。该病发展很快，短时间内病变范围可迅速扩大，易出现并发症，死亡率较高。

由于新生儿的皮肤发育尚不完善，防御抵抗能力低，全身的免疫功能比较差，皮肤柔软且娇嫩，局部的皮肤在冬季容易受压、受潮，不易保持清洁，经常受到大小便浸渍、哭吵乱动时衣被摩擦等的影响，细菌从皮肤的受损处侵入而引起感染。

致病菌多为金黄色葡萄球菌，该菌毒性较强，易引起全身感染，甚至导致脑炎，严重情况下可致命。

皮下坏疽常见于身体受压部位，比如臀部和背部比较多见，偶尔发生在枕部、肩部、腿部和会阴部，起病急，进展快，数小时内明显扩散。开始可能只是局部皮肤泛红，温度升高，触之稍硬；随着时间推移，病变迅速向周围扩散，中央部位的皮肤逐渐变为暗红色、紫褐色，触之较软，有漂浮感；最后整个皮肤呈紫黑色，甚至破溃流脓。

此类患儿常常首先表现为哭吵、拒食、发热、腹泻、呕吐等，体温多为38～39℃，有的甚至可达40℃。严重者可表现为精神不好、嗜睡、低体温、少哭、少动、口唇发青、腹胀、皮肤发黄；晚期可出现心跳、呼吸停止甚至死亡。

当新生儿有发热、哭吵、不喝奶等表现时，应检查全身皮肤，尤其身体受压部位，如果发现上述表现时，要警惕该病，及时就医。

家长应该从以下几方面进行预防：保持新生儿皮肤清洁，冬天经常为其洗澡，夏天更应勤洗；为新生儿准备柔软的纸尿裤并及时更换，每次大便后清洗臀部；家长要经常查看宝宝的皮肤，尤其腰骶部等长期受压部位。如果发现皮肤红肿、发硬、边界不清，应引起注意，及时就医。

278 怎么判断宝宝是否发热

发热是指人体体温超过正常水平高限，可分为生理性体温升高和病理性体温升高。体温的波动受性别、年龄、昼夜及季节变化、饮食、气温以及衣被的厚薄等因素影响，在一定范围的波动。体温稍有升高并不一定有病理意义。生理性体温升高与剧烈运动、心理性应激等因素有关，儿童的话还多见食物动力因素，以及夏天因幼儿散热功能差而导致的暑热症。病理性体温升高往往与感染有关，特别对于儿童，一旦有细菌或病毒感染时，往往会出现发热。体温升高是否会被判定为“异常”取决于儿童的年龄和测量的部位。

体温的测量包括直肠温度（肛温）、舌下温度（口温）和腋下温度（腋温）。肛温比较接近身体的核心温度，可作为确定宝宝是否发热的依据。一般儿童正常的肛温波动于36.5～37.5℃，口温比肛温低0.3～0.5℃，腋下温度为35.9～37.2℃。对于健康的婴儿，通常认为肛温≥38℃时为值得关注的发热。对于3～36个月的儿童，通常将发热定义为肛温≥38℃。对于年龄更大的儿童和成人，发热的定义可能为口腔温度≥37.8℃。

一般认为37.5～38℃为低热，38～39℃为中热，39～41℃为高热，41℃以上为超高热。体温的异常升高与疾病的严重程度不一定成正比，发热是儿童非常常见的临床症状，但发热过高或长期发热可影响身体各种调节功能，从而影响宝宝的身体健康，因此，对确诊发热的宝宝，应积极查明原因，针对病因进行治疗。

279　宝宝为什么会发热

发热是儿童时期最常见的症状，是一些疾病的伴随症状，是身体对抗入侵病原的一种保护性反应，是人体正在发动免疫系统抵抗感染的一个过程。发热的病因有很多，分为感染性和非感染性。宝宝发热最常见的原因是感染，感染可以是病毒性的，也可以是细菌性的或其他微生物。

随着宝宝成长和活动范围的扩大，接触外界感染原的机会增多，加上幼儿的免疫功能还不成熟，容易发生一些感染性疾病。像常见的上呼吸道感染（普通感冒）、下呼吸道感染（支气管炎、肺炎）、消化道感染（肠炎）、泌尿道感染等都会导致发热症状。这些疾病导致发热的同时还会伴有相应其他症状，如呼吸道感染时会出现咳嗽，消化道感染时会出现腹泻，泌尿道感染还会出现尿频、尿急、尿痛等症状。此外，发热如果伴有皮疹，还要注意是否有传染性疾病，如麻疹或水痘。另外，对非感染性因素，如风湿或免疫相关性疾病、血液病等比较严重的疾病也会造成发热。

发热只是一个症状，它的病因多种多样。宝宝出现发热时家长别慌，短期发热多数由感染引起，一般预后良好或属自限性疾病，爸爸妈妈们需要加强护理，让宝宝多喝水，保持环境通风，监测体温变化，给宝宝营养丰富、清淡、易消化食物。低热的话可以尝试物理降温，如温水擦浴、贴降温贴；体温超过38.5℃可以口服退热药物，如对乙酰氨基酚、布洛芬等。家长应密切观察宝宝的情况，如果伴有其他感染性疾病的表现或具有精神萎靡、嗜睡、面色苍白等中毒症状的宝宝要及时就医。

280　新生儿肺炎的特殊表现

肺炎是新生儿感染的重要原因，而且是新生儿严重并发症和死亡的重要原因，如何识别就显得很重要。

新生儿肺炎的表现与婴幼儿或年长儿患肺炎的症状不同，尤其出生两周以内的新生儿，发热、咳嗽、咳痰这些肺炎的常见症状是很少见到，主要表现是精神不好、呼吸增快、拒奶、吐奶或呛奶等，大多数宝宝不发热，有时反而全身发凉，体温不升，接近满月的新生儿可出现咳嗽的症状。当家长看到新生儿口吐泡沫，不吃、少哭或不哭时就要引起重视。如果观察到这些现象，父母应及时带宝宝去医院就诊，通过检查和拍胸片做出诊断。如发觉婴儿精神状态不好、反应差、面色发青或发灰，有像成人一样的呻吟和气急，小鼻子不停地煽动，小脑袋随着气急加重与呼吸同时一点一点（医学上称"点头呼吸"），这时病情已经相当严重了，要紧急送医院就诊，不得有丝毫拖延。

不论是哪种类型的新生儿肺炎都有一定危险性，严重的可影响患儿的呼吸功能，甚至可引起全身感染、脑膜炎等并发症。多数新生儿肺炎经过积极治疗是完全能被治愈的，并不留任何后遗症，且不易复发。但严重肺炎合并全身其他器官的感染或损害，比如神经系统的损害，有留下后遗症的可能。

新生儿肺炎是可以预防的：母亲怀孕期间定期做产前检查，及时发现胎儿宫内缺氧，以尽量减少吸入性肺炎的发生；母亲孕期做好保健工作，保持生活环境的清洁卫生，防止感染性疾病的发生；宝宝出生后，要给宝宝布置一个洁净舒适的生活空间，宝宝所用物品注意消毒，接触宝宝时注意洗手。特别强调的是，患感冒的成人尽量避免接触新生儿，如母亲感冒，应在照顾宝宝和喂奶等时佩戴口罩。

281 新生儿黄疸要注意什么

俗话说"十个宝宝九个黄"，新生儿黄疸是很普遍的情况，但新手父母看到宝宝这种状况难免紧张，尤其是宝宝需要留院光疗的时候，更是百般不舍，万分担忧。虽然真正严重的状况并不多，但仍需要父母了解黄疸，及早发现及早治疗。

新生儿黄疸是指由于新生儿时期胆红素代谢的特殊情况，引起血中胆红素水平升高，出现皮肤、黏膜以及巩膜黄染的现象，分为生理性黄疸和病理性黄疸。生理性黄疸是新生儿正常的生理现象，多在出生后2~3天出现，4~5天达到高峰，10~14天消退，血胆红素不超过204微摩尔/升（12毫克/分升）。

生理性黄疸应与病理性黄疸鉴别，注意观察黄疸出现时间和演变情况。如黄疸24小时内出现，消退晚或持续不退或退而复现或持续加重，均为病理性黄疸的表现，临床伴有症状、体征的黄疸均为病理性的。如果病理性黄疸没有采取任何治疗措施，过高的胆

红素会沉积到大脑，对神经系统造成永久性伤害，继而发展成胆红素脑病或核黄疸。

新生儿黄疸的常见原因包括血红蛋白太高、新生儿红细胞寿命短、肝功能不成熟来不及代谢、肠肝循环增多、喂养不足等。发生病理性黄疸的可能原因包括与母亲血型不合、感染疾病、代谢疾病、药物因素、胆道闭锁等。

如果新生儿总胆红素高于255微摩尔/升（15毫克/分升），医生通常会把宝宝收住入院。常用蓝光照射法，用波长为425~475纳米的蓝光照射宝宝皮肤，透过光照让皮肤吸收能量，改变胆红素结构，从亲脂性变为亲水性，让胆红素快速由胆汁及尿液排出，血中胆红素浓度下降，黄疸消退。光疗标准还需视宝宝的出生周数和体重有所差异。当光疗失败或出现溶血等情况，还需考虑换血治疗。

282 你知道新生儿败血症吗

"败血症"乍一听是个非常可怕的疾病，很多父母听到这个词在心理上就产生巨大的恐惧。

众所周知，宝宝在出生后的免疫力尚不完善，难以抵抗病菌侵入，特别是早产儿，更容易受到病原体滋扰。这些"坏东西"通过各种各样的途径进入宝宝的血液并开始繁殖、产生毒素，随着血液流动到全身，引起全身炎症反应，这就是败血症。

新生儿败血症分为早发型和晚发型，以生后3天为界。早发型发生于生后3天内，病原体入侵发生在出生时或出生后，通常病情进展较快，死亡率高；晚发型则在生后3天之后起病，病死率较早发型低。

由于新生儿的特殊性，败血症早期症状非常不典型，有时候仅仅表现为黄疸或者体重不增，体温正常或稍高，因此在该病的早期诊断难度较大，确诊需要根据宝宝的临床表现、实验室检查以及病史综合判断，但诊断"金标准"还是在宝宝的血液或其他无菌腔液里培养出病原体。

宝宝患上败血症了，家长不要慌张，及时就医，根据病原体选择正确抗菌药物是首要任务。最快捷的途径是经过静脉给药，将药物直接送至血液及病灶杀死病菌。治疗时间根据宝宝的情况而定，一般在 1~2 周，如果有其他并发症如脑膜炎、坏死性小肠结肠炎等，治疗时间适当延长。治疗的同时要提供宝宝足够的能量，使身体有力气对抗病原体，还要保证身体的重要生命活动。经过正确有效的治疗，一般不会留下严重后遗症。但是严重败血症有可能对器官造成不可逆的损害，其影响可能会伴随宝宝终身。

283 这些症状提示新生儿化脓性脑膜炎

大多数宝宝在 2 岁之内，尤其是刚出生的宝宝，大脑相当脆弱，除了没有闭合的颅骨缝，它还穿了件叫脑膜的"外衣"。在感冒、腹泻等感染情况下，部分细菌就会趁机跑进大脑，造成化脓性脑膜炎。如果发现不及时，甚至会引起脑炎，影响宝宝大脑发育甚至危及生命。

新生儿各个系统发育还不成熟，对疾病反应没有明显表现，发热是相当重要的信号，当体温高于 37.5℃，提示宝宝可能正在和病菌全面"斗争"。对于早产或重症感染的宝宝，也可能表现为体温不升，因此便需要父母细心观察。在这期间如果宝宝时不时出现吐奶，还会无缘无故地哭闹，甚至大叫，怎么也哄不好，父母便要当心了。除了要想到消化的问题，更要留意宝宝近期是不是反应比之前差，有过腹胀、腹泻甚至耳朵流脓等情况，有没有看到宝宝面部或手脚抖动，时不时还要摸一摸宝宝的囟门，看有没有凸起来。

除此之外，化脓性脑膜炎还可能使宝宝呼吸不规则、拒乳等。由于该病风险大，持续时间长，往往需治疗半个月到一个月甚至更长时间，除了要进行针对性的抗菌治疗，还要积极处理各种并发症状，建议及早就医。

由于该病常常继发于各种感染性疾病，所以避免感染相当重要。感冒、咳嗽的家人尽量远离宝宝；母亲有明显感染症状（如发热）时可暂缓母乳喂养，当发现宝宝有发热、咳嗽、上吐下泻，或者耳朵发炎时，要积极就医。有吐奶或腹胀的宝宝，喝奶后可以适当抬高头部，尽量使头偏向一侧，减少呛奶。如果怀疑宝宝四肢抖动，父母难以识别，可在保证宝宝安全的情况下用视频记录宝宝的异常表现，方便医生诊断。建议尽早到新生儿专科就诊、住院治疗。

爸妈小课堂

摸囟门的方法

轻轻抬起宝宝的头部，用食指平放在头顶轻轻向前滑动，正常情况下可以摸到松软稍凹陷的囟门。

284 "老法接生"要预防新生儿破伤风

说到破伤风，很多家长都知道这是一种严重的疾病，甚至可以致命，但是对于为什么会得这种病却不了解。新生儿破伤风的罪魁祸首是破伤风梭菌，它是一种厌氧菌，可在土壤等缺氧环境中生存。对于新生儿来说，如果出生时用了被该菌污染的剪刀等器械结扎脐带，该菌便可进入脐部，同时产生破伤风痉挛毒素导致全身肌肉痉挛。

宝宝感染该菌之后并不会立刻发病，而有3～14天的潜伏期，多于出生后5～7天发病，因此在民间又称"四六风""脐风""七日风"等。潜伏期越短，病情越严重，死亡率也越高。对于家长而言，如何识别宝宝异常并且及时送医至关重要。

破伤风患儿的早期症状为哭闹，但嘴巴不易张开或者张开较小，喝奶困难，当用茶匙等按压宝宝舌头时，用力越大，宝宝张口越困难，这些异常表现都有助于早期识别。当宝宝出现以上表现时，如果家长正在给宝宝喂奶，那么应该及时停止喂奶，尽量减少对宝宝的刺激，然后尽快去医院注射破伤风抗毒素或者破伤风免疫球蛋白，以中和痉挛毒素，同时给予镇静止痉等综合治疗。

新生儿破伤风是一种严重甚至致命的疾病，随着新法接生的普及，在我国相对发达的城乡地区，新生儿破伤风已非常罕见，但是在偏远乡村等欠发达地区，因产妇就医条件的限制仍时有发生。"老法接生"或接生消毒不严者，尽可能在24小时内去医疗机构剪去残留脐带的远端，重新结扎，近端用3%过氧化氢或1∶4 000高锰酸钾液清洗后涂以碘伏，同时肌内注射破伤风抗毒素或破伤风免疫球蛋白，以预防新生儿破伤风的发生。

285 新生儿也可能得梅毒

孕妇，尤其是处在梅毒感染初期的孕妇，其血中梅毒螺旋体能够传播给胎儿。绝大多数梅毒病程不足一年的孕妇会将梅毒传播给宫内胎儿。有些传播可以早至妊娠第9周，通常发生在妊娠16～28周。早期梅毒母-胎传播的发生率最高可达80%，晚期梅毒则传染性降低。血液中梅毒螺旋体浓度在感染后第一年最高，之后随着身体免疫力的产生而逐渐降低，但母-胎传播风险仍然存在。

先天性梅毒不同于很多其他的先天性感染，可以通过对感染孕妇有效的产前筛查和及时规范的治疗而得以消除。

（1）孕期的治疗：孕早期发现的感染孕妇，应于孕早期和孕晚期各进行1个疗程的治疗，共2个疗程；孕中、晚期发现的感染孕妇，应立刻给予2个疗程的治疗，2个疗程之间需间隔4周以上（最少间隔2周），第2个疗程应当在孕晚期开始，最好在分娩前一个月完成；临产时发现感染的孕妇也要立即给予1个疗程的治疗；治疗过程中复发或重新感染者要追加1个疗程的治疗；既往感染的孕妇也要及时给予1个疗程的治疗。

（2）治疗的注意事项：每个疗程期间遗漏治疗1日或超过1日，要从再次治疗开始时间起重新计算疗程；治疗期间应当定期随访。每月做1次非梅毒螺旋体抗原血清学试验定量检测。随访过程中，如果非梅毒螺旋体抗原血清学试验滴度上升或结果由阴转阳，则判断为再次感染或复发，应当立即再开始1个疗程的梅毒治疗。

（3）新生儿预防性治疗：孕期未接受规范性治疗，包括孕期未接受全程、足量的青霉素治疗，或接受非青霉素方案治疗，或在分娩前 1 个月内才进行抗梅毒治疗的孕妇所生新生儿；孕期接受过规范性治疗，出生时非梅毒螺旋体抗原血清试验阳性、滴度不高于母亲分娩前滴度 4 倍的新生儿，均应给予预防性治疗。

286 男孩"怀胎"其实是肿瘤

民间传说的男孩"怀胎"其实是畸胎瘤在作怪。畸胎瘤是自三种原始胚层演变而来的胚胎性肿瘤，约占儿童实体瘤的 11%。在胚胎早期，部分具有全能发展潜力的组织或细胞，从整体中分离或脱落下来，可能发展成畸胎瘤；如发生在胚胎晚期，细胞仍有发育为身体各种组织的潜力，即形成具有三种胚层组织的畸胎瘤。

畸胎瘤好发于身体中线及其两旁，如骶尾部、腹膜后、卵巢、睾丸、腹腔、纵隔等，骶尾部畸胎瘤最多见，少见的部位有颈部、颅内、椎管内、肠系膜、脐部、胸腔、胃、肝等。除卵巢畸胎瘤好发于学龄期儿童外，其他部位畸胎瘤多见于婴幼儿。

根据组织成熟程度，畸胎瘤可分为良性畸胎瘤肿瘤、恶性畸胎瘤肿瘤和混合性畸胎瘤。良性畸胎瘤有恶变倾向，随着宝宝年龄增长，恶变率也逐渐增高，恶性变原因不详，有时手术切除不全后可见恶性变，也有人认为恶性畸胎瘤在胚胎发生时即为恶性。畸胎瘤常需手术治疗。

287 从尿液颜色判病情

正常尿液是淡黄、澄清的，当发热、出汗

多或饮水不足时，宝宝不仅会感到口渴、尿量减少，尿色也会加深；但出汗减少、饮水充足时，尿色又显得清亮，且尿量也增加，这种变化是正常生理现象。但如果有下列尿色出现，家长应引起警惕，加以观察，这对了解宝宝的健康情况是很有帮助的。

(1) 乳白色尿：在冬天，有时宝宝解出的尿液放置一会儿就会变得浑浊而呈乳白色，但宝宝却玩耍如常，无任何不适表现。这主要是进食了大量蛋白质、脂肪、维生素等后，尿液中所含的尿酸盐和磷酸盐增加，尿液遇低温而冷却，这些盐类就沉析出来，变成乳白色状。如果把这种尿液加热或滴入白醋，很快又恢复澄清透明，小便化验也无其他异常，说明这不是病态。但如果尿液解出时即呈乳白色、浑浊，并还带有腥臭味；排尿时宝宝哭吵或自诉有痛感，甚至伴尿急、尿频或小便淋漓不尽，这是脓尿，为尿路感染所致，应及时去医院诊治。

(2) 棕黄（褐）色尿：某些食物或药物也会使尿色改变，如食用胡萝卜，服维生素 B_2 等均可使尿液呈鲜黄色，但两眼巩膜不会黄染；如未服用上述食物或药物，而尿色变深至棕黄色或黄褐色，且两眼巩膜发黄，同时伴有食欲差、恶心、呕吐及厌食油腻等表现，则极有可能是肝炎或胆道梗阻等疾病，需抓紧去医院检查。

(3) 红色尿：新生儿由于大量排出尿酸盐，尿布上可能会出现红色或淡红色尿；服用酚酞片、大黄，食用番茄汁、甜菜根等，尿液也可呈淡红或紫红色，但上述小便经化验并无血尿存在，宝宝也无其他异常表现。应特别注意，如小便为红色，呈洗肉水样或鲜红血水样，或为浓茶色或咖啡色，搁置后呈酱油色尿，甚至见到小血块，这都为血尿表现，是泌尿系统疾病的一个明显信号，经医院化验小便即可证实。常见的疾病有急性肾炎、IgA肾病、肾盂肾炎、尿路结石、左肾静脉受压（胡桃夹现象）、先天性泌尿系统畸形、泌尿系统外伤及泌尿系统恶性肿瘤（如肾母细胞瘤等）。

不可忽视的心血管病

288 先天性心脏病患儿有哪些可疑症状

一般来说，如果心脏的构造出现了问题，那么血液循环就会出现问题，导致氧气供应出现问题，这个时候宝宝很容易出现以下问题。

（1）呼吸急促：在新生儿或婴儿时期，宝宝吸吮乏力，呼吸浅快，感觉很累，满头大汗。

（2）反复呼吸道感染或肺炎：因肺部充血，轻度呼吸道感染就易引起支气管肺炎，造成呛咳，有的宝宝在啼哭时声音嘶哑。

（3）体力差：由于心功能差、供血不足和缺氧所致，有些患儿在婴儿期就喂养困难，年长儿不愿活动，喜蹲踞，活动后易疲劳，阵发性呼吸困难，缺氧严重者常在哺乳、哭闹或大便时突然昏厥。

（4）心衰：通常大多数是由于患儿有较严重的心脏缺损，而且临床表现是由于肺循环、体循环充血，心输出量减少所致。患儿面色苍白，憋气，呼吸困难和心动过速，血压常偏低，肝大。

（5）发绀，即紫绀，或称青紫：是复杂先天性心脏病的重要症状，表现在皮肤、黏膜（尤其口唇）紫绀，尤其在哭吵、活动后加剧，常见的有完全性大动脉错位，肺动脉闭锁等，

在6个月~1岁时逐渐出现紫绀加重的有法洛四联症等。

（6）发育障碍：由于体循环量及血氧供给不足所致，生长发育比同龄宝宝迟缓，其体重落后比身长落后更明显。

绝大多数先天性心脏病（简称先心病）是可以完全被治愈的，有的可以通过手术治疗，有的可以自行愈合，这个是由患儿的疾病类型决定的。在经过治疗后，家长们依然需要细心呵护患儿，这样更有利于患儿的康复。先心病患儿的胸片看到心影明显扩大。如果宝宝有以上症状，家长应该立即带患儿到心内科做个全面的检查，警惕先心病。越早发

扫码观看 儿童健康小剧场

先天性心脏病

現先心病,对宝宝身体伤害越小,治愈机会越大。

289 什么样的皮肤发紫可能是先心病

皮肤青紫不一定都是先心病引起,凡影响肺部交换氧气的疾病如呼吸道梗阻、肺炎和脓胸等,以及某些药物或食物,都可能引起皮肤青紫。少数婴儿脾气大,哭起来屏气很长,也可能会出现皮肤青紫,但哭停后缓过气来青紫就消失,这是屏气发作。各种皮肤青紫情况应请专业医生分辨清楚,这样才能得到正确的诊断、处理和治疗。

把心脏想象成一个泵,收集全身静脉血到右心房和右心室,经肺动脉把它送到肺里,以排出多余而无用的二氧化碳,吸进新鲜氧气,使暗红的静脉血变成鲜红的动脉血,回到左心房和左心室,然后再把动脉血输送到全身,供给氧气和营养物质。正常心脏动、静脉系统是完全分开的,如果心脏发生了畸形,静脉血可以不通过肺而直接进入动脉系统。因此,皮肤青紫是由于动静脉血混合,使皮肤黏膜浅表的毛细血管中所含的还原血红蛋白超过了正常量。一般来说皮肤青紫型"先心病"都比较严重,一些患儿出生后不久即有皮肤青紫,比如肺动脉闭锁等,一定要到医院就诊,争取手术治疗。小部分患儿生后皮肤逐渐出现紫绀,比如法洛四联症。

先心病患儿会出现口唇、手指、脚趾发绀(青紫)而且指、趾末端变宽、变厚形似鼓槌,医学上称为杵状指,这是由于长期严重缺氧,微血管扩张造成的。紫绀严重者可见全身皮肤青紫,重症患儿一出生就很明显。这种皮肤青紫严重的患儿在哭闹后可突然烦躁不安,面色发绀加重、呼吸困难,甚至抽搐或神志不清,医学上称为缺氧发作,这是一种需要紧急治疗的危险状态。当患儿逐渐长大开始行走时,常有行走数步后就喜欢蹲下休息,或常取蹲踞位和小朋友交谈的现象,这些都是有诊断价值的线索。

出现皮肤青紫的宝宝需要及时去医院进行就诊,以免耽搁病情。

290 有些先心病患儿为啥喜欢下蹲

一些先心病患儿喜欢下蹲,在医学上称为"蹲踞",蹲踞体位只有会走路的宝宝才有,但婴儿也可有类似的体位,他们于卧位时喜欢四肢蜷曲。怀抱病婴时,往往发现将婴儿下肢屈曲,使大腿靠近胸部,他们就感到舒适和安逸。先心病患儿于站立时喜欢两腿交叉弯曲,有的坐在椅子上喜欢将两膝抬高,两足搁于桌面,这些体位和蹲踞有同样意义。一些会走路的先心病患儿在行走或其他轻度的体力劳动后会出现蹲踞现象,蹲下来休息片刻,然后再站起来活动。

为什么这些先心病患儿喜欢采取这种体位?这是因为患儿活动后,动脉血中的氧含量明显下降。采取蹲踞或上述各种体位后,压迫了局部的静脉血管,使下肢低含氧的血液暂缓流到心脏;同时因股动脉也被扭曲,流向下肢的动脉血阻力增高,使全身动脉压力增高,于是含氧量低的右心室血向含氧量高的左心室血分流减少,右心室血经肺动脉到肺交换气体,获取氧气,使身体缺氧情况有所改善。因此蹲踞是先心病患儿的一种自发保护动作,可帮助医生诊断先心病。

291 哪些先心病会自然愈合

先心病种类很多，其实只有部分简单先心病存在自愈的可能，复杂性先心病不但不能自行愈合，而且还会进行性加重。哪些先心病存在较高的自动愈合率？

(1) 房间隔缺损：是婴幼儿最常见的先心病之一，继发孔型最多见，并且最容易长好。一般来说，出生后诊断的缺损小于 3 毫米者，大多数能自然愈合；缺损大于 5 毫米，愈合的概率就比较小了。一般手术也大多安排在 2 岁以后。

(2) 室间隔缺损：简称室缺，占所有先心病类型的 20% 左右。单个小缺损（直径≤5 毫米）愈合率高，大缺损（直径＞5 毫米）愈合率低；膜部、肌部缺损愈合率高；患儿 2 岁以内愈合率高，2 岁以后愈合率低，尤其 1 岁以内发现的室缺约 30% 可自然愈合。自然愈合多发生在出生后 7～12 个月，大部分在 2 岁以前；大室缺、左向右分流量较大的、有反复肺炎心衰史，生长发育迟缓或合并肺动脉高压的患儿，则不能等待自然愈合。一般室缺手术也大多安排在 2 岁以后。

(3) 动脉导管未闭：可以自动闭合，但自愈率不仅与大小有关，且与患儿出生状况有关，自愈发生时间显著短于上述两种畸形。据统计，约 80% 在出生后 3 个月内闭合，少数可延迟到 6 个月，1 岁以后基本上没有自愈可能。因此动脉导管未闭的手术时间安排在患儿 6～12 月龄时进行。

292 先心病可以预防吗

先天性心脏病是一种小儿常见疾病，发病率为 0.6%～1%。先天性心脏病的确切病因至今尚未定论，病因大致分为内因和外因两大类。内在因素即遗传因素，如染色体异常和基因突变，4%～5% 的先天性心脏病是由染色体病引起的，如马方综合征、唐氏综合征等。外部因素相对复杂，其中重要因素为感染，尤其是风疹病毒、腮腺炎病毒、流感病毒及柯萨奇病毒等，还有部分寄生虫感染。如母亲在妊娠 3 个月内患严重病毒感染，特别是风疹病毒感染后出生的新生儿，患先天性心脏病的概率较高。外部因素还包括子宫内环境及母体因素，如胎儿周围局部机械受压、母亲营养或维生素缺乏等。其他因素如高原环境，又如母亲妊娠期大剂量接触 X 线或使用某些药物，慢性疾病、缺氧、高龄妊娠、流产保胎和多胎等因素也均为高危因素。

针对上述因素，预防先天性心脏病需从怀孕前开始。

(1) 做好孕期保健：母亲妊娠期尤其是妊娠早期应注意保健，如积极预防风疹、流行性感冒、腮腺炎等病毒感染。

(2) 避免接触大剂量的 X 线、同位素、放射性元素等放射性物质及强磁场。

(3) 避免接触宠物所携带的寄生虫。

(4) 避免有毒有害环境：装修后的甲醛等有毒气体可能会影响胎儿发育。

(5) 戒除吸烟、酗酒及吸毒等不良嗜好。

特别提醒

虽然这 3 种先心病能自愈，但是如果患儿出现生长发育迟缓、反复呼吸道感染、心力衰竭等表现，家长千万不应抱有侥幸心理一味拖延，应尽快就医，必要时及时外科手术矫治。

(6) 孕前检查：准爸妈们在准备怀孕前首先应进行较详细的体检，对高危人群需行染色体检查。

293 治疗先心病并非都要开刀

随着麻醉、体外循环、超声、放射等技术以及手术方式、器材的不断发展，先心病已绝非"不治之症"，绝大多数先心病均可通过手术达到治愈。当检查出先心病后，家长最关心的是如何选择治疗方式以及如何随访。

首先，部分程度较轻的先心病是无须手术治疗的，因为在儿童（尤其是早产儿）的生长发育过程中，部分先心病是有机会自愈的，只需遵医嘱定期复查心脏彩超即可，并不会对宝宝的生长发育造成任何影响，更不会出现猝死、晕厥等令人担心的症状。

其次，部分先心病患儿生长发育受到影响，如在婴儿期发现的较大型的间隔缺损或大动脉血流异常交通，患儿可能在喂养过程中出现喝奶费力、多汗、身长体重增长缓慢以及反复呼吸道感染等，这些情况须引起家长高度重视，这可能意味着宝宝的心脏功能正在受到影响，需在医生指导下尽早选择合适的时机手术关闭缺损。

最后，也是最为严重紧急的一种情况，复杂型先心病患儿多在出生后即刻出现呼吸困难、青紫等症状，往往威胁生命，部分复杂型先心病可紧急行手术治疗，缓解部分症状，为进一步手术纠治争取时机。值得一提的是，先心病并无任何药物可达到治愈效果，因此，必须严格遵照医嘱选择尽早治疗的方案，或定期随访。

294 护理先心病患儿要注意什么

先心病患儿在精心护理下可以很好地生活，并为手术创造条件和机会。护理中应该注意些什么问题呢？

(1) 对于婴幼儿，要尽量避免其啼哭，满足生理要求，比如按时喂奶、及时更换尿布等。母乳喂养的患儿，注意喂奶时不要将乳房堵住宝宝的口鼻连续吸吮，这样宝宝容易出现皮肤青紫，要间歇哺乳，使宝宝得到休息。

(2) 室内空气要新鲜，温度要适宜。有持续皮肤青紫的患儿应避免室内温度、湿度过高，并须经常保证充足的饮水量，以免脱水而导致血栓形成。

(3) 饮食要富有营养，易于消化吸收。不要一顿吃得太饱，要少食多餐。适当调整食物结构，防止发生便秘。

(4) 建立合理生活制度，避免过分劳累，但要有适当的户外活动，动静结合，尽量减轻心脏负担。

(5) 少去公共场所，注意预防各种急性传染病。各种预防接种可根据需要按时进行，但要密切观察反应，及时采取有效措施，防止意外。

(6) 扁桃体炎反复发作时有并发细菌性心内膜炎的危险，应积极抗炎治疗。

295 风湿热是怎么回事

风湿热是常见的危害学龄期儿童生命和健康的主要疾病之一，常见于 5～15 岁的学龄儿童，很多家长对其不甚了解。风湿热是一种全身性结缔组织的非化脓性炎性疾病，可累及心脏、关节、中枢神经系统和皮下组织，但以心脏和关节最为明显，病变可呈急性或慢性反复发作，可遗留心脏瓣膜病变，形成慢性风湿性心瓣膜病。

风湿热发病前1～3周可有咽炎、扁桃体炎或者猩红热等溶血性链球菌感染史，初期一般不易被注意到，常表现为疲倦、精神不振、食欲减退、面色苍白、多汗等，发热一般不太高且热型多不规则，少数可见短期发热，大多数为长期持续低热。之后1～3周为临床无症状的静止期，静止期过后患者再次出现发热、咽痛、周身关节游走性疼痛。由于个别儿童发热不明显，而以局部关节肿胀为主，容易误诊为骨科疾病。大约1/3以上的儿童会出现各种皮疹，如环形红斑、结节性红斑、多形红斑及皮下结节等。有的儿童还可表现为不协调、不自主、无目的性、木偶戏状的肌肉动作，临床称之为"舞蹈病"。在风湿热的发病过程中，儿童可有心率增快、心脏增大、心音改变，出现心脏杂音及心律失常等，提示已累及心脏，引起风湿性心脏病。风湿热反复发作，可形成如二尖瓣狭窄等慢性风湿性心瓣膜病，造成不可恢复的永久性损害。

风湿热的治疗原则是消除炎症，保护心脏，控制风湿活动，防止形成慢性心脏瓣膜病。因此，一旦临床确诊为风湿热就应及时治疗，卧床休息，一直持续到风湿活动完全停止以后。

预防儿童风湿热的关键在于积极防止和控制上呼吸道链球菌感染，应尽可能避免与链球菌疾病患者或带菌者接触。对链球菌感染的咽炎患者，用青霉素治疗可明显减少风湿热的发生；要加强体质锻炼，提高抗病能力，注意防寒防湿，避免着凉；发生咽喉炎或扁桃体炎时，应立即治疗，如能在24小时内开始治疗，则可避免风湿热发作；对于患有慢性扁桃体炎或每年有两次以上的急性发作史者，可考虑在风湿活动停止时进行病灶切除术。

296 "抗O"增高的意义

"抗O"即为抗链球菌溶血素O，身体因咽炎、扁桃体炎、猩红热、丹毒、脓皮病、风湿热等感染A组链球菌后，可产生链球菌溶血素O抗体（ASO）。正常值一般在200单位以下，因试剂不同，年龄、季节、天气、链球菌感染情况，尤其地区不同而有所差别。

ASO测定对于诊断A族链球菌感染很有价值，其存在及含量可反映感染的程度。A组链球菌感染后1周，ASO即开始升高，4～6周可达高峰，并能持续数月，当感染减退时，ASO值下降并在6个月内回到正常值，如果ASO滴度不下降，提示可能存在复发性感染或慢性感染。多次测定，抗体效价逐渐升高对诊断有重要意义，抗体效价逐渐下降，说明病情缓解。

风湿热、急性肾小球肾炎、结节性红斑、猩红热、急性扁桃体炎等ASO明显升高；少数肝炎、结缔组织病、结核病及多发性骨髓瘤患者亦可使ASO增高。由于人们常与A族链球菌接触，正常人也存在低效价的抗体，通常<133国际单位/毫升，当效价>200国际单位/毫升时，才被认为有诊断价值。15%～20%的健康人血清中的ASO含量高于200国际单位/毫升；大多数新生儿的ASO含量高于其母亲，但在其出生后数周内ASO含量会急剧下降；学龄前儿童的ASO值通常低于100国际单位/毫升，然后随年龄的增加，

ASO 值增加，并在学龄期达到顶峰，成年后 ASO 值下降。

抗 O 不是类风湿关节炎的特异性抗体，但有的类风湿患者可以出现抗 O 高的检查结果。风湿性关节炎的发病原因确实与链球菌的感染有关，因此，风湿性关节炎活动期，抗 O 是会升高的。

297 心脏病患儿是否都要忌盐

食盐的主要成分是氯化钠，是人体获得钠元素最主要的途径。而钠在人体内具有"水化"组织的作用，即血液中钠离子浓度明显升高会引起体内大量水分的潴留，造成患儿全身水肿、肝脏增大，同时增加心脏负担，严重甚至会导致心力衰竭。另外，体内的钠和氯大部分是从尿液中排出的，在某些内分泌激素的作用下，能够引起小动脉痉挛，使血压升高。因此，心脏病患者需要忌盐，这似乎是人们的普通常识。

但是，并非所有心脏病患者都要忌盐。钠在人体中起着重要的作用，包括传递神经细胞的信号，控制肌肉的收缩和放松，维系体内电解质的平衡等，人必须每天摄入一定量盐才能正常地进行新陈代谢。对于心脏功能正常而又没有浮肿的心脏病患儿不必忌盐，以免低钠引起精神不振、乏力、恶心、呕吐等症状，且长期忌盐影响食欲，不利于宝宝的生长发育。只有在发生心力衰竭，出现全身浮肿，血压升高以及心脏扩大伴心功能不全的情况下，体内水分和钠离子潴留，此时如不忌盐，钠离子增加，会加重水的潴留，使浮肿更明显，进而影响心功能，形成恶性循环。

世界卫生组织建议，一般人群每日食盐量为 6～8 克，我国居民膳食指南提倡每人每日食盐量应低于 6 克，对于心脑血管病患者建议控制在 4 克。心脏病患者发生心功能衰竭，每天饮食中的食盐量应减为 0.5～1 克。对于那些少盐食物如大米、红薯、土豆、面粉均可选用，新鲜蔬菜和水果可以自由选择，肉、鱼、蛋类则需适量食用。

298 何谓小儿病毒性心肌炎

病毒无处不在，尤其以秋冬季节多见，宝宝在受凉、劳累等出现免疫力下降后，病毒（肠道病毒/呼吸道病毒）就会乘虚而入，侵入消化系统，可引起胃肠炎；侵入呼吸系统，导致感冒、肺炎。病毒还会在身体里胡乱溜达，通过血液流动还可以进入心脏，在心肌细胞里面生存下来。这个时候宝宝自身免疫系统就会调集"大兵"前来围歼病毒，但在这个过程中，免疫系统也会伤害心肌细胞。其中有些心肌细胞负责心脏电信号传导，这个电信号可以控制心脏有节律的跳动，如果这些心肌细胞被感染，不能正常工作，就会表现出心律失常，心脏就跳不齐了，不能正常高效地把血液输送到全身各处，进而危及到宝宝的健康。整个过程可以持续数小时或数天，也可以迁延数月，甚至数年。

如果宝宝近 3 周患感冒或胃肠炎，继而出现精神差、面色苍白、多汗、胃口不好、全身或局部水肿，年长儿童有时会说全身没力气、肌肉酸痛、心慌、心跳快或慢、胸口不舒服、胸痛等，甚至出现晕倒，那就需要警惕是否为病毒性心肌炎。需要及时带宝宝来医院找医生咨询并完善检查以明确诊断，包括抽血化验心肌酶谱、心肌标志物，做心电图、超声心动图等。

一旦诊断病毒性心肌炎，家长不必太过忧虑，做到谨遵医嘱、积极配合，程度轻者大多数可以痊愈，少数病情进展恶化危及生命。目前该病尚无特效治疗，主要是减轻心脏负担，改善心肌代谢和心功能，促进心肌修复。

急性期患儿应绝对卧床休息，一般需3个月左右。出现心脏扩大或心功能不全症状者应延长至半年，合并心力衰竭等重症患儿应休息6~12个月至症状消失，心脏恢复正常大小，恢复期仍适当限制活动3~6个月。

急性期宜食高蛋白、高能量、维生素丰富、易消化的低盐饮食，如富含维生素C的水果（如橘子、番茄等）及富含氨基酸的食物（如瘦肉、鸡蛋、鱼、大豆等），少量多餐，不宜过饱。

部分患儿出院后需要继续服用抗心律失常药，家长应准确了解药物的名称、剂量、用药方法及其不良反应，服药要遵医嘱，不可自行增加或减少药量，做到定期带患儿去门诊复查。

此外，此病可因再次病毒感染而使病情反复，应积极防治呼吸道及肠道感染，在疾病流行期间尽量避免带患儿去公共场所，避免病毒的再度侵袭。

299 小儿心肌病是怎么回事

如果宝宝有一颗"大心脏"，这可能是一颗不健康的心脏，除先天性心脏病、心脏瓣膜疾病等外，还需要警惕心肌病。

简单来说，心肌病就是指心肌异常，通常表现为不适当的心肌肥厚或扩张。该病病因尚不明确，有遗传、病毒感染、免疫系统异常、代谢异常等因素。

心肌病有很多种类型，其中肥厚型心肌病和扩张型心肌病最为常见。肥厚型心肌病是以心肌肥厚为特征，由于心肌肥大，心室腔变小，心室充盈受损，心脏泵血受到限制；而扩张型心肌病，顾名思义，其由于心室明显扩大，并且伴有不同程度的心肌收缩功能减退，扩大的心脏不能有效泵血，出现心力衰竭，导致全身没有足够血液保证营养代谢，最终导致各个脏器功能受影响。

受损的心肌细胞也可能扰乱心脏的电信号通路，出现心跳节律不规则，心跳或快或慢，即心律失常。情况不严重的时候，症状可能被忽视，往往是在体检中听到心脏杂音发现的。1岁以下的婴儿可以表现为烦躁、气急、水肿、多汗、喂养困难、生长发育落后、体重不增等，年长儿则可出现心悸、胸闷、胸痛、气短、呼吸困难、活动耐量受限等不适。有些患儿在劳累、运动甚至情绪波动中出现头晕、短暂的意识丧失，甚至心脏骤停。

如果宝宝有类似症状，应及时至医院就诊。心肌病预后差异很大，与年龄、病情的轻重以及治疗措施是否恰当有关，因此，完善相关检查，尤其是心电图、心脏超声，甚至基因筛查（尤其是家族成员中有不明原因猝死的），给予及时、恰当的治疗极其重要。

目前该病的治疗无特效药，治疗的主要目标是保护心肌、控制心力衰竭、抑制心肌重构、改善症状、预防并发症、阻止或延缓病情进展、提高生存率。患儿平日应注意休息，不可情绪激动，不可剧烈运动，更加不能参加竞赛性运动。大多数患儿免疫力非常低，极易出现呼吸道感染，进而影响心功能，一生都需要药物治疗和定期监测。

300 川崎病——一种宝宝特有的疾病

川崎病对不少家长来说很陌生，它是日本儿科医生川崎先生于 1967 年总结相关病例、特点发表到重要的医疗杂志上，而让全世界认识的一种病。川崎病也叫皮肤黏膜淋巴结综合征，属于血管炎的一种，只要是有血管的地方就有可能发生病变，主要危害冠状动脉(供应心脏的血管)，表现为冠脉扩张或形成冠状动脉瘤，容易形成血栓造成急性心肌梗塞或冠状动脉瘤破裂，两者皆可能引起猝死，已取代风湿热成为儿科最常见的后天心脏病。

川崎病的病因尚不明确。该病好发于 5 岁以下的儿童，具有自限性和极低复发率的特点，初期表现与感冒相似，发热、出皮疹，容易误诊。典型的川崎病症状首先是发热持续 5 天以上(抗生素治疗无效)，同时有几个明显特征：双侧眼结膜充血，即眼睛发红；口唇红肿、干燥、皲裂，甚至有出血，或者舌头上有一粒粒的红色凸起，即"杨梅舌"；手足肿胀，后期手指或脚趾末端出现脱皮，或肛门周围出现一圈呈喇叭花状的脱皮；躯干部可出现多形性红斑，也就是出皮疹，皮疹形态多样；颈部淋巴结肿大，直径可达 1.5 厘米。具备以上 5 项临床特征中的 4 项，即可诊断为川崎病。此外，还可以合并有其他的临床表现：婴儿注射卡介苗的部位可能出现红肿甚至结痂的情况；血液检查出现白细胞及血小板增多、贫血、炎症指标(ESR、CRP)升高。除了典型川崎病，还有不完全性川崎病，就是缺乏典型症状，患儿就诊时可能只表现出其中的两种或三种，因此容易误诊。

川崎病是一种自限性疾病，通过自身免疫就可痊愈，一些患儿不经治疗也可恢复。但未经治疗的患儿相对于经过恰当治疗的患儿，有更高概率发生冠状动脉损害，因此早期诊断和治疗能够减少冠状动脉损害，预后更好。治疗上主要使用大剂量的丙种球蛋白以及阿司匹林(宜饭后服用)，对于上述治疗效果不好的可以给予激素治疗。

发热时应定期监测体温，及时给予布洛芬或对乙酰氨基酚，辅以物理降温，额头可敷退热贴降温，也可以温水擦浴或洗温水澡，切记不可酒精擦浴。宝宝口腔、咽黏膜出现弥漫性充血时，应保持口腔清洁，口唇干裂可给予甘油涂擦，避免食用煎炸的食物、带刺或含骨头的食物、带壳的坚果类食物以及硬质的水果等，易造成口腔黏膜机械性损伤。宜给予易消化、营养丰富的流质或半流质饮食，食物应温凉，少量多餐。宝宝出现皮疹，或指端脱皮，应保持皮肤清洁，可以剪短宝宝的指甲，防止抓伤皮肤。对于脱痂皮者，用清洁剪刀剪除，切记不可强行撕脱，应待其自然脱落，以免引起出血或感染。肛周皮肤发红，每次便后清洗臀部，可涂一些护臀软膏。

该病很少会有反复，但经过正规化治疗后仍有相当部分的川崎病患者可发生冠状动

扫码观看 儿童健康小剧场

川崎病

脉并发症,甚至患者会因冠状动脉瘤破裂、血栓闭塞、心肌梗死、心肌炎等原因而死亡,因此患者出院后一定要坚持定期复查。一般要求出院后1～3个月每月复查一次心脏彩超和心电图,冠状动脉恢复正常者每3～6个月复查一次,持续正常者改为一年一次,随访5年,如冠状动脉损害者,应持续门诊随访,直至恢复正常,合并冠脉病变者应当限制运动。此外,确诊川崎病后,全部预防接种推迟到6个月以后。

301 什么是心律失常

宝宝的心脏按每分钟内跳动 100 次计算,一天跳动 144 000 次,心脏保持跳动是依靠心脏内的特殊传导系统。传导系统的发源地是位于右心房上部的成对的一种神经肌肉组织,它发出规律性的冲动沿着一条特殊的通路传送到心房和心室,保证了心脏有节奏地跳动。如窦房结发出冲动不正常或冲动传导顺序不正常,心脏跳动就没有规律,称为心律失常,如心动过速、心动过缓、心律不齐、过早搏动等。宝宝出现心律失常并不多见,有些是生理性的(心脏是正常的),但更多是病理性的。很多在临床上找不到肯定的病因,诊断必须依靠心电图。

从国内外大量的心电图资料统计分析的结果可以看到,心律失常多发生于心脏病患者,但也可见于健康宝宝,宝宝出现心律失常可归纳为以下几点。

(1)**窦性心动过速**:宝宝越小,心率越快。婴儿的心率在 150 次/分以上,1～4 岁在 130 次/分以上,5～9 岁在 110 次/分以上,10 岁以上在 100 次/分以上者,则可认为

是窦性心动过速。如果上述情况只出现在宝宝发热、哭闹、运动或情绪紧张时,而当宝宝休息或睡眠时即消失,则是一种正常的代偿反应。

(2)**窦性心动过缓**:婴儿心率在 100 次/分以下,1～4 岁在 80 次/分以下,5～9 岁在 70 次/分以下,10 岁以上 60 次/分以下者,则可认为是窦性心动过缓,此可见于健康宝宝。病态的则常见于颅内压增高的疾病(脑肿瘤、脑出血、脑膜炎等),也可见于伤寒、胆汁淤积性黄疸等。持久性的心动过缓应密切注意观察。

(3)**窦性心律不齐**:窦性心律不齐指心跳随呼吸变化,吸气时加快,呼气时减慢,这是婴幼儿时期常见的生理现象。

(4)**过早搏动**:过早搏动简称早搏,又称期前(或期外)收缩,即下一个心跳的出现比规定的时间提前。2.2% 的健康学龄儿童可发生早搏,心脏病患儿出现早搏者占 4.3%。过度疲劳精神紧张、胃肠道疾患、胆道感染或自主神经功能紊乱等也可引起早搏,有时找不到明显的原因。

302 窦性心律失常是不是病

窦性心律失常包括窦性心律不齐、窦性心动过速、窦性心动过缓、窦性停搏和病态窦房结综合征。

窦性心律不齐多见于健康宝宝,其中 3 岁以后儿童多见,一般无症状,临床意义不大,主要是由于自主神经张力强弱不均衡所引起,可与呼吸周期相关,吸气时加快,呼气时减慢。窦性心动过速可以是生理性的,也可以是病理性,病理性的原因可以是心脏本

身的疾病，也可以是全身性疾病。原因包括饮酒、饮茶、体力活动、情绪激动、发热、疼痛、贫血、心肌缺血、心力衰竭、甲状腺功能亢进等。窦性心动过缓在少数正常儿童中亦可见，尤其是经常体育锻炼者。病理性见于严重缺氧、颅内疾患和甲状腺功能减退等，患者可有心悸、胸闷、乏力等不适。

在规律的窦性心律中，有时因迷走神经张力增大或窦房结障碍，在一段时间内窦房结停止发放激动为窦性停搏，频发的窦性停搏是一种严重的心律失常，是窦房结功能衰竭的表现，严重者需安装人工心脏起搏器。病态窦房结综合征的常见病因为心肌病、心肌炎，亦见于结缔组织病等，不少病例病因不明；临床表现轻重不一，可呈间歇发作，轻者可出现乏力、头昏、眼花、失眠、记忆力差、反应迟钝或易激动等，严重者可引起短暂黑蒙、晕厥或阿-斯综合征发作，此病儿童少见。

303 早搏与心脏病

过早搏动简称早搏，这名称在现实生活中并不陌生。早搏是在有规则的心跳中突然发生的提早跳动，可很有规律地每一定次数心跳出现一次早搏，也可不规则地发生。除某些明显的先天性或后天性心脏病可发生早搏外，大多数是在体格检查或偶然的情况下被发现的。

早搏是最常见的心律失常，多数是良性的，多见于心脏正常的健康人，往往没有自觉症状。年长儿童偶然能诉说有心跳骤然停顿一下或胸闷的感觉，这类早搏出没无常，也有迁延时久多年才消失的情况。

如果早搏在运动后减少或消失，检查心脏没有扩大，心电图（除早搏外）和有关血液检查也是正常的，就不需要药物治疗。患儿和家长应放下思想包袱，消除心理紧张状态。如早搏发生在心脏有病变时，则运动往往使早搏增多，X线片多数有心脏扩大，心电图检查可见其他异常，血液化验有心肌酶增高和血沉加快等现象。某些病毒性心肌炎的患儿也有早搏的表现并伴有乏力、面色苍白，患儿甚至有气急、不愿喝奶等现象，必须住院观察治疗。

304 儿童心脏杂音就是有心脏病吗

见过小溪流水吗？当水流缓慢时听不到流水声，可在经过狭窄的桥洞时，虽然流速不变，小溪却会发出"哗哗"的水声；或者小溪宽度不变，由于风吹的缘故或者水的黏度减小使流速增加时，水流也会发出声音。这个比喻正好用来说明心脏产生杂音的一些原因。这样的杂音强度不高，可见于贫血时血液变稀，或血流加快时。

宝宝心跳快，血流也快，发热、兴奋、神经紧张或者剧烈运动后也可以出现杂音，称为生理性或功能性杂音。有杂音并不一定患有心脏病，患有心脏病也不一定有杂音。到底应该如何区别，还得请有经验的医生听诊，并配合做一些辅助检查。

有时连医生也难以一下子分清杂音的正常与否，这就需要进一步观察情况的变化。这时家长不要紧张，要记清宝宝在几岁时发现了心脏杂音。一般来说，先天性心脏病心脏杂音出现得早，后天性心脏病心脏杂音出现得晚。

305 如何区分生理性心脏杂音和病理性心脏杂音

生理性杂音一般在胸骨左缘第三、四肋间或者在心尖部可听到。杂音强度为Ⅰ～Ⅱ级，杂音声调短，比较柔和，好像乐声一样。当宝宝卧位时，或者发热、哭闹、剧烈运动时，杂音的响度明显增强；当宝宝坐位或安静时，或热退后杂音也就减弱了。生理性杂音对心脏功能和儿童的健康均无妨碍，可以正常运动、学习和劳动，家长不必担心。

病理性心脏杂音是指所有舒张期杂音，收缩期和舒张期均有的连续性杂音以及Ⅲ级以上的收缩期杂音。其时程长，覆盖的范围较大，有的在腋下和背部都可听到，用手放在心脏部位，有时可感觉到有细微颤动感，同时，有关检查有异常改变。

对有病理性杂音的较小婴幼儿，要考虑先天性的心血管疾病；而以往心脏正常的较大儿童，则要考虑为其他疾病导致的后天性心脏病。某些全身性疾病也会伴有心脏杂音，如严重贫血。这些病理性杂音要尽早明确诊断和正确治疗。

306 适度掌握心脏病患儿的运动量

先心病患儿的父母往往会因疾病的原因而过度限制宝宝活动，这样反而会造成患儿心理上出现问题，并影响宝宝今后的发展。

如果运动后会出现气喘、紫绀、异常疲倦等症状的患儿须限制活动量；运动后不会出现上述症状者，只要不勉强做一些能力达不到的运动便可，散步、适当游戏等都是较好的活动。

未手术的患儿在随访或内科药物治疗期间，避免跑步、打球等剧烈运动，一般宝宝游戏追逐，在其可忍受的情况下不予限制。患紫绀型先心病患儿在运动或走路时如有突然蹲下的现象，此时父母勿强迫宝宝继续活动，应予以休息；婴儿的主要体力活动是喝奶，患发绀型先心病的婴儿如在喝奶时出现吃吃停停、呼吸增快、大汗淋漓，应尽量避免患儿剧烈哭吵，预防缺氧发作。学龄期的患儿可适当参加学校活动，症状较重者，应详细向医生询问患儿的活动情况。如果医师建议手术矫正，应尽早手术，以免影响正常的学校生活。

🍄 多发的呼吸道疾病 🍄

307 被动吸烟——宝宝呼吸道疾病的祸根

众所周知，吸烟不但有害自身健康，同时也会给身边的人带来健康隐患。被动吸烟是指由卷烟或其他烟草产品燃烧端释放出的经由吸烟者呼出的烟草烟雾所形成的混合烟雾。烟雾对被动吸烟者的危害不比主动吸烟者轻，特别是对少年儿童的危害尤其严重。有研究指出，二手烟有焦油、氨、尼古丁、悬浮微粒、细颗粒物（PM2.5）、钋－210等超过4000种有害化学物质及数十种致癌物质。

儿童期呼吸道特殊的生理结构也导致他

们是环境空气污染的最大受害者。相比成人，儿童的鼻子较短，鼻毛较少，呼吸系统发育不完善，对有害物质的过滤能力也不如成人，很容易发生呼吸系统疾病。5岁之前是儿童呼吸系统发育的关键时期，儿童比成人要呼吸更多的空气，从而会吸入更多的污染物，再加上儿童好动、自我保护能力较差、免疫功能不健全等原因，使得他们最易受到污染物的伤害。如果父母在家里吸烟，儿童根本就不会做出反对的行为，也不会做一些保护自己的措施，只能被迫吸二手烟。

二手烟尘粒很容易进入宝宝的呼吸道，并长驱直入到支气管和肺泡。这时宝宝所吸入的有害物质浓度甚至比吸烟者还要高，这些尘粒吸入后可粘附在气道上，直接刺激气道黏膜，引起支气管收缩而变得狭窄，麻痹呼吸道黏膜上的纤毛，使纤毛失去了排除外来异物的能力，从而影响气体的吸入和排出，并影响痰液的排出，使呼吸道感染更趋严重。尘粒进入肺泡后又破坏肺的吞噬能力，使防御机制受损，有利于病菌的繁殖，使宝宝反复发生呼吸道感染。

儿童呼吸道疾病近年来呈高发趋势，其中许多病例直接或间接的诱因就是被动吸烟。被动吸烟会导致儿童患气管炎、肺炎、哮喘、耳部炎症和幼儿猝死综合征等。被动吸烟儿童患支气管炎等呼吸道疾病的比例要明显高于非被动吸烟儿童。因此，家长们必须重视被动吸烟的危害性。

308 宝宝呼吸为什么比成人快

不少细心的家长会发现，宝宝的呼吸次数比成人快，这是为什么呢？事实上，不同年龄组的正常宝宝呼吸频率也不一样，年龄越小，呼吸频率越快。

宝宝呼吸频率快是由呼吸道的解剖生理特点所决定的。宝宝肺容量小，按体表面积计算的话，肺容量比成人小了6倍。每次吸入、呼出气体的量也小，大约只有成人的一半。代谢水平及氧气的需要量则相对较高，因此即便宝宝在安静熟睡的时候，呼吸次数也比成人快。留心观察会发现他们呼气的幅度也比成人大，且相对表浅。当宝宝们喝奶、哭闹、大笑、排便、玩游戏的时候，身体需氧量上升，会比平时呼吸稍快一点。宝宝们的大脑发出指令，身体内通过一系列复杂的变化，导致呼吸增快，吸入更多氧气，排出二氧化碳。

宝宝呼吸频率快与新陈代谢息息相关。儿童处在一个生长发育旺盛的时期，不仅仅表现在体重、身高的增长；器官体积逐渐变大，系统发育日趋成熟，都离不开氧气的需求。在出生后的第一年（婴儿期）和青春期这两个阶段尤为突出。当能量需求高于日常生理需求时，身体功能加速运转，达到氧气的供需平衡，宝宝们可一过性出现呼吸声变大、变粗，呼吸次数加快。

除此之外，当处在天气炎热、空气湿度低、

特别提醒

宝宝有异常呼吸增快（呼吸急促）的现象，万万不可掉以轻心。因为宝宝身体很娇嫩，各种疾病导致的呼吸急促很容易进展，最终演变为呼吸衰竭。家长如果发现宝宝有异常的呼吸增快，不管伴或不伴有发热、咳嗽等症状，都要提高警惕，及时带宝宝去医院就诊。

高原环境下，宝宝呼吸次数也会相应增多。当宝宝处于感冒、鼻塞、发热、贫血等生病情况下，呼吸频率也会增快。世界卫生组织在儿童急性呼吸道感染防治规划中特别强调，呼吸加快可能提示肺炎（呼吸加快指的是 2 月以下婴儿，呼吸＞60 次/分，2～12 月呼吸＞50 次/分，1～5 岁呼吸＞40 次/分）。

309 常见呼吸道病毒有哪些

急性呼吸道感染是儿童感染性疾病中最常见的疾病之一，多由病毒引起。目前常见的引起儿童感染的呼吸道病毒有呼吸道合胞病毒、鼻病毒、流感病毒、副流感病毒、腺病毒、冠状病毒及人偏肺病毒等。

（1）**呼吸道合胞病毒**：是一种单股负链 RNA 病毒，属副黏病毒科，是婴幼儿中引起严重呼吸道感染最重要的病原体。通常感染后症状较重，可出现高热、鼻炎、咽炎及喉炎，之后表现为细支气管炎及肺炎。少数患儿可并发中耳炎、胸膜炎及心肌炎等。婴幼儿，特别是 2～6 个月的婴儿对该病毒特别敏感，感染严重者造成死亡。呼吸道合胞病毒在北方多见于冬春季，南方则多见于夏秋季降雨量多的月份。

（2）**鼻病毒**：一种 RNA 病毒，是引起人类病毒性上呼吸道感染的常见病原体之一。鼻病毒也可引起儿童，尤其是婴幼儿的严重下呼吸道感染，包括支气管炎及肺炎，临床表现与呼吸道合胞病毒引起的下呼吸道感染（急性毛细支气管炎）类似。

（3）**流感病毒**：属于正黏病毒科，包括人流感病毒和动物流感病毒。人流感病毒分为甲（A）、乙（B）、丙（C）三型，是流行性感冒的

病原体，人流感病毒主要由甲型流感病毒和乙型流感病毒引起。流感病毒主要通过空气飞沫、易感者和感染者之间的接触或与被污染物品的接触而传播，一般秋冬季节是其高发期。

（4）**副流感病毒**：一种单股负链 RNA 病毒，属于副黏病毒科。从血清学角度分为 4 个型别，即副流感病毒 1～4 型，以副流感病毒 3 型最为常见。与呼吸道合胞病毒一样，可以造成反复发作的上呼吸道感染（如感冒和喉咙痛），也能造成严重的反复感染的下呼吸道疾病（如肺炎、支气管炎和细支气管炎）。副流感病毒 1 型主要侵及上呼吸道，可引起严重的喉炎、气管炎或支气管炎；2 型可引起婴幼儿哮吼（急性阻塞性喉–气管–支气管炎）；3 型易引起婴幼儿支气管炎、肺炎，并以 1 岁以内的婴儿较为严重。

（5）**腺病毒**：DNA 病毒，其引起的肺炎是儿童严重肺炎之一，病死率高。腺病毒除了引起呼吸道感染，也会引起胃肠道感染，出现腹泻等症状。

（6）**冠状病毒**：属于冠状病毒科。临床上遇到婴幼儿呼吸道感染病情进展迅猛，短时间内发展为呼吸衰竭，且累及多器官损害者应警惕冠状病毒感染。

（7）**人偏肺病毒**：一种单股负链 RNA 病毒，属于副黏病毒科。人偏肺病毒流行具有季节性，在温寒带地区好发于冬春季，而在亚热带以春夏季为主，易感人群为 2 岁以下婴幼儿，尤其是 1 岁以下婴儿。人偏肺病毒感染的临床症状和呼吸道合胞病毒感染相似，表现为咳嗽、喘息、发热，严重者可出现紫绀。

除了以上几种常见的引起呼吸道感染的病毒外，肠道病毒及博卡病毒等也可引起儿

童呼吸道感染。要做好预防措施：保持室内空气流通，流行高峰期避免去人群聚集场所；咳嗽、打喷嚏时应使用纸巾等，避免飞沫传播；经常洗手，避免脏手接触口、眼、鼻；加强户外体育锻炼，提高身体抗病毒能力；秋冬气候多变，注意增减衣服；针对流感病毒，可以接种流感疫苗。

310 持续发热会烧坏肺吗

发热是一种临床症状，也是一些呼吸道疾病（如肺炎）的临床表现。当宝宝感染了病毒或细菌，特别是年幼儿，自身免疫力还不成熟，可能从上呼吸道感染向下蔓延而累及到支气管或肺泡，从而引起支气管炎或肺炎，出现发热、咳嗽加重等症状。对年幼儿来说，特别是新生儿和婴儿，身体发育还不成熟，会出现咳嗽、无力。在肺部感染的初期，其咳嗽症状或肺部体征尚不明显，发热可能会是最主要的表现，出现高热持续不退，这时要警惕可能存在肺炎。因此，家长误认为是"发热烧坏肺"，事实上是因为肺炎存在，才会出现发热。

当宝宝有了呼吸道感染而出现发热时，除了注意加强护理外，还要积极观察宝宝的情况，有无呼吸道感染的其他症状，如咳嗽是否加重，注意呼吸次数，有无气急等呼吸困难的表现。当宝宝发热持续不退时，家长不能只满足于吃退热药，把体温"压"下去就算了，要及时就医，积极查明原因，针对病因进行治疗。

311 小鸭叫样哭声——咽后壁脓肿的信号

咽后壁脓肿一般分为急性及慢性两种，

慢性比较少见，大多是因为颈椎结核感染引起的，而儿童期的咽后壁脓肿多为急性起病，这也是要重点关注的。

这种疾病多发生在1~3岁的幼儿，平时身体虚弱多病以及营养不良的宝宝更容易发生。由于婴幼儿咽后壁间隙比较大，并且含有丰富的淋巴组织，当宝宝抵抗力较弱时，咽部周围有炎症时容易发生感染，进而形成脓肿。例如宝宝有上呼吸道感染如流行性感冒、鼻窦炎、咽喉炎、扁桃体炎、颈淋巴结炎等，扩散至咽后壁；不小心呛入鱼刺等异物，嵌顿在咽后壁；外伤等划伤咽后壁，都可能会引起脓肿的发生。

宝宝出现脓肿前，常常表现为上呼吸道感染的症状，一旦出现咽后壁脓肿时，会出现持续高热、哭闹不安、不愿喝奶、畏寒、精神萎靡；大月龄的宝宝会说自己嗓子疼，不想吃东西，咽侧及颈部剧烈疼痛，吞咽障碍。当咽后壁的脓肿逐渐形成时，会引起不同程度的气道及食道的堵塞，宝宝会发出像小鸭子叫一样的哭声，喝奶时常常发生呛咳；大月龄的宝宝会出现说话含糊不清、声音嘶哑，吞咽困难；由于疼痛及呼吸困难，有的宝宝常常将头偏向长有脓肿的一侧，转头时连同肩膀和身体一起转动。这类脓肿往往发生在宝宝的咽喉要道，如果脓肿较大或者靠近喉部，导致气道变窄，可能会有喉梗阻、呼吸困难的表现，脓肿破裂也会引起窒息和吸入性肺炎，严重的甚至会危及宝宝的生命。

家长平时要注意增强宝宝的抵抗力，特别是体质比较弱、营养状况较差、发育落后的婴幼儿，更要积极预防呼吸道的感染和治疗鼻部及咽部的疾病，预防咽后壁脓肿的发生。如果宝宝在发热的同时出现小鸭叫样的哭声、语言含糊不清、吞咽困难、呼吸困难、颈部僵硬等表现,家长需警惕咽后壁脓肿,及时带宝宝到医院就诊。在去医院的途中尽量让宝宝保持安静,以免脓肿破裂。如果存在鼻咽喉部细菌感染,早期应用抗生素治疗;如果确定形成咽后壁脓肿,需要及时切开引流排脓。

312 连续短促的哭声——肺炎缺氧的呼救

连续短促的急哭常是重度缺氧情况下的一种哭声,犹如呼救的信号。这类啼哭的特点是哭声低、连续而带紧迫感,好似气透不过来,伴烦躁不安、痛苦挣扎的模样。引起这类啼哭的疾病大多数为儿童肺炎。

由于儿童有气道窄、气管软骨较软、黏膜血管丰富、纤毛运动差及呼吸道的免疫功能较差等特征,常常容易发生肺部感染(肺炎)。肺炎作为儿童常见病,全年均可发病,以秋冬寒冷季节为主,临床上以发热、咳嗽、气促、呼吸困难等症状为主要表现。一般情况下轻症肺炎不会危及生命安全,但由于儿童呼吸道解剖及生理的特殊性,重症肺炎的发生率甚高。

一般认为,气促及呼吸困难是重症肺炎的标识,特别在婴幼儿由于缺氧状态,脑部供氧不足常会出现精神烦躁不安,异常哭吵,表现为连续短促的急哭,且难以安慰。同时身体为了满足重要器官氧供需求,出现心率呼吸代偿性增快。当宝宝出现以上情况时预示着病情危重,可能会进一步出现呼吸衰竭等情况危及生命,此时需要立即就诊。如在代偿期加以干预控制常常有利于疾病的预后,但如若并未有效识别及干预将会导致身体功能衰竭,进入失代偿状态,此时会有生命危险。

当宝宝出现气促、呼吸困难、连续短促急哭时,作为家长应该进入警觉状态,沉着冷静,切勿慌乱,尽快就诊。同时应该解松患儿的衣领、裤带,垫高其肩部,并使头略向后仰(使颈部伸直),以保持呼吸道通畅;同时打开窗户,增加空气流动,尽量安抚患儿,减少氧耗。切忌紧紧搂抱患儿,也不要家人团团围住,以免加重其烦躁和缺氧,使病情恶化。

313 小儿为什么容易得肺炎

肺炎是婴幼儿时期的常见病,也是5岁以下宝宝死亡的主要原因之一。婴幼儿时期容易发生肺炎是由于呼吸系统生理解剖上的特点,如气管、支气管管腔狭窄,黏液分泌少,纤毛运动差,肺弹力组织发育差,血管丰富,易于充血,间质发育旺盛,肺泡数少,肺含气量少,易被黏液所阻塞等。年龄较大及体质较强的宝宝,身体反应性逐渐成熟,局限感染能力增强,肺炎往往出现较大的病灶,如局限于一叶,则为大叶性肺炎。

还有因误吸呕吐物、奶汁或不慎溺水后引发的吸入性肺炎,以及在肺部先天畸形基础上发生的肺炎如先天性肺囊肿继发感染等。

患过肺炎的宝宝还会发生肺炎,因此还需注意预防,增强呼吸道的抵抗能力。有的宝宝反复患肺炎,咳嗽,则需要注意排除过敏性哮喘及免疫功能低下的问题,必须到医院请医生诊断、治疗。

对于易吐奶的宝宝,为了减少吸入性肺炎的发生,宜少量多次喂养,取侧卧或上半身稍抬高的姿势睡觉。

314 常见的小儿肺炎有哪些种类

(1) 细菌性肺炎：常见的病原菌为肺炎链球菌、流感嗜血杆菌、卡他莫拉菌以及金黄色葡萄球菌。一般病势凶猛,病情严重,可有高热、胸痛、纳差、疲乏和烦躁不安等症状。呼吸急促,达 40～60 次/分,呼气呻吟,鼻翼扇动,面色潮红或发绀。最初数日多咳嗽不重,无痰,后可有痰呈铁锈色。重症时可有惊厥,谵妄及昏迷等中毒性脑病的表现。金黄色葡萄球菌肺炎以婴幼儿发病为主,病变可累及双肺,胸片可显示两肺有多个空腔形成,常合并胸腔积脓、积气。实验室检查白细胞及中性粒细胞常明显增高,但少数患儿的白细胞总数低下,常提示病情严重。

(2) 病毒性肺炎：由腺病毒、流感病毒、呼吸道合胞病毒、麻疹病毒等引起,多见于婴幼儿,病程一般较长,发热但度数不高,胸部 X 线片呈间质性改变。

(3) 支原体肺炎：多见于学龄前期及学龄期儿童,以秋冬季多见,病情可急可缓,主要表现为发热和干咳。咳嗽多为阵发的剧咳,咳嗽持续时间多为 2 周左右。可伴有胸痛,胸闷及咽痛等症状,一般无明显呼吸困难。婴幼儿症状较重,可有高热、喘憋等症状。患儿肺部体征相对较少,而胸部 X 线片表现较重为本病的特点。

(4) 吸入性肺炎：因呕吐导致呕吐物吸入肺部引起,也可因宫内窒息引起新生儿吸入性肺炎,或因溺水引起。病情轻重及胸部 X 线片表现取决于一次吸入的量,吸入的次数及吸入物质的理化性质,一次大量的吸入可引起猝死。吸入性肺炎咳嗽多而且剧烈,特别是在吸入时刻呈痉挛性阵咳,合并细菌感染时常伴有发热。

(5) 先天性病变引起继发感染：由于病变复杂,种类也较繁多,常见于宝宝在胎内发育过程中肺的发育未完善或先天发育过程中一些原始组织残留而引起,如一侧肺发育不良或先天性支气管或肺囊肿等,这些病变继发感染易被误认为单纯性肺炎。因此,有多次反复在同一部位发生肺炎的患儿,必须警惕有先天性肺畸形合并感染的可能。

315 有些宝宝为何易反复呼吸道感染

反复上呼吸道感染指 2 次感染间隔时间至少 7 天以上。若上呼吸道感染次数不够,可以将上、下呼吸道感染次数相加,反之则不能;但若反复感染是以下呼吸道为主,则应定义为反复下呼吸道感染。确定次数须连续观察 1 年。反复肺炎指 1 年内反复患肺炎≥2次,肺炎须由肺部体征和影像学证实,2 次肺炎诊断期间肺炎体征和影像学改变应完全消失。

反复呼吸道感染的诊断标准(1 年内感染次数)

年龄(岁)	上呼吸道感染	下呼吸道感染	
		支气管炎	肺炎
0～2	7	3	2
3～5	6	2	2
6～12	5	2	2

反复呼吸道感染形成的因素较为复杂,可分为内在因素和外在因素两类。

内在因素包括婴幼儿时期免疫功能尚未完善;营养素缺乏如维生素 D、维生素 A、锌或铁缺乏,钙缺乏,患儿易患呼吸道感染,并使病情加重;缺乏户外活动、不注意口腔卫生;

特别提醒

　　要注意选择适合儿童使用的抗生素，比如青霉素类、头孢菌素类和大环内酯类，避免使用喹诺酮类和四环素类药物。有相关指征再使用抗生素，不可因宝宝症状的明显减轻或消失而随便停药，一定要坚持足量使用抗生素的完整疗程。

偏食、厌食等造成的营养不良；先天性免疫缺陷病、早产、其他基础疾病（如先天性心脏病，呼吸系统发育异常等）。

　　外在因素如气候改变、空气污染，环境污染等。由于宝宝肺功能发育不完善，应变能力差，免疫力低下，植物神经不稳定，对温度不能自调，故气候突变时易发生呼吸道感染；室内装修、汽车尾气、居住拥挤、化学因素、粉尘、被动吸烟等空气污染；经常带宝宝去人群过于密集的地方或者环境变化，儿童之间的交叉感染等，也会导致宝宝呼吸道感染。

316 普通感冒无需抗生素治疗

　　普通感冒又称急性上呼吸道感染，是儿科门诊最常见的疾病。患儿常有不同程度的发热、鼻塞、流涕、咳嗽等表现，部分患儿可出现呕吐、腹泻等胃肠道症状。一些年轻父母对自己宝宝患上普通感冒，尤其发热十分紧张，生怕"烧坏了"，常要求医生使用抗生素，否则就不放心。

　　其实90%以上的普通感冒由病毒引起，是自限性疾病，预后一般良好。而抗生素主要对细菌有杀灭或抑制作用，对引起普通感冒的病毒来说，几乎无效。而且大量医学文献已证明抗生素既不能改变普通感冒的病情，也无法有效预防感冒后发生的细菌并发症。只有当症状持续加重、高热不退、白细胞

总数或中性粒细胞增高、C反应蛋白增高，或并发中耳炎、扁桃体炎、鼻窦炎等疾病，明确细菌感染时，才需要使用抗生素。

　　不合理地使用抗生素有时可能导致二重感染，即在原有疾病的基础上再发生新的疾病。因为正常人体的口腔、呼吸道、肠道都有细菌寄生，其中有致病菌，也有条件致病菌（在抵抗力低时可引起疾病），它们在相互制约下维持平衡状态。当长期采用抗菌药物，对药物敏感的细菌受到抑制，未被抑制的细菌趁机繁殖，就会发生平衡失调，引发新的感染。滥用抗生素还会造成耐药病原菌的日趋严重。

317 哪些宝宝需测定肺功能

　　肺功能检查是指运用特定的手段和仪器对受检者的呼吸功能进行检测、评价，是描述呼吸功能的一种重要方法，是呼吸系统疾病的必要检查之一，且是一项无创伤性的检查。长期以来，由于受到仪器设备的限制，肺功能测定仅限于6岁以上儿童和成人。近年来，随着计算机技术的不断更新，并具有各种类型的全身体扫描系统，3～6岁的宝宝可用较先进的震荡机制测定肺功能，使幼儿及临床上不配合检查的儿童检测肺功能成为可能。肺通气功能检测是肺功能测定的最基本项目，它能间接反映气道有无阻塞、限制。如果进行动态观察，还能评价病情变化及药物疗

效等。

哪些宝宝需要完善肺功能检查呢？对于反复咳嗽、咳痰、喘息和呼吸困难患儿，肺功能检查可为疾病诊断及鉴别诊断提供重要依据；疾病（比如哮喘）治疗过程中，肺功能检查可用来进行呼吸系统疾病的严重程度评估、治疗疗效的随访以及预后判断等；对于需要手术治疗的患者，肺功能检查评估牵涉到手术能否顺利进行及术后生活质量。此外，肺功能检查还可用于儿童生长发育的评估及运动能力的评价。除呼吸系统本身疾病外，其他疾病若是影响呼吸功能，也可进行肺功能检测评估患儿的生存状态及生活治疗。随着检测的逐渐普及，评估水平的不断提高，儿童肺功能检查已成为儿童呼吸系统及其他系统疾病累及呼吸道的情况下不可或缺的实验室检查项目。

318 如何帮助宝宝咳出痰液

由于宝宝的免疫力弱，受凉后就可能诱发呼吸系统疾病，如支气管炎、肺炎等，此时宝宝的喉咙里会有许多呼吸道分泌物，可听到宝宝喉部有明显的"呼噜呼噜"痰鸣音，但宝宝不会像成人一样咳出痰液。

婴幼儿难以咳出痰液，常见原因为肺部炎症尚未到消散期，分泌物不多；痰已排出呼吸道，宝宝尚不懂吐而吞咽入胃，之后随大便排出体外，或因剧烈咳嗽引起呕吐，使胃内痰液排出体外，呕吐物中往往含有大量痰液；痰液过度黏稠不易咳出；儿童病重、体弱、乏力，咳嗽反射弱；气道纤毛清除功能减弱。

一旦大量痰液和病菌堆积在气管、支气管内，形成培养基，细菌快速繁殖，引起进

步的呼吸道感染，甚至导致肺不张、呼吸困难等。帮助宝宝咳痰的方法有以下几种。

（1）抗感染：明确细菌感染时，针对病因选用有效抗生素控制呼吸道感染，消除支气管炎症。

（2）物理法稀释痰液：国内常用超声雾化痰液，激素、解痉药可直接吸入呼吸道，产生抗炎、解除支气管痉挛的作用；富露施（乙酰半胱氨酸）雾化吸入能使痰中糖蛋白多肽链中的二硫键断裂，并使脓性痰中的纤维断裂，从而降低痰的黏滞性，使之液化，利于排出。也可使用短波理疗，使局部血管扩张，加快局部组织代谢，消散炎症，减少痰液形成。

（3）使用化痰药物：炎症刺激使气管痉挛是痰不易咳出的原因之一，可遵医嘱使用解除支气管痉挛的药物。痰液黏稠不易咳出时，可使用化痰药。

（4）拍背：让宝宝坐着或侧卧，操作者一手五指屈曲，呈空心掌状在宝宝背部自上而下，自外而内，依次进行拍打，力量适中，每次15～20分钟，餐前进行。侧卧位时，拍右侧时宝宝呈左侧卧位，拍左侧时，宝宝呈右侧卧位。

（5）多通风多饮水：定时开窗，保持室内空气新鲜，温度、湿度适宜，有利于呼吸黏膜保持湿润状态和黏膜表面纤毛摆动，有利于排痰；多饮水补充水分，稀释气道黏稠的分泌物，使之易于咳出。

（6）蒸汽法：将沸水倒入杯中，家长帮助宝宝以口鼻对着升起的蒸汽进行呼吸，可使痰液稀释，利于咳出。

319 小儿慢性咳嗽的三大主因

通常所说的小儿慢性咳嗽，是指以咳嗽

为唯一或主要表现，病程大于 4 周，胸部 X 线片未见明显异常的咳嗽。儿童慢性咳嗽的病因最常见的前 3 位分别是咳嗽变异性哮喘、上气道咳嗽综合征、呼吸道感染和感染后咳嗽。

（1）咳嗽变异性哮喘：以咳嗽为主要表现的哮喘特殊类型，是引起儿童，尤其是学龄前和学龄期儿童慢性咳嗽的常见原因之一。它的表现为持续咳嗽超过 4 周，常在夜间和（或）清晨发作，运动、遇冷空气后咳嗽加重，临床上无感染征象或经过较长时间抗菌药物（如阿奇霉素等）治疗无效；使用支气管扩张剂（如特布他林、沙丁胺醇等）治疗可使咳嗽症状明显减轻；肺通气功能正常，支气管激发试验提示气道高反应性；自身有过敏性疾病史包括药物过敏史，以及家族中（比如父母等）有过敏性疾病阳性史，过敏原检测是阳性；其他疾病引起的慢性咳嗽。一旦考虑该病，要按哮喘规范治疗。

（2）上气道咳嗽综合征：咳嗽以晨起或体位变化时为甚，表现为反复清嗓咙，多为单声咳，好似有痰咳不出，可伴有白色泡沫痰（过敏性鼻炎）或黄绿色脓痰（鼻窦炎）。还可伴有鼻塞、流鼻涕、鼻痒、打呼噜等表现，多见鼻腔分泌物通过鼻后孔向咽部倒流引起的咳嗽，可去医院行耳鼻喉科检查来明确。治疗方面主要是治疗各种鼻炎、鼻窦炎、扁桃体和（或）腺样体肥大等上气道疾病，鼻部疾病治好了，咳嗽症状可随之消失。

（3）呼吸道感染和感染后咳嗽：许多病原微生物如百日咳杆菌、结核杆菌、病毒、肺炎支原体、衣原体等引起的呼吸道感染是儿童慢性咳嗽常见原因，多见于 5 岁以下的学龄前儿童。咳嗽呈刺激性干咳或伴有少许白色黏痰，胸部 X 线片检查无异常或仅显示双

肺纹理增多。明确为细菌或支原体感染的可考虑应用抗菌药物，切忌滥用药物。

其他少见病因如胃食管反流、心理因素（多见于年长儿）、药物因素（血管紧张素转换酶抑制剂、普萘洛尔等）、耳源性因素、先天性呼吸道疾病（多见于婴幼儿发育异常）、异物吸入（常见异物有核桃、花生、瓜子等）。

320 小儿痰中带血是哪里出了问题

很多家长看到宝宝咳嗽时吐出带血痰液，都会十分紧张，认为是非常严重的呼吸系统疾病。医学上将喉部以下的呼吸道出血称为咯血，一般症状为血液经咳嗽排出口腔或痰中带血，与消化道疾病导致的呕血有所区别。

一般说来，痰中带血大多是由呼吸系统疾病引起的，如支气管炎、大叶性肺炎、百日咳、支气管扩张，以及心血管疾病中的急性肺水肿、肺慢性充血等，如伴有慢性贫血，需警惕肺含铁血黄素沉着症。但咯血不仅发生于呼吸系统疾病，也可发生于心脏病、白血病、血友病、胸外伤等。有时后鼻孔出血，血液先流入咽部后再咳出，易被误认为是咯血。

各种疾病出现的痰血性状不同：支气管炎、百日咳多为黏稠血痰；大叶性肺炎咳铁锈色痰；支气管扩张为有臭味的脓痰带血；急性肺水肿则咯粉红色或血色泡沫痰；心脏病患儿肺慢性充血吐棕色血痰等。有些血液病如白血病、血友病等也会出现咯血，其鉴别要依靠病史及化验。

除咯血外，还存在一些其他部位的出血造成痰中带血或唾液带血的现象，如感冒引起的剧烈咳嗽使咽喉部毛细血管破裂而出

血,还有鼻孔出血、牙龈出血等,都易被误认为咯血。因此,当宝宝吐出带血的痰液或唾液时,应从血的颜色和伴随症状来区别是咯血还是其他部位出血。咯血常伴有咳嗽,而口腔黏膜、舌、牙龈出血,吐出物中常混有唾液,且不伴咳嗽,检查口腔可发现渗血点。由血液疾病所致的吐血可发现其他体征和化验的异常。

家长一旦发现宝宝吐出血痰,应保持镇静,在结合宝宝身体现状、辨析出血原因的同时,及时取好痰样,以便在就医时协助医生诊断。

321 过敏性哮喘是怎么回事

支气管哮喘(以下简称哮喘)是一种以慢性气道炎症和气道高反应性为特征的异质性疾病,以反复发作的喘息、咳嗽、气促、胸闷为主要临床表现,一般在夜间或早晨发作,有的能过一会儿自行缓解,有的在经过治疗后得到缓解。研究表明,婴幼儿时期的喘息主要与感染有关,而持续到儿童期的哮喘或儿童期发生的哮喘则与过敏因素密切相关。过敏性哮喘就是哮喘中最常见的一种。

咳嗽、喘息是宝宝最多见的症状,那是否只要宝宝喘息、咳嗽就是过敏性哮喘呢?过敏性哮喘是有诊断线索的,喘息的宝宝如果有以下表现,那么家长们就要注意宝宝可能

真的患有哮喘:宝宝每个月都要发生1次以上的喘息;喘息往往发生在宝宝大哭、大笑或者活动过后;晚上无缘故地咳嗽,而且经常发作;3岁了依旧发作喘息;当宝宝在医院用了一段时间雾化等抗哮喘的药物喘息就不发作了,一旦停药就又发作。

扫码观看 儿童健康小剧场
咳嗽、过敏和哮喘

过敏性哮喘与过敏密切相关,而其中吸入变应原致敏是儿童发展为持续性哮喘的主要危险因素。儿童早期食物致敏(如牛奶,鸡蛋等)可增加吸入变应原致敏的危险性,吸入变应原(如粉尘、尘螨、花粉、烟雾等)的早期致敏(≤3岁)是预测发生持续性哮喘的高危因素。建议所有反复喘息,怀疑患有哮喘的宝宝都要做过敏原检查,这样可以帮助家长和医生了解过敏状态,也有利于医生了解导致哮喘发生和加重的个体危险因素,从而更有利于制定环境干预措施和确定过敏原特异

爸妈小课堂

得了哮喘该如何治疗

规则用药、远离过敏原、适当锻炼、家长帮宝宝做好自我管理和哮喘笔记是几个最重要的原则。家长只要和宝宝长期系统地配合医生治疗,哮喘绝大部分是可以长期控制的。

性治疗方案。

322 预防哮喘的要点

对支气管哮喘防治的主要目标是抑制气道炎症和减低气道高反应性。防治原则应抓住以下主要环节。

（1）避免诱发因素：由于过敏原是引发宝宝哮喘发作的主要罪魁祸首，所以应该尽早查清过敏原，以便采取有的放矢的预防措施和脱敏治疗。常见的吸入过敏原有屋尘、尘螨、真菌、花粉、烟雾等，食物中的过敏原有虾蟹、鱼肉、蛋、牛奶、海鲜类食物及药物等，应在生活中仔细观察或到医院作过敏原检查寻找出过敏原。

（2）防止抗原与抗体结合：用人工方法使少量过敏原进入人体，产生轻度过敏反应和少量过敏物质，逐步达到脱敏，减少或达到不出现哮喘的症状，目前采用的尘螨滴剂和花粉脱敏就是此疗法的例子。但是过敏原往往不易查明，使哮喘病的防治存在一定困难。

（3）控制急性发作及长期维持治疗：哮喘控制治疗应越早越好，要坚持长期、持续、规范、个体化治疗原则。以哮喘控制水平为目标的哮喘长期治疗方案可使患者得到更充分的治疗，使大多数哮喘患者达到临床控制。哮喘急性发作期应在医生指导下，根据急性发作的严重程度合理应用支气管舒张剂和糖皮质激素等缓解哮喘的药物，必要时给予辅助机械通气治疗。病情缓解后应继续使用长期控制药物，如吸入糖皮质激素、白三烯调节剂等。

（4）防治呼吸道感染：因哮喘的发作季节与病毒感染有密切关系，故防治病毒性呼吸道感染极为重要。

（5）适当参加体育活动：体育锻炼可改善心肺功能，增强体质。哮喘患儿在应用药物的同时进行适当的体育运动，经常接触大自然，逐渐适应气候和环境的变化，避免或减少因环境变化而发生呼吸道感染的机会。

（6）保持积极精神状态：减少患儿的精神刺激和思想负担，保持精神愉快，配合医生共同战胜疾病。

🍄 消化道疾病的防治 🍄

323 吸收营养的主要"门户"——小肠

食物中所含的蛋白质、脂肪、碳水化合物，都要在胃肠道内经过各种消化液中酶的作用，分别分解成氨基酸、脂肪酸、甘油及单糖（主要是葡萄糖），才能被吸收利用。

消化道各部位的吸收能力是不相同的，如口腔和食管只能吸收少量的水、简单的盐类、葡萄糖及酒精，又如大肠的吸收也只限于水和极少量葡萄糖、无机盐。消化道中吸收营养的主要门户是小肠，在正常情况下，经过小肠吸收后的食糜进入大肠后只剩水分和一些不能吸收的物质。小肠的壁较薄,在肠管的黏膜上有环状皱襞,又有大量的绒毛,吸收面积很大,营养成分被吸收后,可很快渗透入血液及淋巴液而被身体利用。当食物中的蛋白质、脂肪和碳水化合物的比例为 1∶2∶3 时,吸收、贮存和利用最好。

小肠可长达数米,新生儿肠管的长度约为身长的 8 倍,婴儿为 6 倍,成人为 4.5 倍。大肠与小肠长度的比例也有所不同,新生儿为 1∶6,婴儿为 1∶5,成人为 1∶4。可是婴儿在生长期间,小肠的消化吸收任务很大,而其消化酶的活性却较低,消化系统还不成熟,如喂养不当即可引起腹泻。因此要注意合理喂养,切忌喂食过多或过早喂淀粉类和脂肪类食物,或突然改变食物性质,使肠胃道的消化功能紊乱而影响营养的吸收。

324 按时进食好处多

人们对食物的摄取、消化、吸收和排出的一系列过程都受神经系统的调节。位于大脑的食物中枢具有以下作用:建立食欲;摄取食物引起消化运动;使消化腺分泌,特别是促使唾液和胃液的分泌。而食物中枢的兴奋主要取决于建立日常饮食制度的条件反射及胃肠道的刺激。

宝宝们养成按时进食的习惯,能够形成对时间的良性条件反射。每到一定的时间,胃肠道就做好了接纳食物的一切准备:胃内排空,缓慢运动,各消化腺开始分泌一定量的消化液等。如果配以形式多样的、色香味美食物的良性刺激,更是建立这种良性条件反射的重要因素,从而促进宝宝的食欲,使宝宝能主动摄取维持其生长发育所必需的足够食

物和营养成分。同时,良好的食欲又能促使口腔内唾液腺分泌唾液,胃分泌胃液,其他消化器官分别分泌胆汁、胰液及肠液。这些消化液将共同参与食物的消化,有利于营养的吸收利用。因此,按时进食可提高宝宝的食欲,又有助于对食物的消化和吸收。

325 为什么有的宝宝吃奶后会哭闹、腹泻

婴儿期的主要食物为母乳和乳制品,除有优质蛋白质等营养成分保证婴儿的生长发育外,还富含乳糖。乳糖是哺乳动物乳汁中一种重要的营养成分,母乳中的乳糖是婴幼儿最重要的能量来源。乳糖进入体内后在小肠乳糖酶的作用下分解成葡萄糖和半乳糖,水解后的半乳糖是构成脑及神经组织糖脂质的成分。但研究发现,46%～70% 的腹泻婴儿有乳糖不耐受。

小肠黏膜分泌的乳糖酶可分解乳糖,若乳糖酶分泌减少或活性降低,婴儿摄入乳制品后会出现一系列消化道及全身不适症状,如腹胀、腹痛、腹泻、频繁溢乳、肠道排气增多和持续性哭闹等,称为乳糖不耐受,包括先天性及继发性等。继发性乳糖不耐受是指多种原因致使小肠上皮损伤乳糖酶活性暂时性下降,多发生于感染性腹泻后,多数随原发病纠正后得以缓解。

饮食回避是乳糖不耐受的主要治疗方法,避免摄入乳糖及含乳糖食物,可暂停乳类喂养,或者采取低乳糖、去乳糖配方奶喂养,需要根据年龄、症状轻重来选择喂养方式。添加乳糖酶至乳制品也是可行方法,无需改变原有的饮食结构,方便可行,但乳糖酶的作用效果与乳糖的量及乳糖酶在胃肠道维持的

预防过敏最好的办法就是纯母乳喂养，但是哺乳期母亲进食含有过敏成分的食物，过敏成分可通过乳汁传递给婴儿，因此，对于容易过敏的宝宝，妈妈尽量避免摄入含有易过敏成分的食物。食物过敏一般预后良好，大多随年龄增长而逐渐缓解。有资料显示，约90％的食物过敏者到3岁龄时临床症状自行消失，但仍有部分儿童例外，尤其是对花生、坚果、鱼和贝类过敏者，往往可持续到成年。

活性有关，口服时易被胃酸破坏其效价，因而有时疗效欠佳。

326 牛奶蛋白过敏有什么表现

宝宝出现突然便血、反复腹泻、哭闹不止、经常吐奶、体重增长缓慢等症状，常常与医生口中所说的牛奶蛋白过敏有关。

牛奶蛋白过敏是婴幼儿常见的食物过敏，部分宝宝在接触牛奶后，未成熟的免疫系统会将牛奶中的蛋白质当成有害物质，引发身体发生过敏反应。牛奶蛋白过敏主要表现为反复呕吐、腹泻、便秘、便血，甚至拒食、生长障碍、贫血等，大多数患儿到了2～3岁就可能对牛奶蛋白产生耐受，症状也随之消失。

饮食回避是最主要的治疗措施，大多数症状可在饮食回避后2～4周缓解。对于牛奶蛋白过敏又无法进行母乳喂养的婴儿，选择深度水解或氨基酸奶粉，具有治疗和营养作用；母乳喂养的婴儿发生牛奶蛋白过敏时，妈妈应限制奶制品的摄入。

牛奶蛋白过敏常用的检测方法有以下几种。

（1）外周血嗜酸性粒细胞计数：作为食物过敏的诊断价值有限，大多数食物过敏患者的外周血嗜酸性粒细胞并不增高。

（2）皮肤点刺试验：准确率较高，但对于高敏感患儿存在较大风险，曾经发生过严重过敏的患儿应慎用。

（3）血清特异性检测：其敏感性为60％～95％，特异性为30％～95％，其数值大小与食物过敏阳性预测值呈正相关。

（4）食物激发试验：是诊断食物过敏的金标准。

327 导致呕吐的各种因素

呕吐是宝宝的常见症状之一，多数是因疾病引起的，有的属于内科疾病，有的却是外科疾病。疾病引起的呕吐往往同时还有原发病的各种表现，如尿路感染时除了呕吐外，还有发热、尿痛、尿频的症状。从呕吐性质来看有急缓之分，有的是连续不断呕吐，而有的却时吐时止，反复发作。从呕吐物来看，有的仅是胃内容物，而有的则含有血液、胆汁、肠内容物，甚至有蛔虫等。也有少数患儿的呕吐是由生理或精神因素引起，如新生儿的溢乳。宝宝对喜欢的食物一次食入过多或对食物的厌恶情绪也可引起呕吐。医生常根据呕吐与饮食的关系、疾病的急缓、发病的年龄和伴随的症状来分析原因。

由于引起呕吐的因素很多，归纳起来有以下几种原因。

（1）消化道阻塞：食物通过受阻而引起

的呕吐。例如,新生儿期有食管闭锁、肠道闭锁或无肛门的肛门闭锁等先天性畸形;婴儿期可有幽门肥厚性狭窄或幽门痉挛,使胃通向肠道的通路变窄,先天性肠道狭窄、肠旋转不良;儿童时期常见的有蛔虫引起的肠梗阻、肠套叠、疝气等。

(2)消化道感染性疾病:有食物中毒、急性胃炎、肠炎、阑尾炎、肠道蛔虫、传染性肝炎等,由于炎症对胃肠刺激而引起的反射性呕吐。

(3)消化道功能异常:是更为常见的呕吐原因,这是由于其他感染所引起的一种反射性的消化道功能抑制。这类疾病有上呼吸道感染、肺炎、中耳炎、尿路感染和败血症等。

(4)神经系统疾病:如脑炎、脑膜炎、脑肿瘤、颅内出血等,引起颅内压力增高而产生的中枢性喷射性呕吐。

(5)各种中毒:由于毒素对胃肠道或中枢神经的刺激引起呕吐。这类呕吐也是一种保护性的防御反射,可将有害的胃内容物排出体外。例如心脏病患者服用的洋地黄类药物,最早出现的中毒症状就是呕吐。

328 小儿消化性溃疡和胃炎

在小儿消化系统疾病中最常见的是胃炎和消化性溃疡。胃炎分为急性和慢性,急性胃炎多由于饮食不当、气候骤变、情绪波动等因素造成,临床表现为中上腹不适或疼痛、恶心、呕吐等;慢性胃炎患儿多有胃炎的既往史,可由引起急性胃炎的因素为诱因而发生临床表现,如中上腹无规律疼痛、食后腹胀、泛酸、嗳气等。

消化性溃疡的患儿往往胃酸过多、胃黏膜保护因子减少,临床表现为饭前或饭后的中上腹隐痛、泛酸嗳气、食欲不振、食后饱胀等,严重者可有上消化道出血的并发症。

由于宝宝的消化系统疾病临床表现缺乏特异性,仅靠上述症状表现还不足以作出诊断,常用的胃肠道 X 线钡剂检查又缺乏直观性,最好是根据胃镜检查和幽门螺杆菌检测结果进行确诊。由于小儿胃炎和消化性溃疡的发病常由幽门螺杆菌引起,在胃镜检查中,除了能明确病理诊断外,还能及时检测幽门螺杆菌的存在与否,这对治疗有重要作用,一般所用药物有胃黏膜保护剂、制酸剂等,如有幽门螺杆菌感染则需用抗生素、铋剂等联合治疗。

329 婴儿肝炎综合征是怎么回事

出生 2～3 天的新生儿常会出现皮肤、巩膜黄染,7～10 天自然消退,这是生理性黄疸。而少数婴儿的黄疸延迟不退或退后又现,或持续加剧,大便呈淡黄色,尿液黄染,体重增长缓慢,肝脏增大,腹壁静脉显露,这些婴儿可能是患上婴儿肝炎综合征了。

婴儿肝炎综合征多由病毒引起,如乙型肝炎病毒、巨细胞病毒、柯萨奇病毒、EB 病毒等,此外,弓形体及李斯特菌等也可致病。患婴的肝细胞对胆红素的摄取、结合、转运或排泄这几个环节中的一个或几个发生障碍,即可发生黄疸。肝功能受损后除了发生黄疸外,还易并发其他感染,如肺炎、尿路感染,甚至败血症,容易发生脂溶性维生素缺乏,如维生素 K_1、维生素 A、维生素 D 缺乏,导致佝偻病。而维生素 K_1 缺乏会引起各种部位的出血,其中尤以颅内出血为重。

而母乳性黄疸是因为母乳中可能缺乏葡萄糖－6－磷酸脱氢酶,停喂母乳,黄疸会逐渐消退。婴儿肝炎综合征与先天性胆道闭锁、先天性胆总管囊肿不同,很少发生排陶土样大便;与溶血性黄疸也有区别,很少发生严重的贫血与脾脏肿大。若能及时就诊,予以治疗,控制并发症,多数患儿预后良好。

330 慢性腹痛与肠系膜淋巴结炎

肠系膜淋巴结炎是儿童慢性腹痛的主要原因之一,多见于7岁以下的儿童。肠系膜淋巴结炎是由细菌、病毒感染引起的,常见的感染源为柯萨奇B病毒、链球菌及金黄色葡萄球菌等,主要还是以病毒为主。该病好发于冬春季节,常在上呼吸道感染病程中并发,或继发于肠道炎症之后。

肠系膜淋巴结炎的典型症状为上呼吸道感染后有咽痛,继之发热、腹痛、呕吐,有时伴有腹泻或便秘。部分患儿有颈部淋巴结肿大,腹痛可在任何部位,但以肚脐周围为主。腹痛性质不固定,可表现为隐痛或痉挛性疼痛,在两次疼痛间隙,患儿感觉较好。偶可在右下腹部扪及小结节样肿物,压之疼痛,此为肿大的肠系膜淋巴结。

值得注意的是,儿童腹痛的原因很多,除了肠系膜淋巴结炎之外,常见的还有急性胃肠炎、肠套叠、急性阑尾炎、肠道寄生虫病等,还有一些功能性腹痛,可能跟心理等多因素有关,可以自行好转。因此,如果宝宝出现腹痛,应及时去医院就诊,明确病因。肠系膜淋巴结炎有时需要与阑尾炎等疾病鉴别,需由儿科医生做专业检查,并配合B超检查明确诊断,以免误诊耽误治疗。

预防肠系膜淋巴结炎的关键就是减少感染性疾病的发生,让宝宝从小养成良好的饮食习惯和生活习惯,多运动,增强体质;注意饮食卫生,忌过食生冷瓜果,忌雪糕、冰淇淋等冷饮,少喝饮料,不吃零食,不暴饮暴食;注意气候变化、腹部保暖;餐后稍作休息,勿进行剧烈运动。

331 婴儿肠绞痛的特征有哪些

婴儿夜晚哭闹不止,无论父母怎么哄,都没法使他停止哭闹。婴儿哭闹的元凶之一,就是肠绞痛。

婴儿肠绞痛表现为突然大声啼哭,哭闹时面部潮红、双手握拳、四肢屈曲,抱哄喂奶都不能缓解,哭闹持续10分钟到数小时,最终以哭得力竭、排气或排便而停止。好发于3个月以内的婴儿,通常在4～6月龄自动改善,极少数宝宝要到一岁时才停止。遇到婴儿肠绞痛时,可以有以下几种处理方式。

(1) 改变抱姿:把宝宝直立起来趴在父母肩膀上,屈曲宝宝下肢,给宝宝的肚子一个压迫,可以让部分宝宝肠绞痛的症状得到缓解。

(2) 促进排气:按顺时针方向给宝宝进行腹部按摩,温毛巾热敷腹部,在肚脐上抹薄荷油等挥发物可促进肠道排气,伴有较严重排便、排气困难的肠绞痛宝宝建议先就医,可在医生的指导下尝试使用开塞露。

(3) 改良哺乳方式:哺乳时先喂空一侧乳房,让宝宝同时摄取富含乳糖的前奶及富含脂肪的后奶,可以预防因消化乳糖的酵素较少,过量乳糖无法被完全消化吸收而在胃肠内发酵产气导致的肠绞痛。建议牛奶蛋白过敏的宝宝喝水解配方奶粉。

（4）其他方法：可口服益生菌等调整肠道，不要擅自给宝宝服用镇痛、镇静药物，必要时就医，寻求专业的儿科医师的指导或用药，在医生的指导下使用西甲硅油。

332 肠痉挛是怎么一回事

肠痉挛是宝宝急性腹痛的常见原因之一，可是其发生的机制至今仍不太明确。有的认为与体质有关，如对牛奶或某些食物过敏。在暴食、大量冷食或喝的奶中糖量过多时，使肠内积气而诱发肠痉挛。有的因上呼吸道感染，腹部受凉，消化不良以及肠道寄生虫的刺激等情况下，促使肠壁肌肉强烈收缩（即痉挛）而引起压痛；也有宝宝精神过分紧张而引起肠痉挛。经过一定时间，肠壁肌肉自然松弛，疼痛也就缓解。

典型的肠痉挛多发生在小肠，故腹痛以脐周为主，程度可轻可重，常伴有呕吐。但疼痛间歇期腹部柔软、不胀，无固定部位压痛与紧张。每次发作时间不长，从数分钟到数十分钟，反复发作。多数在数十分钟至数小时自愈，极个别患儿可延长至数日。疼痛发作时用手抚摸腹部，或放热水袋可减轻症状。

333 冬季高发的诺如病毒胃肠炎

诺如病毒常可引起急性胃肠炎，患儿以呕吐为主，可以伴有发热、腹泻、腹痛、肌肉酸痛等症状，感染的潜伏期一般为 24～48 小时，主要通过肠道进入体内，可通过污染的食物、水源、物品等进行传播，常在社区、餐馆、

医院等处出现集体爆发。诺如病毒在冬季高发，目前尚无特效药物且无针对性疫苗，因为病毒极易变异，所以可反复感染。治疗以对症支持疗法为主，比如补充水分及电解质、退热、止泻等治疗，一般无须使用抗生素。诺如病毒具有自限性，愈后良好，但对于幼儿、老人和免疫抑制剂服用者易发生严重并发症。

为了减少宝宝感染诺如病毒的概率，家长不妨从日常生活入手，做好防范措施：保证饮食卫生、营养均衡，避免生食；养成良好的卫生习惯，勤洗手，尤其餐前、便后须洗手；宝宝用过的餐具、牙刷、毛巾等个人用品必须专属，同时定期消毒；疾病高发期少去公共场所，避免宝宝接触感染了诺如病毒的人和物。

334 怎么区别生理性腹泻和感染性腹泻

宝宝腹泻是指大便次数增多、性状改变，分为生理性腹泻和感染性腹泻。判断宝宝是否腹泻，不能单凭大便次数是否增多，还要看大便的量是否增加和性质是否改变。仅有排便次数增多，大便依然是成形的，称为"假性腹泻"。

生理性腹泻多发生在出生后不久的婴儿，表现为大便次数增多，呈黄绿色的稀便，但宝宝的精神很好，没有呕吐，食欲始终很好，体重也逐日增加；随着月龄增长，于添加辅食后腹泻自然消失。有生理性腹泻的宝宝，通常在摄取牛奶或鸡蛋等异体蛋白质后，甚至在日晒、风吹或衣服摩擦后，易发生皮肤湿疹、体温升高等现象。

感染性腹泻是由于细菌、病毒或真菌等引起的。患有这类腹泻的宝宝多数有发热，呕吐不一定是主要症状，粪便有异常臭味，含

有黏液或脓血，如不及时治疗，腹泻会持续或加重。不同病原体引起的腹泻又各有特点，分别如下。

（1）致病性大肠杆菌引起的腹泻：一年四季都可发病，但在5～8月份发病率最高。多数宝宝开始时不发热，很少呕吐，腹泻次数不多，转为重型后出现发热、剧烈呕吐，大便次数频繁，很快出现脱水。大便以蛋花汤样为主，含有黏液，有腥臭味。

（2）病毒引起的腹泻：多发生在8～11月份，常同时有上呼吸道感染。大便为水样，如白色米汤样或蛋花汤样，且量较多，严重时可造成宝宝脱水、电解质紊乱、酸碱平衡失调。镜检大便无异常，病程长者可见少量白细胞。

（3）真菌引起的腹泻：大便为黄色稀薄或绿色，多泡沫，有黏液，呈豆腐渣样，易发于平时体弱、营养不良或长期服用抗生素的宝宝。

 335 当心婴儿秋季腹泻

病毒引起的腹泻（多为轮状病毒）大多发生在每年的8～11月，9月是发病高峰。因正值秋季，所以又称秋季腹泻。该病常可在幼托机构内形成流行，多见于营养良好的6～18个月的婴儿。

秋季腹泻起病急，体温升高在38～40℃，同时有感冒的症状，在发病当天就有腹泻，大便像米汤或蛋花汤一样，有少量黏液，没有腥臭味。由于大便量多，常像水一样冲出来，因此患儿很快就出现眼眶凹陷、口唇干燥、皮肤弹性不好等脱水症状。宝宝有严重口渴感，常哭吵不安，此时如能少量多次喂糖盐水就能减轻脱水症状。

秋季腹泻虽来势较猛，但大多5～7天后会自然痊愈。关键是注意护理，使宝宝顺利度过疾病期。在饮食方面，不需要禁食；母乳喂养儿可继续母乳喂养，但母亲需避免进食过于油腻的食物。

婴幼儿一般腹泻的预防要做到以下几点：最好母乳喂养，尤其在婴儿出生后的最初几个月；尽量避免在夏季断奶；注意饮食卫生，防止病从口入；合理喂养，记时定量，按时添加辅食，切忌几种辅食一起添加；食欲不振或发热早期，减少宝宝的奶量及其他食物，并以糖盐水代替，减轻胃肠道的负担；避免过食

爸妈小课堂

如何配糖盐水

如果家里没有口服补液盐，而且宝宝仅有轻度脱水，可以自己在家配制以下液体代替口服补液盐。

① 米汤口服液：取米汤500毫升（一个啤酒瓶）加细盐1.75克（约半个啤酒瓶盖）；

② 糖盐水：取白开水500毫升（一个啤酒瓶）加细盐1.75克（约半个啤酒瓶盖）及白糖或葡萄糖10克（两小勺）。

不过需要强调，不太建议家庭自制糖盐水，因其操作复杂容易配错，因为口服补液里的糖和盐要达到一定比例并恰当使用才会起作用，盐多或糖多都可能适得其反，腹泻可引起低钾血症，自制糖盐水无法及时补充钾。这种方法通常只在缺医少药的情况下临时使用。

扫码观看 儿童健康小剧场

婴幼儿腹泻

或喂富有脂肪的食物;加强宝宝的体格锻炼,增强宝宝的体质;及早治疗宝宝的营养不良、佝偻病等一些易致慢性腹泻的疾病,同时要加强护理;不要长期应用广谱抗生素,以避免肠道内正常菌群的失调。

336 阵发性剧哭——急腹痛的诉说

"阵发性剧哭"顾名思义是一阵阵发作的剧烈啼哭,这是尚没有语言表达能力的婴幼儿诉说病痛的一种方式。剧哭发作的间隔时间长短不一,每次发作的持续时间也可长可短,并常伴有躁动不安。一般这样的哭声能引起家长和照护者的注意,但由于间隔期可嬉笑如常,往往被误认为宝宝发脾气而拖延了诊病的时间。发生阵发性剧哭时应及时看医生。阵发性剧哭可分为以下几种。

(1)突发尖叫啼哭:哭声尖,音调高,单调而无回声,来得急、消失得快,即哭声突来突止,很易被认为是受惊吓或做"噩梦"。突发尖叫啼哭可能是腹痛、头痛的表达,是一种危险信号。

(2)阵发性啼哭伴屈腿:阵发性剧哭,双腿蜷曲,2～3分钟后又一切正常,但精神不振,间歇10～15分钟后再次啼哭。若再伴有呕吐,则肠套叠的可能性极大。

(3)阵发性啼哭伴满床打滚:宝宝阵发性剧哭伴满床打滚,额部出汗,面色发白,哭声凄凉,拒绝任何人触摸腹部。若欲上前触摸,宝宝惊恐万状,这很可能是胆道蛔虫病、肠套叠;若哭闹并不很剧烈,忽缓忽急,时发时止,无节奏感,又喜欢揉肚子,则可能是肠道蛔虫症或消化不良。

337 常见急性腹痛的鉴别

腹痛是一个症状,然而引起腹痛的原因有很多,要善于鉴别各类腹痛的特点,以便对症处理。

4～12个月的婴儿突然大哭大闹,2～3分钟后又一切正常,但精神不佳、嗜睡,间歇10～15分钟左右哭闹又反复,则肠套叠的可能性较大。

年龄较大的幼儿能诉说疼痛的部位,但常因害怕打针而不肯说实话。此时进行腹部检查,触到疼痛点时宝宝会有痛苦的表情,或迅速将检查者的手推开。

(1)如果触痛处在右下腹,而症状是先腹

特别提醒

在诊断没有明确之前,对任何腹痛都切勿给宝宝吃止痛药,以免掩盖症状,误了大事。

195

痛，后发热、呕吐，右下肢蜷曲，则应考虑阑尾炎的可能；如先发热、咳嗽，后发生右下腹痛，有可能是大叶性肺炎。

（2）腹痛位于上腹痛，而且是阵发性的剧烈疼痛，甚至痛得打滚，额部出汗，很可能是胆道蛔虫病。如果在上腹部疼痛的同时伴有恶心、呕吐，甚至发热，发病前饮食不当或吃了不清洁食品，可能是患了胃炎。

（3）如果腹痛位于肚脐周围呈阵发性，但并不剧烈，一阵痛后宝宝又活泼自如，患肠道蛔虫症的可能性较大。当蛔虫多聚集成团时，会阻塞肠腔导致腹痛剧烈，同时伴有呕吐，腹部能摸及包块，需考虑蛔虫肠梗阻。

（4）有时腹痛无明确的定位，但有肠鸣音，痛则腹泻，泻物伴有黏液或脓血，患肠炎、菌痢的可能性很大。

宝宝喂养不当，过饱或吃了过敏的食物，也可引起腹痛。有时疼痛较剧，但无固定的部位，一阵疼痛时可触到块状物，也无固定点，可能是肠痉挛。受了风寒的宝宝腹部也会隐隐作痛，此时宝宝往往喜欢按摩，有的宝宝还会拉住家长的手捂在疼痛的部位。遇到这种状况，腹部保暖十分重要。

任何一种腹痛如伴有发热、呕吐、腹泻等症状，或虽属功能性腹痛，但痛感较剧烈，均需送医院诊治。家长需将患儿的呕吐物或排泄物带给医师看，再通过全面的体格检查，配合必要的化验，便能作出正确的诊断。

338 应对复发性腹痛的注意事项

腹痛是宝宝的常见症状，其中由消化器官及其邻近脏器病变引起的称为器质性腹痛。但有的2岁以上的宝宝早上起床后或在进餐中，或在玩耍时，突然诉腹痛，可表现为腹部中央、上腹部，甚至下腹部疼痛。腹痛发作时，宝宝神情紧张，面色苍白，有时恶心、呕吐。有时痛一阵后即好转，也有排便后好转，玩耍如常，第二天可有同样的发作。家长带宝宝到医院就诊，经医生检查，腹部局部有压痛，拍腹部X线片，做胃肠道、腹部B超等检查均查不出异常，这种情况称之为功能性腹痛，又称为复发性腹痛。最常见的原因为食物过敏、起立性调节障碍、心理情绪的紊乱等引起胃肠痉挛、功能紊乱而出现腹痛。对此家长不必过于着急，首先应到医院就诊排除器质性腹痛，然后确定与进食品种、进食量及精神因素的关系，并针对腹痛的原因作以下处理。

（1）注意腹痛与进食品种的关系：如腹痛是在食用牛奶、蛋类、鱼虾等食物后发生，一般为过敏性腹痛。停止给宝宝食用这类食物，腹痛就会好转。

（2）注意腹痛与进食量的关系：如过食冷饮、暴饮暴食等，需教育宝宝节制饮食，纠正其不良的饮食习惯。

（3）注意腹痛宝宝的平素体质：如果宝宝体质弱，易疲劳，站立过久易晕倒，这种腹痛称为起立性调节障碍性腹痛，一般不需药物治疗。但应加强营养，进行体育锻炼，增强体质，腹痛可随之好转。

（4）注意腹痛与宝宝的精神情绪的关系：如宝宝心理紧张，易发脾气，感情压抑，可引起胃肠功能紊乱，出现腹痛。家长应给予关爱、开导，消除其紧张心理，腹痛也就随之消失。

此外，有时腹痛系由癫痫引起，该病称之为腹型癫痫。这类腹痛需做脑电图才能确诊，并按癫痫治疗，腹痛才能消失。

339 腹痛伴大便带血是什么病

腹痛同时有大便带血,通常是消化道疾病的信号,便血量反映了疾病的严重程度。因此,腹痛伴有大便带血必须到医院急诊。比较常见的疾病有以下几种,有些情况比较紧急,需认真对待。

(1) 新生儿坏死性肠炎:多发生于早产儿,与围产期窒息有关,缺氧引起肠系膜血管缺血,肠坏死。主要表现为呕吐、腹胀、大便出血,肉眼血便或隐血试验阳性。

(2) 嵌顿性腹股沟斜疝:患儿多有疝气病史。嵌顿即腹腔内容物进入腹股沟或经腹股沟管到达阴囊,使局部出现肿块。若嵌顿时间过长,嵌入的肠段可能发生坏死,出现便血、呕吐、腹胀等症状。

(3) 肠套叠:多发生在 1 岁以内的婴儿。因患儿不能表达腹痛,而表现为阵发性哭闹,可伴有呕吐,大便呈暗红果酱样,腹部检查可以触摸到肿块,为套叠之肠段。发病时间长的,大便可呈鲜红色。此病发病率较高。

(4) 急性出血性肠炎:以学龄儿童多见。此疾病以便血为特征性表现,患者便血量不等,大量便血者呈暗红色,伴腐败腥臭味,或呈赤豆汤样;同时可伴有腹胀、腹痛、呕吐、腹泻、发热,甚至休克。

(5) 胃和十二指肠消化性溃疡:多见于学龄儿童。患儿经常有上腹部疼痛或隐痛,有些患儿平时没有症状,但并发出血时,大便像柏油样,黑而发亮。

(6) 菌痢:患儿常有不洁饮食史。得病后有发热、腹痛症状,排便时伴里急后重感(有便意而排不出大便),大便带有黏液、脓血。

340 偏食儿童的大便特征

不同的食物含有各不相同的营养成分。大米、面粉以及它们的制品(馒头、米汤),还有红薯、土豆及一些杂粮中,含有的淀粉(碳水化合物)比较多;而鸡、鸭、鱼、瘦肉、鸡蛋和豆类中,含有的蛋白质比较多;在肥肉、食油中,则含脂肪多。因此,偏食的儿童会有不同特征的大便。

偏食淀粉或糖类食物过多时,可使肠腔中食物增加发酵,产生的大便为深棕色的水样便,并带有泡沫;偏食含蛋白质的食物过多时,蛋白质中和胃酸,降低了胃液的酸度,使细菌比较容易在胃腔里繁殖,这类儿童的大便往往是奇臭难闻;进食脂肪过多时,会在肠腔里产生过多的脂肪酸刺激肠黏膜,使肠道的蠕动增加,产生淡黄色液状和量较多的大便,有时大便发亮,可以在便盆内滑动;进食牛乳过多或糖过少,产生的脂肪酸与食物中的矿物质钙和镁相结合,形成脂肪皂,粪便就呈现灰白色,质硬且伴有臭味。

341 宝宝"大肚子"可能藏隐患

5 岁以下的宝宝常有着圆鼓鼓的肚子,尤其是吃多了东西之后更明显,一般都视为正常现象,然而在"正常"的背后,可能隐藏着不正常,甚至危险情况。儿童的腹部在平卧或空腹的时候应该是平坦的,不会比胸部高;在宝宝安睡或洗澡时,用手轻柔地触摸宝宝的腹部,也不应该摸到肿块或高低不平的状况。如果宝宝腹部较大,又摸到了肿块,绝不可掉以轻心。必须引起高度警惕的肿块有以下几种。

（1）肾脏肿块：肿块在上腹部的一侧或两侧较深的部位，后腰部也显得很饱满甚至隆起，肿块比较固定，不易推动。如果肿块长得很大，在浅表也能摸到。这些现象提示有肾肿瘤、肾积水的存在。

（2）腹部正中部的肿块：质地坚硬，表面高低不平，很固定，最常见的是神经母细胞瘤。

（3）下腹部肿块：部位固定，软硬不等，而且高低不平，畸胎瘤多见。

以上三种都是常见而严重的情况，需要紧急处理。此外，有时在腹部还可摸到一些较为活动的肿块，如大网膜囊肿、肠系膜囊肿。女孩下腹部的肿块要考虑卵巢肿瘤。

当然，有时在3～5岁正常宝宝的腹部摸到的"肿块"，可能是充满了粪块的结肠，这是正常的情况。无论如何，腹部摸到肿块都要高度警惕，因为儿童时期也会发生恶性肿瘤，不论肿瘤或肾积水，都必须早期诊断，从速治疗。

常见内分泌疾病

342 正常儿童性发育启动的时间及过程

无论男女，接近青春期时，中枢神经系统对性激素分泌的抑制作用减弱，儿童开始性发育，其中包括生殖器官和性征的发育。

正常女孩在10周岁以后开始性发育启动，其中乳房发育是最早出现的第二性征，可以是一侧乳房先开始发育，部分女孩会感觉乳房有硬结、胀痛等表现。之后会出现阴唇发育，色素沉着，外阴分泌物增多甚至出现腋毛、阴毛，伴随着生长速度的迅速加快。女孩的子宫、卵巢发育到一定程度后会出现月经，来月经意味着女孩开始走向性成熟，也意味着身高快速增长期结束，进入缓慢增长期。一般初潮后身高生长5～7厘米，但存在个体差异。通常初潮后前1～2年可伴有月经周期不规则，这是不排卵的缘故，家长不用惊慌。若长时间月经不规则，可至专科医院做相应检查评估。

正常男孩青春期性发育较女孩晚，男孩通常在11周岁以后出现青春期性发育，最早表现为睾丸增大，随后阴茎增大，接着是阴囊皮肤松弛、色素沉着、出现阴毛，最后出现痤疮、喉结和变声。出现喉结和变声表明性发育已经至后期。在14～15岁，男孩会出现遗精。需要注意的是，男性青春期阶段可出现一过性乳房增大,持续时间一般为几个月,多数能够在1年内自行恢复到正常状态,如果长时间乳房不消退或者乳核增大明显,尤其是一侧增大明显,应至专科医院做检查评估。

343 引起性早熟的原因有哪些

性早熟是一种生长发育异常,表现为青春期特征提早出现。性早熟的年龄界定在不同国家、不同种族之间略有差异。目前我国的性早熟标准为:女孩在8周岁之前乳房发育或10周岁之前出现月经,男孩在9周岁之前出现睾丸发育。

性发育的年龄受地域、环境、种族和遗传的影响。近年来,随着人们生活水平的提高和现代化进程的加速,性早熟的发病率越来越高,是儿科内分泌系统的常见疾病之一,已成为威胁儿童身心健康的一大类疾病。性早熟的主要危害在于其过早发育带来的社会心理负担和成年终身高降低。

性早熟病因复杂,遗传、环境、肿瘤、炎症、外伤、药物和基因突变等均可导致性早熟的发生。性早熟分中枢性性早熟、外周性性早熟、单纯乳房发育、单纯阴毛早现。

中枢性性早熟是缘于下丘脑-垂体-性腺轴过早激活导致性腺发育和分泌性激素,使内、外生殖器发育和第二性征呈现。女性患儿明显多于男性患儿,其中大部分是下丘脑的神经内分泌功能失调所致,没有找到特殊的病因,属于特发性中枢性性早熟,少数是由中枢神经系统器质性病变所致,还有些是由周围性性早熟转化而来。在男性患儿中枢性性早熟病因中,颅内潜在性疾病如颅内肿瘤等所致发病率较高。而外周性性早熟则是由

于外周异常增多的性激素来源所致,体内因素由周围内分泌腺病变所致,体外因素多为误用含性激素药物和食品、营养品,使用含有性激素化妆品,母亲孕期或哺乳期服用含性腺激素的药物。

单纯乳房发育是指女童不足8周岁出现乳房发育而无其他第二性征发育的一种不完全性性早熟,确切病因尚不明确。

单纯阴毛早现亦称肾上腺早发育,指女童不足8周岁,男童不足9周岁出现孤立性的阴毛早发育,无其他第二性征发育。部分是良性肾上腺功能早现,部分是肾上腺疾病所致。

344 女孩性早熟特征有哪些

发现女孩有性早熟的可疑表现,很多家长的第一反应是上网查:到底是真性还是假性?假性是不是就不用治疗?实际上,真性性早熟和假性性早熟都是以前的说法。目前,女性性早熟的不同类型及各自临床特征表现如下。

(1)中枢性性早熟特征:女童8岁前出现第二性征发育,顺序与正常青春期发育顺序相似。最先出现的体征是乳房发育,出现结节或有疼痛,乳头、乳晕变大着色。随着乳房发育的进一步进展,外生殖器开始发育,表现为大阴唇丰满、隆起,小阴唇渐变厚,阴道出现白色分泌物,阴毛、腋毛出现。卵巢容积增大伴有卵泡发育。子宫长度>3.5厘米可认为已进入青春发育状态,可见子宫内膜影则提示体内雌激素水平升高,有生理意义,10岁前有月经初潮。中枢性性早熟与正常青春发育过程相似,会出现生长突增,同时体重增

长加快,部分女孩出现体重超重或肥胖。快进展型病例,骨龄超前实际年龄1岁或1岁以上,骨骺提前闭合,如果发育时原身高较低,则可导致成年身高低于遗传靶身高。

(2) 外周性性早熟特征:第二性征提前出现,发生年龄一般早于中枢性性早熟,与内源性或外源性性激素水平有关,见于如卵巢肿瘤、纤维性骨营养不良综合征等基础疾病,或大量、长期服用含性激素药品或食品等;性征发育过程并不按正常发育程序进展,没有明显及规律的性发育顺序,如首发症状为阴道出血等,并且多无卵巢容积增加及卵泡发育;严重而长期的外周性性早熟未治疗者可诱发中枢性性早熟;多数不伴有生长突增。

(3) 不完全性性早熟特征:临床表现为单纯乳房早发育、单纯阴毛或腋毛提前出现、月经初潮提前,但无其他性征的发育。具体病因不明,可能与卵巢、肾上腺皮质一过性少量激素分泌、早期脑部损伤或有隐匿肿瘤有关。最常见的为单纯性乳房早发育,表现为只有乳房早发育而不呈现其他第二性征,乳晕无着色,呈非进行性自限性病程,多在数月后自然消退。

性早熟要及时就医,不要盲目乐观,延误病情会影响最终身高。虽然对宝宝的身体健康无碍,但是对今后的生活、就业都会造成影响,而且性早熟还有可能会导致心理问题。

345 男孩性早熟特征有哪些

性发育是一个连续的过程,且具有一定规律。睾丸容积≥4毫升(睾丸容积＝长×宽×厚×0.71)或睾丸长径＞2.5厘米,提示男性青春期发育。男孩性发育首先表现为睾丸容积增大,继而阴茎增长、增粗,阴毛、腋毛、胡须生长及声音低沉,出现遗精。性发育的速度存在明显个体差异,男孩生长加速在变声前1年,一般性发育过程可持续3~4年。好多家长待到男孩出现变声、长须、遗精,才想到就医,往往已错过最佳生长机会。

男性性早熟是指男孩在9岁前出现第二性征发育,其发病率较女性相对偏低。但男性性早熟具有器质性原因较多,尤其以中枢神经系统器质性病变、肾上腺或睾丸肿瘤较多。因此,对男性性早熟患儿需要做相应影像学检查如头颅MRI或CT检查,睾丸、肾上腺B超,必要时做MRI或CT检查。

男性中枢性性早熟特征包括:9岁前出现睾丸容积≥4毫升,进一步阴茎增大,阴毛出现,遗精出现;同时伴有身高生长加速,年生长速率高于正常儿童;骨龄超前,超过实际年龄1岁或1岁以上;血清促性腺激素及性激素达青春期水平。

男性外周性性早熟病因复杂,多数是由于基因变异所致的遗传性疾病及生殖器肿瘤,如先天性肾上腺皮质增生症、家族性高睾酮血症、睾丸肿瘤、肾上腺肿瘤等,主要特征为性发育过程不按正常青春发育进程出现,可有睾丸增大,阴茎增大、增粗,阴囊色素沉着,早期身高增长加速,骨龄提前显著。血液化验以睾酮水平升高为主,促性腺激素不高。长期未经诊断治疗者可转变为中枢性性早熟。

一旦发现宝宝有性早熟的征象,父母应尽早带宝宝到儿童内分泌专科就诊,通过医生的体检和一系列的实验室检查以明确宝宝患的是哪种早熟,才能针对病因选择正确的治疗方案。

展情况。

346 怀疑性早熟要做哪些检查

很多家长因为发现宝宝乳房凸起、疼痛，或者发现宝宝内裤上有白色或黄色的分泌物，或者有变声，阴毛、腋毛的出现而来看医生，那么医生在第一次就诊的时候，除了问询宝宝的相关情况，还会给宝宝做体格检查，及一些相应的实验室检查和影像学检查。

（1）体格检查：医生会根据宝宝乳房、外阴或外生殖器的大小、形态等，进行性发育程度的分期，以便评估宝宝的性发育程度。

（2）血液性激素检查：一般第一次就诊既需要做静脉血检测性激素水平，脑部性腺激素水平是区分中枢性性早熟和外周性性早熟的重要指标，但是人体的血激素水平是波动的，随机血性激素检查只能反映大致的情况，有些宝宝血性激素水平偏高，必要时医生会进一步行更详细的血性激素检查，以明确诊断。

（3）性腺B超检查：包括乳房、子宫、卵巢、肾上腺的B超，了解是否存在乳腺发育，测定子宫、卵巢的容积以及子宫内膜的厚度，目的为了解性发育的程度，同时排除肿瘤。性腺的提早发育会导致月经可能提前到来，性器官发育不成熟及功能的紊乱。必要时需要2～3个月复查B超了解性腺的变化情况。

（4）骨龄影像学检查：人的生长发育可以用生活年龄和生物年龄来表示，生活年龄就是指日历年龄，而生物年龄就是骨龄，根据骨龄在X线片中的特定图像来确定。骨龄成熟之后，宝宝也就失去了长高的机会。性激素水平的升高在一定程度上会引起骨龄的提前增长，骨龄越大生长空间越小。因此，对于性早熟患儿需要每3～6个月复查骨龄的进展情况。

347 如何治疗特发性中枢性性早熟

中枢性性早熟主要包括继发于中枢神经系统的器质性病变和特发性性早熟。只有排除了中枢器质性病变和其他原因，才能确定为特发性中枢性性早熟。抑制或减慢性发育是治疗的目的，特别是阻止女孩月经来潮，抑制骨骼成熟，改善成人期最终身高，恢复相应年龄应有的心理行为。

很多家长希望通过不打针的方式来治疗性早熟。对于部分外周性性早熟，临床上常会使用一些滋阴的中药来延缓性腺发展的速度，但是对于性激素水平偏高、子宫卵巢偏大、骨龄进展过快的，口服中药控制效果不佳，需要采取其他治疗方法。对于特发性中枢性性早熟，目前最为常用的首选疗法为注射促性腺激素释放激素类似物（GnRHa），也就是俗称的打针治疗，其作用机制是通过下降调节，使雌激素降至青春期前水平。常规剂量为0.1毫克/千克，但是不同的药物有不同的适合剂量，同时也存在个体差异。一般每4周注射1次，用药后患儿的性发育、骨龄成熟速度均得以控制，其作用为可逆性，若能尽早治疗，可改善成人期最终身高。一般治疗时间为2年左右，用药剂量和治疗时间根据具体病情确定。请在医生的指导下用药，并定期监测随访。

相对来说GnRHa还是比较安全的药物，主要不良反应有过敏、骨质疏松、发胖，偶见肝功能异常，胃肠道反应有恶心、呕吐等，阴道不规则出血，用药局部可见疼痛、硬结、发红、发冷等。

348 如何判断宝宝是否为矮小症

矮小症又称为矮身材，是指在相似环境下，身高从生长曲线上来看，小于同种族、同年龄、同性别正常儿童身高均值的第3百分位以下。

正确的生长评价首先取决于正确的测量。错误的测量值可造成错误的判断，尤其对两次测量时间间隔中增长值的计算会造成较大的误差，甚至得出错误的结论。常规3岁以下用婴儿标准床测量卧位身长，3岁以上用身高仪测量立位身高。

(1) 3岁以下用身长测量法：使用量床，仰卧位测量。测量时，宝宝的头顶与头板接触，双耳在同一水平，双膝和下肢并拢紧贴底板，测定板紧贴足跟和足底。注意足板要顶住双脚，足底平对足板，脚尖向上。测量读数须精确到0.1厘米。

(2) 3岁以上用身高测量法：取正位测量，测量时，应双足跟靠拢，两足尖呈45度，耳屏上缘与眼眶下缘的连线平行于地面，站在身高仪上，头的后脑勺、肩胛、臀部和足跟须紧贴垂直板（立柱），放下头板紧贴头顶压住头发。测量者须低于儿童的面部水平读数，测量读数须精确到0.1厘米。影响测量的因素有站立姿势不符合标准，或未脱鞋，或测量的时间不一。一般上午的身高要比下午高约1厘米。

关注宝宝每年的生长速率是早期判断宝宝是否患矮小症的关键，不同时期生长速率是不同的：生后第一年身高增长25～26厘米，1～2岁身高增长10～12厘米，3岁后至青春期前每年身高增长5～7厘米。而青春期身高增长明显加速，男孩的身高增长7～9厘米/年，女孩的身高增长6～8厘米/年。如果青春期前生长速率＜5厘米/年、青春期生长速率＜6厘米/年，则提示生长迟缓，即使尚未达到矮小症诊断，家长也应引起重视，及早至内分泌科专科就诊。

目前的矮小症病因检查中，首要检查就是骨龄。如果发现宝宝骨龄小于同年龄、同性别2个标准差，很可能是生长激素缺乏症，需进一步完善胰岛素样生长因子及生长激素激发试验。其次，需要进行其他实验室检查，如甲状腺功能、微量元素、乙肝两对半、肝肾功能等，以便排除甲状腺激素缺乏、微量元素缺乏及其他慢性疾病导致的矮小症。此外，需完善垂体磁共振排除垂体异常导致的矮小症。

扫码观看 儿童健康小剧场
矮小症

349 引起矮小症的原因有哪些

身高增长是一个复杂的动态过程，受遗传、营养、内分泌、慢性疾病及生活环境等多种因素的影响，所有影响生长发育的因素均会导致矮小症的发生。

(1) 遗传因素：在发育过程中遗传因素

决定着各种遗传性状,表现在不同种族、家族中个体体格发育差异,如身材高低,发育迟早等均与遗传有关。遗传因素通过酶的活性及内分泌功能调节宝宝生长发育。因此临床上常常用父母身高来预测宝宝的遗传靶身高。

> 男孩遗传靶身高预测:(父身高+母身高+13)÷2
>
> 女孩遗传靶身高预测:(父身高+母身高-13)÷2

(2)环境因素:先天身高遗传潜力的发挥主要取决于环境因素,自然环境和社会环境(包括家庭环境)都很重要。充足和调配合理的营养是儿童生长发育的物质基础。生长激素在夜间睡眠状态下的分泌量是白天清醒状态下分泌量的3倍,充足的睡眠有利于长高。运动可刺激生长激素分泌,儿童青少年经常进行体育运动能促进骨生长,使遗传潜力得到最大限度的发挥。有研究显示,经常运动的儿童比不运动的儿童平均高2～3厘米。社会心理压力也可引起宝宝生长迟缓,又称为精神心理性身材矮小,常发生在结构混乱的家庭中,如父母离异,宝宝与监护人关系不正常或严重被忽视、受虐待等。

(3)内分泌因素:生长过程在内分泌调控之下进行,这不仅与多种激素有关,而且与多种激素结合蛋白、生长因子及其结合蛋白以及位于细胞上的激素和生长因子的受体有关。调节生长发育的激素有生长激素、甲状腺素、胰岛素、皮质激素、性激素、小分子肽类激素等。其中,生长激素-胰岛素样生长因子轴在宝宝的生长发育过程中发挥重要调控作用,其中任何一个环节出现问题,或功能紊乱,均会导致身材矮小。甲状腺素主要促进

脑和长骨的生长,对胎儿和婴儿脑的发育也是必不可少的。它与生长激素的促生长作用有协同作用。胰岛素有刺激生长的作用,胰岛素与生长激素在蛋白质的合成代谢中有协调作用,可刺激IGF的生成。糖皮质激素在生理情况下对生长无重要影响,过量的糖皮质激素会抑制生长激素分泌,阻碍生长激素发挥作用,直接抑制软骨生长,起到抑制生长的作用。青春期生长及骨骼成熟加速的特征与性激素,尤其是雌激素升高,兴奋下丘脑生长激素-胰岛素样生长因子1生长轴有关,研究亦显示,雌激素加速生长板老化程序,促使增殖软骨提前耗竭,致骨骺提早融合。因而降低雌激素浓度使骨骺延缓成熟,将有益于生长的追赶。

(4)疾病因素:任何引起生理功能紊乱的急、慢性疾病对宝宝的生长发育都会产生直接影响。主要包括心脏疾病、肺部疾病、胃肠道疾病、肝脏疾病、血液系统疾病、肾脏疾病、免疫系统疾病、混合型营养不良症、铁缺乏、锌缺乏等。

350 什么是生长激素缺乏症

生长激素缺乏症是一种矮小症,即因生长激素缺乏导致的矮小症。生长激素是宝宝身高生长最重要的激素,作用贯穿整个生长发育阶段,直至骨骺闭合。生长激素缺乏症的宝宝会出现生长缓慢,学龄前儿童的身高增长每年小于5厘米,2～3岁时的身高明显低于同龄儿童,匀称性矮小,面容幼稚、皮下脂肪较多、声音尖细,骨龄延迟2个标准差,智力正常,甚至青春期发育迟缓。

生长激素主要由垂体分泌,作用在肝脏

上，使肝脏分泌胰岛素样生长因子1，进一步作用在长骨的生长板上，促使长骨纵向生长，个子长高。当垂体有肿瘤、炎症、外伤、放射线照射或基因异常等都可以导致生长激素分泌不足，即可出现生长激素缺乏导致的矮小症。生长激素主要在夜间熟睡时分泌，然而，若生长激素本身缺乏，即使睡眠再好，也于事无补。

那怎样才能知道生长激素是否缺乏呢？由于生长激素多为夜间熟睡时分泌，白天及清醒时几乎测不到，医生只能通过药物激发的方法激发出宝宝的生长激素分泌。简单来说，如果激发后生长激素水平正常，说明宝宝的生长激素不缺；如果没有激发至正常水平，说明宝宝的生长激素是缺乏的。按照生长激素缺乏症的诊疗规范，只有分别做两种药物的激发试验的所有结果均低于正常值，才能说明生长激素真的缺乏。因此，一般的生长激素激发试验分为两天，分别予两种药物。

若确诊生长激素缺乏症，本着"缺什么，补什么"的原则，建议为宝宝补充生长激素进行治疗。一般治疗开始年龄为4周岁，一方面年龄越小，骨骺的软骨层增生及分化越活跃，儿童骨生长潜力越大，同时对治疗反应越敏感，效果越好；另一方面，如果到了青春期性发育了，再用生长激素，在性激素的作用下，会加速骨龄进展，会缩短生长时间，对改善身高不利。由于该药的剂量是由体重计算得出，宝宝年龄越小，剂量越小，费用越低。除了药物治疗，还需要其他干预治疗，如富含

蛋白的均衡营养；坚持体育锻炼，多做跳跃的运动；早睡早起；提供阳光、关爱的生活环境，让宝宝保持愉悦的心情。

351 什么情况的矮小症可以使用生长激素治疗

并不是所有的矮小症都能够使用生长激素治疗，但是有些可以治疗的矮小症，如果就诊过晚就有可能错失了治疗机会。生长激素主要应用于治疗以下病因导致的矮小症。

(1) 生长激素缺乏症(GHD)：GHD是由于垂体分泌生长激素缺乏或者不足导致的矮小，又称为垂体性矮小或者垂体性侏儒症。

(2) 小于胎龄儿(SGA)：SGA是指出生体重和(或)身长低于同胎龄正常参考值第10百分位的新生儿。

(3) 特发性矮小症(ISS)：ISS指因目前暂时尚未认知的原因所引起的身材矮小。

(4) 特纳综合征：又名先天性卵巢发育不全综合征，只会发生在女性，是由于一条X染色体完全或部分缺失所致。身材矮小和卵巢发育不全为本病的主要特征。

(5) 普拉德-威利综合征(PWS)：又称为肌张力低下-智能障碍-性腺发育滞后-肥胖综合征，是一种与基因组印记相关的遗传性疾病。临床主要表现有婴儿期喂养困难、肌张力低下、幼儿期生长落后、肥胖、智力发育障碍等。

特别提醒

不要轻易给矮小的宝宝扣上"晚长"的帽子，不要等身高不怎么长了再来就医，结果因为骨龄太大甚至骨骺闭合，而耽误了最佳的诊治时间。因此，家长们如果发现宝宝身高在同龄儿童中偏矮小，要及时带宝宝来医院就诊。

（6）努南综合征：也是一种遗传性疾病，主要临床特征为特殊面容、先天性心脏病、身材矮小、发育迟缓、肾脏畸形、凝血功能障碍等。

（7）慢性肾功能不全肾移植前：慢性肾功能不全可以导致儿童生长迟缓和矮小。早在 1993 年美国食品和药品管理局（FDA）就批准了生长激素可用于儿童慢性肾功能不全肾移植前的生长不足。

352 生长激素如何治疗矮小症

矮小症的治疗首先强调的是病因治疗，精神心理性、肾小管酸中毒、甲状腺功能减低、营养不良等患儿在相关因素被消除后身高即增长。日常营养和睡眠的保障与正常的生长发育关系密切。

自 1956 年人垂体中分离和提纯的生长激素（phGH）问世以来，生长激素就开始应用于生长激素缺乏症。1985 年体外合成重组人生长激素（rhGH）成功并上市后，生长激素逐渐被大量应用于临床。

目前国内可供选择的生长激素（rhGH）剂型有冻干粉剂和水剂两种，以及长效和短效生长激素。生长激素的剂量范围较大，应根据需要和观察到的疗效进行个体化调整。

一般情况下，rhGH 冻干粉剂和水剂均为皮下注射。短效生长激素每晚睡前皮下注射 1 次，长效生长激素为每周皮下注射一次。常用注射部位为腹部（以肚脐为圆心的直径 3 厘米左右圆形注射区域）、上臂外侧三角肌下缘、大腿外侧中部。每次注射应更换注射点，避免短期内重复而引致皮下组织变性。生长激素治疗矮身材的疗程根据病因、治疗效果、遗传身高等因素决定，通常不宜短于 1 年，疗程过短时，患儿的获益对其终身高的作用不大。

353 生长激素治疗矮小症需要注意什么

任何药物都有其治疗作用和不良反应，生长激素也不例外。但是只要在专科医生的指导治疗剂量下使用，生长激素治疗就是安全的。如果未在医生指导下随意更改剂量造成治疗不当，或者原本有使用生长激素治疗禁忌证的情况下使用，会使不良反应产生的概率增加。

生长激素治疗的常见不良反应有甲状腺功能减低、糖代谢改变、特发性良性颅内压升高、抗体产生、股骨头滑脱或坏死、注射局部红肿或皮疹，通常在数日内消失。目前临床资料未显示 rhGH 治疗可增加肿瘤发生、复发的危险性或导致糖尿病的发生，因此对恶性肿瘤及严重糖尿病患者建议不用 rhGH 治疗。

在生长激素治疗的过程中，患儿需要定期来医院随访。一是需要监测宝宝治疗后身高增长的情况及必要的查体，二是做一些生长激素治疗期间常规需要检测的指标。临床上通常三个月作为一个评估疗程，但其实效果显著的话一个月就会看到疗效。外用生长激素的使用不会影响自身生长激素的分泌，停用生长激素后，宝宝将按照原来的生长速度生长。

生长激素很少与其他药物发生相互作用，一般内科疾病治疗时不需要停用生长激素，外用的生长激素也不会影响到正常的预防接种。

354 如何让宝宝科学长高

作为家长，都希望自己的宝宝能够长得高一些。有哪些措施可以帮助宝宝们科学地长高呢？

(1) 合理膳食：合理膳食是保证身体正常发育的物质基础，包括饮食均衡、营养充足，杜绝偏食和挑食，远离"垃圾食品"。

(2) 适宜运动：体育运动是增高非常好的方法，运动能促进生长激素的分泌，使骨骼、肌肉、大脑发育得更好。适宜长高的运动主要包括跳跃类运动（跳跃、摸高、跳绳、单杠等），球类运动（篮球、排球、羽毛球等）及游泳。这些运动有助于脊椎骨的发育和促进四肢的增长。不利于长高的运动是举重等力量型运动。

(3) 充足睡眠：保证充足有质量的睡眠是宝宝长高的基础。生长激素的分泌高峰在深度睡眠的状态下出现，大高峰是在晚上 11 点至凌晨 1 点，另一个小高峰在早上 5 点到 7 点。因此，宝宝们在晚上 10 点之前就该入睡，才能保证 11 点时进入熟睡状态，进而确保生长激素分泌的正常高峰出现。睡眠时间最好每天保持至少 9 个小时。为了能让宝宝顺利入睡，家长需要给他们营造一个有利于睡眠的氛围，睡前避免情绪太兴奋，晚上睡前不要吃宵夜和甜食。有些情况比如夜间咳嗽、睡眠打鼾等会影响到宝宝的睡眠质量，也要及时就诊去除这些因素。

(4) 健康心理：不良的心理因素会对宝宝的生长带来负面影响。紧张、抑郁、压力大等负面的心理因素都会影响到宝宝的身高增长。因此，拥有愉悦的心情，保持乐观、积极向上的健康心态，对于宝宝更好地生长发育非常重要。

355 如何识别宝宝存在性发育异常

性发育异常是染色体核型、性腺表型以及性腺解剖结构不一致的一大类遗传异质性疾病的总称。生殖器官发育异常是性发育异常最常见的临床表现，可通过产前超声检查、出生后体检或以后性发育过程中被发现，但性发育异常的临床表现多种多样。妈妈孕期有用药史（如合成代谢类固醇、雄激素等）和性发育异常家族史（如不孕不育、闭经、外生殖器发育异常、隐睾、男性乳房发育等）者，更加需要注意。

若家长或医生发现新生儿存在以下情况，提示性发育异常可能：明显的生殖器性别特征模糊；女婴生殖器特征明显但阴蒂增大；男婴生殖器特征明显，但有双侧隐睾、尿道下裂或小阴茎；生殖器外观与产前染色体核型诊断不一致。

婴幼儿、儿童青少年及青春期体检发现以下异常，提示性发育异常可能：生殖器性别特征不明确；女孩腹股沟疝（腹股沟包块）；青春期发育延迟或外生殖器表型与抚养性别不一致（如女性青春期阴蒂异常增大）；原发性闭经或女性男性化；男孩乳房女性化；男孩周期性的严重血尿。

如果怀疑宝宝有性发育异常，需要常规做下列检查。

(1) 染色体、SRY 基因：染色体检查可发现染色体异常改变，是性染色体异常造成的性发育异常的确诊依据；SRY 基因是性别决定基因，该检查可发现染色体上包含的 SRY 基因拷贝数改变、缺失或增多。

(2) 性腺 B 超：检查性发育异常宝宝的子宫、卵巢、睾丸、肾上腺等。例如特纳综合征患儿卵巢幼稚或未发育，克兰费尔特综合征患儿可发现睾丸发育不良、容积减少。

(3) 生化检查：对性发育异常宝宝，需要检测相关的性激素来评估下丘脑-垂体-性腺轴功能。

(4) 基因检测：性发育异常主要是由于基因及环境因素所导致，在性别决定和性别分化的不同时期基因的异常可以导致性发育异常，可行相关基因检测来明确诊断。

356 什么是儿童糖尿病

儿童期发生的符合糖尿病诊断的均为儿童糖尿病。儿童期的各种类型糖尿病具有年龄特异性，以 1 型糖尿病为主。该疾病是在

儿童期不同类型糖尿病的区别

	1 型	2 型	特殊类型糖尿病
遗传	多基因	多基因	单基因
起病年龄	儿童期	青春期或更晚	青春期后或新生儿
临床病情	重	差异大	差异大，可偶然发现
发病速度	急	多较慢	缓
抗体	+++	-	/
糖尿病酮症酸中毒概率	40%	10%～25%	低
肥胖	+/- 与普通人群相同	+++	+/- 与普通人群相同
黑棘皮	无	是	无
在儿童期糖尿病中的概率	90%	<10%	1%～3%
父母患病	2%～4%	80%	90%

有遗传易感性的个体中，由环境诱因触发的自身免疫反应破坏胰岛 B 细胞导致一组以慢性高血糖为特征的代谢性疾病。慢性高血糖可导致多种组织（特别是眼、肾脏、神经、心血管）的长期损伤、功能不全甚至衰竭。

经典的 1 型糖尿病的临床表现包括多尿、多饮、多食和体重减轻，即"三多一少"症状。其起病较急，多数患者的"三多一少"症状较为典型，有部分患儿表现脱水、精神反应差或昏迷（酮症酸中毒）。其他的临床表现有：起病前有发热及上呼吸道、消化道、尿路或皮肤感染病史；疲乏无力，精神萎靡；易患各种感染，尤其是呼吸道及皮肤感染，女婴可合并真菌性外阴炎。

儿童糖尿病的诊断依据：① 出现糖尿病的症状及随机血糖浓度≥11.1 毫摩/升；② 空腹血糖≥7 毫摩/升；③ 口服糖耐量试验（OGTT）中，2 小时负荷葡萄糖≥11.1 毫摩/升；④ 糖化血红蛋白≥6.5%。对于一个无症状的患儿进行糖尿病的临床诊断需要至少两个异常的、有诊断价值的、在单独两天测量的血糖值。满足糖尿病诊断标准后，再进行分型诊断。

儿童糖尿病管理包括 5 个方面，药物治疗，饮食控制，定期监测血糖，适量运动和糖尿病教育。其治疗强调的是这 5 方面的综合治疗，治疗方案非常灵活，每个患儿和家庭的个体化需求都需要考虑。

357 足跟采血可早筛先天性甲减

人体的甲状腺位于颈前部，形状似"蝴蝶"，由它分泌的甲状腺激素对全身各个系统都有影响，是一种非常重要的内分泌激素。

甲状腺激素最主要的功能是调节人体的能量代谢、神经系统发育和身高的增长。

如果因为一些原因导致甲状腺分泌甲状腺激素少了或者甲状腺激素的作用过程出现了问题，就会导致甲状腺功能减退症，简称甲减。通常说的先天性甲减是因为甲状腺先天存在缺陷（甲状腺不发育、发育不良或者异位等）所导致。如果宝宝患有先天性甲减，没有及时发现与治疗，不但会影响宝宝的智力，还会影响宝宝身高增长，即为"呆小症"。此外，身体正常的代谢也会减慢，还会出现安静少动、对周围事物反应慢、皮肤干燥、体温低而怕冷、心率慢、腹胀、便秘等。部分不明原因的腹胀、便秘很有可能就是甲减导致的。

新生儿足跟血筛查可以及早筛检出先天性甲减，极大程度减少了"呆小症"的发生。但并不是所有的甲减都是先天性的，有些甲减是因为一些病因导致的。对于2岁后发病的患儿，智商影响程度就相对较少了，但是其他甲减表现还是存在的。对于怀疑甲减的宝宝需要抽静脉血做甲状腺功能的检测来明确诊断。

此外，怀孕期间的母亲如果患有甲状腺疾病，无论是甲减还是甲亢都有可能导致胎儿及新生儿的甲状腺功能异常。对于这一部分新生儿，除了新生儿足跟血筛查外，必要时需要做甲状腺功能检测。

一旦确诊甲减，需要立即补充甲状腺素，以避免影响儿童神经系统的发育。先天性甲减需要终身服药，目前常用药物为左旋甲状腺素钠，新生儿的初始剂量为10～15微克/千克/天，每天一次口服。首次治疗2周需要抽血化验，根据甲状腺激素水平调整治疗剂量。之后的复诊，需要遵医嘱规律随访。

什么是甲状腺功能亢进症

甲状腺是人体最大的内分泌腺，胎儿期如果缺少甲状腺分泌的甲状腺素，会患上呆小症。但如果甲状腺分泌过分亢进，同样会让人烦恼。

甲状腺功能亢进症（简称甲亢）是内分泌系统比较常见的疾病，是由于甲状腺腺体本身功能亢进，合成和分泌甲状腺激素增加所导致的甲状腺毒症，因血液循环中的甲状腺激素过多，引起神经、循环、消化等系统兴奋性增高和代谢亢进为主要表现的一组临床综合征。

甲亢有家族遗传倾向，且起病隐匿，临床表现多种多样，涉及全身多个系统。儿童及少年的甲亢发病率较低，只占全部甲亢患者的1%～5%；学龄前儿童发病率极低，随着青春期来临，发病率骤然增加，女孩多于男孩。

爸妈小课堂

儿童甲亢不常见也要重视

甲亢是一种顽固性、难治性内分泌疾病，儿童甲亢虽然不是儿科的常见病，但如果病情没有得到很好的控制，最终会导致全身多系统严重受损。在临床工作中应采取因人施教、循序渐进、激励等健康教育方法。认真做好患儿及家长的健康教育，帮助他们正确认识疾病，建立良好的遵医行为，养成良好的生活习惯，保证安全用药，从而控制甲亢症状的发展，减少并发症，使疾病缓解和痊愈。

目前临床上尚缺乏完全针对病因的治疗措施，治疗甲亢的目标包括恢复正常的甲状腺功能并防止甲亢复发。治疗甲亢的方法主要包括药物治疗、手术治疗和放射性碘 131 治疗。儿童、青少年甲状腺功能亢进症首选抗甲状腺药物治疗，其中甲硫咪唑应作为治疗儿童甲亢一线药物，而丙基硫氧嘧啶因存在潜在肝脏毒性需谨慎应用。经服药治疗后 50%～66% 的患儿的症状可获得缓解，服药时间过短是造成儿童甲亢复发的主要原因，故抗甲状腺药物治疗时间较成人长。此外，放射性碘 131 治疗和手术治疗也是儿童甲亢患儿可选择的治疗方案，但需要掌握临床适应证。

359 肥胖症的原因和控制方法

肥胖是指一定程度的明显超重与脂肪层过厚，是体内脂肪，尤其是甘油三酯积聚过多而导致的一种状态。它不是指单纯的体重增加，而是体内脂肪组织积蓄过剩的状态。由于食物摄入过多或身体代谢的改变，导致体内脂肪积聚过多，造成体重过度增长，并引起人体病理、生理改变。

自 20 世纪 80 年代中后期，我国的儿童超重和肥胖检出率呈逐年上升趋势，引起儿童、青少年肥胖的危险因素很多，主要包括遗传因素、肾上腺疾病及其他综合征，还有环境和社会因素，由于膳食能量摄入过量、体育锻炼不足、生活方式的改变及一些不良饮食行为导致儿童肥胖。肥胖会导致严重的健康危害，造成包括心血管系统疾病、胰岛素抵抗和 2 型糖尿病，非酒精性脂肪肝病、代谢综合征、睡眠呼吸障碍及抑郁症等疾病的发生。

目前判断儿童少年肥胖的标准和方法有身高标准体重法、布诺卡（Broca）简捷计算法、身体密度法、BMI 体重指数法及凯特勒系数法等。

儿童期是最经济有效的干预阶段，儿童期肥胖的防治比成人肥胖的防治更有优势和效益。控制肥胖症的两道防线为饮食和运动，提倡少油少盐饮食，控制脂肪摄入，保证蛋白质摄入量。提倡每天半小时到一小时有效运动量，运动方式包括游泳、慢跑等。

在开展儿童、青少年肥胖干预时必须首先设立正确的目标：儿童时期肥胖控制的目标应在于保持体重，而不是减轻体重。此外，

不应提出一些错误的建议，如限制饮食入量，因为这对正在生长发育阶段的宝宝容易造成营养不足和生长受限。儿童时期处于生长发育阶段，在身高、体重不断增长中控制向肥胖发展，严禁使用饥饿或变相饥饿疗法、减肥药物或减肥饮品，提倡以运动处方为基础，以行为矫正为关键，饮食调整和健康教育贯彻始终，以家庭为单位，以日常生活为控制场所，肥胖儿童、家长、教师、医务人员共同参与的综合治疗方案。

需要重视的肾脏疾病

360 急性肾小球肾炎是什么

急性肾小球肾炎简称急性肾炎，是一种儿科常见的肾脏病，有多种病因，常出现于感染之后，如上呼吸道感染、猩红热、皮肤感染等，目前仍以链球菌感染后急性肾炎最常见。急性起病，以血尿、蛋白尿、高血压、水肿、尿少及肾功能损伤为常见临床表现，家长往往是因为发现患儿"尿色发红""早晨起床发现眼睑浮肿"而就医，而且常常会因为"尿色发红"（肉眼血尿）而害怕担忧。殊不知，肉眼血尿是急性肾炎的最常见表现，并不能反映病情的轻重，反而是以下的表现需要引起家长们的重视。

（1）严重循环充血：常发生在起病1周内，少数可突然发生。由于尿少导致体内血容量增多，表现为心跳加快、呼吸急促、频繁咳嗽，甚至吐粉红色泡沫痰、不能平躺、端坐呼吸，可伴有烦躁不安、胸闷、水肿加重。

（2）高血压脑病：常发生在疾病早期，血压突然上升之后。表现为血压升高，为150～160/100～110毫米汞柱，甚至以上，伴有剧烈头痛、恶心呕吐、复视或一过性失明，严重者突然出现惊厥、昏迷。

（3）急性肾损伤：常见于疾病初期（2周内），出现少尿甚至无尿，引起电解质紊乱如高钾血症、代谢性酸中毒及氮质血症，一般持续3～5天，不超过10天。随着尿量逐渐增多后，肾功能大多可逐渐恢复。但有少数严重患儿在药物对症治疗无效的情况下，需要给予血液/腹膜透析治疗来暂时性替代肾功能，帮助身体排出过多的水分及各种代谢废物，以维持身体内环境平衡，一方面避免严重的高钾血症、代谢性酸中毒等对人体致命性的损害，另外一方面还有利于肾功能的恢复。

一般来说，急性肾炎预后良好，在急性期以卧床休息，利尿、降压等药物对症治疗为主，家长无需过多担忧。但如有头痛、呕吐、胸闷、气急、浮肿越来越重等症状出现，家长不可忽视，需要及时到正规专科医院就诊。

361 出现蛋白尿就是患肾脏疾病吗

宝宝偶然一次尿液检查，或者家长发现尿中泡沫增多，到医院一查发现尿蛋白，爸爸妈妈万分紧张，医生也一定会让再次予以复查晨尿尿检（即早晨起床后即刻排出的尿液）。当再次检查晨尿时，发现尿蛋白消失了，这可能就是直立性蛋白尿，又叫作体位性蛋白尿。直立性蛋白尿是指在站立位时出现尿蛋白阳性而在休息平卧位时尿蛋白阴性，多见于瘦高人群，是青少年儿童常见的一种蛋白尿的原因。

直立性蛋白尿属于非病理性蛋白尿，常常在久站或活动后出现尿蛋白阳性，平时并不会有什么特别的症状出现。晨尿尿检尿蛋白阴性，而在活动 2 小时后再次予以尿液检查，结果呈尿蛋白阳性，常由于左肾静脉行经腹主动脉和肠系膜上动脉间夹角受压而引起，部分血液动力学因素如肾素/血管紧张素分泌过多以及部分免疫复合物沉积于肾脏也可引起。

直立性蛋白尿往往预后良好，大多数情况下并不需要特别治疗，患儿随着年龄以及生长发育而改善，甚至痊愈。部分尿蛋白量较大的患儿，可能需要一些减少尿蛋白的药物。但也有少部分患者也会出现病情的进展，发展成病理性蛋白尿，甚至出现肾功能衰竭。因此，当青少年、儿童发现蛋白尿后，首先要到肾脏专科就诊，明确蛋白尿的原因，排除一些病理性蛋白尿因素。如果明确诊断为直立性蛋白尿后，也要定期至肾脏专科随访，定期进行尿液及肾功能检查，监测蛋白尿有无加重，以便及时给予正确的干预、处理和治疗。

 362 哪些肾脏疾病需做肾穿刺活检

肾穿刺活检是用穿刺针从肾脏取出少许肾组织，然后利用显微镜观察发现病变的一种检查手段，也是肾脏疾病病理诊断的唯一方法。肾穿刺活检全程都在 B 超引导下实时完成，目前已经成为国内外普遍开展的较成熟、安全的技术。

每次肾穿刺活检，医生只需取 20～30 个肾小球进行病理分析，最多不超过 50 个。正常人体单个肾脏中含有大约一百万个肾小球，就如同在头上拔去数根头发，对肾功能的影响几乎可以忽略不计。因此，即使年幼的宝宝需要做肾穿刺活检，家长也完全可以排除这方面的顾虑。

即使肾穿刺活检很安全，也是一个创伤性的检查，什么情况需要做肾穿刺活检？只要血和尿的检查对所患的肾脏疾病都不足以提供能明确诊断、指导治疗的信息，而又没有肾穿刺活检禁忌证时，都可以做肾穿刺活检。

肾穿刺活检对不同的疾病所提供的价值可能不完全一样。通常来说，肾病综合征、蛋白尿、系统性疾病造成的肾损害（如狼疮性肾炎、血管炎相关性肾炎等）以及不明原因的急性肾功能衰竭应该尽早做肾穿刺活检。原因不明的蛋白尿及/或镜下血尿也是肾穿刺活

特别提醒

凡有肾脏畸形（先天性多囊肾、孤立肾、对侧肾发育不良、肾动脉狭窄等）、肾肿瘤、肾囊肿、肾内感染（含肾结核或肾周围脓肿）、出血性疾病、恶性高血压、尿毒症、大量腹水等情况，均不宜进行肾穿刺活检。

检的指征，其他情况的肾脏疾病可由医生根据患者的情况，权衡利弊，决定是否应行肾穿刺活检。

363 担心宝宝有肾脏病该做什么检查

"医生，宝宝眼睛是不是肿了？""怎么一直要小便？""宝宝腰痛，是不是肾不好啊？"肾脏专科门诊中常会遇到很多家长因为这样的问题来就诊，似乎"眼睛肿""尿频尿急""腰痛"都成了肾病的代名词，那要做什么检查才能知道宝宝是不是真的患有肾脏疾病呢？

（1）尿常规分析：尿液是最容易获取的，尿常规分析是没有创伤性的，也是最直观反应肾脏病变的指标，简单的尿常规分析可以提示很多的重要信息。尿液里有很多细胞成分，如红细胞、白细胞、上皮细胞等，如果白细胞升高超过 5 个/HP（高倍镜）则提示宝宝尿路感染的可能；如果红细胞升高，超过 3 个/HP 则提示宝宝很有可能存在血尿；如果红细胞过多，超过可以检测的范围，肉眼就能看到红色的尿液了。尿液当中还有很多其他成分，如蛋白、细菌、结晶等，其中最重要的便是尿蛋白，如果尿蛋白出现＋，甚至多个＋，则警示宝宝很可能出现了蛋白尿。无论血尿还是蛋白尿都提示宝宝很有可能患有肾炎或者肾病，需要进一步检查。尿液检测与留取的尿液标本关系很大，新鲜的中段尿，特别是晨尿，最能反映真实的身体状态。

（2）肾功能检测：临床上最常用的是血清尿素氮和血清肌酐的浓度测定。当肾脏功能下降到一定程度时，血清尿素氮和肌酐水平就会逐渐升高，这两项指标也受年龄、肌肉组织量、饮食和疾病状态（尤其是发热）等多种因素影响，因此需要专业的肾科医生来做出判断。

（3）泌尿系统 B 超：这也是儿童最常用的无创检查方法之一。泌尿系统 B 超可以反映肾脏的大小、位置、结构，对于肾积水、肾结石、膀胱黏膜炎症甚至肿瘤都可以给出提示。然而，对于特殊的泌尿系统畸形、遗传性肾脏疾病等，B 超检测就不那么敏感了。

肾脏疾病如此多样，检查手段也繁多复杂，通常一种疾病需要多项检查才能确诊，更重要的是与临床表现、家族史相结合。家长们认真观察宝宝的情况，仔细叙述家族史，会给医生的诊断提供更大的帮助，继而为宝宝们提供更好的诊疗方案。

364 浮肿——肾病综合征的信号

肾病综合征是一种儿童常见的慢性肾小球疾病，1～5 岁为发病高峰，表现为浮肿、大量蛋白尿、低蛋白血症和高脂血症。人体肾脏含有的肾小球能过滤人体代谢后的废弃产物。肾病综合征患儿的肾小球"滤过网"结构遭到严重破坏，大量血液中的白蛋白进入尿液，即产生大量蛋白尿。至今，原发性肾病综合征的病因不清楚，可能与人体内免疫功能紊乱有关。继发性肾病综合征是继发于其他疾病，如过敏性紫癜、系统性红斑狼疮、乙肝病毒感染、高血压、高血糖和肥胖等而引起的；先天性肾病综合征常与基因突变有关。

绝大部分患儿会出现浮肿，浮肿的部位多见于面部（特别是眼睑）和双下肢，严重者还可出现腹水、胸腔积液，男孩还可出现阴囊肿胀。由于水分聚集在体内，所以患儿的尿量明显减少。肾病综合征患儿尿液中含有大量的蛋白质,尿液往往会有大量持久不散的细小泡沫。少数患儿除了上述不适之外,还可出现高血压或肉眼血尿,即尿液呈酱油色。

365 肾病综合征的治疗和日常护理

目前,国内外治疗儿童原发性肾病综合征的公认药物是激素,口服激素包括泼尼松、曲安西龙和甲泼尼龙,医生将根据实际病情进行选择。由于该病是慢性肾脏疾病,激素治疗时间需要7～9个月,有的甚至更长。除此之外,患儿若存在明显的浮肿,医生还将给予呋塞米等利尿药消肿。

85%～90%的儿童原发性肾病综合征对激素治疗敏感,能在用药后的4周内尿蛋白转阴。但是部分激素敏感的患儿又将出现激素依赖现象,即激素停药后不久或者激素降低到一定剂量时,尿蛋白再次出现阳性,病情反复发作。尽管如此,在加用利妥昔单抗、环磷酰胺、环孢素A等免疫抑制剂之后,尿蛋白亦能转阴,最终超过85%的患儿达到临床治愈。然而,10%～15%的患儿因对激素无效而耐药,加用免疫抑制剂后,部分激素耐药的患儿亦能达到病情完全缓解。激素依赖或者耐药的肾病综合征患儿,均属于难治性肾病,规范化的个体诊治至关重要。

肾病综合征患儿日常生活中要注意严格遵照医嘱服药、定期随访。对于医生开具的药物,不宜随便减量或停药。

(1) **注意休息**:尿蛋白转阴后,可适度运动,但不宜过度疲劳。

(2) **饮食清淡易消化**:尿蛋白阳性时,饮食要少盐;尿蛋白转阴和血压正常后,可适当放开盐分限制。

(3) **尽量避免发生感染性疾病**:比如感冒、腹泻、尿路感染和皮肤感染等。患儿不宜去人员流动性大的公共场所,以避免交叉感染。

(4) **疫苗接种需谨慎**:原则上,疾病完全缓解后,可接种灭活疫苗,但不宜接种活疫苗。但临床上仍有部分患儿在接种疫苗后出现疾病复发,因此,接种前应咨询医生。

366 过敏性紫癜是皮肤过敏吗

在秋冬季节,很多宝宝得一种叫作"过敏性紫癜"的疾病,这种疾病表面上是皮肤病,其实是一种全身性小血管炎症。过敏性紫癜好发于秋冬、冬春交际等换季的时候,常见于5～14岁的儿童,通常与感冒等病毒或细菌感染有关,与饮食或者花粉等过敏关系不大,并非通常说的"过敏",更不是吃出来的病。事实上,过敏性紫癜与免疫相关,各种原因如感染、药物、某些食物,引起了身体免疫反应,产生了一种医学上叫作免疫复合物的小颗粒,这种小颗粒主要成分与免疫球蛋白A(IgA)有关,沉积在小血管壁并引起炎症反应,在皮肤上即为紫癜,也会影响其他器官如胃肠道、肾脏等。

过敏性紫癜绝大多数起病较急,通常首先是皮肤出现红色紫癜,大小不等,高出皮肤、压之不褪色且没有痒感,开始为红色或暗红色,逐步变成紫色并可融合成片,多在四肢出现,少数可见于上肢、胸背部等,一般1～2周可自行消退,但可反复出现或迁延数周、数月。约2/3的患儿会有腹痛、恶心、呕吐、呕血、腹泻及黏液便、便血甚至大出血等症状,约半数患儿会发生关节红肿、疼痛,多发生于

213

膝、踝、腕、肘等大关节。侵犯肾脏的情况称为紫癜性肾炎，发生率为 30%～60%，也是紫癜最严重的并发症和影响紫癜预后的最主要原因，可表现为血尿、蛋白尿、管型尿，甚至少尿和肾功能衰竭。除以上情况外，少数还可累及眼部、脑血管而出现相关症状、体征。

宝宝患了过敏性紫癜或者怀疑过敏性紫癜，应该到儿童风湿免疫科或肾脏科就诊，在正确治疗下症状会自行缓解并不留任何后遗症。对于反复发作的紫癜一定要积极配合医生检查并寻找引起反复的原因，比如胃炎、鼻炎等黏膜的炎症会引起紫癜的反复发作等。如果有关节或者消化道的症状，需要在医生的指导下用一些激素治疗，严重的患儿还需要住院治疗。另外，坚持随访也非常重要，因为即使在紫癜消退后 3～6 个月，还会出现肾脏损伤引起紫癜性肾炎。因此，无论有无肾脏损伤均需要到医院随访 3～6 个月。

367 何为尿崩症

尿崩症是由于脑部病变引起抗利尿激素（ADH）不同程度的缺乏，或由于多种病变引起肾脏对 ADH 敏感性有缺陷，导致肾脏重吸收水的功能发生障碍，过多的水以小便的形式排出。

尿崩症可分为中枢性尿崩症和肾性尿崩症，有 30%～50% 的中枢性尿崩症原因不明，常见原因如颅脑的外伤，脑部的手术后，肿瘤，肉芽肿，脑部的感染性疾病或者脑部的血管性病变，自身免疫性疾病，伴性遗传或者一些常染色体遗传性疾病。肾性尿崩症的病因多为一些肾脏的自身疾病，代谢病，抗真菌、抗肿瘤的一些药物以及性染色体遗传

病等。

突然发生小便增多，同时伴有饮水增多，总是想喝水，晚上小便的次数变多，尿液颜色清亮，如果出现以上一些表现需要警惕尿崩症。该病一般仅影响睡眠，或者偶感乏力等，不易危及生命。但是如果患病时间长，又没有及时补充水分，易导致脱水和电解质的紊乱，严重的还可以引起烦躁等精神症状，甚至危及生命。

368 宝宝患有尿崩症该怎么办

在家中，家长对宝宝的饮水或者液体食物应进行详细计量，并且记录宝宝的小便量，观察宝宝的情绪，有无体重的变化。再者，家长应该及时带患儿至内分泌科就诊，进行尿常规、垂体磁共振（MRI）等相应检查。如果尿量达到一定的程度，怀疑是尿崩症，医生可进行血尿渗透压测定等其他检查以明确原因。

中枢性尿崩症的治疗药物为右旋精氨酸加压素，是一种人工合成的精氨酸加压素（AVP）类似物。该口服药物增强了抗利尿作用，作用时间 12～24 小时，是目前最理想的抗利尿剂，用量视病情而定。此外，还有一些其他抗利尿药物，患儿应在医生的指导下用药，并且定期内分泌科监测和随访。对于继发于其他疾病的尿崩症患儿，应尽量治疗其原发病，如不能根治也可使用药物减少尿量。

肾性尿崩症治疗原则是针对病因治疗。补充足量的水分，维持水、电解质平衡。常用药物为氢氯噻嗪，1～2 毫克/千克，分 1～2 次口服，并按疗效调整剂量，定期肾脏科随访。

贫血和血液病

369 鼻出血要紧吗

大多数宝宝的鼻出血问题都不大，可自止或将鼻捏紧后停止。在鼻中隔前下方有个易出血区，儿童鼻出血几乎全部发生在该部位。有的宝宝有不良嗜好，喜欢挖鼻子；用力擤鼻，剧烈喷嚏，或者把异物戳到鼻孔，导致鼻腔黏膜血管损伤。天气燥热，鼻黏膜剧烈充血、肿胀，宝宝喝水少，会导致毛细血管破裂出血。有的宝宝患有鼻炎，或者本身鼻中隔发育有问题（鼻中隔偏曲）、鼻中隔糜烂或溃疡等，也会引起出血。如果宝宝挑食导致营养不良、营养障碍，缺乏维生素 C、维生素 K，缺磷或缺钙等微量元素，增加了毛细血管的脆性和通透性，也会出现鼻出血。以上原因导致的鼻出血最常见，随着诱因解除，可止血。

因为少数鼻出血可能与严重疾病相关。鼻腔长了良性或者恶性肿瘤会出现鼻出血；鼻出血还是全身出血性疾病的症状之一，如血小板减少症、血小板无力症和血友病等；还有白血病、再生障碍性贫血等都可能会出现鼻出血，这类出血常不易止。虽少见，但需要积极治疗。

宝宝鼻出血了，家长首先要沉着冷静不慌张，以免越乱越出错。让宝宝取坐位或者半卧位，尽量不要把血液咽下，以免刺激胃部引起呕吐。父母可以用手指将出血侧鼻翼压向鼻中隔，保持 10～15 分钟，同时用冷水袋或湿毛巾敷前额和后颈，以促进血管收缩，减少出血。如果出血量太多，或者止不住，应边按压边尽早去医院就诊。

预防鼻出血，各位宝爸宝妈应给宝宝养成好习惯，不要养成挖鼻孔的习惯，饮食均衡不偏食，蔬菜、水果和水分多摄入，鼻炎小病早治疗。

370 吃蚕豆怎么会贫血呢

有一些宝宝生下来就可能患有一种不能吃蚕豆的病，俗称蚕豆病，即葡萄糖-6-磷酸脱氢酶缺乏症（G-6-PD），属 X 连锁不完全显性遗传，发病者约 90% 为男孩。现今很多医院可以在宝宝刚出生时做筛查，提前让家长发现这种疾病。患儿常常在进食蚕豆后发

特别提醒

有的鼻出血要注意，比如经常反复出血，出血量很大和出血不易止；不仅仅鼻出血，身体其他部位也有出血，甚至小便发红，大便带血等。出现这些情况时，建议家长早点带宝宝到医院耳鼻喉科或者血液科做进一步检查。

生急性溶血,医院可以根据临床症状和血液G-6-PD酶活性测定确诊。

患蚕豆病的宝宝常在蚕豆成熟的季节发病,进食蚕豆或蚕豆制品(如粉丝、酱油)是诱因。另外,服用或接触某些药物、感染等也可能诱发。数小时至数天内发生急性血管内溶血反应,程度不等,轻度溶血到溶血危象。早期症状有厌食、疲劳、低热、恶心、腹痛、全身不适、脸色苍白,接着因红细胞破坏而出现眼部巩膜黄染及全身黄疸、酱油色尿(血红蛋白尿)和贫血等症状。溶血持续1~2天或10天左右。严重时会出现无尿、惊厥、休克、心功能和肾功能衰竭;重度缺氧时还可见双眼固定性偏斜。个别重症者如不及时抢救可能危及生命。

宝宝出生时筛查出G-6-PD异常,家长可以到医院的血液科做进一步检查确诊并进行咨询。有时家长可能会误以为蚕豆病轻症患儿皮肤发黄是肝炎引起,从而导致误诊。如果发现宝宝有皮肤巩膜发黄、脸色苍白、酱油色尿等症状,应马上送医院诊治。蚕豆病是遗传性疾病,确诊蚕豆病的宝宝忌食蚕豆和蚕豆制品的食物。并且,当宝宝就医时,请带好G-6-PD缺乏者携带卡,告知医师和药师宝宝患有蚕豆病,须注意服药的禁忌,避免诱发溶血。

371 预防缺铁性贫血的关键是什么

缺铁性贫血是宝宝常见疾病,也是常见的威胁宝宝健康的营养缺乏症,好发于6个月至3岁的宝宝。缺铁性贫血在很大程度上是可以预防的,关键是做好3岁以下宝宝的喂养。根据年龄相关的饮食特点,选择适当的方法增加饮食中的铁含量。

(1)坚持母乳喂养:母乳的优势在于铁吸收较好。如无法母乳喂养,应合理选用配方奶粉。

(2)合理添加辅食:宝宝添加辅食时需要添富含铁的食品,可从含铁米粉开始。辅以菜泥,增加铁的摄入及吸收。肝脏、猪瘦肉、牛肉和蛋黄也可提供丰富铁元素,可随着月龄的增长逐渐添加。

(3)饮食强化铁:早产、双胎、患新生儿出血症等情况的宝宝缺铁可能性较大,需要加用强化铁的食品。对于早产儿或者出生体重小于2500克的宝宝,可在奶粉或辅食中加硫酸亚铁滴剂。当宝宝开始食用淀粉类食物后,每日添加1~2次含铁谷类。

(4)祛除缺铁隐患:家长应及时发现缺铁病因。儿童饮食习惯不良、偏食或营养供应较差;胃肠道畸形、息肉、溃疡、膈疝、鼻出血、钩虫病等致肠道慢性失血;长期的腹泻、呕吐、肠炎、脂肪痢及急慢性感染影响肠道吸收,这些情况均可引起缺铁性贫血。部分宝宝在出现贫血前可表现出神经精神病变,如烦躁不安,对周围环境不感兴趣等。因此,及时发现以上问题,有助于预防缺铁性贫血的发生。

372 贫血不能都用"铁剂"治疗

很多宝宝因感冒、腹泻来医院就诊,结果发现本来要看的病无大碍,抽血化验却查出了贫血。这时候家长震惊地表示:"会不会验错了,我们宝宝也不像贫血啊!""我们家宝宝又不挑食,还经常给他吃肉、猪肝什么的,怎么会贫血呢?"实际上,大多数贫血不是瞬间

特别提醒

缺铁只是众多贫血原因之一,治疗贫血首先确定病因,然后对症下药。儿童尤其婴幼儿,以缺铁性贫血最常见,如果宝宝的贫血是小细胞低色素性,可以首先考虑病因为缺铁,予以试验性铁剂治疗。

发生的,只是贫血的蛛丝马迹被忽视了,并且不是所有的贫血都与铁缺乏相关。

除了医院的实验室检查,在日常生活中也可以发现一些线索。当宝宝出现皮肤、眼结膜苍白或者面色苍黄、皮肤毛发干燥、发育落后、容易疲倦、嗜睡、烦躁和注意力不集中时,家长要警惕宝宝可能出现了贫血。缺铁和贫血还可影响消化系统,如果宝宝食欲不振,或喜欢吃泥土、纸片、指甲等东西,即"异食癖",也提示可能存在贫血。

骨髓好比一座"工厂",而红细胞是骨髓"工厂"生产出来的"产品"。贫血就是由于流入到身体"市场"的合格"产品"减少了导致的。那么造成"市场产品"减少的原因有哪些呢?

(1) 产量减少:原材料不足是原因之一,而铁、维生素 B_{12}、叶酸等都是造血所需的原料,其缺乏所致的正是营养性的贫血,这类贫血可以通过饮食或者其他途径补充所缺营养素而改善。也有一部分产量下降是工厂生产过程出现了问题,如"消极怠工"致再生障碍性贫血,"生产混乱"致骨髓增生异常综合征,"工厂被毁"与白血病、肿瘤骨髓浸润的贫血有关,这些情况下,哪怕原料堆积如山,也无法生产出足够的"产品"。

(2) "产品"被破坏:产量正常,但"出厂"以后非正常损耗,如遗传性球形红细胞增多症、地中海贫血等,免疫性溶血性贫血,病原菌、毒物破坏红细胞引起的贫血。溶血性贫血应属这一大类。

(3) "产品"丢失:失血性贫血由突然大量血液流出血管所致,如外伤止血不力、鼻出血未及时止血等。小量失血不足以引起失血性贫血,但会为将来发展成缺铁性贫血埋下隐患。

373 "粒细胞减少"会是白血病吗

宝宝出现粒细胞减少,家长常常联想到白血病而紧张不已,事实上最后确诊为白血病的病例很少。血液中的粒细胞主要是中性粒细胞绝对计数(ANC),是白细胞的重要构成细胞,也是抵御感染的中坚力量。正常情况下,中性粒细胞在骨髓的生成、释放与在外周血的消耗破坏保持平衡,维持着血液中性粒细胞数量的恒定。病理情况下出现负平衡,则引起中性粒细胞减少症。中性粒细胞减少的诊断标准为一岁以内 ANC $< 1 \times 10^9$/升;一岁以上 ANC $< 1.5 \times 10^9$/升。

中性粒细胞减少症是儿科临床的常见病,分为先天性和获得性,后者多见。获得性中性粒细胞减少症病因复杂,包括感染、药物、放射、免疫等诸多因素。病毒感染导致的中性细胞减少多发生在病毒感染的 2 周以内,呼吸系统感染最为常见,在儿童各年龄段均可发生,婴儿更易出现较为严重的中性粒细胞减少。巨细胞病毒、EB 病毒、人免疫缺陷病毒、流感病毒和细小病毒 B_{19} 等感染可致较长时间或长期 ANC 降低。维生素 B_{12}、叶酸、铜或蛋白质能量营养不足造成的粒细胞减少往往合并贫血。某些药物也可导致中性粒细胞减少，发生机制并不明确，可能为破坏骨髓造血微环境影响粒细胞生成，报道的有化疗药物、精神类药物、抗甲状腺药物和重金属等，抗感染药物的相关报道较少。几种儿科最常用的解热镇痛类药物（对乙酰氨基酚、布洛芬、安乃近）均可诱发粒细胞下降，但较为罕见，且与药物的使用途径、剂量、持续用药时间和伴随使用的药物等有关。

以上许多因素引起的中性粒细胞减少多不需要治疗，大多数病例是一过性的，通常自发缓解，或在使用针对潜在病因的处理后缓解，比如由药物引起的停药即可。这些中性粒细胞减少继发严重感染比较少见，不需要积极提升中性粒细胞达正常水平。

临床上绝大多数中性粒细胞减少的患儿都是在血液科医生指导下密切观察，只需注意不要带患儿去人员密集的场所，如超市、影院和大型聚会，避免继发感染。同样，慎防感染也会降低粒细胞减少发生的风险。合理使用上述可能致粒细胞减少的药物也可以减少发病。

先天性粒细胞减少极其少见，常常易感染且感染严重，如粒细胞减少症患儿频繁感染，需积极就医，进一步诊治。

374 了解白血病的发生原因

白血病俗称"血癌"，是造血组织中某一血细胞系过度增生，取代正常造血，并侵袭到其他组织和器官，从而引起一系列临床表现的恶性血液肿瘤性疾病。根据调查，白血病在我国＜10岁宝宝中的发生率为3/10万～

4/10万，是最常见的小儿恶性肿瘤。由于化疗方法的不断改进，儿童白血病已不再被认为是"不治之症"，急性淋巴细胞白血病的缓解率达90%以上，5年无病生存率达到85%，急性非淋巴细胞白血病的初治完全缓解率也已经达到80%，5年无病生存率为50%～60%。

白血病的确切病因至今未明，可能与以下几种因素存在一定的关系。

（1）放射因素：现已肯定离子射线可增加白血病的发病率，电离辐射有致白血病的作用，其作用与放射剂量大小及辐射部位有关。多数报道认为孕期妇女接触放射线后，出生儿童急性白血病患病率可增加1～4倍。

（2）化学因素：苯及其衍生物、氯霉素、保泰松、乙双吗啉、烷化剂和细胞毒性药物等均可诱发白血病，一些肿瘤患儿化疗后也会继发白血病。近年来有不少报道指出，室内装修和家具、玩具污染是城市儿童白血病发病率上升的一大诱因。

（3）病毒：多年研究早已证明属于核糖核酸（RNA）病毒的逆转录病毒可以引起人类T淋巴细胞白血病；EB病毒与伯基特淋巴

扫码观看 儿童健康小剧场

儿童白血病

瘤/白血病、鼻咽癌、霍奇金淋巴瘤等的致病有关。

(4) 遗传因素：白血病不属于遗传病，但在家族中却可以有多发性恶性肿瘤的家族史。少数患儿可能患有其他遗传性疾病，如21三体综合征、先天性再生障碍性贫血、严重联合免疫缺陷病等，这些疾病患儿的白血病发病率比一般宝宝明显增高。同卵双生儿中一个患急性白血病，另一个患白血病的概率为20%，比二卵双生的发病率高12倍。

375 白血病的表现有哪些

(1) 发热：发热是宝宝生病的一个常见表现，也是白血病的典型症状之一。体温可能不是很高，在38.5℃左右，合并感染体温可能更高，可达39～40℃。可伴有鼻塞、流涕、咳嗽等症状，而被误认为"感冒"，这时验血常规可能会看出端倪，比如白细胞升高或降低、血小板或血红蛋白的降低，特别是出现幼稚细胞，高度提示白血病可能。

(2) 贫血：贫血通常表现为面色苍白、疲倦、乏力、气促、虚弱，其主要是因为白血病细胞异常增生导致红细胞生成受到抑制，另外，出血也是加剧贫血的因素。贫血属于一个缓慢的临床病变过程，因此大多数家长都容易忽略这一症状。

(3) 出血：在白血病患儿当中，大约有一半以上在发病的初期就会有出血情况，一般

以皮肤紫癜、鼻出血和牙龈出血比较常见，严重者内脏或颅内出血，可导致患儿死亡。

(4) 肝、脾、淋巴结肿大：为白血病细胞脏器浸润的表现，可见于70%的急性淋巴细胞白血病和50%的急性非淋巴细胞白血病，多为轻、中度肿大。

(5) 骨和关节疼痛：急性白血病患儿可有骨和关节疼痛，体检可发现胸骨压痛。这些与白血病细胞大量增殖致骨髓腔内压力增高和白血病细胞侵蚀骨实质、骨膜和关节腔有关。

376 紫癜的常见原因有哪些

紫癜是多种疾病引起的皮肤黏膜出血表现，小的为针尖大小，谓之出血点，大的可呈片状，称为瘀斑。儿童紫癜的常见病因主要为以下几点。

(1) 血管壁异常：紫癜的特点是出血性斑丘疹，隆起于皮肤表面，压之不褪色，以四肢伸侧及臀部多见，可伴血管神经性水肿。有些宝宝可能伴随腹痛、关节痛及尿的改变。腹痛以脐周和右下腹多见，可伴有大便带血；尿常规可表现为蛋白尿、血尿等。本病血常规血小板计数正常，较易与血小板减少性紫癜相鉴别。脑膜炎双球菌、麻疹病毒、立克次体等病原菌感染可引起紫癜，系病原菌本身或者由细菌毒素损害毛细血管壁所致。但有时感染不仅有血管壁损害，也可导致血小板减少，故此时紫癜原因是综合性的。

特别提醒

紫癜与充血性皮疹不同，简单的鉴别方法是手指压之，紫红色不褪去的是紫癜。发现紫癜应该及时就医，让医生确定病因。

（2）血小板减少：原发性免疫性血小板减少性紫癜（ITP）是儿童期最常见的出血性疾病，常发生于感染、疫苗接种后，多见皮肤散在的针尖大小的出血点。临床上以皮肤黏膜自发出血、血小板减少、出血时间延长和骨髓巨核细胞成熟障碍为特征。部分儿童 ITP 是自限性疾病，约 80% 的患儿在诊断后 12 个月内痊愈。白血病多表现为瘀点、瘀斑，除皮肤黏膜出血外，还有贫血、发热、骨痛、肝脾淋巴结肿大等表现，外周血、骨髓可见大量原始幼稚细胞。再生障碍性贫血表现为紫癜多样，和白血病一样可有贫血、发热，但肝脏肿大少见，没有脾大。血常规表现为全血细胞减少，网织红细胞减少。

（3）凝血因子异常：凝血因子Ⅷ、Ⅸ缺乏的血友病患儿多有自发性或轻微创伤后出血史，皮肤紫癜多表现为瘀斑，常分布于下肢易磕碰处。出血还常见于关节和深部肌肉，关节反复出血可导致关节畸形、运动障碍。凝血功能检查可见活化部分凝血活酶时间（APTT）延长，相关凝血因子水平降低，凝血酶原时间（PT）明显延长，血小板计数正常，结合药物接触史较易诊断。毒物中毒如敌鼠钠盐，因分子结构与维生素 K 相似，影响凝血因子Ⅱ、Ⅶ、Ⅸ、Ⅹ 的生成，故可出现严重的皮肤黏膜出血，也可有呕血、便血和血尿等。

 为什么总是男孩患血友病

当宝宝不小心摔倒在地上，碰到牙齿，咬破嘴唇后出血不止；稍微碰撞一下就莫名其妙地出现膝盖肿痛瘀青，经不起任何磕磕碰碰，宛如"玻璃人"，这时需警惕宝宝是否患有血友病。

爸妈小课堂

血友病如何遗传

父母一方或双方带有致病基因（致病基因以 a 表示，相应位点正常基因以 A 表示。正常染色体表示为 X^A，异常染色体为 X^a），所生子女中，女孩存在三种可能：$X^A X^a$——携带者、$X^a X^a$——患病者、$X^A X^A$——正常者；男孩两种可能：$X^a Y$——患病者，$X^A Y$——正常者。只有女性携带者和男性患者结婚，才有 25% 的可能孕育出女性患儿，这种情况发生的概率比中大奖还低，如下图，除去第一行的极小概率事件，深红色的人（表示患者）只剩男性了。

伴性隐性遗传的血友病遗传示意图

血友病是一类遗传性凝血因子缺乏导致的出血性疾病，分为血友病 A、血友病 B，对应缺乏的凝血因子分别是Ⅷ和Ⅸ。根据凝血因子的活性水平，又可将血友病分为轻型（因子活性＞5%～40%）、中间型（因子活性1%～5%）和重型（因子活性＜1%）。轻型血友病患儿，大手术或外伤可致严重出血，罕见自发性出血；中型血友病患儿，小手术、轻外伤后可严重出血，偶有自发性出血；重型血友病患儿，肌肉或关节自发性出血。反复关节出血会导致关节畸形，重要器官出血，如颅内出血，可危及生命。

发病以血友病 A 最多，占 85%，血友病 B 占 15%。血友病的致病基因都在 X 染色体上，是隐性遗传，只要有一条 X 染色体是正常的就不会发病。男性天生一条 X 染色体（XY），女性两条（XX），如果同样存在一条异常 X 染色体，男孩是发病的患儿，女孩却是携带者。女性两条 X 染色体上的基因都突变才是血友病患者。

目前对于血友病尚无根治性方法，治疗以凝血因子替代治疗为主。血友病的治疗分成两方面，一个是按需，一个是预防，预防的效果非常好。研究发现，当凝血因子 FⅧ 活性提高时，关节的年化出血率可降低。通过定期输送凝血因子，可使患儿不出血，关节病变减少，颅内出血风险降低，过上几乎和正常人一样的生活。

🍄 神经精神类疾病 🍄

378 了解宝宝出生后常见的原始反射

在胎儿时期，发育最早的系统是神经系统，其中大脑的发育最为迅速。宝宝出生时大脑的重量约 370 克，6 个月时为出生时的 2 倍，2 岁时达 3 倍，7 岁时大脑的重量已接近成人大脑的重量。宝宝的大脑具有很强的可塑性，基因和环境因素共同影响着宝宝的生长发育。在生命早期尤其是 0～3 岁的阶段，宝宝的运动、语言、认知、社交、情绪等各个功能区之间、各个功能区与环境之间，都在持续发生复杂的交互作用。适当的环境刺激和训练可以促进大脑发育，改善脑功能。

要充分利用宝宝大脑发育的可塑性，首先需要了解宝宝神经系统发育的基本特征。宝宝出生时即具有许多特有的先天性反射（也称原始反射），如觅食反射、吸吮反射等。这些原始反射的发生中枢位于大脑特定部位。有几种与新生儿行为表现相关的原始反射，爸爸妈妈不妨了解一下。同时也要知道，如果宝宝出生后原始反射减弱、增强（反射亢进）、延迟存在、观察不到、消失后又重新出现等都是异常表现，需要警惕是否有潜在的脑损伤发生。

（1）吸吮反射：用手指轻轻碰触新生儿的嘴角或上下唇，或将手指放入新生儿口中，宝宝就会出现吸吮的动作。吸吮反射在宝宝出生后就会出现，2～4 月龄后消失。

（2）觅食反射：有时候爸爸妈妈会发现，用手指轻划过宝宝一侧口角的皮肤后，宝宝的头会转向刺激侧，并张开小嘴，这个动作就是觅食反射。觅食反射出生后即出现，1月龄左右消失。

（3）握持反射：当宝宝仰卧位时，家长把一个手指放入宝宝的手掌并稍加压迫，宝宝的手就会紧紧握住手指，这时候如果提起手指，还可能将宝宝短暂地拉起来。握持反射在宝宝出生时就已出现并且很明显，宝宝2月龄后逐渐减弱，4月龄后逐渐被有意识的抓握所取代。对于有脑损伤或者运动神经损伤等的宝宝，握持反射不容易观察到。

（4）拥抱反射：又称惊吓反射。当宝宝仰卧躺着时，拉起宝宝的双手慢慢抬起，当肩部略微离开床（或检查桌）面而头部还没离开时，突然将手抽出，宝宝会出现上肢先向两侧伸展，手指张开，然后双上肢向胸前弯曲收回，就好像拥抱的姿势，同时躯干和下肢伸直，这就是拥抱反射。拥抱反射在宝宝出生后就可以观察到，3月龄时最明显，以后逐渐减弱并在6月龄后消失。如果新生儿期拥抱反射减弱或消失，可能提示中枢神经系统功能低下；如果肢体两侧不对称，或者6月龄后仍不消失，则要警惕是否有脑损伤的存在。

379 宝宝突然尖叫啼哭要警惕

婴儿不会说话，往往用哭声来反映身体的不适，有一种哭泣，哭声高尖，突然发生，患儿可同时伴有面色苍白、大汗淋漓，这种情况叫作哭泣样尖叫，也叫脑性尖叫。患儿往往是因极度头痛而啼哭，这种情况要十分警惕。

婴儿脑性尖叫通常提示存在脑水肿、颅内出血、窒息等凶险的因素，除尖叫啼哭外，患儿可有其他表现，如轻度颅内出血患儿可有烦躁、四肢震颤；重度颅内出血患儿可有肌张力改变、抽搐、拒乳、嗜睡甚至昏迷；各种原因引起的颅压升高，患儿可表现为前囟膨隆、以手捶头等。

积极预防脑性尖叫，需做到以下几点：避免早产、产伤，对高危妊娠的母亲进行积极监护、干预，减少婴儿宫内及出生时缺氧、缺血的发生，有凝血功能障碍家族史的不能隐瞒病史，积极预防晚发性维生素K缺乏症所致的颅内出血，对孕期发现的颅脑畸形胎儿（如先天性脑积水）生后应进行随访、治疗。若发现宝宝出现脑性尖叫，必须马上就诊。

380 宝宝经常说头痛怎么回事

头痛可以分为原发性头痛和继发性头痛，原发性头痛比例较大。原发性头痛又分为急性头痛（包括偏头痛、有先兆的偏头痛、急性紧张性头痛）、慢性头痛（包括偏头痛、慢性紧张性头痛、新发每日持续性头痛）两大类。继发性头痛是指由其他疾病例如肿瘤、感染、创伤等继发的头痛。儿童头痛要根据不同类型，进行不同处理。

要了解不同的头痛部位、持续时间、疼痛特点、有没有伴随症状、相关家族史、精神压力、生活习惯等，这些都有助于判断头痛的类型。家长在生活中要注意观察宝宝头痛的特点，有没有其他症状，帮助医生一起判断头痛的病因。

对于存在危险因素（头痛加重、伴有发热等症状，意识状态改变等）或者3～5岁的宝宝出现反复头痛，应积极行相关影像学检查协助了解头痛病因。特别是医生查体异常、并发癫痫、新发严重头痛、头痛类型改变或者有其他神经异常的宝宝，也应做相关检查。一般来说，头痛的宝宝主要行头颅 MRI 了解脑内的情况，但是考虑出血或者骨折时推荐行 CT 检查。其他检查包括腰椎穿刺、甲状腺功能等，根据宝宝的具体情况进行。

对于儿童原发性头痛可进行对症处理，包括生活习惯改变（例如保证充足的睡眠，限制咖啡因摄入，减少精神压力等）、心理干预等，这些都有助于减轻头痛。对于急性头痛可使用对乙酰氨基酚、布洛芬等药物止痛，情况严重者需至医院进一步治疗。

中枢，而使患儿出现喷射性呕吐，并不会产生腹部的主观不适感受，亦没有预警及前兆，发生得非常突然。头痛、喷射性呕吐、视乳头水肿被称为颅内压增高的三联征，严重者甚至出现昏迷、脑疝等症状。

宝宝偶尔发生喷射性呕吐是正常现象，但是如果经常发生，特别是伴有头痛、精神状态差、面色差等症状时，需要家长密切关注。喷射性呕吐还可见于各种原因的消化道阻塞，如先天性消化道畸形、幽门痉挛、蛔虫性肠梗阻、疝气嵌顿等，应及时带宝宝到正规医院进行头颅 CT 或磁共振和脑电图等检查，查清病因，及时治疗，以免耽误病情。

381 宝宝喷射性呕吐可能与大脑有关

呕吐是宝宝最常见的症状之一，是通过胃的强烈收缩迫使胃或部分小肠的内容物经食管、口腔而排出体外的现象。呕吐可由多种原因引起，一般的呕吐多为患儿胃肠道受寒凉或有害物质的刺激而产生的消化道反应。但有一种呕吐，临床上称之为喷射性呕吐，常提示患儿存在颅内高压性疾病，如颅内感染、颅内肿瘤、颅内出血、颅脑损伤等。它一般与进食无关，不伴有恶心、腹胀、腹痛、腹泻等症状，呕吐前多无恶心感，往往在一阵头痛后突然出现，常可喷出 0.5～1 米远。

呕吐为复杂的反射动作，呕吐中枢位于大脑延髓，通过直接或间接的方式接受呕吐反射的传入信号继而引起呕吐。正常情况下，颅脑内容物的总体积与颅腔是相适应的，当颅内发生病变时，颅腔内容物的体积增大，刺激和牵拉颅神经、血管和脑膜的敏感系统而出现头痛，颅内压增高可刺激延髓的呕吐

382 颅内肿瘤的早期信号

儿童颅内肿瘤发病率仅次于白血病，位列肿瘤性疾病第二位。更可怕的是，与成人不同，儿童颅内肿瘤大多为恶性的，进展比较快，如没有及时发现，可能危及患儿生命。因此父母应该提高警惕，不放过肿瘤早期的任何一个蛛丝马迹。

儿童颅内肿瘤的早期信号分为两大类。

（1）局灶症状：即肿瘤长在哪里，哪里就会出现脑组织受压和破坏。大脑半球肿瘤可引起对侧肢体瘫痪，比如左侧大脑半球肿瘤会引起右侧肢体瘫痪，有时候大脑半球肿瘤还会引起抽搐。如果小脑长肿瘤，会出现走路不稳，说话口齿不清，脖子倾斜。脑干是一个非常重要的脑结构，是人体生命活动的"司令部"，位于后脑勺部位。如果脑干长肿瘤，不但会引起肢体瘫痪，还会影响脑神经，出现大小眼、哭和笑时歪嘴、"斗鸡眼"、喝水呛咳、吞咽困难等。蝶鞍区位于大脑的最中间，这

里长肿瘤会引起视力下降，如果影响到下丘脑和垂体，可引起性早熟、尿崩症或肥胖等。

（2）颅高压：不管什么肿瘤，当它长到一定大小会引起脑脊液循环障碍，导致头痛呕吐，通常清晨症状更严重，呕吐以后头痛会稍微减轻。婴儿不会讲话，无法述说头痛，代之以烦躁、哭闹不安，拍打自己的头部，头顶部前囟会向上隆起，头围增大。由于肿瘤不断长大，颅内压越来越高，所以头痛呕吐最开始可能是间断性的，后来逐渐加重，变成持续性的。

383 惊跳与惊厥有什么区别

很多家长会发现宝宝在睡眠时出现突然双手或四肢向上张开，但很快缩回，有时还会伴随啼哭，手的动作与哭声又会加重惊吓程度，使哭闹变得更加严重，家长们担心这会不会是惊厥、抽搐？

其实，这是正常的惊跳现象，不是惊厥。惊跳现象是由于宝宝的神经系统发育不完善，受刺激后引起的兴奋容易"泛化"所致。具体表现为在声音、强光、震动以及改变其体位时宝宝突然抖动起来，出现有震颤样自发动作，或缓慢的、不规则的、抽搐样的手足动作，有时甚至可见踝部、膝部和下巴抖动等。随着月龄的增长，大脑发育不断完善，这种不自主的抖动会逐渐减少，到3、4个月龄后便会慢慢消失。宝宝出现惊跳时，家长只要用手轻轻按住其双肩或将宝宝抱在怀中，就可以使其安静，也可以在宝宝睡觉时使用包被把身体进行适当包裹。惊跳不是病，不会影响智力发育，也不会对宝宝的生长发育有什么不良影响，一般不需特殊处理，家长们不必紧张。

惊跳需与惊厥相区别，如果发现宝宝两眼凝视、上翻，或不断眨眼，口部反复地做咀嚼、吸吮动作，呼吸不规则并伴面色青紫，面部肌肉抽动，或突然出现肌张力改变，比如四肢持续性地强直，或反复出现快速的某一肢体或部位抽搐以及阵发性痉挛，这些都是宝宝惊厥的表现。惊厥常提示着某种疾病，特别是颅内疾病的可能，对大脑发育有一定影响，有可能产生神经系统的后遗症。宝宝的惊厥表现常常不典型，当家长发现宝宝出现上诉类似的发作性表现，无法判断是否为惊厥时，建议家长尽量用手机拍摄宝宝发作时的视频，及时就医，给医生看拍下的视频，寻找病因、明确诊断并积极治疗。

384 无缘无故抽搐还有点腹泻是怎么回事

抽搐伴有急性胃肠炎症状并且既往身体健康的患儿，可能为轻度胃肠炎合并良性惊厥，也称为轻度胃肠炎伴婴幼儿良性惊厥。

本病的发病机制不清，多认为与病毒感染及由感染而导致的免疫损伤密切相关。尤其见于轮状病毒、诺如病毒等肠道病毒，少数患儿也可由细菌感染诱发。本病秋冬季多见，在轮状病毒肠炎流行时期发病率往往明显增高。多发于既往健康、无惊厥史的6~24月龄婴幼儿，大多为首次惊厥发作，多表现为无热惊厥，部分患儿可有低热，体温一般在38℃以下。消化道症状多表现为轻度胃肠炎症状，早期有恶心、呕吐，少数患儿呕吐频繁，部分患儿可同时伴有低热，随即出现腹泻，多表现为水样泻，多在病程3天内发生惊厥。一般患儿腹泻均不重，无脱水，无电解质紊乱，血糖正常，脑脊液检查正常，头颅CT及脑电图均正常，多为全面发作。

由于本病大多属良性，故临床上一般在急性期予以对症处理即可，如减少或去除诱发因素，保持安静，预防水、电解质、酸碱平衡紊乱及保护胃肠黏膜，调节肠道菌群，止吐止泻等，必要时可予以抗惊厥处理。目前资料未见本病有明显后遗症，患儿生长发育及智力水平也未受到影响，其预后良好，一般认为无需长期抗惊厥药物口服治疗，家长无需过于担心。

385 警惕成串的"惊跳"——婴儿痉挛

有的宝宝会在突然出现声音时抖动一下，有的在睡眠时突然抖动一下，"惊跳"一下，很多人会认为宝宝缺钙，其实这是婴儿神经系统未发育完善导致的。但是，有的"惊跳"是成串发作的，即一下发作后间隔数秒至1分钟再次发作，直至发作停止，每串可数下至数十下，每日可发作数串，遇到这种情况需提高警惕，尽快就医，排除婴儿痉挛症。

婴儿痉挛症多在婴儿期起病，发病高峰年龄为6月龄，主要病因为颅脑畸形、产伤、缺氧、宫内感染、先天代谢异常等，有些病因不明。该病主要表现为突然点头或伴双上肢屈曲拥抱样动作或双上肢外展，有时伴双眼凝视、斜视或呆滞，有的患儿在发作后哭闹。多为睡醒后不久发作，成串发作。脑电图检查结果为严重的波形紊乱，缺乏常规节律，称为"高峰失律"。该病发病后多出现生长发育倒退或发病前已存在生长发育落后。

有的患儿发作轻微，可表现为轻微点头，家长容易忽略。有的家长认为可能是外界声音导致患儿"惊跳"一下；有的认为患儿是颈部不适或故意做这种动作；有的可能认为缺钙，补钙后无效就诊。有的家长发现患儿发育较同龄儿差，或发现患儿原来会做的事情不会了，如8月龄还不会独坐，已经会抬头的宝宝不会抬头了，已经会坐的宝宝不会坐了，眼神也变得呆滞了，才就诊。

当家长看到患儿不明原因的突然点头拥抱样动作时，尽量拍视频，并及时就医。如发作不明显的患儿，视频可帮助医生诊断，尤其是发育落后的患儿，医生会根据患儿临床表现安排脑电图、头颅磁共振、相关血液检查等。婴儿痉挛症属于癫痫性脑病的一种，控制比较困难，需长期遵医嘱随访。

386 高热惊厥与癫痫如何区分

高热惊厥是婴幼儿时期最常见的惊厥性疾病，多数宝宝发生高热惊厥是在3个月~5岁，在热性疾病初期(70%与上呼吸道感染相关)，患儿体温骤然升高，出现抽搐、意识丧失、口周发青、口吐白沫等表现，部分宝宝会出现四肢抖动、大小便失禁等情况，一般持续数秒或数分钟缓解，发作停止后宝宝一切如常。

当宝宝发生高热惊厥时，家长要保持镇定，保持环境安静，避免一切对宝宝不必要的刺激。需要将宝宝的头放平并偏向一侧，及时清除口腔内的分泌物及呕吐物，避免吸入气道，引起窒息。不要强行撬开宝宝的嘴，也不要在抽搐时给宝宝喂药或喂水，这时候家长要冷静地记录抽搐的时间和表现，同时给宝宝物理和药物降温。如果宝宝抽搐的时间较长，或者反复抽搐，提示宝宝病情可能较重，需及时送往就近医院，并在路途中观察宝宝的面色及呼吸。

家长常常会将高热惊厥和癫痫两件事相混淆。癫痫是大脑神经元群反复、异常放电引起的惊厥发作。而高热惊厥并不一定是癫痫，但有些(2%～10%)高热惊厥的儿童可能会发生癫痫。如果宝宝在发病前有发育迟缓或者神经系统异常，或者发生惊厥的时间较长，年龄较小(＜6个月)或者较大(＞5岁)，24小时内反复发作，家里有父母或者兄弟姐妹有癫痫病史，那这样的宝宝可能更容易发生癫痫，需要去医院进一步检查。

387 不一样的"伴热惊厥"——德拉韦综合征

婴儿严重肌阵挛癫痫即德拉韦综合征，首次发作多表现为热性惊厥，其临床特点为1岁以内起病，1岁以内主要表现为发热诱发的持续时间较长的全面性或半侧阵挛抽搐，1岁后逐渐出现多种形式的抽搐不伴发热，包括全面性或半侧阵挛或强直阵挛发作、肌阵挛发作、不典型失神、局灶性发作，发作常具有热敏感性，在闷热环境及洗热水澡均可能

诱发。早期发育正常，1岁后逐渐出现智力运动发育落后或倒退，可出现共济失调和锥体束征。

遗传因素在这种疾病中起重要作用，25%～30%的病例有热性惊厥及癫痫家族史。有同胞儿及单卵双胎共患的报道，已证实约80%的病例有钠离子通道α1亚单位基因 $SCN1A$ 突变，少数女性患儿有原钙粘蛋白基因 $PCDH19$ 突变。$SCN1A$ 基因突变筛查有助于早期诊断。

1岁以内的婴儿热性惊厥有以下特点时要警惕德拉韦综合征：发病年龄早，多在6个月左右；长时间的热性惊厥；24小时内反复发作；半侧阵挛或部分性发作；低热即可诱发发作。

388 宝宝为什么会晕厥

晕厥是大脑一过性的供血不足所致的短暂性意识丧失，常伴有肌张力丧失而不能维持自主体位。近乎晕厥指一过性黑蒙，肌张力丧失或降低，但不伴有意识丧失。晕厥是儿童和青少年的常见病症，可由许多原因引起，女孩较男孩发病率高。

晕厥是一个症状，而不是一个疾病。根据病因可将晕厥分为自主神经介导的反射性晕厥、神经性晕厥、代谢性晕厥、精神性晕厥及心源性晕厥。反射性晕厥最常见，而血管迷走性晕厥是反射性晕厥中最常见的类型，主要发生于11～19岁的女孩，通常表现为持久站立或看到流血、感到剧烈疼痛、处在闷热环境、洗热水澡、运动或紧张等时可诱发晕厥发作。起病前可有短暂的头晕、注意力不集中、面色苍白、听视觉下降、恶心、呕吐、大汗、

站立不稳等先兆症状。直立倾斜试验是诊断和鉴别诊断的公认方法。

神经性晕厥诊断相对比较困难,如短暂意识丧失的惊厥发作很难与血管迷走性晕厥区别,伴有头痛、头晕、恶心症状的血管迷走性晕厥也很难与偏头痛相鉴别,而且有部分血管迷走性晕厥发作时由于大脑的继发缺氧也可表现出惊厥发作,区分非常困难。

心源性(突然发生、没有任何征兆)、精神性(无心率、血压及皮肤颜色改变,缓慢倒下)、代谢性(与体位无关,低血糖导致)晕厥在儿童中非常少见,必要时医生会酌情完善相关检查排除。虽然晕厥的原因多样,但医生是可以做出精准的诊断和治疗建议。因此宝宝一旦出现症状,家长不必过度惊慌,一定要及时就医。

389 癫痫是怎样发生的

癫痫是儿童最常见的神经系统疾病,严重影响儿童的身心健康。那癫痫到底是怎么发生的呢?有哪些致病因素呢?

大脑是一个带有自发电流的生物体,只是电压很低,自身没有感觉而已。正常情况下,脑组织各部位的神经元通过电流有序的冲动、传导、相互联系,"指挥"人体协调地活动。当神经细胞异常过度,同步化放电时,就产生癫痫。如果这种异常放电局限于脑内的某一区域,可导致部分性发作;当全脑受累时可导致全面性或称全身性发作。癫痫常见的致病因素有以下几方面。

(1) 遗传因素:癫痫遗传方式比较复杂,致病基因所致的癫痫表现也是多样的,除癫痫之外,可有其他神经系统以及其他系统的异常。

(2) 代谢疾病因素:许多代谢性疾病会有癫痫发作,多见于年幼儿,发病高峰在1岁以内。

(3) 结构性因素:大脑中某些异常结构也会引起癫痫发作,主要包括脑发育异常、围生期脑损伤、神经皮肤综合征、脑血管疾病、脑肿瘤、脑外伤。3岁前多见于脑发育异常、围生期脑损伤,而外伤、肿瘤、中毒等多集中于学龄期及其以后。

(4) 感染因素:中枢神经系统感染也是癫痫的致病因素之一,其中主要有化脓性脑炎、病毒性脑炎、结核性脑膜炎、乙型脑炎等。

(5) 免疫因素:某些免疫相关的疾病也会引起癫痫发作,除抗癫痫治疗外,需要对原发病进行免疫治疗。

在0～6岁的儿童中,癫痫可以由一种或者多种致病因素所致,明确病因有助于癫痫患儿的治疗及了解预后。

390 儿童癫痫分为哪几类

儿童癫痫主要分为全面性发作和部分性发作。

全面性发作是一种最常见的发作形式,也称为大发作。通常伴有双眼凝视或上翻,意识丧失、双侧肢体对称性强直,接着肢体节律性抽动,也常伴有流涎、呕吐、大小便失禁等表现。主要分为以下两种。

(1) 失神发作:不容易被发现,常表现为愣神、发呆、动作突然中止或明显变慢,或伴有轻微的运动症状(如摔倒,部分肢体抽动,咂嘴或手部摸索等自动症)。发作通常持续5～20秒,发作时脑电图呈双侧对称同步

（2.5～4赫）的棘-慢综合波爆发。主要见于儿童和青少年。

（2）失张力发作：表现为头部、躯干或肢体肌肉张力突然丧失或减低，发作之前没有明显肢体抽动或肢体肌肉僵直，发作持续1～2秒或更长，临床表现轻重不一，轻者可仅有点头动作，重者则可导致站立时突然跌倒。发作时脑电图表现为短暂全面性2～3赫（多）棘-慢波综合发放。

部分性发作分为简单部分性发作、复杂部分性发作和癫痫性痉挛。简单部分性发作表现为发作时不伴意识障碍，可表现为运动性、感觉性、自主神经性和精神性发作。复杂部分性发作发作时有不同程度的意识障碍，可伴有一种或多种简单部分性发作的内容。癫痫性痉挛常表现为突然的、双侧肢体肌肉的强直性收缩，一般0.2～2秒，突发突止，多表现为发作性点头，伴拥抱动作，常在睡眠前后成串发作。癫痫性痉挛多见于婴幼儿，也可见于其他年龄，一般预后欠佳。

391 儿童癫痫该如何治疗

（1）药物治疗：是当前抗癫痫治疗最基本的疗法，也是癫痫患者的首选疗法。目前的抗癫痫药物都是控制癫痫发作的药物，比较常见的有丙戊酸、左乙拉西坦、奥卡西平、拉莫三秦、托吡酯、苯巴比妥、氯硝西泮等。药物治疗一般遵循如下原则：① 个体化治疗，根据患者发作类型和综合征选择药物，同时考虑共患病、共用药、患儿年龄、性别等；② 首选单药治疗，仅在单药治疗没有达到无发作是才推荐联合治疗，联合治疗期间要注意不同药物的协同作用及不良反应；③ 治疗

期间要规律服药，严禁漏服药物。

（2）外科手术治疗：是应用神经外科的手术、介入、射频或激光等技术手段。主要针对药物难治性癫痫患者及癫痫与颅内病变有明确相关性的患者。外科手术治疗是以终止或者减少癫痫发作、改善患者生活质量为目的的干预性治疗手段，术后仍应继续应用抗癫痫药物。

（3）生酮饮食：生酮饮食是一种高脂肪、低碳水化合物和适当蛋白质的特殊食物配比饮食。这一疗法起始于20世纪，主要用于治疗儿童难治性癫痫。从临床实践应用来看，生酮饮食是一个安全、有效、不良反应小的疗法，值得推广。

392 突然怪叫、做怪动作是怎么回事

生活中，我们会看到一些儿童在无明显诱因或目的的情况下出现迅速眨眼、摇头、仰头、举臂、耸肩、踢腿、抖腿、挺胸、扭腰、尖叫、清嗓子、模仿动物叫、秽语等异常行为，这些动作具有突然、迅速、反复、无特定目的等特点，在医学上称为抽动障碍（TD），它是一种起源于儿童时期，以一个部位或多部位肌肉运动性抽动或发声性抽动为主要临床表现的神经精神疾病。

根据临床表现，抽动可分为短暂性抽动障碍、慢性运动性或发生性抽动障碍及多发性抽动症，其中多发性抽动症是TD中最为严重者，以慢性、波动性、多发性运动性抽动为主，伴有不自主发声为特征，病程在一年以上。我国儿童患病率为0.24%，起病在2～15岁，可自行缓解或加重，男孩发病率较女孩高3～5倍。

多发性抽动症的发病因素包括：遗传因素；神经病理因素，神经递质、内分泌失衡；即大脑特定的部位出现病变；血微量元素异常，如血铅水平升高、血锌或铁缺乏等；社会心理因素，包括紧张、学习压力、家庭不良生活事件、学校不良环境等。

导致病情加重的因素常见有：紧张、焦虑、情绪低落、生气、惊吓、兴奋、疲劳、睡眠不足、突然停药等因素会加重病情。此外，在与他人接触过程中，被提醒或被注意、受到指责等情况下同样会加重病情。反之，当患儿注意力集中、放松、情绪稳定则抽动症状可减轻，患儿极度兴奋时也可以减轻抽动，如患儿上台表演时，因极度兴奋反而可以减轻抽动。

不自主地抽动不利于儿童身心健康，部分病情严重的患儿可因抽动打断其行为，如与人交谈时，突发秽语打断交流；写作业时，突然双臂上抬中断学习过程，甚至出现自残行为或发生意外，危及生命。此外，抽动障碍尤其是多发性抽动症患儿，88%～92%存在注意力缺陷多动障碍、学习障碍、强迫障碍、睡眠障碍、情绪障碍及品行障碍等共患病。

多发性抽动症患儿需要到神经内科就诊，医师通常会根据患儿的情况完善血生化检查，包括微量元素、铜蓝蛋白、抗 O 等，同时可能需要完善脑电图、脑地形图、影像学等检查，目的在于排除肝豆状核变性、药物引起的不自主运动等。此外，部分患儿需要完成抽动障碍及共患病相关的量表以协助医师了解病情。

393 如何诊断和治疗多发性抽动症

目前，通常应用美国《精神疾病诊断与统计手册》第 5 版诊断标准诊断：具有多种运动性抽动及发声性抽动，而不必在同一时间出现；自从首发抽动以来，抽动的频率可以增减，病程在 1 年以上；18 岁以前起病；抽动症状不是由某些药物（如可卡因）或内科疾病（如病毒感染后脑炎）所致。

多发性抽动障碍的治疗首选药物有硫必利、阿立哌唑、可乐定等。从小剂量开始，缓慢调整药量至目标剂量，需在医师的指导下进行减、停药物。对部分难治性抽动障碍患者，在单一药物使用效果不佳时考虑使用联合用药。大部分患儿的预后相对良好，在成年期可以正常生活、工作，但部分难治性病例，特别是并发精神障碍的患儿预后较差。

扫码观看 儿童健康小剧场
儿童抽动症

394 大哭时呼吸停止是怎么一回事

婴幼儿时期因呼吸系统、神经系统发育不完全，宝宝常出现哭闹后口唇发紫，严重时会出现全身抖动等类似惊厥样发作。这种现象主要发生在 2 岁以内，随着年龄增长发作次数减少，6 岁以后消失。宝宝哭闹一般发生在不能得到满足、惊吓、不情愿等情绪后，随后出现呼吸停止，因缺氧导致口唇发紫，严重时出现全身青紫，时间长者会出现意识丧失、抽搐，抽搐多表现为双侧对称的四肢僵直。随着呼吸恢复，抽搐可停止，意识恢复正常，面色逐渐恢复正常，持续时间一般在半分钟至1分钟，严重者可长达3分钟。

这种情况被称为屏气发作，少数存在家族史，与生活环境有一定关系，除了情绪因素外，可能与缺铁、缺钙、缺维生素D等有关。发作频繁者可达每日数次，有的可数天或数月一次。需要警惕的是与癫痫的鉴别，屏气发作前一般都有情绪激动、大哭，然后出现发绀，因缺氧才导致抽搐，脑电图一般无异常，而癫痫发作前无明显诱因，先出现抽搐，再出现口唇发紫。对于屏气发作的患儿，建议至医院就诊，排除癫痫、心律失常、颅内占位等疾病。

对于这类宝宝要有正确的教育方法，家长不能溺爱，要对宝宝有耐心，避免引起刺激的因素，遇到这种情况不要过于紧张，一般会自己缓解，也不需用药。如呼吸停止时间过长，需及时就诊，如有条件，家长可拍视频，就医时利于医师诊治。

395 宝宝的嘴巴怎么突然歪了

门诊上经常会看到一些宝宝因嘴巴歪来就医的，家属很紧张，想知道为什么宝宝也会嘴巴歪？是什么原因引起的？用什么方法治疗？以后会落下后遗症吗？面对家长的疑问，首先要对宝宝做细致的体格检查，一般多为面神经麻痹所致。

面神经麻痹是以面部表情肌群运动功能障碍为主要特征的一种疾病，它是一种常见病、多发病，不受年龄限制，无论成人或者宝宝都可能会发病。临床上根据损害发生部位可分为中枢性面神经麻痹和周围性面神经麻痹两种。中枢性面神经麻痹通常由脑血管疾病、颅内肿瘤、脑外伤、颅内炎症等引起。周围性面神经麻痹可由感染性病变如感冒、中耳炎，自身免疫反应，肿瘤，外伤，中毒，代谢性疾病等引起。临床多表现为额纹消失、眼裂扩大、鼻唇沟变浅、口角歪斜，微笑或露齿动作时口角歪斜更为明显。患儿不能做皱额、蹙眉、闭目、鼓气和噘嘴等动作，严重者眼睛闭合不全，泪液不能按正常引流而外溢。

医生会问宝宝近期有无外伤、感冒、中耳炎等，做最基本的检查如血常规看有无感染，头颅磁共振看颅内有无肿瘤压迫或者脑血管疾病等。头颅磁共振检查对于区分中枢性或周围性面神经麻痹有很大帮助，特别对于那种周围性面神经麻痹临床症状不典型，无感染及外伤等诱因。头颅磁共振检查很重要，并且对宝宝没有辐射。

如果是颅内肿瘤导致的中枢性面神经麻痹，需要神经外科评估是否手术治疗，如果是脑血管病需要进一步住院治疗。但对于周围性面神经麻痹，一般不需住院治疗，门诊随访即可。一般急性期在2周内会给予小剂量激素和营养神经药物及对症治疗，大多数症状会有很大改善，也可以配合按摩或针灸等物理治疗，但是彻底恢复正常可能需要数月，因人而异，一般不会留后遗症。

396 "发呆"怎么会是失神癫痫

失神癫痫是儿童期最常见的癫痫类型之

一，是以典型失神为主要发作类型的原发性全身性癫痫综合征。发病年龄 3～12 岁多见，6～7 岁为高峰。这些患儿发作时没有典型的抽搐，取而代之的是"发呆"表现。

失神癫痫发作的特点为发作突然开始突然结束，一般没有先兆。表现为突然愣神、叫之不应，正在进行的活动停止，发作后不能回忆刚才的情形；发作时间短暂，持续数秒至半分钟；发作频繁，每日可有多次发作；有意识障碍，但不会跌倒。

家长一旦发现宝宝有反复愣神表现，要及时带宝宝去医院做脑电图检查。脑电图检查中的过度换气实验很容易诱发脑电图的特征性放电及临床发作，故检查时家长需配合脑电图技师确保宝宝跟着指令做足够深度的深呼吸。

🍄 心 理 和 发 育 行 为 疾 病 🍄

397 0～6 岁宝宝，要重视这些发育偏离的预警信号

0～6 岁宝宝的生长发育中，父母除了关注宝宝的身高体重等生长指标，还非常关注宝宝的心理行为发育特征：怎么 1 岁多了还不会叫爸爸妈妈？2 岁还不说话算不算晚？不愿意和同龄宝宝交往有问题吗？这些发育上所表现出来的特征，可能是正常发育过程中的个体化差异，但也可能是异常心理行为发育的早期信号。目前，儿童心理行为发育问题已成为影响各年龄段儿童健康成长以及良好社会适应能力发展的主要问题。早期发现这些问题，不仅是儿童身心健康的重要保障，也是实现早期干预、改善预后的重要前提。

父母是儿童健康的第一责任人，因此爸爸妈妈也应该了解：什么样的表现需要早期关注，早期就诊。"儿童心理行为发育问题预警征象筛查表"是一个非常实用的筛查工具，这是国家卫生和计划生育委员会 2013 年组织国内儿童心理、发育领域资深专家制定的儿童心理行为发育问题的早期筛查工具。此表围绕 0～6 岁儿童 11 个关键年龄点制定，每个年龄点包括大运动、精细运动、言语、社交 4 个关键问题（预警征），如果专业人员、父母、带养人、老师等发现儿童在某一年龄段有任何一条预警征象阳性，则建议早期就诊，以排除心理行为发育异常或尽早开展干预。

(1) 3 月龄：对很大的声音没有反应；逗引时不发声或不会微笑；不注视人脸，不追视移动的人或物品；俯卧时不会抬头。

(2) 6 月龄：发音少，不会笑出声；不会伸手及抓物；紧握拳松不开；不能扶坐。

(3) 8 月龄：听到声音无应答；不会区分生人和熟人；双手间不会传递玩具；不会独坐。

(4) 1 岁：呼唤名字无反应；不会模仿"再见"或"欢迎"的动作；不会用拇、食指对捏小物品；不会扶物站立。

（5）1岁半：不会有意识地叫"爸爸"或"妈妈"；不会按要求指人或物；与人无对视无交流；不会独走。

（6）2岁：不会说3个物品的名称；不会按吩咐做简单的事情；不会用勺吃饭；不会扶栏上楼梯/台阶。

（7）2岁半：不会说2~3个字的短语；兴趣单一、刻板；不会示意大小便；不会跑。

（8）3岁：不会说自己的名字；不会玩"拿棍当马骑"等假想游戏；不会模仿画圆；不会双脚跳。

（9）4岁：不会说带形容词的句子；不能按要求等待或轮流；不会独立穿衣；不会单脚站立。

（10）5岁：不能简单叙说事情经过；不知道自己的性别；不会用筷子吃饭；不会单脚跳。

（11）6岁：不会表达自己的感受或想法；不会玩角色扮演的集体游戏；不会画方形；不会奔跑。

398 宝宝开口晚，等等就会好吗

0~3岁是宝宝语言快速发展时期，大多会遵循以下规律：4月龄左右开始牙牙学语，会发"啊、喔"的音；6~7月龄对身边人的发音有反应，会发出简单音节，如无意识地叫"爸爸""妈妈"；1岁左右开始会传达自己的需求，有意识地指认东西，对简单的语言命令会有反应，也会用摇头表示"不"；15~18月龄可以说一些单个的字，如"吃、要、去"等；18月龄~2岁会使用简单的词组，大部分能够掌握至少50个口语词汇；2岁以后词汇量飞速增加，可以说4个、5个，甚至6个词组成

扫码观看 儿童健康小剧场
避免语言发育迟缓

的句子，不过个体之间差异很大。以上这几条是指一般的语言发展规律，每个宝宝也都有自己语言发展的轨迹，开口早一些、晚一点，都属正常情况。

宝宝开口晚，家长一定要分情况对待。如果父母发现宝宝的语言表达能力或语言理解能力明显落后于同年龄、同性别正常儿童的发育水平，并且宝宝对语言反应少，不理睬他人，缺乏眼神的交流，会出现一些重复、刻板的动作，面对家人或他人的指令缺少回应，也不会用更多的肢体动作表达自己的需求。此时家长一定要引起重视，尽早带宝宝到医院检查，排除其他引起语言发育迟缓的常见疾病，并开展早期干预。

399 为什么宝宝从不跟"外人"讲话

那些只跟家人讲话，从不跟或不敢跟家人以外的任何人讲话，且持续时间超过一个月的宝宝，就需要去排除是否属于选择性缄默症。

选择性缄默症通常是指已经获得语言能

力的儿童,因精神因素的影响而出现的在某些社交场合保持沉默无语的一种心理障碍,实质是社交功能障碍。目前认为,选择性缄默症与患儿的个体因素及家庭环境因素有关。患儿往往比一般儿童敏感、胆怯、害羞、孤僻、脆弱、依赖性强。一些患儿虽然已经获得言语功能,但开始说话要比正常儿童迟,并且有些儿童发病后还伴有遗尿症等其他问题,脑电图检查表现为不成熟脑电图。在患儿的家庭也可发现与该病有关的原因,例如对儿童过分的保护、严厉的家庭教育、父母离异、亲人死亡等,有些患儿还有重大的心理创伤。

治疗选择性缄默症主要采用心理治疗和行为干预,对不同患儿分析不同的致病原因,制定不同的治疗方案,如患儿有胆怯、敏感等素质,可着重进行自信心的训练,通过对患儿示范、游戏中角色扮演、奖励等方法,从简单的目标开始,逐步增加难度,直到使患儿能够自由表达自己的思想为止。

400 多动症有哪些特征表现

儿童多动症(简称多动症)又称注意缺陷多动障碍(ADHD),是儿童最常见的神经行为障碍之一。近年来,儿童多动症被国内外广泛关注。多动症的病因复杂,目前大多学者认为它是多种病因引起多重障碍的一种综合征,与遗传、神经生物及社会心理等多种因素有关。这类患儿的智力一般正常或接近正常,但学习、行为及情绪方面有缺陷。如不能得到及时治疗,将影响患儿学业、身心健康以及成年后的家庭生活和社交能力。

儿童多动症的临床表现有以下几点。

(1)**注意缺陷**:多动症患儿注意力的特点是无意注意占优势,有意注意减弱,且注意力集中的时间短暂。常表现为上课时注意力不集中,"思想开小差",对老师的提问茫然不知,易受外界干扰而分心,常丢三落四,做作业、考试时容易漏题,粗心马虎,容易犯低级错误,做事拖沓,没有计划性等。

(2)**多动**:多动症患儿自我控制力差,行为常呈现活动过度的现象。表现为手脚难以安定,时常要动来动去,或坐的时候时常挪动;无论在课堂上还是其他活动中都时常离开座位;常在不适当的场合奔跑或登高爬梯;表现出持久的过分运动,无论是社会环境还是别人的要求都难以使其改变。

(3)**冲动**:多动症患儿对不愉快的刺激反应过度,易兴奋和冲动,不分场合、不顾后果,难以自控甚至伤害他人,不遵守游戏规则,缺乏忍耐力。常表现为在课堂上老师还没提问完就把答案说出来;经常干扰他人,使他人感到很困扰;在集体活动时不按顺序排队等候,喜欢插队;话太多,难以对社会或学习规则作出恰当的反应。

儿童多动症的治疗需要老师、家长和医

扫码观看 儿童健康小剧场
多动症的诊治

师共同参与，采用心理支持、行为矫正、家庭和药物治疗的综合措施，才能起到良好的效果。家长一旦怀疑宝宝可能是多动症，一定要带宝宝找专业医师做客观评估，并根据患儿及其家庭的特点制定综合性干预方案，以期达到最佳的治疗效果。

401 如何早期识别孤独症

孤独症又称自闭症，即孤独症谱系障碍（ASD），是一种起病于婴幼儿时期的神经发育障碍性疾病，以社会交往障碍和狭隘、刻板的兴趣及行为模式为特征，伴有不同程度的智力低下及显著的社会适应能力缺陷。大部分 ASD 患儿成年后生活自理困难，给家庭和社会造成严重的经济负担。婴幼儿时期神经系统有很强的可塑性，早期识别及干预 ASD 可明显改善患儿预后，能使其更好地融入社会。但由于地区的经济、文化及家长对 ASD 认识不足等因素的影响，大部分患儿在 3 岁以后才得到诊断。孤独症的常见行为包括以下几种。

（1）社会交往障碍：缺乏社会交往兴趣，缺乏共同注意（包括眼神接触、注视交替、向别人指示及展示物体的能力、对他人指示回应的能力），如无目光接触，喜欢独自玩耍，不能建立同伴关系，无法理解游戏规则，不会参与游戏，尤其是合作性游戏，不理解人的面部表情，对父母的指令充耳不闻，想要的东西不会用手指认，通常会拉着父母的手过去。人称代词的理解与使用存在困难，语言具有重复性和机械性，缺乏躯体性语言，如不会指认物品、不会点头摇头等，对自己名字缺乏应名反应等。

（2）狭隘兴趣及刻板行为：会对某些物件表现出超乎寻常的兴趣，如反复开关、喜欢转圈、喜欢来回跑、对旋转物品感兴趣等，反复看电视广告或天气预报，但对动画片不感兴趣。不会假扮游戏（婴幼儿 1 岁以后开始出现象征性游戏，ASD 儿童自发象征性、假扮性游戏少），害怕或拒绝改变，生活习惯过于固定刻板，如只吃同一种食物、只走同样路线。

部分儿童在某些方面有超强能力，如机械记忆数字、路线、车牌等，也可伴随不怕痛、不喜欢身体接触如拥抱等感觉异常。如果宝宝出现上述异常情况，家长应当尽早带宝宝去儿童专科医院就诊，以早诊断、早干预、早治疗。

扫码观看 儿童健康小剧场
自闭症的诊治

402 什么是儿童发育障碍

常常有家长会问：宝宝被诊断为发育障碍，这是什么疾病？

实际上，发育障碍（DD）还是个相对较新的概念，最早出现在 1970 年的美国发育障碍服务和设施建设法案中。发育障碍是指5岁或5岁以上个体由于精神或身体损伤，或两者同时损伤的一种严重的慢性残疾。对发育障碍的诊断，是根据个人能或不能进行什么的功能状态，而不是根据临床诊断来定义的。因此，严格来说，发育障碍不是一个很准确的诊断名称，但在临床还是被广泛应用。

常见的发育障碍包括:唐氏综合征、脑性瘫痪、智力障碍、语言障碍、学习障碍、社会交往障碍、特殊感官功能障碍(盲、聋)、孤独症谱系障碍等。

很多家长会担心，宝宝发育障碍，是不是智力就会有问题？实际上，发育迟缓与智力低下并不是同一个概念。儿童的智力还处在快速发展的阶段，智商的评定结果还不稳定，所以评估的结果用发育商(DQ)而非智商(IQ)来描述。当5岁以下儿童在大运动、精细动作、语言理解与表达、认知、个人、社会、日常生活及活动等发育维度中，存在≥2个发育、发展维度的显著落后，就被称为全面性发育迟缓。

儿童发育迟缓的结局具有多种可能性，如果能尽早开展良好的早期治疗与干预，部分儿童在发育到可测量智力的年龄(通常位5岁以上)时，所测得的智商(IQ)并不落后。

403 儿童出现发育障碍，父母应正确应对

造成儿童发育障碍的危险因素繁杂多样，可能发生在产前、产中或产后，包括生物学、环境或两者均有。其中生物遗传学起重要作用，例如染色体异常、单基因缺陷或多因素疾病以及其他先天性代谢障碍。环境因素例如母亲产前宫内不良因素、出生时缺氧窒息、产伤、颅内出血等对脑组织造成严重损害;出生后中毒、早期严重营养不良、后天不良社会心理因素等。

由于不同儿童的发育速度有个体差异，当儿童出现发育障碍时，通常难以及时发现，常进入学龄期后出现学习障碍时，家长才带宝宝去医院，此时已失去了早期治疗最佳时间。而当父母发现宝宝存在发育障碍或智力低下的表现时，部分父母会感到担忧焦虑，不知所措，甚至花大量的时间到处求医，反复求证宝宝是不是发育障碍。还有部分父母则不以为然，认为宝宝有个体差异，随着年龄增长，发育水平会慢慢恢复正常，最常见的就是宝宝不说话，家长反而认为很正常，是"贵人语迟"。这些应对方式都是不可取的，因为可能分散或浪费宝贵的早期干预时间和父母精力。

针对发育障碍儿童的干预训练，越早开始效果越好。当怀疑宝宝有发育问题时，应带宝宝尽快到医院进行评估。如果评估为发育障碍，就要遵循医生的诊疗建议，给予针对性治疗和指导，并积极开展以家庭为中心的功能训练。学龄前儿童的干预训练主要是医疗机构、家庭和幼儿园，训练重点是加强运动、感觉统合能力和生活自理能力训练，培养一定的社会适应能力和学习能力。学龄期儿童的康复训练主要在特殊学校、家庭和医疗机构中，以生活技能训练为主，并因材施教，进行社交能力和学习能力的康复训练。

404 读写障碍不容忽视

如果宝宝解决问题的能力没有问题，仅在学习时力不从心，出现阅读和书写的困难，

特别提醒

家长应注意到宝宝的"闪光点"，并引导宝宝发现自己的优势，避免出现低自尊、社交回避等情绪行为问题。读写障碍患儿由于认知加工的特殊方式，通常具有强大的视觉、创意和解决问题的能力，可能恰恰有利于他们获得成功。

家长应该注意宝宝是否患有读写障碍。

读写障碍是一种特定的学习障碍，宝宝的智力大多正常或超常，但读写能力显著低于其智力水平。读写障碍在中国大陆的疑似发生率高达约11%，该疾病病因尚未明确，目前被认为是一种由于左脑语言区神经环路异常引起的神经发育障碍，主要表现为阅读障碍和书写障碍，这两方面的能力比同龄宝宝差很多，两者常同时存在。由于对文字的语音（英文、拼音）、表意象（中文字形结构）解码能力不足，工作记忆较弱，信息加工处理速度也较慢，难以处理和记忆他们所看到或听到的信息。读写障碍患儿的语音处理、视觉和听觉认知能力弱，辨识文字有困难，难以准确或流利地识别文字，从而影响解码、阅读、书写或拼写，造成阅读理解和写作困难。

读写障碍随着年龄的增长表现为不同的症状。

（1）学龄前患儿：发音不准确；不能准确说出常见物品和颜色的名称；时常将句子或词语的次序颠倒；需要花更多时间和精力学习儿歌、字母和汉字；更喜欢听别人讲故事，但并无兴趣学习文字；不能牢记出生日期、地址及电话号码等，记人名或地名感到困难；难以遵循方向性的指令。

（2）学龄期患儿：阅读理解时很难找到文章的重点，作文/造句只能勉强达意，语法存在错误；理解文字（读）比理解说话（听）的能力差很多，书写能力（写）比口语表达（说）差很多；对于经常遇到的字也不能认读；朗读时读错字，或因不懂字面意思而常常停顿；朗读句子时不理会标点符号。阅读句子后，不能理解内容；在说话时懂得运用词语，但却不懂得写出来；对于重组句子的练习有困难，句子组织次序混乱，作文时思维组织混乱；抄写黑板时需要看一笔写一笔，抄写速度慢，会漏字或添字；写字时笔顺错误，漏写笔画，经常漏写或错误使用标点符号，字体结构不对称，常写出边界；检查自己的作业时，觉察不到做错的地方，或因过度修改在作业本上留下过多痕迹；口语表达时常常词不达意，或语法使用错误；不能复述刚刚听过的资料，如电话号码、姓名、故事内容等；需要不断重复信息才能记住，不能牢记较复杂的时间表；由于读写困难导致不能长时间专注地做一件事，例如做作业不久便会停笔，离开座位跟别人谈话或看电视；难以遵从一连串的指令；常遗失文具等。

读写障碍会对宝宝的学习、情绪和行为造成严重的影响。读写障碍患儿常常因读写困难导致学业、情绪和社交的问题，如缺乏学习动力、自尊心低等。目前尚无所谓治愈读写障碍的方法，需要通过调整学习应对策略而改善，有条件的情况下可以借助辅助学习工具，通过生动的游戏、图片，提供多感官、多媒体的学习途径以降低学习的难度。

405 怎样减轻宝宝的分离焦虑

分离焦虑是幼儿和亲密的抚养者分离时所表现出来的不安情绪和行为,它是儿童时期较常见的一种情绪障碍,如果处理不好,会造成幼儿入园适应不良,甚至在宝宝幼小的心灵上留下永远的创伤、阴影,影响其今后的心理健康及学习生活。

幼儿分离焦虑的形成原因错综复杂。每个幼儿来自不同的家庭,有着不一样的成长环境。家长在宝宝入院前,应提前与幼儿园老师沟通,包括幼儿的身体发育、家庭环境、家庭气氛、亲子关系模式。家长的气质、兴趣、习惯、个性特征等直接影响幼儿的气质类型。以下措施有助于预防和缓解分离焦虑。

(1) 规律安排:如果宝宝知道一天当中将发生的事情,午餐、午休及父母接送时间,可减少焦虑感。

(2) 避免迟到:如果答应宝宝会在某一时间去接他们回家,千万不要迟到,否则宝宝会失去对父母的信任,感到不安全。

(3) 控制情绪:如果家长感到担忧,宝宝也能感应到。让宝宝对即将认识的新朋友和新活动充满积极期待,家长可强调宝宝可以玩他最爱的游戏或玩具。

(4) 听从建议:如果老师提供建议,家长应听从,避免认为自己最了解宝宝,反其道而行。

(5) 加深交往:帮助宝宝与同学联络感情,安排校外约玩。

(6) 充分休息:保证充分睡眠,让宝宝上学充满活力。

(7) 参与准备:让宝宝参与准备午餐、零食和背包,增加他们对学校生活的掌控感。

(8) 轻松放手:不要趁宝宝不注意溜出学校,或停留在窗外徘徊,应轻松开心地与宝宝说再见。

(9) 化解情绪:关注并化解宝宝的消极情绪,但切忌先入为主,例如跟宝宝说"我知道你不喜欢上学"。

(10) 提前了解:有不少有关初上学前班的绘本和动画,有助他们了解学校生活和小朋友相处规则。

406 宝宝不想上幼儿园是学校恐怖症吗

学校恐怖症是一种较为严重的儿童心理疾病,多见于 7～12 岁的小学生。由于存在各种不良心理因素,使学生害怕上学、害怕学习,具有恐怖心理,故又称"恐学症"。

从心理学的角度来说,学校恐怖症也是恐怖症的一种,相当于恐怖症中的场所恐怖症。但学校恐怖症又与场所恐怖症不完全相同,因为导致学生对学校恐怖的原因是多样的。学校恐怖症有三个特征:害怕上学,甚至公开表示拒绝上学;发病期间,如果父母强迫患儿去上学,会使其焦虑加重,倘若父母同意暂时不去上学,焦虑马上缓解;焦虑的症状表现为心神不定、惶惶不安、全身出冷汗、心率加快、呼吸急促,甚至有呕吐、腹痛、尿频、便急等。

一般宝宝不想去幼儿园不能算是学校恐怖症。让宝宝克服这种心理情绪问题,首先,家长要在入园前就做好宝宝的准备:每天让宝宝到外面看看、走走、玩玩,尤其对依赖性比较强的宝宝,要创造与陌生人接触的机会,不要总待在家里。可以提前带宝宝去幼儿园参观,看园中的宝宝开心地玩耍,给他讲幼儿园中各种有趣的活动,还可以让熟悉的已经上幼儿园的邻居小朋友和他说说幼儿园中发生的有趣的事;其次,家长要坚持每天送幼儿园,送送停停反而不利于宝宝尽早适应幼儿园。

407 儿童也有强迫症

儿童在心理发展的过程中,可能会出现类似强迫症状或仪式样动作,如走路数格子,反复折叠自己的手绢,睡觉前一定要把鞋子放在某个地方等。这样的行为其实是一种儿童强迫症的表现,顾名思义就是以强迫观念和强迫动作为主要特征,伴有焦虑和适应困难的一种心理障碍。儿童强迫症由于特殊病因、临床表现、治疗和预后已经受到越来越多的关注,1/3～1/2 的成人强迫症症状出现在 15 岁以前甚至学龄前。这种带有一定规则或者被患儿赋予特殊含义的动作,往往呈阶段性,不像其他类型的儿童情绪障碍那样预后好,因病程迁延,仅有少部分患儿获得痊愈。

治疗儿童强迫症首先要树立信心,系统脱敏是有效治疗方法之一。对于有强迫症的儿童,父母要帮助他们自觉认识和克服自己的性格弱点,指导宝宝处理问题要当机立断,帮助他们出主意、想办法,克服遇事犹豫不决的弱点。家长要多方创造条件,让宝宝获得成功,帮助宝宝提高自信心。还要注意丰富宝宝的业余生活,分散宝宝的注意力,以减少他们不必要的疑虑。

408 如何防治宝宝抑郁

儿童抑郁症是起病于儿童或青少年期的

以情绪低落为主要表现的一类精神障碍。主要临床表现为情绪波动大,行为冲动,出现发脾气、离家出走、学习成绩下降和拒绝上学等。3～5 岁学龄前儿童主要表现特点为明显对游戏失去兴趣。防治儿童抑郁症需要多管齐下。

(1) 婴儿阶段就要做好预防工作:对婴儿敏感又能照顾周到的家长,能够让婴儿信任周围的环境,获得安全感,从而减少抑郁症的可能性。预防儿童抑郁症应当从婴儿期学会周到照顾宝宝。

(2) 发展儿童兴趣:兴趣就是宝宝能够从中获得乐趣的事物,兴趣的吸引力可以让人暂时忘记烦恼的事情,投身于兴趣活动,缓解压力。

(3) 提高儿童应对消极情绪的能力:低自尊的人比高自尊的人更容易陷入抑郁,这是因为他们在面对失败的时候有不同的策略。高自尊的人如果在智力得分上过低,他们会想到自己在社交能力上高人一等,低自尊的人只看自己的智力,思考自己为什么这么笨等,这样会使他们有更大的抑郁可能。父母应当教会宝宝如何调节不良的情绪,如何面对失败和挫折。

409 培养儿童注意力的方法及技巧

随着儿童年龄的增长,日常生活和学习对其注意力的维持有着更高的要求。部分家长发现儿童存在注意力缺陷和维持注意力困难,常常表现为儿童听讲和做作业都不能专心,很容易受环境影响;和他说话总是记不住,整天迷迷糊糊;总是不愿意做作业,经常会做到很晚,甚至无法完成当天的作业;特别粗心，经常丢三落四；没有监督就不能做作业，需要反复指导。

为了帮助儿童提高注意力和学业成绩，家长不惜花费高额的费用去报补习班、购买各类保健品等，花费了大量的时间和精力但效果并不显著。其实，掌握一些简单的训练注意力的方法或技巧，能够有效地帮助儿童提高注意力。

(1) 划消训练：划消训练可以在家中进行，划消用的材料多是简单的符号、字母或数字等。数字划消测验是最常见的，测验由阿拉伯数字组成，包括 5 个分测验，每个测验有不同的要求。儿童需要在短时间内按照要求划去某个数字，并记录儿童完成测验所需要的时间。划消训练能够锻炼儿童集中注意力，准确而迅速地在许多数字中找到并划掉指定的数字，有助于提高注意力的速度和精确度。

(2) 舒尔塔方格法：舒尔塔方格法有专门的教具，测试时，需要按照不同教具的要求，让儿童用手指按 1~25 的顺序依次指出数字所在的位置，同时读数字，家长需要在旁边记录一次测试完成所需要的时间。数完25 个数字所用的时间越短，说明儿童的注意力水平越高。在刚开始练习时，儿童完成训练所花时间可能较长，家长此时应多表扬和鼓励儿童，多加练习，切莫急躁。

(3) 合理安排学习时间：合理安排作业的内容和时间也有助于儿童提高注意力。在作业开始前应先规划和整理当天的全部作业，将作业分成一个个时间简短的作业单元，根据儿童能有效保持注意力的时间长短，来安排每个作业单元的时间，保证每段时间间隔要有休息和放松时间。这里所指的休息和放松时间是指儿童进行少量户外活动或喝水、吃些点心，切勿让儿童看电视或玩电子产品，否则会影响下一作业单元注意力的集中。刚开始做作业时最好完成一些比较需要动脑筋的作业，将重复性作业放到一天快结束的时候、比较累的时候来进行，有助于提高整个作业时间的注意力情况。

410 适合在家做的感觉统合小训练

人的感觉包括视觉、听觉、嗅觉、味觉、触觉，但还存在两个不被大家所知的感觉，分别是维持身体平衡的前庭觉和了解自己身体位置的本体觉。我们的大脑将身体器官接收到的外界感觉信息进行组织、整合，再根据环境作出适当的反应的过程就是感觉统合。

如果儿童存在感觉统合失调，就会出现很多问题，例如，听不出声音声源、经常被突如其来的噪音吓到(听觉统合失调)，害怕或极度喜欢荡秋千、时常不停跑跳或动作过度谨慎(前庭觉失调)，喜欢撞、跌等动作，或时常松垮无力(本体觉失调)，写字左右颠倒或阅读常越行(视觉统合失调)，排斥洗发、刷牙等清洁活动(触觉失调)。如果宝宝被诊断为感觉统合失调，家长不必紧张，这些居家小训练可以帮助宝宝逐步改善。

(1) 前庭失调：蹦床、羊角球、左右跳等跳跃性活动；荡秋千、骑木马等摇晃性活动；走独木桥、单脚站等平衡性活动。

(2) 本体失调：踩影子、拔河、攀爬、学动物走路等游戏；各种跑步、跳跃活动。

(3) 触觉失调：玩手指画、黏土、沙箱、豆袋、海洋球等游戏；做压抱按摩，穿紧身衣、重量背心。

(4) 视觉失调：仿画、连线、仿写等活动。

（5）听觉失调：锻炼宝宝听指令的能力；适量聆听生活中各种频率的声音。

411 如何早期识别脑瘫患儿

脑瘫是脑性瘫痪（CP）的简称，指出生前到生后1个月内由于各种原因所致的非进行性脑损伤，临床主要表现为中枢性运动障碍和姿势异常。这种病在发达国家发病率为1‰～4‰，我国约为2‰。作为一种儿科最常见的运动障碍性疾病，脑瘫发现得越早，通过干预实现功能修复的效果就越好。那如何早期识别脑瘫患儿呢？

首先要知道，虽然脑瘫的确切发病机制目前尚未完全阐明，但已经明确，脑瘫是多因素作用的结果，早产、新生儿窒息、缺血缺氧性脑病、高胆红素脑病、孕期感染等诸多因素都与脑瘫密切相关。如果宝宝在出生前后具有这些高危因素，家长就要密切关注宝宝出生后每个月的生长发育状况了。

脑瘫的早期表现可能并不典型，但在新生儿和婴儿早期，仍能观察到一些异常信号。在养育方面，患儿可能会不明原因的持续哭闹，也可能过分安静，哭声微弱；由于肌张力障碍，患儿可能因吸吮无力、吞咽困难导致口腔闭合困难以及流口水，哺喂困难和体重增加不良。在反应性方面，患儿可能表现得易激惹、易烦躁、对外界刺激敏感，或者过分安静，主动运动少。在视听觉方面，患儿对声音追听差，对玩具追视差。在运动方面，肌张力低下的患儿，可能自发运动减少，抱在手里有面团或面条样的下坠感，而肌张力高的患儿，可能会身体发硬，双手内收，双拳紧握、头颈后仰、经常"打挺"等。宝宝再大一些，常出现

大运动发育明显落后，动作僵硬且不协调的表现，例如3～4月龄俯卧位仍不能竖头或抬头不稳，10～12月龄扶站时常无法独坐、足尖着地或两腿过于挺直、交叉，无法行走、无法支撑站立，流口水仍然严重等。

上述异常表现是提醒家长要早期就诊的信号，但爸爸妈妈不应与自己的宝宝对号入座，自己判断宝宝是否存在发育障碍。脑瘫的诊断是个非常谨慎的过程，医生通常是采用神经运动评估工具和技术，并根据患儿日常生活能力、运动能力、语言发育、社交情绪状况等诸多表现来综合评分和判断的。当具有高危因素的宝宝出现令人担心的异常行为表现时，正确做法是尽早就诊，请医生来判断是否存在神经精神发育障碍。

412 脑瘫患儿有哪些常见的功能障碍

脑瘫患儿常常因不同病因致使不同类型的功能受损，表现为作业能力障碍、感知觉运动体验缺乏、日常生活活动能力障碍等。

（1）作业能力障碍：包括上肢功能障碍，不同分型有不同表现。痉挛性脑瘫常表现为肩关节内收、内旋，肘关节屈曲，前臂旋前，腕关节掌屈，拇指内收，手握拳，进行作业活动时，常表现为共同运动模式，无法自如地完成抓握活动；不随意运动型常表现为肌张力忽高忽低，上肢屈曲、旋前，稳定性差，拇指内收，手握拳。

（2）感知觉运动体验缺乏：脑瘫患儿因运动功能障碍的影响，缺乏与外界信息的沟通与反馈，不能像正常儿童一样，进行大量的走、看、听、摸和嗅，对周围环境和外界事物的了解少，故在视觉、听觉、触觉、嗅觉、空间、方

位、距离、注意力和记忆力等感知觉,以及进而影响的认知功能和感觉统合能力方面存在障碍。

(3) 社会能力缺乏:由于运动功能障碍,以及疾病影响所引起的过度照顾,脑瘫患儿缺乏参与他人活动的体验,故易以自我为中心,社会交往能力差。因运动功能障碍,在日常生活活动方面有所影响,具体表现在洗漱、进食、如厕、转移、洗澡、穿衣、使用工具以及游戏等时。

413 关注脑瘫患儿的心理特征

除了肢体和功能障碍外,脑瘫患儿也常常伴随一些心理障碍,需要关注并辅以心理支持。脑瘫患儿常见的心理特征包括以下几点。

(1) 认知障碍:主要表现在智力障碍、记忆障碍、注意力障碍等。轻、中度智力障碍通过训练可以掌握日常生活所需的社会交往及学习能力。重度智力障碍患儿会伴随严重的社会适应障碍、学习障碍。认知障碍的患儿学习能力差,新的康复治疗方法很难掌握,是康复进程中的主要障碍。

(2) 情绪障碍:康复是个漫长的过程,脑瘫患儿常因久居医院或康复机构,无法享受快乐童年,身体残障或受到歧视感觉自卑,与人相处时易紧张、焦虑、恐惧,甚至出现自暴自弃、消极愤怒甚至选择性缄默等。

(3) 行为异常:主要表现为固执、任性、多动、强迫行为、攻击行为甚至自我攻击。2～3岁的患儿多表现为社交退缩和破坏性,4～6岁多见违纪行为。

(4) 社交障碍:患儿因疾病不便,社交减少,严重者无法与人交流。家长因愧疚而过度关注照顾,或因为绝望而放任不管,对医生不信任及依从性差等,这些都会延误治疗及病情,给宝宝造成更大的躯体功能障碍,进而加重其心理负担,并形成恶性循环。

414 了解引导式教育疗法

引式教育疗法又名彼图(Peto)疗法,是由匈牙利的安德斯·彼图教授创建,是国际公认的治疗脑瘫的最有效的治疗方法之一。引导式教育主要体现在教育的概念上,就是通过教育的方式使脑瘫患儿的异常活动得以改善、控制或达到正常水平,以教育与康复医学相结合,以教育的概念体系进行康复治疗。

相对于脑瘫康复的其他治疗方式,引导式教育注重患儿人格的健全、认知的提高、日常生活的独立、情绪控制能力、人际交往能力等,其特点是将运动、语言、智力、感觉、情绪、性格、意志、日常生活技能和交际交往能力相结合进行全面的康复训练,并最大限度地调动和激发患儿的学习兴趣,鼓励和引导宝宝主动思考,利用环境设施、学习实践机会和小组课程诱发患儿的学习动力,以娱乐性和节律性意向激发患儿的兴趣和参与意识。

415 脑瘫患儿的常见治疗手段

对脑瘫患儿的治疗,常常是以家庭为中心,专科机构为主导的全面综合性治疗。常用治疗方案包括物理治疗、作业治疗、言语治疗等。

(1) 物理治疗:包括以功能训练和手法

治疗的运动疗法，以及应用各种物理因子进行治疗疾病的理疗。由物理治疗师遵循正常的运动发育顺序，进行抬头、翻身、坐、腹爬（腹部受力）、四爬（四肢受力）、高爬、站立、步行、步态训练和实用性的功能训练，循序渐进。

（2）作业治疗：是对身体、精神、发育有功能障碍或残疾以致不同程度丧失生活自理能力的患儿，选择一些有目的作业活动对其进行评定和治疗，提高其日常生活、学习的能力的一种康复治疗方法。具体训练是在作业治疗师的干预下，进行上肢的分离运动训练、手指的协调和灵活性训练、日常生活活动能力训练、情绪稳定和融入社会的训练，同时可根据患儿情况，进行相应辅助器具的配备和使用训练等。

（3）言语治疗：是对各类言语-语言障碍进行治疗或矫治，也是对于言语或语言问题进行康复训练的方法。脑瘫患儿的言语-语言障碍主要体现在语言发育迟缓和构音障碍。言语治疗包括训练和指导、手法介入、家庭训练等，由言语治疗师进行一对一训练，或团体训练。训练内容主要包括日常交流能力训练、进食训练、构音障碍训练、语言发育迟缓训练、利用语言交流辅助器具进行交流的能力训练等。

416 怎样护理瘫痪患儿

由于瘫痪，家长和宝宝都感到很痛苦，给家庭带来了许多困难。为了使患儿早日恢复，精心护理是非常重要的。

对患儿的心理护理不可忽视，根据年龄实施，善于疏导。对学龄前儿童采取多种形式增加其乐趣，如听音乐、讲故事，父母陪在身边做游戏，看绘本等，让宝宝心情快乐地生活。对学龄期儿童，要多讲英雄模范人物事迹给予鼓励，增加战胜疾病信心，使宝宝保持良好心理接受各种治疗和护理。

瘫痪的宝宝由于长期卧床，肢体缺乏活动，造成肢体血循环差，肢体长期不动或少动又会使肌肉逐渐萎缩。因此，促进患侧的血液循环和肢体功能的恢复是家中护理瘫痪患儿的关键。一般除保持床单平整、柔软、清洁外，要坚持多翻身，2~3小时应翻身一次，并对瘫痪的部位进行按摩，尤其是骨突出部位，

婴幼儿发育迟缓系列
手握拳紧 | 踮脚尖走 | 头控训练
更多精彩视频持续更新中……

自闭症的训练与干预
早期表现 | 危害 | 家庭干预
更多精彩视频持续更新中……

动作要轻柔,防止皮肤破损。关节处做被动的伸屈动作,根据其忍受程度逐渐增加活动的范围及活动次数。指关节瘫痪可用玩具引导患儿多次反复地进行某一个动作,使之逐步恢复功能。

预防感染,鼓励宝宝饮水,注意清洁外阴与肛门,保持清洁干燥,以预防泌尿系统感染;每次翻身即拍背一次,鼓励宝宝咳嗽,保持呼吸道通畅。冬天要注意保暖,预防肺部感染。此外,还应预防跌伤、烫伤和冻伤。对患儿的床要加用床栏;寒冬季节及时采取保暖措施,但不建议使用热水袋。遵照医嘱按时服药,根据需要到医院接受针灸、理疗、推拿等治疗。

🍄 常 见 传 染 病 🍄

❹❶❼ 了解传染性疾病的特点

各种传染病都有其特异的病原体,如肝炎由肝炎病毒引起,细菌性痢疾由痢疾杆菌引起。不同的病原体以不同方式排出体外,又通过一定的途径进入易感者体内,例如流行性腮腺炎通过咳嗽、喷嚏排出病毒,传染给他人,这就是传染病的传染性。

传染病具有流行性、季节性。传染病在人群中可以个别发生,也可以短期内出现很多同类疾病的患者,造成流行。每年不少传染病的发病率有一定季节性升高,如冬春季多流行呼吸道传染病;夏秋季因天热汗多、胃酸减少,胃液杀菌能力降低,气温升高,多吃生冷食物,有利细菌繁殖,易发生肠道传染病。

患传染病后有的可以得到持续免疫,极少再患第二次,如麻疹、伤寒;有的只有短暂免疫力,可以再次发病,如流行性感冒、菌痢等。

扫码观看 儿童健康小剧场

儿童常见传染病

❹❶❽ 传染病通过哪些途径传播

患者或动物体内的病原体会经过多种方式,侵犯易感的人群,其途径称为传播途径。常见的传播途径有空气、水、食物、昆虫和接触患者或病原体携带者等。

(1)空气传播:包括唾沫、灰尘。所有呼吸道传染病如麻疹、百日咳、猩红热、流行性感冒等，都可以通过空气、唾沫传播。当患儿咳嗽、打喷嚏时，鼻咽部可以喷出大量含有病原体的黏痰、唾沫微粒，悬浮于空气中，被易感人群吸入，即可造成传染。随地吐痰也是传播呼吸道传染病的重要因素，因为痰液干燥后与灰尘混合一起飞扬于空气中，人体吸入后也可发病。空气传播不需要与患者直接接触，因此比其他途径传播更容易造成流行。

（2）水的传播：水源受到病原体污染，通过饮用污染而又未经消毒处理的水传播疾病，例如菌痢、伤寒、甲型肝炎等肠道传染病，水是重要的传播途径。在城市内饮用自来水，饮水污染的机会很少，但如自来水管有裂缝，也可被污染。农村部分地区饮用河水或井水，由于管理不善，吃用不分，既用于洗马桶、衣物，又用于洗蔬菜瓜果等食物；有的宝宝吃生水，有的宝宝吃河水洗的瓜果等，就易得肠道传染病。因此，肠道传染病农村多于城市。

（3）接触传播：直接接触传播的疾病有狂犬病、脓疱疮等，如狂犬病是因被患病动物咬伤而得病。

（4）虫媒传播：通过昆虫传播的疾病，如蚊子传播的病有流行性乙型脑炎、疟疾等。

419 预防传染性疾病的三个关键

传染病在人群中的传播必须具备三个条件，即传染源、传播途径和易感人群，破坏其中任何一个环节，都能控制传染病的流行。

（1）控制传染源：首先要隔离患者，因为患者往往是重要的传染源。一般患者在疾病高峰阶段大量排细菌或病毒，但很多传染病在出现症状前已播散病原体，如流行性腮腺

炎，在腮腺肿大前6天已能排出有传染性的病毒。幼托机构必须加强每天上午的晨间检查，早期发现传染病，做到早诊断、早隔离、早治疗。病原体携带者也是重要但隐匿的传染源，如乙型肝炎病毒的携带者、菌痢的带菌者。这类宝宝本身可无任何症状，不易被人发现，但可将携带的细菌、病毒传染给其他宝宝。

（2）切断传染途径：冬春季节好发呼吸道传染病，应定时开窗通风，阳光中的紫外线是最好的消毒剂。婴幼儿应避免到人多拥挤的公共场所去玩，天冷时外出乘车要戴口罩。肠道传染病主要是"病从口入"，要切实做好饮食卫生、个人卫生，饭前便后洗手，玩具定期消毒等。

（3）保护易感人群：儿童是传染性疾病的易感人群，免疫功能各个阶段逐渐成熟。除了通过体育锻炼增强体质外，更重要的是按时预防接种。

420 5～8月高发的手足口病

手足口病是一种较为常见、多数轻微，但传染性颇高的丙类传染病，可由多种肠道病毒引起，5岁以内易患。全年均可发病，每年5～8月高发。大多数患儿症状轻微，以发热和手、足、口腔等部位的皮疹或厚壁疱疹为主要特征。少数患儿可能会出现中枢神经系统、呼吸系统损害，引发无菌性脑膜炎、脑炎、急性弛缓性麻痹、神经源性肺水肿和心肌炎等并发症，个别重症患儿病情进展快，甚至死亡。年龄较大的儿童和成人感染后大多数不会发病，但能够传播病毒。引起重症手足口病的主要肠道病毒为肠道病毒71型。

预防手足口病的关键

预防手足口病应当抓住传染性疾病传播的关键。流行期间不宜带儿童到人群聚集、空气流通较差的公共场所，注意保持家庭环境卫生，房间要常通风，衣被多晾晒；饭前便后、外出后用肥皂或洗手液给宝宝洗手，不进食生水或生冷食物，避免接触患病儿童；婴幼儿的奶瓶、奶嘴使用前后应充分清洗消毒；看护人接触儿童前、替幼童更换尿布、处理粪便后均要洗手，并妥善处理污物；托幼机构及小学等集体单位应采取适当的预防控制措施，在手足口病流行季节，教室和宿舍等公共场所要保持良好通风。儿童出现相关症状要及时到医疗机构就诊。

手足口病有一定的潜伏期，在潜伏期很多宝宝并不会发病，能够通过自身的免疫力抵抗过去。而有些宝宝开始多有发热表现，同时伴有头痛、咳嗽、流涕等症状，体温持续不退。体温越高，病程越长，病情也就越重。患儿在发热1～2天后可在口腔黏膜、唇、手掌、足底、臀部等处出现红色小丘疹，进而发展成为厚壁小水疱。口腔内小水疱破溃后容易造成病变部位的溃疡，患儿会有疼痛、哭闹的症状，并拒绝进食，流口水等。

在确定宝宝患了手足口病后尽量不要让宝宝接触其他小朋友，以免造成其他宝宝的感染，从而引起地区性流行，但家长也不要惊慌失措。父母要及时对患儿的衣物进行晾晒或消毒，对患儿的粪便及时消毒处理；轻症患儿不必住院，宜居家治疗、休息，以减少交叉感染。按照正确的方法给患儿进行护理，一般很快就能痊愈，而且不会造成其他伤害和后遗症。

421 热退出疹的幼儿急疹

幼儿急疹也叫婴儿玫瑰疹，是由病毒引起的一种急性传染病。临床上以突起发热，热退出疹为特点。幼儿急疹的潜伏期为7～17天，平均10天左右。起病急，发热39～40℃，高热早期可能伴有惊厥，患儿可有轻微流涕，咳嗽、眼睑浮肿、眼结膜炎表现。在发热期间有食欲较差、恶心、呕吐、腹泻或便秘等症状，咽部轻度充血，枕部、颈部及耳后淋巴结肿大，体温持续3～5天后骤退，热退时出现大小不一的淡红色斑疹或斑丘疹，压之褪色。皮疹初起于躯干，很快波及全身，腰部和臀部较多，在1～2天消退，无色素沉着或脱屑。肿大的淋巴结消退较晚，但无压痛。在病程中周围血白细胞数减少，淋巴细胞分类计数为70%～90%。

幼儿急疹为自限性疾病，无特殊治疗方法，主要是加强护理及对症治疗。注意卧床休息，居家隔离避免交叉感染，要多饮水，进食易消化食物，适当补充B族维生素、维生素C等。高热时物理降温，适当应用含有布洛芬、对乙酰氨基酚成分的婴幼儿退烧药，一旦出现惊厥给予苯巴比妥钠或水合氯醛，可适当补液支持。

422 发热伴出疹并不都是麻疹

宝宝发热同时伴皮疹的疾病不少，易被

家长误认为是麻疹的疾病有风疹和幼儿急疹。

麻疹是一种急性呼吸道传染病，多见于冬春季，得病年龄5岁以下居多。6个月以下婴儿有来自母体的抗体，故极少发病。麻疹于出疹前先有发热、咳嗽、流涕、流泪等类似表现，2～3天后绝大多数患儿的口腔黏膜出现特有的科氏斑，即在充血粗糙的颊黏膜上可见到针尖样白点，伴周围红晕。此后1～2天，患儿体温持续升高，首先是耳后、发际开始出疹，疹出热高是其特点，然后头面部、逐渐波及躯干，四肢。疹子出齐后患儿体温开始下降，疹子颜色由淡红变暗红，留下的色素斑1～2周后消退。

风疹发病季节、发病年龄、病初的症状和皮疹的形状均和麻疹极为相似。但风疹出现皮疹比麻疹早而快，常于发热第1、2天出疹，往往在1日内遍及全身。全身症状比麻疹轻，皮疹消退后没有色素沉着，耳朵后和头枕部常可摸到肿大的淋巴结。

幼儿急疹的发病季节也以冬春为多，但发病年龄较小，绝大多数是1岁以内的婴儿。发热可持续3～4天，可伴随呼吸道症状，或恶心、呕吐、腹泻等消化道症状。幼儿急疹的皮疹比麻疹小，热退出疹是其主要特点。

麻疹、风疹、幼儿急疹都是出疹性疾病，但特点不同，因此不能把发热伴出疹的疾病都视为麻疹。

常见出疹性疾病的鉴别

	麻疹	风疹	幼儿急疹	药物疹
发热天数	3～4天	1/2～1天	3～5天	
出疹前表现	发热、咳嗽、流涕，眼睛红而水汪汪	轻微发热，伴感冒症状	高热持续3～5天，偶有腹泻、呕吐	有服药史，一般服药后1～7天后发病
年龄	7月龄～5岁	5岁以内	6月龄～3岁	任何年龄
出疹与体温的关系	疹出热高，持续3～4天，疹出齐后热渐退	出疹快，一天疹子出齐，仅有低热或中度热	热退疹出	可以无发热，皮疹多为斑疹丘，分布不均
色素斑	留有色素斑，2周后始退	无色素斑	无色素斑	停药后消失
其他	面颊黏膜有科氏斑	枕后淋巴结肿大		本人或亲属有药物过敏史

423 出水痘了怎么护理才不会留下疤

水痘是由疱疹病毒引起的一种急性传染病，一年四季都可发病，尤以冬春季节较多。

6月龄到3岁的宝宝患此病最多，由于宝宝的抵抗力不同，发病也轻重不等。有的仅为低热，痘疹很少；但有少部分宝宝痘疹出得又多又密，做父母的非常担心会影响宝宝的皮肤。

水痘病毒的病变部位在表皮,出疹先红斑或丘疹,数小时后变为含有较透明液体的疱疹。疱疹大小不等呈椭圆形,周围有浅红晕,3~5天后疱疹干燥结痂,2~3周后痂盖全部脱落。由于皮肤损害较表浅,皮疹在脱痂后一般不留疤痕。但是,如果水痘疱疹被抓破或皮肤抵抗力差继发细菌感染后,水疱变成脓疱,红晕范围扩大,病变由表皮侵入下层真皮,脱痂延迟,痂脱后就会留下瘢痕。

为了让水痘不留下瘢痕,关键是保持皮肤和黏膜清洁,防止细菌感染。可用温开水洗脸和患处,保护水痘疱疹不破裂,使其自然干燥结痂。若疱疹已破,可涂1%~2%甲紫(龙胆紫)。要勤换内衣、裤和床单被套,换下的衣服应用开水泡,洗净后在日下曝晒。要经常把患儿双手洗净,剪短指甲,夜间将手套好,避免睡眠时抓破疱疹。皮疹瘙痒厉害时可口服抗过敏药,如盐酸西替利嗪、氯雷他定。若发热不退而疱疹已化脓,伴随有头痛,呕吐,精神状态不好,应去医院诊治。

424 丘疹样荨麻疹与水痘的区别

带有水疱的出疹性疾病有水痘、丘疹样荨麻疹、脓疱疮等。脓疱疮与水痘不易混淆,只有丘疹样荨麻疹与水痘很难区别。

两种疾病是截然不同的。丘疹样荨麻疹的风疹块损害消失快,留下的小丘疹及水疱持续时间又较长,有些幼托机构的老师或父母将此病误认为水痘,为了防止相互传染而将非水痘的患儿隔离两周以上。因此,对无发热而有疱疹的患儿,最好到儿科门诊确诊。

丘疹样荨麻疹与水痘的区别

	丘疹样荨麻疹	水痘
发病季节	夏秋	冬末春初
好发部位	腰部、臀部及四肢	头部、躯干、黏膜(口腔)
瘙痒感	明显,尤以夜间剧烈	不痒或微痒
皮肤损害	扁平风团(风疹块),中央小丘疹或水疱,质较硬不易破	斑疹,丘疹、水疱(壁薄易破),结痂,无风团
全身反应	无	发热、咳嗽
复发情况	反复发生	不复发(终身免疫)
传染性	无	强

425 患了"百日咳"真的要咳100天吗

百日咳是由百日咳嗜血杆菌通过飞沫传染的一种呼吸道急性传染病,主要特点为咳嗽的时间很长,一般持续5~6周,如不经适当治疗可延长至2~3个月,因此称之为百日咳,但并非都要咳100天不可。

百日咳初起时的症状很像感冒,仅为一般的咳嗽,偶有打喷嚏,轻度发热。1~2天后热退,感冒症状也逐渐消退,但咳嗽却越来越剧烈,一周后咳嗽从一声声转变为一阵阵。最严重的咳嗽是在痉咳期,咳嗽时面红耳赤,涕泪交替,头向前倾,舌向外伸,额上青筋怒张,眼睑浮肿,甚至咳得小便失禁。阵咳发作时可连续十几声到几十声,造成换气困难,并由于声门痉挛和狭窄的关系,在一阵剧咳后带来吸气的回声,很像鸡啼的尾声,民间也称之为"鸬鹚咳"。痉咳期的长短因病情轻重而不同，短的 1～2 周，长的可达 6 周或更长，正确的治疗可大大缩短痉咳期。当这种痉咳发作次数开始减少，说明患儿已进入恢复期，一般 2～3 周后可痊愈。

426 莫将流脑当感冒

流脑是流行性脑脊髓膜炎的简称，是由脑膜炎双球菌引起的呼吸道传染病，常见于冬春两季。因为发病初期仅表现轻微的发热、厌食、疲乏，和感冒相似，有时易被误诊为感冒。

随着病情的发展，流脑患儿会出现高热、寒战、呕吐、颈项强直（坐位时，头不能向前低下），甚至抽搐等症状。除发热外，还可发现躯干皮肤上有一些红色针尖样出血点，或紫红色米粒大瘀点或小片瘀斑，用手指压时瘀点不会退去，这是流脑的特殊表现。极少数病情严重的患者在短时间内全身皮肤或黏膜出现大量瘀斑，并融合成片，中央呈紫黑色坏死，还伴有急性循环衰竭，称沃-弗综合征，需紧急抢救。3 个月以内的婴儿起病时往往先出现抽搐，颈项强直不明显。因此，在冬春两季如果宝宝出现感冒症状，特别在发热后的 24 小时内，家长要提高警惕，反复、仔细检查宝宝的皮肤上有无出血点。即使发现几粒针尖样出血点，也要速送医院。

427 由蚊子传播的乙型脑炎

流行性乙型脑炎（简称乙脑）是由乙脑病毒引起，病毒侵袭神经系统，其传播依靠蚊子作为媒介。乙脑的病情各人表现不一，主要

取决于抵抗力。病情较轻的患儿体温多在 38～39 ℃，可有迷迷糊糊的嗜睡表现，不过推之能醒，神志清楚。发热多在一周内迅速好转，其他症状如头痛、恶心、呕吐也随之逐渐消失。病情较重的患儿体温常在 40 ℃ 以上，有频繁抽搐，发病 2～3 天后病情明显加重，有狂躁不安和昏迷，常可因高热、惊厥、脑水肿导致呼吸衰竭。因脑部症状严重，治疗后可留有后遗症，患儿表现为精神异常、痴呆、不会说话，并有手脚强直不能活动的痉挛性瘫痪等。

在乙脑流行的季节，如宝宝有高热，精神不好，特别有嗜睡的表现，要高度警惕患乙脑的可能。按规范接种疫苗，早诊断，早治疗可大大减少后遗症。

428 夏秋季脓血便，警惕菌痢的发生

细菌性痢疾即菌痢，是痢疾杆菌引起的传染性疾病，主要是通过手或被污染的餐具、食品等，进入消化道而感染致病。菌痢的症状因入侵细菌的种类不同、量的多少以及个人体质的差异而有轻重不等的表现。轻者常无发热或仅有低热，大便次数增加，混有脓血；重则突发高热，面色苍白，抽搐，四肢发冷，摸不到脉搏，甚至昏迷不醒。少数病例由于发病很急，肠道的病变还未形成，患儿不但没有腹泻，有时还会便秘。医生根据发病在夏秋季、有不洁饮食史和接触史、必要时用开塞露给患儿通大便，经化验后能明确诊断。

有的患儿虽经过治疗，但仍排黏液便或脓血便，这与抗生素滥用导致细菌产生抗药性有关，更主要是治疗不及时和不彻底。特别是同时有佝偻病或营养不良的患儿，因身

特别提醒

　　导致患儿排脓血便的不一定就是菌痢。沙门氏菌、大肠杆菌,空肠弯曲菌、葡萄球菌等细菌引起的肠炎患儿也可以排脓血便。凡是肠壁黏膜上有炎症改变时,在显微镜检查下大便都能见到红、白细胞。因此,大便性状改变及显微镜检查有红、白细胞是菌痢诊断的重要条件,但不是唯一条件。

体抵抗力原来就差,不彻底治疗更易形成肠黏膜溃疡。因此一定要遵照医生的嘱咐进行全程治疗。

429　血清丙氨酸转氨酶升高不一定是肝炎

　　血清丙氨酸转氨酶(ALT 或 SGPT)测定是肝功能检查中一项常用的方法。转氨酶增高表示肝细胞有炎症和坏死现象,在急性肝炎时更为明显,故有早期诊断价值。但是转氨酶试验对肝脏疾病的诊断是非特异性的,因为转氨酶不仅存在于肝脏,也存于心脏、肾、骨骼肌等处,当这些组织发生病变时(如心肌炎、肾盂肾炎),血中转氨酶也会增加。某些药物如阿司匹林、异烟肼、甲睾酮等损害肝细胞时,转氨酶也可升高。隐性黄色肝萎缩或肝大块坏死时,转氨酶活性反而下降。因此,转氨酶有轻度上升,往往不易区别是来自肝脏还是心脏等器官的病变,必须结合流行病的发病季节,食欲不振、倦怠、肝区隐痛等症状及血化验检查结果等综合分析,才能判断是否是肝炎。

430　五种不同类型肝炎的区分

　　由于分子生物学的进展,目前肝炎已确知至少存在有甲型、乙型、丙型(以前称非甲非乙型)、丁型和戊型五种。它们之间的区别何在?

　　(1) 病原和传染途径不同:甲、乙、丙、丁、戊五型肝炎分别由甲、乙、丙、丁、戊五型肝炎病毒引起。甲型肝炎(简称甲肝)主要通过被甲肝患者粪便污染的食品、饮水和密切接触患者传播,当水源被污染后常会引起此病的爆发流行。乙型肝炎(简称乙肝)传播的途径主要是输入被污染的血液及血制品,或母婴传播。丙型肝炎(简称丙肝)的传播途径中一种与甲肝相似,另一种与乙肝相似。丁型肝炎(简称丁肝)主要通过家庭密切接触,或在乙肝病毒携带者间传播,也可通过输血或血制品传播,极少母婴传播。戊型肝炎(简称戊肝)的传播途径与甲肝相似,爆发流行常是由水源污染所致,食物及日常生活接触也可传播。

　　(2) 症状与预后不同:甲肝以儿童患者较多,病情发展较快。临床症状以发热、黄疸、厌食油腻较多,潜伏期短,可造成流行。只要注意休息和营养,恢复比成人快,不会变成慢性肝炎。乙肝患者出现发热、黄疸较少,潜伏期长,病程也长,但不易造成流行。由于此型常无急性期症状,发现时往往已成为迁延型肝炎,转为慢性活动性肝炎、肝硬化者较多。丙肝的症状和预后与乙肝相似,但最终成为慢性肝炎的更多。丁肝常与乙肝双重感染,表面抗原(HBsAg)携带者感染丁肝病毒后常导致乙肝急性发作。双重感染更易发生慢性活动性肝炎或肝硬化。戊肝潜伏期平均为 40 天，临床症状与甲肝相似，但比其更重。感染者可表现为临床型或亚临床型，且无黄疸型较多，至今未见转为慢性肝炎。

（3）被动免疫方法不同：甲肝密切接触者可在接触两周内注射丙种球蛋白作被动免疫。但预防乙肝注射丙种球蛋白无效，而需注射乙型肝炎免疫球蛋白（HBIG）。目前国内很多地区已能给甲肝或乙肝易感者注射甲肝疫苗或乙肝疫苗进行预防，但尚无预防丙肝、丁肝与戊肝的特效措施。

431 新冠肺炎患儿有什么表现

新冠肺炎是指由新型冠状病毒感染引起的肺炎，以发热、干咳、乏力为主要表现，少数患者伴有鼻塞、流涕、咽痛、肌痛和腹泻等症状。重症患者多在发病一周后出现呼吸困难和/或低氧血症，严重者快速进展为急性呼吸窘迫综合征、脓毒症休克、难以纠正的代谢性酸中毒和出凝血功能障碍及多器官功能衰竭等。值得注意的是，重型、危重型患者病程中可为中低热，甚至无明显发热。

儿童病例症状相对较轻。部分儿童及新生儿病例症状可不典型，表现为呕吐、腹泻等消化道症状或仅表现为精神弱、呼吸急促。轻型患儿仅表现为低热、轻微乏力等，无肺炎表现。

从目前收治的病例情况看，多数新冠肺炎患者预后良好，少数患者病情危重。老年人和有慢性基础疾病者预后较差。患有新型冠状病毒肺炎的孕产妇临床过程与同龄患者相近。

432 传染病流行季节，保护宝宝有妙招

尽量少带宝宝出门，如需要外出，尽量去户外通风、空旷的场所，要为宝宝做好个人防护，避免去密闭空间和人流较密集的公共场所，例如室内游乐场、商场儿童玩具区等公共场所。在外出过程中要做好防护，包括正确佩戴口罩，尽量不接触公共设施设备表面等，接触后尽快做好手卫生，帮助宝宝保持手部清洁；家长可以随身携带含酒精的一次性消毒液；注意与其他人保持 1 米以上的距离；尽量缩短在外逗留时间；尽量不在公共场所吃喝东西或脱掉外套、手套等；不要用不洁净的手触摸或揉搓口、眼、鼻等部位。

外出回家后应脱去外衣并换鞋，然后第一件事就是认真洗手。普通肥皂或洗手液都可以，一定要用流动的清水冲洗，并且按照规范步骤洗手，仔细揉搓手上的每个部位。洗手完成后可以清洗面部，如果宝宝配合，可以清洗鼻腔和漱口。

家里要做到定期通风，一般每天要通风 2～3 次，每次 20～30 分钟。通风时别让宝宝待在房间里，可以逐个房间进行通风。宝宝的物品、玩具和餐具要定期消毒，和宝宝玩耍和抱宝宝之前一定要认真洗手。

用餐时要注意，不跟宝宝共用餐具；给宝宝喂食不要用嘴吹食物，也不要用嘴尝试食物再喂给宝宝，更不要用嘴咀嚼食物再喂给宝宝。保障宝宝的营养和睡眠，为宝宝安排丰富有趣的家庭游戏和锻炼，提高宝宝的身体抵抗力。

如果家长出现可疑症状（发热、咳嗽、咽痛、胸闷、呼吸困难、乏力、恶心呕吐、腹泻、结膜炎、肌肉酸痛等），应及时就医。

433 防控呼吸道传染病，父母应做好这10条

预防传染性疾病的个人防范原则包括：远离传染源（主要包括少外出、少聚集）、切断传播途径（勤洗手、戴口罩）、保护易感人群（合理饮食、科学运动、充足睡眠、接种疫苗），具体有以下措施。

（1）勤洗手并掌握正确的洗手方法：从公共场所返回后、接触公共物品后、咳嗽或打喷嚏用手捂之后、脱口罩后、饭前便后、接触脏物后等，都应当洗手。洗手时候应当使用流动的清水，将洗手液或肥皂均匀涂抹至整个手掌、手背、手指和指缝，将手部的每一个位置都清洗到，时间不少于 20 秒（大约是唱 2 遍生日快乐歌）。然后在流水下彻底冲净双手，最后用干净毛巾或纸巾擦干双手。没有流动清水时，可用容器倒水形成流水，用水不方便时，可暂时以含醇速干消毒液。但需要注意的是，免洗消毒液只在用水不方便时候使用，日常不能代替流水洗手。

（2）合理佩戴口罩：传染病流行期间，与人碰面、到公共场所、进入人员密集或密闭场所、乘坐公共交通工具等时，均建议戴口罩。对于一般公众（医务工作者或疫情相关工作人员除外），建议戴一次性医用口罩，不推荐使用纸口罩、活性炭口罩、棉纱口罩和海绵口罩。口罩应当正确佩戴，鼻夹朝上，外层深色面朝外（或褶皱朝下），上下拉开褶皱，将口罩覆盖口、鼻、下颌；将双手指尖沿着鼻梁金属条，由中间至两边，慢慢向内按压，直至紧贴鼻梁。佩戴好后，适当调整口罩，使口罩周围充分贴合面部。1 岁以下的婴儿不宜佩戴口罩，以被动防护为主。

（3）注意咳嗽礼仪：咳嗽、打喷嚏时要用胳膊肘遮挡或者用纸巾遮掩，千万不要用手捂口鼻，因为咳嗽、打喷嚏这个动作，会释放大量病毒。病毒污染手之后，如果不能及时洗手，手接触的地方也会被病毒污染，如门把手、电梯按钮、桌椅等物体表面。此时，如有人接触了这些被污染的部位，在没有及时洗手的情况下用手接触口、眼，病毒便通过污染的手传播。而用胳膊肘遮挡，病毒被喷在衣服上，不会污染其他物体表面。因此，特别强调要注意咳嗽礼仪。同时，不洗手不能接触自己的身体，尤其是口、眼、鼻等黏膜部位。

（4）尽量减少外出，避免聚餐和聚集：在呼吸道传染性疾病流行期间，公共场所人员流动量大，人员组成复杂，一旦有病毒携带者，很容易造成人与人之间的传播，尤其是人员密集、空气流动性差的公共场所，例如商场、餐厅、影院、网吧、车站、机场、码头、展览馆等。而聚餐的人群，相互之间都是密切接触者，咳嗽、打喷嚏产生的飞沫，可直接污染到整个聚餐人群，极易造成疾病传播。

（5）居家保持卫生：在家中也应当注意居家卫生，房间每日通风；不与宝宝共用餐具；家庭成员不共用毛巾，保持家居清洁；冲厕所马桶时应盖上马桶盖；常用物品定期消毒。

（6）合理饮食增强免疫力：不同月龄的儿童应遵循相应年龄的饮食原则。需要给 6 月龄以下的婴幼儿及时补充足量（每天 400～800 国际单位）的维生素 D（母乳喂养儿不需补钙）。因食物受限，宝妈不能获得足够维生素 A 和胡萝卜素时，建议给婴儿补充维生素 A，以确保其肠道和呼吸道的免疫能力。

6 月龄～2 周岁以前的婴幼儿除了继续给予母乳喂养外，应克服饮食习惯干扰，确保每日摄入适量的肉鱼蛋类食物。

（7）科学运动提高免疫力：学龄前儿童在全天内各种类型的身体活动时间应累计达到 180 分钟以上。其中，中等及以上强度的身体活动累计不少于 60 分钟；同时每天应进行至少 120 分钟的户外活动。学龄前儿童每天应尽量减少久坐行为，其中屏幕时间每天累计不超过 60 分钟，且越少越好。任何久坐行为每次持续时间均应限制在 60 分钟以内。

（8）充足睡眠保护免疫力：无论对儿童还是成人，充足的睡眠对免疫力都极为重要，尤其不可熬夜、晚睡。根据《0～5 岁儿童睡眠卫生指南》和美国睡眠医学会对儿童青少年的相关睡眠建议，各年龄段儿童的睡眠时间建议为 0～3 月龄每天 13～18 小时，4～11 月龄每天 12～16 小时，1～2 岁每天 11～14 小时，3～5 岁每天 10～13 小时，6～12 岁每天 9～12 小时，13～18 岁每天 8～10 小时。

（9）居家学习，保护视力：传染病防控期间，居家时间延长，宝宝常常通过电子产品来娱乐和打发时间，此外，也通过网络、电视等上课，其中需要注意用眼卫生。幼儿看书、看电视、平板电脑、手机等，可遵循"3010"法则，即每用眼 30～40 分钟，让眼睛休息 10 分钟。在宝宝学习的时候，应注意光线，如果自然光照充足，可不开灯。使用台灯时，灯光亮度要以眼睛直视时不刺眼为宜，同时房间大灯也应开着（不要用彩色光源）。休息模式可多样化，可远眺（看 6 米外事物）、进行室内运动、做家务等。

（10）教给宝宝健康防护的好习惯：让宝宝在家里养成良好的卫生习惯，有助于在学校里保持健康，更会让宝宝终身获益。平时要多提醒宝宝注意手卫生、咳嗽和喷嚏的礼仪等。减少接触交通工具的公共物品和部位，随时保持手卫生；不要用手揉眼睛、挖鼻，

或是边吃东西边写作业；在学校时，避免宝宝们一起拥抱玩耍或很近距离说话；吃饭时不互相交换食物；每天帮宝宝带足量的白开水并提醒宝宝喝等。

434 预防呼吸道传染病有哪些儿童护理误区

误区 1：给宝宝戴两层口罩。

就医用口罩而言，只要正确佩戴合格产品，一个就能达到预期的防护效果，多个叠戴不增加防护效果。口罩防护的关键指标还应当注意佩戴时候的气密性，如果没有按照正确方法佩戴，就好比是门关不严，再厚的门也不防盗。要注意戴口罩前洗手；手不要触摸口罩面；佩戴过程中口罩变得潮湿请更换；取下口罩后立即将其丢进垃圾桶并洗手。

误区 2：宝宝在家不能开窗通风。

建议每天至少两次开窗通风，每次≥15 分钟，是降低感染风险的有效措施。

误区 3：吃大蒜、喝板蓝根、熏醋等有助于预防感染。

大蒜是一种健康食品，可能有一些抗菌特性。板蓝根适用于风热感冒等热性疾病的治疗。食醋中醋酸含量低，熏醋起不到对病毒的消杀作用。

误区 4：给宝宝买的果蔬、肉类，怕被病毒污染，多放放再吃。

病毒通过飞沫、直接接触等方式污染果蔬、肉类的概率很低。果蔬、肉类买回家后先用流水清洗，无需放置很久再吃，暂时不食用的肉类应冷藏、冷冻，以免放置过久而变质。吃水果尽量削皮，处理生食和熟食的切菜板及刀具要分开，且食物尽量煮熟后食用。

误区5：所有的光滑表面要勤消毒，因为病毒在这种地方存活时间长。

病毒在一些阴暗、潮湿的地方存活时间更长，而在干净光滑的表面，微生物不容易存活。电梯按钮、门把手风险比较高，是因为这些地方被频繁接触，交叉感染的风险大，勤消毒、勤洗手、用面巾纸隔开按钮即可。其他光滑表面不必频繁消毒。

误区6：为了宝宝的健康，时时处处消毒才安全。

消毒对于阻断间接传播非常重要，但消毒一定要适度，应保证不对身体带来危害，不对环境带来长期污染风险。不建议对人体大量喷洒消毒剂，因为可能使消毒剂经过呼吸道和皮肤吸收，存在健康风险。一般做好手卫生即可；对物品消毒，能用物理方法（如高温消毒）就不用化学消毒剂。

误区7：宝宝外出后，外套用酒精喷洒消毒才行。

日常外套，回家后挂门口，和家里穿的衣服分开即可，不必每天进行消毒处理。病毒通过污染衣物来感染人的概率很低。75%的酒精属于甲类易燃物品，燃点低，喷洒在衣服上如遇明火、静电、高温等可能起火，应采取擦拭法并避免洒漏。如感到外套可能被污染（如接触了有疑似症状的人），这种情况需对外套进行物理消毒，物理消毒不行再选用化学消毒。

误区8：宝宝的口罩用酒精消毒、微波炉加热消毒后可再用。

喷洒消毒剂包括医用酒精，会使口罩防护效率降低，微波炉、电烤箱等加热口罩会破坏口罩内部结构，降低防护效率。在确保口罩清洁、结构完整，尤其是内层不受污染的情况下，口罩可以重复使用，使用后放在洁净、干燥、通风的地方晾着即可。

心胸外科

435 漏斗胸和鸡胸能手术矫正吗

漏斗胸是常见的胸壁畸形,可根据漏斗胸对宝宝心肺压迫情况、宝宝有无心理障碍等来决定进行保守观察或手术治疗。对于轻微漏斗胸,观察就可以,有的可以自愈。严重压迫心肺的需要手术治疗,矫正胸壁畸形,解除对心肺的压迫,改善心脏和肺功能,预防漏斗胸进一步发展,解除宝宝的心理障碍。

手术可采用微创胸腔镜下矫治术,首先在胸壁上开一个小孔,再在小孔里放入一个摄像头,摄像头的图像在大屏幕上显示,根据图像指引,在胸壁小孔里放入一根胸骨矫形器,重塑胸廓外观。微创手术具有出血少,疼痛轻,术后恢复快,不会留下明显疤痕的优点。漏斗胸手术治疗年龄一般在3岁以后,术后2~3年取出钢板。

鸡胸一般被认为是后天性畸形,一般采取保守观察,定期到胸外科门诊随访。严重至影响美观,对心肺产生严重挤压,宝宝出现心理障碍才考虑手术。手术采用微创鸡胸矫正术,手术矫正方向与漏斗胸相反。手术治疗年龄一般是青春期以后,术后2~3年取出钢板。

436 先天性膈疝是怎么回事

正常的胸腔和腹腔由膈肌分开,两个腔互不相通。胸腔内主要有心脏和肺脏,给人体供血及供氧。腹腔里主要是消化器官,帮助将食物消化,提供人体所需营养。胎儿在子宫里若出现膈肌长不完整,可致单侧或双侧膈肌有孔,部分腹部器官通过缺损的孔进入胸腔,医学上称为新生儿先天性膈疝。它分为胸腹裂孔疝、食管裂孔疝和先天性胸骨后疝三种。

胸腹裂孔疝占85%~90%,其中左侧占80%,右侧占15%,少于5%是双侧性。胸骨后疝比较少见。因胸腹裂孔的存在,肠道组织可经胸腹裂孔进入胸腔,甚至缺损大,连胃、脾、结肠、部分肝脏等一同带入到胸腔内。胸腔里空间变小后导致肺发育不良,严重程度与腹腔器官进入胸腔时间和程度有关。严重者肺发育停滞,肺泡总量减少,肺动脉分支总数量亦减少,肺小动脉肌层增厚,阻力增加,造成新生儿持续肺动脉高压。出生后有明显缺氧、呼吸困难,需早期手术。

437 出生后就呼吸困难警惕先天性肺囊性疾病

先天性肺囊性疾病按其胚胎发育畸形的来源和病理特点分为四种类型,包括支气管源性囊肿、肺隔离症、先天性肺囊性腺瘤样畸形和大叶性肺气肿。除大叶性肺气肿外,其他都属于气管支气管树先天异常,称为支气管肺前肠发育畸形。小儿大叶性肺气肿可为各种后天性疾病引起,但大多数都有其先天原因。先天性肺囊性疾病根据不同类型,有不同症状。

(1)支气管源性囊肿:该病 2/3 的患儿有临床症状,因囊肿的部位不同可出现咳嗽、呼吸困难和反复肺部感染。1/3 的患儿无症状,胸部 X 线检查时偶然发现。

(2)肺隔离症:有叶内型和叶外型两种。叶内型隔离肺周围被正常的肺组织包绕,大部分宝宝出生后没有症状,因反复发生咳嗽发热症状,在医院检查时发现。部分宝宝出生后就呼吸困难,需气管插管,须早期手术。

(3)先天性大叶性气肿:主要症状为呼吸困难,刚出生就有症状的宝宝须急诊手术治疗。

438 产检发现肺囊性腺瘤,能在胎儿期治疗吗

肺囊性腺瘤样畸形是胚胎发育过程中,肺芽分支发育畸形,远端逐渐形成盲囊,囊内细胞分泌的黏液不能排除积聚膨胀形成囊泡。随着病情的发展,囊泡增多,形成一片"腺瘤样"畸形。这种疾病在以前不被大家重视,近年国家优生优育的措施普及,胎儿超声医学广泛应用后报告较多。部分宝宝在产前B超检查可初步诊断,生后出现呼吸系统症状;部分宝宝产前B超没有发现,因发热或者肺炎时做胸部 X 线片检查时发现,经胸部 CT检查确定诊断。

胎儿肺囊性疾病中,只有肺囊性腺瘤样畸形在胎儿期间可早期治疗。其中大囊肿型可引起胎儿水肿或胸腔积液,死亡率较高,如于产前明确诊断,现在大部分医生认为应该施行宫内胎儿外科治疗。一种方法是经子宫穿刺囊肿,抽吸囊内气液体;但囊肿复胀较快,需重复穿刺,易造成感染。另一种方法为向囊肿内置入一导管,将囊内气液体引流入羊水中;其缺点是导管易移位或堵塞。

439 先天性肺囊性疾病的胎儿出生后怎么治疗

先天性肺囊性疾病出生后应当及时治疗,因为宝宝存在反复感染的可能,感染后病变肺组织与正常肺组织融合增加手术难度和手术风险,肺囊性腺瘤样畸形还有癌变的风险。

出生后有症状的宝宝均应尽早手术。对于没有症状的宝宝应在 6 月龄左右手术治疗,大于 6 个月的宝宝自愈的可能性极低。

先天性肺囊性疾病根据病变性质采用不同手术方案,实质性病变者可行局部切除,肺叶或肺段切除,特别严重的累及多叶,需一侧

肺全切除。现手术采用胸腔镜下微创手术切除病变的治疗方式，术后与正常宝宝无明显差别。微创手术与开胸手术相比，术后恢复更快，住院时间短，切口更美观。

440 为什么宝宝纵隔肿瘤恶变概率高

纵隔这个名称对大多数家长来说是比较陌生的，它不是器官，而是一个医学上的解剖区域。纵隔位于双侧胸腔之间，胸骨之后、脊柱前面，上为颈部入口，下达膈肌。纵隔内有心脏、出入心脏的大血管及食管、气管、胸腺、神经及淋巴组织等，是重要生命器官的所在地。

纵隔里的组织器官多，因而可发生多种多样的肿瘤，即使肿瘤很小也可能引起循环、呼吸、消化和神经系统的功能障碍。

小儿纵隔肿瘤的发病率较成人低，但癌变机会多。约有2/3的宝宝早期有咳嗽、低热、呼吸困难等症状，这和宝宝胸腔容量小有关。有些宝宝是在胸部X线检查是偶然发现，如果是恶性肿瘤则多有贫血和消瘦现象。发现上述症状应及早就医，医生可根据胸部X线片确定肿瘤所在纵隔区域来推测肿瘤的性质，如前上纵隔以胸腺瘤多见，后纵隔多为神经源性肿瘤，淋巴瘤位于中纵隔。通过超声检查也能得知肿瘤的性质是实质性或囊性等，CT对于肿瘤的定性、定位更有帮助。

纵隔肿瘤的治疗以尽早手术切除为宜，恶性者还需用放疗和化疗。在医疗实践中，常遇到由于家长的犹豫，误了治疗的时机，以致肿瘤很快侵入重要脏器或者转为恶性，失去了手术机会，值得引以为戒。

441 先心病最佳手术时间是什么时候

先天性心脏病如果不经任何治疗，到1岁时死亡率为50%，到两岁时有2/3会死亡。心脏畸形越复杂，病情越重，死亡率越高，死亡越早。先天性心脏病宝宝最佳治疗时机应视病情和具体的情况决定。

婴幼儿期病情进展快，如室间隔缺损、动脉导管未闭等左向右分流的宝宝，易并发肺动脉高压。发展到轻到中度肺动脉高压时，尚可争取手术治疗，但当发展到重度肺动脉高压时，就不能进行手术治疗了。婴儿期往往伴有反复肺部感染及心力衰竭，且伴重度肺动脉高压，单纯药物治疗难以控制，因此应及早完成手术。但是2岁以内的中小室间隔缺损患儿，如果临床无症状，心电图影响不大，生长发育正常，可等到2岁以后再决定是否手术。法洛四联症手术治疗最佳年龄为6月龄以后，但如出现缺氧发作，便无年龄限制；青紫特别严重、肺动脉条件极差者，可考虑先做分期手术，再择期完成根治手术。

442 心脏手术时必须让心跳停止吗

正常人的心脏，从出生到死亡始终在不知疲倦地跳动着。靠心脏的收缩把静脉血输送到肺部进行氧气交换，再将动脉血运送到全身。心脏一旦停止跳动，生命即告终止。如果要打开心脏在直视下进行各种手术，必须让心脏停止跳动，在内部无血的情况下才能操作。解决手术时维持生命的方法就是用人工心肺机暂时代替心肺功能。人工心肺机由人工心脏血泵和氧合器两部分组成，前者替代心室搏出功能,后者替代肺组织的氧气交换。

手术医生把胸腔打开后,在心脏里插入导管,然后将宝宝的静脉血引入机器,在其内氧合成为动脉血,再由人工心肺机输回人体,这就是体外循环。在体外循环进行期间,需要阻断心脏的血液循环,这样心肌缺乏血和氧的供应,会造成心肌的严重损害,影响手术后心脏的复跳。因此,在手术中还必须用一种制冷的心肌保护液,注射入心脏的血管,采取这种办法使手术完毕后的心脏能自动恢复跳动。进行体外循环可使宝宝的肺和心脏在一定的时间内停止工作,手术医师可以不受严格时间的限制,甚至长达两个小时以上,从容不迫地做复杂的修补手术。

近年来,随着我国小儿心脏外科的发展,大多数先天性的心脏畸形可以在体外循环下进行矫治,治愈率越来越高。

443 先心病宝宝家庭护理注意事项

经手术治疗的先天性心脏病(先心病)宝宝,术后3个月内要加强护理。注意饮食营养,保暖,防止着凉,安慰和鼓励宝宝,同时注意宝宝的睡眠、休息,使其顺利度过术后的恢复期。

尽量让宝宝保持安静,不哭闹,避免宝宝情绪激动,减少不必要的刺激。年龄大些的宝宝生活要有规律,动静结合,严格禁止跑跳和剧烈运动,以免加重心脏负担。

心功能不全的宝宝往往出汗较多,需保持皮肤清洁,夏天勤洗澡,冬天用热毛巾擦身,勤换衣裤。多喂水,以保证足够的水分。

宝宝宜少食多餐,需保证足够的蛋白质和维生素的摄入,给予的饮食尽可能多样化,易消化。先心病患儿喂养比较困难,吸奶时往往易气促乏力而停止吮吸,且易呕吐和大量出汗,故喂奶时可用滴管滴入,以减轻宝宝体力消耗。保持大便通畅。若大便干燥、排便困难时,用力过大会增加腹压,加重心脏的负担,甚至会产生严重后果。如患儿2~3天无大便,可用开塞露通便。

居室内保持空气流通,宝宝尽量避免在人多拥挤的公共场所逗留。先心病患儿体质弱,易感染疾病,尤以呼吸道疾病为多见,故应仔细护理,随着季节的变换,及时增减衣服。如家庭成员中有上呼吸道感染时,应采取隔离措施,一旦宝宝出现感染时,应积极控制感染。

定期去医院门诊随访,严格遵照医嘱服药,尤其是强心药、利尿药,由于其药理特性,必须绝对控制剂量,按时、按疗程服用,以确保疗效。

444 心包炎的手术治疗效果如何

心包为包裹于心脏和大血管根部的囊膜,心包膜间存在潜在的腔,叫心包腔,里面有30~50毫升浆液起润滑作用,以减少心脏搏动时的摩擦。如果心包腔发生细菌感染,就形成了心包炎。

急性心包炎可产生大量的脓液,当脓液积聚在密封的心包腔内,可压迫心脏,影响心脏搏动。这种情况医学上称为"心包填塞",宝宝可出现高热、呼吸困难、发绀、尿少和浮肿等。由于心包里积液很多,因此心音很轻,测量血压时,收缩压下降,舒张压升高,脉压差减小，X线检查发现心影明显扩大，如烧瓶状。遇到这种情况，应紧急处理。先用心包穿刺法排除脓液，如病情恶化，可作心包切开引流，在心包内放入引流管，以达到持续排脓的目的。虽然手术排脓很重要，但也应配合其他内科疗法。

慢性缩窄性心包炎多为结核菌引起，也有因急性心包炎治疗不及时或不彻底，病情转变为慢性。因慢性炎症使心包粘连、变硬，心包腔闭塞，形成一个硬壳，包在心脏上限制了心脏的跳动，使心脏搏出血量大大降低。这样导致全身各器官和组织长期缺氧，宝宝出现紫绀、腹水、呼吸困难等症状。有效的治疗是做心包剥脱手术，将部分增厚的心包切除，解除心脏的压迫和束缚。尽早手术，宝宝大多能恢复健康。

🍄 腹部外科 🍄

445 儿童吞食异物后的处理

随着宝宝年龄增大，活动范围也随之增大，吞食异物的风险增加，给宝宝的玩具需仔细检查，确保不会脱落小配件。不要给宝宝坚硬、表面光滑的食物，他们常常把食物整个吞下去；不要给宝宝口香糖；吃饭时家长要监督，不要边玩边吃。吞食电池、磁铁、尖锐异物及腐蚀性液体（消毒液、清洗剂等），可能导致灾难性后果。

如果发现宝宝已经或可能吞食异物怎么办呢？如果异物进入气道，可能会导致窒息，表现为持续咳嗽、大口喘气、喘息、流口水、吞咽及呼吸困难，需紧急处理。出现窒息时请务必抓紧时间采取以下急救方式：如为婴儿，马上把宝宝抱起来，一只手捏住宝宝颧骨两侧，手臂贴着宝宝的前胸，另一只手托住宝宝后颈部，让其脸朝下，趴在救护人膝盖上。在宝宝背上拍数次，并观察宝宝是否将异物吐出；如为大于1岁的儿童，可采取海姆立克法，站在宝宝身后，用胳膊围着他的腰。将一只手握成拳头，用拇指抵住宝宝上腹部，另一只手抓住这只拳头，急速用力向里向上按压；反复数次，直至吐出阻塞物为止。（详见第673条）

如果异物进入消化道，需根据患儿表现及吞食异物情况，采取相应处理措施。如吞食异物后无痛苦表情，且吞食的异物不是尖锐物品、腐蚀性液体及电池、磁铁等，不必过于惊慌，可密切观察，期待自行经大便排出。如为尖锐异物，需及时就医，急诊内镜下取出；电池等可能导致腐蚀性损伤的异物，一旦确诊需急诊内镜下取出；如分次吞食多枚磁铁，磁铁之间会相互吸引，导致肠梗阻或肠穿孔，需急诊手术处理。

446 哪些呕吐可能需要手术

呕吐是新生儿和儿童常见的症状之一，

除了生理性因素、精神因素、中毒和小儿内科疾病外，也有较多小儿外科疾病可以导致呕吐。如果宝宝出现了呕吐，需要回顾一下呕吐前有没有进食，进食的种类和数量，进食后多长时间开始出现呕吐，呕吐的次数和间隔时间，呕吐物是什么样的（呕吐物颜色，有无血液或胆汁等），除呕吐外有无其他症状如腹痛、腹胀、发热、食欲下降、体重减轻等。

在新生儿期即出现呕吐的主要原因为消化系统的先天性畸形，比如食管闭锁、肥厚性幽门狭窄、肠闭锁或肠狭窄、胎粪性腹膜炎、肠旋转不良、先天性肛门直肠畸形、先天性巨结肠等。

在婴幼儿期出现呕吐的常见外科疾病为肠套叠、腹股沟斜疝伴或不伴嵌顿、各种原因导致的肠梗阻、胃食管反流、食管裂孔疝等。

学龄期儿童和青少年出现呕吐，如同时伴有腹痛、发热，常常为阑尾炎的症状；如患儿饮食不规律，既往有幽门螺杆菌感染病史，同时伴有上腹部不适或疼痛，需考虑胃溃疡或十二指肠溃疡可能；如为女孩，并伴有突然出现的下腹部疼痛，需考虑卵巢或附件扭转可能；如同时伴有尿血，并且腰部疼痛剧烈，需考虑尿路结石可能。

除以上疾病外，部分患儿因腹腔巨大肿瘤或巨大囊肿（如神经母细胞瘤、胆总管囊肿、淋巴管瘤、肾积水）压迫，也可以出现呕吐的临床表现。还有部分患儿因头部外伤、脑肿瘤、颅内出血等病因，出现呕吐的症状，需引起重视。

447 宝宝黄疸可能有哪些外科疾病

正常宝宝的黄疸是在出生2～3天以后出现，多在生后7～10天消退。除了生理性黄疸，还有病理性黄疸，引起黄疸的外科性疾病常见的有胆道闭锁及胆总管囊肿这两类胆道疾病。

胆道闭锁是新生儿期少见且严重的黄疸性疾病，主要是因为宝宝正常管状胆管结构由于某些病因变为实心组织，导致胆汁无法排出而皮肤黄染、肝脏损伤及纤维化、硬化。如不及时手术治疗，患儿常常在2岁之前死亡。胆道闭锁的病因迄今尚无定论，孕期检查无法明确胎儿是否患有胆道闭锁，因此，目前推荐的处理原则是早发现、早处理。一旦宝宝出现"黄疸、白陶土色便、茶色尿及肚子大"等典型胆道闭锁的表现，需及时到专科医生处就诊。

目前治疗胆道闭锁的首选方法是葛西手术，手术通过切除肝门部纤维块，通过空肠重建胆道，胆汁有可能顺利排出，小部分患儿能够成功退黄，得以靠自身肝脏存活。但葛西手术的时机很重要，胆道闭锁晚期的患儿，或葛西术后出现肝硬化的一系列表现，如肝功能异常、生长发育落后、消化道出血等，仍需进行肝移植手术治疗。

胆总管囊肿，顾名思义就是肝外管道样的胆管变成囊样扩张的一类先天性胆道畸形，又叫胆管扩张症。虽然胆总管囊肿的具体发病原因不明，但是不同于胆道闭锁宝宝的胆管纤细闭锁，胆总管扩张的宝宝胆管形成囊肿，那么最早在胎儿15～20周就可以借助孕期B超检查发现它。目前对于胆总管囊肿只有手术才能根治，手术方式有传统的开腹行囊肿切除、胆道重建术和完全腹腔镜囊肿切除、胆道重建术（即微创手术）。微创手术具有解剖精细准确、手术创伤小、出血量少、术后恢复快、并发症极少、伤口隐蔽美观的优势。而且，胆总管囊肿的手术技术非常成熟、效果理想，术后可完全康复。

如果宝宝无症状，一般情况良好，可于生后2~3个月行微创手术治疗。若宝宝有频发腹痛、黄疸、大便颜色变浅、肝功能损害等，应该尽早手术。晚治疗可能会出现反复腹痛、胰腺炎、胆囊炎、胆石症、黄疸、不可逆性肝功能损害，囊肿逐渐增大可破裂穿孔引起胆汁性腹膜炎，严重时危及生命，少数患者甚至发生癌变。

448 宝宝经常便血是因为哪些外科疾病

便血在儿童时期并不少见，不同年龄的常见原因也不一样，需要结合宝宝的主要症状，伴随症状，以及既往病史，甚至家族史来综合判断。儿童便血颜色一般为鲜红、粉红、暗红或黑色大便，还有部分儿童大便颜色正常，而大便化验时查出大便带血，儿童便血常可不伴其他症状。

若发现大便有上述颜色异常，应及时就医。就医前应确定吃的食物与大便颜色之间有无关系，比如红色食物（西瓜、西红柿、火龙果等）、含铁剂制品等。同时要明确发现便血的时间，出血的颜色、快慢、出血量，便前出血还是便后出血，是否有黏液、脓液，是否与粪便相混杂，有无腹痛、肛周疼痛等。就诊时还需提供既往病史，如口腔、鼻咽、支气管和肺等疾病，排除因这些部位出血被儿童咽下后所引起的黑便。常见的便血原因有以下几种。

（1）肛裂：是指肛门皮肤、肌肉的撕裂伤，多见于两岁左右的婴幼儿。引起肛裂的原因包括先天性肛门狭窄、干硬大便撕裂肛门及肛门皮肤损伤或感染。便血特点为肛门有点滴鲜血，同时伴有大便干硬，排便痛。当宝宝解大便时就会哭闹不安，病程时间较长者会形成便秘、肛周皮赘（息肉）。如有肛裂，应保持肛门清洁，温水坐浴，涂擦药膏促进裂口愈合。

（2）直肠息肉：是儿童便血的常见原因，以幼年性息肉多见，多见于3~6岁儿童。息肉生长在肠壁黏膜层，为一个带蒂的肉疙瘩，位置低的息肉，排便时可脱出肛门，犹如一个红色"肉球"。便血特点为长期排便终末时出现鲜血，量少，不与粪便混杂，一般无其他伴随症状。结肠、直肠炎所引起的便血，多有腹痛、腹泻、黏液血便等。结肠镜检查是儿童便血的首选检查方法，结肠镜可检查全部大肠，病因检出率非常高，可采用较安全的肠镜下息肉摘除术。

（3）梅克尔憩室：是一种先天性肠道畸形，是小儿外科常见病、多发病，系先天性卵黄管退化不全所致。该病便血量大，大便呈暗红色，无痛性，可反复发作，出现贫血症状，需输血，严重者可有休克表现。由于憩室内壁有异位黏膜组织，容易引起小肠梗阻、急性消化道出血、急性憩室炎等并发症，因此不论有无临床症状，一旦发现均应手术切除。随着微创技术的发展，其治疗可通过腹腔镜来完成。

另外，还有其他少见的外科疾病也可引起便血，如消化道血管瘤及其他肠道肿瘤、结直肠的先天性血管畸形、胃十二指肠溃疡等。除了上述常见胃肠道局部的疾病外，其他全身性疾病同样可以引起便血，如血小板减少性紫癜、过敏性紫癜、再生障碍性贫血、白血病、血友病、鼻衄（吞咽后）、肠结核等均可出现便血。

449 宝宝急性便血的常见原因

(1) 肠套叠：是婴儿时期最常见的急腹症之一，起病急，进展快，易被误诊以致肠坏死，甚至导致死亡，应及早就诊。发病多为2岁以下婴幼儿，尤其是4～10月龄，添加辅食期间的婴儿。便血特点为果酱样（草莓酱）大便，腹部可触及一个腊肠样肿块。当宝宝出现呕吐、阵发性哭闹或便血时，应高度警惕肠套叠可能。肠套叠复位可采用空气灌肠，整复率较高；若失败，可行腹腔镜手术，其具有切口小、创伤小、康复快等优点，更易被接受。

(2) 肠扭转：即肠管扭结、肠腔闭塞梗阻。本病多呈急性肠梗阻表现，严重者肠管缺血坏死、出血甚至死亡。主要表现为腹痛、呕吐、腹胀，停止排便、排气。由于肠管扭转，致肠壁充血水肿，部分血液混杂梗阻以下残存粪便排出体外，类似与其他疾病的便血。本病死亡率较高，故一经诊断应立即手术，解除梗阻，恢复肠管血循环。

(3) 急性坏死性出血性肠炎：是一种肠管的急性出血坏死性炎症，病变主要在空肠或回肠，也可在结肠。此病常发于夏秋季，可有不洁饮食史。发病急骤，表现为急性腹痛，多由脐周或上中腹开始，疼痛为阵发性绞痛或持续性疼痛伴有阵发性加剧，血便以赤豆汤或洗肉水样，有腥臭味，如不及时治疗可出现休克，危及生命。

450 哪些宝宝易发生肛周脓肿

肛周脓肿指肛门周围软组织或周围间隙的脓肿，以新生儿期及婴儿期最多见。有些新生儿大便次数多而稀，少数宝宝由于免疫功能紊乱引起腹泻及肠道溃疡，以及肛门局部结构的特点引起的肛门腺窝及肛门腺炎，这些原因都会造成肛周脓肿。婴儿皮肤娇嫩，又经常接触大小便，若采用材质较为粗糙的尿布，摩擦后也会引起肛周脓肿。

肛周脓肿的常见症状是排便时哭吵，同时可伴有发热及胃纳变差。检查肛门可见一侧有红肿硬结和压痛，一旦化脓可自行溃破，脓液自皮肤小孔流出。有时脓肿还会穿破直肠、阴道、大阴唇和会阴等处，进而形成经久不愈的瘘管。治疗方面除有发热或血液白细胞增高需应用抗生素外，脓肿成熟后要及早切开引流，纱条或者纱线填塞伤口，需每日给伤口清洁换药。每次排便后需用相应外用药坐浴（高锰酸钾、氯己定溶液、呋喃西林等）。2～3周后可自行痊愈，但较易形成肛瘘。

451 肛瘘会"自己长好"吗

肛瘘多见于男孩，大多发生在肛周脓肿引流以后，因肛门直肠内容物仍不断进入脓腔中，影响脓腔愈合，随后形成慢性瘘管。而女孩在新生儿期如有会阴部或大阴唇脓肿，可进而演变成直肠阴道瘘、直肠会阴瘘等。大多数需要手术修复。

肛瘘症状明显，不难发现。一般在肛瘘外口经常有脓液及分泌物流出，有时瘘口还会暂时自行封闭，家长误以为瘘口已经长好，但没过几天又破溃流脓。治疗肛瘘首先需使用外用药控制急性炎症，最好能在急性炎症控制后内进行肛瘘切除术，手术后需每日伤口清洁换药，同时，每日排便后也需相应外用药坐浴，待伤口逐渐自行愈合。

452 治脱肛应先找病因

脱肛又称肛门直肠脱垂,是 1～3 岁幼儿易发生的疾病,表现为小段红色肠管或部分黏膜脱出肛门口。脱肛常见的原因是慢性腹泻、慢性咳嗽、长期便秘、营养不良等。此外,让宝宝长时间坐在便盆上,或有生理畸形等因素也可造成脱肛。

脱肛常发生在排便时,初起便后会慢慢缩回。如不及时治疗,以后在宝宝哭闹或用劲大一些也会脱出,以致肠壁黏膜磨损、充血水肿、溃烂和坏死,严重影响宝宝的健康。

治疗脱肛首先应寻找病因,如有慢性腹泻和咳嗽要及时治疗,保持大便通畅,改掉长时间坐便盆的习惯。如遇脱出无法自行回缩时必须行手法复位,防止长时间嵌顿,造成肠管坏死,建议及时前往医院就诊。

453 肛裂与便秘密切相关

肛裂也是小儿外科门诊常见的疾病之一。发生的原因是粗大干硬的粪便经过肛管时,引起肛管黏膜及皮肤撕裂。肛裂的主要症状为排便时和排便后剧烈疼痛,部分可有鲜红色便血,有时附着于粪便表面或卫生纸。

肛裂是粪便干硬引起的,因此,必须保持排便通畅。大多数便秘可通过饮食调整及培养良好的排便习惯软化大便,必要时可连续数天服用缓和的泻剂。若长期便秘无法好转,应及时前往医院进行进一步检查。为改善排便时的疼痛,可在排便前做局部热敷或温水坐浴,加上肛门局部外涂金霉素眼膏等促进伤口愈合。

454 无肛宝宝需接受肛门成形术

新生儿常见的先天性肛门直肠畸形是由于胚胎发育障碍造成的结果,它根据直肠盲端距离正常肛门开口的位置可分为低位、中位、高位及特殊类型。先天性肛门直肠畸形的症状表现明显,肛门位置偏前或狭窄,正常肛门开口的位置没有开口,在其他的位置存在异常的瘘管。如女宝宝有直肠前庭瘘,大便会经过瘘管由阴道后的前庭排出;如男宝宝有直肠尿道瘘,大便会伴随尿液从尿道中排出。而由于这些瘘管往往不够粗,患儿无法通畅地排便,所以会出现腹胀、呕吐等症状。同时无肛常伴有其他系统的畸形,如心脏、食管、泌尿系统、骨骼、神经脊髓等。

患有无肛的宝宝应当在出生后及时于医院就诊,进行详细的全身检查明确是否伴有其他系统的畸形。同时根据宝宝的患病类型决定手术方案:一部分宝宝可以直接在新生儿期做肛门成形术;一部分宝宝如有瘘管,排便比较通畅的,可以等半岁后再到医院做肛门成形术;另有一部分通过瘘管无法通畅排便的宝宝需要暂时在腹部做一个人工造口,等数月后再行肛门成形术。

455 一穴肛畸形能手术治疗吗

一穴肛畸形是一种发生于女宝宝的比较少见的先天性肛门直肠畸形。在胎儿早期发育过程中形成泄殖腔,但随后经过发育会形成正常的直肠、尿道和阴道。如果因发育未完善,还停留在泄殖腔阶段,就会形成尿道、阴道、直肠共同开口一个腔孔的泄殖腔畸形。

一穴肛畸形表现为正常肛门开口的地方

没有肛门,同时尿道、阴道、直肠共同开口一个腔孔于会阴部,小便和大便都由会阴部排出,而由于排便不畅,往往会出现腹胀、呕吐等相应症状。

患有一穴肛畸形的患儿需于出生后尽快就医,进行详细的全身检查,明确是否伴有其他系统的畸形,然后在腹部暂时做一个人口造口,待半年到一年后再次入院行进一步手术。随着手术技术以及辅助检查技术的不断进步,一穴肛患儿的术后恢复情况相比以前有了极大的提升。

456 "小肠气"能自愈吗

"小肠气"是腹股沟疝的俗称,儿童腹股沟疝绝大多数是斜疝,是由于鞘状突(胚胎期腹腔至阴囊或大阴唇的通道)未能闭合,腹腔内容物(多为小肠,女孩可为卵巢)通过鞘状突突出于体表而形成。男孩多见,男女比为3~10:1。

腹股沟区(外阴上方两侧)、阴囊内或大阴唇处的可复性(间歇性出现)肿块是腹股沟斜疝的典型临床表现。肿块多在宝宝哭闹、站立及用力时出现,安静平卧时肿块自行消失。肿块可于生后数日、数周、数月甚至数年出现。没有并发症的腹股沟斜疝一般无不适,生长发育也和正常宝宝无差别。斜疝最主要的危险在于有可能发生疝内容物嵌顿。嵌顿是指突出的肿块缩不回去,宝宝可能表现为哭吵、烦躁或者诉局部疼痛,严重者可能出现呕吐、腹胀等表现。这是由于突出的肠管被卡压,造成肠管缺血所致,时间久了甚至可能出现肠坏死、肠穿孔。一旦出现这种情况,家长应想办法安抚宝宝,并将宝宝的屁股抬高,同时立即将宝宝送往医院就诊,以免延误病情。另外,在送医过程中家长不要给宝宝喂食任何水或食物,因为一旦需要急诊手术,可以尽快安排。

腹股沟斜疝一旦出现,就不能自愈,且有出现嵌顿的风险,需尽早行手术治疗。手术方式有腹腔镜微创手术和传统手术两种,两种手术效果相当,目前多采用腹腔镜手术。一般不主张用疝带,因为无治疗作用且使用不当可能造成风险。

457 脾切除后会影响生活吗

人的脾脏同心脏和肝脏一样,只有一个,位于左上腹。作为外周最大的免疫器官,脾脏的作用并不小,在胎儿时期帮助造血;在人体调节血量,安静的时候贮存血液,运动的时候放出血液;破坏衰老的红细胞和血小板;参与免疫调节,产生抗体增加抵抗力,这一作用对于儿童特别是婴幼儿尤为重要。脾脏虽然具有如此多的生理功能,但有些疾病必须把脾脏切除才能消除病根,脾脏的功能由其他器官和组织代替,人体仍能正常生活。

需给宝宝做脾切除的疾病有:严重的外伤性脾破裂;慢性充血性脾肿大,门脉高压症;血液病,如先天性溶血性贫血,原发性血小板减少性紫癜,再生障碍性贫血等;各种原因引起的继发性脾功能亢进;脾囊肿和肿瘤。

由于脾脏具有重要的免疫功能,所以脾切除后,特别是婴幼儿,更易出现暴发性感染。目前对于儿童脾外伤的处理多采取修补术,尽量减少脾切除。而其他疾病所需非做脾切除手术不可者,如果非危及生命,手术最好推迟到5岁以后,最早不超过2岁。

458 胆道蛔虫病与胆石症关系密切

蛔虫病主要因食入带有蛔虫卵的食物而引起，多发于5～12岁的儿童。蛔虫性喜游走或钻孔，当人体全身或局部因素造成肠道内环境改变时，如发热、饥饿、手术、胃酸分泌减少、胆道慢性炎症等情况时，肠道内环境的紊乱，肠管蠕动失常，蛔虫活动频繁而上下游走至十二指肠钻入胆道。蛔虫喜碱恶酸，当蛔虫上行至十二指肠时，喜欢钻入碱性胆汁的胆道内，进入胆囊后，由于蛔虫的刺激，胆道口括约肌痉挛，从而出现突发剧烈的右上腹部或剑突下疼痛。

胆道蛔虫病与胆管结石关系密切。蛔虫死在胆道内，会形成以虫体为核心的结石，可能继发感染，如胆管炎、胆囊炎，多表现为腹痛、发热、皮肤黄染。严重者可引发肝脓肿、膈下脓肿、胆源性胰腺炎等，使病情复杂，治疗棘手。因此，一旦出现上述症状，需及时就医，医生根据情况会开具B超等检查帮助诊断。药物治疗无效时需考虑手术治疗。

459 蛔虫引起肠梗阻怎么办

蛔虫肠梗阻多见于卫生状况不良的地区，好发于儿童。随着医疗、环境卫生的改善，现已不多见。正常情况下，蛔虫分散寄居在肠腔内，由于某些原因导致蛔虫聚集成团，部分或完全阻塞肠管形成梗阻。

发生梗阻的诱因有没有按正确的方法用药，或用药量不足，导致蛔虫不能被驱除，反而引起骚动，扭集成团，引起梗阻；患儿出现发热、腹泻，体内环境发生改变，蛔虫不习惯这种环境而发生骚动；蛔虫本身分泌毒素，刺激肠管发生持久性收缩而引起梗阻。

发生肠梗阻，患儿会出现阵发性腹痛，比较严重，并可出现呕吐、不排便、不排气，严重者出现腹胀、小便少、眼眶凹陷等情况，需尽快就医。大部分患儿可以通过补充液体，应用解除痉挛的药物和使蛔虫麻痹的驱虫药治愈。

蛔虫性肠梗阻预防最重要。注意个人及饮食卫生，防止蛔虫感染；已感染蛔虫者，正确服用驱虫药物可有效防止肠梗阻发生。

460 如何判断宝宝是不是便秘

宝宝便秘指排便次数明显减少，伴有大便干燥、坚硬，不通，排便时间间隔较久（通常＞2天），且无规律，或虽有便意但是不能自行排出。便秘可分为功能性便秘和器质性便秘。

儿童便秘的常见表现是排便异常，表现为排便的次数减少，排便困难、费力、污粪等，大部分便秘患儿表现为排便次数减少。由于排便的次数减少，粪便在肠内停留时间变长，水分被肠道吸收后而变干、变硬，最终排出困难。严重时患儿有血便，或者排便前、排便后说肛门疼痛。污粪是指非故意弄脏内裤，见于严重便秘，儿童由于大便在局部嵌塞，可在干粪的周围不自觉地流出肠道分泌液，酷似大便失禁。此外，便秘患儿还常常出现腹痛、腹胀，严重者伴有食欲不振、呕吐等。腹痛通常位于左下腹和脐周，热敷或排便后疼痛可缓解。腹胀患儿常常并发食欲不振，全身不适，排便或排气后可缓解。长期便秘的患儿可继发肛裂或直肠脱垂。

对于新生儿至4岁幼儿，如果有以下2

条以上症状,时间长达 1 个月的宝宝,就考虑是便秘宝宝:排便次数≤2 次/周;在自己能控制排便后至少有 1 次/周大便失禁发生;有大便潴留病史;有排便肛门疼痛和费力史;直肠内存在大量粪便团块;巨大的粪便曾阻塞过厕所。同时伴有包括易激惹、食欲下降和(或)早饱,随着大量粪便排出,上述情况很快消失。

对于年龄大于 4 岁的儿童,确诊前至少 2 个月,必须满足以下条件中 2 条或更多:排便≤2 次/周;至少有 1 次/周大便失禁;有大量粪便潴留或有与粪便潴留有关的姿势;有排便疼痛或困难病史;直肠内存在大粪块;巨大的粪便曾阻塞过厕所。与粪便潴留有关的姿势是指患儿憋便或尿的姿势,患儿有意识地控制盆底肌避免肠道运动,抑制排便,表现为坐或站时双腿僵直或交叉,脸可能通红。

461 功能性便秘的家庭调护措施

便秘宝宝有原发病者应到医院积极治疗原发病(如先天性巨结肠及巨结肠类疾病、肛门狭窄、甲状腺功能低下等),在医生的帮助下结合病史及相关检查综合考虑治疗方案。功能性便秘的宝宝,最主要的还是以调护为主。

尽量调整饮食,使饮食多样化,让宝宝多吃水果、蔬菜等富含粗纤维的食品;注意补充水分,每天早上起床后和每次餐前半小时空腹喝一杯温开水,以起到润肠通便的作用;适当增加运动量,以促进胃肠道的蠕动;培养宝宝良好的排便习惯。对于经过调护仍然存在便秘儿童来说,可以适当服用药物治疗。

宝宝的胃容量小,粗糙、大块或过量的食物都容易让宝宝的肠胃阻塞,引起消化不良。因此,宝宝吃饭时,家长应给宝宝准备一小份饭,一般约为成人量的 1/3 或 1/4。这样,宝宝就不会有永远吃不完的感觉,吃完之后还会有成就感。

虽然宝宝的胃容量小,每次吃不了太多的食物,但其精力旺盛,活动量大,几乎每 3～4 小时就需要给其补充饮食。因此,宝宝的饮食应坚持少量多餐。家长可以把宝宝每日所需的营养,分成三顿正餐和两顿副餐来供给。副餐可以选择一些富含营养的食品,如白木耳、杏仁等,不仅含有优质蛋白质及脂质,还有软便润肠的作用。家长可将白木耳煮软剁碎做成甜羹给宝宝食用;也可将杏仁磨碎加点燕麦、葡萄干,用水冲泡给宝宝当饮料喝。

如果宝宝平时讨厌吃蔬菜、水果,可以让其多吃木耳、杏鲍菇、海苔、海带、果干等食物,以增加其纤维的摄入,促进其排便。便秘的宝宝平时可以多进食瓜类水果。

平时,家长应鼓励宝宝多参加体育运动,运动可增加肠蠕动,促进排便。家长也可在宝宝临睡前,以其肚脐为中心按顺时针方向

轻轻按摩其腹部，这样可以促进宝宝的肠蠕动，有助于排便。

不按时排便是导致许多宝宝便秘的原因之一。3～7岁的儿童，其控制排便的肌肉正处在发育阶段，排便反射的功能尚不成熟。

他们还不知道有便意就该排便，经常需要家长的提醒。因此，家长可以把早餐后一小时作为宝宝固定的排便时间。开始时，家长可以陪伴宝宝排便，每次10分钟左右，渐渐帮助宝宝养成定时如厕的习惯。

🍄 泌尿外科 🍄

462 尿床到底要不要治疗

许多宝宝都有尿床的情况，这让父母变得特别焦虑，有的时候宝宝在学校午休时都会尿床，老师也会给家长反映，反复尿床也会对宝宝的身心造成很大影响。尿床到底是不是病？究竟要不要治疗？能不能治好呢？

正常而言，宝宝2～3岁时开始有意识地进行排尿，并逐渐学习控制排尿，直到他们能抵达厕所，多数宝宝3～4岁能很好地控制白天排尿，女孩要比男孩早些，因此4岁以下儿童夜间尿床属于正常现象，并且可能会持续较长时间，是不需要治疗的。

如果年龄超过5岁，儿童睡眠状态时发生不自主漏尿，每周至少发生2次夜间不自主尿床，持续时间≥3个月，则可以诊断为遗尿症，是需要治疗的。如果儿童达不到诊断遗尿症的标准，则可继续观察和进行排尿训练。

463 宝宝大了却总是尿床应该怎么办

如果儿童5岁后还有尿床的情况，需要

进一步干预。家长首先要做的是不要责骂宝宝，以鼓励为主，因为尿床并不是宝宝自己能控制的，责骂反而会给宝宝更大的压力。

家长需要培养宝宝良好的饮食习惯，避免进食辛辣、含咖啡因或者茶碱类食物和饮料，晚餐宜早、清淡、少盐、少油，晚饭后不要太兴奋，睡前2～3小时不要进食；还需要帮助宝宝养成良好的饮水习惯，白天可多饮水，睡前2～3小时不要喝水、喝奶，也不要吃水果；还要养成良好的睡眠习惯，推荐学龄前儿童八点半前入睡，学龄期儿童九点入睡，中学生九点半入睡，保证宝宝睡眠质量。此外，家长要让宝宝养成良好的排便习惯和睡前排尿的习惯。

家长掌握夜尿的时间以及规律很重要，可先固定时间使用闹钟唤醒宝宝，让宝宝起身排尿，这样才能避免尿床加重。

家长还可以通过让宝宝进行排尿中断训练的方式进行改善，这是比较有效的行为治疗方法。鼓励宝宝在每次排尿过程中中断排尿，自己默数十秒钟，然后将剩余的尿液排出，这样能够提高膀胱括约肌控制排尿的能力，从而改善宝宝尿床。

如果经过干预,宝宝的尿床情况还是没有好转的话,就需要去儿童医院泌尿外科进一步检查,听取医生的建议。因为继发性的尿床和许多疾病有关,例如常见的神经源性膀胱炎、下尿路梗阻等都会导致继发性遗尿,需要通过治疗的方式来改善这些疾病。这样宝宝的继发性遗尿才能得到改善,防止夜间经常尿床。

如果家长发现宝宝腰背部有异常毛发或者凹陷,需要完善磁共振检查,明确是否存在脊髓病变。

464 "厕所跑得勤"是病吗

在换季或者是生活环境改变、压力较大的时候,有的宝宝经常会出现这样的情况——特别喜欢上厕所。每次都特别着急,但是尿量却不多,尤其是睡觉前的半小时,要上七八次厕所,并且特别着急,否则要尿裤子,一旦睡着就没事了。有的宝宝在学校里上课的时候也总是跑厕所。这对儿童和家长的生活造成很大的困扰,增加父母焦虑的情绪,影响宝宝的学习生活,并会滋生他们的自卑、孤独的心理。当宝宝遇到类似的"厕所烦恼",应该怎么办呢?

其实这可能是患了膀胱过度活动症,就是膀胱在一种紧张的状态下,不自主地进行过度的活动。这种情况的好发年龄为4~10岁,症状可能会自行好转。

尿液是由肾脏产生、膀胱进行储存的。膀胱就像个有弹性的气球,当它充满的时候,会向大脑发送一个信号,告诉宝宝需要排尿了,宝宝才会去排尿。但是如果大脑向膀胱发送了一个错误信号,宝宝误以为要去排尿了,就会出现排尿问题。

目前膀胱过度活动症的机制并不是很清楚,多是神经心理的原因,由于儿童神经系统发育不完全,而儿童生活的外部环境或者心理压力变化会引起宝宝尿急。因而,这种情况多发生在周围环境变化时,比如搬家、转学等;季节变化;外部环境压力如父母争吵、学习压力、对宝宝责骂等,但是有的时候没有原因也会出现这种情况。

发生这样的情况,需要去医院就诊以排除其他疾病,比如尿常规检查排除感染,超声检查排除其他泌尿系统器质性病变,外生殖器检查排除包皮及会阴炎症,骶尾部检查排除神经系统异常。只有把这些问题排除了,才能诊断宝宝是"膀胱过度活动症"。

465 小儿尿频需要治疗吗

大部分尿频的宝宝经过行为治疗后会治愈,但是也有少部分宝宝的症状比较顽固,一直不见好转。这加重了家长的焦虑情绪和宝宝的心理压力,需要进行治疗,例如采用 M 受体阻滞剂,使神经传导不会那么快,可以让膀胱松弛下来,还可以在皮肤上贴上几片电极,进行电刺激,也可以取得不错的效果。

对于宝宝的"厕所烦恼",行为治疗为主,其他治疗为辅是治疗的基本原则。家长应当和医生共同努力,为儿童创造更好的排尿环境。在家里,给宝宝提供一个舒适、放松的排尿环境,比如买儿童专用马桶,女孩小便时候双脚要放在硬物上,不能悬空;男孩小便时尽量用儿童小便池,不能踮着脚小便;不要在小便的时候催促宝宝。日常生活和学习中,不要给宝宝太多压力,更不能责骂宝宝,以鼓励为主，可以给予必要的奖励；鼓励宝宝适当憋尿，保持大便通畅。饮食上注意不要吃刺激性的食物如巧克力、咖啡、茶类、碳酸型饮料等，不要吃利尿性食物如柑橘类、西瓜等，并少喝水。此外，和谐的家庭关系可以明显缓解儿童膀胱过度活动症的发生。

466 尿道下裂的最佳治疗年龄是几岁

尿道下裂是男孩阴茎出生缺陷的医学术语。尿道是将尿液从膀胱输送到身体外部的管道，由于男孩阴茎的出生缺陷，导致尿道开口位置未位于阴茎头的顶端。正常阴茎的尿道开口位于阴茎头的顶端，而尿道下裂的男孩，尿道开口位置可能在靠近阴茎头顶端，也可能在睾丸下方，也可能在这两者之间。严重的尿道下裂会导致排尿异常，甚至不能站立排尿，而只能蹲位排尿。

并非所有的尿道下裂都需要治疗。轻度尿道下裂的男孩通常能正常排尿，但尿流可能与正常男孩仍有不同，特别是一些在拟行包皮环切术时发现的患者，应禁止行包皮环切术，可以保留原来通常被切除的皮肤，来重建阴茎与尿道的部分。

尿道下裂最佳的治疗年龄国际标准一般是6个月~1岁以及3~4岁两个年龄段，这两个年龄段患儿依从性较好。考虑到国内家长带宝宝的习惯，一般一岁半左右的宝宝可以听懂一些家长的要求，结合护理条件、术后家庭健康支持等因素，建议一岁半左右手术。这样可以在宝宝懂事之前解决问题，能够避免给患儿造成过大的心理影响，术后护理也不至于太困难。

尿道下裂的治疗原则是恢复正常功能与外观，术后生殖器发育、性功能、生育力和一般人群是一样的。手术以后外观类似包皮环切以后的效果，不仅有利于以后男女双方的卫生健康，也可以减少性传播疾病的感染概率。而且大部分患儿一周岁左右开始手术，对性心理和性发育都是有利的，但是也需要远期随访至青春期乃至成年。

467 哪些包茎可自愈

包茎指包皮口狭窄或包皮与阴茎头粘连，使包皮不能上翻露出阴茎头。包茎分为先天性包茎和继发性性包茎两种。

每个正常男孩从出生起就是先天性包茎，包皮与阴茎头之间有生理性粘连，加之包皮口狭小，包皮不能上翻显露阴茎头，这是一种生理现象，又叫生理性包茎。生理性包茎于生后随着粘连的吸收，包皮内板与阴茎头分离，包皮口逐渐扩大并自愈，4岁时有90%的男童包茎可自愈。

如果阴茎或包皮反复感染，慢性炎症使包皮口失去皮肤的弹性及扩张能力，形成瘢痕性挛缩，包皮不能上翻，这种包茎为继发性包茎，常伴有尿道口狭窄。包皮外伤后的瘢痕挛缩也可导致继发性包茎，又称为病理性包茎。

包皮口狭小时可表现为排尿困难、尿线细、排尿时包皮鼓起等症状，长期排尿梗阻可引起膀胱输尿管反流、反复泌尿系感染等。包茎、包皮过长时，由皮脂腺分泌物和上皮碎屑组成的包皮垢，呈乳白色豆腐渣样，易在皮下聚积，包皮垢可诱发阴茎头包皮炎。急性阴茎头包皮炎时阴茎头及包皮红肿，可产生脓性分泌物，而长期反复感染又会引起包

扫码观看 儿童健康小剧场

小儿包茎

皮口挛缩，瘢痕形成，加重包茎症状。

对于5岁以下无排尿困难、无反复阴茎头包皮炎、无反复尿路感染的先天性包茎可采取保守治疗。可先试行手法扩大包皮口，由泌尿外科医生将包皮反复试行上翻，使包皮口扩大，显露阴茎头，清除包皮垢，外用抗生素软膏，然后将包皮复原。包皮环切术适用于继发性性包茎、反复发作阴茎头包皮炎、尿路感染史。禁忌证包括局部急性炎症期、尿道下裂、隐匿性阴茎。

468 "小鸡鸡"真的"小"怎么办

有些宝宝因"小鸡鸡"特别小而就诊，被诊断为隐匿性阴茎。

隐匿性阴茎是指阴茎皮肤没有正常附着于阴茎体，使阴茎隐匿于皮下的一种先天性畸形。其特点是阴茎外观短小，有时体表仅见包皮，无阴茎形态。阴茎体发育良好，位于皮下，向阴茎根部推动包皮时可显露阴茎，松开后阴茎皮肤回缩，临床常用阴茎显露不良作为总称，并非真的发育不良。目前较为广泛接受的病因是由于阴茎筋膜及肉膜发育异常形成纤维索带，束缚包裹，阻止已发育正常的阴茎体露出体外，但阴茎海绵体发育正常。重度隐匿性阴茎患者脂肪层从阴茎根部向阴茎体前端延续，变成无弹性的纤维索带。

隐匿性阴茎的诊断标准一般符合以下几点：阴茎体外观短小，包皮外口狭小，呈鸟嘴状包裹阴茎，阴茎皮肤和包皮腔空虚；耻骨前皮下脂肪内或阴囊内可扪及大小正常的阴茎体；按压阴茎根部周围皮肤，可显露正常发育的阴茎体，牵拉阴茎头后放开，阴茎体回缩，少数患儿阴茎体背侧可触及发育不全的纤维索带；除外其他伴发的阴茎畸形，如尿道下裂或尿道上裂、特发性小阴茎等；部分患儿耻骨前皮下脂肪过多。隐匿性阴茎应与包茎、埋藏阴茎、小阴茎、蹼状阴茎等严格鉴别，以免导致错误的治疗或延误治疗。

隐匿性阴茎如发生反复感染、勃起异常或产生心理因素影响（患儿或家长），可行手术治疗。因隐匿性阴茎本身包皮较短，故手术不可简单行包皮环切，否则术后无法改善隐匿症状，且因切除本就不富足的包皮导致再次手术困难或阴茎显露更加困难。手术基本原则是解除异常筋膜附着关系，将阴茎皮肤在阴茎根部固定或不固定，同时重建阴茎耻骨角和阴茎阴囊角，利用阴茎腹侧、阴茎阴囊交界处的皮肤覆盖创面，使阴茎体充分前伸，从而显露发育正常的阴茎体。

469 女孩小便被挡住了怎么办

有些家长发现女宝宝外阴形态异常，以为先天畸形而就诊；又或者因女宝宝外阴感染、小便被挡住（排尿困难，尿线向上或向下的尿线异常）及尿路感染等就诊。这种情况通常是小阴唇粘连。

小阴唇粘连是幼女外阴阴道炎的一种类型，最常见于2～6岁女童，主要以3岁以内发病为主，往往因为常规体检发现后至专科医院处理。小阴唇粘连可能由于雌激素水平较低、外阴不洁、清洗外阴时动作粗暴致外阴挫伤等所致。当炎症发生后，小阴唇黏膜受损，局部炎性愈合，致小阴唇两侧粘连。

患儿就诊时查体，如果是不完全粘连，可见小阴唇上段粘连，下端可见小孔，中间有淡紫色透明带，或小阴唇下段粘连，上端可见小孔；如果是完全性粘连，可见外阴外观扁平，两侧小阴唇连至中线，形成完整的膜状物，中间可见灰白色致密粘连线，尿道口及引道口均被覆盖，阴蒂下方或会阴联合处可有针尖样细孔，排尿时可见尿液由细孔流出。

小阴唇粘连是一种自限性疾病，大部分至青春期可自行分离及自愈，但目前大多因为发生泌尿系感染或家长情绪焦虑等而积极处理，处理的方法包括局部应用雌激素霜、倍他米松软膏，或手法分离，粘连严重时需手术分离。局部药物治疗时，建议连续使用1～2月，每天两次，局部少量药物涂抹。有研究提示，倍他米松较雌激素局部使用具有较快的起效时间及较低的复发率。手法分离即外阴局部涂抹局部麻醉药膏，局部麻醉生效后外阴消毒，术者戴无菌手套后双手拇指分置于粘连处阴唇两侧，缓缓向外侧施加拉力，逐渐徒手分开粘连，或使用无痛碘棉签于粘连处做钝性分离。

极少严重粘连病例可能需要探针或止血钳分离，分开后的阴唇边缘可见少许渗血及黏膜破损，应涂以抗生素软膏（金霉素眼膏等，可辅助硼酸洗液外阴擦洗）预防感染及粘

连再度发生。少部分患儿可能会复发，多数由于护理不当所致，故加强家长的护理教育非常重要。

预防措施中，保持会阴部清洁是预防小阴唇粘连的关键。勤洗外阴，勤换内裤（使用纸尿裤则需勤换）；避免过度清洁或清洁时擦拭过度用力致外阴损伤；排便后擦拭会阴时从前向后擦拭，并且保持会阴部干爽；减少外阴暴露，小阴唇周围少使用爽身粉及护臀膏等。

470 为什么有些宝宝的"蛋蛋"摸不到

"蛋蛋"在医学上被称为睾丸，摸不到"蛋蛋"可能属于隐睾。隐睾是男宝宝的睾丸在下降过程中出现了问题。男宝宝的睾丸最初是在腹腔内的，到出生前刚刚降到阴囊（阴茎下方下垂有褶皱的囊袋），如果出生时睾丸不在阴囊的话就是隐睾，隐睾的宝宝一般不会有任何疼痛等不适。

如果阴囊一侧或双侧扁平，摸不到睾丸，考虑隐睾可能，应该请专业的小儿泌尿外科医生检查。

隐睾宝宝的睾丸在阴囊内是摸不到的，但睾丸摸不到，是不是都是隐睾呢？答案是否定的。睾丸会受外界环境温度影响上下活动，当温度变冷，有种肌肉叫"提睾肌"的会收缩使睾丸上提，造成睾丸不在阴囊的假象，当宝宝熟睡或洗热水澡时又看到睾丸在阴囊内，这种称之为回缩睾丸，不属于隐睾。

471 隐睾必须手术治疗

阴囊如同一间"空调房"，睾丸不在阴囊

内可能会导致将来不育、癌变，而且容易受伤，因此隐睾必须手术。通过手术，将睾丸放回到阴囊这个"空调房"中。

男宝宝出生后睾丸的下降过程并未停止，因此可以等待观察。隐睾患儿最早 6 月龄时可以进行手术治疗，最好在 1 岁内完成。虽然每一个外科医生进行睾丸固定术时都希望睾丸可以一次下降进入阴囊内，并希望将来可以发育成完全正常的睾丸，但并非能够完全如此。是否可以一次手术将睾丸放到正常位置，涉及睾丸手术前位置高低、营养睾丸的血管（医学上称之为精索）长短等因素。如果精索血管足够长，那么一次手术就可以将睾丸放到阴囊内。对于睾丸位置比较高或精索血管短的，可能需要分两次或多次手术，两次手术间隔半年。对于手术发现睾丸萎缩、类似黄豆样结节的，建议手术切除，防止恶变。

472 阴囊增大，如何判断是不是睾丸肿瘤

睾丸是维持男性生殖功能及性征的重要器官之一，正常人的睾丸左右两侧不会差别太大，如果两侧睾丸的大小基本相似，近期突然出现一侧睾丸明显增大，且不伴有任何症状，应考虑是否有睾丸肿瘤的可能，应及时检查，切不可粗心大意。隐睾宝宝发生睾丸肿瘤的概率要比正常人高，病因仍不完全明确，可能与病毒感染、环境污染、内分泌异常、损伤及遗传等有关。睾丸肿瘤最常见症状为睾丸渐进地、无痛性地增大，并有沉重感，睾丸变硬。

睾丸肿瘤治疗分为手术治疗、放射治疗和化学治疗的单独治疗和综合治疗。一旦确定为睾丸肿瘤，均应先行手术治疗，之后根据病理检查结果决定进一步治疗方案。良性肿瘤多数可以保留睾丸行肿瘤剜除手术，恶性肿瘤大多数行根治性睾丸切除术。

473 宝宝尿路感染了怎么办

相信许多家长都会有这样的经历：宝宝发热好多天，就是找不到原因；或者宝宝一小便就说痛，哭闹不止；或者频繁上厕所等。这个时候，爸爸妈妈们就要注意了，宝宝可能得了尿路感染。

其实和成人相比，宝宝更容易得尿路感染，而且由于尿路感染的临床表现不典型，婴幼儿不会准确表达，导致许多尿路感染被误诊，这就需要家长们加强对尿路感染的认识。尿路感染是指病原体在尿路中生长繁殖，并侵犯泌尿道黏膜或组织而引起的炎症，可以由细菌、衣原体、支原体、真菌、寄生虫等病原体引起，是儿童发热的常见原因之一，任何年龄的儿童均可发生。

也许家长们会疑惑：很注意宝宝的个人卫生，怎么会得尿路感染呢？其实引起儿童尿路感染的原因很多。一般来说，2 岁以上的女宝宝发病率是男宝宝的 3~4 倍，但婴儿期男宝宝的发病率比女宝宝高，因此，不同年龄、不同性别儿童患尿路感染的原因也不尽相同。对于男宝宝来说，引起尿路感染的主要祸首是泌尿道畸形、膀胱输尿管反流、生殖器藏污纳垢；而女宝宝由于尿道短直，当尿道口受到粪便或污物侵染时，病原体更容易通过女宝宝尿道引起尿路感染。

既然尿路感染是儿童的常见病，如何判断宝宝是否得了尿路感染呢？根据不同年

龄，其临床表现也有所差异。婴儿期尿路感染往往以发热起病，可伴有精神萎靡、烦躁、食欲减退、呕吐，甚至惊厥等；年长儿可自诉尿频、尿急、尿痛等膀胱刺激症状，可伴腰痛、肉眼血尿、尿液混浊、尿道口有分泌物等。因此，当宝宝出现不明原因发热，或伴相关症状时，应及早就医查尿常规，如见尿白细胞升高，就可初步诊断为尿路感染，当然还需要进行其他尿液检查进一步明确。

一旦诊断尿路感染，就要及时治疗，必须进行抗生素足量、足疗程正规治疗，同时对于小月龄或者反复尿路感染的宝宝，更需要进行影像学检查，早期发现泌尿道畸形，及早干预，以防肾功能损伤。同时，也需要帮助宝宝养成良好的生活习惯来预防尿路感染。平时需要注意以下几点：多饮水、勤排尿；注意清洁卫生，洗漱用具要分开；注意观察尿色、尿量、排尿次数的变化；增强免疫力。一般来说，单纯性尿路感染若治疗及时规范，对宝宝基本不会造成任何后遗症，家长们不必过于担心。

474 宝宝为什么会反复尿路感染

尿路感染是指和尿液相关的器官发生的感染，包括尿道、膀胱、肾脏。尿常规和尿培养是诊断尿路感染的主要依据。尿路感染的宝宝往往会出现尿频、尿急、尿痛的情况，严重时还会出现发热。小宝宝的尿路感染往往与不注重清洁卫生，导致小便口周围细菌污染有关。任何会导致疾病的细菌都可能引起尿路感染，大肠杆菌是其中最常见的，目前抗生素的使用是有效的。

然而，有一些宝宝却反复地出现尿路感

染，这就需要考虑到宝宝是否存在尿路畸形。因为尿路感染最主要的感染方式是上行性感染，通俗地说，就是带有细菌的小便从尿道进入膀胱，再从膀胱反流向肾脏，导致肾炎。而正常的情况下，小便是由肾脏流向膀胱，而不会逆流。

尿路梗阻和尿液反流是尿路畸形中引起尿路感染的两大原因，这些宝宝光靠抗菌药物是难以治好的，必须同时解除病因。在尿路梗阻中，有的病因比较轻微，如男宝宝包茎而致的排尿不畅，简单的包皮手术就能解决。有的比较严重，是由尿路先天性畸形引起的，如肾盂与输尿管、输尿管与膀胱、膀胱与尿道连接处的先天性狭窄畸形，或者存在各种解剖异常导致；又或者，由于膀胱输尿管反流而引起尿液反流。这些疾病，往往可以通过泌尿系统超声以及其他特殊的影像学检查来诊断。而为了解除这些病变，往往需要通过药物以外的治疗手段。

因此，遇到尿路感染久治不愈时，要提高警惕，需要做进一步诊断，检查有无尿路畸形的存在。

475 为什么下腹部有个"红色肉球"不停出水

在胎儿发育过程中，腹部发育异常可造成膀胱外露在腹壁外，外形上可以看到下腹部的一个"红色肉球"。由于膀胱没有关闭，所以尿液会不停地流出来。

膀胱外翻是一种罕见的、严重的儿童出生畸形，牵涉到泌尿系统、生殖系统、骨骼肌肉等多个系统的功能障碍，通常伴随着其他的畸形如骨盆畸形、腹壁缺损和外生殖器畸形。其中尿道上裂是最常见的,表现为儿童没有正常的"管状"尿道,取而代之的是一块"尿道板"和分叉的阴茎(男宝宝)或阴蒂(女宝宝)。

膀胱外翻会造成很多问题:患儿缺乏正常的尿道括约肌,无法控制正常排尿从而造成尿失禁;膀胱外翻患儿通常合并膀胱输尿管反流,可能造成严重肾积水导致肾功能受损;膀胱外翻常会导致外生殖器异常,男性患儿阴茎短而粗呈扁平状,缺少正常的管状尿道,女性患儿阴道短,阴道口较窄,阴蒂、阴唇和阴蒂分叉。

膀胱外翻大多数可以产前诊断。孕妇产前B超或磁共振检查若未发现充盈的膀胱,也需要怀疑胎儿膀胱外翻的可能。

手术治疗是目前唯一的手段。手术修复后尿失禁的控制率约70%,但可能需要多次手术,如膀胱颈重建、膀胱吊带、人工括约肌、膀胱替代术等。大部分男宝宝成年后可维持正常的勃起和射精功能,但部分可能出现逆行性射精或射精管堵塞,导致不育,需要辅助生殖技术。女宝宝一般能保持正常的性功能和生育能力,分娩时建议行剖宫产,以免诱发尿失禁。重建的膀胱功能需要B超等影像学检查密切随访,以观察有无膀胱输尿管反流、尿路结石、肾积水等并发症。

476　一侧阴囊变大是什么问题

男宝宝出生后阴囊两侧应该是对称的,在门诊上经常会碰到因为宝宝双侧阴囊大小不一样来就诊的家长。有的家长在宝宝出生后就发现阴囊大小不一样,也有年龄稍大一些的宝宝是在洗澡时发现的,阴囊内可摸到

肿块,有的时候肿块的大小还会发生变化,最可能的就是出现了鞘膜积液。一旦出现这种情况,可以去小儿泌尿外科门诊就诊,让医生进行诊断。

正常的男宝宝在妈妈肚子里时,因睾丸下降的过程中鞘状突会随着睾丸一同下降并进入阴囊内,且此时鞘膜腔与腹腔仍然是相同的。在出生前鞘状突从上到下逐渐闭合,萎缩形成纤维索带。当鞘状突的关闭发生异常时会导致腹腔仍与鞘膜腔相通,腹腔内液体就可以通过这个相通的管道进入腹股沟区或阴囊内。在腹腔增大时(如剧烈运动或哭吵)流入的液体增多,阴囊内肿块变大,在休息后部分液体回流入腹腔后,阴囊内肿块就会变小。

除了鞘膜积液,宝宝会不会是其他原因引起的阴囊内肿块呢?家长可以触摸一下阴囊内肿块的感觉,如果肿块摸上去比较软,甚至略用力肿块就会消失的,那最可能的是腹股沟斜疝,发病机制与鞘膜积液类似。但千万要注意的是,如果宝宝出现哭闹不止、呕吐并且肿块部分发红时,需要紧急就诊。

鞘状突在出生后可继续闭合,这也是新生儿期乃至2岁以内不建议手术的原因。2岁以上的宝宝可以在全麻下进行手术治疗,手术大致步骤就是找到没有闭合的管道(鞘状突),在近腹腔的地方结扎,并且把阴囊内的积液引流即可。

有的家长会问,宝宝阴囊内摸上去像有一团蚯蚓样软软的肿块,这是什么东西呢?如果出现这种情况,多半是精索静脉曲张。精索静脉曲张是指精索内蔓状静脉迂曲或扩张。这种宝宝年龄一般较大,可以清楚表述阴囊有无疼痛。在确诊为精索静脉曲张后需要定期随访阴囊超声,超声提示患侧睾丸无

明显缩小并且没有疼痛症状，一般可门诊随访。

477 泌尿生殖窦畸形能被早期发现吗

泌尿生殖窦(UGS)畸形是一种病变范围涉及泌尿系统、生殖系统，甚至消化系统的先天性畸形。大概从孕三周起，尿道、生殖管道以及直肠末端都起源于一个管道状的空腔，称之为泌尿生殖窦。随着胚胎的发育，在女性这个空腔会逐渐被分隔成三根不同的管道，即尿道、阴道与直肠，并在体表形成不同的开口。如果在发育过程中因为某些因素导致分隔不完全，就会造成畸形的发生，具体表现为尿道与阴道甚至直肠末端融合成一条通道，在体表也仅有一个开口，这种情况就被称为泌尿生殖窦畸形。

目前绝大多数 UGS 畸形与遗传无直接关系，已生育过一例 UGS 畸形患儿的父母如再次怀孕，二胎同样为 UGS 畸形的可能性并不大。只要父母双方在再次怀孕前于遗传所等专业医疗机构进行检测，排除显著的缺陷，即可放心生育第二个宝宝。孕检并不能直接发现 UGS 畸形，不过某些并发症，特别是上尿路积水及大量阴道积液，是可以在孕期通过超声等检查手段发现的。但即使发现这些并发症，由于它们缺少特异性(即很多先天性疾病都会出现相同的症状)，所以也不能以此为依据在孕期就确诊 UGS 畸形，最后诊断通常只能在出生后才能明确。

虽然 UGS 畸形可能涉及多个系统，但在出生后首先表现出来的症状绝大多数是泌尿系统异常。具体来说，可能出现排尿困难、反复尿路感染及会阴部湿疹等。少数情况下，

排尿时尿液反流入阴道并逐渐积蓄，造成阴道扩张甚至形成盆腔及腹腔囊性肿块，大量阴道积液反过来压迫尿道，导致排尿困难，进一步出现肾脏功能损害，甚至危及生命。如果患儿长至 3～4 岁，可以训练控尿的时候，又有可能发现宝宝无法正常控尿，出现尿失禁的症状。如果患儿罹患一穴肛畸形，粪便无法正常排出的情况下，早期就会出现肠梗阻、腹部膨隆、喂食困难等消化系统症状，同样可能危及生命。

478 UGS 畸形如何确诊及治疗

如果女婴出生后仅在会阴部看到一个开口，无法辨认尿道与阴道，临床上就应高度怀疑 UGS 畸形。需要通过泌尿系统超声、磁共振等多项检查进行确诊。目前来说，膀胱镜检查＋泌尿生殖窦逆行造影是最能明确 UGS 情况的检查。另外，还需要进行一系列常规筛查，如心脏超声、脊柱磁共振及染色体等，避免合并其他畸形可能。

目前只有通过手术治疗 UGS 畸形。由于新生儿耐受力较差、身体柔弱以及麻醉可能带来的影响，一般建议在 1 岁左右进行手术。如果在新生儿期就出现某些严重甚至危及生命的并发症，则应根据实际病情采取姑息性处理，如排尿困难并引起反复尿路感染甚至肾功能损害者，应考虑进行膀胱造瘘或长期留置导尿；一穴肛引起结肠扩张者，应考虑进行结肠造瘘手术；阴道大量积液者也应尽早引流积液减压以备接下来的成型手术。

虽然以往认为 UGS 畸形的根治性手术是一项巨大挑战，但随着对 UGS 畸形认识的

提高以及手术方式等的改进，其治疗效果得到很大的改善，无论从术后外观、术后生活质量等方面有明显的提升，尤其在术后外观方面，可以基本达到正常外观的程度。

然而，由于发育的先天异常，各个系统即便通过手术各归其位，但要让它们能各司其职仍有很大的难度，手术纠正外观畸形，尽可能恢复正常解剖结构与外观是第一步，接下来更重要的是功能训练与观察随访。大部分患儿可能终身无法达到正常人的生活状态，但通过医生的指导与帮助，可以最大限度保护其他器官与系统不受疾病影响，尽可能减少因疾病带来的不便与痛苦，更快更好地融入社会生活。

神经外科

479 儿童头外伤的常见原因和处理

儿童易发生头部外伤，因为儿童头部占整个身体的比例较大，跌倒或者碰撞时头部受伤的概率大大增加；宝宝运动控制能力尚在逐步形成，运动协调能力不足；儿童活泼好动充满好奇心，对危险的防护意识不足，相对成人更易发生意外伤害。根据世界卫生组织统计，儿童头部意外伤害的主要原因有交通事故、坠落、居家意外（跌倒、滑倒、撞击等）。

头部摔伤后，儿童比成人更容易出现头痛、呕吐、抽搐、昏迷等情况，宝宝的病情变化隐蔽，不易被家长察觉。有时宝宝的病情已经很严重时，家长才刚刚发现，容易耽误诊治；另一方面，宝宝的病情变化快，可以从持续哭闹不安，迅速进展到昏迷、抽搐、偏瘫等，进而严重影响宝宝的健康和生命。因此，建议家长发现宝宝头部外伤后首先保持镇定，简单了解宝宝是如何摔倒，头部的什么位置着地，身体其他位置有没有受伤，受伤后有没有出现头痛、呕吐、抽搐、意识丧失、出血等异常情况，然后立即送往附近具备儿童外伤诊疗资质的医院进行检查，必要时做头颅 CT 检查进一步了解有无颅内出血、颅骨骨折等，对于有严重症状的宝宝建议住院治疗及严密观察病情变化。

480 脑震荡只是暂时功能障碍吗

脑震荡的发生机制至今尚有争议，一般认为引起的意识障碍主要是脑干网状结构受损的结果。这种损害与颅脑损伤时脑脊液的冲击（脑室液经脑室系统骤然移动）、外力打击瞬间产生的颅内压力变化、脑血管功能紊乱、脑干的机械性牵拉或扭曲等因素有一定关系。

传统观念认为，脑震荡仅是中枢神经系统暂时的功能障碍，并无可见的器质性损害。但近年来研究发现，受力部位的神经元线粒体、轴突肿胀，间质水肿；脑脊液中乙酰胆碱和钾离子浓度升高，影响轴突传导或脑组织代谢的酶系统紊乱。临床资料也证实，有半数脑震荡患者的脑干听觉诱发电位检查提示有器质性损害。有学者提出，脑震荡有可能是一种最轻的弥漫性轴索损伤。

伤后在一定时间内需观察患儿是否存在头痛、呕吐、抽搐、昏迷、肢体活动等异常情况，可在急诊室观察，密切注意意识、肢体活动和生命体征的变化，若一旦发现颅内继发性病变或其他并发症，可得到及时的诊治。脑震荡急性期的宝宝应注意卧床休息，避免外界刺激，减少脑力活动，适当给予镇静及改善神经功能药物等治疗，并注意患者的心理调节和治疗。多数宝宝在2周内神经功能可以恢复正常，预后比较好。

481 宝宝头部外伤是否要做 CT

并非所有宝宝发生头部意外都需要做颅脑 CT，只有出现频繁呕吐、抽搐、意识状态改变等临床症状，需要明确是否存在颅内出血、脑组织损伤时，需要选择这一检查方法。

CT 扫描所用的 X 线对人体会有一定的生物效应，对身体的细胞产生一定损害。一次头颅 CT 的辐射量相当于 100 张 X 线片或者相当于在太阳底下晒 280 天接受的辐射，但对于单次 CT 来讲，所用的辐射剂量完全在安全范围之内，且儿童的 CT 会根据儿童的年龄调整照射剂量。从另一方面说，如果宝宝出现症状，那么 CT 对于医生正确了解病情，并采取合理的治疗措施至关重要。如果将 CT 的辐射影响与宝宝可能存在的颅脑损伤带来的风险进行利弊权衡，那么这种辐射影响就显得微不足道了。当然，在不必要的情况下，CT 应当尽量避免。

482 什么检查能替代头颅 CT

每一个检查项目都有其优点和缺点，头颅 B 超有无创、无痛苦、无辐射、操作简单等优点，但超声不能透过颅骨，严重限制了其在颅脑创伤领域的作用，仅在囟门还存在的婴儿才能使用。而且头颅 B 超的准确性和操作医师的经验和手法有很大关系，同时也不能反映颅骨受损的程度。头颅磁共振有分辨率高、无辐射的优点，但同样有其不足，磁共振扫描的时间较长且声响较大，低龄儿童需要深度镇静的情况下才能完成检查，也不能反映颅骨受损的情况等。头颅 CT 能够快速成像，并能反映颅内出血、颅骨骨折、脑组织挫伤等，因此往往是有临床症状的头部外伤的首选检查手段。

实际工作中，一定要关注 CT 可能给儿童带来的危害。儿科在考虑是否进行 CT 检查时，一定要想这样一个问题："做 CT 检查必须有明确正当理由。要积极思考是否需要检查，它是否可以由超声、磁共振取代；如果要做 CT 检查，是否符合当前的临床指南。"精准医疗，安全医疗，是医生最高的追求。

483 热性惊厥会损伤宝宝大脑吗

门诊经常遇到家长带着宝宝慌张地前来就诊，焦急地询问："宝宝发热抽筋了，样子真吓人，要不要紧？是不是有生命危险？会不会损伤大脑？"其实这些宝宝临床多诊断为高热惊厥或称热性惊厥。这是儿科常见的神经系统疾病之一，常见于6个月到6岁的儿童，是指在非中枢神经系统感染原因所致体温38℃以上时突然出现的惊厥，排除颅内感染和其他导致惊厥的器质性疾病或代谢性异常，既往没有无热惊厥史。

大部分热性惊厥会在几秒钟到几分钟内自行停止，预后较好，家长不必慌张。及时解开宝宝的衣领，让他侧卧，避免分泌物误吸入气管引起窒息，不要试图按住或抱住宝宝强制停止抽搐，不要往宝宝口腔塞任何东西，也不要掐人中、虎口等。家长最好记录下宝宝抽搐时间、抽搐表现，如果能录像最好。在宝宝惊厥停止情况稳定后，带宝宝去做一个全面的检查。

高热惊厥本质是大脑异常兴奋放电引起的，单纯性高热惊厥一般不会损害大脑和发育，但如果持续时间过长，可能会导致大脑缺氧，使得宝宝出现翻白眼、呼吸困难、脸部和嘴部发紫等表现。如果宝宝出现这些异常，或只有身体的一侧痉挛，或神志不清，或昏睡超过一个小时，或者 24 小时内发生了第二次惊厥等复杂性高热惊厥的表现，都需要及时就诊，以排除潜在的疾病原因。

484 新生宝宝大小脸怎么办

人的脸部没有绝对左右对称的，总会有差异。当父母仔细观察宝宝左右两侧脸时，常会发现是不对称的。大多数情况下不必担心，宝宝脸部不对称的表现，通常会随着生长发育慢慢缓解。

不过，处于快速生长发育阶段的宝宝，头颅和面部形态尚未发育成熟、头骨可塑性大，头型和脸型是很容易受到分娩过程、睡眠姿势等因素影响的。新生儿期和婴儿早期的宝宝由于睡眠时间较长、躺着还不会翻身，宝宝容易长期偏向一方（例如面对着妈妈）睡觉，如不及时纠正，可能导致大小脸与头形异常，影响形体美观。因此在这段时期，需要有意识地调整宝宝的睡姿。

如果宝宝习惯侧睡，建议经常两边轮流换，或者平躺睡（婴幼儿期吐奶频繁的宝宝不建议），以避免发生大小脸。轮流侧睡的频率没有明确标准，可以从每 3～4 小时一换到每 2～3 天一换，具体根据家庭生活与养育实际来调整。如果宝宝已经发生明显大小脸和头形不对称，可以先让宝宝多睡脸大的一侧，再慢慢换成脸小的一侧睡，逐步纠正。当宝宝 2 月龄起，可以循序渐进地让宝宝练习趴着和俯卧抬头，3 月龄起，让宝宝白天醒着就多趴趴，避免长时间躺着，对头形的塑造以及运动的发育，都有很大帮助。

引起宝宝大小脸的还有一种常见原因——斜颈，这是由于病理原因导致的颈部一侧肌张力升高，两侧牵拉不对称，导致宝宝头部持久偏向一侧，久而久之引起大小脸。如果怀疑宝宝有斜颈，需要早期就诊以明确诊断。

🍄 骨科 🍄

485 宝宝的脖子歪了怎么办

宝宝斜颈俗称"歪脖子"，患儿在生后2～3周颈部可触及橄榄样肿块，较硬，位于胸锁乳突肌上，此后2～6个月逐渐变小或消失，右侧比左侧常见；患儿头部总偏向有肿块的一侧，下颌部朝向无肿块的一侧；2岁后患侧面部发育逐渐受到影响而变形，小于健侧。

小儿先天性肌性斜颈是儿童最常见的颈部畸形，目前原因还不清楚，可能与下列因素有关。

（1）分娩时受到损伤，一侧胸锁乳突肌因产伤致出血，形成血肿后机化，继而挛缩。

（2）宫内胎位不正，使一侧胸锁乳突肌承受过度的压力，致局部缺血，继而过度退化，为纤维结缔组织所替代。

（3）因产伤引起无菌性炎症，致肌肉退行性变和瘢痕化，而形成斜颈。

（4）出生时胸锁乳突肌内静脉的急性梗阻有关。

患儿在婴儿期推荐保守疗法，可用中医手法按摩，或家长在医师指导下，对患儿颈部进行被动牵拉活动，将头部向健侧拉动，下颌转向患侧，动作轻柔缓慢，每天可做3～4次，每次5～10分钟。经保守治疗无效或未经治疗的患儿的最佳手术时间为1岁～1岁半，此时患儿面部尚未开始明显变形，术后面部无影响，大月龄患儿继发畸形较重，面部变形无法很好改善。患儿术后可用定制的支具固定2个月，并辅以头颈部被动牵拉锻炼。

486 臀纹不齐就是发育性髋关节发育不良吗

宝宝两侧臀部皮肤、大腿皮肤的纹路称为臀纹，如果发现宝宝臀纹不对称，家长要提高警惕了，这很有可能是髋关节发育不良的表现。

发育性髋关节发育不良（DDH）是宝宝最常见的髋关节疾患，致残率很高，髋关节是大腿和身体躯干连接的部位，是支撑身体重量和驱动下肢活动的重要关节，发育性髋关节发育不良就是指构成髋关节的结构（髋臼和股骨近端）随着发育过程出现的骨骼形态畸形和骨骼周围软组织的异常的疾病，包括髋关节发育不良、髋关节半脱位及髋关节全脱位。该病在我国寒冷的北方发病率比南方高，高原地区远远高于平原地区。致病原因及发病机制仍不清楚，目前认为环境因素（胎次、胎位、生产方式、羊水过少、出生后襁褓方式等）和遗传因素（性别、家族史、其他伴发畸形）共同参与发病。

在新生儿和婴儿期表现为髋关节活动受限，髋关节呈屈曲外旋位，大腿内侧皮纹及臀纹上移即臀纹不对称或臀纹不齐。至幼儿期开始站立行走,表现为行走时间晚,单侧脱位的宝宝走路跛行,双侧脱位的宝宝走路像鸭子一样摇摆,又叫"鸭步"。

对0～6个月的婴幼儿,髋关节超声检查是诊断DDH的重要辅助检查方法,如果B超检查结果提示髋关节发育不良,可以应用髋关节屈曲外展操或Pavlik吊带等方式进行治疗,治疗效果良好,80%的宝宝可以在这个年龄段得到治愈、不遗留后遗症。对于做操、吊带治疗无效的宝宝,髋关节外展支具及麻醉下闭合复位人类位石膏外固定结合外展支具治疗也是临床常见治疗方案。

发育性髋关节发育不良越早治疗效果越好、后遗畸形越少,早期诊断和及时治疗可以大大降低该病的致残率,同时明显降低治疗成本、减轻家庭负担和患儿承受的痛苦,因此在患儿早期诊断为发育性髋关节发育不良后,应加强对患儿家长屈髋外展操和Pavlik吊带使用的健康教育,以促进患儿早期康复。

487 韧带损伤或骨折的判断及快速处理

儿童由于好动爱玩,自我保护意识较差,经常一不小心会摔跤,最常见的受伤部位是踝关节、肘关节和腕关节。但是宝宝主诉不清,家长们又很担心发生骨折,这就需要家长们具有辨别宝宝骨折和韧带损伤的基本能力,帮助宝宝得到及时的治疗。

儿童骨折大多数是因外伤导致的骨皮质扭曲或者断裂,韧带损伤是韧带等一系列软组织因外力牵拉受伤,两者症状均表现为疼痛、肿胀及活动受限。但是一般情况下,韧带损伤只会引起轻度的肿胀,在皮肤上可大概摸到骨头轮廓,受伤部位压痛一般不严重;骨

折的伤情就比韧带损伤严重得多,1～2个小时内即可出现明显肿胀,甚至摸不到骨头轮廓,往往伴有皮下瘀斑,更严重者还会出现皮肤水疱。如果出现了外观畸形、骨擦音、异常活动这三种症状的其中之一,那么骨折是毫无疑问的。

在不明确是骨折还是韧带受伤时,老师或者家长要在现场最短时间内对宝宝进行妥当的处理。比如发生脚踝扭伤后,首先不要去尝试去行走,可能会造成伤情加重,使后续的治疗变得更加困难,可用支架或拐杖甚至旁人搀扶代替行走。如果是上肢的外伤,先用硬纸板或者书本做一简易夹板对受伤部位固定,避免随意活动关节加重伤情,然后尽快到儿童专科医院的骨科就诊,由医生作进一步的诊疗处理。如果是韧带损伤,肿胀往往在受伤48小时后就可以慢慢消退,家长可以采用"大米原则"(rest、ice、compression、elevation,取首字母简称RICE)来治疗,即休息、冷敷、弹性绷带包扎和抬高患肢。如果经X线检查,明确存在骨折,需根据骨折严重情况决定是石膏固定还是手术治疗。

488 宝宝突然手动不了是怎么回事

小儿骨科急诊室每天都会遇到因为宝宝突然出现手臂活动受限前来就诊的情况,患儿年龄跨度从几个月至四五岁。医师仔细询问病史,宝宝并没有明显的外伤史,2/3以上的家长会诉说宝宝的手臂是被拉扯过以后才出现这种症状,医生会快速做出诊断——桡骨头半脱位。这是因为5岁以内儿童的桡骨头轮廓呈椭圆形,环状韧带与桡骨头连接薄弱,尤其是儿童处于前臂旋前位(手心朝下),

桡骨头的侧面窄而圆，在胳膊伸直的时候桡骨受到纵向的外力容易导致环状韧带滑脱。

5岁以上的儿童因为骨头和韧带的发育逐渐完善，桡骨头半脱位的发生率极低。询问病史，多数儿童有明确的牵拉史，因此又称为"牵拉肘"。一般牵拉力较大或者较突然，根据就诊家长的描述，牵拉常发生在牵宝宝过马路、上下楼梯、帮宝宝穿脱衣服的时候；还有的家长喜欢让宝宝骑跨在自己的脖子上，双手抓住宝宝的手腕由此发生桡骨头半脱位的也不在少数。有少部分儿童并无明显牵拉史，往往发生在前臂撑地或床上翻身时，后者更多发生在婴儿的身上。

如果宝宝突然出现不愿持物、胳膊上抬受限、手腕疼痛，家属应根据上述症状作出初步判断，争取早期找医生手法复位。如果患儿有明确的外伤史，肘关节有肿胀，医生可能还要给宝宝做X线检查，排除是否有骨折。复位的操作过程只需要数秒，成功复位后宝宝的症状立刻消失，回到家后可以将宝宝的患肢呈90度悬吊于胸前，保护2~3天，防止再次脱位。

除及时、妥当的处理以外，家长更要重视桡骨头半脱位的预防，比如尽量避免一些容易导致该疾病发生的动作，紧急情况如果不能避免牵拉的动作，家长可以选择握住宝宝的手肘上方而不是手腕部。饮食上注意合理膳食，可适当多吃一些粗粮，适量补钙，平时加强户外运动和日光照射。

489 宝宝驼背问题不容忽视

在日常生活中也许会看到弯着背走路的人，这就是"脊柱侧弯"。宝宝如果有以下征象，应该立即带宝宝到医院检查：领口不平，一侧肩膀比另一侧高；女孩双乳发育不对称，左侧的乳房往往较大；一侧后背隆起；腰部一侧有皱褶；一侧髋部比另一侧高；两侧下肢不等长等。

早期的脊柱侧弯外观变化并不明显，大多数都是在宝宝洗澡或是衣服穿着较少时被发现。目前一些研究认为可能和遗传有一些关系。大多数轻度脊柱侧弯发展程度有限，生长发育成熟后可能不再继续发展，保留一定程度的畸形。但如未能及时发现或处理，部分患儿脊柱侧弯会逐渐加重而导致明显畸形，严重的不仅会造成身体外观异常、脊柱运动功能障碍或骨盆倾斜后的跛行，还可因胸廓畸形而造成心、肺功能障碍，其中大部分患儿存在急性或慢性腰痛。少数可造成脊髓或脊神经的压迫而导致下肢瘫痪及二便功能障碍，严重影响青少年发育。

一旦脊柱发生侧弯就要及早纠正，越早发现矫正效果越好。判断患儿如何治疗、要不要做手术，主要根据侧弯的程度和发展的速度。一般侧弯20度以内，只要注意平时姿势端正并进行矫正锻炼就可以；侧弯超过30度，需要通过矫形支具矫正；40度以上，就要进行手术治疗。

需要提醒的是，脊柱侧弯患儿要改正日常生活中坐、站、走路中的不良姿势，才能巩固锻炼及手术矫正的效果。婴幼儿期就可以开始预防脊柱侧弯了，例如婴儿不要坐得过早，有的妈妈为了让宝宝不哭，自己多干点活，婴儿3~4个月龄时，就让婴儿裹着被子坐起来且一坐就好几个小时，有时婴儿坐着坐着就睡着了。长时间的同一姿势坐着，婴儿容易疲劳，也容易造成脊柱弯曲。幼儿坐的姿势要正确，桌、椅高低要合适；写字、看书

扫码观看 儿童健康小剧场

青少年脊柱侧弯

及心理健康,致使疾病儿童生活质量严重下降,加重家庭及社会负担。

如果宝宝有上述特点的踮脚尖走路的步态,应及时到专科医院就诊。大部分痉挛型脑性瘫痪儿童在经过规范康复治疗后仍伴有一定程度的步行功能障碍,如姿势异常、步速减慢、耗能增加等。目前,由于脑性瘫痪儿童大脑损伤原因及机制尚不清楚,不能进行有效的病因治疗,仍主要采用物理治疗、作业治疗、矫形器治疗、手术治疗等功能训练及畸形矫正方法进行康复治疗。

时要坐正,不要歪着趴在桌面上,同时应适当地变换体位休息,以免造成脊柱侧弯。

490 宝宝为什么踮着脚尖走路

当宝宝进入学步期,偶尔踮脚尖走路属于正常现象,这是因为宝宝学会走路后想要学习更高级的技巧,比如小跑、跳等。医学上认为这样的过程有助于宝宝提升平衡能力以及加强脚部的肌肉力量,一般不会持续很久就会恢复正常。如果宝宝从学站到学走期间一直踮着脚,那就要特别警惕,这可能提示肌张力高,是脑性瘫痪的表现之一。

脑性瘫痪是自受孕开始至新生儿期非进行性脑损伤和发育缺陷所导致的综合征,主要表现为运动障碍及姿势异常,是导致儿童严重、慢性残疾的重要原因。目前尚无有效治疗方法,且常遗留有不同程度的功能障碍。其中腓肠肌的肌张力增高引起的尖足畸形,以及腘绳肌肌张力增高引起的步行中膝关节伸展不足,是痉挛型脑性瘫痪儿童最常见的异常步行表现之一,严重影响生活自理能力

491 不容忽视的关节疼痛

关节疼痛是儿童时期非常常见的症状,几乎每一个家庭都会遇到这种情况,年长的儿童有时候能清楚地指出疼痛的具体关节和部位,而年幼的宝宝由于表达能力欠缺,一些宝宝会说"手疼""脚疼"等,甚至以哭闹、不愿走路或屈伸关节等表现为主。

关节痛的原因很多,比较常见的有生长痛、滑膜炎、幼年特发性关节炎、感染性疾病、骨折以及过敏性紫癜、川崎病等其他风湿免疫性疾病,也有一些比较罕见的恶性疾病包括白血病、淋巴瘤、局部骨肿瘤也可主要表现为关节痛。关节痛的常见原因包括以下几方面。

(1) 生长痛:是儿童在发育期经常遇到的情况,在6～10岁的宝宝中最常见,主要是由于长骨生长较快造成肌肉和肌腱的牵拉痛,以下肢为主,明显的症状往往出现在晚上身心放松时,个别宝宝甚至还会出现疼痛难忍的情况。生长痛是一种生理现象,随着年龄的增长会逐渐自行缓解,但是需要详细地

询问症状、体格检查，甚至进行相关的影像学检查排除其他可能的原因。

（2）滑膜炎：是儿童时期较为常见的关节疾病，急性起病较多，也有慢性起病的情况，最常累及髋关节，表现为髋关节疼痛，不能行走或站立，发病前1～2周可能有感染病史，其发病原因可能与病毒感染及变态反应有关，多数在2周左右自行缓解。

（3）幼年特发性关节炎：是儿童最常见的风湿免疫性疾病之一，主要表现为关节的慢性炎症，持续6周以上，并且排除其他引起关节痛的原因，特别是恶性疾病。幼年特发性关节炎需要专业的儿童风湿科医师谨慎诊断，确诊后需要长期的抗炎抗风湿治疗。如果不及时的诊断和治疗也会出现致残致畸，甚至丧失劳动力的严重后果，因此绝不容忽视。

关节痛的治疗还是要根据具体的病因来进行，如果明确是生长痛或一过性滑膜炎，可以采取局部按摩、制动等物理的方法，也可以用一些儿童的止痛药，当然这些都需要在专业的医生指导下进行治疗。

492 宝宝屁股后面有个小坑是怎么回事

宝宝屁股后的小坑可能是生理性的尾骨凹陷，是正常的生理发育现象，会随着宝宝的生长发育逐渐缓解。如果宝宝没有什么不适就没有问题，注意观察就可以了。家长可用心观察婴儿下肢自主运动情况，如果运动自如，一般属于正常。如果宝宝有下肢神经功能障碍等症状的话，就应该到正规医院进行

骶尾部磁共振检查。

一般首先要考虑是不是病理性的，比如脊柱裂，因为脊柱裂分为显性和隐性两种情况。如果凹陷部位皮肤完整，可排除显性脊柱裂。

如果怀疑隐性脊柱裂，最好通过B超或X线片观察骶尾部骨骼发育情况，正常的话就不用太过担心。

493 石膏固定及支具治疗时要注意什么

石膏固定及支具治疗是儿童骨科保守治疗中最主要的方法，能有效地固定患肢，起到减轻患肢受力、关节脱位复位后固定、保持肢体间正常位置、先天性畸形矫正、矫形手术后的固定作用。

儿童石膏及支具固定中最常见的并发症是骨筋膜室综合征和皮肤受压溃疡。在固定过程中需观察手指、脚趾循环，颜色是否发紫、发白、肿胀，是否可以活动，感觉是否麻木、疼痛。如有发生需立即就医，采取石膏切开、局部拆除石膏减压等措施，予以缓解症状，切勿拖延。同时也需保持石膏的干净卫生，防止石膏被污染；用软枕抬高患肢，加速肿胀吸收；石膏边缘及骨突处加强皮肤保护。

儿童石膏及支具固定中也应尽早进行功能锻炼，保持和恢复肌肉的力量，开始以手指（足趾）弯曲和伸直的活动为主，再到各个关节。保持石膏固定以外肢体的正常活动，以防关节僵硬。过程需遵循医嘱，循序渐进，切勿自行加大运动量。

体表外科及肿瘤

494 正确剪指甲预防甲沟炎

甲沟炎其实就是指甲两侧及后方的甲皱襞发炎。当手指有小伤口或接触刺激性物质后,甲皱襞原有的屏障保护功能被破坏,就可能使平时皮肤上的致病细菌进入指甲周围的软组织,进而造成感染。一些宝宝有咬指甲或吃手的习惯,也可能被口腔内的细菌感染。不同严重程度的甲沟炎处理方法不同。

(1)没有化脓的急性甲沟炎:一般可用温水或不含酒精的含碘消毒药剂浸泡,多数情况下只要保持双手清洁、干燥,通常可在几天内复原。如果情况比较严重,可应用外用抗生素软膏,或者在医生的医嘱下加用口服抗生素加强治疗。

(2)有脓包的急性甲沟炎:必须到医院由医生处理,通常需要切开引流脓液,达到控制感染和降低局部压力以缓解疼痛的目的。切勿在家挤脓或用未经正规无菌处理的针头挑破脓包。

(3)伴有嵌甲的甲沟炎:通常发生在大脚趾,患儿甲床过宽或指甲过小。嵌甲常见原因有不正确修剪指甲、穿不合脚的鞋、先天性畸形等,往往会有反反复复的甲沟炎发作,需要到医院求助专科医生进行甲床整形等治疗。

正确剪指甲能有效预防大多数甲沟炎。建议在泡脚或沐浴后进行指甲修剪,做到指甲刀专人专用,定期清洁消毒。标准的剪甲方法是水平直剪,并且至少让指甲白色部分留下1毫米长,避免向两侧甲沟处修剪。

495 轻度外伤的快速处理方法

划伤、擦伤或刺伤等轻度外伤即使不严重,第一时间的伤口处理也是重要的。正确清洁伤口有助于减少感染、疼痛和其他并发症。

接触伤口前清洁并干燥双手,以免皮肤表面的致病菌引起伤口感染。在伤口上放置无菌纱布或干净的布,压迫止血,不要来回擦拭血,以免导致进一步出血。如果纱布被浸透,不要移除,直接添加更多纱布,并保持施加压力,直至伤口凝结并止血。如果伤口持续出血,需要前往医院处理。

用清洁水冲洗伤口,以便观察伤口大小和严重程度。可用肥皂清洁伤口周围的皮肤,避免使用有刺激性的清洁剂。如果伤口较深,需要在流水下冲洗5分钟。检查伤口内有无异物残留,如果冲洗后仍有异物或者伤口深达骨头,或者手指、脚趾的关节活动障碍,需要马上到医院处理。

在伤口上涂一层薄薄的抗生素软膏,以预防感染。一些宝宝对某些软膏过敏,如果导致皮肤出现轻微的皮疹,请立即停止使用。

用足够大的创可贴或敷料绷带包扎伤口。如果是轻微划伤或刮伤可以不包扎。如果是金属物品弄伤、动物咬伤或者伤口污染较重，请及时前往医院处理，必要时需要注射疫苗。

在接下来的几天注意观察，如果肿胀或疼痛加重，伤口发红，可能是伤口感染引起。需要及时到医院就诊。

496 哪些疾病会导致出血性皮疹

皮疹是常见的症状，形态各异，有高出皮肤表面的如丘疹、荨麻疹、疱疹，也有不高出皮肤表面的瘀点、瘀斑和紫癜（出血性皮疹）等。同一疾病在不同患儿身上可出现不同的皮疹，同一种皮疹又可见于不同的疾病。因此，必须根据皮疹的形态、性质、分布、出疹先后，再结合有无发热和其他症状，综合分析病因。

出血性皮疹是由于皮肤和黏膜的血管中血液流出而积滞在组织内形成的。皮疹大小不一，如针头大小的圆斑称为瘀点，瘀点较大的称为瘀斑，出血较多而呈瘤状隆起的称为血肿。共同的特点是以手指压迫皮疹，颜色不变。

出血性皮疹的形态依病因不同而不同。常见的如血小板减少性紫癜，其特点是皮肤、黏膜有广泛的针尖大小的出血点，四肢较多，也可有全身性的出血斑或血肿；过敏性紫癜的皮疹虽可有红斑、荨麻疹、疱疹、血管神经性水肿等不同形态，但主要是大小不等的紫癜，一般略高于皮肤表面，多见于下肢及臀部，两侧对称；血友病是一种遗传性出血病，多在外伤后出现皮下、肌肉和关节点出血，出血量较多形成血肿；白血病患儿皮肤出血的

特点是以出血斑为多见，常伴有牙龈、口腔、鼻部出血和发热、贫血、关节痛等症状。

在出血性皮疹疾病中要特别重视的是败血症，尤其是流行性脑脊髓膜炎败血症。此病来势凶险，在起病数小时后迅速出现出血性皮疹，大小自针尖到直径一二厘米，形态多为星状，分布于全身，肩、肘、臀及其他受压部位更多。颜色初为淡红，后发展成紫红色，并融合成大片瘀斑。大片瘀斑的中央呈紫黑色，是坏死部分，由细菌栓塞毛细血管及毒素损坏血管壁所致。患儿发热并伴有此类出血性皮疹时，应立即去医院诊治。

497 血管瘤能自行消退吗

婴幼儿血管瘤是一种先天性的良性肿瘤，发病率约4%，在宝宝出生时多未出现，或是仅为轻微的扁平红斑，大多在出生后2～4周出现，表现为稍高出于皮肤的鲜红色斑块，女宝宝更多见一些，在早产儿中出现的概率较大。婴幼儿血管瘤常见部位是头、颈部，身体其他部位（包括内脏器官如肝脏、脾脏等）也可能出现。

血管瘤是一种可自行消退的良性肿瘤，可分为增殖期及消退期。增殖期为从出现到6月龄，血管瘤常增长较快，达到最大后逐渐稳定。消退期多开始于6～12月，约80%患儿可在2岁左右消退，最大至5岁可消退。

很多家长甚至部分医生都认为，血管瘤既然会自行消退，那么就不用治疗，任其自行消退。其实是否需要治疗是需要医师专业评估的，血管瘤根据累及部位、面积等不同分为高、中、低3个风险等级。

如果是低风险等级血管瘤，则不用着急，

可选择相对保守的治疗。发生在面部正中、面部较大血管瘤或者口周、鼻周、眼周等部位血管瘤均属于高风险血管瘤，需要积极干预和处理来控制血管瘤生长，以免影响美观和功能。

对于高风险血管瘤，如果不及时干预，轻者出现瘢痕影响患儿美观，生长迅速者可出现血管瘤破溃、感染、出血等严重并发症。发生在眼睑的血管瘤可形成弱视或散光，影响视力，外耳道血管瘤可以影响听力，发生在鼻部、气道部位的血管瘤可影响进食或者呼吸功能，如果快速生长，可能会造成气道阻塞，引起窒息，危及宝宝的生命。

很多家长担心血管瘤破溃，并出现流血不止的情况，其实这种担心是不必要的。大部分血管瘤破溃的概率和正常皮肤差不多；如果瘤体真的破了，那就要像处理普通伤口一样按压止血，并抗感染，一般不会出现流血不止的情况。

目前治疗血管瘤的方法包括口服普萘洛尔治疗、外用β受体阻滞剂治疗（包括噻吗洛尔、卡替洛尔等）、激光治疗、局部注射治疗及随访观察等。

498 宝宝也会得恶性肿瘤吗

婴儿及新生儿均可能发生恶性肿瘤，但是发病率较低，远不及成人恶性肿瘤发病率高。同时，小儿恶性肿瘤的发生部位、性质及病理与成人截然不同。

白血病是儿童最常见的恶性肿瘤，约占儿童肿瘤的 1/3；小儿恶性实体肿瘤发病率最高的为脑肿瘤、淋巴瘤，其次为神经母细胞瘤、肾母细胞瘤、肝母细胞瘤等。儿童肿瘤的

发病年龄与肿瘤性质也密切相关，0～5岁时白血病、脑肿瘤、神经母细胞瘤最常见，其次为肾母细胞瘤、肝母细胞瘤及软组织肉瘤，5～12岁期间各种肿瘤发病率相对较低，12岁以后，淋巴瘤、软组织肉瘤、骨肉瘤、甲状腺癌及生殖系统恶性肿瘤发病率逐渐升高。

与成人肿瘤形成的因素中环境因素更重要不同，儿童肿瘤更多与基因突变相关，但在环境污染加重的当今，这一因素也日益引起更多重视。宝宝得恶性肿瘤对一个家庭来说是个巨大冲击，家长们需要迅速去接受、面对现实，不能惊慌失措。随着医疗技术水平的不断发展，各种儿童恶性肿瘤的总体预后在不断地向好，部分治愈患儿可像正常宝宝一样生长、生活。当然这需要专科性医疗机构的评估及治疗，同时也需家长们的坚定信心。

499 警惕异常"青蛙肚"

家长们在日常给宝宝洗澡或抚摸熟睡中的宝宝时，如发现肚子较一般宝宝大（与宝宝本身较胖时不同），甚至摸到包块，就需提高警惕，因为很多疾病均可表现为腹部无痛性肿块，包括良性的和恶性的。

如宝宝便秘，常在左下腹可摸到成条或颗粒样的粪块；如宝宝肚子较大，在肚脐周围摸到类似装水的气球一样的肿块时，可能是大网膜囊肿、肠系膜囊肿、囊性畸胎瘤等囊性肿物；如果摸到女宝宝腹部脐下方有囊性肿物，需当心卵巢囊肿及卵巢畸胎瘤可能；如果在腹部中轴线上摸到较硬的肿物，畸胎瘤或淋巴瘤等实性肿瘤可能性大；如果在腹部肚脐上方左、右侧腹部摸到较硬的包块，需当心肾母细胞瘤及神经母细胞瘤可能。腹部肿块

的具体部位、质地、活动度、边界均可提示不同的疾病，这些需要专业的医生来判断。

对家长来说，只要觉得宝宝肚子有异常的包块，都建议带着宝宝到普外科做相应体检及影像学检查，以免延误疾病的早发现、早治疗。

500 畸胎瘤是良性的还是恶性的

畸胎瘤是由三种原始胚层的胚胎细胞异常发育形成的胚胎性肿瘤，它是婴幼儿较为常见的一种实体肿瘤。人体由受精卵发育而来，在受精卵分裂发育早期形成的细胞具有向各胚层发育的潜能，部分这种细胞分离、脱落下来，残留在其他的组织或腔隙内即可能形成畸胎瘤。这种具有多种分化潜能的细胞形成的肿瘤，80％左右为良性，约 20％ 为恶性。

畸胎瘤在骶尾部最多见，其次为腹膜后、卵巢或睾丸、纵隔、颈部、颅内等。畸胎瘤在各年龄段均可发生，因其发生部位不同及产生的症状不同，被发现的时间存在差异。部分患儿在胎内产检时即可发现，新生儿在出生时可发现骶尾部或颈部的畸胎瘤，婴幼儿期可因为腹部巨大肿块检查发现，部分患儿无明显临床症状，因其他疾病偶然筛查到卵巢或纵隔的畸胎瘤。

对于畸胎瘤的治疗，根据病理类型、部

位、临床分期，其治疗方案及原则稍有差异。如为良性，仅需手术切除即可；如为恶性，手术切除后还需化疗或放疗等综合治疗。总体来说，畸胎瘤预后较好，良性畸胎瘤除需注意手术完整切除时避免严重并发症，但术后亦存在复发可能，需定期复查随访 3 年；恶性肿瘤如发生转移，预后相对较差。

501 唯一可能自然消退的恶性肿瘤——神经母细胞瘤

神经母细胞瘤是小儿颅脑外最常见的恶性实体肿瘤，占所有儿童肿瘤的 8％ 左右，然而占所有儿童肿瘤死亡的 15％，但其也是唯一有可能自然消退的恶性肿瘤。

神经母细胞瘤由未分化的交感神经节细胞发展而来，与神经嵴的发育异常有关，因此凡是具有胚胎性交感神经节细胞的部位，即从颈部、纵隔、腹膜后、盆腔等均可出现。来源于肾上腺髓质及腹膜后交感神经节的神经母细胞瘤约占所有病例的 75％，故通俗来讲，来源于腹部最常见。

神经母细胞瘤早期并无明显特异性症状，当肿瘤较大时，在腹部可摸到肿块；转移到皮肤，可摸到小结节；转移至眼眶，出现"熊猫眼"；转移至肝，导致肝脏增大；转移至骨，出现骨痛。另有一些全身非特异性症状，如发热、食欲差、面色苍白、消瘦等。

特别提醒

如宝宝不幸长了神经母细胞瘤，家长们需要知道的是，不同的肿瘤部位、病理类型、临床分期、年龄、基因等多方面因素均可影响治疗效果。对于早期的肿瘤，仅手术即可达到 90％ 以上的治愈率，即使是晚期的肿瘤，其治愈率亦可达到 50％ 左右。全面详细地评估病情，采取最适宜的治疗方案，才能给宝宝最大的希望。

对于部分小于1岁的神经母细胞瘤IVs期患儿,可定期随访观察,期待其自然消退的可能性;对于部分极低危组患儿,手术切除即可;对于低危组患儿,需手术或加用少量的化疗;对于中危及高危组患儿,需采取手术及化疗、放疗、免疫治疗等其他综合治疗。随着医疗技术的发展,越来越多的新药及治疗方案可进一步改善神经母细胞瘤的治疗效果。

502 宝宝也会有卵巢囊肿吗

婴儿和青少年处于体内激素活跃期,卵巢囊肿病变十分常见,一般分为单纯性卵巢囊肿和复杂性卵巢囊肿。不同年龄阶段有不同的激素刺激状态,因此卵巢囊肿的临床表现各不相同。

大多数患儿并无症状,只是在体检时偶然发现。如果囊肿体积较大、囊肿扭转、囊肿内出血、囊肿破裂等,患儿可出现腹胀、呕吐、腹痛等症状。如果囊肿具有分泌激素的功能,患儿可出现性早熟等症状。小部分患儿在出生后不久甚至在产前检查时,即发现卵巢囊肿。

发现卵巢囊肿后,往往需要进一步检查(如抽血检测肿瘤标志物、性激素等,做B超、CT或MRI等检查),明确囊肿的部位、大小、个数、性质等,并且要了解对侧卵巢的发育情况。一般而言,目前的治疗方式趋于保守,提倡对无症状卵巢囊肿进行适当的随访观察,随访观察时间一般为2~3个月,没有症状的患儿可观察更长时间。如需要手术治疗的,尽量采用较小的手术干预,尽可能保留卵巢组织。如果患儿出现腹痛等症状,需及时就诊,在医院检查后若考虑伴扭转可能,应接受手术治疗。卵巢囊肿如处理及时得当,预后较好,极少数患儿因卵巢坏死或恶变,需切除或根治。

🍄 外科手术前准备及麻醉 🍄

503 给宝宝做手术必须"全麻"吗

现代麻醉学涉及临床麻醉、急救与复苏、重症监测以及疼痛治疗等多方面,平时常说的麻醉主要指临床麻醉与术后疼痛治疗。小儿临床麻醉是指用药物或其他方法使宝宝整体或局部暂时失去感觉,让宝宝在安静、无痛的状态下接受手术或其他检查治疗,同时在手术麻醉过程中全程监测宝宝的生命体征(如血压、心率、呼吸和氧合情况等),及时调控治疗宝宝自身疾病或者手术所导致的脏器功能失常,维持宝宝身体内部环境的稳定,为手术或检查提供良好的条件,为宝宝安全度过手术和术后顺利康复提供保障。

常用的麻醉方法有局部麻醉(局麻)和全身麻醉(全麻),局部麻醉包括局部浸润麻醉、神经阻滞麻醉和椎管内麻醉(即半身麻醉);

全身麻醉又分为仅通过静脉注射药物完成的静脉全麻和使用气管导管或喉罩完成的全身麻醉。麻醉方法的具体选择,需视患儿的年龄和病情、手术部位和要求及医院的设备条件而定。考虑到手术过程中宝宝的心理不适或恐惧,目前常用的方法是全身麻醉联合手术区域的局部麻醉。

与成人不同,绝大多数宝宝不可能在清醒的状态下安静、非常配合地完成一个外科手术或者内科的一些检查操作,手术当中的吵闹、挣扎等不适当的动作,不仅增加手术操作的难度,也增加了意外发生的可能性。因此,除了外科手术,部分宝宝的内科诊断性检查也需要在麻醉下进行。

504 全身麻醉会影响宝宝智力发育吗

全身麻醉的宝宝在手术麻醉期间会暂时丧失知觉,无痛感地接受手术,有些患儿出手术室时可能还有点昏昏欲睡的表现。这就使不少家长担忧:施行全身麻醉是否会影响宝宝的智力发育?

事实上,全身麻醉药物仅在手术期间暂时地影响相关神经的功能,这种影响随着药物作用的消失能够完全恢复,目前没有任何证据表明全身麻醉会对宝宝的生长发育造成影响。

有很多家长出于对全身麻醉的风险顾虑,会请求麻醉医生给宝宝使用最简单、极小量的麻醉药,或者希望仅仅使用一些镇静剂,其实这样并不安全。因为患儿在接受手术或检查操作时如果麻醉深度不够,会引发心率加快、血压增高等应激反应,强烈的应激反应会对宝宝造成伤害,反而更加危险。

505 为何麻醉前禁食很重要

为了保证宝宝安全地接受手术和麻醉,一般要求手术前禁食、禁饮一定时间。禁食、禁饮的具体时间要求根据患儿年龄、饮食情况、病情和手术需要决定。家长需要严格遵照医生嘱咐的禁食、禁饮时间。

部分麻醉药物,尤其是全身麻醉药,会使患儿的保护性咽喉反射动作如吞咽等减弱,甚至消失。患儿在麻醉期间可能因为胃内未消化完全的食物反流到咽喉,再被吸入气管而引起窒息。一旦发生窒息,会有生命危险。因此,术前禁食一定时间,使禁食前所吃的食物彻底消化后由胃排入肠腔,可防止手术麻醉过程中产生呕吐、误吸、窒息等危险。

禁食期间,家长应仔细检查患儿的衣服口袋,不可留有食物,以防患儿偷食。在手术前,患儿饮食不宜过饱或吃不易消化的食物,以免胃内食物残留。没有做好禁食准备的患儿将不得不延迟或暂停手术。对疑似外科急症又不能排除手术的患儿,也应在观察期间暂时禁食,避免急需手术时不得不进行洗胃的痛苦,并减少麻醉、手术时的危险。

506 小儿麻醉手术前要准备什么

麻醉手术前准备工作包括以下内容。

(1)家长应详细阅读术前的注意事项,听取医生对本次手术和术后可能发生的情况的介绍,按要求做好各种化验和检查。家长应听取麻醉医生对麻醉方法及术中可能发生的麻醉意外的介绍,配合麻醉医生完善术前准备。对可交流的患儿做好心理安抚,以解除患儿对施行麻醉的紧张恐惧心理,使其配合治疗。

(2)择期手术应在宝宝健康的情况下进行,凡有发热(肛温超过38℃)、感冒、腹泻等症状,应及时与医院联系,延期手术。对感冒痊愈未满一周、急性传染病后3个月内、慢性疾病病情尚未稳定的患儿,应暂缓手术。

(3)手术前应根据医生嘱咐禁食、禁饮,以避免因手术与麻醉的刺激使宝宝发生呕吐及呕吐物吸入气管导致窒息的危险。禁食前最后一餐宜吃易消化的食物。

(4)做好皮肤清洁工作,手术前一天要洗澡,更换衣服。手术区域及四周直径15厘米的皮肤区域要用肥皂擦洗干净。手或脚手术,需在手术前三天起开始做清洁工作,并剪指(趾)甲。头部手术,应按医生要求剃去头发。手术区域有脓疱疮、皮疹等皮肤疾患时,应在皮肤疾患痊愈后再进行手术。

(5)进手术室前,患儿身上的各类发夹、饰品、眼镜等都应取下,避免手术过程中这些硬物对宝宝身体造成伤害。同时做好患儿面部、口腔清洁工作,排尽大、小便。女宝宝请不要化妆、涂指甲油,若是长发,请用皮筋扎紧并侧边盘起。宝宝如有牙齿松动、缺损的,术前需告知麻醉医生。宝宝使用可脱卸牙箍(牙套)的,术前请取下牙箍(牙套)。

(6)如有麻醉手术史的,术前需告知麻醉医生既往手术麻醉情况。如有肌力异常者,术前也需告知麻醉医生。如宝宝有慢性疾病史,长期服用某些慢性病药物,术前需告知麻醉医生。术前是否可以继续服用药物需咨询麻醉医生。

507 小儿麻醉手术后该如何护理

小儿麻醉手术后的护理也至关重要,护理的好坏直接影响手术效果。一般应做好以下几方面的工作。

(1)宝宝手术后尚未完全清醒时应取平卧位,可在颈肩部适当垫枕抬高,使头稍后仰且将头部转向一侧。如果发生呕吐,应立刻把宝宝头偏向一侧,让他吐出来,并帮他把嘴里的呕吐物清理干净,防止误入到气管里。同时,注意观察宝宝的唇色,如果突然出现唇色青紫,呼吸困难,请立刻呼叫医护人员。

(2)和成年人不一样,大多数宝宝醒来后会哭闹。对于多数宝宝来说,一般经过父母的安抚会慢慢平静下来。如果术后宝宝嘴唇干涩,可用棉签蘸水滋润或使用润唇膏滋润口唇。

(3)全身麻醉的患儿术后完全清醒后才可稍进食流质饮食,如清水、果汁等,以后逐渐恢复原饮食习惯。考虑到宝宝胃肠功能弱,恢复慢,因此在术后进食应遵行"少食多餐、高蛋白、易消化"的饮食原则。不要因宝宝禁食过一段时间,又进行手术等因素而短时间内给予患儿大量饮食("补营养")。

(4)术后1~3天宝宝发热是常事,因此每天应测量体温,超过38℃以上时需及时告知医护人员。宝宝在区域麻醉后,或下腹部或会阴部切口疼痛时,常可能发生排尿困难,一般可采用热敷治疗。术后腹胀可经灌肠缓解,同时早期起床活动也有助于预防腹胀。宝宝在进行神经阻滞术后,若发现接受阻滞侧肢体有渐进性或长时间的肢体麻木无力,应及时就医咨询。

(5)一般腹部手术的宝宝术后应早期下床活动,活动可以增加肠蠕动,增进食欲,促进伤口愈合，预防肠粘连。

508 小儿手术后疼痛可以用止痛药吗

术后随着麻醉药物镇痛作用的消失，手术伤口出现不同程度的疼痛会导致宝宝哭闹。对于程度较轻的疼痛，宝宝一般都能耐受，仅极少数需要使用镇痛药。家长可利用调整舒适的体位，对宝宝进行安抚、嬉戏、讲故事等转移注意力，有效缓解疼痛。安抚效果不佳的，也可通过口服或肛塞镇痛药来减轻痛感。

对于一些创伤较大的手术，建议患儿使用镇痛泵，电子镇痛泵可智能控制镇痛药的持续输注速度，以缓解患儿疼痛。此外，对于疼痛部位进行局部神经阻滞也是缓解疼痛的有效办法。部分进行椎管内麻醉的大龄儿童在麻醉过后可能会产生腰腿疼的现象，一般术后一周左右会缓解消失。术后24小时后热敷处理，可适当缓解不适感。若症状加重伴有行动异常，应及时就医咨询。

第七讲　防病治病——皮肤和五官

🍄 皮肤的常见症状和疾病 🍄

509 怎样保护宝宝娇嫩的皮肤

宝宝皮肤的特点是薄嫩，与成人相比，年龄越小，皮肤厚度包括脂肪层越薄，加上汗腺、皮脂腺发育未完善，体温调节功能未成熟，因此皮肤对外源性刺激、微生物更敏感，但细胞更新速率快，伤口愈合更快。

保护宝宝皮肤需要注意以下几点。婴儿的衣服选宽大柔软的，不要有纽扣；洗澡用品要专用，勤洗澡，保持皮肤清洁，特别是在外阴、腋窝等薄弱部位，水温不宜过高；婴幼儿期勤换尿布，每次排便后用温水清洗臀部，用含氧化锌的护臀膏加强保护，避免排泄物刺激而引起尿布疹或红臀；根据宝宝皮肤的干燥程度、环境温度湿度选用不同质地的润肤剂，保护皮肤；要注意防晒，特别是容易过敏的宝宝，这和通过晒太阳获取维生素 D 并不

矛盾，只要尽量避免每天上午 10 点到下午 2 点间外出，外出戴帽子、撑伞即可。

510 宝宝得了奶癣怎么办

婴儿湿疹，俗称奶癣，是一种常见的皮肤病，没有传染性。奶癣不是因为环境潮湿造成的，更不是因为母乳喂养造成的，其病因和发病机制复杂，一般认为可能是遗传与环境因素互相作用而产生。各个年龄段都可以发生，约一半以上奶癣于 1 岁内发病，以出生 2 个月以后居多。常常从眉毛、面颊开始出现，可以迅速扩展至身体其他部位，进入儿童期，湿疹常局限于肘弯、膝弯处，其次为眼睑。得了奶癣的宝宝，常常觉得无比瘙痒，严重者甚至影响睡眠。

特别提醒

有的家长喜欢用母乳为婴儿治疗皮肤病，但其实母乳营养丰富，易滋生细菌，涂在宝宝的皮肤上反而会堵塞毛孔，容易引起感染。

家长首先要注意保持宝宝所处环境不要过热，避免阳光直射，洗澡水温以32～38℃为宜，每次10～15分钟，适当使用沐浴露，浴后立即使用润肤剂，每天多次，保持皮肤滋润。其次要注意观察宝宝有无对食物、花粉、尘螨等过敏，对于明确过敏的食物尽量避免，但也不要过度忌口，以免造成营养缺乏。宝宝觉得痒时，不要让宝宝用手抓，以免引起皮肤感染，可将宝宝的小手置于手套内，手套勤清洗，保持干净，衣物选择宽松全棉的。

在医生指导下规范使用糖皮质激素药膏治疗奶癣，可以尽量避免产生不良反应。切不可闻激素色变，罔顾宝宝瘙痒难耐、寝食难安；更不要道听途说，购买宣扬不含激素的"中草药药膏"，实则含有激素，使用后容易产生如激素依赖性皮炎等后遗症。奶癣情况严重的，还可口服抗过敏药等综合治疗。

511 宝宝脸上怎么会长"白斑"

经常有家长带着宝宝来看脸上的白斑，担心会不会是"虫斑"或"白癜风"。其实，这是儿童和青少年时期常见的一种皮肤病——白色糠疹。

白色糠疹多见于面部，少数可出现在颈部和上肢。早期表现为圆形或椭圆形的淡红斑，之后逐渐转变为浅色斑，边界不清，表面干燥、粗糙，有少量灰白色细小皮屑。皮损数目不一，通常为多发，两侧面部均有，无明显痛痒。病程通常较长，多持续数月或更久。

白色糠疹的病因不明，在过敏肤质的宝宝中更常见。目前认为可能和维生素缺乏、紫外线照射等有关。传统医学认为与肠寄生虫有关，但很多患儿在驱虫治疗后白斑未见消退。通常经过一个夏天的日晒后，正常皮肤会被晒黑，而白斑的部位仍然是白色，这样黑白色差就更明显了。因此，在暑假过后，很多家长会带着宝宝来就诊。有些家长会比较担心宝宝是不是得了白癜风，可以到医院用伍德氏灯照照看，来帮助区别。

那宝宝得了白色糠疹应该怎么治疗呢？部分病情较轻的患儿不需要特殊药物治疗，只要做好皮肤的保湿和防晒工作，白斑会慢慢自行消退。白斑比较多、比较明显的宝宝可以适当口服补充点B族维生素，除了保湿和防晒外，外涂他克莫司、吡美莫司软膏有一定的效果，也可以短期外涂弱效激素药膏。

512 出汗多长痱子了怎么办

痱子是夏季或炎热环境下儿童常见的浅表性、炎症性皮肤病。主要因在高温闷热的环境下，大量的汗液不易蒸发，使汗腺导管变窄或阻塞，导致汗液潴留、汗液外渗周围组织，从而形成丘疹、水疱或脓疱。一般好发于皱褶部位，如颈部、腋下，或汗腺分布较密集的部位，如背部等处。

根据汗腺导管损伤和汗液溢出的部位不同，临床上主要分为4种类型。

（1）白痱：常见于高热大量出汗、长期卧床、过度衰弱的患儿。皮损表现为针尖至针头大小的小水疱，疱壁菲薄，疱液清亮，水疱周围无明显红晕，水疱经轻轻擦拭后很容易破溃流出透明疱液。水疱可自行干涸、脱落，留有细小鳞屑。一般无明显自觉症状，可自行好转，无需特殊处理。

（2）红痱：通常急性发病，经常为受热后

出现，是最常见的类型。皮损表现为成批出现的、圆而尖形、针尖大小的密集丘疹或丘疱疹，周围有轻度红晕，无明显水疱。自觉轻度烧灼感、刺痒感，部分皮疹消退后可有轻度脱屑。可局部外用清凉粉剂如痱子粉外扑，或用清凉止痒洗剂如炉甘石洗剂等对症处理。家长使用痱子粉时需注意避免"粉尘"扬起，被宝宝吸入而损伤呼吸道。若痱子粉在宝宝皮肤皱褶部位结块、粘合，需要及时清洗掉该部位的痱子粉，以免不利排汗反而加重病情。

（3）脓痱：通常由红痱发展而来，表现为红痱基础上较密集的、丘疹顶端有针尖大小的浅表脓疱，外周有轻度红晕。脓疱壁较薄，破溃后可见黄色脓液。脓痱可外用抗生素软膏，如莫匹罗星软膏等。若皮疹范围较大，出现糜烂、破溃，或伴有发热，出现淋巴结肿大等症状，应及时至医院就诊治疗。

（4）深痱：见于严重和反复发生红痱的患儿。皮损表现为密集的皮色小水疱，疱液清亮，但不易擦破，出汗时增大，不出汗时缩小。若皮疹泛发时，全身皮肤出汗减少或无汗，面部、腋下、手足可有代偿性出汗增加，严重者可造成热衰竭，出现乏力、困倦、眩晕、头疼等症状。应及时医院就诊。

513 不可轻视的脓疱疮

脓疱疮俗称"黄水疮"，是儿童最常见的细菌感染性皮肤病，主要由金黄色葡萄球菌或溶血性链球菌感染所致。一般温度高、湿度大、外伤、搔抓、免疫功能低下等因素均可诱发本病。

脓疱疮主要发生在口周、外鼻孔、耳廓和四肢暴露部位，多为患儿可以搔抓到的部位，在春夏季，尤其是闷热潮湿的季节多发。脓疱疮起初主要表现为红色小斑点，迅速发展成脓疱，周围有明显的红晕，疱壁菲薄、易破溃、糜烂、流出脓液，被脓液波及的正常皮肤迅速产生新的脓疱疮，脓液干燥后形成蜜黄色的厚痂。自觉瘙痒，因此皮疹分布与患儿搔抓明显相关，即"脓水流到哪儿疹子发到哪儿"。

得了脓疱疮，最主要是避免搔抓，受累部位不能碰水、擦拭，以免因搔抓、擦洗、洗澡碰水后扩大脓液的接触面，使病原菌因自体接种而蔓延，从而波及正常皮肤，发生新的脓疱疮。

治疗脓疱疮首先应擦净脓液，将脓疱中脓液尽量挤压吸净。若有黄色厚痂，可去除痂皮，然后用75%酒精或碘伏外涂消毒患病部位，并擦净周边，切记注意不可有液体流下。可外涂莫匹罗星软膏、金霉素软膏等抗

特别提醒

此外，确诊是药物过敏后，需要把导致过敏的药物记下来，以后需要用药时主动向医生提出。最好详细记录药物全称和剂型，例如头孢克洛胶囊、注射用阿莫西林克拉维酸钾等，而不应含糊地告知医生"头孢类"或者"消炎药"过敏。生活中最好把服药种类、时间都及时记录下来，以备日后查询。

感染的外用药。若皮疹范围较大、糜烂、破溃明显，或伴有发热，出现淋巴结肿大等症状，应及时至医院就诊治疗。需注意，少数病情严重者可引起败血症或急性肾小球肾炎，因此千万不要小看脓疱疮。

脓疱疮宝宝建议隔离治疗，防止其在托幼机构等儿童聚集部位造成流行和蔓延。且家长需要告诉宝宝，不能摸或抓脓疱疮的糜烂面和脓液。

514 药物过敏的皮疹有什么表现

任何药物都有可能引起皮肤发疹，主要有解热镇痛药、磺胺类药、抗癫痫药等。

药物过敏的皮疹表现多种多样，因其可以模仿多种皮肤病的表现，所以位列皮肤科"臭名昭著"的四大模仿性疾病之一。目前从皮疹表现对药疹分类，轻型的例如荨麻疹型、猩红热或麻疹样发疹型、多形红斑型、紫癜及湿疹样型、固定性药疹等。重型药疹则包括红皮病型、急性泛发性脓疱病、重症多形红斑、中毒性表皮坏死松解型药疹等。药疹多在治疗开始后 7~14 天出现，也可以在停药几天后出现。也有一些药物如卡马西平、别嘌呤醇、苯巴比妥等，潜伏期较长，一般在用药 3~4 周后发生。另外，即使治疗开始前药物皮试为阴性（例如青霉素类），也是有可能出现过敏性药疹的。

宝宝出现药物过敏后，首先需要停用可疑药物，多饮水以促进药物排泄。多数情况下，停用药物后 1~2 天皮疹是可以缓解的。若皮疹严重，出现发热、瘙痒、胸闷、气喘、全身不适等症状，则需要即刻就诊。确诊是药物过敏后，轻症者可使用抗组胺药物、维生素C，或者钙剂；重症者则需要加用糖皮质激素类药物，例如强的松、甲强龙、地塞米松等，密切监测肝肾功能、电解质、血压等指标。外用药根据皮损种类不同可选择使用湿敷，或涂粉剂、乳膏等。

515 发"风疹块"仅仅是因为过敏吗

风疹块的学名是荨麻疹，是儿童皮肤科最常见的过敏性疾病之一。荨麻疹是由于皮肤、黏膜小血管扩张及渗透性增加而出现的一种局限性水肿反应，表现为皮肤突发大小不等的风团样皮疹，多伴瘙痒，也有部分患儿只有局部皮肤或黏膜血管性水肿，或水肿性红斑表现。儿童患病率为 15%~20%。

病程发生在 6 周以内的为急性荨麻疹，多数可找到病因；但病程反复超过 6 周即为慢性荨麻疹，慢性者病因很难很快明确，需要详细询问病史及家族史，结合必要的实验室检查，帮助寻找可能的病因和诱因。小儿风疹块原因较复杂，可将病因分为外源性和内源性。外源性因素多为暂时性，常引起急性荨麻疹。其中由感染引起的急性荨麻疹宝宝比成人更常见。常见外源性因素如下。

(1) 对某些食物及食物添加剂过敏：常见动物性食物如鱼、虾、蟹、羊肉、牛肉、变质的蛋类；植物性食物如香菇、蘑菇、木耳、竹笋、菠菜；热带水果如芒果、菠萝、桂圆、猕猴桃及草莓、李子等。

(2) 对某些药物过敏：最常见有青霉素类的阿莫西林-克拉维酸钾、头孢类如头孢哌酮、头孢曲松等，以及磺胺类、多粘菌素、血清制剂、疫苗等，还有退热消炎镇痛药，如布洛芬、阿司匹林。以上均易引起免疫反应，导致荨麻疹发作。

(3) 感染因素：在小儿风疹块中，由感染引起的不可忽视，由于宝宝免疫系统功能尚不完善，群体活动较多，更易引起病毒、细菌及其他病原体感染，所以需要进行血常规检查明确有无感染。

(4) 物理刺激：有人工荨麻疹（皮肤划痕症），即手指搔抓或划后，数分钟后皮肤局部形成条状风团；冷热刺激，遇到冷空气、冷水，或局部受热后，在接触部位形成风团；日光刺激，暴露于紫外线或可见光后局部形成风团；另有一种较少见的物理性荨麻疹，皮肤受振动刺激后局部出现红斑或水肿，即为振动性荨麻疹。

(5) 植入物及运动等影响：如医疗用植入物（骨科器械、心脏疾病的植入物）的刺激引起反复发作的风团块；运动导致产热，刺激皮肤而发作风疹块。

内源性因素多为持续性，易引起慢性荨麻疹。常见以下原因：慢性感染及全身性疾病，包括体内慢性感染灶如幽门螺杆菌感染、慢性扁桃体炎、咽炎、鼻窦炎、齿及牙龈疾病、病毒性肝炎、寄生虫感染等；部分系统性红斑狼疮、淋巴瘤、类风湿性关节炎、过敏性结肠炎也会有慢性荨麻疹表现。对吸入尘螨、花粉、灰尘、真菌孢子、动物皮屑等过敏者，易引起风疹块反复发作，且常伴有呼吸系统过敏性疾病，如哮喘和过敏性咳嗽。精神因素如易怒、精神紧张、饮食、睡眠规律改变、疲劳等。

516 风疹块有哪些特点

宝宝常先感到皮肤瘙痒，很快皮肤出现风团，即风疹块，呈红色、皮肤色或苍白色，大小、形状不一，任何部位都可发生，皮疹可互相融合成大片，或呈地图状。少数宝宝可仅有水肿性红斑，或某些部位血管性水肿，血管性水肿常发生在口唇、眼睑、外生殖器、头皮。也有部分宝宝无明显瘙痒。

风团持续数分钟至数小时后可自行消退，退后不留痕迹，这是荨麻疹一个重要特点。皮损反复发作，时起时落，以傍晚发作者多见。部分患者可有其他系统受影响，儿童常见消化道受累，可出现腹痛、恶心、呕吐及腹泻等症状；呼吸系统受累，则可出现喉头水肿喘鸣、胸闷、气促、呼吸困难，甚至窒息而危及生命。因此，只要出现以上任何一个症状，都需要立即到医院就诊，以免发生严重后果。

宝宝一旦发生了风疹块，应及时就诊，明确原因，给与相应抗过敏、抗感染及对症治疗，预防迁延成慢性荨麻疹；而确诊为慢性荨麻疹后，应该积极配合医生，寻找病因、避免诱发因素最为重要，需规则使用抗过敏药，根据病情联合用药或加用免疫调节剂等。

特别提醒

预防虫咬皮炎要做到春夏季节尽量少去草丛、花园等蚊虫聚集的地方,特别是在夜晚。如果夜晚难以避免外出的话,可以给宝宝穿上长衣长裤,并且涂搽一些儿童防蚊虫的药物。如果旅游、野外活动回家,注意检查宝宝身上是否有"黑痣"样的不明之物(可能是蜱虫)。

517 被虫咬了该怎么处理

宝宝被虫咬,轻则一个包或水疱,重则有大疱、红肿、剧痒等各种表现。虫咬皮炎多见于春夏季节,由于儿童皮肤娇嫩,容易招虫如蚊子、跳蚤、蜈蚣、黄蜂、桑毛虫、蜱虫等叮咬,而且现在过敏体质的宝宝增多,虫咬后往往表现得比较严重。

虫咬皮炎好发于暴露部位,如头面部、四肢。常表现为皮疹中央有一咬点,或者是水疱,周围略红肿,也可表现为出血点、丘疹,或风团等。自觉痒或刺痛,严重的表现为大疱、红肿,皮温高,瘙痒剧烈。黄蜂、蜈蚣等虫咬后,由于毒素反应可能会出现严重的过敏反应,除虫咬部位红肿、皮温高,瘙痒、疼痛剧烈,还可能伴有呼吸困难、全身冷汗等症状,需要立刻到医院急诊。

出现虫咬皮炎,家长切记不能用热水浸泡或敷,可以涂炉甘石洗剂止痒;如果继发细菌感染,可用莫匹罗星软膏或复方多粘菌素B软膏消炎,用生理盐水湿敷消肿,同时口服氯雷他定或西替利嗪抗过敏。如果出现呼吸困难、全身冷汗等严重过敏反应,需要医院急诊抢救治疗。

少见的蜱虫叮咬在近几年也增多了不少。常在外出回家后,家长发现宝宝身上突然出现一颗"黑痣",仔细一看还会动,周围皮肤出现明显红肿。出现这种情况,切忌硬拉、硬扯蜱虫,最好马上去医院就诊,在专业皮肤科医生指导下处理伤口。之后密切观察宝宝是否出现发热、没有力气、肌肉酸痛、身上出现红疹等情况,如果有上述情况,应及时就医。

518 被误会的"上火"

单纯疱疹很常见,常被误诊为"上火",本症由单纯疱疹病毒(HSV)所致,分为Ⅰ、Ⅱ型。尽管多数单纯疱疹有自愈性,但误诊误治可造成不良后果。

单纯疱疹最常见的表现为皮肤或黏膜上密集成群或数群针尖大小水疱,有疼痛、灼热或轻微的痒感,主要见于面部,以口腔和唇部最常见,因此常被当做"上火"。水疱破溃后糜烂、渗液,逐渐干燥结痂,一般7～10天后痊愈。其他部位也可见到,如鼻孔、眼周、前额、面颊,甚至手指(疱疹性瘭疽),发生在咽部为疱疹性咽炎,如发生在生殖器部位,则称为生殖器疱疹。反复发作的患者,每次发的部位基本相同,第一次发会比较重,复发会比较轻,而且多数人越发症状越轻。

单纯疱疹临床上分为原发性和复发性两大类。原发性单纯疱疹有时会有严重后果,最好带宝宝来医院积极治疗。疱疹性齿龈口腔炎可造成发热并影响进食;疱疹性角膜结膜炎可引起失明;播散性单纯疱疹可造成内脏损害,如肝炎、脑炎等,严重者危及生命;新生儿疱疹死亡率高,易遗留永久性大脑功能障碍。

复发性单纯疱疹即使不治,一般 7～10 天也会自愈,反复发作的复发性单纯疱疹可用内服或外用抗病毒药物。刚发病时,患处会很痒,宝宝易刻意去摸,这样会加快病毒繁殖,因此尽可能不让宝宝去摸,也不要用手去触碰或将患处放入口中咬,否则病毒会因为宝宝的触碰而传染到其他地方。

单纯疱疹的诱发因素包括发热、上呼吸道感染、暴晒、局部损伤、消化不良、生活不规律、睡眠不足等,引起身体抵抗力下降的原因都有可能诱发。因此,预防单纯疱疹需要尽量避免这些诱因,并让宝宝加强身体锻炼,提高免疫力。

519 不痛不痒却易传染的"水瘊子"

传染性软疣又名"水瘊子",好发于儿童及青少年。初起为无自觉症状的白色、有光泽、半球形的小丘疹,不太容易引起注意。然后小丘疹逐渐增大、变多,典型的皮损是圆圆的,或者椭圆的,中央微凹如脐窝,有蜡样光泽。挑破丘疹顶端后,可挤出白色乳酪样物质,称为软疣小体。皮损数目不定,或散在,或簇集,除了褶皱和易摩擦部位如臀沟、耳后等区域外,疣体一般互不融合。可发生于身体任何部位,但最常见于面部、颈部、躯干、下腹部及臀部和外生殖器部位。

传染性软疣是由传染性软疣病毒感染引起,主要是通过直接接触感染。最常见的是用沾了病毒的手去抓挠皮肤,在抓挠处"种上"病毒,其次是在公共浴室和游泳池中感染,还有"自体接种"——即抓挠自己身上的

软疣后再抓其他部位,导致其他部位的感染。此外,使用被软疣病毒污染的搓澡巾搓洗皮肤也是常见感染原因之一。

由于不痛不痒,传染性软疣比较容易被人忽视,等到发现的时候往往已经长了很多。虽然本病也有自限性,但是往往需要数月甚至数年,而在此期间,作为"传染源"可能已经多次传染给自己和他人,因此,最好的处理方式还是早发现,早治疗。

目前首选的治疗方式以手术拔除为主,用特制的小镊子把"软疣小体"挤出来并且拔掉。术后需要烫洗患者的毛巾以及所穿的贴身衣物,一周内避免伤口碰水,可以用酒精或碘伏棉球消毒伤口并外用抗生素软膏。如果术后又有新疣长出,需马上就医以避免新一轮自体接种,一般治疗 3～5 次即可痊愈。如有软疣反复发作、皮损数量巨大,需考虑免疫力低下,可酌情配合调节免疫药物治疗,必要时进一步检查免疫功能排除某些免疫缺陷性疾病。

为防止本病的发生,应养成良好的卫生习惯,勤洗手,不要乱穿别人的衣服,尤其不要用别人洗澡的毛巾、搓澡巾等。游泳后应及时清洗皮肤,毛巾、澡巾需要按时清洗消毒。

520 血管瘤与胎记有区别吗

血管瘤是婴幼儿常见疾病,女婴发病率约为男婴 3 倍。大部分发生在生后或生后几周内,这种"红色胎记"常常给初为人父母的家长带来很大困扰。

目前血管瘤的发病原因和机制尚不清楚,家长都闻"瘤"色变。其实,血管瘤属于良

性肿瘤，但是也不必过度担心，因为血管瘤有独特的生长周期，大部分血管瘤最终会慢慢进入自行消退的过程。

胎记和血管瘤是不同的，胎记可分为痣、斑痣及酒红斑，多在出生时即出现。痣常由痣细胞组成，大小不一，一般随宝宝生长而长大，不会引起其他问题，发展成恶性黑色素瘤的可能性极低，需注意观察，定期到皮肤科就诊，必要时需手术切除。斑痣及酒红斑少见，且多为毛细血管畸形，斑痣多位于头面颈部，颜色较浅，生后几年内可逐渐消退，但宝宝哭吵生气时可被看到。酒红斑在出生时颜色较深且不会消失，虽年龄增大，颜色逐渐加深，可合并相关畸形，需到医院行相关检查，必要时可激光治疗。

521 红屁股是怎么形成的

红屁股即红臀，又称为尿布皮炎，是一种婴儿中常见的皮肤炎性病变，发生在婴儿尿布包裹部位，呈局限性片状红斑、丘疹、斑丘疹、水疱、糜烂等表现。

宝宝长期包裹尿布，封闭的环境和尿液残留导致皮肤含水量过高，造成局部潮湿浸渍。尿布区皮肤表面残留的粪便中含有尿素酶，会催化尿素分解生成氨气，连同特殊的封包环境，催化生成很多刺激物，从而导致红屁股的情况。尿布区皮肤表面常见白色念珠菌和金黄色葡萄球菌，在温热、潮湿的碱性环境下，各种病原体增殖迅速，容易继发感染，加重皮炎症状。

红屁股的皮损表现为淡红斑和少量鳞屑，也可为带有光泽的粉红色丘疹、斑块或结节，重者可以发生糜烂、溃疡甚至继发感染，可累及腹壁、大腿内侧面、生殖器区、臀部。

轻度潮红时，可以外用氧化锌软膏、鞣酸软膏，出现丘疹可以外涂特比萘芬或联苯苄唑；发生糜烂时，尽量用生理盐水清洗，外喷贝复济，再外涂莫匹罗星或者夫西地酸。减少尿布的使用时间，尽量在空气中充分干燥皮肤，及时更换尿布，使用质地柔软、吸水性强和防回流的"尿不湿"对于预防红屁股至关重要。过久残留的粪便是最具刺激性的，尤其是发生感染性腹泻时，单纯的粪便残留即可诱发红臀。因此，及时清理粪便尤为重要。

眼病与眼睛的护理

522 怎样观察宝宝的视力发育

人类的视力发育是一个渐进的过程，视觉神经系统在出生后不停地发展变化。研究显示，视力到8岁左右才基本发育完全。正

常情况下宝宝刚出生时即出现对光反应，在初生的一周内，宝宝只能看到距离眼睛8～15厘米的物体，眼睛可以随着物体的移动而缓慢转动。满月后的宝宝通常可以看清15～30厘米外的物体，会短暂注视抱他的

人。3月龄时两眼可以随物体移动180度，对颜色的敏感度也有所上升，喜欢艳丽的颜色。4~6月龄的宝宝能看到自己的手，可以追踪移动的物体，眼与手的动作也协调起来了，能伸手去抓看到的东西，此时宝宝的视力约为0.1。1岁时幼儿的视力进一步发展，手、眼及身体的协调更自然，此时视力约为0.2,2岁视力为0.4~0.5,3岁为0.5~0.6,4岁为0.7~0.8,5岁为0.8~1.0,6岁为1.0或以上。

婴幼儿期是视觉发育的关键时期，任何不利因素都会影响宝宝的视功能发育，比如先天性白内障、角膜白斑、眼睑下垂以及近视、远视、散光、外伤等，因此判断婴幼儿的视力是否正常很重要。如果发现宝宝视力有问题，应及早到医院检查，以免耽误最佳治疗时机。

婴儿既不会诉说"看不见""看不清"，又不能配合做一般视力检查，家长做到细心观察就十分重要，应当对下述异常表现特别予以重视。

宝宝对光照无反应，面部不转向明亮处；对周围事物表情淡漠，家人不说话或玩具不发出声音时，就不能吸引宝宝；一侧或双侧瞳孔上出现白色的东西；角膜上出现白色絮状物；双侧瞳孔大小不等；眼球偏向一侧或出现斜视，或双眼不能看同一个方向；头一直异常地斜向一个特殊的方向；一侧或双侧眼睑下垂等。

3岁以上的宝宝视力已逐渐成熟，这一阶段如果宝宝视力异常会有明显的征兆，比如喜欢近距离看书或看电视，常抱怨看不清楚；看东西喜欢眯眼或歪头；喜欢揉眼睛；看书时喜欢趴在桌面，或遮一只眼，或斜着头；对视觉活动特别不感兴趣。

523 小婴儿流泪可能有异常情况

刚出生的婴儿泪腺不发达,3个月以内的婴儿哭的时候眼泪较少，甚至不流泪。如果小婴儿发生流泪，最常见的原因有以下几种。

(1) 炎症刺激：比如结膜炎或泪囊炎等，因为婴儿自身抵抗力较差，所以病毒或细菌侵入、鼻腔炎症、感冒等都会引起眼部炎症的发生，炎症刺激会造成婴幼儿眼红、流泪或伴发分泌物增多的症状。当宝宝出现这些症状后，应及时就医，查明原因，对症治疗，一般可以用抗生素眼药水治疗，每日3~4次，平时也可以多注意宝宝眼部的卫生，不要让宝宝揉眼睛。

(2) 泪道狭窄或阻塞：婴儿出生后鼻泪管发育不良或鼻泪管阻塞，眼泪通过鼻泪管不能进入鼻腔，而导致流泪的症状。如果伴发感染，除了流泪还存在分泌物增多，造成新生儿泪囊炎，并发感染可以用抗生素眼药水治疗，每日3~4次。如果仅存在流泪不伴有分泌物，可以坚持进行局部按摩（即用手指有规律地压迫泪囊区），大多数新生儿泪道狭窄或阻塞可随着年龄增长而自愈，一般不进行手术治疗，半岁以上未自愈者，可以考虑进行泪道探通手术。

(3) 睑内翻倒睫：睫毛倒向生长摩擦刺激角膜，可导致畏光、流泪、分泌物多等表现。婴儿时期发生倒睫，常见的原因是先天性睑内翻造成的，主要是由于鼻梁部发育不全、睑缘眼轮匝肌肥厚或睑板发育不全等原因引起的下睑内翻。随着年龄增长，面部及鼻梁发育，部分患儿可自愈。如果婴幼儿的畏光、流泪等刺激症状明显，早期可用药物治疗,4岁后可考虑手术治疗，严重的睑内翻倒睫可将手术年龄提前。

524 麦粒肿和霰粒肿是不是一回事

麦粒肿和霰粒肿虽然发病部位相同,体征也相似,但简而言之,痛的是麦粒肿,不痛的是霰粒肿。麦粒肿是急性化脓性炎症,霰粒肿是慢性肉芽肿性炎症。麦粒肿急性起病,眼睑皮肤局限性红、肿、热、痛,有时会出现黄白色脓点,破溃排脓后疼痛缓解,红肿消退。而霰粒肿病程缓慢,眼睑皮下可触及一至数个大小不等的圆形肿块,边界清楚,无压痛,小型肿块可自行吸收。

麦粒肿和霰粒肿名字只差一个字,麦粒肿破溃排脓不净或炎症局限会转归成为霰粒肿,霰粒肿继发感染可演变成麦粒肿。得了这两种病,首先要保持清洁,严禁用手揉眼睛,以免加重感染;其次要及时就医,按时使用药水、药膏,以免炎症扩散;热敷可促进炎症吸收,但肿块表面已破溃的不推荐此方法,以免感染加重;必要时应当及时听从医生建议手术治疗,避免瘢痕增生,造成睑外翻终身遗憾。

这种眼部疾患应当预防为主,平时保持清洁;饮食健康,忌重口味,少吃甜食,生活规律;每天常规热敷按摩,促进睑板腺分泌物排出,避免淤积。

525 宝宝的眼睛也会过敏

很多家长会带宝宝到眼科门诊,说宝宝最近频繁眨眼、揉眼睛,尤其是春秋季更多。其实这可能是过敏性结膜炎,是眼部的过敏性反应。很多宝宝一经医生诊断为过敏,家长就会惊呼:眼睛也会过敏?没错,眼睛的过敏就是指结膜过敏。眼睛经常与空气接

触,易与空气中的致敏原如花粉、尘螨、动物毛发接触,发生过敏反应,表现为眼痒、眼睛充血、少量分泌物,症状严重的甚至会出现畏光、流泪。过敏性结膜炎易在干燥、温热的环境下发生。

然而,这并不是"红眼睛"。"红眼睛"特指急性感染性结膜炎,表现为眼睛充血严重,伴有大量脓性分泌物,甚至宝宝早上起床时眼睛都被分泌物糊住,睁不开。"红眼睛"是感染性炎症,具有很强的传染性,是需要注意隔离的。因此,"红眼睛"的宝宝不能去上幼儿园或上学,而过敏性结膜炎是自身的免疫反应,不具有传染性,不需隔离。但是,由于过敏时眼睛痒,宝宝会经常不自觉地揉眼睛,一不小心就会把手上的细菌揉到眼睛里,引起感染。因此,过敏期间更要注意勤洗手,尽量少揉眼睛,避免感染。

那么过敏性结膜炎应该怎么治疗呢?首先应该避免接触过敏原,花粉、柳絮多的时候尽量减少外出,避免到灰尘多、动物毛发多的地方。眼睛痒、红肿急性发作的时候可以湿冷敷,抑制血管扩张,减少局部过敏因子的释放。同时,使用抗过敏的眼药水和人工泪液可以有效缓解过敏症状。

然而,过敏反应由于是自身免疫疾病,不能根治。过敏性结膜炎常在特定的季节环境反复发作,在发作期前期预防用药,发作期积极用药对症治疗即可。

526 什么是屈光不正

人的眼球就像照相机,光线通过外部、透过"镜头"传到内部的"胶片"上,"镜头"就是眼球里面的晶状体,而"胶片"就是眼底的视网

特别提醒

> 戴镜本身并不会对屈光不正,也就是眼球的形状造成什么影响。对于已经近视的宝宝,戴镜既不会让度数越戴越深,也不会让近视有所缓解,从此不再加深。

膜。虽然绝大多数人的眼球都是大体规整正圆的,但必然有一定的概率,有些人的眼轴偏长,或者偏短。

如果眼轴偏长,导致光线聚焦到了视网膜前面,那就出现了近视。反之,如果眼轴偏短,光线聚焦到后面了,那就是远视。眼球形态的改变还会导致散光,横扁的眼球造成顺规散光,而竖扁的眼球则会导致逆规散光。近视、远视和散光三者合称为屈光不正,如果两只眼睛的屈光度相差太多,称之为屈光参差。

屈光不正是否要治疗,主要取决是否对视力造成明显的影响,是否影响到生活。对于幼儿园阶段儿童来说,矫正屈光不正也是为了治疗弱视。弱视就是戴镜后仍然视力低下,如果拖到了学龄期,就已经定型,就很难再矫正了。戴眼镜是矫正屈光不正最主要的方法,通过镜片的折射,就可以将偏离视网膜的光线重新聚焦到黄斑区,从而获得清晰的视力。

527 宝宝近视为什么会快速加深

真性近视一旦出现就无法治愈。随着年龄增长,近视度数只会越来越深。近视就是眼轴的增长,是不可逆的。随着眼轴不断增长,眼底越来越薄,就逐渐出现眼底病变了。

在近视的防控上,家长常常存在这样的误区:眼镜的度数会越戴越深,轻易不要戴

眼镜。临床上看到很多近视宝宝一开始100多度近视的时候,家长不愿意让宝宝戴眼镜。过半年来复查,已变成200度近视。很多宝宝哪怕只有100度近视也无法看清事物,长期眯眼导致调节痉挛,度数飞快加深。因此,及时配戴眼镜是矫正近视的第一步。

对于近视快速增长的宝宝,需要及时地进行近视控制。9岁以前近视、一方或双方父母近视、过去一年近视增长超过75度,满足其中2个条件就属于近视高危者。其中,低年龄近视是近视进展的最危险因素。

控制近视,目前最有效的就是滴0.01%阿托品眼药水和戴OK镜(角膜塑形镜),两者联用则效果叠加。消旋山莨菪碱仅对于假性近视治疗有效。周边近视离焦眼镜、多点近视离焦镜片有一定控制效果,适用于度数增长相对缓慢的青少年近视,与0.01%阿托品联用近视控制效果增强。普通硬性透氧性

扫码观看 儿童健康小剧场
近视的防控

角膜接触镜（RGP）没有控制近视效果，多焦软镜的控制效果与OK镜相似。

预防近视应当重视户外活动，每天户外活动2小时对于预防近视发生很有效，对于已经近视的患儿也依然建议户外活动，户外的阳光对于延缓近视进展仍有作用。近视尚无根治办法，早期发现和科学防治是控制其发生和发展的关键。一旦近视了，需要定期到医院进行检查，科学防控近视，切莫病急乱投医。

528 浅谈儿童斜视

所谓斜视，就是人眼的两个眼球并非在同一线上，交替遮盖时，眼球因为交替注视会随之转动。其实家长能感觉到的内斜视，多数都是假性斜视，是由于眉间距较宽，内眼角挡住了一部分内眼球，因此看起来像斜视。这种外观并不影响立体视觉，以后会逐渐缓解。而外斜一般都是从间歇性开始，之后越来越明显，因此，家长如果自述宝宝有外斜，往往已经比较明显了。

如果斜视不及时矫正，时间长了，视觉的立体感就会受到破坏。另外，斜视也会影响外观，对宝宝的心理也会造成影响。

对于低龄儿童而言，诊断斜视最主要还是要看医生的经验，看斜视有无加重，斜视度是否明显，立体视功能有无受影响。对于大一些的宝宝来说，同视机也是评估立体视的重要检查。

手术是治疗斜视最主要的方法，对于垂直斜视而言，一经发现即应手术，内斜对视功能影响明显，应在2岁以内手术，外斜视因为间歇性出现，一般控制在3岁半左右手术治疗。有一部分内斜是因为中度远视造成的，可以先戴镜矫正远视，根据矫正的效果再决定下一步治疗。

斜视手术的预后效果，除了医生的经验手术技术以外，斜视的性质和自身条件也很重要。总体而言，80%以上可以通过手术一次性治愈，但确实有一定的概率会在术后出现复发，有过矫及欠矫可能。

529 弱视就是视力低下吗

幼儿时期是视力发育过程的关键期。不同年龄儿童视力的正常值也不同，3~5岁的儿童视力的正常值下限为0.5，6岁及以上儿童视力的正常值下限为0.7。如果儿童的视力检查不达标，也没有器质性的眼病，一般常见的原因有远视、近视或者散光。在经过屈光矫正后，有部分儿童的视力还是不能达到同年龄段儿童的正常值下限，或者双眼视力相差较大，那么就要考虑可能存在弱视了。

弱视是指视觉发育期内由于单眼斜视、屈光参差、高度屈光不正以及形觉剥夺等异常视觉经验引起的单眼或双眼最佳矫正视力低于相应年龄正常儿童，且眼部检查无器质性病变。

因此，弱视和因为屈光不正引起的视力低下不是一回事，屈光不正患儿经过配镜矫正后可以获得良好的视力，而弱视则不行。弱视患儿不仅没有良好的双眼或单眼矫正视力，而且还可能会影响到双眼融合，甚至立体视觉，这些双眼视功能的损害，给日常生活、学习、运动带来很大不便，影响宝宝的身心发育。

根据弱视的病因，将弱视分为三类：斜

视性弱视,恒定性斜视最有可能引起弱视,如俗称"斗鸡眼"的内斜;屈光性弱视多见于未经矫正的高度屈光不正和屈光参差;形觉剥夺性弱视是由于眼的屈光间质不透明,导致视网膜上影像模糊而引起的,最常见于白内障、角膜混浊、上睑下垂等。

弱视是一种常见儿童眼病,在学龄前及学龄儿童中患病率约为3%,建议家长定期带宝宝去医院进行常规眼科检查,以便及时发现和治疗。弱视的确诊,在进行眼部检查排除器质性眼病后,最重要的是视力和屈光度数的检查。由于儿童存在调节因素,必须在充分睫状肌麻痹的基础上,进行屈光度数和矫正视力的确认,同时也需进行双眼视功能等检查。

弱视的治疗方法主要有两种,消除弱视的危险因素(如戴镜矫正屈光不正,手术治疗斜视、白内障等)和通过遮盖、压抑优势眼,同时进行弱视眼精细训练,来促使弱视眼的使用。

530 儿童也有白内障

提起白内障,可能大部分人会觉得它是一种老年病,很少有人会把白内障跟宝宝联系起来,但事实并非如此,白内障不仅可以发生在宝宝身上,而且相对老年性白内障来说危害更大。据统计,先天性白内障的患病率为1.2～6/万人,而失明儿童中有20%是白内障导致的,先天性白内障是儿童致盲的第二大病因,早期防治先天性白内障显得尤其重要。

先天性白内障一般是指出生前后即存在或出生后1年内逐渐形成的晶状体部分或全部混浊。最常见的病因为特发性,其他还包括家族性、风疹病毒感染、半乳糖血症、永存原始玻璃体增生症、宫内感染及代谢障碍等。

先天性白内障患儿最常见的临床表现为瞳孔区发白(白瞳症),可出现斜视及眼球震颤,部分患儿可合并其他先天性眼部或全身发育障碍。一般婴儿在出生后几天就会对亮光眨眼(瞬目反射),6～8周可以固视父母的脸并对脸部表情作出反应;到2～3个月时候会对明亮的物体明显感兴趣。了解婴幼儿视力发育的特点有助于尽早发现宝宝是否有白瞳症或者视力发育异常。

对于白内障浑浊明显影响视力,应尽早行白内障摘除术,预防不可逆性弱视。而对于白内障混浊较小或通过红光反射证明视力没有受损,可以散瞳治疗并配合遮盖治疗弱视,待时机成熟时候再行相关治疗。

531 为何儿童青光眼易被误诊

先天性青光眼是指在胎儿发育过程中,眼睛的前房角发育异常导致眼压升高,也是导致儿童失明的主要病因之一。

先天性青光眼的宝宝初期多表现为畏光、流泪,部分症状和婴幼儿常见的泪道阻塞或者结膜炎类似,容易误诊或者漏诊。如果宝宝出现类似症状且一直未愈,应尽早去专科医院就诊,以排除先天性青光眼。此外,青光眼宝宝还可能出现眼睑痉挛、大角膜、角膜混浊,通常为双眼角膜直径增大(一般1岁以内角膜横径＞12毫米为异常)。

先天性青光眼的治疗目前还是以手术治疗为主,可行房角切开或小梁切开术,必要时进行小梁切除术。降眼压药物治疗如β受体阻滞剂、碳酸酐酶抑制剂，可以作为辅助治疗。手术后对合并弱视的患儿还需要进行屈光矫正及弱视治疗。

532 视网膜母细胞瘤该如何治疗

儿童眼癌（肿瘤）非常罕见，容易误诊或者漏诊，危及儿童的生命。视网膜母细胞瘤是儿童期眼部最常见的恶性肿瘤，临床上呈常染色体显性遗传，为RB1基因突变所致。

视网膜母细胞瘤多发生于3岁内，早期因为症状不明显而不易发现，临床上多因肿瘤继发出现白瞳症或继发性青光眼前来就诊。平均初诊时间为出生后12~26个月，部分患儿可有家族史。

根据肿瘤大小以及播散情况，目前主要治疗方法为眼球摘除和静脉全身化疗。局部治疗包括激光光凝、巩膜冷凝、经瞳孔温热疗法、巩膜表面敷贴放射疗法、外放射疗法等辅助治疗。具体治疗方法要综合考虑患儿单眼或双眼患病、肿瘤大小和位置、玻璃体或视网膜下种植情况、肿瘤与周围组织的关系、患儿的年龄和健康状况、患儿家长的意愿等。

533 婴幼儿眼底筛查很重要

先天性的眼部疾病是儿童低视力甚至眼盲的重要原因，通常这些疾病不容易被发现，当家长意识到宝宝的眼睛有可能异常而来到医院时，大多为时已晚，错过最佳治疗期。因此，婴幼儿眼底筛查至关重要。随着医学水平的发展和医疗条件的改善，早产宝宝的存活率不断提高。但因为早产宝宝先天发育的

不足，虽然能生存下来，但同时也可能伴有各种各样的眼部疾病。

出生体重小于2 000克，孕周小于32周，并且有明确长时间的吸氧史的早产儿，发生视网膜病变的概率较大，一旦发生严重的病变，致盲率较高。尽早做眼底筛查，争取在生后4~6周就开始筛查，做到早期发现，早期干预治疗，能够获得较好的视力。伴有先天性梅毒或者巨细胞病毒感染的宝宝，通过筛查可以排除视神经视网膜疾病，可以帮助疾病的诊断和预后。出生后家长发现婴儿有"猫眼"的现象（瞳孔处反射白光），通过筛查可以发现先天性白内障，尽早手术挽救视力。还有一些如新生儿窒息、脑组织损伤伴有颅内出血的宝宝，都有必要做眼底筛查。

进行婴幼儿眼底筛查前，会滴散瞳眼药水，让宝宝瞳孔暂时扩大，便于医生清楚地看到眼底情况，不会对宝宝的眼睛有任何伤害。筛查时会让宝宝平躺，家长和医护人员配合固定住宝宝，医生会往宝宝的眼睑内放置开睑器，目的是撑开眼睛便于检查。开睑器的表面圆滑，不会伤到宝宝的眼睛。检查的时候，会在眼球上放一个带有灯光的探头进行检查，在放置探头之前，会点一些黏稠状的眼膏起到保护宝宝眼球的作用。整个过程中，宝宝会有些哭闹，看上去像很不舒服的样子，但检查不会对宝宝的眼睛造成伤害。家长千万不要因为自己的"好心"和无知而不做筛查，遗漏一些严重的疾病，错过最佳治疗期，害了宝宝。

534 宝宝使用电子产品时，关于视力保护要注意些什么

现在宝宝在家使用电子产品的频率和时

间比较多,家长会对宝宝的视力情况产生担忧。其实,宝宝的近视防控就像其他疾病防控一样,前期预防比后期的治疗更为重要。我们一直倡导让宝宝每天户外运动2小时以上,达到良好的近视防控效果。

但是特殊时期,比如在疫情期间,宝宝无法外出,户外运动达不到要求怎么办呢?建议尽量创造条件,让给宝宝在阳台附近活动。在玩耍过程中,家长根据户外的情况(如没有雾霾、温度合适等)适当的开窗,有助于空气的流通和阳光的照射,宝宝在阳台上活动2小时,与户外活动具有类似的作用。而且,家长要记住,不要关闭窗户,不要隔着玻璃晒太阳。因为,阳光可以促进身体产生多巴胺,多巴胺有减缓眼轴变长的作用。不过,虽然鼓励宝宝在自然光下看书、玩耍,但如果是正午阳光猛烈的时候,玩耍是可以的,但不建议宝宝在阳光直射的条件下看书。

电子产品已经成为未来学习的主要媒介之一,现在电子产品种类很多,手机、平板电脑、电脑等,都对视力有所伤害。如果家里有投影设备,建议使用投影设备,因为投影的屏幕比较大,字体也较大,光照度合适,宝宝距离较远,这些对宝宝的视力影响最小,都能比较好地防止宝宝的视力损伤。但是很多家庭可能没有投影设备,能利用的也就是手机和平板电脑。这种情况下,建议宝宝在使用这些电子产品的时候,也要像看书一样,有良好的坐姿,身体与桌子有一个拳头的距离,眼睛与屏幕要有33厘米的距离,而且看20分钟后,就远眺20秒,远眺的距离至少要有20米以上,让眼睛得到休息,一定不能持续性地看电子产品。

535 如何给宝宝滴眼药水

大部分儿童无法自行滴眼药,因为年龄较小无法掌握滴眼方法,而且拨开眼睛滴入药水会有侵袭感,让宝宝恐惧从而十分抵触,故常常需要家长的帮助。

滴药者操作前需清洁双手,做好沟通,取得宝宝的配合,让宝宝取坐位或平躺,头稍后仰。眼睛向上注视(可用玩具吸引)或闭眼。如果宝宝太小不能配合,可以用床单或包被轻轻固定手脚。

如果滴药前发现宝宝的眼睛分泌物较多,可用无絮的消毒棉签将脓性分泌物清除掉;如果分泌物干结,可用棉签蘸取生理盐水轻轻擦拭后再滴眼药水,以免眼睛的分泌物影响药效,或者分泌物随药水进入眼睛后扩散,形成异物刺激,甚至导致继发感染。

滴眼药水时,眼药水瓶口离眼至少1厘米。过远时,药液易偏移正确位置,导致滴药失败。过近时,眼药滴管口容易接触到宝宝的睫毛或眼睑,造成药物污染。更重要的是,要防止瓶口擦伤角膜。

滴眼药时,用棉签或手指朝轻轻扒开宝宝的下眼睑,暴露下眼睑和眼球之间的空隙(即结膜囊),另一手持眼药水瓶瓶口朝下滴1~2滴。不要将眼药水直接滴在宝宝的黑

爸妈小课堂

眼部合理用药的小贴士

（1）双眼滴药时，先滴健眼，后滴患眼。

（2）眼药需专人专用，以免发生交叉感染。

（3）若使用两种或两种以上滴眼液时，两者间应间隔5分钟以上，否则第二种药物会将第一种药物冲洗掉或者两者之间发生反应而影响疗效。先滴消炎药，后滴散瞳药；先滴刺激性小的，再滴刺激性大的。

（4）混悬液滴眼液滴用前需摇匀；需另加溶媒溶解的滴眼液，使用前请将主药加入溶媒中溶解摇匀后使用。

（5）滴眼液（混悬剂除外）如有沉淀或颜色变化，应停止使用。

（6）眼药开封后，使用一般不超过4周。需特殊储存条件的滴眼液应按该说明书上的要求进行妥善存放。

眼珠上，以免刺激角膜后产生反射性闭眼，使药液溢出。

眼药水滴入结膜囊后，安抚宝宝轻轻闭眼2～3分钟（可用做游戏的方式，比如数数、倒数等），待药液在眼中充分弥散，如有药液流出可用纸巾轻轻吸去。

有些特殊药物如阿托品等滴入后，用拇指与食指按压眼内角鼻根部的泪囊片刻，保证眼睛局部有效药物的浓度，也可防止药水随着鼻泪管流入鼻腔，发生口苦的现象，引起宝宝的不适和逆反。

🍄 常见的耳朵问题 🍄

536 我们是怎么听到声音的

要了解我们的耳朵是如何听到声音的，就要先知道耳朵精妙的结构。耳朵由外耳、中耳和内耳三部分组成。外耳分为耳廓和外耳道，耳廓由皮肤和软骨组成，表面凹凸不平。耳廓具有判定声源方位的作用、对声波有收集放大作用。前面来的声音直接进入耳内，后面来的声音则被耳廓遮挡，故对声音定位起到一定效果。

外耳道是一个声音传入中耳的通道,其长度随年龄增加,到 10～12 岁时可达 2.5 厘米,接近成人。外耳道皮肤多绒毛、皮脂腺和耵聍腺,耵聍腺的分泌物也就是俗称的耳屎。外耳道深处就是鼓膜,俗称耳膜。耳膜呈椭圆形,是很薄的半透明膜,其外形如底朝内的小漏斗,斜置于外耳道,与外耳道底成 45 度。当有声音传来,会振动鼓膜,而通过振动,鼓膜也就将听到的信息传到中耳了。

中耳里有三块全身最小的骨头,分别是锤骨、砧骨和镫骨。这三块听小骨像一组传导声音的杠杆,将震动鼓膜的声波放大,并震动内耳。此外,中耳里有一条叫咽鼓管的小管道通到鼻咽部,当吞咽或打哈欠时管口被打开,使鼓膜两侧气压保持平衡。

内耳由耳蜗、前庭和半规管组成。由于结构复杂而,管道弯曲盘旋,所以又叫作"迷路"。其中耳蜗主管听觉,前庭和半规管则掌管位置和平衡。当内耳有病时,不仅听力有障碍,还可能有视物旋转、身体平衡失调的感觉。

耳蜗是一条盘成蜗牛状的螺旋管道,内部有产生听觉的装置,医学上叫作基底膜。基底膜上大约有 2.4 万根听神经纤维,这些纤维上附载着许多听觉细胞。因此,当声音振动鼓膜,由听小骨传入内耳,内耳震动会刺激听觉细胞产生神经冲动,再由听觉细胞把这种冲动传到大脑皮层的听觉中枢,形成听觉,使人能听到来自外界的各种声音。

537 怎样观察宝宝听力是否正常

听力是语言发展的先决条件,听力出现障碍就会影响人与外界信息的接触与交流,会对人的生活工作造成非常大的影响。根据第六次全国人口普查及第二次全国残疾人抽样调查,2010 年我国残疾人总数 8 502 万人,其中听力残疾 2 054 万人,0～6 岁儿童听力残疾(含多重残疾)现患率为 0.14%,这些触目惊心的数据提醒我们早预防、早发现、早诊断、早干预是非常关键的。0～6 岁是听觉言语能力形成的关键时期,是听力障碍儿童康复的黄金时间,在这个阶段如果能积极地治疗,接受系统的康复训练,多数宝宝都能学会说话,可以极大地减轻听力障碍给宝宝带来的不良影响。

目前我国新生儿听力筛查的比例并没有达到 100%,而且并不是说新生儿听力筛查通过了就万事大吉。能否及时发现宝宝听力的异常,家长的观察非常重要。民间有一个错误的说法认为宝宝不开口说话是"贵人语迟",不必过分担心,丝毫没有意识到宝宝的听力可能出问题了。有的家长虽然早就感觉到宝宝有问题,但不愿面对现实,仍存侥幸心理,直到宝宝语言发育和同龄人相去甚远,才去医院检查。一般来说,家长如果在生活中能细心观察,关注宝宝对声音的反应,应该不难发现其听力的异常。

0～3 个月的宝宝对突然出现的响声如较大的关门声、鞭炮声、电锯声、猛拍巴掌声,或在其耳后摇动铜铃等,会出现停止活动、四肢瞬间抖动、皱眉、眨眼等活动。如果对于突然而来的巨大声响没有反应,就要警惕宝宝是否存在听力问题。

4～6 个月的宝宝可辨别不同人的声音,尤其是妈妈的声音。能在妈妈和自己说话时,用眼睛注视着妈妈,咿咿呀呀地回应,或在听到妈妈的声音时停止活动,将头转向声源。家长可在宝宝背后轻轻呼唤他的名字或用摇铃观察宝宝是否很快把头转向声源，如果这个时期宝宝不会寻找声源，就要考虑是否听力出问题了。

7~9个月的宝宝开始进入咿呀学语初期，可无意识发"papa""mama"的音。当有人呼唤他时，会把头转向说话的人，也会直接去探寻发出声音的物体。听到"再见""谢谢"会做出相应的动作，眼睛能望向指令中提及的人或物。如果这个时期宝宝不能做到这些，也要警惕是否存在听力问题。

10~12月时宝宝能对自己的名字有反应，开始有意识地模仿言语声，学习简单的言语，如"妈妈""爸爸"，听到悦耳的音乐，手脚能随着音乐有节奏地活动，对语言有丰富的应答，能完成一些简单的语言指令动作。

如果家长发现宝宝的反应与相应年龄段表应不相符，就该引起重视，及早到医院做进一步的专业检查，排除听力障碍或其他问题。

538 耳前有小孔需要手术治疗吗

有的家长会发现宝宝刚出生时一侧或两侧耳朵前面有一个针尖大小的小洞，有时候还会有些黄白色的带臭味的分泌物流出来，这在医学上称为"耳前瘘管"。人在生命的前几个月，胚胎头部两侧有像鱼鳃一样的结构，叫作鳃裂。随着胚胎的分化发育，鳃裂就渐渐地闭合，但总有一部分胎儿的鳃裂会不完全闭合，出生后就遗留下来一些皮肤孔道。

耳前瘘管多发生于一侧，也有两侧者，其开口90%左右在耳轮脚前，也会开口在耳廓上其他部位。耳前瘘管大小、长短及深浅不一，但是绝大多数瘘管会和耳廓软骨相连甚至穿进软骨。瘘管的管腔内为鳞状上皮，有

毛囊、汗腺、皮脂腺等组织，如果用手挤压，可有少量稀薄的黏液或白色皮脂样物，有时还有点臭味。由于盲管里这些物质营养很丰富，所以很容易引发细菌感染。此外，耳前瘘管还有一定的遗传性。

当呼吸道感染或瘘管受到挤压等刺激，局部免疫力下降时便会发生细菌感染，瘘口周围可红肿、疼痛，严重的还会形成脓肿、溃破。瘘管可反复发炎化脓，反复溃破。一旦发生感染就容易反复发作，耳前瘘管感染常常无法通过口服抗生素得到控制，局部脓肿形成后往往需要切开引流脓液，再经过两周左右的伤口换药才能康复。

脓肿切开引流和每天伤口换药对宝宝来说是非常痛苦的，耳前瘘管反复感染破溃后，局部皮肤坏死及瘢痕形成会增加手术难度。因此，一旦发生感染，在感染控制好后应该选择时机把它彻底切除。耳前瘘管摘除手术要选择合适的时机，局部感染时应先切开引流，口服或静滴抗生素等药物，待炎症控制后，才适宜彻底手术切除。只要手术切除彻底，术后再次感染复发的可能很小，也有一部分耳前瘘管可能终身不发生感染。对于没有发生过感染的耳前瘘管，也可以选择随访，没有必要进行瘘管摘除手术。

539 宝宝的耳朵畸形能发育长好吗

耳廓畸形可以分为结构畸形和形态畸形。耳廓结构畸形是由于胚胎期耳廓发育异常而成，耳廓的皮肤或软骨组织缺失，绝大部分是由于先天性的原因引起的，如遗传，母亲怀孕期间受到病毒感染，孕妇服用某些药物或患有糖尿病等疾病，或接触某些化学物质

及放射线等,均可导致胎儿耳发育的畸形。耳廓形态畸形则不存在皮肤和软骨的缺失,只是由于产道挤压、胎位、睡姿等外力因素作用在耳廓上引起形态学变化。

耳廓结构畸形往往不单纯是耳廓的畸形,还伴有外耳道、中耳及其他系统比如心脏、脊柱的异常。耳廓畸形有程度不同,严重的畸形会合并耳道闭锁,影响听力。对于耳廓结构畸形,一般需要手术治疗,手术时机一般在 6 岁以后,需要配合使用多孔聚乙烯耳廓支架或取自体肋软骨雕刻支架做全耳廓再造,手术难度比较大,需要分几次才能完成。

严重的耳廓畸形常常伴有外耳道闭锁,有的人可能会想,直接打个孔是不是听力就有了?事实上这样不仅不能提高听力,还有可能因为脑板低位没有足够的空间导致意外的发生,就算得到了一个新打开的耳道,由于植入的皮肤不具备正常的外耳道皮肤自净功能,所以耳道流脓、再狭窄闭锁的风险非常大,切不可盲目打耳道。耳道闭锁引起的听力问题可以通过佩戴骨导助听器得到很好的改善。

另外一种是耳廓形态畸形,耳廓形态畸形则一般不伴有外耳道闭锁和听力问题。大多数家长发现新生儿外耳形态畸形时,往往采取"等待＋观望"的态度,寄希望于外耳廓的自行矫正,而错过了最佳矫正时间。由于新生儿期组织柔软有一定可塑性,所以在出生 3 个月内,轻度的耳廓畸形可以通过佩戴矫治器进行治疗,越早进行效果越好。耳廓无创矫正器安全、无创,出生 3 个月内开始佩戴,一般通过 2~4 周的佩戴,90% 以上的耳廓形态畸形可以得到完美矫正,避免手术的创伤和风险。

 540 可以给宝宝挖耳朵吗

在耳鼻喉科门诊,有不少父母会询问:"可以给宝宝挖耳朵吗?"或者因为偶尔闻到宝宝耳朵里有些许异味,就急着想把宝宝的耳屎挖去。其实,家长随意给宝宝挖耳朵有很多坏处。

宝宝外耳道比成人小很多,在挖耳朵时挣扎很容易误伤耳道皮肤和鼓膜,严重的会引起耳道流血,鼓膜穿孔甚至影响听力。宝宝的好奇心和模仿能力都是很强的,当大人给他挖了一次耳朵以后,他会学大人的样子,自己找牙签等东西塞进耳朵,稍有不慎就把耳朵弄伤了。经常挖耳朵很容易使耳朵发生病变,如果挖耳朵的工具不清洁或者多人共同使用,很容易使耳朵感染真菌和发生耳道湿疹。耳道真菌病和湿疹都非常难治愈,容易反复发作,有时候外耳道皮肤破损还会引起化脓性感染导致外耳道炎,外耳道炎发生时可不是一般的疼痛。

那宝宝有耳屎该怎么处理呢?耳道经常会有分泌物,这些分泌物会形成淡黄色或淡白色像纸屑般的干燥片状物,粘附在外耳道上,这些片状物就是耳垢。少量的耳垢存在外耳道中,对耳朵的听觉影响不大,相反,对耳朵还起着保护作用,可以阻止一些小虫子、异物和脏水进入耳朵内部。在宝宝说话和吃饭的时候,由于颞下颌关节的蠕动,这些干燥的耳垢会自动从耳道脱落出来。如果宝宝耳道中的分泌物比较潮湿,或者分泌物结成块状变成一个栓子时,请至医院就诊,一般需要滴入软化液使栓子软化后,再由医师用生理盐水将耳道冲洗干净,这样才安全。

541 异物进入耳内怎么办

宝宝好奇心强，有时会不小心把小东西塞入耳内，比如塑料小珠子、小纽扣或者小豆子。此外，夏季在环境卫生较差的地方，昆虫飞进或爬进耳道内的情况也会出现。耳道进了异物后可能会产生疼痛和奇怪的响声，宝宝不舒服会哭闹，家长肯定心急如焚。那么该怎么处理呢？

如果是虫子进入耳内，宝宝会无法忍受并感觉疼痛，这时候家长莫惊慌，用5～10滴食用油滴入耳孔内，小虫子一般会窒息死亡。过几分钟后，把耳道口朝下，比较小的虫子会顺着油流出耳道，如果虫子比较大，那么应当尽快至医院就诊。

如果是绿豆、决明子等植物性异物，一般开始可能没有明显不适，异物甚至可能在耳道里好几周，有时因为洗澡进水后局部皮肤发炎引起宝宝不适，也有是宝宝主动告诉父母，家长才带宝宝来就诊。植物性异物一般需要来医院处理，比较小的异物可以尝试外耳道冲洗将异物冲出，比较大的异物卡在耳道里，宝宝因为害怕疼痛很可能无法配合医生在门诊取出，需要在静脉麻醉下取出异物。塑料异物和植物性异物的处理方式类似。

总之，如果发现宝宝耳朵里塞入异物，还是第一时间去医院找医生帮忙处理比较合适。

542 宝宝突然耳朵痛是进水了吗

春秋季节转换的时节，有不少宝宝会因为耳朵痛来看门诊。耳痛剧烈时，宝宝还可能发热，家长会特别焦急，疑问宝宝怎么会突然耳朵痛呢？是不是洗澡进水了？这种突然发生的耳痛，一般不是因为进水，而是宝宝可能得了急性中耳炎。一听"中耳炎"三个字，不少家长会大惊失色："中耳炎会影响听力吗？"

急性中耳炎是儿童时期的常见病，临床表现为突然发生的耳部疼痛，而且常常出现在夜间，出现耳痛前宝宝常伴有感冒、咳嗽等上呼吸道感染症状。多数宝宝的耳部疼痛非常剧烈，半夜突然剧痛后哭吵，但是这种疼痛一般只会持续1天便会自行缓解。不过，此时中耳炎并没有康复，还需要治疗。此外，有时候感染比较严重，鼓膜穿孔后患耳有脓液流出，疼痛也可缓解。中耳炎还会伴有耳鸣、耳闷和听力轻度下降。

急性中耳炎经过7～10天规范的抗感染治疗，包括口服抗生素和滴耳液治疗，一般都会痊愈，也不会影响听力。如果宝宝合并有鼻塞、流涕等呼吸道症状，应该同时使用鼻用减充血剂，这样可以改善咽鼓管功能，促进中耳炎的康复。有一部分宝宝在急性中耳炎症状缓解后，中耳里还会持续一段时间有积液，但是一般都会自行痊愈。

在婴幼儿时期，要尽量避免仰卧式奶瓶哺乳，避免接触二手烟，均可有效预防婴幼儿急性中耳炎的发生。在宝宝入园和入学后，增强抵抗力和避免呼吸道感染是减少急性中耳炎发生的有效方式。

鼻病及其危害

543 为什么保护鼻子非常重要

鼻子是呼吸道的第一个"要塞",对吸入鼻腔的空气有着过滤、清洁、加温、加湿作用,同时,鼻腔鼻窦也是发音的共鸣腔。鼻子里有丰富的感觉末梢,可以对外界各种冷热刺激、粉尘等脏东西做出喷嚏反射,保护呼吸道。

鼻子里大部分黏膜称为呼吸区黏膜,只有鼻腔顶部约 1 厘米大小的一块地方叫作"嗅区黏膜",分布着嗅觉细胞。当空气中的气味分子被吸入鼻腔来到嗅区黏膜,嗅觉细胞抓住空气中的气味分子后,细胞内会产生一连串讯息传递反应,进而活化嗅觉细胞,然后把电信号传到大脑。

除了嗅觉以外,鼻子还有许多功能。鼻孔入口内有硬而短的鼻毛,能挡住空气中的花粉、尘埃和其他较大颗粒,如异物刺激了鼻子,会引起喷嚏反射,往往会打一个喷嚏,把异物立刻喷出体外。就算没能被喷嚏冲出体外,异物也会碰到呼吸道内壁上的黏膜分泌的黏液,不但能把细菌粘住,而且含有一种叫溶菌酵素的强力物质,能发挥化学作用,消灭细菌。鼻腔内壁黏液层之下的黏膜,布满了血管,可以把身体的热量传给进入的冷空气,对吸入的空气起到加温加湿的作用。

鼻子除了我们看到的部分,还有颅骨中的鼻窦腔和鼻腔相连。鼻窦是颅骨中的一些骨头里的空洞,它们有减轻头部重量和产生共鸣的作用。鼻窦分为 3 对,额窦在眉毛之后,筛窦在鼻梁两旁,蝶窦在鼻腔后面、头颅深处,上颌窦最大,在颧骨里面。每个鼻窦腔的内壁都有黏膜,在发生感染时鼻窦腔会分泌大量的黏液和脓液,通过鼻窦开口排入鼻道,这样感冒时才会有源源不断大量的鼻涕。

除了以上种种功能,鼻子还是眼睛的"下水道"。哭的时候从鼻子里流出来的其实不全是鼻涕,其中很大一部分时眼泪,眼泪通过鼻泪管引流到了鼻道里。

因此,要保护好宝宝的鼻子,让它发挥各种正常的功能。

544 宝宝鼻孔臭臭的要警惕异物

宝宝鼻子臭臭的,而且一个鼻孔总流脓鼻涕是怎么回事呢? 门诊遇到这样的宝宝时,耳鼻喉科医生马上就会想到是不是宝宝往鼻子里塞了东西了,医学上叫作"鼻腔异物",这种情况多发生于学龄前儿童。

幼儿玩耍时常常由于好奇心或者调皮,将一些小玩具块、小扣子、小豆子、果核、纸团等塞入鼻腔,一旦塞入,拿出来就很困难了,宝宝也不敢告诉爸爸妈妈。过了一段时间,异物堵塞鼻腔导致局部炎症,起初为黏液,之

特别提醒

维生素缺乏导致的鼻出血很罕见，其他如血液系统疾病（白血病、再生障碍性贫血）、凝血功能障碍（血友病、血小板减少）导致的鼻出血，或者鼻腔血管瘤、鼻咽部血管瘤、恶性肿瘤导致的鼻出血一般出血量大，会反复多次大量出血，还会伴有渐进性加重的鼻塞、全身瘀斑瘀点等其他凝血功能异常的临床表现。

后因继发感染鼻涕变为脓性，宝宝就开始流脓鼻涕。有些豆子、果核或者纸团会发生腐烂变性，就发出了阵阵臭味。异物长时间的刺激还会使鼻腔黏膜糜烂、生长肉芽，以致鼻涕中带血或流血。

宝宝鼻子塞入异物的原因除了好奇心无意为之，很多时候是因为宝宝鼻子痒痒，想通过塞入小东西来止痒。这部分宝宝中有不少患有过敏性鼻炎，在取出异物之后应该对过敏性鼻炎进行妥善的治疗，解除宝宝的鼻部不适感，这样才能避免再次塞入异物的风险。

如果家长们发现宝宝有以上症状，要尽快带宝宝到医院检查。因为鼻腔向后和口腔相通，如果异物位置不断深入，有可能会从后鼻孔掉入口腔。不巧的话会发生误呛，导致异物进入气道，后果可是非常严重、危险的。

545 鼻子出血在家怎么处理

有些宝宝常在夜间发生鼻出血，造成床单被子"血腥现场"，不少家长吓坏了，加上某些影视作品的影响，家长就会担心宝宝是不是得了白血病，急急忙忙来医院就诊。

儿童鼻出血是个常见的现象，在一年四季都会发生。春秋季空气中过敏原多，宝宝容易出现鼻子痒，喜欢揉揉小鼻子，挖挖鼻孔，这样特别容易损伤鼻黏膜导致鼻出血。夏天气候炎热，室内开空调，空气比较干燥，也容易引起鼻出血。冬天干燥，宝宝鼻出血的也不少见。

导致儿童鼻出血的诱因主要有：上呼吸道感染、过敏性鼻炎、鼻窦炎引起的鼻中隔黏膜毛细血管扩张，容易因为轻微碰触导致出血；空气干燥、气温炎热或寒冷、气压低、室温过高等都可以引起鼻出血；有的宝宝有用手抠鼻孔的不良习惯，容易将鼻子抠出血。

那么，宝宝鼻出血在家该如何迅速处理呢？在发生鼻出血时多见血从前鼻孔流出，或经后鼻孔流至咽部，表现为"吐血"。当较多的血被咽下，刺激胃部，除可出现腹痛、面色苍白外，还可呕吐出咖啡样物，即胃酸与血液发生反应，致使血液变成咖啡色，鼻血咽下经胃肠道排出还可出现黑便。

正确的止血方法是用拇指和食指捏住双侧鼻翼进行压迫止血，需要强调的是捏的部位为鼻翼两侧，捏住后宝宝应当无法经鼻呼吸，不然压迫的力度不够。此时应尽量使宝宝安静，张口呼吸，避免哭闹，最好让宝宝取坐位，头稍向前倾，尽量将从鼻咽腔咽到口腔的血吐出，同时用冷水毛巾敷宝宝前额和颈部达到收缩局部血管的作用。如果这样处理十分钟左右仍然无法控制出血，宝宝出血量较大，有面色苍白、出虚汗、精神差等症状，应当尽快送到医院进行治疗。

特别提醒

不要去药店自行购买鼻用药或者迷信国外的鼻用药,因为里面很可能含有一些不适合宝宝的成分,长期大量使用还会引起药物性鼻炎。

546 宝宝反复流鼻涕是感冒吗

感冒流鼻涕很常见,但是如果没有发热、喉咙痛等感冒症状,宝宝反复流鼻涕好几周甚至几个月,很可能是得了鼻窦炎了。

鼻子和颅面骨里的鼻窦腔连成一体相通,如果把鼻腔视为一条"走廊",鼻窦腔就是"走廊"两边的"房间",鼻腔和鼻窦的炎症会导致宝宝反复流鼻涕。鼻窦炎的病因主要分为过敏性和感染性两类。过敏性鼻炎是由空气或食物中的过敏原介导的鼻黏膜的过敏反应,典型症状主要是阵发性喷嚏、清水样鼻涕、鼻塞和鼻痒,最常见的过敏原是螨虫、花粉等。如果宝宝经常无缘无故地鼻塞、连着打喷嚏、流清水涕,那么很有可能是得了过敏性鼻炎。过敏性鼻炎持续发作之后可能会继发细菌感染,鼻涕由清转黄脓,或者更严重的也可以继发细菌性鼻窦炎,导致大量脓涕和头痛不适。感染性鼻窦炎在3~10岁的儿童中也是很常见的,这个年龄段的宝宝免疫功能尚不完善,又因为幼儿园和小学集体生活的关系,上呼吸道感染容易反复交叉感染,导致鼻窦炎迁延不愈,可表现为反复流脓鼻涕数周到数月之久。

如果宝宝反复流涕超过10天,就应该到医院就诊,医生会进行检查来判断宝宝是否是过敏性鼻炎或者细菌性鼻窦炎,然后进行相应的治疗。一般通过鼻用激素、口服抗过敏药及合理的抗生素治疗,流鼻涕症状都会得到缓解。

547 宝宝鼻塞、张嘴睡觉怎么办

有些宝宝睡觉打鼾,严重的鼾声如雷,像大人打鼾一样,甚至出现憋气、憋醒,睡眠不安稳等。如果最近宝宝正在感冒,有发热、鼻塞的症状,那么很可能会出现张嘴睡觉。普通感冒通常是病毒感染导致,症状一般持续7天左右且有自限性,经过对症支持治疗,比如退热、多饮水、注意保暖休息和营养,鼻塞流涕等症状在一周后应该都能缓解,到时候鼻子通畅了,张口呼吸的状况也应该能自行缓解。

如果宝宝鼻塞流涕的症状超过10天也不缓解,或者鼻涕由清转为脓性,那么要警惕感冒后继发细菌性鼻窦炎,家长应该早些带宝宝去医院就诊治疗,才能避免鼻窦炎变成慢性,容易反复发作,影响宝宝的生活和睡眠质量。

患有过敏性鼻炎的宝宝也经常会有鼻塞的状况,感觉呼吸不顺畅。有时候白天还好,晚上到了床上,由于床铺、枕头、被褥上的螨虫等常见过敏原密度比较高,宝宝的鼻塞流涕症状会突然加重,喜欢张嘴睡觉。

那如何分辨宝宝是感冒了还是过敏性鼻炎呢?感冒除了鼻塞流涕,一般还会伴有咽痛、乏力、胃口差甚至发热等全身症状,而且症状程度像过山车一样,由轻到重再慢慢减轻。而过敏性鼻炎除了鼻部症状以外一般全身情况良好,可能会伴有眼睛痒、鼻塞、流清涕、鼻痒、喷嚏多,症状忽然出现,又会忽然减轻,反复发作。

如果排除了感冒和过敏性鼻炎,宝宝持续张口呼吸,伴或不伴有睡眠打鼾,要想到另一个可能性,那就是腺样体和扁桃体肥大。腺样体位于鼻腔最深部的鼻咽部,不借助鼻内镜无法从前鼻孔看到,扁桃体位于口腔两侧,它们都是咽部的淋巴组织,是正常的免疫器官。在2～10岁,扁桃体和腺样体处于增生活跃期,10岁以后开始慢慢萎缩,到成人一般都已经萎缩变小甚至看不到了。有一些宝宝的扁桃体和腺样体在反复的呼吸道感染及过敏性鼻炎发作之后,由于免疫刺激增生肥大的过于严重,就会对上气道造成堵塞,影响宝宝的正常呼吸,因而会导致夜间张口呼吸和睡眠打鼾。如果家长们怀疑宝宝有这方面的问题,需要去医院找医生做专业的评估。

🍄 咽喉常见问题和意外伤害防护 🍄

548 扁桃体肥大就是扁桃体发炎吗

通常我们说的"扁桃体"指腭扁桃体,腭扁桃体为一对扁卵圆形的淋巴上皮器官,是由淋巴组织与上皮紧密连在一起所构成的特殊的防御器官。在儿童时期,腭扁桃体处于增生活跃期,可能会明显突入咽部,从10岁起扁桃体开始萎缩,成人的腭扁桃体很少突出,但其大小常因人而异。

那么,扁桃体肥大就是扁桃体发炎吗?扁桃体肥大多数发生在3～6岁的儿童,这个年龄阶段扁桃体免疫功能活跃,因接触外界变应原的机会增多,扁桃体显著增大,此时的扁桃体肥大应视为正常生理现象,并不是炎症。但扁桃体过度肥大,将会导致宝宝气道梗阻,出现吞咽异物感、睡眠打鼾张口呼吸甚至夜间缺氧,长期缺氧可能会影响宝宝的身体及智力发育,因此在医生评估后可能需要进行扁桃体切除手术。

扁桃体炎一般是由细菌感染引起的,可分为急性扁桃体炎和慢性扁桃体炎。急性扁桃体炎可表现为咽痛、发热,体检发现咽部充血,扁桃体充血或表面脓性渗出,经过抗感染治疗一般可以治愈。慢性扁桃体炎多由急性扁桃体炎反复发作转为慢性,每遇感冒、受凉、劳累刺激后咽痛发作,患儿常有扁桃体肥大,检查可见扁桃体慢性充血,扁桃体表面不平,有时可见隐窝口封闭,呈黄白色小点,隐窝开口处可有脓性分泌物或干酪样分泌物,挤压时分泌物外溢。慢性扁桃体炎除了造成局部炎症反应,还有可能导致肾炎、关节炎等并发症。

推荐在急性发作缓解2周后,并符合以下条件时可考虑扁桃体手术摘除治疗。根据扁桃体炎的发作次数来决定是否手术,主要根据以下原则:在之前的1年内扁桃体炎发作7次或更多次;在之前的2年内每年扁桃体炎发作5次或更多次;在之前的3年内每年扁桃体炎发作 3 次或更多次。还有以下几条其他指征。

(1) 扁桃体炎曾引起咽旁间隙感染或扁桃体周围脓肿者。

(2) 扁桃体过度肥大，妨碍吞咽、呼吸或发声者；或引起阻塞性睡眠呼吸暂停、睡眠低通气综合征者。

(3) 白喉带菌者经保守治疗无效时。

(4) 不明原因的低热及其他扁桃体源性疾病（成为引起其他脏器病变的病灶），如伴有慢性扁桃体炎的急性肾炎、风湿性关节炎出现时等。

(5) 其他扁桃体疾病，如扁桃体角化症及良性肿瘤等。

549 宝宝声音哑是怎么回事

宝宝奶声奶气的声音总是惹人怜爱，可是，有些宝宝的声音却沙沙哑哑的，为什么会这样呢？是不是感冒了？还是宝宝哭多了？

引起宝宝声音嘶哑的最常见的原因，就是哭吵太多，也就是用声过度造成的。发出声音是通过肺内的气流从气管向上冲击喉口的声带，使声带产生震动后产生的，声音的音调高低及响度和气流的大小及声带的震动频率有关。较好地运用气息可以使声音洪亮有穿透力，相反的，不恰当地用声比如宝宝有时候高声尖叫、扯着嗓子拼命喊叫，可能会损伤声带，导致声带充血甚至产生声带小结，影响声带的光滑平整，进而影响声音质量，产生声音嘶哑。

有些宝宝近期感冒后出现了声音嘶哑，这通常是因为宝宝生病期间身体不适，经常哭泣之后会导致声带充血肿胀，等宝宝减少

哭泣后，声带水肿会慢慢消退，声音沙哑的情况就会自己好起来了。还有一些宝宝，平时脾气性格比较暴躁，或者容易激动，因为一点小事常常会尖叫或者剧烈哭吵，长此以往，声带会产生慢性劳损，在声带表面产生声带小结，导致声带闭合时漏气，影响声音质量。

除了以上原因，如果宝宝声音嘶哑短期内进行性加重，那么一定要警惕青少年型复发型喉乳头状瘤。喉乳头状瘤除了会影响声音质量，严重的还会影响宝宝呼吸，必须进行声带的检查。如果宝宝声音嘶哑在短期内加重或者宝宝并不喜欢乱哭吵却出现声音嘶哑，建议家长带宝宝做一次纤维喉镜检查，以明确诊断。

550 宝宝吸气时喉咙有声音是怎么回事

有些家长发现，宝宝在一些情况下会出现呼吸困难，喉咙中发出声音，去医院一检查，诊断为喉阻塞。

喉阻塞又称喉梗阻，指喉部通道阻塞而引起呼吸困难，若不及时救治，可窒息死亡，是十分危急的情况。由于幼儿喉腔较小，黏膜下组织疏松，喉部神经易受刺激发生痉挛，因此更容易发生喉阻塞。

喉阻塞根据严重程度，分成四度。宝宝平静时正常，运动或者哭吵时出现吸气时喉鸣和呼吸急促困难为一度；宝宝安静时、睡眠时也有喉鸣及吸气性呼吸困难，心跳快，每分钟 120 次以上为二度；除二度症状外还出现烦躁不安，无法休息睡眠，口唇发紫，恐惧、出汗，心率达 140 次/分以上为三度；由烦躁不安转为意识不清或昏迷，表现暂时安静，面色发灰，如不快速处理可能死亡为四度。

一旦家长发现宝宝有喉阻塞的表现，哪怕是一度，也建议尽早就医，以免延误治疗，导致严重的后果。喉阻塞几种常见的原因包括以下几种。

（1）急性喉炎：是引起儿童喉阻塞最常见的疾病。儿童急性喉炎多继发于上呼吸道感染，宝宝感冒发热后突然出现声音嘶哑，"空空样"咳嗽和吸气性喉鸣伴呼吸困难，症状迅速加重，严重的急性喉炎可导致喉梗阻而危及生命，好发于1～3岁的幼儿。治疗方面应及早使用有效、足量的抗生素和激素以控制感染，消除水肿、减轻喉阻塞症状。

（2）气管支气管异物：起病突然，多有异物的吸入史，患儿有剧烈的咳嗽及呼吸困难等症状。

（3）喉痉挛：常见于婴儿，起病急，有吸气性喉喘鸣，声调尖而细，但发作时间短，症状可骤然消失，无声嘶。

（4）其他常见疾病：喉外伤、喉水肿、喉肿瘤、先天性喉畸形、声带麻痹等。

551 小宝宝可以吃瓜子吗

对于小宝宝，特别是3岁以下的宝宝来说，进食瓜子仁、花生仁等坚果是非常危险的。

宝宝的牙齿尚未发育完全，不能嚼碎坚果类食物，如花生、豆类、瓜子等，同时喉的保护性反射功能也不健全，当进食此类食物时，如发生嬉笑、哭闹、跌倒都容易将食物吸入气道，加上咳嗽反射和咳嗽的气流力量也不足以将吸入气道的异物咳出。因此，小儿气管支气管异物为耳鼻咽喉科常见急危疾病之一。

气道异物多见于3岁以下儿童，比较大的异物可引起直接窒息死亡，甚至来不及去医院。如果异物较小，那么会进入一侧支气管，表现为异物呛入时剧烈呛咳、憋气、呼吸困难、气喘、声嘶，经过阵发性咳嗽后，异物卡在支气管分支中不动，则症状暂时缓解。但经活动后异物又变化位置，则重新引起剧烈咳嗽和呼吸困难。植物性异物比如花生、豆子等会释放油脂，对支气管壁黏膜刺激性较大，常引起肺部感染，出现发热、痰多等肺炎症状。有些宝宝是因为反复咳嗽咳痰、发热，当作肺炎治疗效果不佳，查肺部CT时才意外发现异物。

气道异物在确诊后通常需要在全身麻醉下用硬性支气管镜取出异物，个别经支气管镜钳取有困难者需做开胸手术取出。因此，预防气道异物的发生更为重要，3岁以下宝宝应尽量少吃干果、豆类，家长要教育宝宝进食时不要嬉笑打闹，以免异物进入呼吸道。

552 宝宝总是喉咙不舒服会是肿瘤吗

小儿咽喉部肿瘤很少见，其中恶性肿瘤更少，因此，如果宝宝喉咙不舒服，多半是由炎症或者过敏性疾病引起的，不用特别担心是不是得了肿瘤。

不过，小儿咽喉部也可能会长肿瘤。复发性喉乳头状瘤是儿童喉部最常见的良性肿瘤，发病与母乳头状瘤病毒感染有关。虽然是良性肿瘤，但是由于喉乳头状瘤生长在气道入口声门区附近，轻者影响声音质量导致声音嘶哑，严重的还会堵塞气道造成呼吸困难甚至危及生命。恶性淋巴瘤是小儿头颈部最常见的实体肿瘤，在咽喉部可原发于鼻咽部和扁桃体。症状方面可表现为反复鼻出血、鼻塞、打鼾、发热、体重下降、乏力等症状。如果宝宝有以上相关症状，可以到医院检查一下。

553 宝宝吃鱼卡了刺怎么办

鱼肉鲜美富于营养，很适合给宝宝吃，但是，吃鱼一不小心就容易被鱼刺卡住。虽然家长们一定很细心地挑出了鱼刺，但百密一疏，宝宝被鱼刺卡住的意外在所难免。

宝宝一下子哭吵起来，家长手忙脚乱不知道该怎么办。有的家长会给宝宝吞饭团，试图把鱼刺吞下去；有的主张喝醋，想把鱼刺软化掉；还有胆大的家长试图自己抠出鱼刺，反而导致宝宝受到更大的伤害。那么正确的方法是什么呢？

首先，当怀疑宝宝卡了鱼刺，一定要镇定，并且马上停止进食，因为不恰当的饮食可能会使某些本来比较表浅的鱼刺扎得更深，露出部分更小，加大之后寻找取出的难度。其次，请家长们放弃喝醋软化的想法，试想一下，把一根鱼刺浸泡在一碗醋里，需要多久才能让鱼刺软化消失？何况是喝一小口，有多少醋能经过鱼刺表面起到作用？

有些鱼刺在卡住之后会自动脱落，宝宝可能开始哭吵，之后又说不难受了，建议家长们观察宝宝 30 分钟，如果宝宝仍然非常难受，那么建议马上去医院请医生处理。

在口腔里的鱼刺一般可以直接取出，有些位置比较深，口腔里看不到，需要进行喉镜检查。如果发现卡在扁桃体下极、舌根、会厌谷等处，由于位置深，宝宝无法配合医生，因此一般需要麻醉后取出鱼刺。更有一些特别严重的，比如较大的鱼刺或者鸡骨、鸭骨卡在食道里，那么需要进行食道 CT 检查才能明确位置，在麻醉下经食道镜取出异物。

🍄 口腔疾病 🍄

554 小牙齿数量正常吗

人的一生总共有两副牙齿，第一副牙齿称为乳牙，是由 20 颗乳牙排列而成。从出生6 个月左右开始萌出第一颗乳牙，到 2 岁半左右 20 颗乳牙萌出完毕。6～7 岁起，至12～13 岁，乳牙逐渐脱落而被第二副牙齿——恒牙所替代。

宝宝出牙有一定的规律，一般婴儿 6～8个月的时候开始长牙，有的宝宝可能早至 4 个月就萌出，有的可能一岁才冒出第一颗牙齿，这些都是正常现象，爸爸妈妈们不用担心。如果超过 3 周岁，乳牙还没有全部萌出的话需要进一步检查是否先天缺少牙胚。乳牙萌出大致的规律，即"中间向两边，一二四三五，左右相对称，先下再上数"。6～8 个月，上下各两个中切牙长出，8～12 个月上下各两侧切牙长出，12～16 个月，上下第一乳磨牙萌出，16～20

个月，上下乳尖牙萌出，20～30 个月，长出上下第二乳磨牙，至此 20 颗乳牙长齐了。这只是大致的规律，牙齿的萌出存在很大的个体差异，宝宝的出牙顺序与遗传和营养等都有关系，个别的牙齿的萌出顺序略有差异都是正常的。到了 6 岁左右乳牙开始脱落，长出第一颗恒牙即第一磨牙，又称"六龄齿"。

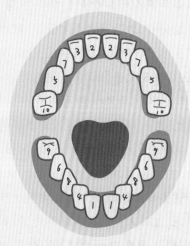

乳牙萌出顺序

判断宝宝当下的出牙数量正不正常，可以用宝宝的月龄减去 6 来粗略估算，比如 12 个月的宝宝，他萌出的牙齿数应有 6 颗。乳牙萌出过迟、萌出困难多与缺乏咀嚼训练、牙龈增生肥厚使乳牙萌出困难，或者与全身因素有关，比如佝偻病、甲状腺功能低下、先天性骨骼发育不全、全身营养缺乏等。宝宝在萌牙期间会有各种不同的表现，比如喜欢咬人或咬东西、流口水、下巴及脸部皮肤可能和口水长期接触而过敏发疹、轻微的咳嗽、口欲强烈、夜醒频繁、疼痛易怒、食欲不佳等。

555 乳牙坏了不要紧吗

有的家长认为宝宝的乳牙反正早晚要换，坏了也没关系，那么宝宝的乳牙真的不需要保护吗？事实并非如此，乳牙的龋病是目前我国宝宝最常见的口腔疾病，不仅让宝宝遭受牙疼之苦，还会严重破坏牙齿的结构，导致咀嚼功能下降，宝宝因牙疼不爱吃饭，厌食和偏食，以致身高、体重低于同龄儿童。如果只有一侧牙疼，宝宝会过多使用健侧的牙齿咀嚼，久而久之会养成偏侧咀嚼的习惯，长期这样可导致颌骨发育不平衡，造成"大小脸"。

乳牙过早龋坏后，细菌会侵犯临近新萌出的恒牙，使恒牙出现釉质发育不全等现象，使恒牙也发生龋坏。乳牙龋坏时，龋洞内会有大量细菌残留，特别是牙根的炎症，细菌会随根尖血管流入全身，进而造成其他系统的疾病。乳牙缺失会导致恒牙生长在不正常的位置，造成恒牙异位萌出、拥挤错位、排列不齐等，长久下去会造成宝宝面部发育不对称，影响咬合和面部美观，常见的龅牙、"地包天"等都是由此引起的。此外，还有可能影响宝宝正常发音等，对宝宝的正常心理发育产生影响。

保护宝宝的乳牙首先要有良好的口腔卫生习惯，这是预防龋齿的关键。口腔清洁应从宝宝出生时做起，此时宝宝虽然没有长牙，家长也应该每天用湿润的纱布及时给宝宝清洁牙床，擦掉附着的奶渣。6 个月后，通常乳牙开始萌出，可改用带毛刷的橡皮指套为宝宝刷牙，还可以让宝宝进食后或者睡觉前喝些白开水，减少嘴里的食物残渣，不要养成含着乳头睡觉的坏习惯。1 岁后就可以尝试正式给宝宝刷牙了，刚开始可以买那种头小柄短的小牙刷，在宝宝习惯后，再换成正式的牙刷。3 岁前的宝宝可在家长的帮助下，使用大米粒大小的含氟牙膏刷牙，每天至少一次；3 岁后需在家长监督下让宝宝自己刷牙，每次使用豌豆粒大小的含氟牙膏,早晚各刷一次。家长要督促宝宝养成每天早晚刷牙,饭后漱口的习惯,尤其是晚上那次最重要,最好能每3个月到半年带宝宝检查一次牙齿。

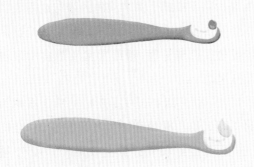

其次,注意饮食,多吃水果蔬菜等粗纤维食品。纤维性食物在咀嚼过程中对牙面能起到机械清洁作用,可以减少细菌在牙面附着和产酸,而且适度的咀嚼有利于牙齿和牙周组织的发育,促进颌骨发育。同时,少吃高糖的食品,如糖果、饼干、甜味饮料等,晚上刷牙后不能再吃东西。除此之外,宝宝吮指、吐舌、咬上下唇等习惯,以及安抚奶嘴的使用都要注意。

556 口腔不良习惯有法可治

(1) 吮指习惯:常发生于婴幼儿时期,常常在哺乳时间之外或睡眠时吮吸手指。多数儿童随年龄的增大而渐渐消失,一般不会产生不良作用。但这种活动若持续到3岁以后并加重,则属于口腔的不良习惯。这种不良习惯通常会引起上前牙前突,开唇露齿,远中错颌等畸形。

(2) 吐舌习惯:多发生在替牙期,有些儿童喜欢用舌尖去舔牙齿,时间久了就会形成吐舌习惯。由于将舌顶在牙的舌侧,增大了舌肌对牙的压力,使前牙呈开合状。若这种习惯同时发生在上下前牙,可形成双颌前突;发生在下前牙,可出现下牙散在缝隙和"地包天"。

(3) 咬下唇习惯:是异常唇习惯中的最常见表现,会导致上颌前牙唇倾、前突,上颌牙列稀疏,前牙形成深覆盖、深覆合,下颌后缩、开唇露齿等畸形。

(4) 张口呼吸习惯:常由于呼吸功能障碍而引起。张口呼吸影响了口腔和鼻腔的正常发育,常造成上前牙前突、下颌后缩、开唇露齿等畸形。

(5) 夜磨牙习惯:是一种非功能性的磨牙,这种不良习惯若持续一定的时间,将导致乳恒牙的磨损,使牙齿高度变低,形成深覆合。

(6) 偏侧咀嚼习惯:常由于牙弓一侧后牙龋坏疼痛或多颗牙缺失等问题迫使患儿用单侧咀嚼,长期形成偏侧咀嚼习惯。长期单侧咀嚼使得下颌功能侧发育过度,废用侧发育不足,久之,面部两侧出现严重的大小不对称。且废用侧的牙齿容易堆积牙石,发生牙周组织疾病。

如果儿童不能自行克服不良习惯,则应请口腔正畸医生为其进行阻断性诊治。一般可以通过戴用相应的不良习惯破除器,对不良习惯加以阻止。有些年纪小的患者在不良习惯破除后,畸形可能逐渐自行调整消失。因此,对于不良习惯的破除宜早不宜晚,否则如果畸形严重或颌骨生长已受影响,则需要使用矫治器进行矫治。

557 宝宝多长时间检查一次牙齿最合适

儿童的第一次口腔检查应在第一颗乳牙

萌出后 6 个月内,请医生帮助判断宝宝乳牙萌出情况并评估其患龋的风险,提供口腔卫生指导并建立婴儿的口腔健康档案。儿童 1 岁以后,应每半年进行一次常规的口腔检查,检查有无龋齿、牙龈及口腔软组织健康状况、牙列和咬合情况以及牙发育情况等,并建立幼儿口腔档案。定期口腔检查的另一个好处是使宝宝能逐渐熟悉和适应牙科环境,与医护人员近距离的接触沟通,避免和减少日后牙科就诊时的恐惧心理。

对于学龄前的宝宝来说,每 3 个月就要检查一次牙齿,而对于学龄期的儿童来说,3 个月到半年检查一次。儿童的乳牙比较容易发生龋坏,乳牙的组织结构特点决定了其比较容易沉积牙菌斑。而且乳牙牙质较薄矿化程度低、抗酸力弱也是容易引发龋坏的原因。另外,宝宝的自控能力比较差,自己刷牙的能力比较弱,牙齿的自洁作用和清洁作用也差,这都是容易引起乳牙发生龋坏的原因。而乳牙一旦发生龋坏之后发展得比较快,容易对宝宝造成严重的局部或全身危害。

平时一定要养成定期带宝宝到专科医院进行口腔检查的习惯,在检查的过程中,医生会为家长讲述口腔卫生知识,指导宝宝的刷牙和平时的饮食习惯。并且在检查过程中能够发现平时不易发现的问题,做到早检查、早诊断、早治疗。

558 不同年龄的宝宝怎么刷牙

宝宝的口腔清洁保健在不同年龄阶段,有不同的方式、方法。

(1) 婴儿期: 是指出生后 4 周到 1 岁阶段,乳牙继续矿化,陆续萌出的阶段。妈妈和宝宝之间细菌的传播主要发生于婴儿乳牙萌出阶段。因此,清除牙菌斑应从第一颗乳牙萌出开始。乳牙萌出前就应该为宝宝养成每天清洁口腔的习惯,在哺乳后或者晚上睡前,由家长用手指缠上清洁湿润的纱布或用乳胶指套擦洗宝宝的牙龈和腭部,等乳牙萌出后还要轻轻擦洗牙面,帮助宝宝清除食物残渣及牙菌斑。

(2) 幼儿期: 从 1 岁开始至满 3 岁称为幼儿期。幼儿期颌面部生长发育迅速,经历了乳牙萌出期和乳牙列完成期。1～2 岁期间,可选用硅胶制成的指套式牙刷或硅质固齿牙刷,能最大程度地迎合宝宝出牙期的不适,满足宝宝总想咬东西的欲望。这期间宝宝刷牙需在家长的帮助下进行。2 岁后,宝宝上下牙基本都长出来了,可选刷头小、刷毛软的儿童保健牙刷,鼓励他尝试自己刷牙。但是仅靠儿童自己是不能彻底清除牙菌斑的,需要父母早晚帮助宝宝刷牙。正常情况下,3 岁左右就应该让其养成早晚刷牙、饭后漱口的良好的口腔习惯。

(3) 学龄期: 3～6 岁的学龄前儿童由于年纪小,注意力集中时间短,无法自主完成口腔清洁。父母应在口腔医生指导下学会帮助儿童刷牙,养成良好的口腔卫生习惯。父母在家庭中应起到示范作用,最好与宝宝一起做到早晚刷牙、餐后漱口。有条件时,家长应每日帮助宝宝认真、彻底地刷牙一次(最好是晚上)。6 岁以上的学龄儿童应在家长监督下每天早晚刷牙。

559 如何给宝宝选择牙刷

一把合适幼儿的牙刷,不仅可以达到清

洁牙齿的目的,而且不会伤害牙龈。儿童在不同年龄段,口腔环境有不同的特点,因此建议根据不同年龄阶段的需求有针对性地选择阶段性儿童牙刷。

(1)6个月～2岁:乳牙萌出阶段,基本是父母给宝宝刷牙,可以从指套型牙刷开始,用宽柄软毛的儿童牙刷,利于成人握持,可清洁牙面,刷毛周围最好是软胶的。

(2)2～4岁:乳牙阶段,儿童开始学着自己刷牙,要选择可以引起宝宝刷牙兴趣的牙刷,握手端有小动物或是卡通人物图案。这样带有图案的刷柄凸凹不平,宝宝容易握持不滑脱。同时牙刷要选择小头软毛的。

(3)5～7岁:儿童开始萌出第一恒磨牙,应该使用末端刷毛长的牙刷,这样更利于清洁萌出过程中的第一恒磨牙。

(4)8岁以上:儿童进入混合牙列期,口腔清洁难度加大,可以选择交叉刷毛和末端动力刷毛的牙刷。

刷牙后,牙刷毛间往往粘有口腔中的食物残渣,同时,也有许多细菌附着在上面。因此,要用清水多次冲洗牙刷,并甩干刷毛上的水分置于通风处充分干燥,牙刷每人一把以防止交叉感染。一般情况下每3个月就要更换一次牙刷。

560 适合宝宝的牙膏怎么选

牙膏是辅助刷牙的一种制剂,可增强刷牙时的摩擦力,帮助去除食物残屑、软垢和牙菌斑,有助于消除和减轻口腔异味,使口气清新。有幼儿的家庭需要购买成人和儿童用两种牙膏。

3岁左右刚开始自己刷牙的宝宝动手能力较差,手部操作功能发育不健全,因而刚开始刷牙操作不熟练。这个时候宝宝可以熟练吞吐牙膏泡沫,需使用含氟量低的牙膏,可以使用水果口味但同时含有酸性物质等有一定刺激性的牙膏,减少宝宝因不熟练而造成的误食牙膏量。家长要督促宝宝养成每天刷牙2次的好习惯。

6～12岁的宝宝正好处于换牙期阶段,要做好牙齿清洁工作。因为经历了这次换牙后,牙齿将不再进行自然更替。预防龋齿和牙龈炎、牙周炎等其他口腔疾病在这个时间至关重要,可以使用含氟的牙膏防止蛀牙。

561 宝宝为何口水流不停

流涎就是"流口水",中医学中称为"滞颐"。

正常情况下,四五个月前的宝宝由于唾液腺发育不完善,分泌的唾液很少,此时患儿很少出现流口水的现象。四五个月后,伴随着添加辅食的刺激,以及唾液腺本身的发育,唾液分泌开始增多。到了半岁左右,宝宝开始出牙,出牙也会刺激唾液的分泌。而此阶段,宝宝的口腔尚浅,吞咽功能还不完善。口水的产生大于吞咽,因此就会出现流口水现象。到了1岁半到2岁的阶段,乳牙出齐全了,吞咽功能也逐步完善了,此时宝宝流口水的现象自然会消失。多数宝宝在这些阶段都或多或少会出现流口水现象,这是属于生理现象,临床上还有一些病理性流口水的情况。

(1)口腔疾病:最常见的就是口腔黏膜溃疡或者牙龈发炎,包括单纯性的口腔溃疡或者手足口病。一般来说,生理性的流口水,口水气味多不重,但是由口腔疾病引起的流

特别提醒

虽然宝宝的脸很可爱，但是最好不要去捏宝宝的脸，因为捏脸会刺激唾液腺的分泌，导致流口水会更多。

口水，其气味多重浊腥臭。

（2）唾液分泌过多：通常见于年龄大于3岁的患儿，是临床上出现最多的情况。现代医学上的"流涎"以及中医学上的"滞颐"指的主要就是这种情况。

（3）由于神经系统疾病引起的流口水：如面神经麻痹、延髓麻痹，或者脑炎后遗症等，需要到医院专科进一步诊治。

由于唾液呈酸性，容易腐蚀皮肤的角质层，引起皮炎，导致湿疹，所以要注意宝宝口周皮肤的护理。家长要经常帮助宝宝擦拭流出来的口水，让宝宝的口周保持干爽；擦拭时不可用力，只需轻轻将口水拭干即可，以免损伤局部皮肤；可以用温水清洗下巴和颈前的皮肤，然后再涂上护肤品。

562 宝宝口腔长疱了怎么办

宝宝口腔长疱多是由于病毒感染所致，是比较常见的一个病理现象，通常会伴随发热症状。最常见的是由疱疹性咽峡炎和手足口病两种疾病引起的。

疱疹性咽峡炎是病毒感染的一种，主要表现为口腔疱疹集中在口腔的后半部分，比如说在悬雍垂，就是俗称的"小舌头"附近。手足口病也是病毒感染的一种，疱疹主要集中在口腔的前半部分，舌面、颊黏膜比较常见，而且手足口病除了口腔疱疹之外，宝宝手上、脚上、屁股上也会长疱。

治疗和护理口腔疱疹要做到以下几点：母乳喂养要讲究卫生，喂奶前用温水洗乳头，必要时喂奶前后用2%的苏打水涂抹乳头；婴儿食具、奶瓶必须清洁卫生，定期消毒；做好婴幼儿的口腔卫生，经常用温盐水或2%苏打水清洗口腔，使真菌不易生长和繁殖；发病后，可用消毒棉签蘸2%苏打水清洗患处后再涂2%龙胆紫，每日3~5次，同时给患儿口服维生素C和B族维生素；病情严重者可遵循医嘱外涂制霉菌素液。

口腔疱疹大多数可以自愈，饮食上尽量注意清淡一点，不要过于油腻、刺激，温度稍微低一点，不要太热，减少刺激，一周左右就可以痊愈。但建议家长带患儿到医院就诊做一下检查，在医生的指导下治疗。

563 宝宝牙痛就是蛀牙吗

很多家长都因为宝宝无缘无故牙痛而苦恼不已，那么儿童牙痛有哪些原因？

（1）蛀牙问题：蛀牙即龋齿，是一种细菌性疾病，会引发牙髓炎，更为严重的还会能引起牙槽骨和颌骨炎。宝宝如果在吃冷热食物时牙痛更加剧烈，那么可能是蛀牙。

（2）牙髓发炎：当宝宝的蛀牙没有得到及时的治疗时，细菌会慢慢腐蚀牙齿组织，慢慢地，细菌到了牙齿内部，刺激并感染牙髓，引起牙髓炎症，通常表现为自发性疼痛，疼痛剧烈，晚上疼痛加重，无法定位到具体的牙齿。

（3）牙根尖发炎：持续性的疼感，而且痛感属于阵痛，随着发炎的症状不断地加重，疼感也会更加严重，甚至会出现发热、面部肿胀的情况。

（4）外伤：宝宝的牙齿比较脆弱，特别是乳牙，很容易就被磕碰松动了。宝宝会觉得很好玩，甚至自己去不断地晃动牙齿，导致局部发炎。

牙痛的原因有很多，以上只是常见的几种原因，具体情况还需上医院及时就诊，早日预防、早期诊断、早期治疗，为宝宝减轻痛苦。

564 宝宝夜磨牙如何处置

有的儿童晚上入睡后，下颌骨仍在运动，上下颌牙齿相互摩擦，产生刺耳的声音，这就是人们常说的夜间磨牙。磨牙多见于 4～6 岁的儿童，据研究，磨牙与脑神经功能不太稳定有关，而这种神经不稳定有一定家族史，与遗传有关。由于神经不稳定，所以易受各种刺激而出现磨牙，患儿除夜间磨牙外，往往还有其他睡眠障碍。

夜磨牙有多种治疗方法，临床上主要以减轻磨牙给牙齿咬合面带来的破坏、减轻肌肉关节的症状为目的。原则是阻断病因，减少损害。

（1）心理治疗：磨牙症患者确实有精神心理因素的作用，使颌骨肌肉张力过度。消除紧张情绪，解除不必要的顾虑。

（2）减轻大脑兴奋：睡前休息放松、改善睡眠环境等有利于减轻大脑的兴奋状态，减轻磨牙的发生。

（3）肌肉松弛疗法：颌骨肌肉过分紧张

是引起磨牙症的原因之一，治疗中解除肌肉过度紧张是控制磨牙症的必要手段。常用的方法有应用肌肉松弛仪，进行咀嚼肌的生理功能训练，按摩等。

（4）睡眠中唤醒刺激疗法：通过生物反馈使患者在磨牙时被声音等电信号惊醒，从而暂时停止磨牙，但这种方法干扰了患者的睡眠。

（5）调整𬌗疗法：通过调整少量牙体组织，去除干扰及𬌗早接触，建立咬合平衡关系，以达到牙颌、咀嚼肌、颞下颌关节三者间的生理平衡，消除磨牙症。

（6）肠道驱虫法：减少肠道寄生虫蠕动刺激肠壁。

（7）咬合板疗法：晚上睡前在牙颌上戴咬合板，早晨取下，缓解肌肉紧张。此疗法目前最容易被医生和患者接受，防止牙磨损效果明显，但并不能治疗磨牙症。

（8）纠正牙颌系统不良习惯：如单侧咀嚼、咬铅笔、常嚼口腔糖等。

对于夜磨牙，可针对原因进行防治。父母应给宝宝创造一个舒适和谐、充满欢乐的家庭环境，消除各种不良的心因性因素。饮食上应合理调节膳食，防止宝宝营养不良，还要教育宝宝不偏食、不挑食，晚餐不要过饱，以免引起肠胃不适。有牙咬合不良的请找口腔科医生进行治疗。

565 警惕"奶瓶龋"

奶瓶龋是一种由婴儿睡眠时不断吸吮奶瓶而造成的龋齿，医学上又称哺乳龋，表现为上颌乳切牙（即门牙）的唇侧面，及邻面的大面积龋坏，牙齿患龋病后不能自愈（即不能再长好）。由于乳牙的钙化程度低，患龋后病情进展迅速，破坏面积广，并且治疗效果差，因此积极预防是非常重要的。

奶瓶龋产生的原因有：长期用奶瓶人工喂养，奶嘴贴附于上颌乳前牙；瓶喂牛奶、果汁等易产酸发酵的液体；乳牙萌出不久，乳牙的牙质薄、矿化程度差，表面结构不成熟，使其抗龋力弱；人工喂养时，哺乳时的吸吮动作不如母乳喂养者活跃；有的宝宝喜欢长时间叼着奶瓶或含着奶嘴睡觉，而当婴幼儿入睡后，唾液分泌减少或停止、吞咽功能减弱；口腔的自洁、稀释、中和作用均下降，发酵的碳水化合物便存留在口腔中，并环绕在牙齿周围，很容易发生龋齿。

刚萌出的牙对龋病非常敏感，为了从出生起就保护好宝宝的牙齿，家长必须知道正确使用奶瓶喂养的方法。首先戒除用奶瓶诱导幼儿入睡的习惯，如果宝宝在睡觉时必须使用奶瓶，瓶内只装水。控制幼儿每次使用奶瓶的时间，一般限制在 10～15 分钟，千万不要让宝宝含着奶嘴睡觉。一周岁后停止使用奶瓶，可训练用杯子喝奶，喝完奶后可再给少量白开水，以起到清洁口腔的作用。注意不要将牛奶、果汁或其他甜味饮料放入奶瓶，这些液体含有蔗糖，会危害宝宝的牙齿。

宝宝长出第一颗乳牙后，家长就应开始为宝宝刷牙。最好是饭后和睡觉前进行，每日至少两次。从宝宝长出第一颗乳牙后开始，应每隔 3 个月就带宝宝去医院检查一次牙齿。根据医生的建议，定期到医院使用氟制剂，以提高乳牙的抗龋力。对于已经发生奶瓶龋的宝宝，家长需定时用蘸温开水的湿纱布擦洗牙面，每天 3 次。2 岁半左右的幼儿乳牙已全部萌出，应在可接受的条件下训练刷牙。不一定非用牙膏，可单用凉白开水，

以防误食。

566 怎么做才能预防龋齿

龋齿俗称虫牙、蛀牙，是儿童常见的一种牙病。有调查显示，5 岁以下的儿童多发龋齿，发病率高达 53.7%。儿童龋齿的原因主要有细菌因素、饮食因素、牙齿因素、唾液因素等。比如爱吃甜食，不爱刷牙都可以导致龋齿的发生。

那该如何预防龋齿的发生呢？婴幼儿的餐具应尽量高温消毒，特别是奶嘴和奶瓶；乳牙一旦萌出，进食后和睡前都应进行口腔清洁；食物不要过于精细，否则不利于颌骨的发育；避免高糖饮食，减少患龋风险。

各类错殆畸形，如"地包天"、牙列不齐等，及时矫正；定期进行口腔检查，宝宝乳牙萌出后，可以进行涂氟，预防龋齿；尽早进行乳磨牙和恒磨牙的窝沟封闭。为减轻宝宝的治疗痛苦，在出现蛀牙的时候，一定要尽早处理，不要等疾病严重了再进行治疗。

567 摔伤了乳牙怎么办

乳牙受伤会影响宝宝的语言发育、咀嚼功能和面容美观，爸爸妈妈应及时带宝宝去就诊。这个年龄段的宝宝正在学习说话、发音，门牙缺失对宝宝的语言学习会有影响；乳牙缺失还会影响宝宝的进食，进而影响宝宝的咀嚼能力；此外，门牙缺损还会影响宝宝的面容美观，不利于宝宝的心理发育。年龄较小的幼儿，颌骨发育还不完善，牙槽骨的骨质疏松，软组织质地脆弱，在乳前牙摔伤时常伴

有牙龈撕裂和牙槽骨的骨折。

乳牙外伤还会对乳牙下面的继承恒牙发育和萌出产生影响。乳牙在受到外力的撞击时，瞬间的外力会传导到埋在乳牙下面的恒牙胚，直接波及继承恒牙，对继承恒牙造成不同程度的影响。如果宝宝的乳牙受伤后没有得到及时、适当的治疗，使受到外伤的乳牙出现继发炎症，对乳牙下方的继承恒牙的发育产生不良影响，这种不良影响造成的伤害要比当时看到的伤害大得多，治疗起来也要麻烦得多。

乳前牙外伤脱落后，局部牙龈在长期咀嚼食物摩擦的作用下，牙龈增生角化变得坚韧肥厚，使恒牙在萌出时的阻力增加导致萌出困难，有时需手术切开牙龈来助萌。另外，乳牙外伤后未做根管治疗，受损的牙髓出现坏死，感染导致急性或慢性根尖炎症的发生，如感染扩散可影响其下的恒牙胚。因此，乳牙摔伤后一定要及时到医院治疗，定期观察，如有问题及时解决，最大限度地避免和减少乳牙受伤时对恒牙造成的影响。

568 乳牙意外掉了，要修复吗

乳牙是宝宝萌出的第一组牙，主要功能是辅助发音、利于咀嚼、恒牙生长前的"空间维持"功能、协调颜面美观、促进颌骨正常发育。

因摔伤等意外，宝宝掉了乳牙，此时家长应该带宝宝到儿童口腔专科门诊就诊，拍片确定恒牙胚情况。若恒牙即将萌出，则无需修复，只需等待继承恒牙的萌出即可。

若乳牙早失，可引起邻牙的倾斜移位，对颌牙过长，使得缺牙间隙变小，造成恒牙萌出

困难或拥挤，还可以引起恒牙提前萌出，尤其是乳牙有慢性根尖炎症时。提前萌出的恒牙牙根未发育，咬硬物时可导致其松动，甚至脱落。过早萌出的恒牙表面釉质发育不成熟，钙化差，易患龋。因此需做间隙保持器以维持缺牙间隙，或阻萌器防止恒牙过早萌出。因此，儿童时期乳牙脱落一般来说不进行牙齿的修复，可以观察，如果间隙过小或恒牙早萌，可以进行间隙维持或阻萌，等到换牙就好。

569 宝宝换牙了，家长应该注意什么问题

一口好牙不仅有助于健康，也关乎宝宝的容貌外观，宝宝到了换牙期会有哪些情况？有什么需要注意的事项呢？

乳牙脱落有一定的时间和顺序，应脱落而不落称乳牙滞留，其后果往往是恒牙不能在正常的位置萌出。大多数宝宝从6岁左右起陆续发生生理脱落，也有的从4岁开始，个别宝宝会迟到7～8岁才掉第一颗乳牙，到12岁前后，乳牙全部为恒牙所代替。有些宝宝恒牙虽已萌出，乳牙却迟迟不肯"让位"，形成"双层牙"，造成恒牙排列不整齐，这种情况需要到儿童医院口腔科找医生拔掉乳牙。引起乳牙滞留迟脱的原因很多，最常见的是宝宝进食过于精细，没有充分发挥牙齿的生理性刺激。因此，随着宝宝年龄增长，应让宝宝多吃些海蜇、花生、甘蔗等耐嚼食物，以保持对乳牙良好的刺激作用，促使乳牙按时脱落。

换牙期宝宝活泼好动，很容易在奔跑、打闹中发生碰撞，导致上前牙牙折或者完全脱落。而刚萌出的恒牙，牙根尚未完全形成，如受到外伤及感染，牙根根尖部发炎，根尖也就

不能再闭合，治疗起来十分麻烦。因此，在这个时期家长更要注意，不要让宝宝的牙齿受到损伤，刚换好的恒牙万一发生外伤后脱落，一定要保留宝宝的恒牙，将其泡在牛奶或清水中带到医院，可以进行牙齿再植、固定。

有些家长发现宝宝新长出的两颗门牙之间出现了较大空隙，影响美观，就担心宝宝的门牙长不好。其中，一部分宝宝侧切牙萌出后，门牙间隙就会自然减小或消失。另有些宝宝可能是两颗门牙之间存在着多生牙，造成两颗门牙间有空隙。这可以通过检查确认是否为多生牙，确定后拔除多生牙，通过正畸治疗使间隙关闭。但是宝宝若出现反𬌗，也就是俗称的"地包天"，往往需要早期矫治。早期治疗花费时间短、费用低，否则将影响宝宝的容貌。

儿童在换牙期，牙齿在替换，颌骨在发育，随之逐渐建立咬合关系，有时会出现一些错位咬合，建议到儿童医院口腔科进行专业检查，选择最佳时机进行治疗。宝宝到12岁以后牙齿替换完毕，如果存在各类错𬌗畸形，需要通过正畸治疗进行纠正。

570 坚固牙齿，需要涂氟

婴儿出牙后至14岁都属于龋齿的高危险期，尤其是6~12岁。因此，牙科医生建议，除了使用牙线与刷牙外，儿童应对每一颗牙齿表面进行氟化处理来防龋，即涂氟。

涂氟治疗即为牙齿涂布氟保护漆。形象地说，涂氟就像是给牙齿穿上一件薄薄的防龋衣，在短时间内，为牙齿局部提供较高浓度的氟，增强牙齿的抗龋能力。

涂氟是一种常规的儿童牙齿保健的方法，氟化物能抑制口腔中致龋菌的生长，抑制细菌产酸。致龋菌分解代谢食物残渣产酸，酸性代谢产物溶解牙齿中的矿物质形成龋坏，影响牙齿的形态结构。在牙齿发育期间涂布适量氟化物，可以使得牙尖圆钝、沟裂变浅。这种形态改变可以使牙齿易于自洁，抵抗力增强。

考虑到宝宝的配合程度，一般建议在宝宝3岁之后由专业人士进行涂氟预防。不同的涂氟材料中含氟量会有差异，一般在10毫克以内。涂氟完成后要求宝宝张口1分钟，也是为了让氟保护漆有充足的凝固时间，避免意外吞咽。对低龄宝宝，涂氟材料用量也会酌情减少，一年两次的频次也不需要担心长期负面影响。

要注意的是，涂氟治疗只是对抗蛀牙的辅助方式之一，想通过涂氟而一劳永逸是万万不可能的。涂氟之后，仍然需要好好帮宝宝清洁牙齿，定期带宝宝复查牙齿并定期洗牙，做窝沟封闭。

571 预防蛀牙，窝沟封闭很有效

窝沟封闭是指不损伤牙体组织，将窝沟

特别提醒

涂氟不会导致氟中毒的大前提是去正规的口腔机构，由专业口腔医生来完成，对涂氟的时间、次数、浓度、使用量严格控制。

封闭材料涂布于牙冠咬合面、颊舌面的窝沟裂隙，当材料流入并渗透窝沟后固化变硬，形成一层保护性的屏障，覆盖在窝沟上，能够阻止致龋菌及酸性代谢产物对牙体的侵蚀，以达到预防窝沟龋的方法。

牙齿表面并不是完全平滑的，存在很多沟隙，尤其是后面的磨牙，表面的窝沟缝隙尤其深和复杂。在刷牙的时候，牙刷的刷毛是很难进入这些窝沟进行清洁的，因而这些窝沟深处容易残留食物残渣，导致了蛀牙的发生。牙齿窝沟处成为蛀牙高发地，因此，对于刚萌出、尚未龋坏的牙齿来说，将这些窝沟封闭起来是最好的预防蛀牙的方法。

窝沟封闭并不是一种新技术，它从20世纪60年代以来就得到了广泛应用，是世界卫生组织向全世界推荐的有效预防龋齿的方法。3岁左右长齐的乳磨牙，6岁左右萌出的第一恒磨牙(六龄齿)，12岁左右萌出的第二恒磨牙都可以做窝沟封闭。有些宝宝12岁左右萌出的双尖牙的窝沟也比较深，也可以做窝沟封闭。完成封闭的牙还应定期(3个月、半年或一年)复查，观察封闭剂保留情况，脱落时应重做封闭，则封闭剂保留率和龋齿降低率都会得以提高。

严格来说，只要有窝沟裂缝的牙齿都需要做窝沟封闭。但每个宝宝的窝沟情况可能不一样，还是要专业的口腔科医生来判断。

572 宝宝爱运动，防护牙托保安全

学龄儿童在参加体育活动和游戏时易发生牙外伤，受伤后出现牙龈出血，牙折断、松动、移位。对于牙外伤的防护，提倡儿童在运动时使用保护牙托。保护牙托通常用硅胶等高分子材料制成，当在脸部和头部受到打击时可以起到保护牙齿的作用。理想状态下，当外界的力量作用到面颊部与下面部时，口内佩戴的防护牙托可以吸收并重新分配力量，从而有效地保护牙齿和周围的组织。另外，防护牙托还有助于预防和减少运动性脑震荡，提升运动成绩。

根据制成方式，防护牙托可分为3类：定做的防护牙托是一种在口腔诊所或专业牙科实验室中针对不同个体专门设计、制作的。医生会先取牙齿印模，然后根据牙齿形状制作防护牙托，这类防护牙托佩戴最舒适，而且还能够提供最大程度的防护；加热、咬合式防护牙托的形状是预先成形的，通过把防护牙托放在水中加热可以改变其形状，然后在口腔中咬合，从而使它适合不同的个体，这种防护牙托在许多体育用品商店都可买到，比较便宜，但其密合程度差，舒适性差；还有一种即买即戴的预成防护牙托通常比较笨重，而且可能会妨碍呼吸和说话。

儿童如果参加拳击等运动，必须要用防护牙托；参加跆拳道、散打、搏击、篮球、足球、橄榄球、冰球、曲棍球等对抗性运动项目，以及滑板、山地自行车、单排直滑轮等非高风险项目，也有使用防护牙托的必要。

随着时间的延长，防护牙托会受到磨损，其作用也会减小，因此，经常佩戴者，理论上应该每季更换一次。对于青少年而言，更换防护牙托尤其重要，因为他们的牙齿还在不断发育。牙托使用之后，会残留唾液与牙菌斑，一定要用牙刷、牙膏清洗干净，擦干保存。

爸妈小课堂

不同的防护牙托适合不同的运动

根据运动撞击力的大小和运动危险程度,防护牙托又可分为4类。

(1) 超重型防护牙托:由里层为2毫米、外层为4毫米的软材料,中间为0.8毫米的硬材料制成,适合于冰球、橄榄球、曲棍球等撞击力大、空间小的危险性运动。

(2) 重型防护牙托:由里层为2毫米、外层为4毫米的软材料制成,两层中间加3个支撑垫块,适合于棒球、滑雪、旱冰等具有强大撞击力的危险性运动。

(3) 中型防护牙托:由里层为2毫米、外层为4毫米的软材料制成,适合于自行车、篮球、足球、柔道、摔跤、越野赛等面式撞击力的危险性运动,应用范围最为广泛。

(4) 轻型防护牙托:由两层各为2毫米的软材料制成,适合的运动类型与中性防护牙托相同,多用于口腔内空间小的人群。

573 "地包天"是遗传的吗

"地包天"是一种常见的儿童口腔错殆畸形。正常情况下,牙齿咬合时,上牙位于下牙的外面,包住下牙,可以理解为"天包地"。而"地包天"则是下牙位于上牙的外面,包住上牙。导致"地包天"的原因主要包括以下几个方面。

(1) 遗传因素:父母的"地包天"很有可能会遗传给他们的宝宝。

(2) 先天性疾病:患有腭裂者会导致上颌发育不足,从而造成"地包天"。

(3) 全身性疾病:佝偻病、内分泌紊乱或扁桃体慢性炎症等。

(4) 后天局部原因:不良喂养姿势,很多家长会让宝宝平卧用奶瓶喝奶,这时下颌需要向前用力吸吮,从而引起乳前牙反殆。食物结构不断精细化,牙齿磨耗不足,也可能导致"地包天"。吐舌、咬上唇、下颌前伸等口腔不良习惯也容易造成前牙反殆。乳牙龋坏也可能导致牙齿间隙的丧失,从而导致"地包天"。

"地包天"在乳牙和恒牙期均可能发生。

有些人认为牙齿"地包天"的问题只是影响美观(也不排除有人认为"地包天"更美),不是非治疗不可。实际上,"地包天"带来的不仅仅是容貌上的影响,还可对儿童颌骨和肌功能发育及心理产生影响。在可能的情况下,应该尽早开始治疗,通过治疗可尽快恢复上下牙的正常咬合,改善面部形态,促进颌骨及面部的正常发育。早期开始治疗,方法简单,治疗时间较短,且费用低,能取得很好的效果。少数有遗传倾向的重度"地包天"可能仍需要后续治疗。

574 宝宝睡觉张口呼吸对牙齿和面型有影响吗

口呼吸就是张口呼吸,指睡觉或清醒时不是通过鼻腔进行气体交换,而是通过口腔进行。导致口呼吸的根本原因是鼻通气失败,引起原因如鼻内结构阻塞、腺样体肥大、扁桃体肥大、鼻中隔扭曲、后鼻孔闭锁、鼻甲肥大、过敏性鼻炎、人工喂养儿童从小的口呼吸习惯等。

口呼吸对面容有很多不良影响。正常情况下，我们通过鼻腔呼吸，舌头的位置贴于上颚，而因为各种原因，儿童改用口呼吸后，嘴唇自然张开，舌头为了给呼吸让出通道后缩，失去支撑牙弓的力量，面颊肌肉因为张口而收紧，又给了牙弓内收的力，两个力量长时间的不平衡就会造成牙弓狭窄，进而使得前牙外翘，或者牙弓位置不够排下牙齿而造成的拥挤和长面型。即便舌头后缩，气道仍有部分受阻，为了更顺畅地呼吸，儿童就会选择仰头来让气道打开。可是仰头后，视线和重心又有所改变，为了能够保持平衡和直视前方，儿童会以驼背来补偿。这样整个人的身姿就会呈现萎靡甚至畏缩的感觉，心理也受到影响。

鼻腔的作用之一就是过滤空气，如果宝宝用口呼吸的话，很容易将未过滤的空气吸入体内，而且口呼吸使宝宝不能及时将分泌物排出体外，对细菌的抵抗力下降，很有可能导致口腔和呼吸道疾病。

口呼吸会导致腺样体肥大，具体症状就是睡觉时打鼾，偶尔打鼾没关系，但是长期打鼾就要引起注意了。要及时带宝宝去医院检查，看是否患有扁桃体肥大。而且长期口呼吸还会影响面部正常发育，可能会越长越丑。这就是所谓的"腺样体面容"，患儿表情呆滞，嘴唇上翻，牙齿外露。长期的口呼吸容易影响心肺功能，甚至导致肺心病。而且宝宝的发音也会受到影响，鼻音比较重，容易口齿不清，听力也会有所下降。

575 如何诊断和治疗口呼吸

家长可以自己先检查宝宝的鼻气道和鼻呼吸是否正常，方法如下：用一面小镜子（手机也可）放在宝宝鼻孔下方，让他呼气，可观察屏幕上的雾气大小。如果出现两团雾气，且均匀等大，大小差不多 1 元硬币，是正常的。如果没有雾气或雾气范围小，提示宝宝鼻子不通气；雾气一边大一边小，提示宝宝可能一个鼻孔不通气。还有一种方法是用一个干净的透明杯子罩在宝宝嘴上，杯子雾蒙蒙的就是口呼吸。

口呼吸的早期干预可采用肌功能训练矫治辅助矫正器，主要目标是肌肉软组织的正常运动和良好的口腔习惯。一般专科医院口腔正畸科均能制作由头套、颌托、弹性绷带组成的呼吸矫正器，对口呼吸患者进行治疗。佩戴后可以让患者使用鼻子呼吸，由此养成用鼻子呼吸的习惯。宝宝只有拥有正常的呼吸、正常的舌尖停留位置以及正常的吞咽功能才能拥有正常的颌骨、面型以及牙弓，继而拥有整齐的牙齿，同时减少呼吸道疾病、口腔疾病的发生。

扫码观看 儿童健康小剧场
睡觉打呼噜和腺样体肥大

576 牙齿不整齐什么时候矫治最好

青少年期的牙齿快速生长期之前或快速生长期内，如已确诊是乳牙排列不齐或牙列反𬌗（"地包天"）和开𬌗（局部牙齿咬合不住）就应该得到早期矫正，治疗的年龄一般是3～18岁，在克服、改变不良习惯的同时根据不同情况、不同程度可以分别采用活动或固定矫治器，甚至配合口外整形力来纠正牙列，矫正效果稳定。

牙颌畸形应以早发现、早治疗为原则，最佳的矫治时间根据每个患者畸形的具体情况和生长发育状态来确定。如果是牙齿骨骼方面的畸形如"地包天""小下巴"、偏颌、严重的牙位异常等，则应早治疗，且越早越好。比如"地包天"，建议3岁半至5岁就要开始矫正。如果牙颌畸形只是牙齿方面的问题，如"虎牙"、牙齿排列不齐、牙错位、牙间隙等，即使错过了最佳治疗时间，也可以进行成人正畸，同样能达到满意的疗效。建议在宝宝9～12岁时，家长应每年带其到专科医院的正畸科进行检查，确定是否需要矫治以及选择合适的矫治时机。

577 哪些牙齿畸形需要早治疗

传统观念认为牙齿矫正要等到宝宝12岁之后才可以做，殊不知，有些牙齿畸形需要在12岁之前矫正。

（1）严重的大龅牙：一般龅牙非常严重的畸形，上颌骨偏高，临床表现常见露龈笑。这种畸形比一般的龅牙，牙齿外翻矫正难度更大，也更容易让宝宝产生自卑感，不敢与人交流，不敢大笑，甚至会严重影响宝宝的学业。

（2）替牙期严重的牙齿拥挤：替牙期一般轻度拥挤可观察，暂不处理；严重者表现为个别或多个牙齿在各个方向的错位。牙齿拥挤也会妨碍局部牙齿的清洁而好发蛀牙、牙龈炎等。

（3）反𬌗（俗称"地包天"）：即下排牙齿包住上排牙齿，严重影响面容美观，导致咀嚼功能下降，加重胃肠负担，从而影响身体健康。有时候还会影响发音，影响宝宝心理健康。个别牙反𬌗即个别门牙或两颗牙反𬌗会影响上面部的正常发育，上唇部凹陷。而且，其潜在的危害是最有可能导致儿童成长到30至40岁时出现颞下颌关节紊乱病。

（4）偏颌：由于一边的牙齿龋坏或缺失等原因，长期用另外一边吃东西，或其他原因导致双侧脸型不对称，严重影响宝宝的心理健康。

（5）下颌后缩：下巴发育不足俗称"鸟嘴"。影响面部美观的同时因为下排牙齿排列过窄，限制了上排牙齿的发育，也影响咀嚼功能。

（6）乳牙早失或滞留：乳牙没到替换时间就过早脱落，会使局部颌骨发育不足，缺的位置可因邻牙移位导致部分甚至全部被占据，以致恒牙错位萌出或埋伏阻生而形成牙颌畸形。乳牙到了替换时间仍未脱落退位，导致后继接班的恒牙萌出受阻，出现萌出顺序异常、错位萌出、埋伏阻生，造成牙齿排列及咬合不正。

（7）睡眠时张口呼吸、打鼾：睡眠时张口呼吸多由于鼻腔堵塞或腺样体肥大等原因造成鼻呼吸不畅，会引起唇外翻和唇短而厚、上腭高拱脸变窄、前突、长面型、下巴后缩及后牙咬不拢。打鼾由于鼻腔阻塞，呼吸方式不正确，上下牙齿咬合不正确，久之会导致面部

扫码观看 儿童健康小剧场

儿童牙齿畸形

畸形,如面部狭长、下牙外露、开唇露齿等,严重影响宝宝的外貌。

(8) 多生牙:口腔内特别是上门牙间有多余的牙齿。多生牙多为畸形牙,它们占据了正常牙的位置,致使这些正常的牙齿出现错位或萌出障碍。

(9) 恒牙不萌出或埋伏阻生:阻生牙是指牙齿部分萌出或完全不能萌出,并且以后也不能萌出的牙,多见于门牙,可通过助萌或牵引等方法改善。

578 宝宝拍牙片安全吗

牙片就是牙齿X线片,包括有全景片(大片)和根尖片(小片),必要时还会做锥形束CT(CBCT)来辅助检查,拍片是辅助医生检查的重要手段。牙片可以看到蛀牙范围多大,可以看到牙根下面的情况,比如牙根在骨头里的深度和位置,也可以看到所有乳牙和恒牙的发育情况。但家长常担心,牙片有辐射么? 对宝宝的健康是不是有影响呢?

拍一张牙片的辐射量很小,不用担心,一

张小牙片的辐射量是5~8微希,差不多是半天日常生活的辐射量。一张大牙片的辐射量为10~20微希,相当于在特别晒的一天进行了户外郊游。而一个CBCT的辐射量要略大一些,约为250微希,但也比正常人体内钾元素一年产生的自然辐射量(390毫希)小一点,而且一般只有在小牙片和大牙片无法明确诊断或治疗时,才会拍摄CBCT来辅助诊疗。

一般每个人在一年内,会接受大概4毫希的辐射,其中约85%来自自然界和平时生活,只有15%来自医疗检测。拍摄牙片的辐射量是很小的,只要每年不超过200张的小牙片或是66张大牙片都是在安全范围之内的。

常规情况下,成人在拍摄牙片的时候都会带上铅围脖,保护甲状腺。而宝宝因为骨髓活跃稚嫩,正处于发育期,在拍牙片的时候,则建议穿上特制的铅衣或铅裙,对宝宝有一个全身的保护,这样在拍片期间接受到的辐射可以降到最低。宝宝在正确的防护下,进行适当的拍片,对牙科诊疗有着重要意义,而其中的辐射量较小,家长不需要太过于担心。

579 宝宝看牙前家长应该做哪些准备

家长提前预约就诊时间,通过各种渠道(网上、电话、微信等)预约挂号,就医前准备好宝宝的有效证件(身份证或户口簿,以便办诊疗卡建档),医保卡,病历本及以前的诊疗资料(包括检查及化验结果)。还要带好干净的毛巾或口水巾,可换洗的衣物,以便宝宝看牙时哭闹出汗后及时更换,带一些宝宝日常喜欢的小玩具、小公仔等可增加宝宝安全感。看牙前不要让宝宝吃得太饱,防止哭闹引发呕吐，易发生呛咳。

父母往往会对宝宝的事情过于紧张焦虑，而这些情绪又特别容易传染给宝宝，因此，家长心态平和，用积极乐观的态度面对问题，宝宝才能放松心情。在日常生活中，家长千万不要用去医院看牙来吓宝宝，让宝宝以为看牙是一种惩罚，可以让宝宝参与到父母的看牙活动中。市面上有许多关于爱护牙齿的儿童绘本，家长可以和宝宝一起读，也可以一起玩检查牙齿的游戏，模拟看牙的一些具体操作，比如小镜子照照，吹吹风，冲冲水等。家长要提前和宝宝沟通看牙这件事情，不要隐瞒，给予正向的鼓励和引导，不要一味地说"医生只是看一眼，一点都不痛""不打针的，我们不碰牙齿"等。一旦宝宝发觉和父母事先说的不对，就会特别排斥，难以建立与医生之间的信任感。

家长要完全信任医生，看牙时不要太多家长全部陪同过来。宝宝往往在太多家长的围护下容易产生娇气行为，为了帮助宝宝克服胆怯，建议由1~2名心态积极平和的家长陪同即可。

580 宝宝看牙时哭闹不休，医生会把他绑起来吗

很多时候宝宝看牙的恐惧很难消除，哭闹、抗拒在所难免，此时，医生会采取如下方法来完成治疗。

(1) 束缚治疗：这种治疗方法往往会给宝宝造成心理阴影。行为管理和镇静是国内儿童齿科的短板，束缚只能用作紧急短时处理，长时间普通治疗使用束缚终将被淘汰。

(2) 全麻治疗：这种方法针对极其特殊的儿童，过程不会留下阴影，但苏醒时会有一定的不适。在全麻状态下，患儿配合程度高，利于医生操作从而提高治疗质量；可一次性治疗多颗牙齿，减少重复就诊的烦琐。非常适合多颗牙龋坏的低龄儿童及对牙齿治疗极度恐惧的儿童。也有身患重病的宝宝来看牙，比如牙齿问题严重危及身体健康甚至生命，不治牙，化疗和许多手术都无法进行；或者即便身患重病，甚至是残障儿童，生活质量也是家长们的重要考量。此时可全麻下治疗龋齿，以恢复咀嚼能力。

(3) 镇静治疗：是用药物让儿童在清醒的状态下，对病牙进行治疗。治疗全过程中儿童意识清醒，可以听从医生指引作出动作，但由于药物作用，儿童没有疼痛的感觉。若手术前给儿童制造一个良好的互动氛围，儿童会产生顺行性遗忘，即手术过后可遗忘治疗的过程，只记得术前良好的互动，治疗方式更人性化。镇静加束缚用来治疗配合度不佳的儿童，出于安全考虑，很多时候采用的是清醒镇静或中度镇静，虽然有时宝宝也哭闹不休，但通常对过程没有记忆，有利于儿童的心理健康。

儿童口腔健康

替牙管理 | 牙齿矫正 | 地包天

更多精彩视频持续更新中……

第八讲　　防病治病——中医学

🍄 中医与中药 🍄

581 带宝宝看中医须知

中医看病需要"望闻问切、四诊合参"。对于宝宝，既主张四诊合参，又特别注重望诊。宝宝的肌肤柔嫩，反应灵敏，如宝宝外感六淫，或内伤乳食，以及自身脏腑功能失调，或气血阴阳的偏盛偏衰，易从面、唇、舌等各部形诸于外。通过望诊，可以观察宝宝的全身和局部情况，从而获得与疾病有关的信息。

望诊总体是观察宝宝神色、形态，分部观察苗窍：口、舌、目、鼻、耳及前后二阴、指纹、皮疹的颜色、大小便的颜色、性状等。闻诊包括听诊和嗅诊，听诊包括宝宝的哭声、咳嗽、呼吸声、语音等，嗅诊包括口气、大小便臭味等。问诊是了解病情的发生发展，是采集病情资料的重要方法，通过问诊了解宝宝的年龄、体重、目前的主要症状、家里护理及治疗史、饮食、睡眠、大小便、出汗等情况。切诊是指脉诊和按压触摸囟门、颈部、腋下、四肢、皮肤、胸腹部及淋巴结等。在临床上，这四个方面必须合参，才能做出比较准确的诊断。

家长带宝宝看中医应该做到：不要给宝宝化妆、刮舌苔，保持原本的面色、舌苔；看病前不要给宝宝进食含有色素的糖果、饮料，以防舌苔被染，一些"有色食物"会影响医生对病情的判断（巧克力、杨梅、可乐，甚至牛奶都会造成舌苔的"变色"）；看病时最好带一瓶水，先让宝宝漱漱口，再看诊。

看病时也不要给宝宝吃东西，就诊中如果宝宝哭吵，食物易呛入气管，食物遮住舌苔也妨碍医生观察。给宝宝穿的衣服要容易解开，方便做体格检查。对于3岁以下的宝宝一般不切脉，而是看双手食指指纹色泽的变化，因此要把宝宝的双手洗干净，以便医生看清指纹。

家长在家要观察宝宝的胃口、饮水、大小便、睡眠、出汗等情况，如果宝宝咳嗽还应观察咳嗽的声音、频率、持续时间；痰的颜色、性状；鼻涕的颜色和稀浓等。家长应全面了解宝宝的情况，如实向医生反映。

582 给宝宝喂中药有技巧

辨证论治、因人而异处方的汤药，是中医治病用药的主要剂型，在体内的吸收也比较快。中药大多比较味苦，且药量较多，如何给宝宝喂服汤药是儿科的一大问题，但它又是最古老、最传统、最基本的给药途径。因此，熟练掌握喂药的正确方法非常必要。怎样才能让宝宝喝下中药呢？

（1）煎出药量：由于宝宝胃容量小，尤其婴幼儿的胃呈水平位或半垂位，若药量掌握不准确就容易造成儿童呕吐，甚至呛咳。因此，煎出的药量根据宝宝的年龄大小而有所不同。一般煎出药量，婴儿 60～80 毫升，幼儿 100～150 毫升，学龄前儿童 150～200 毫升，学龄期儿童 200～300 毫升为宜。

（2）服药时间：给宝宝喂服中药应在两餐（或两次喂奶）之间进行，这样有利于药物充分吸收和利用。饭前服药容易刺激胃肠黏膜，饭后立即服药容易造成呕吐等不良反应，原则上应在饭后半小时或更长时间喂服为宜。根据宝宝耐受情况，少量多次喂服更好，还应根据疾病的性质，确定服药的次数，如是新发病、急病，要多分几次服。

（3）服药方法：煎好中药汤剂后，家长应先尝一下，汤药过热容易烫伤宝宝，过凉又会造成胃部不适，还会影响药效。37 ℃左右温热的中药苦味最轻。宝宝服汤剂时，家长尽可能鼓励宝宝自取，或用小勺将药液顺嘴边慢慢喂入。服药后尽量休息一会儿，有利于药物吸收，以免因活动量过大而引发呕吐。药中尽可能不加糖，以免影响药效。若方中确有苦寒药如黄连、黄芩等，可加入适量甘草以减轻苦味。对宝宝喂服中药汤剂既要有耐心，又要细心。对拒服中药汤剂的宝宝，可固定其头部，用小匙将药送至舌根部或舌两侧，使其自然吞下，切勿捏鼻或顺舌面倒喂药，以免呛入气管。

对于没有自主能力尤其是一岁以下的宝宝，可以把中药放进宝宝的奶瓶里让宝宝喝，也可以用滴管吸中药，然后滴到宝宝的口腔里。对于两三岁的宝宝，喂中药更难，可以当着宝宝的面加入冰糖或者是白糖，这样宝宝就会被吸引而愿意喝中药。学龄前的儿童已有自己的选择能力，家长要劝解宝宝，告诉他生病后就要喝药，这样病才会好。当宝宝把中药成功喝完，要夸奖鼓励宝宝，宝宝就容易接受喝药了。

583 宝宝也能膏方调补

中国古代素有"春夏养阴，秋冬养阳"之说，民间有着冬令进补的传统习惯，中医膏方具有防病治病、延年益寿、强身健体、服用方便等优点，深受人们欢迎。宝宝为稚阴稚阳之体，临床上有许多体质虚弱的患儿，病理上有易虚易实、易寒易热的特点，不主张一味地蛮补。开膏方时采用治病与调理相结合，五脏六腑同治，使柔弱的脏腑得以充盈，先天和后天之本得以固护，邪气难以入侵，起到防病治病的双重作用。

膏方是根据个人体质、证候，辨证组方后，将药物加水煎煮，去渣浓缩后，加入辅料收膏做成的内服中药制剂。膏方能改善人体阴阳平衡、调整脏腑气血，具有一人一方一膏的特点，是中医独特的调补方式，适用于患有慢性病、体质虚弱的患儿，尤其是需要长期中药调理的宝宝。

宝宝膏方通常治病兼补，宝宝处于生长发育期，滥用补药会导致消化不良、性早熟等不良反应，因此宝宝的膏方主要是益气固表、健脾和胃、平补阴阳，用药温和，少用大补滋腻的药物。辅料多为莲子、山药、核桃仁、冰糖

特别提醒

　　一般正常健康的儿童不需膏方调理,肥胖儿、性早熟等患儿也不适宜膏方治疗。只有体质虚弱,患有某些慢性疾病的患儿,在疾病缓解期间可服用膏方调理,如肺系疾病(感冒、咳嗽、哮喘、反复呼吸道感染)、脾系疾病(泄泻、食积、厌食、疳证)、肾系疾病(遗尿)、生长发育迟缓,可通过服用膏方益肺、健脾、补肾,减少发作,提高抵抗力。

等食品,使药补食补相结合,香甜可口,宝宝喜服。

　　膏方服用季节以冬季为主,从冬至"一九"开始服用,至"六九"结束,约 2 个月,早晨与晚上睡前半小时空腹服用。服药期间忌食生冷、油腻、辛辣、海鲜等不易消化及刺激性的食物。在服用期间发生感冒、发热、腹泻时,应暂停服用,待病愈后再进服。

584 脾胃不好会导致宝宝流口水

　　口水具有促进消化,濡养人体的作用。病理性流口水在中医学中称为"滞颐"。宝宝3岁之前由于身体发育不完善,容易流口水,这属于生理现象,无需处理。如果3岁之后还容易流口水,就需要去医院诊治。

　　中医学中,流口水主要分为脾胃湿热和脾胃虚寒两种情况。

　　(1)脾胃湿热:由脾胃湿热引起的流口水多数气味较重,腥臭,口水稠浊,粘在衣服上泛黄。患儿同时伴随着大便偏干,舌苔偏黄。此类患儿需多吃蔬菜、水果,少吃热性食物,保持大便通畅。

　　(2)脾胃虚寒:相比较而言,这个类型的流口水在临床上更为常见。由于脾胃虚寒引起的流口水气味不重,口水清稀,粘在衣服上泛白。患儿多同时伴随着纳谷不香,大便偏稀偏黏,舌苔白腻。这类患儿应少吃生冷瓜果食物,少喝冷饮。

　　患儿流口水还可能由于其他疾病引起,比如口腔疾病(如口腔黏膜溃疡或者牙龈发炎,手足口病等),或者神经系统疾病(如面神经麻痹、延髓麻痹,或者脑炎后遗症等等),均需要去医院进一步诊治。

585 避免宝宝厌食,家长该怎么做

　　厌食是宝宝常见的脾胃病症,表现为较长时期不思进食,厌恶摄食,食量显著少于同龄正常人,可有嗳气、少食即饱、大便多干燥等症,或伴面色少光泽、形体偏瘦、腹部胀满等症,但精神尚好,活动正常。

　　厌食多由于饮食不节、喂养不当导致。其他疾病导致的脾胃受损,或先天不足后天失养、情志不畅思虑伤脾等,均可以引起厌食。本病的根本在脾胃,运用中医中药的方法调理脾运胃纳功能,可使食欲得到改善。

　　中医调理是根据患儿不同的表现形式给予施治,具体鉴别及调理方法如下,具体推拿手法可见"推拿与针灸"一章。

　　(1)食量减少,伴有恶心反胃,偶尔多食后即腹部饱胀,舌苔薄白或白腻,属于脾失健运型厌食,可用藿香、陈皮、砂仁,煎水后去渣服用,可理气助运。鸡内金磨粉吞服、焦山楂

煮水饮用，开胃消食。艾灸神阙穴、中脘穴每周1～2次，每次约10分钟，可健脾开胃。推补脾经3分钟，揉一窝风3分钟，逆运内八卦3分钟，推四横纹4分钟，清天河水2分钟。1日1次，14日为1疗程。

(2) 不思进食，食不知味，食量少而形体瘦，精神欠振，大便易溏薄夹不消化物，舌质淡，苔薄白，属于脾胃虚弱型厌食。可给与太子参、陈皮、焦山楂煮粥同服，健脾理气促进消化。艾灸足三里每周1～2次，每次约10分钟，强壮脾胃，改善食欲。可每日揉按足三里100次，捏脊3～5次。

(3) 食欲不振，大便偏干，面色偏黄，舌质红，花剥舌苔或舌苔少者属于脾胃阴虚型厌食，可用石斛、乌梅滋脾养胃，配合谷芽、麦芽和中开胃，煎水去渣服用。

对儿童，尤其是婴幼儿，要注意饮食调节，掌握正确的喂养方法，饮食起居按时、有度。对先天不足，或后天病后食欲减退、厌食的患儿，要及时就医，寻找病因，在医生指导下治疗，使之早日康复。

586 宝宝嘴里长溃疡要如何治

口疮是常见的小儿口腔疾病，临床上表现为口腔内黏膜、舌、唇部、口角等处发生溃疡，黏膜红肿，进食疼痛。任何年龄均可发生本病，以2～4岁的宝宝多见。口疮有时单独发作，有时合并其他疾病发作，如伴有发热、大便干结、口臭、食欲减退、流口水等全身症状。本病一般预后良好，若体质虚弱的宝宝延误治疗也会演变为重症，或日后反复发作，迁延难愈。

中医认为口疮有实证和虚证之分，实证者为风热乘脾，心脾积热，虚证者为虚火上炎，宝宝以实证常见。现代宝宝的食品大多高蛋白高能量，导致脾胃易生内热，且性格焦躁冲动，呈心火上炎之势，内热熏蒸口咽，或恰逢感冒，抵抗力下降，外邪（细菌、病毒）侵袭口咽而发本病。

中医将口疮发作部位与内在脏腑功能相联系。舌体溃疡较多见于心火旺的宝宝；脾胃积热的宝宝，口颊黏膜、上腭、齿龈、口唇等处溃疡较多；而起病缓慢，病程反复，口腔溃烂及疼痛较轻，兼有神疲、面颊泛红者，多为虚证，病变脏腑以肾为主。

宝宝发生口疮时，家长可作如下处理。

(1) 可使用冰硼散、锡类散、开喉剑、西瓜霜喷剂，喷于宝宝口腔患处。

(2) 实热体质患儿可用野菊花、金银花、薄荷、连翘、板蓝根各10克，玄参15克，加水1 000毫升煎沸。待温后含漱，每次至少含漱3分钟，每日3～5次。

(3) 制备蛋黄油。将新鲜鸡蛋煮熟取黄，文火煎出蛋黄油，外敷溃疡面上。实证、虚证均可用，用于溃疡日久不敛者更佳。

(4) 吴茱萸粉5克，陈醋适量调成糊状，临睡前敷两足涌泉穴，翌晨去除。用于虚火上炎证。

(5) 应给予清淡易消化的食物喂养，避免甜食、口味重、烘烤煎炸食品，让宝宝多吃新鲜蔬果，特别是蔬菜。

疾病三分治七分防，做到以下几点可有效预防口疮发作：保持口腔清洁，注意饮食、餐具卫生；食物宜新鲜、清洁，荤素搭配，不可偏食，不宜过食辛辣甜咸、油腻食品及零食，不建议频繁吃鸡肉、鸽肉、车厘子、龙眼、荔枝、桃子等温热食品；让宝宝养成按时排便的好习惯，以防大便过于干硬或数日排便一次；

初生儿及婴儿口腔黏膜娇嫩,清洁口腔时,不应用粗硬布擦拭,动作要轻柔,以免损伤口腔黏膜;家长应尽量避免与宝宝口对口接触喂养,以免出现交叉感染。

587 宝宝动不动就浑身汗是怎么回事

汗证是指不正常出汗的一种病证,即宝宝在安静状态下,日常环境中,全身或局部出汗过多,甚则大汗淋漓,这是一种常见的病症。宝宝肌肤组织疏薄,若因环境闷热,或衣被过厚,或喂奶过急,或剧烈运动,都较成人容易出汗,若无其他不适,不属病态。因为宝宝脏腑功能、气血输布控制尚未完善,人体头肩背部为阳气输布旺盛之处,所以常见此处汗出较多。也有些宝宝单纯表现为手脚汗多,甚至浸湿纸巾鞋袜,则与自主神经功能紊乱关系更为密切,需前往医院明确病因。通常入睡汗出,醒时汗止称盗汗;不分昼夜均出汗者称自汗。维生素 D 缺乏性佝偻病、结核感染、风湿热、传染病等引起的出汗则另当别论,及时进行针对性治疗。

多汗病因不外乎"虚"和"热"。"虚"是气虚、体虚。气虚不固摄毛孔,汗液外泄,"汗为心之液",汗出过多日久易导致气血不足,影响宝宝生长发育和抵抗力,出现如厌食、营养元素缺乏、生长发育迟缓、反复呼吸道感染等疾病。"热"指内热,这与现代儿童高能量、高蛋白饮食导致脾胃积热、积滞上焦,或遇事急躁易怒、心火上炎、阳气蒸腾而汗出。

知道了病因,家长在日常生活中怎样判断宝宝是因为虚还是热导致的出汗,生活中应怎样调理呢?

(1) 以自汗为主,或伴有盗汗,动则出汗,以头部、肩背部明显,平时易患感冒,易疲劳乏力,主要见于平时体质虚弱的宝宝。此类宝宝气阳不足,肺卫失固,皮肤毛孔稀疏,汗液不能内收,外邪乘袭,故常易出汗且伴有反复感冒。平时应注意补气固表,可适量使用黄芪、太子参、浮小麦煎水服用。

(2) 自汗为主,或伴盗汗,全身出汗,手脚不温,怕风怕冷,精神疲倦,食欲不振。此类宝宝多为表虚,疾病后体质尚未恢复,营卫失和,汗液不能固摄,而汗出遍身,畏寒怕风。平时应注意调和气血。可给予适量黄芪、生姜、大枣煎水或煮粥同服。

(3) 自汗或盗汗,以头背部或四肢为多,平时怕热,有口臭,小便色黄,舌苔黄厚腻。此类宝宝为脾胃湿热蕴积,内热导致汗液外泄,故自汗或盗汗。平时应注意清热泻脾积热,清淡饮食。

(4) 汗多的宝宝也可使用外治疗法,如五倍子粉适量,温水或醋调成糊状,每晚临睡前敷脐中,胶布固定,适用于盗汗。龙骨、牡蛎粉适量,每晚睡前外扑,可改善自汗、盗汗、汗出不止。

(5) 体虚的宝宝饮食起居不宜贪凉,需早睡,固护卫阳,补益气虚。体质湿热的宝宝注意少吃甜腻、煎炸烘烤食品,增加蔬菜量,多饮白开水,早睡早起,清淡饮食。

588 哪些措施可以治疗便秘

便秘是指大便秘结不通、排便间隔时间延长(每周<3 次),是儿科临床常见症候。便秘有时单独出现,有时继发于其他疾病。其发病多与禀赋不足、乳食不节或喂养不当、过食辛辣炙烤,或久坐少动、情志不调等因素

有关,临床常见食积、燥热、腹痛、体虚乏力等表现。

饮食种类的单一和荤素搭配不合理已成为小儿功能性便秘的主要致病因素,平时家长应纠正宝宝偏食,做到荤素搭配合理。

积食、燥热、气滞、气血不足均会导致便秘,家长应怎样调护呢?

(1) 积食燥热的小儿便秘常伴有食欲不振、腹胀、易恶心呕吐、口臭、手足心热等相关表现。家长可用山楂、白萝卜煮粥喂养宝宝,有消食导滞、行气通便的作用。配合顺时针按摩脐部周围,每日 1～2 次,每次约 10 分钟,捏脊治疗也可改善积食便秘。更应注意饮食清淡,多吃含粗纤维的食品如芹菜、青菜、山芋、萝卜等,多进食水果,如香蕉、梨、西瓜等,及时给宝宝补充水分。

(2) 气滞体虚宝宝常伴有腹胀疼痛,易疲乏劳累等相关症状。平时可按摩足三里穴、天枢穴,每日一次,一次 50～100 次,增强脾胃功能,促进排便。此穴位也可进行艾灸治疗,每周 1～2 次,每次 5～10 分钟。饮食上可给与黑芝麻、大豆等润肠补益之品,并加强体育锻炼,增强宝宝的体质。

合理调整饮食结构是治疗便秘的重要措施。建议家长不要轻易乱用泻药,否则反而会使便秘加重。一般经过以上调整,定时排便,形成排便的条件反射后,小儿功能性便秘多可纠正。如疗效不明显,便秘顽固者,建议就医,采用药物治疗。

589 反复呼吸道感染的中医防治

反复呼吸道感染是指 1 年内上呼吸道感染或下呼吸道感染次数频繁,超过了一定范围,是儿科临床常见病,发病率达 20% 左右。不同的年龄诊断标准不同,2 岁以内的婴幼儿上呼吸道感染超过 7 次/年,3～5 岁的儿童超过 6 次/年,6 岁以上的儿童超过 5 次/年;2 岁以内的婴幼儿下呼吸道感染超过 3 次/年,3～5 岁儿童超过 2 次/年,6 岁以上的儿童超过 2 次/年,即可诊断为反复呼吸道感染。

中医角度来看,反复呼吸道感染的常见原因是儿童禀赋不足、喂养不当和调护失宜。儿童的父母体弱多病或妊娠时患病,或早产、多胎、胎气孱弱,致后生肌肤娇嫩,不耐六淫邪气,一感即病;母乳不足或人工喂养,过早断奶,或恣食生冷、肥甘厚味,或偏食、厌食,损伤脾胃,肺脾不足,卫外不固,外邪易侵;患儿缺乏室外活动,日照不足,肌肤柔弱,或未根据季节、天气变化增减衣服,一旦气候变化,感冒随即发生。本病主要责之于肺、脾、肾不足,加之喂养不当、调护失宜,一旦六淫之邪侵袭即可发病。正虚卫外不固,则屡感外邪;邪毒久恋,稍愈又作,呈反复不已之势。

中医在改善症状、祛邪固本,调理体质,控制反复发作方面有独特的优势。在辨证论治的基础上,灵活运用,急则治其标,缓则治其本。急性感染期间,应根据小儿正虚的体质特点、临床表现以及发病的季节、气候、地理环境等多种因素进行辨证治疗。宝宝反复呼吸道感染,体质多虚,加上久病缠绵,故用药不能发散太过,以防汗出过多,伤津耗气。此外,尚需注意不要滥用激素和抗生素。迁延期在扶正祛邪的同时,注意祛邪务尽,不宜过早使用补益或酸涩的药物,以免造成邪气留恋。感染间歇期多属病后正虚,以肺脾功能失调为多,故确立扶正固本为其基本治疗原则,根据肺脾气虚、气阴两虚、营卫失调的不同证型,分别采用健脾补肺、益气养阴、调和营卫等治法进行治疗,但须注意此期的治疗不宜过于温养或滋补,以防产生内热或碍脾生痰之弊。气阴两虚可以选择生脉饮,肺脾气虚选用玉屏风散、四君子汤等。

中医有"调理脾胃为医中之王道,节戒饮食乃却病之良方""若要小儿安,常带三分饥与寒"的名训,因此,注意病后护理、调节饮食有助于复感儿体质的恢复。适当的户外活动,多晒太阳,加强体格锻炼,补充营养有助于增强宝宝体质。流感流行季节不要带宝宝到公共场所去,不要让宝宝多接触已感染的儿童和成人。天气变化季节,加强护理,宝宝穿着衣服冷暖要适宜,室内空气要流通。

590 中医疗法治过敏性鼻炎

鼻炎无非就是鼻腔内黏膜发炎了,但发炎的原因很多。中医认为是有邪气滞塞鼻窍,这些邪气主要是风寒、风热、寒湿、湿热等。肺开窍于鼻,肺有寒热之邪或者肺气虚,都会有鼻塞症状。

过敏性鼻炎的治疗比较棘手,西医主要查过敏原,中医重视内因,即患儿自身的抗病能力,认为正气旺盛,既可避免外邪的入侵,又可使身体不发生阴阳失调的病理改变。鼻炎病位虽在鼻,病本却在肺脾肾。采用调补肺、脾、肾的方法可提高免疫功能,改善身体免疫状态,益气升清固卫以治本,兼以活血祛风通窍以治标。祛风通窍主要用于鼻炎之初发期,多选用桂枝汤、辛夷散、苍耳子散;在鼻炎慢性期或缓解期,常用温阳补气法,多选用玉屏风散、补中益气汤、肾气丸等肺、脾、肾同调。

鼻炎患儿平时极易受凉感冒,故应注意锻炼身体,增强体质,进行耐寒及呼吸训练。按摩疗法有助于疏通面部经络,促进气血畅通,通过穴位按摩可以达到宣泄邪气、通利鼻窍的作用。方法为从鼻根部从上向下推至迎香穴,两边各推 50 次,往返摩擦至局部有热感为止,每日 2～3 次,或两手拇指指端揉迎香穴,50～100 次,持之以恒,有预防感冒、鼻炎的功能。

迎香穴-----

过敏性鼻炎患者体质多属肺、脾、肾虚损,故平时宜食温补健脾之品以固本,如黄芪、大枣、核桃、山药、薏米、冬瓜籽等,以增强体质。饮食宜清淡,多吃新鲜水果和蔬菜,多吃含维生素 C 的食物。忌食油炸、辛辣、腌渍、烧烤等刺激性食物。

591 咳嗽食疗亦有效

咳嗽是常见的症状之一,而很多疾病都会引起咳嗽,如感冒、支气管炎、肺炎等。宝宝出现了咳嗽的症状,严重的会影响睡眠质量,长此以往抵抗力也会下降。中医通过辩证治疗咳嗽有一定优势,尤其对经西医用抗生素治疗无效的患者仍有较好疗效。

中医对于不同证型的咳嗽有不同的食

疗方。

（1）风寒咳嗽：咳嗽频作，痰色白稀薄，恶寒无汗，发热头痛，鼻塞不通，喷嚏流清涕，喉痒声重，全身酸痛，小便清长，脉象浮紧，舌苔薄白，指纹红。食疗推荐紫苏粥，紫苏叶10克、粳米50克、生姜3片、大枣3枚，先用粳米煮粥，粥将熟时加入苏叶、生姜、大枣，趁热服用。

（2）风热咳嗽：咳嗽流涕，喉中痰鸣，咯吐黄痰，小便黄赤，大便干燥，脉浮数，舌红苔厚腻。食疗推荐萝卜冰糖汁，白萝卜取汁100~200毫升，加冰糖适量隔水炖化，睡前1次饮完，连用3~5次。

（3）痰湿咳嗽：咳嗽反复发作，咳声重浊，痰多易咯。早晨或食后咳甚痰多，进食甘甜油腻物加重，大便偏稀，舌苔白腻。食疗推荐薏米杏仁粥，薏米50克、杏仁10克，薏米洗净，加水煮成半熟，放入杏仁，粥成加少许白糖。

（4）痰热咳嗽：咳嗽气粗，痰黄而稠，鼻咽干燥，口气臭秽，面唇红赤，烦渴便秘，舌红苔黄腻，脉象滑数，指纹青紫者。食疗推荐秋梨白藕汁，秋梨去皮核、白藕去节，各等量，切碎，取汁频服。

（5）气虚咳嗽：咳嗽无力，痰白清稀，食少便溏，少气懒言，面色苍白，舌淡苔白，脉细无力，或指纹淡红者。食疗推荐黄芪粥，黄芪20克、粳米50克，黄芪加水500毫升，煮至200毫升，去滓；入淘净粳米，加水煮至粥成，温热顿服。

（6）阴虚咳嗽：干咳无痰或少痰，午后夜间咳甚，面色潮红，五心烦热，唇燥舌红，苔少乏津，脉细数。食疗推荐百合粳米粥，百合50克、粳米100克、红枣5~10枚、赤小豆30克、白糖适量，先将红小豆煮至半熟，入粳米、百合、红枣同煮为粥，粥成后加入白糖。

除了药食治疗外，还要对宝宝加强护理，注意调养与禁忌的事项，要让宝宝睡足觉，喝足水，多吃蔬菜和水果，饮食要易于消化且富有营养。应以清淡为主，避免给宝宝吃发物、油腻辛辣和味道较重的食物，尽量避免含碳酸的饮料，更应该少给宝宝吃冷饮。

592 中医如何防治哮喘

哮喘是常见的一种反复发作的哮鸣气喘疾病，临床以发作时喘促气急、喉间痰鸣、呼气延长、不能平卧、呼吸困难为特征。长期发作者常伴营养障碍和生长发育落后。许多家长在对儿童哮喘在认识上存在诸多误区，把哮喘的前驱症状和感冒混为一谈，导致不能正确治疗。其实，感冒只是引起哮喘的一个外界诱因。如果宝宝有哮喘家族史，且宝宝本人又有过敏史或反复呼吸道感染，那么患哮喘的概率将高于正常人群。过敏体质与本病关系密切，多数患儿既往有婴儿湿疹、过敏性鼻炎、食物或药物过敏史。诱发因素如过敏原吸入、呼吸道感染和寒冷刺激等也密切相关。

中医治疗哮喘采用分期治疗方法，发作期宣肺通络平喘，攻邪以治其标；缓解期益气固表补肾，扶正以治其本。哮喘患儿往往存在脏腑功能失调，肺、脾、肾三经亏虚，痰饮是其宿根，痰饮的形成与肺、脾、肾水液代谢功能失调有关，因"脾为生痰之源，肺为贮痰之器"，所以在缓解期应治其本，减少其发作次数。拟异功散、六君子之属，或玉屏风散调护脾肺。由于哮喘在春、秋多发，而夏季是缓解期，临床上多应用冬病夏治疗法，以白芥子、细辛、甘遂等组成敷贴膏,敷贴天突、足三里、肺俞、涌泉等穴,可预防秋冬季的发作。冬季万物收藏,适宜调补,若症情稳定不发时,可配制膏方,补益肺脾肾,增强体质,从而达到缓解哮喘目的。

在预防调护方面,应积极治疗和清除感染病灶,避免诱发因素如二手烟、花粉、宠物毛、冷饮、气候突变等。饮食宜清淡富有营养,忌进生冷油腻、辛辣酸甜以及海鲜鱼虾等可能引起过敏的食物。

 宝宝脾胃不好,护理有原则

肾为先天之本,脾胃为后天之本。先天之本需要后天之本的不断充养方能生化无穷。宝宝生长发育所需要的气血精微物质基本都是通过脾胃运化水谷而来。有时虽然先天之本暂时较弱,然而只要后天调适得当,宝宝仍然可以正常成长,因此后天之本的脾胃非常重要。然而宝宝成而未全,全而未壮,脾肺肾比较柔弱,容易受到损伤而发生各种疾

病,我们称之为脾肺肾三虚。因此脾胃的护理对于宝宝来说非常重要。

对小儿脾胃的护理要遵循几个原则。

(1) 食宜细软柔和:宝宝的食物应该切得细小一点,方便他们咀嚼;煮得熟透一点,方便他们消化吸收。尽量不要吃生、冷、硬、辣、酸等刺激性比较强的食物。

(2) 食宜寒温适当:这里的寒温不仅指物理学上的温度,也指食物的寒凉属性。太烫的食物会引起烫伤;太热性的食物会引起宝宝内火重,导致大便不畅,睡眠不安,多汗,口气重浊;太冰冷的食物,或者太凉性的食物会引起气血不畅,寒气凝滞,导致腹痛不适,腹泻。

(3) 饮食有节:这里强调的是不可过饥,也不可过饱。就目前的生活条件而言,我们更应该注意不能过饱。家长们总是希望宝宝快点长高、长大,总是担心宝宝吃不饱,于是总是想方设法"塞"点东西进去,甚至强行喂食(包括采取谩骂或者诱导的方法,以及喂养时间过久,超过半小时)。长久的过饱会引起患儿积食,久而久之会损伤脾胃,导致食欲下

爸妈小课堂

小儿慢性胃炎更需食养

慢性胃炎病史比较长,反复发作,时轻时重,给患儿带来很大痛苦。由于脾胃每天都要遭受到食物的磨损刺激,因此食养方法对于慢性胃炎非常重要。

(1) 食宜软易消化。慢性胃炎,脾胃已损,此时更应该避免坚硬不消化的食物对脾胃的进一步损伤。饭食要煮透,不要吃夹生饭;少食坚果、玉米等比较硬的食物。

(2) 少食辛辣刺激食物。辛辣刺激食物会损伤脾胃,加重病情。

(3) 食物寒温得当。过凉或过热的食物也不利于慢性胃炎的康复。

(4) 养成细嚼慢咽的习惯。慢性胃炎患儿切忌狼吞虎咽,细嚼慢咽更有利于胃对食物的受纳腐熟,有利于脾的运化吸收。

(5) 饮食有节,切忌暴饮暴食。暴饮暴食短期内会加重胃的负担,长期如此会引起积食损伤脾胃。饮食有节还强调一日三餐都要吃,尤其是早餐,不能马虎。

降,消化不良。其中尤其需要注意的是不能夜食过饱,包括晚餐不能吃得太多,睡前以及夜间不能吃太多食物。夜食太多除了更容易导致积食外,还会影响宝宝的睡眠,正所谓"胃不和则卧不安"。

(4) 注意防寒保暖:尤其腹部和双脚不要受凉。腹部受凉会引起腹痛,甚至呕吐或者腹泻。中医学认为双脚和脾胃之间有经脉相连,双脚受凉,寒气会循经上犯脾胃,也会导致脾胃疾病。因此,要注意腹部和双脚的保暖,睡觉的时候这两个部位要覆盖衣被,以防受凉。

594 婴幼儿泄泻的食养疗法有两方

泄泻患儿大便次数增多,粪便稀薄,其饮食方法非常重要。

(1) 应该多吃汤汁较多的食物:如稀粥,汤面。泄泻患儿水谷精微遗失较多,体内津液不足,通过进食汤汁较多的食物可以部分缓解这种情况。

(2) 少食油腻荤腥食物:患儿泄泻多由脾虚湿盛而来,肥甘厚味之品更容易酿生湿热,食之过多容易加重病情。对于伤食引起的泄泻更应该如此,通常经过简单的控制饮食即可使病情得到缓解。

(3) 少食性味寒凉的食物:比如西瓜、梨,以及其他瓜果食物。

推荐两个食疗方。

焦米粥:将适量的大米淘洗干净,晾晒干。放入锅中,翻炒至焦黄色,中间夹杂有炒焦的米粒也没有关系。将炒好的米倒入锅中,加水(生熟水均可),将其煮成粥,凉至温热服用。锅底偶有烧焦甚至烧黑的米粒也没有关系。也可以按照上述的方法,在粥里加入适量的青菜叶和瘦肉糜,营养更丰富,但注意要煮透。焦米粥具有温胃健脾,收敛固涩作用,比较适合泄泻患儿。

苹果汤:将苹果表面清洗干净,无需去皮,切成小块,放入锅中,加入适量的水;烧开至苹果有些软,水有些糊状,关火。待苹果汤降温至温热即可饮用,苹果块亦可食用。如果嫌苹果汤太淡,也可以加入适量的糖和盐。苹果汤具有养阴生津,收敛固涩的作用,对泄泻患儿,尤其是具有皮肤弹性下降,眼泪、尿量减少等脱水貌的患儿尤为适合。

扫码观看 儿童健康小剧场

中医食疗保健

595 夏季热与体质密切相关

夏季热是在夏天发生的特有的季节性疾病,发病以华东、中南、西南等气候炎热的地区为主,多见于6个月到3岁的宝宝,5岁以上少见,年龄越小,发病率越高。临床表现为盛夏时节渐起发热,体温常在38～40℃波

夏季热的外治法

(1) 推拿手法：捣小天心5分钟,补三关1分钟,平肝清肺3分钟,清天河水5～10分钟。(具体手法操作见"推拿与针灸"章)

(2) 敷脐法：藿香正气水浸湿棉球敷肚脐,每天1次,每次2～4小时。

(3) 穴位贴敷：热醋调吴茱萸敷涌泉,每晚睡前敷上,次晨取下。

动不退,显著地随气候而变,天气愈热体温愈高,天气转凉体温亦降,伴有口渴,饮水量增多,尿多且清,汗少或无汗。患儿无明显病容,或偶有消化不良或类似感冒的症状,乏力嗜睡。本病秋凉后可自行缓解,一般预后良好。但高热反复,病情缠绵日久,也会影响宝宝身体素质。

中医认为本病的发生与患儿体质密切相关：先天禀赋不足的患儿如早产儿、足月小样儿；或后天失养、脾胃虚弱患儿；或病后失调、气阴两虚患儿,由于脏腑娇嫩,受暑气熏蒸而发生本病。

积极防治夏季常见疾病,加强营养,增强宝宝体质；对患过夏季热的宝宝,次年初夏起可用丝瓜叶、苦瓜叶、鲜荷叶各1张,煎汤代茶饮；加强居室的降温措施,或选择合适避暑地点居住。

防治夏季热需做到居室要通风凉爽,炎热天气开启空调、电扇等设备以防暑降温。患儿高热时,可给予物理降温,如温水浴：用较体温低2℃的温水,每日浸浴2次,每次30分钟。让宝宝多饮水,饮食宜清淡而富于营养；加强护理,防止并发症。

596 小儿夜惊知多少

小儿夜惊主要表现为宝宝在入睡一段时间后突然惊醒,瞪目坐起,面部恐惧,躁动不安,手足舞动,大喊大叫,此时意识处于朦胧状态。有的宝宝出现面色苍白,呼吸急促,瞳孔扩大,脉搏加快,出冷汗。发作时若叫唤宝宝,一般不易叫醒,有时会紧紧地抓住身边的父母不愿放手,对别人的拥抱、安抚视而不见,听而不闻,需等待一段时间后才能恢复平静,逐渐自行入睡,在第二天清晨问夜间情况,常不会记忆起。夜惊可以在一夜中发作数次,也可能隔几天或十余天发作一次。

宝宝夜间反复啼哭,伴有腹胀、口气酸臭,有乳食喂养过量史,要考虑乳食积滞可能,可给予大山楂丸、健胃消食片等口服消食化积,并调整饮食,尤其节制晚餐,睡前不可过饱。宝宝夜啼同时还有多汗、枕秃、易激惹表现,可能存在维生素D摄入不足,体内缺钙,使神经细胞处于高度兴奋状态。在去医院检查,排除癫痫、脑外伤后遗症、颅内占位性病变等疾病后,适当补充维生素D和钙,并可在医生指导下适量服用龙牡壮骨颗粒安神定志。外伤、意外事件、受宠物惊吓、睡前听恐怖故事或刺激性游戏都可能使宝宝神经过度紧张,夜间做噩梦而惊哭。受惊吓后父母要轮流陪伴宝宝入睡,夜间留心宝宝的动静和呼唤,给宝宝充分的安全感,并可在医生指导下短期内给宝宝服用小儿珀珀散镇惊定志,清心安神。

治疗小儿夜惊，有以下几种小汤方。

（1）蝉蜕 5 克，夜交藤 10 克，茯神 15 克。以上药加水浸一小时，武火烧开，文火煮 20 分钟，每日服一剂。

（2）珍珠母 30 克，酸枣仁 6 克。将上药先用水浸一小时，武火烧开，文火煮一小时，每日服一剂。

（3）淮小麦 15 克，生甘草 5 克，红枣 5 枚（去核，切片），以上药加水浸一小时，武火烧开，文火煮 20 分钟，每日服一剂。

小儿夜惊还有几种中医外治法：温灸百会穴 5 分钟，每天 1 次，7 天为一疗程，每日晨间进行；约在睡前 30 分钟时入浴一次，时间不宜过长；或用温水浸泡足部，10～15 分钟为宜。还可采用小儿推拿手法：病程短者，取平肝 10 分钟，清补脾 10 分钟，清天河水 15 分钟，运八卦 15 分钟；迁延日久者，取平肝 10 分钟，清补脾 10 分钟，清天河水 15 分钟，运八卦 15 分钟，揉二人上马 15 分钟。（具体手法操作见"推拿与针灸"章）

597 中医角度看小儿遗尿

小儿遗尿又称尿床，多指 5 岁以上的宝宝睡中小便自遗，醒后方觉的一种疾病。5 岁及以上的宝宝出现比较频繁的尿床并且持续存在（每周达 2 次或 2 次以上）方可诊断，5 岁以下的宝宝偶有发生不属病态。遗尿的发生主要是由于下元不足，肾与膀胱虚冷；或病后体虚、肺脾气虚不摄所致。也有少部分系有热客于肾部，干于足厥阴经，膀胱失约所致。

遗尿可采用推拿手法治疗，揉二人上马 20 分钟，清补脾 10 分钟，揉外劳宫 10 分钟，可温补脾肾，固涩小便；如症见小便量少色黄、性情急躁、手足心热，为热迫膀胱者，上面手法去揉外劳宫，加平肝 5 分钟、推天河水 10 分钟。

穴位敷贴和敷脐法也可治疗遗尿：菟丝子 15 克，桂枝 6 克，五味子 6 克，车前子 6 克，石菖蒲 10 克，将以上药物研细末，调拌凡士林或姜汁，贴敷关元穴上（可以配合温灸 10 分钟）2～4 小时，每日 1 次；五倍子磨成粉末备用，每晚取适量加少许醋调成糊状，敷贴于双脚涌泉穴上，每晚睡前敷上，次晨取下；葱根 7 个，补骨脂 15 克，二味共捣烂，每晚敷在肚脐上，用布包紧，次日早晨取下。

推荐两个遗尿的食疗方。

（1）高粱螵蛸粥：高粱米 100 克，桑螵蛸 20 克。将桑螵蛸用清水煎熬 3 次，过滤后收集药液 500 毫升，将高粱米淘洗干净，放入锅内，加入桑螵蛸药汁，置火上煮成粥，至高粱米煮烂即成。功能健脾补肾，止遗，适用于肾气不足、营养失调、小儿遗尿、小便频数。

（2）白果核桃糕：白果肉 120 克，核桃仁 120 克，蜂蜜 250 克。将白果肉、核桃仁分别拣杂后，用温开水洗净，共捣烂成泥糊状，加入蜂蜜，制成蜜糕。每日 1～2 次，每次 15 克，当茶点食用。

🍄 推拿与针灸 🍄

598 哪些宝宝适合小儿推拿

小儿推拿一般适合 6 岁以下的宝宝,尤其适用于 3 岁以下的婴幼儿。小儿推拿适应证范围较广,包括外科疾病,如胸锁乳突肌纤维性挛缩引起的肌性斜颈;五官科疾病,如不注意用眼卫生造成的斜视、近视;过敏性疾病,如鼻炎、湿疹等症状的缓解。另外,一些内科疾病在明确诊断并规范用药的同时,配合小儿推拿可以缩短病程,提高疗效,如感冒、咳喘等呼吸系统疾病;腹胀、腹泻、便秘、厌食、呕吐等消化系统疾病;梦呓、面瘫、夜啼等神经系统疾病。

对宝宝应用小儿推拿也有一些禁忌证:对各种皮肤破损、皮肤炎症、红肿的局部不宜推拿;对骨折、骨结核、骨髓炎、化脓性关节炎、关节脱位等局部不宜推拿;对明确的急性传染病,如猩红热、肺结核、病毒性肝炎等患儿不宜推拿;对各种出血性倾向疾病的患儿不宜推拿。对病情严重诊断不明确的患儿应谨慎进行小儿推拿。

599 小儿推拿手法有哪些

宝宝身体尚未长成,在生长发育阶段的体质,相对较弱,特别是脾胃功能。如果过饥过饱,进食刺激性的食物,不易消化,容易出现胃肠道功能失常。平时可以通过小儿推拿手法,帮助宝宝增强体质,防患于未然。有以下常用穴位手法。

(1)补脾经:在宝宝拇指末节螺纹面,旋推(或将患儿拇指屈曲,循拇指桡侧边缘向掌根方向直推),300 次。

(2)按揉足三里:在外膝眼下 3 寸,胫骨旁 1 寸,用拇指端作按揉法,50 次。

(3)摩腹:在腹部用掌或四指摩 5 分钟。(可在本章后扫码看视频)

爸妈小课堂

小儿推拿应注意些什么

小儿推拿的操作环境宜安静、空气清新、温度适宜。操作者双手清洁,不佩戴影响操作的饰品,不留长指甲,保持双手温暖。推拿时间根据宝宝情况灵活而定,一般一次在半小时以内,一天可操作 1～2 次。配合滑石粉、婴儿油等介质可以保护皮肤,增加操作的流畅感。接受小儿推拿时,宝宝不宜过饥过饱,一般在用餐后 1 小时开始。同时宝宝的情绪、姿势都保持安稳、舒适,则便于操作。小儿推拿之后避免吃生冷食物,避免受凉。

补脾经

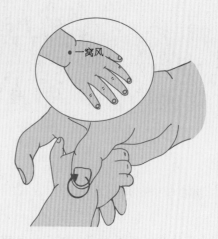

揉一窝风

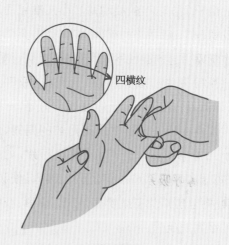

3寸

足三里

按揉足三里穴

推四横纹

（4）捏脊：以大椎穴至长强穴成一直线，用捏法自下而上捏。捏脊一般捏3遍；捏第4遍时每捏3下在将背脊皮提一下，称为"捏三提一法"；在捏脊前先在背部轻轻按摩几遍，使肌肉放松，捏3～5遍。（可在本章后扫码看视频）

（5）揉一窝风：在手背、腕横纹中央之陷凹中，以右手拇指或食指掐之，继以揉之。掐3～5次，揉100～300次。

（6）推四横纹：掌面食指、中指、无名指、小指四个手指的第一指间关节横纹处，是一个线状的穴位。用指甲依次在四条横纹处掐3～5次，接着以拇指指腹从食指横纹依次推向小指横纹5～10次，每次做3～5遍即可。

（7）运内八卦：位于掌心周围，通常以内劳宫穴为圆心，以内劳宫穴至指根的2/3为

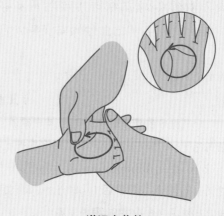

逆运内八卦

半径作圆即为内八卦。以顺时针的方向运内八卦叫顺八卦,以逆时针方向运内八卦逆八卦。以右手食、中二指夹住患儿拇指,然后用拇指在患儿掌心画圈,100～300 次。

(8) 捣小天心:在掌根大小鱼际交接的凹陷中,用中指尖或屈曲的指间关节捣之,5～20 次。

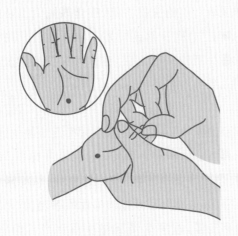

捣小天心

(9) 推三关:在手臂外侧,从腕横纹至肘横纹,这是一个线状的穴位。一手托住宝宝的手,操作者右手食、中两指靠拢,沿手臂外侧由腕向肘方向推。要有一定的按压力,但是力量要柔和,并且不能过重,要以推动时,手指可以顺利地在皮肤上移动为宜,速度每分钟 220～280 次。

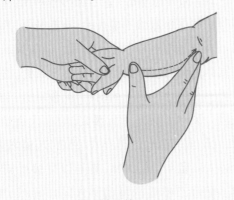

推三关

(10) 平肝清肺:肝穴在食指末节的螺纹面,肺穴在无名指末节螺纹面。平肝清肺可以同时操作,从食指或者无名指的根部推向指头的末端。操作者以左手固定宝宝右手的拇指、中指和小指,露出无名指和食指,然后从指根部向指端推。

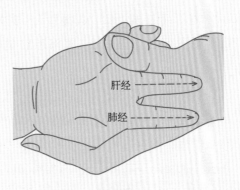

平肝清肺

(11) 清天河水:天河水是在前臂内侧的正中,从手腕上的横纹的中点到手肘的横纹的中点成一直线。用左手托住宝宝的前臂和手腕,并且使他的手掌心向上,然后右手的食指和中指并拢,从腕横纹中点单向直推至肘横纹中点,100～300 次即可。

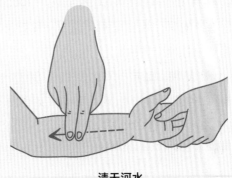

清天河水

600 宝宝常见不适该如何推拿治疗

(1) 腹泻:腹泻有内外因之分,内因是

宝宝本就脾胃虚弱，正常饮食都能引起腹泻；外因则是饮食不当或者治病微生物感染导致的。而宝宝腹泻一般都是内外因共同作用的结果，因此，治疗原则为外要祛邪消食、内要健脾化湿。基本方法是逆时针掌摩腹5分钟，揉天枢穴、龟尾穴，推上七节骨200次，按揉足三里穴50次，捏脊6～9次。同时注意给宝宝合理饮食，腹部肚脐需要保暖。

（2）发热：宝宝发热原因有很多，推拿可以帮助退热，但要在发热原因明确的情况下合理使用。基本方法是清天河水，操作者一手握住宝宝左手前臂，一手的食指和中指指面，蘸些许冷水，自手腕横纹中点至肘横纹中点作直线推动。每分钟约200次，持续5分钟左右，或可至宝宝开始汗出热退时停止操作。可治疗外感发热，伴随鼻塞、流涕、头痛、咳嗽等症状，但宝宝的精神状态良好。

（3）排便困难：基本方法是顺时针摩腹5～10分钟，揉天枢穴300次，推下七节骨300次，揉龟尾穴50次，揉膊阳池穴100次。对于有其他疾病原因造成的便秘，需要及时诊断和治疗原发病。

（4）斜颈：出生不久的宝宝，头总往一侧歪斜，或者头侧转向一侧的角度不如转另一侧大；或者摸到颈部有包块，家长应该注意宝宝是不是有肌性斜颈的可能，去医院检查确认，排除因为视力障碍、脊柱畸形、神经麻痹导致的斜颈之后，可以通过推拿方法来纠正。基本方法是在患儿颈部的胸锁乳突肌处，用按揉、捏提、弹拨等手法交替操作，并帮助宝宝多向患侧转头。

601 给宝宝针灸要注意什么

针灸疗法是祖国医学中的一种独特的治疗方法，运用针刺刺激腧穴，通过疏通经络、调和阴阳、扶正祛邪的机制，起到防病治病的目的。针灸常用的方法包括：在头皮特定刺激区域针刺的头针方法，在体表腧穴上针刺的体针方法，在耳部特定刺激区域按压磁珠或者针刺的耳针方法，在手腕脚踝的特定分区上埋针的腕踝针方法等。

小儿针灸区别于成人的地方在于宝宝的配合度低，一般需要先和宝宝有良好的沟通，获得宝宝的配合之后就比较容易进针了。同时，取穴尽量少而精，进针速度快，从而降低疼痛感，必要时使用捻转提插的手法，但是次数不能多，根据病情尽量少留针或不留针。宝宝哭闹得厉害或者空腹饥饿时不要进行针刺，待宝宝情绪和身体状态都做好准备之后，再进行治疗，这样可以避免晕针、断针等针刺意外的发生。

602 宝宝哪些疾病可用针刺疗法

（1）面神经麻痹：由于面神经感染，突发引起一侧面部眼睑不能闭合，不能皱眉，鼻唇沟消失，口角歪向正常的一侧。往往疾病在一周内症状有加重的趋势，应尽早就医，在神经内科医师合理用药的同时，配合针灸，帮助恢复。取穴阳白穴透鱼腰穴、地仓穴透颊车穴、太阳穴、颧髎穴、迎香穴、四白穴、翳风穴、合谷穴。留针20分钟，其间以红外线灯照射。配合王不留行籽的耳穴贴压面颊、眼、颌、颞、额、外鼻、大肠等耳穴区域,双侧耳朵交替治疗。针刺后,可进行面部闪罐治疗。

(2) 落枕:落枕为由于睡姿不良、前滚翻等原因扭到脖子,引起的颈部活动度受限。排除了骨折等其他原因引起的问题,仅仅是单纯的颈椎小关节紊乱导致的局部肌群紧张是可以用针刺的方法来解决的。取穴落枕穴、后溪穴,配合王不留行籽耳穴贴压颈处。

(3) 遗尿:原发性遗尿症是指5岁以后,有正常排泄功能的宝宝,在夜间睡眠中不能醒而自行排尿,每周达2次及以上。患儿针刺前需排空膀胱,体针取关元穴、中极穴、三阴交穴。耳穴取交感、肾、膀胱、皮质下,双侧耳朵交替治疗。

儿童中医保健

食疗 | 过敏 | 中医养护

更多精彩视频持续更新中……

中医治疗儿童疾病

小儿发热 | 支气管哮喘 | 小儿鼾症

更多精彩视频持续更新中……

603 看病为什么要做各种检查

当带宝宝到医院看病的时候，医生常说的一句话是"去验个血（或者尿、粪便）看看。"可为什么要化验呢？

因为同一种症状背后的疾病以及患者的身体状况是有很大不同的，如果仅仅依靠基本的查体，医生很难对疾病进行准确的诊断。一方面可能导致一些严重但不常见的疾病的误诊和漏诊；另一方面，由于诊断不明确，医生不得不考虑各种可能性，进行"大包围"式的治疗，由此带来抗生素的滥用、过度治疗的风险。因此，只依靠基本查体，即使是经验很丰富的医生，也暗藏很大漏诊、误诊以及过度治疗的风险。

疾病的发生发展过程，伴随着人体组织中不同成分的改变，这些改变是诊断和评估疾病非常有用的信息。而化验是利用实验室的各项工具，通过对来自人体的样本进行分析，对疾病进行诊断、评估及追踪。用好化验项目有利于疾病的精准诊断和正确治疗，对降低误诊风险、防止过度治疗非常重要。

以儿童常见的上呼吸道感染为例，感染可能是细菌性的也可能是病毒性的，两者在处理方式上有很大差别：对于细菌性感染，需要及时进行抗生素治疗；而一般的病毒性感冒，抗生素是无用的，滥用反而增加不良反应的风险。这两者很难依靠简单的查体进行辨别，而一个简单的血常规和 C 反应蛋白检测就能轻易区别，同时还可能提供一些与本症状相关一些重大疾病（如血液病）的提示信息。如果没有这些手段，医生只能在试探性治疗和"大包围"治疗间进行选择，漏诊和过度治疗是很难避免的。

604 血液中有哪些细胞

血液由血浆和血细胞组成，血细胞成分包括白细胞、红细胞和血小板。白细胞是人体血液中非常重要的一类血细胞，可分为粒细胞、单核细胞、淋巴细胞。粒细胞又可分为中性粒细胞、嗜酸性粒细胞、嗜碱性粒细胞。

白细胞在人体中担负许多重任，它具有吞噬异物并产生抗体的作用，治愈身体伤病损伤的能力，抗御病原体入侵的能力，对疾病具有免疫抵抗力等。身体有不适时，经常会通过白细胞数量的显著变化而表现出来。

粒细胞（中性粒细胞）具有趋化、变形、黏附、吞噬和杀菌功能。嗜酸粒细胞对组胺、抗原抗体复合物、肥大细胞有趋化性，分泌组胺酶灭活组胺，起到限制过敏反应的作用，参与对蠕虫的免疫反应。嗜碱性粒细胞对各种血清因子、细菌、补体和血管舒缓素（激肽释放酶）等物质有趋化作用。

单核细胞具有明显的变形运动，能吞噬、清除受伤、衰老的细胞及其碎片；参与免疫反应，在吞噬抗原后将所携带的抗原决定簇转交给淋巴细胞，诱导淋巴细胞的特异性免疫反应。淋巴细胞是人体主要的免疫活性细胞，分为 B 淋巴细胞和 T 淋巴细胞。B 淋巴细胞参与体液免疫，T 淋巴细胞参与细胞免疫。

红细胞是血液中数量最多的一种血细胞，是通过血液运送氧气的最主要的载体，同时还具有免疫功能。人类依靠呼吸系统（主要是肺）进行气体交换，用血液运输氧气，而血液中起主要运输作用的是红细胞内的血红蛋白。红细胞中含有血红蛋白，因而使血液呈红色。红细胞的数量和血红蛋白的含量减少到一定程度时会发生贫血。

血小板是体内最小的血细胞，它的主要功能是凝血和止血，修补破损的血管。血小板在正常血液中有较恒定的数量，在止血、伤口愈合、炎症反应、血栓形成及器官移植排斥等生理和病理过程中都有重要的作用。

605 给宝宝检验采血有几种方式

正确采集血液样本是获得准确、可靠实验结果的关键。临床常用的血液检测标本是静脉血和末梢血。根据实验要求，临床检验会选择不同的采血方式。

目前临床上使用最多的是静脉采血法。

静脉采血多选用位于体表的浅静脉，如肘部静脉、手背静脉、内踝静脉或股静脉。成年人和 6 岁以上儿童多通过肘部静脉采血，对于宝宝可采颈外静脉血液。静脉血的循环情况较好，检测所得到的结果通常较准确，可以稳定地显示患者的全身状态；同时还可以在很短的时间内采集到检查所需的足够血液，可以减少各种因素对患者的血液成分造成的影响。

末梢血的应用也十分广泛，目前主要用于全血细胞分析、血型、血糖和新生儿筛查等检验项目。末梢血采集操作简便，且所需血量少，方便临床连续监测血常规、血糖等指标。临床一般选择手指部位进行采集，世界卫生组织（WHO）推荐采集左手无名指指端内侧血液。手指血采集多用于患儿和特殊患者，包括极度肥胖患者、具有血栓形成倾向的患者、老年患者等。特殊情况如婴儿可选足跟内外侧缘血液，严重烧伤患者可选择皮肤完整处采血。末梢血采集虽然便捷，但是由于采集部位的血量较少，临床上在采集末梢血时，须通过挤压的方式来保证标本的采集量，使标本易溶血、凝血、混入组织液，进而影响检测结果的准确性。而且局部皮肤揉擦、针刺深度不一、个体皮肤厚度差异等都影响检验结果，因此末梢血检验结果较静脉血结果的重复性差、准确性不好。

606 什么情况下要做血液常规检查

血液常规检查（BRT）是最基础的血液检验，主要包括对白细胞、红细胞、血小板计数、血红蛋白含量测定和外周血形态学检查，通过血常规检查可以辅助诊断一些血液系统疾病、鉴别临床感染类型和判断治疗效果。

当出现发热、咳嗽、腹泻等身体异常时，通过对白细胞计数和分类计数，可以观察是否有感染。一般细菌感染可引起白细胞数升高，病毒感染一般轻度增高或降低。

（1）中性粒细胞升高大多为急性感染或炎症、急性溶血、急性失血、急性中毒、恶性肿瘤等；降低可见于某些病毒感染、慢性理化损伤、自身免疫性疾病及脾功能亢进等。

（2）淋巴细胞增多见于急性传染病（病毒感染）、移植术后（如发生排异反应）、急性淋巴细胞性白血病、再生障碍性贫血、粒细胞缺乏症。

（3）单核细胞增多见于某些感染（如亚急性感染性心内膜炎、疟疾、黑热病等）、急性感染恢复期、活动性肺结核、某些血液病（如粒细胞缺乏症恢复期、淋巴瘤等）。

（4）嗜酸性粒细胞增多常见于寄生虫病、变态反应性疾病、皮肤病、血液病等，减少可见于长期应用肾上腺皮质激素。

（5）嗜碱性粒细胞增多常见于过敏性或炎症性疾病，减少见于甲状腺功能亢进、糖皮质激素治疗、感染急性期。

出现头晕、乏力、脸色苍白、胃口不佳时，检查血常规可发现红细胞和血红蛋白含量是否减少，减少的常见原因有各种贫血、白血病、手术后、大量失血。血红蛋白浓度测定在贫血程度的判断上优于红细胞计数。

身体出现多处瘀斑、流鼻血、外伤出血不止时，可以通过血常规检查血小板数量。血小板减少的原因主要是血小板产生减少，见于造血功能受到损害，如再生障碍性贫血、急性白血病等；血小板破坏亢进，见于原发性血小板减少性紫癜、脾功能亢进症等；血小板消耗过多，如弥散性血管内凝血（DIC）等。

血液细胞形态学检查也是血常规重要的检测指标之一，是诊断某些疾病的金标准。通过白细胞形态检查可以发现是否有异型淋巴细胞、白血病细胞、幼稚粒细胞等异常细胞、是否有遗传代谢性疾病以及判断身体受细菌感染的程度；通过红细胞形态检查有助于鉴别贫血类型，从而及时查找贫血原因；通过检查血小板形态有助于了解血小板功能，还可以发现血液中某些寄生虫感染（如疟疾、微丝蚴）等。因此，血液常规检查对疾病的诊断、鉴别诊断等有着重要的价值。

607 宝宝缺铁性贫血要做哪些检查

儿童最常见的贫血为营养不良导致的缺铁性贫血，缺乏叶酸和维生素 B_{12} 等导致的巨幼细胞性贫血和遗传因素导致的地中海贫血也比较常见。由于发病机制、疾病表现等的不同，诊断所需的实验室诊断也有明显的差异。

6个月到3岁是儿童贫血高发的年龄段，缺铁性贫血最为多见，因为这一时期儿童生长发育极为迅速，而膳食补充的铁质通常剂量不够。除摄入不足外，缺铁性贫血也可能由于丢失过多或铁吸收利用障碍导致。典型的缺铁性贫血表现为烦躁不安、注意力不集中，食欲减退，口唇、口腔黏膜、甲床、手掌等处的皮肤黏膜变得苍白，疲乏无力等。一些严重的病例中，异食癖、汤匙样指甲、舌面光滑和蓝色巩膜也提示缺铁。

缺铁性贫血的实验室检查大致分为2个方向，一方面是针对红细胞与血红蛋白的检查，另一方面是针对身体铁储备的检查。针对红细胞的检查主要是血常规与血涂片检查，典型的缺铁性贫血呈现出红细胞体积减小、血红蛋白减少的趋势。血常规检查中，平均红细胞体积(MCV)降至 80 费升以下，血红蛋白(Hb)降低，红细胞内平均血红蛋白含量(MCHC)降低至 320 克/升以下，支持缺铁性贫血的诊断。同时，应当结合身体铁储备的相关检查。最有效率的检查是检测铁蛋白的含量，使用静脉血进行检测比手指末梢血的检测结果更准确。对于特殊的病例，可能还需要骨髓穿刺，结合骨髓铁染色的结果评估身体的铁储备。血清转铁蛋白、血清总铁结合力、可溶性转铁蛋白受体、红细胞游离原卟啉、锌原卟啉等指标有助于在铁蛋白检测结果不能明确诊断时帮助判断。

同时，儿童时期的缺铁性贫血往往需要与遗传性的地中海贫血相鉴别。后者虽然也表现为红细胞体积减小、血红蛋白降低，但此类患者的铁储备并不低，甚至经常过高。加做血红蛋白电泳、红细胞酸洗试验和基因检测可以确诊。

608 为什么宝宝要做快速尿液检查

泌尿道感染是儿童泌尿系统常见的疾病之一，这是由于新生儿及婴幼儿抗感染能力差，再加之尿道口常易受到细菌感染，细菌容易侵袭尿道口，上行并进入膀胱，引发炎症；且婴幼儿的输尿管长而弯曲，容易受压及扭曲，也易发生尿潴留而诱发感染。而尿培养因其时间较长，可常通过快速尿液检查来筛查是否为尿路感染。

快速尿液检查结果主要包含尿比重、酸碱度、亚硝酸盐、葡萄糖、酮体、白细胞酯酶、尿蛋白、胆红素、尿胆原、潜血这几项指标。它对诊断泌尿系统疾病有重要价值，可初步

判别尿路感染、肾脏疾病，从而通过进一步的血液及尿液检查确诊。

若白细胞酯酶为阳性，镜下白细胞≥5个/高倍视野时，即可怀疑是尿路感染，而在某些尿路感染患者中也常表现为血尿，呈现潜血阳性；若亚硝酸盐阳性也可提示有细菌感染可能性。若是膀胱内的细菌经输尿管移行至肾脏，可引发肾盂肾炎。

此外，儿童与青少年最易感的泌尿系统疾病为急性链球菌感染后肾小球肾炎，多数为早期呼吸道及皮肤感染，无症状，1~3 周后急性起病。快速尿液检查可观察到镜下血尿，严重者肉眼即可观察到血尿，尿蛋白可表现为 1~3 个"＋"。因此，如若感染 A 群链球菌的患儿，即俗称的猩红热，应及时定期检查尿常规，尤其在感染后 1~3 周，以便及时发现肾小球肾炎并干预治疗。

发病率仅次于急性肾炎的肾脏疾病为肾病综合征，其主要表现为大量蛋白尿和低白蛋白血症，快速尿液检查中表现为尿蛋白 3~4 个"＋"。因血浆中大量白蛋白丢失，在肾小管凝固后可形成蛋白聚体从尿液排出，该聚体就称之为管型，所以显微镜下也可观察到透明管型、颗粒管型。

快速尿液检查的其他指标也可辅助判断某些疾病及其发展，如葡萄糖与酮体阳性有助于酮症酸中毒早期诊断；而新生儿尿酮体阳性，则需怀疑遗传性疾病；尿胆红素及尿胆原测定主要用于黄疸诊断和黄疸类别的鉴别诊断。

尿液分析因其标本留取方便，无创伤性，且可反映身体代谢情况，现已成为常规检验项目。而快速尿液检查相较于尿液生化分析及尿培养，其报告时间快速且能初步筛查疾病，为临床进一步的诊断与治疗做出一定的指向性。

609 为什么要让宝宝检查大便常规

大便常规属于最基础的一类实验室检查，不仅具有廉价、快速、取样方便等优点，更是诊断消化道疾病的必备检查。大便常规不仅包含了对大便外观性状的检查，还能提供大便是否有红细胞、白细胞、黏液、脂肪滴或寄生虫等成分的信息。

大便性状常能提示一些典型的疾病。典型的上消化道出血呈现出黑色柏油样的粪便；病毒性肠炎患儿的粪便常呈蛋花汤样；严重肠道细菌感染的患者，大便中黏液增多、夹带脓血；患有肠阿米巴痢疾的患者，往往排出带有恶臭的果酱样大便。

红细胞通常不出现在正常的粪便中，检出的话常提示胃肠道炎症或出血，例如痢疾、溃疡性结肠炎、直肠息肉和痔疮等。由于红细胞质地脆弱，容易被破坏，因此为保证检测的灵敏度，通常联合大便隐血试验，以提升灵敏度。

白细胞和黏液在肠道炎症时数量增多，增多程度与炎症轻重和部位相关。食物过敏或寄生虫感染导致嗜酸性粒细胞（一类白细胞）增多时，除了白细胞还可见到许多由嗜酸性粒细胞颗粒融合而成的夏科-莱登结晶，是这一类腹泻患者特有的疾病标志。

食物残渣是腹泻患儿大便标本常见的一类物质。粪便出现淀粉颗粒或弹力纤维等残渣，常提示消化酶的不足，此时往往伴有脂肪滴和食物中的肌肉纤维。另有一些腹泻患儿的大便富含植物食物残渣，除消化酶缺乏外，也可能由肠蠕动亢进等原因引起。如果出现大量脂肪滴，常提示患儿的胰腺功能有障碍，或脂肪吸收存在障碍。

寄生虫病检查是粪便检查的又一重要用途。通过检查大便，可以发现蛔虫、钩虫、鞭虫、带绦虫、血吸虫、肝吸虫、溶组织内阿米巴等多种我国主要的消化道寄生虫，从而快速地确诊。

大便常规检测对于常见的消化道疾病，以及部分全身性、系统性疾病累及消化道，都有较好的诊断提示作用。因此对于患儿，粪便常规应当受到足够的重视。

610 腹泻患儿要做哪些检查

腹泻可由病毒、细菌、寄生虫、真菌等引起。采用大便培养能找到明确的病原菌以达到腹泻诊断目的，从而进行对症治疗，以改善患儿临床预后，减少抗菌药物的滥用。

除了大便培养，不同原因造成的腹泻还可做进一步相关检查。

（1）病毒性腹泻主要由病毒感染引起，主要病原体为轮状病毒、诺如病毒，其次还有星状病毒、柯萨奇病毒、埃可病毒、冠状病毒等。一般临床可通过粪便病毒相关抗原、病毒核酸检查予以辅助诊断。

（2）婴幼儿饮食护理不当引起的小儿腹泻可进行大便常规检查，显微镜下可见脂肪球或者淀粉样颗粒。

（3）过敏性腹泻患儿临床可进行食物过敏原（IgE）检测，以及时阻断引起过敏的食物摄入。

（4）原发性或继发性双糖酶（主要是乳糖酶）缺乏或活性降低可导致肠道对糖的吸收不良，从而引起腹泻，可进行乳糖不耐受检测以判断患儿的乳糖耐受情况。

⑥⑪⑪ 诊断肺炎支原体感染需要做哪些检验项目

肺炎支原体(MP)是引起儿童和成人呼吸道感染的重要病原体之一,其感染率已经超过肺炎链球菌,成为我国儿童和成人社区获得性肺炎(CAP)重要病原之一,占儿童社区获得性肺炎的 10%~40%。

MP 感染早期临床症状与其他细菌和病毒感染引起的肺炎并无明显区别,多见剧烈咳嗽、发热、畏寒、头痛和咽痛等症状。肺炎支原体感染疾病的严重程度差异巨大,严重的可能会危及生命或产生严重的后遗症,但是其感染的临床表现多种多样,不具特征性,因此实验室检测结果对于肺炎支原体临床的诊断和治疗具有重要的指导意义。肺炎支原体的实验室检测方法主要分为分离培养、血清学检测、分子检测技术三大类。

分离培养检测感染肺炎支原体呼吸道样本中的病原体,可用标本包括鼻拭子、咽拭子、气管抽吸物、痰液、胸腔积液、肺泡灌洗液、活检取得的肺组织等。

肺炎支原体感染后,机体经过免疫反应体内可产生特异性的 IgM、IgG 类抗体,血清学方法检测的就是血清中 IgG 或 IgM。临床上肺炎支原体血清学诊断常用检测方法有酶联免疫吸附试验(ELISA)、颗粒凝集法(PA)、免疫胶体金技术(GICT)、间接免疫荧光试验(IFA)等。血清学检测一般需要收集至少间隔 2 周的急性期和恢复期血清才能确诊。血清学检测结果需要结合患者的临床病程、基础状况以及年龄等因素综合评价。如免疫缺陷的人群及免疫功能不完善、产生抗体能力较低的婴幼儿,可能不产生或产生低滴度的抗体;抗体产生后在部分治愈患者体内会持续一段时间,其间再次感染检测血清学会持续阳性。

分子检测主要是针对 MP 的 DNA 或者 RNA 的检测,具有灵敏度高、特异性高的特点,适用于 MP 的早期诊断。目前主要的方法是荧光定量聚合酶链反应(PCR)、环介导等温扩增技术(LAMP),以及实时荧光恒温扩增技术(SAT)。有研究发现,MP 死亡后其 DNA 仍可存在于部分患者体内,时间为 7 周~7 个月,MP-DNA 的载量呈逐渐下降过程,因此,MP-DNA 需要定量检测,检测结果需要结合临床进行综合分析。而 RNA 只存在于活的病原体内,会随病原体的死亡而降解,因此 RNA 的检测结果可用于现症感染的诊断及评价 MP 感染治疗的疗效和预后。

目前没有一项检测可以可靠地检测所有肺炎支原体的感染,因此临床上可能会综合利用上述的检测方法。对于患儿,认为早期诊断肺炎支原体感染的最敏感方法是 IgM 血清学和实时 PCR 的组合。

⑥⑪② 怎样鉴别儿童细菌性感染和病毒性感染

儿童感染性疾病涉及的病原微生物有细菌、病毒、真菌、支原体、衣原体等,其中以病毒引起的感染最多见,细菌感染次之。对感染类型的确定和鉴别是感染性疾病有效治疗的关键。在未明确感染类型的情况下,临床常联合使用抗病毒和抗细菌的药物,而通过特异性检测指标来鉴别细菌和病毒感染,有助于减少药物的使用和滥用,对临床有重要的指导价值。鉴别细菌和病毒感染的常用检测指标分述如下。

(1) 白细胞计数（WBC）：指血液中各种白细胞的总数，细菌性感染 WBC 通常升高，病毒性感染 WBC 一般正常或减低，但在 EB 病毒感染、流行性乙型脑炎等病毒性疾病，大面积烧伤、大手术、严重创伤、白血病、酮症酸中毒等非感染性疾病中也可升高。并且，另有部分细菌感染，如伤寒沙门菌感染，患者外周血白细胞计数减低。

(2) 中性粒细胞百分比：细菌性感染多引起中性粒细胞百分比升高，其外周血中性粒细胞数量增加，比例也常增加至 70%～90% 或更高。但婴幼儿和儿童存在儿童外周血淋巴细胞的生理高值时期，判读中性粒细胞比例是否升高时应注意。

(3) 淋巴细胞百分比：病毒性感染多引起淋巴细胞百分比升高，例如 EB 病毒引起的传染性单核细胞增多症、麻疹等。

(4) C 反应蛋白（CRP）：常用于判断细菌感染，在病毒感染时不升高或仅轻微升高。一般 CRP 在细菌感染后 6～8 小时开始升高，24～48 小时达高峰。革兰阴性菌感染时，浓度可高达 500 毫克/升；革兰阳性菌感染时，浓度可达 100 毫克/升；病毒感染时，浓度在 50 毫克/升以下。还可联合血清淀粉样蛋白 A（SAA）检测。

(5) 降钙素原（PCT）：是急性感染的早期诊断指标，在细菌感染，特别是血流感染时，相较于 CRP，PCT 能更好地反映病情严重程度、进展及预后情况。一般 PCT 在感染后 2～4 小时上升，12～48 小时达峰值。在细菌感染时显著升高，病毒感染时不升高或仅轻度升高。

613 为何宝宝病毒感染就不能上学

儿童由于处于生长发育时期，各系统器

常见儿童病毒感染症状及隔离要求

病毒	临床特征	隔离期限
流感病毒	易引起流行性感冒，常见流感病毒亚型有甲型流感病毒和乙型流感病毒	全部症状消失后 48 小时才可解除隔离
诺如病毒	常可引起呕吐和腹泻，好发于冬季	病例在急性期至全部症状消失后 72 小时内进行隔离。隐性感染者自诺如病毒核酸检测阳性后 72 小时内进行居家隔离
肠道病毒	可引起多种临床疾病，包括手足口病、疱疹性咽峡炎、急性呼吸道感染、皮疹等，严重者可发生无菌性脑膜炎等	患者全部症状消失后 7 天
流行性腮腺炎病毒	可引起腮腺、舌下腺、颌下腺肿大，头痛，发热等，经飞沫传播，好发于冬春季节	自发病后 21 天
水痘-带状疱疹病毒	儿童初次感染引起水痘，在急性期水痘内容物及呼吸道分泌物内均含有病毒	自发病至水痘疱疹全部结痂
麻疹病毒	易引起麻疹，以皮丘疹、发热及呼吸道症状为特征，好发于冬春季	自发病日起至出疹后 5 天，伴呼吸道并发症者应延长至出疹后 10 天
风疹病毒	易引起风疹，经呼吸道侵入人体，表现为发热、咽痛、咳嗽、耳后及枕部淋巴结肿痛，继而在面部及两耳旁先出现浅红色斑丘疹，迅速遍及全身	自发病日起至出疹后 5 天

官发育不成熟、功能不完善，尤其是免疫系统功能不健全，抵抗力较差，对环境的适应能力较弱，所以身体的各个系统容易遭受各种病原体的侵袭，而其中大部分为病毒感染。学校属于人口密集场所，易引起病原体传播。

病毒感染患儿经过隔离治疗后，部分患儿可出现临床症状消失，但相关病毒实验室检查结果仍为阳性的情况，表明该病毒尚未完全清除，可能有继续传播的风险，因此仍需继续隔离直至相关实验室检查结果转阴后方可上学。目前相关实验室检查包括病毒相关抗原抗体检测或核酸检测（例如甲型/乙型流感病毒抗原检测，合胞病毒/腺病毒抗原检测，粪便轮状病毒，腺病毒抗原检测，粪便轮状病毒抗原检测，柯萨奇病毒血清学抗体检测，EV71病毒血清学抗体检测，诺如病毒核酸检测等）。

614 怎样检验诊断新生儿溶血病

新生儿溶血病主要原因为母子血型不合，母亲体内产生 IgG 类型相应抗体，这种抗体通过胎盘进入到胎儿体内，造成胎儿发生以溶血为主要损害的一种被动免疫性疾病。

我国最常见的是 ABO 血型系统不合，ABO 溶血病患儿的母亲多为 O 型血，患儿多为 A 型或者 B 型；Rh 溶血病者的母亲是 Rh 阴性，患儿是 Rh 阳性，一般在第二胎发生。通常 Rh 溶血者偏重，ABO 溶血者较轻。新生儿溶血病主要的临床表现有黄疸、贫血等。

母亲和新生儿的血型不合也不一定直接和必然导致溶血症的发生，发生的概率通常为 20% 左右，但是实际发生溶血的胎儿仅为 5% 左右，因此，家长们也不必过于担心。

新生儿溶血病的各种检查手段

	实验室检查	说明
确诊手段	红细胞直接抗球蛋白试验阳性	从患儿红细胞上直接查被吸附的抗体
	游离试验	血清中存在与患儿红细胞上抗原相对应的游离抗体
	释放试验	从红细胞上释放的具有血型特异性的抗体
辅助诊断手段	血清胆红素	血清中未结合胆红素明显升高，一般出生后会发现黄疸逐渐加深
	血常规	红细胞减少，血红蛋白降低，网织红细胞数增加，涂片中见有核红细胞
产前检查	血清学检查	对夫妇做红细胞 ABO 及 Rh 血型 D 抗原鉴定以及不规则抗体筛选和鉴定。倘若 RhD 确认为阴性，才行 Rh 系其他四种抗原的检查
	羊水检查	子宫穿刺抽取羊水进行分析，确定胎儿血型，同时测定羊水中胆红素含量也可用以估测是否有宫内溶血情况的发生

615 宝宝的血型也会变

血型是由爸爸妈妈的基因决定的，就像身份证号码一样伴随一生，基本固定不变。但有时血型却发生了改变，这是为什么？

（1）大肠杆菌影响：大肠杆菌会使患儿的红细胞获得一种类B抗原，红细胞上有了这种抗原，血型鉴定时，就会使O型变成B型，使A型变成AB型。肠炎治愈后，患儿的血型即可恢复。

（2）白血病：现在有不少资料报道，在白血病患儿中，往往会出现暂时性的血型改变。主要原因是白细胞系统呈病理性增生，使红细胞系统受到抑制，成熟红细胞显著减少或红细胞的形态发生改变，使血型抗原变弱。如果A型血患儿由于原来的A抗原减弱，在再次鉴定血型时可变为O型。当病情缓解后，造血系统功能改善，红细胞抗原性增强后，就可恢复到A型。

（3）血型不合的移植手术：术后，患者红细胞表型的转变过程中会出现供者和受者血型共存的现象，即暂时型嵌合体状态。随着供者移植骨髓在患儿体内的成功植入，患儿的血型转变为供者的血型。

616 小儿过敏性疾病要做什么检查

过敏反应又称Ⅰ型变态反应，由于症状发生快速，亦称速发型变态反应，有强烈的家族倾向。

诱发过敏反应的抗原如食物、花粉、尘螨、猫狗皮屑等，对大多数人来说并不是病原而是环境物质，却会刺激敏感者产生特异性IgE。当这些抗原再次接触身体后会导致身

体发生一系列的病理反应，在临床表现为过敏性休克、支气管哮喘、过敏性眼鼻炎，严重者可致死（青霉素过敏即为Ⅰ型变态反应）。

儿童（特别是幼儿）由于各器官发育还不完善，加上对食物及环境的耐受性差，因此过敏性疾病的发生率更高，这是由免疫病理引起的各种慢性皮肤和呼吸道疾病，包括湿疹、过敏性鼻炎、过敏性哮喘等。

检查过敏原的方法有体内试验和体外试验。体内试验包括皮肤实验（皮内试验、挑刺试验和斑贴试验）和激发试验。体内试验的所受影响因素较多：操作者的熟练程度及主观判断和试剂纯度以及服用抗组胺药物对皮肤反应的抑制能力。体内试验由于是直接作用于人体的操作，有诱发过敏反应或加重病情的风险，因此对婴幼儿更要慎用。现在更多采用体外试验。

体外试验在实验室中进行，抽2～3毫升静脉血进行血清IgE的检测。血清IgE包括总IgE和特异性IgE，特异性IgE是指身体接触某个过敏原后是否产生了针对此种过敏原的IgE抗体，也就是检测患儿对哪种过敏原过敏。过敏原项目包括食物过敏原和吸入过敏原。儿童常见的食物过敏原为鸡蛋、牛奶、鱼、大豆、坚果、虾、蟹等，吸入及接触过敏原为尘螨、花粉、猫狗皮屑、蟑螂、真菌等。

在临床上，这些患儿的血清总IgE和特异性IgE常常会升高。婴儿期有湿疹的患儿，对鸡蛋、牛奶过敏的比较多。随着年龄的增长，患儿渐渐对食物耐受，对食物的过敏程度减轻，对空气中尘螨、花粉的过敏程度会加强，有些患儿会同时对多个过敏原过敏。

及时找出过敏原，就可以对过敏性疾病及早进行干预和治疗，如果是食物性的，就需调整饮食方案，如是吸入性的，就尽量避免接

触过敏原,减少诱发风险。

617 诊断儿童免疫功能低应做哪些检查

免疫功能是身体在面对外来侵害时抵御侵害的能力,比如面对无处不在的细菌、病毒进攻时,免疫能力好坏直接决定了是否会染病。

人体有一个完善的免疫系统,由免疫器官(如骨髓、胸腺、淋巴结等)、免疫细胞(如造血干细胞、淋巴细胞、吞噬细胞等)及免疫分子(如免疫球蛋白、补体、细胞因子等)组成。其中任何一个环节出现问题,都可能导致免疫功能降低或缺失。目前除了常规的血常规、胸部X线(胸片)等外,常用的检测项目有以下几个。

(1)淋巴细胞亚群分型:淋巴细胞分为T淋巴细胞(CD3+)、B淋巴细胞(CD19+)和NK细胞(CD3-/CD16+和/或CD56+)。T淋巴细胞又可为辅助性T细胞(CD3+/CD4+)和细胞毒性T细胞(CD3+/CD8+)。各群细胞在驱逐病原体过程中,承担着不同功能,其数量的下降、比例的失调都提示免疫功能紊乱。

(2)免疫球蛋白:是指具有抗体活性或化学结构与抗体相似的一类球蛋白,具有抗菌、抗病毒作用和加强细胞吞噬的作用,并能在补体的协同下,杀灭或溶解病原微生物,是身体防御疾病的重要成分。根据其结构和应答方式不同,可分为IgM、IgG、IgA、IgD、IgE等不同类型,当免疫功能低下时,可出现下降或缺失。

(3)补体:补体是一类血清蛋白质,存在于人体的血清及组织液中,可介导免疫应答和炎症反应,可被抗原-抗体复合物或微生物所激活,导致病原微生物裂解或被吞噬。其中CH50、补体C3和补体C4,是实验室检测的最常用指标。

(4)细胞因子:由免疫细胞(如单核、巨噬细胞、T/B/NK细胞等)和某些非免疫细胞(内皮、表皮、纤维母细胞等)经刺激而合成、分泌的一类具有广泛生物学活性的小分子蛋白质,一般通过结合相应受体调节细胞生长、分化和效应,调控免疫应答。由于其种类过于繁多,功能各不相同,建议结合病情,选择针对性的细胞因子进行检测。

随着新技术的快速发展,应用流式进行免疫功能精细分型、中性粒细胞功能检测,以及使用第二代测序进行免疫缺陷相关的基因检查等均为免疫功能低下的精准诊断提供了更有力的帮助。

618 为什么要做细菌培养

细菌培养是一种用人工方法使细菌生长繁殖的技术。细菌在自然界中分布极广,数量大,种类多,它可以造福人类,也可以成为致病的原因。大多数细菌可用人工方法培养,即将其接种于培养基上,使其生长繁殖,达到肉眼可见的程度,培养出来的细菌可用于鉴定和药敏试验。

为何要做细菌培养及药敏试验的检查,是患儿家属十分关心的问题。药物敏感实验是临床医生合理使用抗生素的指导。引起每个人感染的细菌可能有所不同,而不同的细菌对不同的抗菌药物敏感性也不尽相同;即便是同种细菌感染,在使用一段时间抗菌药物以后,对药物的敏感性也会发生改变,因此细菌培养及药敏试验对于患者来说，是十分必要的，目的是寻找真正造成感染的细菌，并为后续药物使用提供指导及依据。临床医生为提高对抗菌药物使用的针对性，尽快控制细菌感染，一般应在用药前采集患者标本进行细菌培养；细菌培养可以为感染性疾病提供准确的病原学诊断依据。

619 检测甲流、乙流有哪些方法

流行性感冒是一种由流行性感冒病毒引起的急性呼吸道疾病。流感病毒有甲、乙、丙三种类型，俗称甲流、乙流、丙流，有时也被称为A、B、C三型。甲流病毒除了感染人，还可以感染哺乳动物以及鸟类，所以传播范围广，人类也可能被已感染甲流病毒的宠物、家禽传染；乙流病毒只感染人类和猪；丙流病毒相对危害最小，只感染人类，而且不会引起严重的疾病。在甲、乙、丙三型流感病毒中，甲型最容易引起流行，乙型次之，丙型极少引起流行。

流行性感冒和普通感冒虽然都含"感冒"二字，临床症状也很相似，但两者致病原因不一样，严重程度以及并发症的风险也不一样，因此治疗方法也不一致。甲流与乙流都属于流感，来得更快、更猛，也更强烈，与普通感冒有显著区别。磷酸奥司他韦是治疗流感的特效药，但这种药物对非流感病毒引起的感冒、发热是没有疗效的，因此在治疗前最好做流感病毒快速诊断，确定是否为流感病毒引起，才能做到药到病除。

流感快速检测是利用胶体金法检测呼吸道标本（咽拭子、鼻拭子、鼻咽或气管抽取物中的黏膜上皮细胞）中的甲型和乙型流感病毒抗原，该方法操作简单，结果快速，非常适合门诊的快速筛查。此外，也可以利用实时定量PCR检测流感病毒的核酸，其敏感度较胶体金法高，且可以定量，但是该方法对实验条件和操作者技术要求较高，不利于基层医疗机构开展。病毒培养是流感病毒检测的金标准，并可分离出流感病毒毒株，以进一步研究病毒的型别和变异等情况，但需要严格的技术和仪器设备并且耗时较长，临床应用较少。

620 什么情况下要做脑脊液检查

脑脊液是存在于脑室及蛛网膜下腔的无色透明液体，主要作用是包围并支持着脑和脊髓免受外力震荡损伤。正常人体中有血脑屏障可选择性过滤一些物质，并阻止血液中某些有害物质进入脑组织，而在病理情况下，被血脑屏障隔离的这些物质可进入脑脊液，如细菌、病毒等，从而引发患者头痛高热，甚至引发呕吐。在这些症状病因不明确时，可通过检查脑脊液成分，从而辅助确诊中枢系统疾病。

很多CT检查无法确诊的中枢性疾病可依靠脑脊液的检查来辅助判断。通俗地说，脑脊液如同另一种意义的血液，可通过观察外观，测定其成分如葡萄糖、蛋白质等，显微镜下观察细胞形态，脑脊液细菌培养，从而鉴别各类脑膜炎、肿瘤或是出血性疾病。

由于宝宝抵抗力较弱，血脑屏障尚未发育完全，细菌易经血脑屏障进入大脑神经系统，从而刺激脑膜诱发脑膜炎症，常见于败血症、中耳炎的进一步发展。通过确认脑脊液性状判断病情的严重程度，从而能及时对症

下药,延缓或预防后遗症如失明、失聪、瘫痪、癫痫及智力减退等。

而采集脑脊液一般是通过腰椎穿刺的方法从脑脊髓膜腔中获得液体。不少家长常担心腰椎穿刺可能会导致宝宝瘫痪或是对大脑有一定的损伤,从而拒绝腰穿检查。其实,腰穿的进针点基本很好地避免了对脊髓的损伤。而且人体对脑脊液的调节能力就如同血液一般,放出少量脑脊液并不会影响身体健康。

621 为什么要做 TORCH 检查

TORCH 是一组微生物英文名称的首字母组合。其中 T 代表弓形虫,O 代表其他微生物,例如梅毒螺旋体、乙型肝炎病毒、柯萨奇病毒等,R 代表风疹病毒,C 代表巨细胞病毒,H 代表单纯疱疹病毒。

TORCH 感染在我国医学中称为 TORCH 综合征,已受到妇产科和儿科医生的高度重视。因为孕妇一旦感染了这些病毒,不仅自身受害,还可通过胎盘、产道或母乳,传染给胎儿或新生儿。胎儿感染后可导致流产、早产、死胎或胎儿畸形,新生儿感染可造成智力障碍、失明等严重后遗症。TORCH 感染对优生优育影响重大。

TORCH 感染后的危害有以下几种。

(1) 弓形虫病:是由刚地弓形虫这种原生寄生虫所引起的一种广泛传播的疾病,可在人类和暖血动物之间传播。孕妇感染了弓形虫可通过胎盘垂直感染给胎儿,引起胎儿先天性畸形,严重者导致流产或死胎。

(2) 风疹:是由风疹病毒引起的一类病毒性传染病。怀孕的最初 4 个月感染了风疹病毒后果非常严重,会对胎儿造成损害,患上

先天性风疹综合征(CRS),产生临床表现各异的病症,如白内障、耳聋、肝脾大、精神运动迟缓、骨畸形、心脏病等。一般认为,母亲孕期感染风疹病毒越早,胎儿被感染的概率越大。

(3) 人巨细胞病毒(HCMV):是一种对人具有致病性的疱疹病毒。妊娠妇女感染 HCMV 后可通过胎盘感染胎儿,引起胎儿先天性畸形、生长迟缓、脑炎、溶血性贫血、肝脾肿大等,严重者导致流产或死胎。

(4) 单纯疱疹病毒:属疱疹病毒科,通常潜伏在神经节,孕早期可导致流产,孕晚期可导致胎儿或新生儿疾病。通常 1 型主要引起黏膜感染,如眼、口腔、黏膜与皮肤交汇处的感染,它也是引起严重散发性脑炎的重要原因之一。2 型主要引起生殖器部位的皮肤及黏膜的损伤,生殖器疱疹现已普遍通过性接触传播。

目前,可通过检查孕妇和新生儿血清中有无 TORCH 相关的抗体来判断是否 TORCH 感染。最常用于检测的抗体有两种:IgM 和 IgG。IgM 抗体阳性表明近期有感染了病毒,IgG 抗体阳性表示曾有感染史,或已接种疫苗。新生儿感染了 TORCH 应及时治疗才能控制病情。

622 怀疑性早熟要做哪些性激素检查

近年来,儿童性早熟的发病率在我国呈现明显上升趋势,这引起社会与家长越来越多的关注与重视。

儿童性早熟分为中枢性性早熟和外周性性早熟 2 大类,中枢性性早熟又被称为真性性早熟或完全性性早熟,与男童相比,女童具有较高的发病率;外周性性早熟又被称为假

性性早熟或不完全性性早熟，这种在临床上更为常见，患者由于外源性摄入性激素或周围组织生成性激素使患者表现出性早熟症状。诱发假性性早熟的因素有很多，包括性腺肿瘤、肾上腺疾病、外源性性激素摄入（含有雌激素的食物和雌激素类药物）等。尤其是外源性性激素摄入，主要为雌激素，能够对垂体中分泌垂体催乳素起到积极的促进作用。但是在临床诊断和治疗中，由于中枢性性早熟和外周性性早熟在症状上有一定的相似性，所以选择一种合适的检查方法，对儿童性早熟的诊断及治疗有着极其重要的意义。

儿童性激素检查包括雌二醇（E2）、促卵泡刺激素（FSH）、睾酮（T）、泌乳素（PRL）、孕酮（P）、促黄体生成素（LH）等。这些激素在儿童的生长发育，尤其是青春期过程中起到至关重要的作用。其中检测 E2 能够对子宫内膜的增生状况进行探查，检测 FSH 可以反映卵泡的发育状况，检测 T 能够对患儿的阴唇和阴蒂、睾丸的发育状况进行监测，检测 PRL 可辅助诊断垂体瘤等疾病，而 P 能够反映子宫内膜的增生状况。LH 作为垂体分泌的一个重要性腺激素，不仅与女性卵泡的成熟和排卵有关，还是下丘脑-垂体-性腺轴发动的一个重要标志，是鉴别两种性早熟的重要指标。

6 项性激素的检测，尤其是 LH、FSH 水平变化，能够对真假性性早熟进行判断，在儿童性早熟的诊断中尤为重要，并且在后续的治疗中也能起到监测效果作用。

623 怎样快速进行幽门螺杆菌检查

幽门螺杆菌（Hp）隶属于螺杆菌属、螺杆菌科，为螺旋形或弯曲形杆菌。幽门螺杆菌的传播途径迄今仍不十分明确，大多认为是经口感染。幽门螺杆菌高度适应于胃部这种酸性环境，定植于胃黏膜表面和黏膜层之间，大量的研究表明它是胃炎、消化溃疡，尤其是十二指肠溃疡的主要致病因素。并且，它与胃癌的关系也高度相关，世界卫生组织国际癌症研究机构已将其纳入"一类致癌因子"。而儿童是感染幽门螺杆菌的高危人群，除去胃肠道疾病，幽门螺杆菌与胃肠道外疾病发病可能也存在联系，在儿童时期主要表现为生长迟缓、缺铁性贫血、过敏性紫癜等。

幽门螺杆菌的诊断较为复杂，目前国内共识以下检查结果可以诊断幽门螺旋杆菌现症感染：胃黏膜组织快速脲酶试验、组织切片染色、幽门螺杆菌培养，三项之中任一项阳性；碳 13 或碳 14 尿素呼气试验阳性；幽门螺杆菌粪便抗原阳性；血清幽门螺杆菌抗体阳性提示曾经感染，从未治疗可视为现症感染。

快速脲酶试验因为要使用胃镜，所以临床上使用较少，使用最多的是血清检测幽门螺杆菌抗体，其次是呼气试验。血清幽门螺杆菌抗体的检查则相对简单且快速，血清中有两种幽门螺杆菌抗体 IgM 和 IgG，IgM 提示现症感染，IgG 提示既往感染。碳 13 或碳 14 尿素呼气试验为检查幽门螺杆菌的"金标准"，并且为无痛无创的非侵入性试验，非常适合儿童。其机制是使用碳 13 或碳 14 标记尿素，将其喝下后，如果胃中有幽门螺杆菌，因为其含有脲酶，可以分解尿素产生二氧化碳，二氧化碳中的碳 13 或碳 14 则可以被检测到，其浓度和感染严重程度成正比。除去上述方法，检测幽门螺杆菌感染还可选用 PCR、ELISA、蛋白芯片技术等方法。

特别提醒

为准确反映肝肾功能状态,检查前需空腹,不能进食,不能喝水,空腹时间一般为6~8小时。检查前一晚须清淡饮食,不吃油腻食物。

624 检查肝肾功能的目的是什么

肝脏是人体最大的器官,也是最大的消化腺,担负多种重要的生理功能。人体生命活动的许多物质,比如饮食中的糖、蛋白质、脂类都需要肝脏的加工才能吸收转化。

另外,肝脏对许多非营养性物质(药物、毒物、代谢产物等)具有转化功能,可以将它们代谢分解或以原形排出体外,也就是常说的"解毒功能"。

临床上检查肝功能的目的在于检测肝脏有无疾病、肝脏损害程度以及查明肝病原因、判断预后和鉴别黄疸病因等。

目前常用且重要的生化项目通常包括:肝脏蛋白质代谢功能(总蛋白,白蛋白,前白蛋白)、胆红素和胆汁酸代谢功能(总胆红素,直接胆红素,总胆汁酸)、酶学指标(丙氨酸氨基转移酶,天门冬氨酸氨基转移酶,γ-谷氨酰转移酶,碱性磷酸酶)。

肾脏是产生尿液的器官,借以将血液中的代谢废物、毒物、药物排出体外;可调节和维持体液容量和成分;维持身体内环境的平衡,因此肾脏对整个生命活动有序进行发挥重要作用。

临床上检查肾功能的目的在于检测有无急慢性肾炎、肾病、肾衰竭及尿毒症等。

常用于检查肾功能的生化指标是血清尿素氮、肌酐、尿酸、胱抑素C、视黄醇结合蛋白以及尿液电解质、钙、肌酐等。

625 何为"乙肝两对半"

乙型肝炎病毒可引起乙型肝炎,感染状态包括活动性感染和潜伏感染。乙肝病毒的长期慢性活动性感染可导致肝硬化、肝癌等不良预后。因此快速、准确、经济、有效的实验诊断手段是乙型肝炎的预防和治疗的关键。

乙肝病毒感染的五种免疫学标志物——表面抗原(HBsAg)和表面抗体(抗HBs或HBsAb)、e抗原(HBeAg)和e抗体(抗HBe或HBeAb)以及核心抗体(抗HBc或HBcAb)检查是临床最常用的乙型肝炎检验项目,这就是人们常说的"乙肝两对半"检查,或称"乙肝五项"检查。

通过两对半检验可以推测乙型肝炎病毒的感染状态和传染性,例如临床上常用"大三阳"与"小三阳"来区分。"大三阳"是乙肝表面抗原、乙肝e抗原、乙肝核心抗体3个指标同时阳性的俗称,"小三阳"是乙肝表面抗原、乙肝e抗体、乙肝核心抗体3个指标同时阳性的俗称,这两个称呼形象地说明了乙型肝炎病毒在体内感染的情况。

HBsAg阳性表示患者体内感染了乙肝病毒,身体处于急性感染的早期,具有传染性;而HBsAb阳性是乙肝患者是否具有免疫力的标志,表示患者对乙肝病毒具有良好的免疫性,临床上经常作为接种乙肝疫苗成功的标志;HBeAb阳性是病毒复制减少的标志,表示乙肝感染情况相对好转,传染性较弱;

HBeAg 阳性是乙肝病毒复制的标志,表示具有较强的传染性,需要及时采取有效的治疗措施;HBcAb 阳性表示患者曾经感染过或正在感染,是感染后就会产生的标志,持续时间长,甚至终身存在,对于辅助乙肝病毒检查有一定意义。

乙肝核心抗体默认指的都是 IGG 抗体,有些医院也会检测核心抗体 IGM,它是乙肝病毒感染后血清中最早出现的标志性抗体,是新近感染或病毒复制标志,但在乙肝病毒存在抗原性变异或患者免疫功能不正常的情况下,两对半结果可能出现假阴性的情况;而且两对半检测并不能反映乙肝病毒的载量和对抗病毒治疗耐药性,在抗病毒治疗的疗效监控和耐药性的预测方面;HBV－DNA 定量、HBV 耐药基因分型等分子生物学检测手段也已广泛开展,为诊断、预后和疗效检测提供了不可或缺的支持。

14%,我国每年出生的新生儿中,听力障碍发生率为 0.1%～0.3%,而 60% 的听力障碍与遗传因素有关。作为一种可筛查性疾病,在新生儿期进行早期听力筛查具有重要意义。它会显著提高耳聋新生儿的检出率,提高我们对儿童耳聋的理解,并提供更多针对不同年龄段家庭的干预选择,为改善治疗奠定基础。

新生儿耳聋基因筛查作为新生儿听力功能筛查的重要补充,可以提前发现非新生儿期发病的耳聋,对其进行早期干预,如在语言发育关键期即佩戴助听设备等,避免语言发育落后;坚持良好的用耳习惯等。

类似听力障碍,可由早期基因筛查受益的遗传病还包括代谢异常,如丙酸血症;联合免疫缺陷,如丙种球蛋白血症;视力障碍,如视神经萎缩;血液病,如血小板减少症和球形红细胞症;部分致病基因所致的癫痫等。

626 为什么新生儿基因筛查很重要

大量数据和研究表明,我国现行的新生儿筛查对早发现、早干预相关疾病具有重要的意义。随着基因测序和分析技术的发展,新生儿基因筛查已渐渐兴起。

目前超过 5 000 种孟德尔遗传病(单基因遗传病)具有明确的致病基因,其中部分遗传病可在症状出现前进行干预即可避免或降低个体发育的不可逆损害(如对神经发育等),为可治性或可干预性的遗传病,针对这类遗传病,新生儿基因筛查为疾病的早诊断和早干预提供依据,且大大地降低了疾病确诊所需费用和时间。

例如,听力障碍患者在残障人群中约占

627 哪些情况适合做基因辅助诊断

随着基因测序技术、生物信息学技术的快速发展和人们对遗传性疾病认识的不断提高,利用基因序列信息并结合临床表型的基因检测已成为遗传性疾病临床辅助诊断和精准治疗的重要手段。基因检测一方面可为遗传病的临床确诊、精准治疗、患儿后续的康复训练及教育策略的选择等提供依据;另一方面可为患儿父母、相关亲属及患儿成年后生育健康宝宝提供参考。

究竟什么情况应该考虑进行基因辅助诊断呢?

(1) 当幼儿出现全面性发育迟缓或运动、语言及认知能力等方面明显比同龄宝宝发育延迟的情况。

（2）当幼儿存在各种出生缺陷的情况（通过观察及仪器检查），比如特殊外貌、肢体异常、骨骼异常、性别发育异常、心脏结构异常，单个或多个器官形态或功能异常等。

（3）当幼儿的单个或多个器官存在慢性功能异常的情况，例如视力或听力问题、运动功能异常（步态异常、共济失调等）、神经肌肉问题（肌无力、肌萎缩及肌张力异常等）、各种癫痫发作、慢性行为和情绪异常、免疫问题（如反复感染）、激素问题、慢性消化系统问题、心律问题（心电图异常）、各种顽固性贫血等。

（4）当婴儿出生时或幼儿期皮肤出现不明原因的异常，例如表皮松解、色素沉着或减退、皮肤过度角化、瘤病、多毛等情况。

（5）当儿童出现不明原因的脑病（昏睡、惊厥等）伴实验室检查异常的情况，例如尿的色泽与气味、血糖、血电解质、血氨等异常。

（6）具有明确的遗传病家族史，且儿童与家族中其他患病成员症状相似的情况。

当宝宝出现以上情况的时候，就需要寻求临床遗传咨询师的帮助，开展基因检测前的咨询，并选择恰当的基因检测项目。家长需要向遗传咨询师或临床遗传医生针对基因检测结果寻求咨询，以充分理解后续的治疗、管理策略及再生育指导。

第十讲　诊治疾病的助手
——医学检查

628 5种现代X线诊断技术

1895 年,德国物理学家伦琴发现了一种波长很短但穿透力极强的神秘射线,虽不能被肉眼所见,但却能穿过物体留下影子,这就是 X 线,也叫伦琴射线。利用 X 线对不同组织器官不同的穿透力,可反映生物体内组织器官形态、功能及变化,实现检查和发现疾病。伦琴因此荣获首届诺贝尔奖。

最初人们使用荧光透视窥探人体内部结构,但受到需要暗室环境、图像清晰度差、曝光时间长、射线量大的局限。随着电视机、高分辨影像增强器、计算机的应用,电视透视取代荧光透视。患者再也无需在暗室中接受检查,图像更清晰,甚至可以贮存作前后对比,受照射量也大幅度降低。在电视透视的监视下,可观察器官的动态变化,如心脏大血管的搏动、横膈的运动等;还可进行胃肠道检查、骨折复位、肠套叠整复及微创介入治疗。

摄片是利用 X 线能使胶片感光成像的机制的另一种诊断方法,就像给身体拍了一张平面的照片。如果遇到遮挡,底片上不会曝光,洗片后呈现白色。因人体各种组织密度不一,胶片显示黑白程度不一致,借此显示病变。X 线摄片有曝光时间短、照射量少,便于长期保存对比的优点。由于人体是个三维结构,而平片显示的只是一个面,想了解更多信息需要多方位摄片。常用的摄片有骨骼片、胸部平片、腹部平片等。

第三种方法是造影检查。使用对比剂将检查脏器与周围器官区分开,清楚显示其腔内情况。不同部位造影的方法、使用的对比剂及浓度有所不同。常用造影检查有上消化道造影、气钡灌肠双重造影、尿路造影、窦道造影。常用造影剂包括空气、钡剂、含碘对比剂等。检查前必须按情况作好禁食或清洁肠道等准备,以免影响造影检查结果。

第四种方法是基于 X 线成像的计算机体层扫描,即 CT。多层螺旋扫描不仅可按不同的窗宽、窗位显示不同的组织,还可按需要进行矢状面、冠状面重建和 3D 甚至仿真内窥镜成像,作定性定位诊断。一些复杂病变,尤其脉管畸形、肿瘤病变,还常用含碘对比剂实施增强扫描。

第五种方法是血管造影,是血管疾病诊断的"金标准"。血管造影方法很多,目前多采用数字减影血管造影技术(DSA),通过造影影像减除造影前"蒙片"影像,实现选择性血管显影与成像。其特点是图像清晰、分辨率高,为观察血管解剖、诊断血管病变和肿瘤,

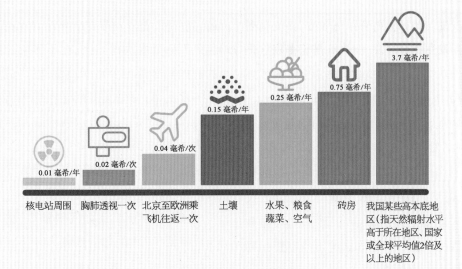

0.01 毫希/年 核电站周围
0.02 毫希/次 胸肺透视一次
0.04 毫希/次 北京至欧洲乘飞机往返一次
0.15 毫希/年 土壤
0.25 毫希/年 水果、粮食蔬菜、空气
0.75 毫希/年 砖房
3.7 毫希/年 我国某些高本底地区(指天然辐射水平高于所在地区、国家或全球平均值2倍及以上的地区)

不同情况所受到的辐射量

以及介入治疗提供了有效、微创的技术手段。

629 放射检查会致癌吗

随着医疗水平和技术的发展,包括数字成像、CT 在内的影像学检查日益普及。临床工作中遇到不少患者对这些检查心存戒备,觉得有辐射,担心对身体造成伤害、致癌或影响将来生育。

其实,合理适度的放射检查对人体是安全的,日常生活中我们每时每刻都受到各种辐射。辐射按照来源可分为天然辐射和人工辐射,天然辐射遍布于我们的生活环境中,空气、食物和饮料中都存在着天然放射性。而人工辐射主要来源于医疗照射、矿物开采、核动力生产、射线装置、核爆炸及核试验等。

在人类接受的各种辐射中,天然辐射所占比例最高,其所致公众的人均年有效剂量约 2.4 毫希,而医疗照射仅约 0.4 毫希。辐射效应可分为随机性效应和确定性效应两类。确定性效应通常受到的辐射是有最低值

的,低于最低值就不会出现有害效应,而高于最低值则损害肯定发生且严重程度与剂量相关,最低值在不同器官组织以及个人存在差异。

随机性效应是指效应的发生概率与受照剂量成正比,但严重程度与剂量无关的辐射效应,没有最低值,不受照剂量大小影响,都

一些确定性效应的剂量阈值

器官/组织	效应	单次照射剂量阈值/毫戈
睾丸	暂时不育	150
	永久不育	3 500~6 000
卵巢	不育	2 500~6 000
眼睛(晶状体)	晶状体混浊	500~2 000
	白内障	5 000
骨髓	造血功能抑制	500
皮肤	红斑(干性脱屑)	2 000
	湿性脱屑	18 000
	表皮和深部皮肤坏死	25 000
全身	急性放射病(轻度)	1 000

有可能发生。比如辐射有致癌效应,接受辐射越多癌症发生概率越高,但最终是否得癌症是随机的,有的人接受的辐射量很低却得了癌症,而有的人挨了不少辐射却可以健康终老。

我国规定拍胸片允许摄入的剂量是 0.4 毫希,腹部 CT 是 25 毫希。那么,X 线和 CT 检查的射线剂量究竟有多大呢? 由于射线剂量受个体因素、医疗设备、检查方法/部位、投照条件等诸多因素的影响,很难预知具体某一次检查的剂量。根据国家给出的剂量指导水平可做出大致估算。

身体各部位每次 X 线检查摄影入射体表剂量

X 线检查		每次摄影入射体表剂量/毫戈
胸部	后前位	0.4
	侧位	1.5
腰椎	前后位	10
	侧位	30
腹部	前后位	10
骨盆	前后位	10
髋关节	前后位	10

身体各部位做 CT 检查时平均剂量

CT 检查	多层扫描平均剂量/毫戈
头	50
腰椎	35
腹部	25

可以看出,X 线和 CT 检查的照射剂量远低于产生确定性效应的最低值,对人体的影响一般属于随机性效应的范畴。偶尔的影像学检查对宝宝们来说是安全的,也不会影响将来的生育。对 X 线和 CT 检查"谈虎色变"

的过度担心是不必要的。医学界也在努力地避免不必要的医疗照射,在不影响诊疗效果的前提下尽量减少照射剂量,以降低有害效应的发生率。比如,医生会根据患者病情权衡利弊,决定是否进行放射检查和具体的检查方法;检查时对受检者的非检查部位进行屏蔽防护,特别是性腺区域;按照规范的流程和方法操作检查设备;检查设备也在不断更新,参数不断优化,比如低剂量 CT 的发展就明显降低了 CT 的辐射剂量。

630 如何优选影像学检查这把"双刃剑"

影像学检查可帮助医生诊断病情,但有辐射不良反应。那么,如何应用好这把"双刃剑"呢? 首先,反对没有必要的、过度的检查,任何影像学检查都应基于患者的病情需要进行。其次,应增强 X 线辐射防护意识,放射检查时对非受检器官部位进行防护,尤其是性腺、甲状腺等部位的辐射屏蔽。儿童放射检查场所应配备铅橡胶性腺防护围裙或方巾、铅围脖、铅帽、可调节防护窗口的立位防护屏、固定特殊受检者体位的各种设备。另外,疾病影像学检查技术的优选也非常重要。比如骨骼病变提倡首选超声、X 线平片检查,加以磁共振进一步明确诊断,必要时才行 CT 检查。合理、优化影像学检查手段,实现疾病精准诊疗是医患双方共同的目标。

631 胸片——实现胸部疾病快捷诊断

在 X 线检查中,胸部是人体自然对比良好的部位,因为心脏和大血管内充满血液,在

X线片上显示白色,而周围含气的肺呈现黑色,两者形成明显对比,清楚显示肺内病变和心脏轮廓。胸片成为应用最广泛的影像学诊断手段之一。

X线检查对肺部某些疾病的诊断,有不可替代的重要作用。例如有些高热咳嗽的宝宝,听诊无异常,但X线透视可发现肺部有一大片炎症。有的肺炎患儿症状已不明显,而X线检查肺部点状阴影尚未完全吸收,提示还需继续用药。更有个别幼儿误吸瓜子、花生等异物,呛咳不止,家长常不知其因,就诊医生也难以发现听诊异常,而X线检查能发现异物部位,提供诊断线索。新生儿有肺部疾病时,症状表现重,肺部听诊往往无异常,拍胸片可协助诊断。宝宝患肺结核,也常在X线检查中偶然发现。同时,还能显示心脏、肺大血管的大小和形态,横膈病变如膈疝、膈膨升等,以及胸廓骨骼的畸形、骨折。因此,对不明原因的发热、咳嗽、气急喘鸣、咯血、面色青紫、心悸及胸廓异常等,经临床医生检查认为有必要,需进行胸部X线检查。

然而,胸部X线检查也有一定局限性,由于其成像是所投照区域组织结构的二维图像,重叠心影中的纵隔病变包括肿瘤,难以清晰显示,常需加做CT等检查进一步明确。

632 钡餐检查——轻松揭开胃肠道的奥秘

正常腹部脏器,无论透视或数字摄片,都难以区分与区别显示。因此,必须用人工的方法,借助一种不透X线、对人体无毒的药物造影剂,协助观察其解剖结构与病变特别是胃肠道内腔情况。这种口服造影剂使胃肠道显影、揭秘上消化道结构及病理改变的医学检查手段,即钡餐检查。

目前,消化道检查最常用的造影剂为硫酸钡干混悬剂。检查前,将造影剂调配成适当浓度的溶液,略加些糖浆或糖等调味剂后宝宝即可口服。随着造影剂在消化道内的下移,可逐段观察食管、胃肠等形态、大小及位置,了解有无炎症、肿块或溃疡等病变。并可在透视下观察胃肠的运动、排空情况,借此了解其功能,诊断疾病。同时,对有诊断价值的征象及时直接摄片,可作为诊断资料及与日后比较的依据。

宝宝必须经过医生的仔细诊治,对疾病部位和性质有初步的印象后,才能作针对性的胃肠钡餐检查,它主要适用于上消化道疾病的诊断。但胃肠钡餐检查,宝宝所受的X线照射时间长,剂量较多,应尽量掌握指征。宝宝遇到以下情况,需作胃肠钡餐检查:出生后短期内有频繁的呕吐,伴有逐渐消瘦;有一段时期的上腹部不适或腹部摸到肿块;呕吐物带血或排柏油样大便。

胃肠钡餐检查前,家长需做的准备主要包括:检查前3天起禁用含铋、钙等元素的药物,因为这些元素的密度与造影剂相仿,容易混淆而造成假象。检查前24小时内忌用一切对胃肠道有作用的药物,如泻药、阿托品

特别提醒

胃肠钡餐检查后,家长需注意:要观察大便颜色,如见白色的大便,表示吞下去的钡剂已排出;有幽门梗阻的患儿做完检查后,应洗胃,以免钡剂在胃内积聚加重梗阻,或呕吐后吸入肺内。

及抗酸药物等，以免影响诊断。检查时保证胃内空虚，以免食物与钡剂混杂而影响诊断。幼儿在检查前一天晚餐后，禁止任何进食，婴儿禁食时间可缩短为 4 小时，相当于平时喂食两顿所相隔的时间。

633 下消化道的"观察员"——气钡灌肠造影

气钡灌肠造影检查是用来检查下消化道（包括远端小肠、结肠）病变的主要方法。根据检查病变性质不同，从肛门灌入的造影剂也不同。最常用的硫酸钡混悬液用于小儿先天性的肠旋转不良、巨结肠和寻找反复肠套叠原因等；空气灌肠主要用于诊断肠套叠及肠套叠的整复治疗；气钡双重造影主要用于诊断结肠息肉、肿瘤等。

宝宝遇以下情况之一，建议行造影剂灌肠检查：生后短期内频繁呕吐，疑似肠旋转不良；有胎粪排出延迟，生后持续便秘，依赖通便才能排出；大便经常带鲜血或有慢性脓血便；多次发生肠套叠；腹部触及肿块等。

宝宝做钡剂灌肠检查，因检查目的不同，准备也不同。例如便秘或疑似巨结肠患儿，检查前不必作清洁灌肠；便血疑似肠息肉患者，就要求提前将结肠内容物彻底清除。具体做法是检查前两天起少渣饮食，检查前一晚及检查当天各一次清洁灌肠。其他疾病作钡剂灌肠，一般仅需一次清洁灌肠。如果没有统一规定，建议检查前遵放射科医师医嘱进行准备。

钡剂灌肠后，一般无需处理，钡剂能随粪便排出。但疑患巨结肠的患儿，钡剂灌肠检查后，一般需在 24 小时后复查摄片了解钡剂潴留情况，必要时还需在 48 小时后再作复查，了解生理情况下所显示的病变范围。复查毕后，必须进行清洁灌肠排钡，以免钡石形成，加重梗阻。

634 走向全球的中国技术——空灌整复术

肠套叠是小儿常见急腹症，起病急骤，可有腹痛、呕吐、便血、腹块等症状。以往诊断肠套叠后，必须立即手术治疗。后来改用非手术的水压复位：从肛门灌入钡剂，在 X 线透视下，控制进入钡剂的流速，利用液体压力，逼使套入的肠管向上顶，使套叠部位松解。目前临床可采用更为安全的"空灌整复术"，即空气灌肠肠套叠整形复位法，实现了肠套叠或疑似肠套叠患儿 X 线透视下空气灌肠造影诊断及整复治疗。

空灌整复术虽好，也需认真分析、评估患儿病情，把握适应证和禁忌证，谨慎操作。禁忌证包括病程超过 48 小时，且全身情况显著不良者；高度腹胀，腹部有明显压痛、肌紧张，疑似腹膜炎时；反复套叠、高度怀疑或者已确诊为继发性肠套叠；小肠型肠套叠。

肠套叠整复后，腹部肿块消失，患儿不再呕吐，服活性炭后 8～12 小时可排黑色便，表示肠道通畅。但也有肠套叠患儿整复数小时后，又出现呕吐、哭闹，这可能是原套叠部位水肿或某种原因引起"套头"再次套入、复发。一般情况下，肠套叠空灌整复后，不要急于进食，因为原套叠部位肠壁水肿尚未吸收、消退，进食后促进了肠蠕动会导致肠套叠复发；建议空灌整复术后禁食 2～3 小时，让肠道充分休息。如发现有再次套入可能,应及时就医。

635 人工智能妙判骨龄

骨龄能直观体现骨骼发育成熟度和个体生物学年龄,比身高、体重等评价指标,更能客观、准确、真实地反映儿童和青少年生长发育水平、趋势及成熟程度。临床上常用骨龄来作为生长发育评估的重要工具,也用于诊断和监测矮小症、性早熟等儿童遗传代谢、内分泌疾病和生长发育异常。

目前国内骨龄影像评估主要使用 GP 图谱法(这是 1950 年由 Greulich 和 Pye 两位研究者研制的手腕骨发育图谱)、TW 计分法(这是 Tanner 和 Whitehous 首先提出的一种骨发育评分和骨龄测评标准)等,但都存在一些弊端:GP 图谱法是最早的完整图谱骨龄鉴定法,使用简便,应用广泛,通过医生根据纸质图像册对照手骨 X 线片进行肉眼比对。但这种方法主观性强,不同医生测评差别较大,精确性欠缺。TW 计分法虽然比较精确,但要给多达 20 块掌指骨、腕骨等逐一评级评分并在此基础上计算,过程复杂耗时,检测一个儿童的骨龄至少需要 15 分钟,在医疗资源紧张、检测人群庞大的情况下,临床实用性欠佳。

随着信息技术的迅速发展,大数据、云计算等技术得到了广泛运用,基于人工智能(AI)的新型骨龄测评系统与测评方法不断涌现。骨龄评价人工智能系统是基于海量骨龄影像及深度学习技术所建立的一种临床工具,能高效、精准地阅读骨龄片,将原来 15 分钟图谱识别的时间缩短到以秒计算,从读片到输出骨龄诊断报告甚至不到 30 秒,大大减少了医生工作量,还避免了主观因素对诊疗结果的影响,在辅助医生改善骨龄诊断质量、提高读片效率和准确度方面发挥了巨大作用。

636 新技术实现肾、尿路、血管一次成像

肾 CT 血管造影(CTA)和 CT 尿路造影(CTU)已成为临床不可或缺的影像检查技术,大有取代数字减影血管造影(DSA)和静脉尿路造影(IVP)之势。然而,肾、血管、尿路异常或疾病常并存或互为因果,尤其小儿腹部肿瘤病变,发现时常常巨大,难以判断其组织器官来源,临床需同时了解肾、尿路、血管包括病变供养血管,针对性地 CT、MRI 特别是 CTA、CTU 甚至 DSA 等逐项检查,费时费力费钱,也增加了对比剂肾病和辐射损伤的风险。

一次扫描同时实现尿路与血管造影(CTUA)的新技术,促进了相关学科诊疗技术的创新与诊疗水平的提高。其采用多排螺旋 CT、常量对比剂,间隔 7～10 分钟分 2 次团注,一次扫描同时获得尿路和血管 CT 造影效果的技术成功率高达 100%。对肾、尿路、肾实质、肾动脉、腹主动脉及髂动脉的显示,CTUA 明显优于 CTU。

CTUA 准确反映肾灌注、泌尿和排尿功能,除与 CTU 一样准确显示肿瘤、结石、炎症、尿瘘、尿路畸形外,还准确揭示了肿瘤血管、动脉变异与病变,实现了一站式一次扫描检查情况下对儿童泌尿生殖系统病变尤其腹部肿瘤的精准定位、定性诊断。

637 新型 CT 扫描更神速

CT 即"X 线计算机体层成像"，是用 X 线束对人体层面进行扫描，将所得信息经计算机处理后进行图像重建，显示横断面解剖图像和基于横断面的冠、矢状面，不同灰度显示组织器官密度高低，密度分辨力明显优于 X 线图像，显著提高病变检出率和诊断准确率。

多排螺旋 CT 的问世、迭代算法的成功应用，使得 CT 扫描更为神速，极短的时间内实现全胸部、全腹部或头颈部的容积扫描，而且 X 线剂量进一步减少，安全性能进一步提高，还实现了 4D CT、能谱 CT 的全脏器灌注功能成像、动态血管成像、物质分离及单能量成像和反映物质能量衰减特性，从而揭示组织结构及病理类型的能谱曲线生成，使术前无创性临床影像研判肿瘤来源及良、恶性肿瘤鉴别和恶性肿瘤分级等成为可能。

638 MRI——无辐射、无创诊断好帮手

MRI 即磁共振成像，使用较强大的磁场，使人体中所有水分子磁场的磁力线方向一致，这时磁共振机的磁场突然消失，身体中水分子的磁力线方向，突然恢复到原来随意排列的状态。简单说就相当于用手摇一摇，让水分子振动起来，再平静下来，感受一下里面的振动。因此，MRI 也被戏说为"摇摇看的检查"。MRI 既无创伤也无 X 线电离辐射，对身体没有不良影响，已成为当今医学领域用以发现与临床跟踪观察随访包括发育畸形、炎症、肿瘤、外伤及癫痫、孤独症、多动症、抑郁症等最先进的医学诊断设备。

MRI 有良好的组织分辨率且无骨伪影，不用改变和移动受检者体位即可直接做出横断面、冠状面、矢状面及各种斜位的体层图像；可通过改变影响 MRI 信号的不同参数来获得多种不同的 MRI 图像，也可通过改变不同序列来获得不同形式的结构和功能图像。

磁共振血管成像（MRA）是无需注入对比剂即可实现血管显像的非侵入性技术。MRA 在脑血管成像方面应用最为成功，血管显像不受颅骨影响，可同时显示前后及左右循环和大脑动脉环，方便观察脑动脉全貌并进行两侧对比；并可通过最大强度投影（MIP）或容积再现（VR）显示技术，获得类似 DSA 图像，这些图像还可任意角度旋转与观察，对所显示病变进行大小、管径、长度等测量，评估病变程度及毗邻其他血管关系。

各种磁共振成像技术有不同的适应证，其中 DTI（弥散张量成像）是唯一可显示活体脑白质纤维束的无创性成像技术，可在三维空间内定量分析组织内的弥散运动，利用各

特别提醒

MRI 检查需要注意下列情况：心脏起搏器植入者或血管支架植入者或动脉瘤夹闭术后、动脉瘤介入栓塞术后禁止做磁共振检查；禁止穿戴含金属内衣、饰品；禁止项链、耳环、磁卡、手机、刀具、钥匙等金属物品进入磁共振机房；手术史、药物过敏史、金属植入物史、膏药贴片及文身者需向检查医生说明具体情况。

向异性的特征无创跟踪脑白质纤维束,可立体、直观显示纤维束的走行变化,还可基于其3D T1WI 图像作出脑功能连接网络图,帮助理解和解释结构与功能之间的关系,从而为了解每个神经纤维束在运动、感觉、视觉信息的整合、语言、习惯、情绪、行为、认知、记忆、整合等功能中打下基础,对脑功能精准定位和临床制定诊疗计划有重要的指导意义,尤其在高危儿发育迟缓预测、功能神经外科领域等有着广泛的应用前景。

当然,MRI 与其他影像方法一样存在其局限性,如扫描时间过长、宝宝需要镇静甚至麻醉、费用较昂贵,随着超导、低温、射频及计算机技术进步尤其压缩感知技术应用,儿童 MRI 检查与临床应用会越来越广泛与便捷。

639 心脏电生理检查精确评价心脏电功能

心脏电生理检查是一种评价心脏电功能精确的方法,在自身心律或起搏心律时,记录心内电活动,分析其表现和特征并加以推理,作出综合判断。心脏电生理检查既能明确诊断,同时还能指导药物和导管消融治疗等,分为经食管调搏心脏电生理检查和心内电生理检查。

(1) 经食管调搏心脏电生理检查:食管和心脏位于纵隔内,食管的前壁和左心房后壁紧密贴靠,利用这种解剖关系放置食管电极可以间接刺激左心房和左心室,分析同步记录的体表心电图并对心脏的电生理特性和心律失常机制做出分析,也可以诱发和终止快速性折返性心动过速,经食管调搏心脏

电生理检查还适用于窦房结功能评价、房室传导功能评价及预激综合征旁路功能评价等。

(2) 心内电生理检查:是将多根电极导管经静脉和/或动脉途径进入心脏不同部位,记录自身心律和程序电刺激情况下心腔内局部电活动以及诱发心律失常。心脏程序电刺激是采用预先设定的电刺激方案进行心脏电生理检查的方法,它被称为"开启心律失常诊断的钥匙"。通过记录心内心电图、标测心电图藉以诊断和研究心律失常。

心内电生理检查的临床应用包括:窦房结功能评价;房室、室内及房内传导阻滞的定位;诊断和治疗室上性心动过速;诊断和治疗室性心动过速;考虑与心律失常有关的心源性晕厥;评估心律失常非药物治疗的指征;心电生理-药理学试验以确定抗心律失常药物疗;判断预后等。

640 心电图可诊断哪些疾病

心电图是反映心脏生物电活动的无创及最简便的检测方法,是一项经济实用的检查,概括地说它有如下作用:对分析与认识各类心律失常具有特异性,对房室肥大、传导阻滞、电解质紊乱及药物中毒等也有明显的提示作用。同步 12 导联心电图描记同一心动周期的心电信号对单源或多源期前收缩的识别、定位及心律失常分型,预激综合征分型、定位,宽 QRS 波心动过速的鉴别诊断以及室内传导阻滞的鉴别诊断等有显著优越性。

心电图可显示心脏左、右房室肥大,从而提供各类心脏病诊断的凭证,包括先天性心

脏病、心脏瓣膜病变等。在其他疾病中，例如电解质紊乱，特别是血钾过低或过高等，心电图不仅有助于诊断，而且经过反复检查，可以追踪病情的演变，对治疗过程有参考价值。心电图检查可协助观测某些作用于心脏或全身的药物的作用，如对毛地黄、奎尼丁、利多卡因等的监测，运用心电图便于发现以上药物的毒性反应，以便适当调整用药剂量。在心脏手术与做心脏导管检查术中，采用心电图监护，可随时发现心律与心肌功能的异常变化，有利于指导手术的进行，并提醒选用必要的药物处理。

尽管心电图对心脏疾病的诊断有重要意义，但必须强调指出的是雷同的心电图异常变化可见于几种不同的心脏病，在这种情况下心电图只能提示心脏病的存在，而不能鉴别属何种性质的心脏病；其次，有不少心脏疾病的心电图检查结果可能正常，但正常心电图不代表心脏无病，为了明确诊断有时需要做其他更进一步的检查。

641 怎样让儿童配合做好心电图

宝宝心电图的描记方法与成人相同，一份描记良好的心电图，能帮助医生作出有关的各种诊断，因此一定要在宝宝安静、平卧、肌肉松弛情况下作检查。如果宝宝哭吵不安、紧张、肢体上下移动，躯干左右翻转扭曲，或受寒冷等外界因素的影响，则心电图基线不稳、波形失真，分析时就得不到正确诊断。

可以根据患儿年龄的大小，采取相应的方法使他们安静下来。例如，7岁以上的学龄期儿童，对事物比较容易理解，可以向儿童解释做心电图不会引起疼痛，消除其紧张心理；对4～6岁的幼儿，应耐心说明做心电图不是打针，不用害怕，也可在医生的支持下，采用示范教育，让他们观看年长儿童如何接受心电图检查以取得宝宝的合作；婴幼儿和新生儿可用玩具逗引或喂奶等方法使其安静，若采用以上方法宝宝仍不合作，可给予适量的镇静剂，如水合氯醛口服或灌肠、肌肉注射鲁米那，等待宝宝入睡后描记。一般说来，这些药物不会给身体带来不良影响。

婴幼儿心电图检查电极大小要适宜，四肢的金属电极面积大小要适合婴幼儿手腕和踝部。婴儿胸廓小、肋间窄，胸电极宜小，电极不可相互重叠，如果用金属钟型吸附电极时吸力要适中，避免吸力过大或吸附时间过长引起皮肤出血；如用粘贴电极，去除电极前适当用生理盐水浸湿电极局部，撕除时用力不可过猛，以防损伤皮肤。

642 动态心电图的优越性

动态心电图是通过随身携带的微型心电监测仪将心脏产生的电位变化从体表连续记录24～48小时，然后输入计算机进行处理，用电子计算机做快速阅读分析并加以人工校正、分析诊断。

动态心电图相比普通静息心电图，能为各种心脏病的诊断提供较为精确可靠的依据，普通的心电图只是记录患儿在极短时间内的心电波形，但是有些患儿的心电图异常只在发作时表现出来，此类儿童做普通心电图可能会造成漏诊，而动态心电图通过长程记录能发现这些隐藏得比较深的心脏异常情况，检出隐匿性心律失常，了解心律失常的起源、持续时间、频率、发生与终止规律,可与临床症状、日常活动同步分析其相互关系。动态心电图可以监测快速型心律失常、缓慢型心律失常及协助判断不同类型异位节律或传导阻滞的临床意义等。动态心电图对缺血性心脏病的检出率高,可进行定位诊断,并检出心肌缺血时伴随的心律失常类型及频率,及时预测发生心源性猝死的可能性,便于及早采取防治措施。

动态心电图还可以发现猝死的潜在危险因素,用来评价抗心律失常药物的疗效,协助判断间歇出现的症状如胸闷,心悸或晕厥是否心源性。

643 什么是窦性心律和异位心律

在人体右心房上部有一特殊细胞构成的小结节,叫作窦房结。它可以自动地、有节律地产生电脉冲,电脉冲按正常传导组织顺序传送到心脏的各个部位,引起心肌收缩和舒张。窦房结每发放一次激动,心脏就跳动一次,医学上称为窦性心律。人体正常的心跳就是从这里发出的,窦房结是"心脏起搏点",是整个心脏搏动的最高"司令部"。

小儿窦性心律在心电图上表现为:P波在Ⅰ、Ⅱ、aVF导联直立,aVR导联倒置;每一个P波后跟随出现一个QRS波群,P-R间期随年龄和心率而变化。儿童心率与年龄成反比,随年龄增长而减慢,新生儿至1岁心率范围为100~150次/分,1~4岁心率范围为80~130次/分,5~9岁心率范围为70~110次/分,10岁以上心率范围为60~100次/分。

影响窦房结自律性改变的有神经因素、

体液因素和窦房结自身因素,但主要影响因素是前两种。神经因素中主要受迷走神经的影响,其次是交感神经;一些体液因素也可影响窦房结自律性而引起窦性心律失常。

而心脏激动发自窦房结以外的部位,如起源于心房、房室连接处,或心室时的一系列异位激动则称为异位心律。异位心律可分为被动性异位心律和主动性异位心律,被动性异位心律包括逸搏(房性、房室交接区性、室性)、逸搏心律(房性、房室交接区性、室性);主动性异位心律包括期前收缩(房性、房室交接区性、室性)、阵发性心动过速(房性、房室交接区性、室性)、非阵发性心动过速(房性、房室交接区性、室性)、扑动(心房扑动、心室扑动)和颤动(心房颤动、心室颤动)。

644 心电图为何是晕厥的基础检查项目

晕厥是儿童和青少年的常见病症,约15%的青少年至少有一次晕厥经历,女孩比男孩发病率高。晕厥是指各种原因引起的一过性脑血流灌注降低或能量供应不足,导致脑缺氧或神经元能量代谢障碍所引起的临床症状,表现为意识障碍,同时伴有肌张力降低或消失。晕厥是一种症状,可以由多种疾病引起,只有找到了病因,从源头上控制,才能防止晕厥的反复发作。

引起晕厥的病因复杂,包括自主神经介导性晕厥、心源性晕厥和神经源性晕厥等。心血管系统疾病在晕厥中所占的比例虽然较低,但危险度极高,严重者可发生猝死。因此,在寻找晕厥病因方面要积极排除危险性较大的心源性晕厥。心源性晕厥可由致命性心律失常、心脏机械功能障碍等引起心输出量急剧减少导致急性脑缺血发作。其中心律失常包括快速性、缓慢性心律失常；非心律失常性因素包括心室流出道梗阻性疾病、心肌收缩及舒张力减弱、急性心肌梗死及心肌缺血等。

心电图是一种简单、方便、无创的检查，通过心电图可以初步筛查患儿是否存在心律失常、心脏扩大、心肌缺血等表现。心电图对晕厥患者而言是必须的且为最基础的检查项目；对一些引起晕厥症状的心肌病、先天性心脏病患儿也可结合病史做出"提示诊断"，再进一步选择超声心动图等检查加以明确。

645 做脑电图前的准备

许多患儿及患儿家长会有疑惑甚至担心：频繁做脑电图会对大脑有损伤吗？当电极片安置在患儿头皮上，会感觉到电流吗？

其实脑电图检查是一种非创伤性检查，正常人的脑部都有电的活动，将电极片安置在头皮上，并不是向头部通电，而是将人体内脑细胞群自发性、节律性的微弱电信号，通过电极、导电膏、导线引导出来，经过脑电图头盒放大、滤波和信号处理等加工，反映在计算机屏幕上，得到脑电图活动的不同图形，从而对脑部情况做出判断，是一种非侵犯性的检测技术，无害也无痛苦。

做脑电图需要注意：检查前一天晚上请将头发洗干净，不要使用任何护发、美发用品；检查时尽量不穿化纤衣服，以免产生静电干扰，建议穿纯棉、宽松类衣服；进行脑电图检查时，需在检查前一天晚上晚睡，检查当天

早起，以保证检查时有睡眠过程。

受检者如是复查，请家长带齐患儿以往检查报告，以便医生对受检者病情完整了解；癫痫患儿检查前不可自行停减抗癫痫药物，增、减、停抗癫痫药物均须在医生指导下进行。

检查前正常饮食饮水，不可空腹检查，因空腹血糖降低，会使脑电图出现慢波；检查过程中须有一名家属陪护，避免受检者自行解除仪器设备及拉扯导线，受检者需安静合作，配合医生完成诱发试验（睁眼和闭眼、过度换气、闪光刺激等），检查过程中受检者需少运动，避免出汗及运动带来的伪差影响检测结果；受检者及家属在检查时均须关闭手机，禁止使用电子产品、充电器等。视频检查中请受检者面对摄像头，检查过程中如有疾病发作，应充分暴露全身，在发作记录表中记录发作时间，检查结束后需将发作记录表提供给医生。

即使是微小的影响因素都会使得描记的脑电图出现较大的误差，因此受检者在检查前应遵循以上要求。

646 诊断癫痫的重要手段——视频脑电图

随着医疗技术的发展，在癫痫的辅助诊断中，视频脑电图是最重要、最有价值和最方便的手段之一。除临床表现外，视频脑电图能够在发作及发作间歇期获得异常的脑生物电现象。视频脑电图可长时间记录和观测脑电变化，并能在发作时准确记录发作过程，对癫痫的诊断更具有准确性、客观性和科学性。另外，视频脑电图在临床医生对癫痫患者的治疗方案制定、是否可以停药等方面，也起到

了非常重要的作用。

其次,临床上有些发作性疾病易于和癫痫混淆,脑电图检查是鉴别的重要手段之一。但常规脑电图由于记录时间短,最多只能记录到清醒期或睡眠片段,不能准确反应异常放电情况,而长程视频脑电图能很好地解决这个问题。

647 超声检查可用于哪些疾病

超声检查已经广泛应用于临床,可用于全身各部位脏器检查,主要适用于以下部位的常见疾病。

(1) 心脏及心脏大血管:对于先天性心、血管结构异常,心瓣膜病变等均能作出明确诊断。

(2) 消化系统:肝脏疾病,脾脏疾病,胃、肠道疾病等疾病。

(3) 泌尿生殖系统:肾脏及肾上腺、输尿管、膀胱疾病,阴囊疾病,子宫、卵巢疾病等。

(4) 浅表器官:甲状腺和甲状旁腺疾病,乳腺疾病,眼部疾病以及其他疾病如颈部淋巴管瘤、颈部淋巴瘤、躯干及四肢血管瘤和一些骨骼、四肢肌肉关节、皮下组织筋膜的病变等。

(5) 血管:腹主动脉、肾动脉、四肢大动脉疾病。

(6) 新生儿颅脑、肺脏、髋关节:新生儿颅脑疾病、脑动脉血管疾病、颅内占位性病变以及脑动静脉畸形,新生儿肺脏疾病,新生儿髋关节疾病等。

648 几种常用的超声波检查法

超声波是一种先进的医疗检查技术,是临床医生常用的诊断方法,常分为 A 型法、B 型法、C、D 型法、M 型法。

(1) A 型法:即振幅调制,是从示波上的波幅、波数、博得先后次序等来诊断有无异常病变。在诊断特殊疾病比较可靠,如脑血肿、脑肿瘤、囊肿及胸水、腹水、早孕、葡萄胎等。目前已经淘汰了,是最早的超声波检查方法。

(2) B 型法:即灰阶即亮度调制,是最常用的超声波检查方法,可得到人体内脏的各种切面图形,图形直观清晰,诊断各脏器疾病准确。

(3) C、D 型法:即彩色多普勒超声,彩色多普勒技术是 20 世纪 80 年代后期最新的超声科技成果。主要应用于心脏及全身大血管疾病的诊断,大大提升了超声诊断符合率。

(4) M 型法:即曲线时间,主要应用于心脏疾病诊断,根据心脏活动,记录其与胸壁间回声距离变化曲线。从曲线图上,可清晰地认出心壁、室间隔、心腔、瓣膜等特征。

 爸妈小课堂

做脑彩超会对大脑有损伤吗?

脑彩超检查是一种非创伤性检查,是利用低发射频率和脉冲技术相结合,了解人体脑部血管的动力学,从而对患者脑部血流情况做出判断,是一种非侵犯性的检测技术,无害也无痛苦。

649 哪些宝宝应进行超声检查

早产儿、新生儿及前囟门没有完全闭合的婴幼儿可以进行头颅超声检查。对怀疑有颅脑缺血缺氧性脑病、脑积水、脑出血、脑内畸形、脑发育不全等疾病，以及脑动脉血管疾病、颅内占位性病变和脑动静脉畸形的患儿，都应该进行头颅超声检查。

腹部超声检查适用于肝、胆囊、胆管、脾、胰、肾、肾上腺、膀胱、子宫、卵巢、胃、肠道等多种脏器的疾病诊断。对患有急腹症及怀疑上述脏器有疾病的患儿需要进行腹部超声检查。

给宝宝做心脏超声时，为了对婴儿心脏结构及心功能比较准确的观察和测量，必要时可给宝宝使用镇静剂。

第十一讲　家庭意外伤害防护与急救护理

家庭生活中的安全防护

650 警惕儿童身边的潜在意外

据国外有关的资料表明,儿童因意外事故造成的死亡约占儿童死亡总数的 40%。近年来,随着我国儿童医疗保健事业的发展,危害儿童健康的最重要的传染病及感染性疾病逐渐得到控制。意外伤害上升为儿童死亡的主要因素之一。

提起儿童意外事故,父母总会自然地想到车祸、溺水、触电、高处坠落等重大事故。其实,对稚嫩好动而又不懂事的婴幼儿来说,日常生活中的吃喝、睡觉、穿衣、玩耍以及家庭里许多物件都可能对他们构成伤害,甚至威胁生命。

由于家长的疏忽,宝宝因意外事故遭受伤害的情况屡见不鲜,托幼机构中意外事故也时有发生。而一旦事故发生,又因由于缺乏必要的急救知识,以致延误了现场抢救的有利时机,造成严重的后果。因此,充分了解宝宝身边种种潜在的危险,注意安全,防患于未然,是父母应该具备的重要知识。

651 居住环境的安全把控

随着居住条件的改善,住高楼的家庭越来越多。家长在注重居室装潢的同时,不应忽视对宝宝的安全保护措施。

(1) 阳台、窗台和楼梯:阳台、窗台和楼梯口要安装防护栅栏,栅栏不能有横栏,阳台栏杆的高度不低于 1.1 米,间距不大于 11 厘米。阳台边也不可放置杂物,以防宝宝攀爬。窗台的栏杆用竖档,并固定牢,经得起宝宝推搡。楼梯口也须装上栅栏,以阻挡宝宝擅自

扫码观看　儿童健康小剧场

溺水的急救

379

下楼滚落。

（2）门窗：弹簧门锁要装在宝宝够不到的地方，3岁左右的宝宝常会摆弄门锁、插销，以致把自己反锁在家。门窗打开或关闭都要用插销或搭钩固定，避免风一吹，门窗移动夹伤宝宝的手指。

（3）卫生间：卫生间是家庭最容易出事故的地方，地滑容易跌跤碰伤，而宝宝爱玩水，最喜欢往那里跑。家长要养成随手关门的习惯，如果卫生间有洗衣机，当洗衣机转动而旁边无人照看时，一定要把门关牢。化学物品要妥善保存，卫生间里常有各种护发素、洗发水等化学物品，都要盖好拧紧，放在宝宝拿不到的地方。不要存水，无论是浴池、水桶还是洗衣机内，均不可存水，以免宝宝玩水不慎跌入，发生溺水的严重事故。

（4）屋顶、墙壁：不要在墙上挂过重的物品，对于年久失修的老屋、简屋要注意屋顶结构是否牢固，更不要随意打洞、吊挂过重的吊扇、吊灯。房内安装吊扇、吊灯时要注意高度，严防在抱宝宝嬉戏举高时，被吊扇击伤。装在墙上的搁板要高过宝宝头部，挂件要牢固。

（5）厨房：煤气灶、刀具、餐具等集中在厨房，是家庭事故好发场所，应教育宝宝不要进厨房玩。厨房门要随时关闭，防止宝宝进入厨房乱摸、乱动。热汤、热菜、开水烫伤宝宝是常发事故，家长要特别提高警惕，热水瓶不要灌装得太满，塞头要塞紧，以防宝宝触碰。家长拎水壶倒开水时要提醒宝宝避让。对会走的宝宝，可以带他到热水瓶旁，告诉他"烫"，倒一点热水在杯子里，让宝宝用手指碰一碰杯子，对他讲："烫手，不碰！"几次以后，宝宝看到热水瓶就不敢去碰了。

（6）家具摆设：桌布不能大于桌面，更不能在桌布上放热水瓶、水杯等，宝宝容易拉扯桌布，以致热水瓶等翻倒烫伤或砸伤宝宝。家具摆设应简洁，将不必要的室内装饰品，特别是玻璃制品取下，不但可以减少宝宝碰撞的可能性，还能给宝宝多一点活动的空间。凡有棱角的家具都不宜放在屋子中间，或将棱角包起来。室内不宜摆设高脚花盆架，避免碰撞时候跌落砸伤。

（7）小床：放小床的位置有讲究，幼儿单独睡的小床一边最好靠墙，另一边不要靠近桌子或低柜，以免宝宝攀爬；近处也不要放插座或家用电器，防止宝宝摆弄。宝宝床边不能放杂物，房内不要轻易放食品袋，尤其是宝宝枕边、身边均不可放置塑料布、塑料袋。宝宝被不透气的塑料布、袋罩住而发生窒息的事故并不少见。床上如用大毛巾或被单遮盖，要加以固定，防止被宝宝抓、拉下后遮盖住嘴、鼻，发生窒息。婴儿用床要有栏杆，栏杆的高度以宝宝扶站时在腋下为宜（1周岁宝宝身高75～80厘米），太低可能导致宝宝翻出床外坠床。

（8）家用电器：用后立即切断电源，电风扇、电吹风、电熨斗等用后不能只关开关，还要拔掉电源，如果电源没有切断，宝宝无意中打开开关，就会发生危险。刚用过的电熨斗一定要放在宝宝够不到的地方。

652 注意穿戴里隐藏的危险

生活条件的改善使得父母对宝宝的衣着也越来越重视，然而无论怎么穿戴，宝宝穿衣的首要原则就是安全和舒适。别小看宝宝的衣着，日常穿戴中也常常潜藏着风险，稍有大意就可能造成伤害,爸爸妈妈要细心。

宝宝的新衣物试穿前必须全面检查。新衣物拿出来第一件事,是将包装袋妥善保管或丢弃。如果衣服上有纽扣、装饰品、拉链头等,要仔细检查装订是否牢固。不是穿戴所必要的零件,尽可能摘掉。超过 15 厘米长的绳子,尽量避免出现在宝宝的衣服上;兜帽上的绳子最好取掉,以免在宝宝玩耍过程中缠挂在把手、攀登架、滑梯上的凸出部位,而发生绕颈事故。

宝宝的袜子内部线头较多时,建议反穿,以免线头缠住宝宝稚嫩的脚趾。衣服袖口、裤脚的线头也都要清理干净。有时家长怕宝宝手脚缩进衣裤,导致行动不便,或者担心袖口、裤脚进风,会用绳子系住,这当然是可以的,但要注意绳子扎住的部位至少要能伸进成人的小指,避免长时间紧系影响宝宝手脚局部的血液循环。

宝宝的围兜或口水巾,大小要适宜,不容易掀起,免得长时间掩住口鼻。系的时候,脖子部位的松紧度要合适,并尽量选择带子是宽边、魔术扣粘贴的款式,避免选择绳子系带的款式。

宝宝的颈部是需要细心保护的部位,冬天虽然要保暖,但也要避免穿高而紧的衣领,不仅可能擦伤颈部皮肤,还可能限制宝宝颈部的活动度,导致局部血流不畅,时间长了引起大脑缺氧。

给宝宝选一双合适的鞋很重要,过大过小、鞋底过软过硬、穿着不适,都可能导致活动不便,造成摔倒跌伤。虽然系带子是宝宝精细动作发展的一个重要标志,但可以通过别的方式来练习,婴幼儿的鞋子还是要选择一脚蹬的,或者使用魔术贴、搭扣的款式,避免选择系带款。

63 从宝宝饮食方面规避意外伤害风险

宝妈不可在昏昏欲睡时躺着亲喂宝宝,万一睡着了,乳房堵住婴儿口鼻会引起窒息。6 个月以内的婴儿,家长决不能喂桂圆、虾仁、香蕉、橘子、果冻等可能造成意外的食物,因此造成婴儿窒息送到医院抢救的事例并不少见。宝宝的辅食添加应符合宝宝的月龄,并注意安全。带壳的瓜子、花生、桂圆和硬块糖不能给 2 岁以内的宝宝吃,避免呛入气管或塞进鼻孔。

婴儿拒食或哭吵时,不要勉强喂奶、喂食。婴儿的胃呈水平位置,勉强哺喂会引起溢奶、奶水堵塞口鼻,如奶水反流到气管,会发生吸入性肺炎。对吃饭慢的宝宝不要催促,喂食时每次少一点,待宝宝咽下一口再吃一口,防止食物过多堵住喉咙。发现宝宝犯恶心或有梗塞现象,应立即令他将口中食物吐出。

吃饭时,宝宝要有固定的地方和座位,不要为了哄宝宝吃饭,让他到处乱跑,或逗引他说笑,这是很危险的。宝宝口中有食物,要提防他呛咳,边吃边玩或说笑会引起吞咽与呼吸动作失调,食物容易误入气管,甚至危及生命。睡前要让宝宝将口中所含食物吐干净,睡眠时神经反射活动减弱,咽喉肌肉松弛,口中食物容易滑入气管,也是很危险的。

4 岁以后的宝宝可以开始学用筷子,但筷子要短,筷子头不可尖。任何时候都不要让宝宝玩弄筷子。选择宝宝的餐具时要注意其原料无毒无害,符合国家规定的卫生标准。有些餐具色彩鲜艳,图案漂亮,但其原料中含有铅,宝宝经常使用,摄入过量的铅,会引起铅中毒。选用无色或浅色的餐具,图案花纹在碗的外层,比较安全。不宜使用玻璃、瓷器、金属类餐具,玻璃、瓷器类餐具易碎,宝宝失手打破会造成伤害。不锈钢、铝制餐具传热快,宝宝的嘴容易被烫伤。

保证宝宝的食物新鲜,从冰箱取出的熟食,吃前要烧开、煮透;牛奶、豆浆、买来的熟食要蒸煮后再吃;尽量给宝宝准备新鲜食材;宝宝最好不吃凉拌菜。注意食物过敏,有些宝宝食用海鲜后会全身发痒,出现皮疹;有的吃蚕豆后会出现皮肤发黄的症状。这都是食物过敏的表现,严重的会危及生命。发现后要请医生诊治,以后不可再吃。

勿给宝宝滥服滋补品,蜂王浆、花粉、鸡胚、蚕蛹等均是含有类似性激素的物质,幼儿服用后会产生假性性早熟的症状。即使是供儿童专用的滋补品,也不宜长期服用。此外,长时间、大剂量服用维生素 A、维生素 D,也会引起中毒。

扫码观看 儿童健康小剧场
儿童误食的处理

样很容易跌跤。双手在外,不仅能保持平衡,万一跌跤,手还可以支撑身体,保护头面部不受更大伤害。不可让宝宝边玩边走,手持烤香肠、棒冰、棒棒糖等有棍或棍状食物边吃边走,有一定危险性,家长要及时劝阻。

过马路时,家长要牵好宝宝的手腕走斑马线,并告诉宝宝"红灯停,绿灯行"。千万不可隔着马路呼唤宝宝,宝宝听到呼唤会不顾一切横穿马路,奔向家长,那样是很危险的。走出家门前要提醒宝宝不要乱跑,家长带宝宝行走,应让宝宝走在人行道里侧,以防被车辆碰撞。在楼下走时要提防高处花盆、晒衣竿等坠落,在高楼下行走,尤其是刮大风时,更要警惕意外。带宝宝上街要远离汽车拥堵的地方,车辆排出的废气对人体不利,尤其是对婴幼儿更有伤害。因此不宜推着婴儿车在街上溜达,也不要带宝宝到放烟火、踢球的场地看热闹,以免误伤宝宝。

10 个月的婴儿可以开始爬楼梯锻炼,会走以后可由家长双手搀扶着练习上楼梯。2 岁的宝宝可学习双手扶着把手上楼梯,3 岁可以扶着把手自己上下楼梯了。上楼梯时家长在后面保护,下楼梯时家长走在前面防护。

宝宝上车时家长在后面托一下,下车时,家长先下车在车门旁接一下,以免宝宝跌下车。提防急刹车,行车时让宝宝坐安全座椅。在车上不吃带棒的食物,否则很容易造成挤碰或急刹车时小棍棒戳伤喉部。宝宝的头、手勿伸出车外。

654 行走过程中的意外伤害防范

3～4 岁宝宝喜欢独立行走,有时还会将双手插在口袋里,煞有其事地学着大人样,这

655 玩耍的安全注意事项

好奇、好动是宝宝的天性。宝宝对身边的人和事有着浓厚的兴趣和探索的愿望。玩

耍是宝宝快乐的源泉，对学龄前儿童来说，玩耍还是学习途径。但是，由于宝宝身体各系统发育尚不完善，缺乏危险意识，兴奋时难以自我控制，容易发生事故，因此，注意玩耍时的安全也很重要。

选择安全卫生的玩具，玩具必须无毒无害，坚固耐玩，可以洗晒。玩具外包装的塑料袋上常印有类似"打开后销毁"的字样，这是为了避免宝宝将塑料袋套在头上引起窒息。带绳玩具上的拉绳长度应有限制，以防绳子缠住宝宝发生事故。各种长毛绒动物玩具都应采用阻燃面料和无毒内芯。含有铅、汞、铝的各类制品和原料，不能用来制作玩具和儿童用品。因此，家长在选择玩具时要考虑到这些安全因素。塑料玩具比较合适，玩具必须光滑、无尖角和棱角，如有不光滑处应用砂纸磨光。不能让宝宝玩铁片、玻璃、陶瓷或其他易碎的玩具，以防割伤。筷子、竹签、绒线针、长把汤匙易戳伤面部和眼睛，不要给宝宝玩。玩具上的小附件必须牢固，有些玩具饰有五颜六色的小珠子等，容易被拉落，给宝宝玩之前要认真检查是否牢固，最好不要买这类玩具。易碎裂的玩具不能给三岁以前的宝宝玩。不要让宝宝玩气球，以防气球破损，碎片被吸入咽喉。保持玩具清洁，要定期用肥皂洗净或阳光曝晒玩具。

经常带宝宝到户外玩耍有利于身心健康，从卫生角度讲，经常晒到太阳的地方比背阳、潮湿的场所卫生得多。宝宝的活动场地一定要平整安全。乘坐电动火车等大型运动器械时，家长千万要注意，别在器械运转时把宝宝放上去；家长要做好宝宝的防护措施。在公共游戏场所遵守秩序，不要争先恐后。活动、玩耍项目要符合宝宝的年龄特点，不要让不会走的婴儿拉扶着玩滑滑梯。

3岁以上的宝宝可以在家长看护下在水中踏水嬉戏，水深不可超过腰部。在成人游泳池，要用充气圈，气圈大小要与年龄符合，并检查是否漏气，家长必须在旁照顾。婴儿只能由家长托举嬉戏，不可单独放在充气圈或充气垫上。

家长应叮嘱宝宝这些地方不能单独去：小河边、水井旁、建筑工地、工厂的生产区和仓库、废弃无人住的房屋和防空洞、无盖的窨井、粪坑、水沟附近、有车辆通行的街道、屋顶等。家长特别要注意不能让大宝宝带小宝宝出去玩。

家长带宝宝外出旅游可选择空气新鲜、风景优美、不太拥挤、离家不太远的地方，不仅有利于宝宝的健康，而且可以扩大眼界、增长见识。但是要注意安全，乘火车和船等交通工具时都不可让宝宝单独一人。在游客拥挤的地方，宝宝容易走失，家长应时刻加强照顾。此外，可在宝宝口袋中放一张纸条，写明宝宝和家长的姓名、家庭住址、电话等，以备万一。

656 警惕误食引起宝宝中毒

某些化学品、药物等进入人体后，在一定的情况下会引起组织的损伤，甚至危及生命，这种现象称为中毒。引起中毒的外来物质称为毒物。

毒物可通过皮肤、消化道或呼吸道进入人体，而通过消化道和呼吸道途径进入的毒物吸收快，中毒症状出现得也快，而且严重。毒物主要靠肝脏解毒和肾脏排泄，因此患肝脏和肾脏疾病者以及年幼、体弱儿的肝、肾脏功能差，就容易中毒。一般来说，中毒的程度

居家消毒怎么选？

一般来说，皮肤消毒可以选用酒精擦拭；居家环境消毒可以用消毒酒精或其他含氯消毒剂擦拭物体表面；耐热物品消毒可采用水中煮沸 15 分钟的方法进行。

与毒物的毒性强弱、剂量大小、接触时间的长短相关，同时与毒物进入的途径也有一定的关系。

儿童中毒最多见的是误服药物或化学品等。宝宝的好奇心强，喜欢把任何东西都放在嘴里尝一尝，因此常会误服成人的药片，有的宝宝甚至误服灭鼠药、农药，造成无法挽回的后果。

给宝宝增加营养不当，甚至吃某种食物也会引起中毒。例如维生素 D 可治疗佝偻病，但大量服用后有中毒的风险。蚕豆对正常人来说是一种美食，但个别宝宝吃了会发生溶血症，红细胞遭到破坏而出现黄疸和贫血。对此，家长都必须引以为戒。

657 家有儿童请合理使用消毒剂

因为新冠肺炎疫情的原因，很多家庭都更加重视使用消毒剂进行居家消毒。虽然消毒用品对控制传染病来说是必不可少的，但它们对健康，尤其是儿童的健康有潜在的危害，例如对皮肤黏膜的刺激和腐蚀，以及造成儿童误食的风险，特别是当很多消毒剂一起聚集存放的时候。市面上的消毒用品种类很多，使用方法也各不相同，爸爸妈妈应当谨慎选择、正确使用消毒剂。

家有儿童，在选择消毒剂时，应该考虑以下几个问题：会留下残留物吗？有腐蚀性吗？会对皮肤、眼睛，还有呼吸道产生刺激作用吗？是否有毒（通过皮肤吸收、呼吸吸入）？稀释后的有效保质期是多少等。

家长购买消毒剂后，要特别注意存放问题。消毒剂及其稀释液必须存放在有原始标签的容器里，同时存放在儿童无法接触的地方。当儿童在家时，不可喷洒消毒剂及其稀释液，以免儿童吸入或接触皮肤和眼睛。另外，除了消毒剂，家长在使用任何化学品之前，都务必仔细阅读产品标签和制造商的材料安全数据信息。

658 警惕煤气中毒

煤气中毒是冬季较常发生的意外事故，大多由于煤气管道漏气、煤气淋浴器安装不妥、煤气取暖器火熄灭没能及时发现，以及在紧闭的室内生煤炉取暖等造成。

煤气中毒实际上是指急性一氧化碳中毒。当空气中一氧化碳含量为 0.04%～0.06% 时，即可引起中毒（正常空气中一氧化碳含量＜0.01%）。吸入的一氧化碳进入血液循环后，与红细胞中的血红蛋白结合，使红细胞丧失携氧能力，导致人体的组织细胞缺氧而发生窒息，甚至死亡。

煤气中毒的症状随着一氧化碳与红细胞结合程度的加深而加重。开始时表现为头晕、头痛、耳鸣、眼花、四肢无力，继而出现恶心、呕吐、胸闷等,进一步发展则出现昏睡、昏迷、呼吸困难,直至死亡。有时严重的煤气中毒患者虽经抢救存活,终因脑缺氧时间过长而留下后遗症。

家庭中发生煤气中毒,要马上打开门窗,迅速将患者搬到户外,解松衣带,让患者能呼吸新鲜空气。对病情较重者如呼吸困难、呼吸不规则者应立即送医院进行抢救,争取进入高压氧舱治疗。

关键是要避免发生煤气中毒。冬天也一定要注意通风,用完煤气应及时关掉通气阀,发现煤气漏气要立即报修。家长平时要教育宝宝不能玩煤气开关等,杜绝事故的发生。

659 一定要妥善保管灭鼠药

宝宝因误食灭鼠药而中毒的事件屡有发生。常用的灭鼠药有磷化锌、安妥(α-萘硫脲)和敌鼠(二苯茚酮)等,其中安妥对人的毒性最小,磷化锌毒性最强,对胃肠道黏膜有强烈的刺激性和腐蚀性。误服磷化锌以后首先感到腹部不适,随后相继出现恶心、呕吐、头痛、头晕、乏力、寒战、胸闷及黄疸等,严重者出现嗜睡、昏迷、呼吸困难、惊厥等,甚至死亡。敌鼠主要影响血液凝固系统,中毒轻者有精神不振、头晕等症状,重者可引起全身出血症状,如血尿、黑便、皮肤黏膜出血等。大剂量的安妥也可引起中毒,表现为口渴、恶心、呕吐、胃灼痛、刺激性咳嗽、烦躁、呼吸困难、惊厥、昏迷等。

非正规途径所卖的灭鼠药,常常含有国家早已禁止的剧毒药如4-亚甲基-2砜-4胺(简称424或敌鼠强),极少量即可引起身体损害,主要是对心脏、肝脏和神经系统,表

现为头痛、昏迷、反复惊厥、心电图异常、肝肿大、肝功能异常,严重者会死亡。

要预防灭鼠药中毒,首先要保管好药物。灭鼠诱饵应放在宝宝不能触及的隐蔽处,每天晚放早收。若已误食中毒,要立即送医院抢救和观察。在医生处理之前,为避免毒物吸收量的增加,要禁食脂肪类食物。

660 哪些无意之举会造成宝宝农药中毒

由于农药的广泛应用,农药引起中毒也屡见不鲜。最常用的农药主要是有机磷(如1059、1605、甲拌磷和敌敌畏等)。中毒的途径较多,可以从皮肤、呼吸道和消化道进入。宝宝农药中毒,大多从皮肤和消化道进入,如食用喷洒农药不久的蔬菜和瓜果,用装农药的口袋盛食物,接触被农药污染的玩具等。婴儿还可因家长喷洒农药后未洗手或未换衣物就接触等而中毒。

食用被农药污染的蔬菜、瓜果而中毒的宝宝身上嗅不出农药味。有机磷中毒的表现为恶心、呕吐、腹痛、头晕、多汗、多口水,严重者将出现昏迷、抽搐,甚至死亡。发现宝宝农药中毒,要迅速将宝宝抱离中毒现场,然后除去所有染有农药的衣服和玩具,立即将宝宝送医院救治。

661 误服药物中毒有哪些表现

宝宝在家中发生药物中毒,往往是由于家长治病心切,擅自给患儿服用成人药物,或加大药物剂量,或连续服用某种药物造成药量过多所致。

特别提醒

家里药物要存放妥当,用专门的药箱收纳并上锁,尽量放在宝宝触及不到的地方,每次服用完后立即收好药品。保存药品时最好将成人药和宝宝药分开,外用药和口服药分开。同时,加强对宝宝药品的安全教育,告诉宝宝这些不是糖果,不可以自己乱吃药。

退热药过量可出现恶心、呕吐、出汗、面色苍白、虚脱、抽搐等中毒症状。平喘药氨茶碱过量可致心悸、腹痛、烦躁不安、呕吐、抽搐等症状。一定剂量的异丙嗪有镇静抗过敏作用,但剂量过大则引起烦躁、惊厥。止吐药甲氧氯普胺(胃复安)过量可引起宝宝四肢抖动和强直。一些抗生素过量还可引起肝肾功能的损害等。

家长给宝宝盲目服用保健品可导致假性性早熟,如出现乳房发育、阴道流血等征象。鱼肝油和钙剂可防治婴儿佝偻病,但是长期过量服用浓缩鱼肝油滴剂能导致维生素 A 的慢性中毒,患儿出现呕吐、烦躁不安、食欲减低、前囟饱满、四肢骨痛、皮肤抓痒、毛发脱落、肝脏肿大等症状。家长发现宝宝出现中毒症状,立即停服鱼肝油,同时给予维生素 C,症状会逐渐减轻。

幼儿误服药物引起中毒的情况也颇多见,如将避孕药误当糖丸,避孕药急性中毒可表现为腹胀、厌食、腹痛、皮肤潮红、肝脏损害和心律失常等,后期可导致假性性早熟和脱发等。

662 如何培养宝宝的安全意识

(1) 教会宝宝一些生存技能:在实际锻炼中掌握,而不是"纸上谈兵",当真正面对危险时束手无策,导致悲剧发生。培养宝宝的安全意识可以通过在生活中不断锻炼摸索,家长在可控范围内让宝宝尽量去尝试。当宝宝受到一些小伤害时,不要去指责宝宝,等宝宝冷静后和宝宝说受伤的原因和避免的方法。父母通过言传身教,时刻注意自己的行为,为宝宝树立安全行为的榜样。

(2) 培养宝宝分辨是非的能力:从小培养宝宝分辨是非、善恶,将自我保护的意识深入宝宝心中,不随便跟陌生人走、不轻信陌生人的话、不收陌生人给的物品等,提高自我保护的警惕心。

(3) 潜移默化对宝宝进行安全方面的教育:利用有关安全教育内容的动画、视频、游戏等,给宝宝讲解可能发生的意外和避免的方法;还可以预演发生危险,教导宝宝如何逃生自救。教会宝宝记住一些关键信息,如自己的名字、住址、父母全名及联系方式、紧急求救电话,以备宝宝不小心走失或遇到危险时求救,及时与父母取得联系。

发生意外事故后的处理

663 损伤时可能有哪些看不见的"内伤"

损伤的范围很广,一般可分为两大类。一类是闭合性损伤,又名非穿通伤,是指皮肤等软组织无破损的外伤,常可见皮下出血、肿胀,外表不一定很严重,但内部器官却可能有严重的损害;另一类是开放性损伤,又名穿通伤,是指局部皮肤破裂,或大片皮肤破损,或小似针尖样的刺伤,也可造成内部器官的损伤。

不同部位的损伤所发生的结果不一样,常见的有以下情况。

头部外伤时,除头皮破裂外,常可伴有脑震荡;有些患儿在平地上滑跤,外表没有损伤,但可引起颅内出血。此类宝宝多数出现呕吐、嗜睡的症状。胸部外伤时,如单纯刺伤胸壁,吸气时空气由伤口进入,呼气时受软组织阻塞,空气在胸腔中只进不出,越积越多,肺部被挤压,造成很危险的张力性气胸。有些患儿同时被刺破胸壁血管,伴有血胸而出现气急、胸痛甚至昏迷。腹部损伤,虽然从外部一般看不到伤害,但常有肝、脾等内脏器官破裂和大出血,致使宝宝出现面色苍白、手脚发冷、出虚汗等休克症状;也可因消化道穿孔而导致腹膜炎,使宝宝出现剧烈的腹痛。

损伤不能只看外表,如不能正确识别与处理,常会引起严重后果。

664 什么程度的事故必须立即就医

宝宝喜爱活动,容易发生意外。如果宝宝遇到意外事故,家长首先要冷静,仔细观察与询问,根据事故性质判断异常情况,不可掉以轻心。常见的事故分为以下几种。

(1) 骨折:在跌跤后,如有剧烈疼痛,局部明显肿胀,活动障碍,可能有骨折。

(2) 脑损伤:如有神志不清、喷射性呕吐、头痛、双侧瞳孔大小不一样等,可能有脑损伤。凡有以上症状出现,都应立即送医院检查治疗。有些头部着地的跌伤,可发生慢性硬脑膜下血肿,脑损伤的症状要在数天甚至几个星期后才出现,也应特别注意。

(3) 烫伤:宝宝烫伤可分三度。一度最轻,特征是红斑;二度较重,特征是水疱;三度最重,特征是焦痂。二度以上烫伤和面积较大的烫伤,均应送医院治疗。

(4) 异物吸入:宝宝喜欢把拿到手的东西放进嘴里,容易误食异物。如果异物进入气管,宝宝出现呛咳、气急、青紫等情况,应立即采用海姆立克法进行急救,并在呼吸恢复后急送医院;如果异物进入胃肠道,一般宝宝不出现特别症状则不需治疗,1~2 天后异物可随大便排出。如果误食的是尖锐的异物,如大头钉,或者是有毒物质,需急送医院处理。

(5) 溺水与触电:宝宝溺水后呼吸困难、气急、肤色青紫;触电后神志不清、抽搐等,均为病情危重表现。

(6) 出血：如为少量鼻出血、舌咬破、牙齿出血等，只需留家观察。如吐血量多，出血部位不明者，应该立即送往医院。

665 当孩子处于危险情况时，家长不要惊叫

不论宝宝处于何种危急情况，家长务必做到冷静，切勿惊慌。这里给大家举几个实例来说明问题。

一个4岁的男孩，爬在攀登架的最上面。正欲跨越横杆时，妈妈感到不安，便在下面大叫："小心摔下来！"宝宝一分心，转头看妈妈，未扶稳抓牢，失去重心跌了下来。

一个3岁的宝宝，蹲在河边一块木板上，专心地看水中的小鱼。妈妈远远地看见吓坏了，边跑边叫："回来，当心掉到河里！"宝宝急忙站起转身，动作不稳，滑跌入水中。

一个1岁多的女孩，手中捧着两个薄玻璃制作的苹果和生梨。爷爷见了惊叫："这种东西怎么能给宝宝玩，会划破手的！"边说边夺。宝宝见有人要夺走她的"宝贝"，双手紧抱，一用力，挤破了"水果"，戳伤了鼻子。

遇到以上类似情况，宝宝处于危险情况时，家长千万不要惊慌，应该迅速而不动声色地走到宝宝附近，平静而自然地指导宝宝脱离危险，或牵着宝宝的手离开不安全环境，或用其他玩具吸引宝宝注意，将不安全的物品换下来。

666 怎样护送患儿到医院抢救

送危重病儿到医院抢救，首选的交通工具是救护车。

将宝宝送医院前应先判断其病情。对发生意外情况的宝宝，必须进行送医院前的处理或现场急救。对创伤出血的患儿，出血多时要先设法止血；疑有骨折时应先固定局部，减少不必要的搬动。宝宝抽搐时要解开衣领等以利于呼吸；抽搐不止时，家长不要试图按住或抱住宝宝强制停止抽搐，也不要往宝宝嘴里塞任何东西。患儿有高热，应先用退热药降温或使用冰袋、温水擦身等物理降温，不要将患儿包裹得很紧。对于出现呕吐的宝宝，要将宝宝的头偏向一侧，防止呕吐物吸入引起窒息，休克的患儿应置头低位。新生儿和婴儿在送往医院途中要特别注意保暖，在用热水袋等取暖工具时要注意防止烫伤。对因呕吐物或异物吸入而窒息者，应把患儿倒置，头向下脚朝上，拍打背部使患儿将呕吐物或异物吐出；千万不能竖抱患儿或拍打，这样会使吸入物进入气管深处，加重窒息。

667 各种常见外伤的处理方法

根据外伤种类，应采用不同的处理方法。

(1) 撕脱伤：宝宝可因车祸等意外等引起大片皮肤撕脱，这种损伤比较严重，必须立

特别提醒

对心跳呼吸停止者，一定要现场呼救和抢救，进行胸外心脏按压和口对口人工呼吸，等专业人士到达后再由他们继续进行急救并送往医院进一步治疗。否则心跳呼吸停止时间过长，即使送到医院也难以挽救生命。

即送医院治疗。

(2) 擦伤：跌倒后皮肤擦破引起出血，大多有泥沙等异物嵌入皮内。必须用冷水冲洗或用3%过氧化氢溶液、生理盐水清洁皮肤。除去异物后再用消毒剂消毒。

(3) 刺伤：伤口较小，如铁钉、木刺等的刺伤。由于外部伤口小而内部深，在缺氧情况下，破伤风杆菌易于繁殖而致病，这类损伤要去医院接种破伤风疫苗。小刀等尖锐器械的刺伤，常可伴有内脏损伤，如有出血可用干净纱布压迫止血，然后急送医院治疗。

(4) 裂伤：皮肤裂开的损伤一般伤口边缘不齐，污染严重。某些组织可逐渐坏死，伤口易感染，必须送医院彻底清创后才能缝合。

(5) 挫伤：皮肤没有破损，可见皮下瘀血、软组织的肿胀，一般不必特殊处理。但家长常用手掌加压搓揉，或热毛巾敷，这样的处理往往使损伤部位加重出血，肿胀更甚。正确的方法是用手掌加压，但不搓揉，以达到压迫止血的目的。初期可用冷毛巾或冰块外敷，使血管收缩起止血作用，出血停止后可用医生开具的药膏外敷，可加快血肿的吸收。

(6) 刀割伤：可贴上护创膏或用75%的酒精消毒。头部割伤时因局部血管丰富，即使很浅的伤口出血也很多，但不必紧张，只需用药棉或干净手帕压迫伤口，即可止血。如出血不止，割开伤口较长较深，或由铁制器械所引起的，均应送医院处理。

(7) 烫伤：烫伤是由沸水、热油、烧热的金属或高温蒸汽等所致的人体组织损伤。一旦发生烫伤，应立刻离开热源，避免持续造成伤害。患儿手臂烫伤后，应去除手镯等首饰，防止伤处肿胀进而引起不良后果；如果衣物被粘住，不可以硬脱，可用剪刀小心剪开，粘连部分保留；同时用大量冷水冲洗或浸泡半

小时(水温不低于5℃，防止冻伤)，如患儿出现颤抖，立刻停止浸泡；如果皮肤出现水疱，不可随意挑破，而应用干净纱布盖住烫伤部位；出现疼痛难忍、烫伤面积大、渗液多、意识不清等严重烫伤时，家庭简单处理后须及时送往医院进一步治疗。

要避免一些错误的做法，如揉搓烫伤部位，涂抹牙膏、酱油、红药水等，这些做法不但不正确，还会遮盖创面，影响医生判断。

扫码观看 儿童健康小剧场
头部外伤的处理

扫码观看 儿童健康小剧场
烫伤的处理

 大出血时的简易止血法

根据损伤血管的种类不同，分为以下三

种情况。

　　（1）动脉出血：由于动脉血管内压力较高，所以出血呈泉水般涌出，尤其是大动脉血管破裂，血流呈喷射状，颜色鲜红，常在短时间内造成大量出血，易导致生命危险。

　　（2）静脉出血：出血向外流出，血液呈紫红色，当碰破大静脉时失血量也较多。

　　（3）毛细血管出血：出血像水珠样流出，大多能自动凝固止血。

　　由于外伤大出血时可能动脉、静脉、毛细血管同时损伤，出血量很大，不及时止血会严重威胁患儿的生命与健康。最简易的止血方法是在伤口上方（即近心端）用手指紧紧压住，最好能找到出血点上方的血管跳动点并紧压于此点，可以用消毒的纱布、棉花等作软垫放在伤口上，再用力包扎以增大压力，达到止血目的。

　　如遇到四肢大动脉血管破裂，上述方法不能止血时，可采用止血带止血。结扎前先把患肢抬高，局部衬垫毛巾或其他软物，以防组织勒伤，然后再用止血带结扎。每隔15～30分钟要放松一次，每次0.5～1分钟，使血流通过，这样可防止结扎的下方组织因血液供应中断时间过久而引起组织坏死。

669　宝宝触电事故怎么处理

　　宝宝年幼无知，又对周围的一切充满好奇。电源、电器等是家中最常见到的生活用具，当宝宝可以通过翻滚、爬行等方式自己移动身体的时候，就应该把家中的电源、插座等装上保护装置，并将家用电器放置在宝宝日常活动的范围之外。然而，意外伤害无处不在，一不小心触碰到电器、电源，或者拾起意外掉落的电线时，触电事故就可能发生。

　　触电发生时，必须想办法使触电者离开带电物体，不然，电流通过人体的时间越长，危险就越大。因此，第一件事就是以最迅速、最安全、最可靠的方法断开电源。如果触电者触电的场所离电源开关、电源总控较近，最简单的办法是断开电源。如果不能很快切断电源，应站在绝缘物体（如一堆干报纸、纸板箱）上，用不导电的东西（如干燥的木棒、干燥的竹竿、衣服、绝缘绳索等），帮触电者离开电源。如果用手去拉，一定要注意只能用一只手去拉触电者，另一手最好背在身后，以防在紧急状况中碰到或拉住其他导电物体，发生进一步危险。

　　离开电源后，立即检查触电者的反应。解开妨碍触电者呼吸的衣服，如果发现已经没有了心跳和呼吸，应立即就地实施人工呼吸和胸外按压，同时让他人拨打急救电话。注意必须持续进行胸外按压，不能无故中断。有研究统计表明，触电后开始实施救治的时间越早，救活的概率越高。当发现有人触电时，应争分夺秒，采用一切可能的办法抢救生命。

670　溺水的现场急救方法

　　溺水的致死原因大部分是水灌入呼吸道内引起窒息，部分是喉头反射性痉挛致呼吸骤停。抢救的原则是尽快地恢复自主呼吸与心跳。

　　溺水儿被救上岸后，立即检查宝宝是否还能自主呼吸。如果已经不能自主呼吸，就要集中精力进行心肺复苏术，直到溺水儿可以自己呼吸为止。如果还有其他人在场，请他给急救中心打电话,但是不要花时间去找人打电话,也不要浪费时间尝试从宝宝的肺脏里排出水。只有当宝宝重新建立自主呼吸后,抢救者才可以停下来拨打 120。医护人员到来后,如果需要的话,就会给宝宝吸氧,并继续实施心肺复苏术。

任何一个差点溺死的宝宝都应该接受全面的医疗检查。宝宝从非致命性的淹溺中恢复之后的情况,取决于大脑缺氧的时间长短。如果只是经历了轻微的缺氧,那么很有可能完全康复,缺氧的时间越长,对肺脏、心脏以及大脑的损伤就越大,对心肺复苏术反应不佳的宝宝可能问题更严重。

持续的心肺复苏术能救活被淹没在水中很长时间、看起来没有救的宝宝,这样的案例有很多。因此无论预后如何,对于溺水的宝宝,始终都很重要的一点是:坚持把心肺复苏术做下去。

扫码观看 儿童健康小剧场
溺水的预防

671 儿童心跳呼吸骤停该如何应对

儿童心跳呼吸骤停多见于异物窒息、溺

水、触电、药物中毒等。由于身体内的重要器官,特别是大脑不能长时间耐受缺氧,在心跳呼吸骤停后,争分夺秒地开展心肺复苏,对儿童的生命和救活后的生存质量都至关重要。

心跳呼吸骤停一般表现为患儿突然意识丧失,跌倒,瞳孔散大,大动脉(颈部或腹股沟)或心前区摸不到搏动或搏动极缓慢,无呼吸。确认心跳呼吸停止后,应立刻开展心肺复苏,同时呼叫救护车。如果是单独一个人,那么先单独做 2 分钟心肺复苏,然后自己拨打急救电话。如果现场有 2 个人,一人立即开展心肺复苏,同时另一个人拨打 120 急救电话,讲清楚地点,并等急救电话先挂断。

心肺复苏从按压开始。1 岁以下儿童的心肺复苏采用指压法,1 岁以上的儿童的心肺复苏采用掌压法。按压位置是两乳头连线、胸部中间位置,用两个食指和中指快速按压,按 30 下,做 2 次人工呼吸。人工呼吸的方法是:一手下压婴儿的额头,另一个手抬高下颌,注意头不要过度后仰,给予 2 次呼吸;用嘴包住婴儿的口鼻,平静地呼吸 2 次,让宝宝的胸廓抬起来。然后接着按压 30 次,通气 2 次,一直到急救车到来。

672 急性中毒转运中的抢救措施

急性中毒是由于毒性较剧的物质或大量毒物突然进入体内,迅速出现的症状,严重危害生命。

发生中毒后应立即送医院,在转运途中做下述相应处理,以阻止和减少毒物吸收,提高抢救成功率。

(1)尽快脱离毒物,离开现场。

(2)尽可能去除毒物,如毒物污染的衣

服，应立即更换，接触毒物的皮肤，应即刻用清水冲洗。根据毒物性质及早使用对抗性中和剂，如为酸性毒物，可用肥皂水或3%碳酸氢钠(小苏打)溶液；碱性毒物中毒，用食醋或3%硼酸水冲洗。

(3) 毒物由消化道进入的，要进行催吐或洗胃。措施越早越好，一般在4～6小时都有效。在家里，催吐前先服清水或淡盐水或1∶5 000高锰酸钾稀释液250～500毫升，再用筷子或汤匙柄或手指刺激咽喉壁促使其产生恶心、呕吐。必须注意，对神志不清者、呕吐频繁者禁止催吐。误服腐蚀性毒物(酸性或碱性毒物)时禁忌洗胃，可选吃生蛋清、豆浆、米汤、牛奶等食品，有助于保护胃黏膜，中和毒物。当毒物进入人体超过6小时则可服50%硫酸镁5～10毫升(每千克体重0.5毫升)导泻，加速毒物的排出。

(4) 因气体中毒时，要立即将患儿搬离现场，给予呼吸新鲜空气，必要时给予氧气吸入。

673 气道和胃内误入异物的急救方法

误入异物在宝宝发生的意外中并不少见。宝宝处于生长发育阶段，由于喉部反射功能不健全，常可使食物呛入喉部而进入气管。有的是因为喜欢把食物或玩具等含在口中，因不小心或突然受惊，以致将玩具等吞下或将异物吸入气管。异物进入气管造成呼吸困难，需要迅速处理。异物误吞入胃内，其危险性则依情况而定。

最常见的气道异物有花生米、瓜子、豆类、钮扣和笔套等。由于声门有保护作用，异物进入气道前，常被卡在声门部，患儿即刻出现青紫或窒息。如异物进入气道，可出现呛咳，严重者可出现喉部痉挛。异物进入支气管后可引起肺不张、肺气肿，继发感染后，可出现发热、咳嗽、咳痰，表现为肺部炎症长期反复不愈。较大的异物可阻塞大支气管，导致气道梗阻、呼吸困难、面色青紫，如不及时急救，顷刻间就有生命危险。此刻家长应该

扫码观看 儿童健康小剧场
异物窒息的急救

海姆立克急救法

镇静,并设法使患儿安静,勿哭吵,以免症状加重。采用海姆立克急救法,同时尽快将患儿送就近医院的五官科进行急救。

气道异物的预防十分重要。宝宝哭吵时不要用吃东西来哄他,不要随便给年幼儿童吃花生米、瓜子、豆类等,宝宝吃东西时不要有打骂和吓唬情况,免得因哭闹而将东西误入气管。

异物吞入胃内,如异物比较光滑,则会随着食物到肠,最后从大便排出。此时,患儿多吃纤维素食物有助于异物的排泄。如是尖锐有刺的异物,有可能损害胃肠组织,必须送医院将异物取出。

意外伤害的防治

异物梗阻 | 预防 | 救治

更多精彩视频持续更新中……

第十二讲　儿童用药须合理

674 重视儿童生理特点与合理使用药品

　　儿童作为一个特殊的群体,处在不断生长发育的过程中,他们的肝肾功能、内分泌系统、消化系统及中枢神经系统尚未发育完全,这会直接影响药物的吸收、分布、代谢、排泄,因而在用药的问题上会出现一些特殊的情况,要重视儿童生理特点对药物的影响。

　　(1)选择合适的药物:儿童对许多药品的处置能力与成人不同,适合成人的药物不一定适合小宝宝,剂量也不是简单的折半。儿童不是成人的缩小版,儿童安全用药很重要,需要了解不同发育时期宝宝的生理特点和药物特性(包括其药理作用、适应证、禁忌证及其药物的特殊反应)等,权衡利弊,选择合适的药物。

　　(2)选择合适的给药途径:给药途径不当也是出现药物不良反应的主要原因之一,有的甚至因为服用不当而发生的严重后果。多数药品注射给药确实比口服给药在身体内较快达到药物峰浓度,同等剂量时的生物利用度高,但也有许多药品口服生物利用度比较高。注射给药毕竟属于有创伤的给药途径,存在多种风险。疾病存在发生、发展的过程,医生会根据病情来合理选择治疗方案的,

口服药品是大多数疾病治疗的常用方式。选择正确的给药途径能保证药物的吸收,使药物达到预期疗效,确保用药安全有效,应根据病情轻重缓急、用药目的及药物性质决定给药途径。

　　(3)选择合适的给药剂量以及给药间隔:药物剂量选择也是儿童用药的重大挑战,药物剂量应随宝宝的病情、年龄、体重来决定。宝宝的生理发育不同阶段特点决定了其用药剂量不是单纯地将成人剂量缩减。虽然,绝大部分药品可以根据经验,按照儿童月龄或年龄,以成人用药剂量按比例进行折算,但还是有许多药品需要严格计算,有时还要测定血液中药物浓度,再计算、调整用药剂量。常用的剂量计算方法有体表面积法、宝宝体重法等,不同方法的适用条件不同,各有其优缺点,但都是根据药物在患儿体内作用的规律等具体情况结合临床经验选择以上的方法进行换算,设计给药时间和间隔。

　　随着临床数据的积累,医生通过计算,针对儿童个体情况,确定不同的治疗方案,不同的剂量和不同间隔,会越来越普遍。虽然有部分药品给药剂量加倍后,治疗效果确实可以加倍。但不可擅自加倍给药剂量,应遵从医生的治疗方案。当药品剂量加大后,药物

的治疗作用可能增强,同时不良反应也可能增强。

(4) 选择合适的药物规格以及剂型:选择合适的剂型可以提高患儿服药的依从性,从而达到较好的治疗目的。但要考虑到不同年龄段儿童的生理特点,例如有低龄宝宝因为不能协调地服用片剂,出现呛咳。因此,幼儿应该选择口服溶液,或者可以用水冲服的颗粒剂、干混悬剂等,如口味较好的糖浆剂以及含糖颗粒剂。对于需要长时间服用的药品,可以使用缓释剂型或半衰期较长的药物,尽可能减少服药次数以及服药周期,儿童执行治疗方案的正确度会增高。选择合适的药物规格,避免因药量不易掌控而导致的中毒或浪费现象。

675 分清药品的通用名、商品名、化学名

一般药品说明书上会标明通用名称、商品名、化学名等。化学名是根据药品的化学结构命名的专业名称;通用名称是由国家药典委员会按照《药品通用名称命名原则》组织制定并报药品监管部门备案的名称,具有强制性和约束性。同一种成分或相同配方组成的药品在中国境内的中文通用名称是一样的,英文通用名称则在多个国家范围内是一样的;商品名是药品生产厂商自己确定,经药品监督管理部门核准的产品名称,比较简单,容易记忆。但是,在同一个通用名下,由于生产厂家的不同,可有多个商品名称。如通用名为复方氨酚烷胺的感冒药,由于生产厂家的不同,商品名有仁和可立克、快克、感康、轻克等。由于没有共同的命名规则,商品名容易出现重复,或者出现商品名很相似、容易混淆的情况,或者出现不同通用名称的药品使用同一个商品名的情况。因此,购买、服用药品时一定要关注药品通用名称,同一通用名的药物就是一种药物,避免重复用药,导致药物过量,造成不必要的伤害。

676 给宝宝用药的五大误区

药物治疗的依从性是指患者用药与医嘱的一致性,也就是患者对药物治疗方案的执行程度。医生根据患者的病情发展及其严重程度,针对其个体具体情况,开具处方,确定治疗方案。只有正确地执行医生的嘱托,正确服用药品,才能发挥药品的疗效,实现预期目标。

随着科技知识的普及,大多数公众对医学知识有一定的了解和掌握。然而,对医学知识的部分了解可能会使有些家长忽视医学和疾病的复杂性,表现出一定的"想当然",甚至自作主张。家长给宝宝用药主要有以下几种误区。

(1) 认为加大药品剂量可以使效果加倍,盲目追求治疗速度:部分药品给药剂量加倍后,治疗效果确实可以加倍。但不可自作主张擅自加倍,应遵从医生的治疗方案。当药品剂量加大后,药物的治疗作用可能增强,同时其他作用包括不良反应也可能增强。任何疾病的恢复都有一个过程,虽然可以通过药物治疗缩短,但是"立竿见影、药到病除"的理想目前尚难以实现。即使加大药品剂量,身体组织器官生理、生化功能恢复到正常状态还是需要一定的时间。有些家长将诸多作用相似的药品一起喂给宝宝,希望获得更好的效果,但是其中的风险很大。国外已有

报道因家长将多种感冒药同时喂给幼儿，造成幼儿肝脏功能受损。

（2）认为药品注射比口服起效快、效果好，一就诊就要求静脉滴注给药：多数药品注射给药确实比口服给药在身体内更快地达到药物峰浓度，同等剂量时的生物利用度高，但也有许多药品口服生物利用度比较高。注射给药属于有创伤的给药方法，存在多种风险。医生会根据病情来合理选择治疗方案，口服药品是大多数疾病治疗最常用的方式。有文章报道"我国是输液大国"，其中很大一部分得归咎于家长的过度要求，误认为"杀鸡用牛刀"式的治疗方案应该是最快、最保险的，而忽略了其中存在巨大风险和浪费。家长不应认为医生推荐口服治疗方案是怠慢自己。

（3）认为能不吃药就不吃药，疾病症状一有改善就擅自停药："是药三分毒"有一定道理，但是过度理解是不对的。上市药品都经过了严格的审核评估，其安全性、有效性经过了临床验证。药品在治疗剂量范围内，对人体的治疗作用远远超过危害。医生根据疾病发生、发展的一般规律，制定了药品服用剂量、服用疗程，家长不宜随意改变。譬如治疗细菌感染时，虽然宝宝体温恢复正常，咳嗽等症状有所改善，但身体中存在的细菌可能没有完全被杀灭或抑制。若此时停止服用抗菌药物，可能会造成疾病的反复。多次反复很容易出现耐药致病菌，造成更大的治疗困难。当然，部分对症治疗的药品例如某些退热药、镇咳药，医生和药师会特别嘱咐药品是对症治疗的，特定症状消失后，可以停止用药。

（4）认为说明书中不良反应条目多的药品，安全性不如条目少的好：药品说明书的

撰写有严格的法律规定，其中药品不良反应项下的内容是基于临床观察的结果，药品安全性与该项目内容多寡的关联性不大。有些药品在临床研究过程中观察到的不良反应不多，其说明书记载就会有限。但是随着临床应用范围的扩大，临床治疗过程中会观察到一些新的不良反应，其说明书相应内容则会加以补充，甚至药品管理机构强制增加一定的"警告"信息。某些药品尤其部分中成药品种，由于历史原因，临床观察范围有限，部分内容反而会缺乏。由于没有严格的对照观察数据，不能说这些品种的安全性一定高，不良反应一定比其他的少。类似认知有"中药比西药安全"，这是一个难以证伪的认知误区，尚缺乏足够的严格对照临床研究证实。

（5）认为出现药品不良反应是医生的疏忽：药品有治疗作用，必然也会伴随不良反应，有的还很严重。药品不良反应是指合格药品在正常用法、用量下出现的与用药目的无关的有害反应。药物的作用是一方面，个体差异对不良反应的发生与否也很关键。例如对于青霉素注射剂，有的人会过敏，有的人不会过敏，这也是药品不良反应难以预测的一个原因。不良反应的发生是一个统计学概率事件，忽略个体差异，一味地怪罪医生是不客观的。虽然通过基因测试结果可以预测某些患者使用某些药品极有可能发生严重不良反应，应该避免使用，但是包括基因测试在内的个体化医学技术的研究毕竟刚刚开始，距离临床普及还有一定的时日。

药物治疗是一个复杂工程，既要克服贪贵图快的心理，又要克服过度谨慎的心理，提高宝宝治疗的依从性，进而提高药物治疗效果，保障宝宝这个特殊群体的用药治疗安全。

677 如何读懂药品说明书

药品说明书就像是药品的身份证,对用药安全起着根本的作用。它包含了药品名称、适应证、用法用量、不良反应、禁忌证等多项内容,规定了这个药品治疗什么疾病、服用多少剂量、可能潜在的风险、应该注意的要点。之所以强调"规定"这个词,是因为药品和药品说明书都是国家药品管理部门,按照法定流程和内容审核确定的,不容许随意变更。正确地阅读、理解说明书,对于正确用药非常关键。

(1) 药品名称:指明药品主要成分的,包括药品的通用名称、商品名、化学名。通常情况下,不同厂家生产的同一种药品只有一个通用名称,但是可以有多个商品名。因此,必须要搞清楚药品的通用名称,这样才能避免重复用药。

(2) 适应证、禁忌证和注意事项:适应证是指该药品可以用于治疗、预防哪些疾病,缓解哪些症状等,也就是说可以用于做什么。禁忌证项下经常会出现某些情况下"慎用、忌用和禁用"等提示。"禁用"是指通常情况下,提及的情况是不能使用的,若使用容易引发严重后果。最常见的是对某药品有过敏史的禁用,因曾经使用某药品发生过过敏,再次使用非常容易出现过敏情况,但这不是绝对的。在病情严重,没有其他更合适的药品时,在密切观察下,还是可以选用的。药品说明书中"禁忌"是一个单独项目。"忌用"虽然从字面意义与"禁用"有差异,但是并无程度之分。"忌用"一词多出现在传统文献中。"慎用"意味着在指明的这些情况下尽量不用,若没有其他药物替代,必须使用时,应密切观察各种体征,及时采取相应处置措施。

(3) 用法、用量:用法、用量项是告诉我们这个药品应该怎么用,应该用多少。同一药品用于不同疾病时,剂量有差异。有些药品的吸收程度受到食物的干扰,因此会特别说明服用时间是空腹时、饭前还是饭后。一般情况下,饭前是指饭前半小时,饭后指饭后 15~30 分钟,空腹是指饭前 1 小时或饭后 2 小时。

(4) 不良反应:是指合格药品在正常用法、用量下出现的与用药目的无关的有害反应。一般把可能发生的药品不良反应写在说明书上,但不要认为说明书上不良反应写得多,该药就不好、不安全。有些不良反应也可能是轻微的、暂时的,不会影响治疗和用药安全。任何药品都有发生不良反应的风险,但不是每个人都会发生,出现药物不良反应与很多因素有关,如身体状况、年龄、遗传因素等。

(5) 贮藏、有效期:使用药品前,需要注意查看药品是否在有效期内。按照药品说明书指示的贮存条件保存药品,在有效期内,药品质量是有保证的。药品说明书中贮藏栏目中规定了该药品的贮存条件,要严格执行,尤其一些比较特殊的药品。一般的药品在阴凉干燥处保存,避免阳光直射,温度不宜太高即可;有些药品需要冷藏,如生物制品、部分益生菌等。

(6) 其他:对孕妇、儿童、老年人等特殊人群的使用注意事项进行说明。比如,药物相互作用一栏会介绍若该药品与其他药品一起服用会出现的情况,提醒使用前对照一下治疗期间同时服用的药品名称,加以注意。

678 用药也要"量体裁衣"——精准用药

人们穿衣时会选择适合自己的尺码和款

式,这样才能既美观又舒适。医生给患者用药也是这样,必须按照患者的病情、个体体质差异选取适合的药物,制定合理的用药方案(剂量与疗程),才有可能获得预期的疗效。个体差异是指不同个体对同一药物、同一剂量所产生的不同反应。主要是由于病理因素、生理因素及遗传因素等方面的影响。

近年来,由于人类基因组计划的顺利实施,以及分子生物学技术和生物信息学的快速发展,药物遗传学得到了强有力的推动,个体化医学的概念也在此背景下逐步发展起来。个体化医学是根据人体基因的特征和差异,预先确定患者对某种药物治疗的疗效差异,针对个体的特点进行准确治疗。对预期疗效不好的患者,换用其他药物治疗。这是21世纪世界医学发展的主要方向,其中通过基因检测帮助医生和患者选择更为合适的治疗药物,即个体化用药,占有重要位置。

精准用药可以避免致死、致残的严重不良反应,以治疗儿童癫痫的药物卡马西平为例,携带人白细胞抗原 HLA-B*1502 等位基因的癫痫患者使用该药时容易发生重型大疱型多形红斑等严重皮肤不良反应,甚至可危及生命。美国食品药品监督管理局已在卡马西平说明书中增加了黑框警告,建议用药前进行基因测定。研究显示,亚裔人群中携带 HLA-B*1502 等位基因的人群比例为1‰~6‰。因此,患者在开始使用卡马西平治疗之前应进行基因检测,若检测结果提示该患者携带这个基因,若服用发生严重不良反应的风险很高,不宜使用卡马西平,应该选择另外药品。

精准用药让"药到病除"成为可能,药物是通过作用于特定的靶点发挥作用的。通过药物作用靶点的特定基因型测定,采用个体化药物治疗可提高治疗效果。以往临床各病种所采取的标准化治疗方案的有效率有的甚至只有50%,虽然标准方案对大多数患者是有效且安全的,但还有相当一部分患者因个体差异而难以获得较好的疗效。如 β_2-肾上腺素受体激动剂是治疗哮喘的一线用药,但是对于有的人却疗效不佳。研究发现,该类药物的疗效差异就与人体 ADRB2 基因多态性相关。通过基因测定,某些基因型的患者选择另外药物可以很快控制病情。

再以治疗胃溃疡和胃炎的代表药物奥美拉唑为例,在中国有 3% 的人是代谢酶 CYP2C19 超快代谢型,有 35% 的人是代谢酶 CYP2C19 快代谢型,对于这些患者使用标准剂量的奥美拉唑治疗并不理想,需要增加药物剂量。临床实践证实,根据基因检测结果调整奥美拉唑的剂量后,这些患者通常两周即可治愈。

679 如何妥善保管药品

药品说明书中有"贮藏"一栏,规定了药品的贮存条件。在专业药品流通使用机构中,药品贮存都在条件严格监控的仓库中,药品质量得到保证。在家庭中,多数用小药箱贮存。大多数药品在阴凉、干燥、室温、避光条件下维持药品原包装完整性贮存药品。

贮存条件中的术语是有特定含义的。例如"阴凉"是指 20 ℃ 以下,一般不低于 8 ℃;干燥则指相对湿度低于 60% 的环境中。各种胶囊剂、糖衣片、颗粒剂、散剂、泡腾片等剂型的药物很容易吸潮,保存时应该维持药品内包装完整,不宜拆零。对于某些特殊药品,需要冷藏保存,注意不是冷冻。

建议内服药与外用药分开存放,儿童药与成人药分开存放,药品应该放在儿童不宜取到的地方。每隔 3 个月左右,最好将家庭药箱检查一遍,一旦发现有药品变质、潮解、霉变、过期等情况应当及时处置。

短期治疗的用药,药房会拆零,置于药品袋中。这个时候,药品贮藏条件已经发生变化,不能再按原来有效期执行了。应注意药袋上的各种标识,尤其注意失效日期。以上若有疑问或不清楚时,应询问药师,不宜想当然。

除非药品说明书有明确说明,一般的滴眼液等眼用制剂,以及鼻用制剂、涂剂、涂膜剂等在原包装开启拆封后超过 4 周就不宜再继续使用,以免落尘、污染。

680　怎样识别药物是否变质

按照药品说明书指示的贮存条件保存药品,在有效期内,药品质量是有保证的。但是,在家庭环境中,往往不能保证说明书规定的贮存条件。因此,使用药品前最好观察一下药品,确保药品正确、剂量正确,在有效期内。同时,应确保药品质量没有变化。如果保存条件不好,药品就可能发生变质现象。

判断药品是不是变质,虽然最终需要通过严格的检验、检定专业程序才能确定,但通常通过外观变化进行判断。药品说明书中有"性状"一栏,对药品外观有描述,若药品外观跟描述不符,则应该怀疑其可能变质。通常胶囊剂软化、碎裂或表面发生粘连现象;丸剂变形、变色、发霉或臭味;药片花斑、发黄、发霉、松散或出现结晶;糖衣片表面已褪色露底,出现花斑或黑色,或者崩裂、粘连或发霉;

冲剂已受潮、结块或溶化、变硬、发霉;药粉已吸潮或发酵变臭;药膏已出现油水分层或有异臭,均不能使用。内服药水尤其是糖浆剂,不论颜色深浅,都要求澄清,如果出现絮状物、沉淀物,甚至发霉变色,或产生气体,则表明已经变质。如果发现家里药物出现以上现象,代表药物已经变质,此时必须弃用。

剩余药或过期药品千万不要随意丢弃于马桶或下水道,避免对环境造成污染。也不可随意丢弃到普通垃圾中,以免给不法分子有机可乘,建议交由社区药店或医疗机构的药房统一处理,或者放置于社区有害垃圾分类箱中。

681　外用药的合理使用

外用药品也是治疗常用的手段,但是一定要注意不同年龄段的儿童,皮肤敏感性和通透性都不同的。越是年幼的,皮肤越是娇嫩,应多加注意。

给儿童使用外用药时,应注意避免使用刺激性强的药物。不严重的外伤,对伤口进行消毒处理时常用"红药水""紫药水"、酒精、碘酒、碘伏等。酒精很容易被皮肤吸收,因此不宜用酒精进行大面积的消毒。通常推荐用清水或者生理盐水洗掉伤口上的污渍,再用碘伏消毒。"红药水"和"紫药水"目前不再推荐用于儿童。

在使用外用药的过程中如皮肤出现红肿、水疱,应怀疑是不是过敏反应,先立即停药,并用清水冲洗涂药处,到医院就诊,必要时使用脱敏药物。另外,给儿童使用外用药应在成人监护下使用,药品不用时放在儿童不便于拿到的地方,以免误食。

682 热退不是停药的标志

会引起发热的疾病很多。感冒可以引起发热，气管炎、支气管炎、肺炎等疾病也常伴随发热。对于感染引起的发热，病原消除后，发热自然缓解。但是，体温正常并不能说病原彻底消除了。在针对细菌感染的治疗，热退不是停用抗感染药物的标志，此时并未达到病原学或细菌学治愈的标准，只有继续规范足量使用抗感染药物才能彻底清除致病菌，即达到病原学或细菌学治愈的标准，否则会增加临床治疗失败的风险，并可能导致耐药菌的产生。要遵照医生嘱托，继续使用几天抗感染药物，如果这期间发热没有反复才可以考虑停用抗感染药物。

如果明确是普通感冒等引起的发热，在仅需要使用退热药物处理的情况下，按照医生嘱托，热退可以是停药的标志。

683 一发热就用退热药不可取

发热（体温高于正常体温）是临床最常见的一种症状。面对儿童发热，有部分家长很惊慌，总想着立即把宝宝的体温降至正常。其实，发热是人体的自然防御反应，可使人体的新陈代谢增加，增强吞噬细胞的活性，有助于对病原体的清除。体温变化还有助于某些疾病诊断和对愈后的判断。发热只是许多疾病的一种症状，而非疾病的本质。若只管退热却忽视疾病本质，可能掩盖病情，延误诊治。因此，不是所有宝宝一发热就必须马上用药。一般情况下，确定宝宝是单纯发热，体温到 38.5℃以上时才建议在医生、药师指导下使用药物降温。

解热镇痛药是一大类具有共同药理作用的药物，具有减轻炎症、缓解疼痛和发热的作用。目前儿童常用的退热药有对乙酰氨基酚和布洛芬。这类药物均经过肝脏代谢，最常见的不良反应是胃肠道反应，有支气管哮喘病史的儿童，用药后需要密切观察。

家长给宝宝服用退热药时应按时、按量，不能随意加大剂量或缩短给药时间，以免因大量出汗，引起虚脱。作为家长自行用药，此类药物用于解热一般限定服用 3 天，用于止痛限定服用 5 天，如症状未缓解或消失应及时就诊，请医师明确诊断，不得自行长期服用，以免耽误病情。

临床用于感冒发热的解热镇痛药多是复方制剂，种类繁多，一定要慎重择药，避免重复用药。例如小儿氨酚黄那敏颗粒与对乙酰氨基酚混悬液均含对乙酰氨基酚，若一起服用，容易过量，可能引起肝损伤。

684 如何用药对抗流感病毒

流感在温带地区呈现每年冬春季高发的季节性。孕妇、婴幼儿、老年人和特定慢性病患者是流感的高危人群。流行季节儿童的感染率和发病率通常最高，随年龄的增长而略有下降。

接种流感疫苗是目前公认的对高危人群效果明显的预防措施，半岁以上的儿童和成年人均可接种，通常推荐 9～10 月份进行接种。不良反应主要表现为局部反应，如接种部位红晕、肿胀、硬结、疼痛以及烧灼感等，全身反应主要有发热、头痛、嗜睡、乏力、肌痛、恶心、呕吐、腹痛以及腹泻等。大多数病例症状较轻微，几天内自行消失，极少出现重度反根据我国药品监督管理部门批准的药品说明书,奥司他韦可以用于 1 岁及以上儿童流感的治疗,用于 13 岁及以上青少年流感的预防。值得注意的是,奥司他韦的治疗时间是 5 天,预防时间根据厂家不同时间不同,目前奥司他韦胶囊说明书推荐预防需要使用 10 天,奥司他韦颗粒说明书推荐预防需要使用 7 天,应按照药品说明书或者医嘱执行,不宜擅自停止或者延长。

应。备孕女性怀孕前 12 周内避免接种流感疫苗。

对流感临床确诊病例应及时予以隔离。非住院患者应居家隔离,保持房间通风,避免家庭成员之间交叉感染。确诊病例在发病 48 小时内尽早开始抗流感病毒药物治疗,合理使用对症治疗药物,避免盲目或不恰当使用抗菌药物。

目前的抗流感病毒药物都不是直接杀灭病毒的,而是阻止病毒在宿主细胞间扩散,从而减少病毒在体内的复制,最终是依赖身体的免疫系统消灭这些病毒。

奥司他韦是最常用的治疗和预防流感的药,对甲型、乙型流感病毒均有效,可以缩短流感发热和疾病症状的持续时间,还可降低并发症(中耳炎、肺炎和呼吸衰竭)的发生风险。除奥司他韦以外,流感可选用的抗病毒药还有扎那米韦和帕拉米韦。

但并不是所有人得了流感后均需要抗病毒治疗。用于治疗流感时,在症状出现的 48 小时内使用奥司他韦最有效,但只有以下并发症高风险的流感人群才需要使用,主要包括儿童、65 岁以上老人、慢性疾病患者、免疫功能缺陷的人群、孕妇及围产期妇女等。

奥司他韦的不良反应有恶心、呕吐、腹痛、耳痛和结膜炎等,呕吐最常见。为了减少不良反应,可以和食物一起服用。曾有偶发短暂的神经精神事件的报道,因此在使用该

药治疗期间,应该对患者的自我伤害和谵妄等异常行为进行密切监测,尤其居住高楼者。

685 有的放矢应用抗菌药物

自从一百多年前抗菌药物问世以来,感染性疾病的死亡率降低,对延长人类的寿命贡献很大。抗菌药物确切的临床疗效有目共睹,以至于有人把它当成治病的法宝,把抗菌药物误当作消炎药使用,甚至有人喜欢家中储备抗菌药物,自行判断给药。非专业人员使用抗菌药物的不合理现象非常普遍。抗菌药物的不合理使用会导致耐药菌的产生和传播,严重威胁着全社会人民群众的身体健康。只有更多的民众树立正确的科学用药、合理用药观念,付诸行动,配合临床医生、药师合理使用抗菌药物,才能有效遏制全球细菌耐药情况的进一步恶化。

抗菌药物一般是指具有杀菌或抑菌活性的药物,包括磺胺类药、抗生素类、喹诺酮类等化学合成药物,仅对细菌引起的感染有效。自然界中可以引起疾病的微生物称为病原体,(病原微生物)种类很多,包括细菌、病毒、衣原体、支原体、螺旋体、真菌等。有些微生物在正常情况下是不致病的,在体内与人体相互依存,而在特定条件下可引起疾病。细菌引起的感染最常见,临床使用抗菌药物也

就比较多了。

但是，每种抗菌药物都有一定的抗菌范围，称为抗菌谱，多数抗菌药物仅作用于单一菌种或单一菌属。还有一些药物抗菌范围广泛，称之为广谱抗菌药，它们不仅对革兰阳性细菌和革兰阴性细菌有抗菌作用，也可能对衣原体、肺炎支原体、立克次体等也有抑制作用。

常见的青霉素类和头孢菌素类抗菌药物，虽然对临床常见的细菌有杀菌作用，但对衣原体、肺炎支原体却无作用，对病毒也没有作用。而常见的普通感冒大部分是病毒引起的感染，使用抗菌药物是没有作用的。因此，一感冒、发热就擅自使用抗菌药物是不妥的。

抗菌药物对某些细菌没有作用，也就是常说的细菌对这些抗菌药物不敏感。使用抗菌药物后，敏感的细菌被消灭，但不敏感的，即耐药菌，却生存下来了，条件适合时会繁殖，常常变成新的致病菌。最常见的情况是原来的致病菌中，有个别的细菌变异，能产生灭活抗菌药物的物质如各种灭活酶，使原来有效的抗菌药物无法发挥作用将其杀灭，形成了细菌对抗菌药物的耐药性。当繁殖具有一定规模后，就兴风作浪，使本来有效的抗菌药物在遇到耐药菌引起的感染时疗效下降，甚至完全无效。

因此，抗菌药物不是万能的，需要了解抗菌药物的适应范围。病毒感染等非细菌引起的感染不应采用抗菌药物治疗。此外，需要正确执行医生的嘱托，正确地按指定的用量及使用时间服用，既保证用药效果，也要避免耐药性的产生。作为家长，也应掌握合理应用抗菌药物有关知识，不宜想当然地宝宝一有不舒服，就向医生要求使用抗菌药物。

686 头孢菌素类抗菌药物使用注意点

头孢菌素类抗生素是一类广谱半合成的抗菌药物，具有抗菌药物作用强、毒性较低、过敏反应较青霉素少见的特点，临床应用比较广泛。由于其化学结构的主要部分与青霉素类药物的化学结构相似，理论上两者会有交叉过敏反应。临床上曾观察到，对青霉素类有过敏史患者中，对头孢菌素抗菌药物亦有过敏反应者约占5%。有严重发型过敏反应（如血管水肿、支气管痉挛、过敏性休克）史患者，一般不应再用头孢菌素类抗菌药物。但是，研究表明，皮肤敏感性试验（皮试）并不能预测严重的速发型过敏反应，因此，不推荐在使用头孢菌素类抗菌药物前进行皮试。

头孢菌素类抗菌药物习惯上依据开发时间和对革兰阴性菌的作用，分为一、二、三、四代，但这仅是通俗分类而已，各类之间各有特长，并无伯仲。应根据临床感染的可能致病细菌种类、儿童个体情况、药物的代谢特点进行选择。

虽然，有第一代头孢菌素类抗菌药物对肾脏具有一定毒性的表述，实际上，所有经过肾脏排泄的药物或多或少地都会影响肾脏生化指标，而这些指标往往与肾脏损伤相关，因此，这类药物虽有一定的肾脏毒性，但是总体是安全的，仅提示我们避免与诸如强效利尿剂等也具有一定肾脏毒性药物合用，避免其肾脏毒性作用加剧。

头孢菌素类抗菌药物除了可引起皮疹、恶心、食欲不振等胃肠道反应外，还对肠道菌群有较强的抑制作用，长期或大剂量使用可致菌群失调，引起二重感染，如伪膜性肠炎、念珠菌等真菌感染。头孢美唑等部分头孢菌素类抗菌药物的化学结构中具有类似的特定侧链基团，可发生低凝血酶原症，甚至会引起出血症状，需要停药和注射维生素 K 来治疗。若在使用这些具有特定结构的抗菌药物治疗期间饮酒，还可出现恶心、呕吐、头痛、低血压、呼吸困难等双硫仑样反应。其他化学结构中不具有特定侧链基团的，通常不会引起这个反应。

687 为什么青霉素那么容易过敏

　　青霉素类抗菌药、头孢类抗菌药也称作抗生素，一般是指由微生物产生的能够杀灭或抑制其他微生物生长的一类物质及其衍生物，用于治疗对其敏感的微生物（常见为细菌或霉菌）所致之感染。

　　过敏反应是青霉素类抗菌药物最常见的不良反应，发生率为 1%～10%，表现为皮疹至器官过敏等，轻重不一，其中最严重为过敏性休克，可危及生命。一旦发生过敏性休克应立即停药，皮下注射肾上腺素。目前认为，青霉素类及其代谢物是低分子半抗原，有致免疫性。对任何一种青霉素发生过敏反应，就认为对其他青霉素类药物发生反应，应避免使用。因此，青霉素类抗菌药物使用之前，均必须做青霉素皮肤敏感性试验。皮肤试验对预防过敏反应起着重要作用，但反应阴性者也不能排除发生过敏的可能性，因此用药完成后，也要观察一段时间。

　　过敏反应可在首次使用中发生，较常见的情况是开始治疗时尚可，而在以后治疗时却发生过敏反应。除了关注青霉素类药物过敏史，如首次使用或停用 72 小时以上再次使用青霉素类药物，必须作皮内敏感试验，反应

阴性者方可应用。

　　青霉素类抗菌药物的杀菌疗效和药物在血液中的浓度有关系，一段时间内达到并维持一定的血药浓度可以获得好的疗效。青霉素类药物半衰期普遍较短，每日宜多次用药（分 2～4 次），一次全日量滴注是不合适的，不仅疗效不好，还会出现其他不良反应。

688 平喘药使用注意点

　　哮喘的治疗目标是实现哮喘症状的良好控制，维持日常活动水平，尽可能减少哮喘急性发作、肺功能不可逆损害和药物相关不良反应的风险。哮喘的治疗原则是以患者病情严重程度和控制水平为基础，选择相应的治疗方案。治疗方案的选择既要考虑群体水平，也要兼顾患者的个体差异。需要关注治疗的有效性、安全性、可获得性和效价比等因素。

　　糖皮质激素几乎可以抑制哮喘时气道炎症过程中的每一个环节，慢性持续期哮喘常用的给药途径包括吸入、口服和静脉应用等，吸入为首选途径。吸入糖皮质激素后部分患者可见有声音嘶哑等症状，长期连续吸入可发生口腔、咽喉念珠菌感染，如剂量过大可出现糖皮质激素的全身性不良反应。吸入后宜立即漱口，减少药物在口腔的沉积或经消化道进入人体，以减少不良反应的发生。长期吸入治疗剂量的糖皮质激素是安全的，没有观察到对生长发育的影响。

　　白三烯受体阻断剂如孟鲁司特钠等以及细胞膜稳定剂如色甘酸钠等，这些药物平喘作用起效较慢，不宜用于哮喘急性发作期的治疗，临床上主要用于预防和长期控制哮喘

的发作。

β肾上腺素能受体激动药具有松弛支气管平滑肌作用。此类药物较多，可分为短效（维持时间4~6小时）和长效（维持时间10~12小时）的。短效β肾上腺素能受体兴奋剂（简称β受体激动剂）入如沙丁胺醇、特布他林、丙卡特罗等，能够迅速缓解支气管痉挛，通常在数分钟内起效，疗效可维持数小时，是缓解轻至中度哮喘急性症状的首选药物，也可用于预防运动性哮喘。这类药物应按需使用，不宜长期、过量应用。长效β受体激动剂舒张支气管平滑肌的作用可维持10个小时以上，常见有沙美特罗、福莫特罗和茚达特罗等，可通过气雾剂、干粉剂装置给药。通常与吸入激素组成复合制剂，具有协同的抗炎和平喘作用，尤其适于中至重度持续哮喘患者的长期治疗。

茶碱类药物具有舒张支气管平滑肌作用。但是，茶碱的代谢个体差异大，也有种族差异性。中国人与欧美人相比，较小剂量的茶碱即可起到治疗作用。茶碱类药物安全范围窄，不良反应的发生率与其血药浓度密切相关，应用时常须进行血药浓度监测。

抗胆碱药如异丙托溴铵、噻托溴铵等也具有扩张气管的作用。这类药物比短效β受体激动药起效慢，与β受体激动剂联合应用具有互补作用。

临床发现哮喘控制效果不佳的主要因素是患者依从性差、吸入药物方法和时机等不正确。应提高患者依从性，遵照哮喘行动计划规范用药，掌握正确的吸药技术，并自我监测病情。同时，要识别诱发因素，避免接触各种过敏原及各种触发因素。对于存在心理因素、严重鼻窦炎、胃食管反流等合并症者给予积极有效的治疗。

689 雾化吸入用药使用注意点

儿童呼吸道免疫屏障弱，容易罹患各种呼吸道疾病，呼吸道症状也是多种疾病发作时的合并症状。为了缓解呼吸道症状，雾化治疗是儿科临床上非常常用的治疗方法。雾化给药与全身用药相比更具优势。雾化吸入所用药物剂量小，全身不良反应小，药物直达呼吸道靶器官，局部药物浓度高，起效快，宝宝易接受。

在雾化过程中，不规范的操作容易导致疾病的反复发作，或者症状突然加重，该类药物在使用过程中，需要注意以下几点。

（1）雾化混悬液使用之前使药液恢复到室温（20℃）为宜，冷刺激更容易导致气管痉挛诱发喘息。

（2）雾化吸入半小时前尽量不要进食、饮水，避免雾化吸入过程中气雾刺激引起呕吐，呛入气道甚至肺中，引起意外。

（3）雾化吸入时最好选择坐位，此体位有利于吸入药物沉积到终末支气管及肺泡。对不能采取坐位者可取半坐卧位，以有利于药物在终细支气管的沉降。

（4）雾化时间在10~20分钟为宜，吸入药液浓度不宜过大，吸入速度由慢到快，雾化量由小到大，使患儿逐渐适应。

（5）雾化吸入过程中，应密切观察患儿面色、呼吸、神志状况等，如有面色苍白、异常烦躁症状应立即停止治疗，请医生诊断。雾化吸入后若出现口干、恶心、胸闷、气促、心悸、呼吸困难等症状请联系医师。

（6）雾化后应使用生理盐水或温开水漱口，并将漱口水吐出防止药物在咽部蓄积。用面罩吸入后应洗脸。对于不会自行漱口的宝宝一定要洗脸，并可以用棉签蘸取生理盐

特别提醒

在皮试前约48小时左右应停止使用抗组胺药物,皮试时应告知医生护士正在服用抗组胺药物,因抗组胺药能阻止或降低皮试的阳性反应的发生或其程度。

水或温开水擦拭口腔、舌部行口腔护理。

(7) 雾化吸入后应轻轻拍打患儿背部,以利于痰液的排出,保持呼吸道顺畅。

(8) 雾化治疗结束后,雾化器应及时清洁,以防止雾化器污染和随后可能诱发的感染。

690 抗过敏药有哪些

过敏性疾病包括食物过敏、特应性皮炎、过敏性鼻炎和过敏性哮喘等。当前,过敏性疾病已成为常见疾病,影响了全球 1/4 的人群,影响儿童的生活质量,甚至危及生命。

过敏性疾病属于慢性非传染性疾病,治疗的主要方案有对因治疗(避免过敏原或对部分患病儿童采用特异性免疫疗法),例如确诊为食物过敏、由花粉诱发的其他过敏性疾病后,应严格避免接触导致过敏的食物、花粉。最常见的是药物对症治疗,常用药物有抗组胺药物、白三烯受体拮抗剂、糖皮质激素等。对于严重的过敏反应,注射肾上腺素为一线治疗方法。

组胺是过敏发生过程中肥大细胞释放出的一种介质,可引起毛细血管扩张及通透性增加、平滑肌痉挛、腺体分泌活动增强等。抗组胺药可以阻止组胺与细胞膜受体或酶原物质结合,从而控制特应性皮炎的瘙痒,明显缓解过敏性鼻炎所致的鼻痒、流涕、打喷嚏等症状,对过敏性结膜炎所致眼部症状也有一定

缓解作用。抗组胺药会导致不同程度的嗜睡效应,对于需要工作、学习的人群,应尽量选择具有无镇静作用的抗组胺药物。口服抗过敏药物有马来酸氯苯那敏、苯海拉明、西替利嗪、氯雷他定等。

691 消化系统疾病用药使用注意点

儿童消化系统疾病是仅次于儿童呼吸道疾病的常见多发病,常见的有腹泻、便秘、急慢性胃肠炎等。临床会用到如口服补液盐、乳果糖口服液、益生菌等药品。

(1) 口服补液盐:儿童非感染性腹泻治疗首要目标是预防脱水。对于轻、中度脱水的儿童首选的补液方式是口服补液盐,可以有效避免进一步脱水的出现。临床常见的多种口服补液盐组成成分有一定的差异,但是总体效果一致。口服补液盐通常应按比例每袋用 250 毫升水溶解,用水量过大或过小都有可能起不到作用,甚至可能会加重腹泻。补液盐的用量应根据体重计算,每千克体重 50~75 毫升,4 小时内服完。

(2) 乳果糖口服液:是治疗儿童慢性便秘的常用药物,特别是 8 岁以下的儿童。乳果糖可以通过保留水分,增加粪便体积,刺激结肠蠕动,保持大便通畅,同时恢复结肠的生理节律,还可促进肠道菌群的生长,从而起到缓解便秘的作用。乳果糖口服液宜在早餐时服用,每次用量可根据个人需要进行调节。

如长期的慢性便秘,服用时间可 1~3 个月不等,甚至更长。乳果糖口服液含有乳糖、半乳糖和少量果糖,对于乳糖、半乳糖或果糖不耐受者应避免服用。如服用剂量过量可能会出现腹痛或腹泻,停药即可。

(3) 益生菌:可以直接补充人体肠道原籍菌,或与人体原籍菌有共生作用,促进原籍菌的生长与繁殖,从而起到调节肠道菌群平衡的作用。益生菌应用温水冲服(水温不宜超过 40 ℃),以免活菌被杀死。抗生素具有杀菌作用,益生菌应与抗生素间隔 2 小时以上服用。铋剂、鞣酸、药用炭、酊剂等能抑制、吸附或杀灭活菌,应与益生菌间隔 2 小时以上服用。大多数益生菌产品必须低温冷藏保存,这样才能最大限度地保持其中活性益生菌的数量。服用前请仔细阅读药品说明书,对制剂中的某一成分过敏者禁用。如某些双歧杆菌三联活菌散含有牛奶蛋白,牛奶蛋白严重过敏者禁用;有的布拉氏酵母菌散含有果糖和乳糖,对果糖或乳糖严重不耐受者禁用等。

692 药物治疗多动症要注意什么

儿童多动症又称为注意缺陷多动障碍,表现为注意力不集中、活动过多、成绩低于同龄人等,还有的表现为冲动任性、顶嘴冲撞、不合群,缺乏自我克制能力等。这是一种慢性精神失调疾病,目前的药物治疗主要有中枢神经兴奋药、抗抑郁药、抗精神病药及抗癫痫药等。

一般对于 5 岁以下的患儿,一线治疗方案为家庭干预和适当进行环境改造,不推荐药物治疗。对于 5 岁以上的患儿,若已进行环境改变,但注意缺陷多动障碍症状仍造成持续的严重不良影响,医生则会考虑药物治疗,主要有哌甲酯、可乐定等。这类药物在临床已经应用了很长时间,可帮助大脑控制冲动及行为,提高注意力。在治疗早期可能出现食欲降低、胃痛、头痛、入睡困难等不良反应,也有情绪不稳、烦躁易怒、心率增快和血压升高等症状。

在药物疗效期间,应对症状以及药物不良反应进行密切监测,进而确保是最佳的给药剂量。对于接受药物治疗的患儿应监测其生长指标。

儿童注意缺陷多动障碍并非由某单一因素引起,而是由于多种生物学因素、心理因素及社会因素等综合作用引起,发病原因比较复杂,需要家长与患儿的共同配合才能达到较好的治疗效果。综合行为矫正、认知行为治疗、社交技能训练,鼓励儿童的良好行为、忽视问题行为,在治疗中采用自我监测、自我评估训练对于增加自我控制能力有帮助。

693 皮质激素类外用药物使用注意点

糖皮质激素类药物又称为皮质类固醇,外用糖皮质激素制剂是重要的皮肤科外用药,具有高效、安全的特点,被用于许多皮肤病的治疗。外用糖皮质激素根据作用强度可分为超强效、强效、中效和弱效 4 类。儿童特别是婴幼儿,由于皮肤屏障功能发育不全、药物经皮肤吸收率高,即使少量的有效激素也可能引发局部和全身不良反应,因此激素外用制剂在儿童中应用必须慎重而行。使用外用糖皮质激素类药物时,应注意下列问题。

儿童一般选择弱效或软性激素外用药,

特别提醒

建议使用强效、超强效激素的儿童每 2 周到医院复诊检查 1 次,使用中效激素的 3~4 周检查 1 次,使用弱效激素的每 4~6 周检查 1 次,观察有无系统及局部不良反应。

除非临床特别需要或药品特别说明,慎用强效及超强效激素外用药。多数激素外用药没有明确的年龄限制,使用时间应该遵照医生指示,不宜擅自延长。

面部、眼周、颈部、腋窝、腹股沟、股内侧、阴部等部位皮肤薄,激素吸收率高,不宜应用强效含氟激素类的外用制剂。必须使用时,可选地奈德制剂、糠酸莫米松凝胶或乳膏、丙酸氟替卡松乳膏、氢化可的松制剂等。在婴儿尿布区不使用激素软膏,因为封包会增加药物吸收。同时,应注意虽然糖皮质激素有明确抗炎、抗过敏、抑制免疫及抗增生作用,但也可诱发或加重局部感染。长期全身大面积应用可能因吸收而造成类库欣综合征、儿童生长发育迟缓、血糖升高等系统性不良反应。

694 抗贫血药使用注意点

循环血液中红细胞数和血红蛋白量低于正常称为贫血。根据病因及发病机制的不同可分为由铁缺乏所致的缺铁性贫血,由叶酸或维生素 B_{12} 缺乏所致的巨幼红细胞性贫血和骨髓造血功能低下所致的再生障碍性贫血。

对贫血的治疗采用对因及补充疗法,缺铁性贫血可补充铁剂,巨幼红细胞性贫血补充叶酸或维生素 B_{12}。临床常用口服补铁剂有硫酸亚铁、枸橼酸铁铵和富马酸亚铁,以及右旋糖酐铁等注射剂。含铁药物需要在消化

道转变成亚铁盐后,才能被吸收。胃液中的胃酸和还原性物质如维生素 C 等,可使铁盐还原成亚铁盐,促进其吸收。同时铁盐易与磷酸盐、碳酸盐、鞣酸等结合成不溶性化合物,影响对铁的吸收。因此,口服铁剂时最好同时服用稀盐酸或维生素 C,平时饮食应注意低磷低钙,不饮茶等饮品或进食含鞣酸的食物。

铁剂刺激胃肠道引起恶心、呕吐、上腹部不适、腹泻、便秘等,故开始服用时剂量宜小,逐步增加并在饭后服用。

695 正确认识丙种球蛋白

丙种球蛋白是免疫球蛋白的一种,因在血清电泳图中位于球蛋白第三主峰而得名,又称 γ-球蛋白、免疫血清球蛋白等。免疫球蛋白是一组具有抗体活性的蛋白质,是身体免疫系统的重要组成部分。由于丙种球蛋白占人体血液免疫球蛋白的绝大部分,作为药品的人免疫球蛋白的组成也是如此。因此,日常生活和临床治疗过程中,免疫球蛋白、丙种球蛋白的称呼通常是混合使用的,均指人免疫球蛋白。人免疫球蛋白输注体内后,可使被输注者从低或无免疫状态很快达到免疫保护状态,具有免疫替代和免疫调节的双重治疗作用。

人免疫球蛋白主要用于治疗各种原发性或继发性免疫球蛋白缺乏或低下症,原发性

特别提醒

切勿滥用丙种球蛋白，给健康宝宝使用人免疫球蛋白是无益的。

血小板减少性紫癜，各种细菌和病毒引起的严重感染，川崎病等。

人免疫球蛋白作为一种外源性蛋白，会被患者自身的免疫系统识别为抗原。反复使用人免疫球蛋白可诱导体内产生抗体，使丙种球蛋白失效。作为药品的人免疫球蛋白有明确的适应证，可以提供暂时的免疫保护状态，随着代谢消除，免疫功能也消失了。

696 蚕豆病患儿有哪些服药禁忌

"蚕豆病"全名葡萄糖-6-磷酸脱氢酶缺乏症，是一种由于人体红细胞中缺乏了葡萄糖-6-磷酸脱氢酶(G-6-PD)导致的疾病。这部分人可因食用蚕豆，出现酱油色尿等症状，出现溶血性贫血，故称蚕豆病。患此病的宝宝若平日即随时注意避免各类易引起溶血的物质，或在发生溶血时，施予及时合适的治疗，就不会有任何后遗症，亦不会影响身高、体重及智能等各方面的发育。

蚕豆病属于遗传性疾病，患儿长大后，体内该酶的活性还是低于正常值，因此，就医时最好能携带葡萄糖-6-磷酸脱氢酶缺乏症相关资料，有助于临床医生迅速而正确的诊断与治疗。

蚕豆病患儿一定要在医生指导下用药。每个葡萄糖-6-磷酸脱氢酶缺乏症患儿的酶的活性是不同的。大多数人酶活性比较高，服用大多数药品危险度相对较低的，例如对乙酰氨基酚、赖诺普利、维生素C、维生素K_1

等。虽然这些药物在正常治疗剂量下，通常对多数人是安全的，但是严重的葡萄糖-6-磷酸脱氢酶缺乏者也可能出现临床症状。磺胺类药、喹诺酮类药、非甾体抗炎药等及通过肝脏代谢的药物或已知可引起肝功能损害、溶血的药物等尽量避免使用。

以下通常认为有风险的药品，蚕豆病患者最好避免。

(1) 抗细菌药物：氯霉素、氧氟沙星、左氧氟沙星、环丙沙星、莫西沙星、培氟沙星、呋喃妥因、呋喃西林、呋喃唑酮、磺胺、磺胺醋酰、磺胺二甲嘧啶、柳氮磺吡啶、磺胺甲噁唑、磺胺异噁唑、磺胺吡啶、磺胺噻唑、阿地砜钠、非那吡啶、丙磺舒。

(2) 抗麻风分支杆菌药物：氨苯砜、葡胺苯砜。

(3) 抗疟原虫、血吸虫药物：氯喹、羟氯喹、伯氨喹、甲氟喹、米帕林、帕马喹、喷他喹、尼立达唑、锑波芬。

(4) 解热镇痛非甾体抗炎药：阿司匹林、氨基比林、乙酰苯胺、尼美舒利、非那西丁、美沙拉秦、塞莱昔布。

(5) 抗癫痫药：拉莫三嗪。

(6) 口服降血糖药物：格列本脲、二甲双胍。

(7) 抗肿瘤药物：多柔比星。

(8) 促凝血药物：甲萘氢醌硫酸钠(维生素K4)、甲萘醌、甲萘醌亚硫酸氢钠(维生素K3)。

(9) 防治心绞痛药：亚硝酸异丁酯。

(10) 利尿药：呋塞米。

(11) 解毒药：二巯丙醇、亚甲蓝。

(12) 生物制品类药：尿酸酶（重组尿酸酶）。

(13) 影像诊断用药：钆喷葡胺。

(14) 其他类化工产品：乙醇、苯肼、乙酰苯肼、β 萘酚、薄荷脑、萘、甲苯胺蓝、指甲花染料等。

697 益生菌使用注意点

人体肠道菌群种类逾千种，基本以双歧杆菌和类杆菌为主的专性厌氧菌，肠道菌群组成肠黏膜的微生态屏障。

目前常用的益生菌包括双歧杆菌、乳杆菌、粪链球菌、酪酸梭菌、芽孢杆菌和布拉氏酵母菌等。其中前四种是体内的常驻菌群，而芽孢杆菌和布拉氏酵母菌则是通过抑制有害细菌生长而帮助肠道菌群恢复正常的菌种。

上市的益生菌种类繁多，剂型也很多样，有片剂、胶囊、散剂、颗粒剂。适合宝宝的剂型为散剂和颗粒剂。服用的剂量通常按照说明书，临床医生会根据宝宝的个体情况，剂量适当增减的，应严格遵照医嘱执行。

698 驱虫药使用注意点

随着家长卫生意识的普及，目前儿童感染肠道寄生虫的机会越来越少了，但是还有偶发病例。被肠道寄生虫感染的患者常见腹痛、腹胀、厌食或善饥多食、面黄、消瘦等症状。常用驱肠虫药物有甲苯咪唑、左旋咪唑、恩波维铵、氯硝柳胺等。本类药物主要用于治疗肠内寄生虫（蛔虫、绦虫、钩虫、蛲虫等）所引起的疾患，可以根据感染的寄生虫的种类，选择药物。

患者应严格遵医嘱服药，药物剂量不足容易导致虫体没被杀灭，而剂量过大又易引发药物不良反应，特别是儿童的肝肾功能还未发育完全。因此用药剂量和使用疗程需严格按照医嘱，宝宝用药应在家长的监护下安全用药。一般宜空腹或半空腹时服药，以利于药物与虫体充分接触，以增强驱虫药力。服药前 1～2 天或服药当天饮食宜清淡，尽可能少食高脂肪性的食物和其他药物，防止促进对驱虫药物的吸收而增加不良反应。

服用驱虫药一般不需加服泻药，但有便秘史的儿童，可适量加服泻药。如服用驱绦虫药氯硝柳胺，则在服用后 2 小时还应加服硫酸镁导泄，以排除残余的部分，减少其在肠道内吸收，同时也有利于绦虫排出体外。

699 中草药与中成药使用注意点

有些家长认为服中草药比较安全，西药不良反应大，这个观点是不科学的。中药化学成分复杂，对其认识多数还处于经验观察阶段，尚需要进一步研究。

许多家长喜欢给婴幼儿服用清热解毒药，当他们发现宝宝出现咽喉肿痛等症状，患了暑疮热疖等病时，喜欢买些夏枯草、菊花、栀子、鱼腥草、淡竹叶、芦根、生地等中草药，或将自备的六神丸、珍珠丸等中成药给宝宝服用。实际上，这类中草药的化学成分较为复杂，不仅含有生物碱、苷类等成分，还有许多尚未明确的成分，而儿童的肝脏等器官正处于生长发育阶段，这些中草药及中成药有

有什么办法让宝宝喝下苦中药？

可以待药稍凉一下服用，因为人的舌头味感与药汤的温度有一定的关系，药汤温度在低于体温时，苦味明显减轻，再快速喝下，减少药汤与舌尖的接触时间，会使苦味感觉大减。服用后立即喝几口温水，既有助于肠胃对药物的吸收，又可以消除口腔中苦味成分的残留。

可能会加重肝脏负担。例如六神丸内含有一定毒性的蟾酥，服用过量可引起消化系统、循环系统的功能紊乱，从而发生恶心、呕吐，甚至心律失常、惊厥等症状。因此，不能擅自给宝宝使用中药，一定要在中医师的指导下给宝宝服用适合的中药。

中药汤剂存在着味苦难咽的缺点，因此许多人喜欢在中药中加糖，以减轻药物的苦味。其实，这种做法会降低部分方剂的疗效。传统医学认为，中药具有五味，为辛、甘、酸、苦、咸，各有不同的疗效作用。辛味中药多为发散；甘味中药多为补益；酸味中药多为收敛；苦味中药多为清热；咸味中药多为软坚。在辛、苦味的中药内加入蔗糖，虽然调和了药味，但实际上也会降低药物作用。

中药在饭后30～60分钟服用为宜，这样可以避免中药成分对胃黏膜的刺激。喝中药前后一小时最好不要喝茶、咖啡、牛奶和豆浆，以免中药成分与茶的鞣质、咖啡因及蛋白质等发生化学反应，影响疗效。

按照婴幼儿不同时期的特点，不同的药物性质，采用不同的方法给宝宝服用中药。1～3岁的幼儿每日药量在100毫升左右，分6～7次服完。3～7岁的儿童每日药量在300毫升左右，可分3～4次服用。喝中药时，应温度适宜，过热容易烫伤儿童的咽喉、食管等，过凉又会造成胃部不适，还会影响药效。儿童服汤剂时，尽可能鼓励自主饮用，或

家长用小勺将药液顺嘴边慢慢喂入。服药后尽量休息一会儿，以免因活动量过大而引发呕吐。

700 不宜随意乱用补益药

中医理论中"实则泻之，虚则补之"的思想深入人心。但非专业人员往往容易望文生义，把所有问题都看成"缺什么"所致，以至于"补一补"成为口头禅。将提高身体健康水平寄托在"补"这单一途径上，简化了中医思想和理论。

补益药主要用于纠正人体气血阴阳虚衰的病理偏向，以达到补虚扶弱，纠正虚损的作用，从而治疗虚症。对于久病体虚者，补益药

可以消除衰弱的症状,提高身体康复能力；可配合祛邪药物,用于邪盛正虚之人,以达到扶正祛邪的目的,增强身体的抗病能力。但补益药有其适用的特定症候,不适用于普通儿童及青少年人群。虽然补益类药物补虚扶弱,具有益气、养血、滋阴、助阳的作用,但应该根据脏腑所虚的不同使用补益药。

补益药用之不当也可产生不良后果,服用补益药物之前应经过中医师诊察,遵其医嘱,不宜随意乱补。同样,在日常生活中,不宜将某些食材随意组合搭配就轻易冠以"食补"之名义。另外,煎补益药时,通常宜文火久煎,使药味尽出。虚症一般病程较长,补益药多采用蜜丸、煎膏、口服液等剂型,便于保存、服用,并可增效。

🌸 附录 🌸

① 国家免疫规划疫苗儿童免疫程序（2016 版）

疫苗种类		接种年(月)龄														
名称	缩写	出生时	1月	2月	3月	4月	5月	6月	8月	9月	18月	2岁	3岁	4岁	5岁	6岁
乙肝疫苗	HepB	1	2					3								
卡介苗	BCG	1														
脊灰灭活疫苗	IPV			1												
脊灰减毒活疫苗	OPV				1	2								3		
百白破疫苗	DTaP				1	2	3				4					
白破疫苗	DT															1
麻风疫苗	MR								1							
麻腮风疫苗	MMR										1					
乙脑减毒活疫苗 或乙脑灭活疫苗[1]	JE-L								1			2				
	JE-I								1、2			3			4	
A 群流脑多糖疫苗	MPSV-A							1		2						
A 群 C 群流脑多糖疫苗	MPSV-AC												1			2
甲肝减毒活疫苗 或甲肝灭活疫苗[2]	HepA-L										1					
	HepA-I										1	2				

(2016 年版)

备注：1. 选择乙脑减毒活疫苗接种时，采用两剂次接种程序。选择乙脑灭活疫苗接种时，采用四剂次接种程序；乙脑灭活疫苗第 1、2 剂间隔 7～10 天。
2. 选择甲肝减毒活疫苗接种时，采用一剂次接种程序。选择甲肝灭活疫苗接种时，采用两剂次接种程序。
来源：中国疾病预防控制中心

2 **儿童每日膳食营养素参考摄入量**

不同年龄段儿童每日膳食营养素参考摄入量

年龄	能量(千卡) EER		脂肪供能占总能量的百分比(%) AMDR	蛋白质（克）	钙（毫克）	铁（毫克）	锌（毫克）	维生素B₁（毫克）	维生素B₂（毫克）	维生素C（毫克）	维生素A单位	维生素D单位
							RNI					
0～6 月	90 千卡/(千克·天)		48	9	200	0.3	2.0	0.1	0.4	40	300	10
7～12 月	80 千卡/(千克·天)		40	20	250	10	3.5	0.3	0.5	40	350	10
	男	女										
1 岁	900	800	35	25	600	9	4.0	0.6	0.6	40	310	10
2 岁	1 100	1 000	35	25	600	9	4.0	0.6	0.6	40	310	10
3 岁	1 250	1 200	35	30	600	9	4.0	0.6	0.6	40	310	10
4 岁	1 300	1 250	20～30	30	800	10	5.5	0.8	0.7	50	360	10
5 岁	1 400	1 300	20～30	30	800	10	5.5	0.8	0.7	50	360	10
6 岁	1 400	1 250	20～30	35	800	10	5.5	0.8	0.7	50	360	10
7 岁	1 400	1 350	20～30	40	1 000	13	7.0	1.0	1.0	65	500	10

摘自中国营养学会《中国居民膳食指南》(2016 年 5 月)
注：① EER：能量需要量；② AMDR：可接受的宏量营养素范围；③ RNI：推荐摄入量；④ 1 千卡≈4.18 千焦

2～5 岁儿童每日各类食物建议摄入量（克/日）

食物	2～3 岁	4～5 岁
谷类	85～100	100～150
薯类	适量	适量
蔬菜	200～250	250～300
水果	100～150	150
畜禽肉类、蛋类、水产品	50～70	70～105
大豆	5～15	15
坚果	—	适量
乳制品	500	350～500
食用油	15～20	20～25
食盐	＜2	＜2
添加糖	—	＜10

摘自中国营养学会《中国居民膳食指南》(2016 年 5 月)

辅食的添加顺序及时间

月龄	4～6 个月	7～9 月	10～12 月
食物性状	泥糊状食物	末状食物	碎食物
种类	强化铁的米粉、菜泥、水果泥	稠粥、烂面、菜末、肉末、蛋、鱼泥、豆腐、水果	软饭、碎菜碎肉、全蛋、鱼肉、豆制品、水果
餐数 主要营养源	6 次奶（断夜间奶）逐渐加至 1 次	4 次奶	3 次奶
餐数 辅助食品		1 餐饭、1 次水果	2 餐饭、1 次水果
进食技能	小勺喂食	小勺喂食、学用杯	抓食、断奶瓶、自用勺

摘自王卫平主编《儿科学》（人民卫生出版社，2018 年第 9 版）

3 儿童常见化验指标的正常参考区间

类别	检验项目	参考区间
血常规	白细胞总数	新生儿（<28 天）：（10.0～24.0）×10⁹/L
		28 天～3 岁：（8.0～12.0）×10⁹/L
		>3 岁：（4.0～10.0）×10⁹/L
	红细胞总数	新生儿（<28 天）：（5.0～7.0）×10¹²/L
		>28 天：（4.0～5.5）×10¹²/L
	血红蛋白	新生儿（<28 天）：150～230 g/L
		>28 天：110～160 g/L
	血细胞比容	新生儿（<28 天）：55.4%～60.2%
		>28 天：34.0%～48.0%
	平均红细胞体积	新生儿（<28 天）：99.0～113.0 fl
		>28 天：73.0～100.0 fl
	平均血红蛋白量	新生儿（<28 天）：27.0～32.0 pg
		>28 天：26.0～32.0 pg
	平均血红蛋白浓度	新生儿（<28 天）：317～330 g/L
		>28 天：320～410 g/L
	血小板总数	（100～400）×10⁹/L
	血小板压积	（0.10～0.30）×10⁹/L
	中性粒细胞百分比	新生儿（<28 天）：50.0%～70.0%
		29 天～3 岁：30.0%～40.0%
		>3 岁：50.0%～70.0%

（续表）

类别	检验项目	参考区间
血常规	淋巴细胞百分比	新生儿(<28 天)：30.0%～40.0%
		29 天～3 岁：50.0%～70.0%
		>3 岁：30.0%～40.0%
	单核细胞百分比	3.0%～8.0%
	嗜酸粒细胞百分比	0.5%～5.0%
	嗜碱粒细胞百分比	0～1.0%
	中性粒细胞绝对值	新生儿(<28 天)：$(5.00～16.80) \times 10^9$/L
		29 天～3 岁：$(2.40～4.80) \times 10^9$/L
		>3 岁：$(2.00～7.00) \times 10^9$/L
	淋巴细胞绝对值	新生儿(<28 天)：$(3.00～9.60) \times 10^9$/L
		29 天～3 岁：$(4.00～8.40) \times 10^9$/L
		>3 岁：$(1.20～4.00) \times 10^9$/L
	单核细胞绝对值	新生儿(<28 天)：$(0.30～1.92) \times 10^9$/L
		29 天～3 岁：$(0.24～0.96) \times 10^9$/L
		>3 岁：$(0.12～0.80) \times 10^9$/L
	嗜酸绝对值	$(0.05～0.50) \times 10^9$/L
	嗜碱绝对值	$(0～0.10) \times 10^9$/L
	红细胞分布宽度 CV	11.0%～11.6%
	红细胞分布宽度 SD	37.0～54.0 fl
	血小板体积分布宽度	9.0～17.0 fl
尿常规	尿沉渣 RBC	0～23 个/μL
	尿沉渣 WBC	0～25 个/μL
	尿沉渣 EC	0～10 个/μL
	尿沉渣 CAST	0～2 个/μL
	比重	1.003～1.030
	pH	4.8～7.4
	WBC(尿干化学)	阴性
	NIT(尿干化学)	阴性
	Pro(尿干化学)	阴性
	Glu(尿干化学)	阴性

类别	检验项目	参考区间
尿常规	UBG(尿干化学)	阴性
	Bil(尿干化学)	阴性
	Bld(尿干化学)	阴性
出凝血检测	PT	除新生儿：9.8～12.1 s
		新生儿：13.5～15.5 s
	APTT	除新生儿：21.1～36.5 s
		新生儿：20～62 s
	Fg	除新生儿：1.8～3.5 s
		新生儿：2.28～2.64 g/L
免疫球蛋白	IgG	新生儿(＜28 天)：6.6～17.5 g/L
		＜1 岁：2.0～9.5 g/L
		1～12 岁：3.6～15.5 g/L
		＞12 岁：7.0～15.5 g/L
	IgA	＜1 岁：0.06～0.91 g/L
		1～12 岁：0.14～2.91 g/L
		＞12 岁：0.58～3.21 g/L
		＜1 岁：0.06～0.91 g/L
	IgM	新生儿(＜28 天)：0.06～0.20 g/L
		＜1 岁：0.17～1.50 g/L
		1～12 岁：0.37～2.40 g/L
		＞12 岁：0.49～2.61 g/L
	IgE	0～12 月：＜15 IU/ml
		1～5 岁：＜60 IU/ml
		6～9 岁：＜90 IU/ml
		10～15 岁：＜200 IU/ml
		＞16 岁：＜100 IU/ml
	C3	0.79～1.52 g/L
	C4	0.1～0.4 g/L
肝炎标志物	乙肝核心- IgM	阴性
	乙肝核心抗体	阴性
	乙肝 E 抗体	阴性

（续表）

类别	检验项目	参考区间
肝炎标志物	乙肝 E 抗原	阴性
	乙肝表面抗体	<10.0 MIU/ml
	乙肝表面抗原	<0.05 IU/ml
	甲肝-IgM	阴性
	丙肝抗体	阴性
	丙肝核心抗原	阴性
常规生化	直接胆红素	0～3.4 μmol/L
	总胆红素	0～1 天：24～149 μmol/L
		1～2 天：58～197 μmol/L
		3～5 天：26～205 μmol/L
		成人：5～21 μmol/L
	谷丙转氨酶	新生儿/婴儿：13～45 U/L
		成人：0～50 U/L(男)；0～40 U/L(女)
	谷草转氨酶	新生儿：25～75 U/L
		婴儿：15～60 U/L
		成人：0～50 U/L(男)；0～40 U/L(女)
	谷氨酰转肽酶	1～182 天：12～122 U/L(男)；15～132 U/L(女)
		183～365 天：1～39 U/L(男)；1～39 U/L(女)
		>1 岁：0～55 U/L(男)；0～38 U/L(女)
	总蛋白	1～30 天：41～63 g/L
		1 月～18 岁：57～80 g/L
		>18 岁：66～83 g/L
	白蛋白	0～4 天：28～44 g/L
		>4 天：35～52 g/L
	碱性磷酸酶	0～30 天：75～316 U/L(男)；48～406 U/L(女)
		1～12 月：82～383 U/L(男)；124～341 U/L(女)
		1～3 岁：104～345 U/L(男)；108～317 U/L(女)
		4～6 岁：93～309 U/L(男)；96～297 U/L(女)
		7～9 岁：86～315 U/L(男)；69～325 U/L(女)
		10～12 岁：42～362 U/L(男)；51～332 U/L(女)
		13～15 岁：74～390 U/L(男)；50～162 U/L(女)

（续表）

类别	检验项目	参考区间
常规生化		16~18 岁：52~171 U/L（男）；47~119 U/L（女）
	尿素	0~30 天：1.4~4.3 mmol/L
		婴儿/儿童：1.8~6.4 mmol/L
		成人：2.8~7.2 mmol/L
	肌酐	＜30 天：22~90 μmol/L
		1 月~3 岁：11~34 μmol/L
		3~15 岁：21~65 μmol/L
		＞15 岁：64~104 μmol/L（男）；49~90 μmol/L（女）
	尿酸	208~428 μmol/L（男）；155~357 μmol/L（女）
	甘油三酯	0~1.7 mmol/L
	总胆固醇	0~5.2 mmol/L
	空腹血糖	儿童：3.3~5.6 mmol/L
		成人：4.1~5.9 mmol/L
	脑脊液葡萄糖	2.2~3.9 mmol/L
	乳酸脱氢酶	0~10 天：290~2 000 U/L
		10 天~2 岁：180~430 U/L
		＞2 岁：110~295 U/L
	肌酸激酶 CK	0~6 周：145~1 578 U/L
		＞6 周：20~200 U/L（男）；20~180 U/L（女）
	钾	3.5~5.1 mmol/L
	钠	136~146 mmol/L
	氯	101~109 mmol/L
	钙	＜2 岁：1.9~2.6 mmol/L
		2~12 岁：2.2~2.7 mmol/L
		成人：2.2~2.65 mmol/L
	磷	儿童：1.29~2.26 mmol/L
		成人：0.81~1.45 mmol/L
肿瘤标志物	甲胎蛋白	0~7.0 ng/ml
	糖类抗原 125	0~35 U/ml
	糖类抗原 15-3	0~25 U/ml
	糖类抗原 19-9	0~39 U/ml

（续表）

类别	检验项目	参考区间
肿瘤标志物	癌胚抗原	0～4.7 ng/ml
	神经元特异性烯醇化酶	0～16.3 ng/ml
性激素	雌二醇	男：0～206 pmol/L
		女：0～587 pmol/L（卵泡期）
		125～1 468 pmol/L（排卵期）
		101～905 pmol/L（黄体期）
	促卵泡生成激素	男：0.7～11.4 mU/ml
		女：2.8～11.3 mU/ml（卵泡期）
		5.8～21 mU/ml（排卵期）
		1.2～9 mU/ml（黄体期）
	人绒毛膜促性腺激素	0～2.7 mIU/ml
	促黄体生成素	男：0.8～7.6 IU/L
		女：1.1～11.6 IU/L（卵泡期）
		17～77 IU/L（排卵期）
		0～14.7 IU/L（黄体期）
	孕酮	男：0.9～2.9 nmol/L
		女：0～3.6 nmol/L（卵泡期）
		1.53～5.46 nmol/L（排卵期）
		3.02～66.78 nmol/L（黄体期）
	催乳素	男：53～360 mIU/L
		女：40～530 mIU/L
		女：21.2～2 968 mIU/L（0.1～0.5 岁） 42.4～911.6 mIU/L（0.6～9 岁）
	睾酮	男：2.63～29.6 nmol/L
		女：0～2.53 nmol/L
	硫酸脱氢表雄酮	0～7 天：2.93～16.5 μmol/L
		8～30 天：0.86～11.7 μmol/L
		1～12 月：0.09～3.35 μmol/L
		2～4 岁：0.01～0.53 μmol/L
		5～9 岁：0.08～2.31 μmol/L
		10～14 岁：0.66～6.7 μmol/L（男） 0.92～7.6 μmol/L（女）

类别	检验项目	参考区间
性激素	硫酸脱氢表雄酮	15～19 岁：1.91～13.4 μmol/L（男） 1.77～9.99 μmol/L（女）
	性激素结合球蛋白	男：10～57 nmol/L
		女：18～144 nmol/L
甲状腺功能	T3	0～30 天：1.12～4.43 nmol/L
		1～3 月：1.22～4.22 nmol/L
		4～12 月：1.32～4.07 nmol/L
		1～6 岁：1.41～3.80 nmol/L
		7～11 岁：1.42～3.55 nmol/L
		>12 岁：1.4～3.34 nmol/L
	T4	0～30 天：64.8～238.1 nmol/L
		1～3 月：69.6～218.8 nmol/L
		4～12 月：72.9～206 nmol/L
		1～6 岁：76.5～189.2 nmol/L
		7～11 岁：77.1～178 nmol/L
		>12 岁：76.1～170 nmol/L
	游离 T3	0～30 天：2.85～7.78 pmol/L
		1～3 月：3.1～7.5 pmol/L
		4～12 月：3.3～8.95 pmol/L
		1～6 岁：3.7～8.45 pmol/L
		7～11 岁：3.88～8.02 pmol/L
		>12 岁：3.93～7.7 pmol/L
	游离 T4	0～30 天：11～32 pmol/L
		1～3 月：11.4～28.3 pmol/L
		4～12 月：11.8～25.6 pmol/L
		1～6 岁：12.3～22.78 pmol/L
		7～11 岁：12.4～21.5 pmol/L
	甲状腺球蛋白	0～30 天：31.6～169.9 ng/ml
		1～24 月：9.47～110 ng/ml
		3～10 岁：1.7～38.4 ng/ml
		>11 岁：2.7～31 ng/ml

类别	检验项目	参考区间
甲状腺功能	抗甲状腺球蛋白抗体	0～115 U/ml
	甲状腺过氧化物酶抗体	0～34 IU/ml
	促甲状腺激素	0～1 月：0.7～15.2 μIU/ml
		1～3 月：0.72～11 μIU/ml
		4～12 月：0.73～8.35 μIU/ml
		1～6 岁：0.7～5.97 μIU/ml
		7～11 岁：0.6～4.84 μIU/ml
		＞12 岁：0.51～4.3 μIU/ml